DIN-Taschenbuch 310

Für das Fachgebiet Bauwesen bestehen folgende DIN-Taschenbücher:

TAB		Titel
5 Bauwesen	1.	Beton- und Stahlbeton-Fertigteile. Normen
33 Bauwesen	2.	Baustoffe, Bindemittel, Zuschlagstoffe, Mauersteine, Bauplatten, Glas und Dämmstoffe. Normen
34 Bauwesen	3.	Holzbau. Normen
35 Bauwesen	4.	Schallschutz. Anforderungen, Nachweise, Berechnungsverfahren und bauakustische Prüfungen. Normen
36 Bauwesen	5.	Erd- und Grundbau. Normen
37 Bauwesen	6.	Beton- und Stahlbetonbau. Normen
38 Bauwesen	7.	Bauplanung. Normen
39 Bauwesen	8.	Ausbau. Normen
68 Bauwesen	9.	Mauerwerksbau. Normen
69 Bauwesen	10.	Stahlhochbau. Normen, Richtlinien
110 Bauwesen	11.	Wohnungsbau. Normen
111 Bauwesen	12.	Vermessungswesen. Normen
112 Bauwesen	13.	Berechnungsgrundlagen für Bauten. Normen
113 Bauwesen	14.	Erkundung und Untersuchung des Baugrunds. Normen
114 Bauwesen	15.	Kosten im Hochbau, Flächen, Rauminhalte. Normen, Gesetze, Verordnungen
115 Bauwesen	16.	Baubetrieb; Schalung, Gerüste, Geräte, Baustelleneinrichtung. Normen
120 Bauwesen	18.	Brandschutzmaßnahmen. Normen, Richtlinien
129 Bauwesen	19.	Bauwerksabdichtungen, Dachabdichtungen, Feuchteschutz. Normen
133		Partikelmeßtechnik. Normen
134 Bauwesen	20.	Sporthallen, Sportplätze, Spielplätze. Normen
144 Bauwesen	22.	Stahlbau; Ingenieurbau. Normen, Richtlinien
146 Bauwesen	23.	Schornsteine. Planung, Berechnung, Ausführung. Normen, Richtlinien
158 Bauwesen	24.	Wärmeschutz 1. Bauwerksplanung; Wärmeschutz, Wärmebedarf. Normen
199 Bauwesen	25.	Bauen für Behinderte und alte Menschen. Normen
240 Bauwesen	26.	Türen und Türzubehör. Normen
253 Bauwesen	27.	Einbruchschutz. Normen, Technische Regeln (DIN-VDE)
272 Bauwesen	28.	Bohrtechnik. Normen
289 Bauwesen	29.	Schwingungsfragen im Bauwesen. Normen
287 Bauwesen	30.	Wärmeschutz 2. Prüfungen im Labor und auf der Baustelle; Rechnerische Ermittlung von Werten. Normen, Gesetze, Verordnungen, Festlegungen

DIN-Taschenbücher mit Normen für das Studium:
176 Baukonstruktionen; Lastannahmen, Baugrund, Beton- und Stahlbetonbau, Mauerwerksbau, Holzbau, Stahlbau
189 Bauphysik 1; Brandschutz, Schallschutz
310 Bauphysik 2; Feuchteschutz, Lüftung, Wärmebedarfsermittlung, Wärmeschutz

DIN-Taschenbücher aus den Fachgebieten "Bauleistungen" siehe Seite 536 und "Bauen in Europa" siehe Seite 537.

DIN-Taschenbücher sind vollständig oder nach verschiedenen thematischen Gruppen auch im Abonnement erhältlich.

Für Auskünfte und Bestellungen wählen Sie bitte im Beuth Verlag Tel.: (0 30) 26 01 - 22 60.

DIN-Taschenbuch 310

Bauphysik 2
Normen für das Studium
Feuchteschutz
Lüftung
Wärmebedarfsermittlung
Wärmeschutz

Normen

1. Auflage
Stand der abgedruckten Normen: März 1999

Herausgeber: DIN Deutsches Institut für Normung e.V.

Beuth
Beuth Verlag GmbH · Berlin · Wien · Zürich

Die Deutsche Bibliothek – CIP-Einheitsaufnahme

Bauphysik : Normen für das Studium
Hrsg.: DIN, Deutsches Institut für Normung e.V. –
Berlin ; Wien ; Zürich : Beuth

2. Feuchteschutz, Lüftung, Wärmebedarfsermittlung, Wärmeschutz : Normen
1. Aufl., Stand der abgedr. Normen: März 1999
1999
  (DIN-Taschenbuch ; 310)
  ISBN 3-410-14478-1

Titelaufnahme nach RAK entspricht DIN V 1505-1.
ISBN nach DIN ISO 2108.
Übernahme der CIP-Einheitsaufnahme auf Schrifttumskarten durch Kopieren oder Nachdrucken frei.
552 Seiten, A5, brosch.
ISSN 0342-801X

© DIN Deutsches Institut für Normung e.V. 1999
Das Werk einschließlich aller seiner Teile ist urheberrechtlich geschützt. Jede Verwertung außerhalb der engen Grenzen des Urheberrechtsgesetzes ist ohne Zustimmung des Verlages unzulässig und strafbar. Das gilt insbesondere für Vervielfältigungen, Übersetzungen, Mikroverfilmungen und die Einspeicherung und Verarbeitung in elektronischen Systemen.
Printed in Germany. Druck: MercedesDruck GmbH

Inhalt

	Seite
Normung ist Ordnung. DIN – der Verlag heißt Beuth	VI
Vorwort	IX
Hinweise für das Anwenden des DIN-Taschenbuches	XI
Hinweise für den Anwender von DIN-Normen	XI
DIN-Nummernverzeichnis	XII
Verzeichnis abgedruckter Normen und Norm-Entwürfe (nach Sachgebieten geordnet)	XIII
Abgedruckte Normen und Norm-Entwürfe (innerhalb der Sachgebiete nach steigenden DIN-Nummern geordnet)	3
Sachgebiet 1 Feuchteschutz	1
Sachgebiet 2 Lüftung	113
Sachgebiet 3 Wärmebedarfsermittlung	207
Sachgebiet 4 Wärmeschutz	363
Verzeichnis nicht abgedruckter Normen und Norm-Entwürfe	519
Verzeichnis abgedruckter Normen und Norm-Entwürfe aus den DIN-Taschenbüchern 189 (5. Aufl., 1999) und 310 (1. Aufl., 1999) (nach steigenden DIN-Nummern geordnet)	520
Stichwortverzeichnis aus DIN-Taschenbuch 189 (5. Aufl., 1999)	523
Stichwortverzeichnis aus DIN-Taschenbuch 310 (1. Aufl., 1999)	528

Die in den Verzeichnissen verwendeten Abkürzungen bedeuten:

A	Änderung
Bbl	Kennzeichen für ein Beiblatt zu einer Deutschen Norm
Ber	Kennzeichen für die Berichtigung einer Deutschen Norm
DIN	Deutsche Norm
E DIN	Entwurf einer Deutschen Norm
DIN V	Deutsche Vornorm
E DIN EN	Entwurf einer Deutschen Norm auf der Grundlage eines Europäischen Norm-Entwurfs

---

Maßgebend für das Anwenden jeder in diesem DIN-Taschenbuch abgedruckten Norm ist deren Fassung mit dem neuesten Ausgabedatum.
Bei den abgedruckten Norm-Entwürfen wird auf den Anwendungswarnvermerk verwiesen.
Vergewissern Sie sich bitte im aktuellen DIN-Katalog mit neuestem Ergänzungsheft oder fragen Sie: Tel. (0 30) 26 01 - 22 60.

Normung ist Ordnung

DIN – der Verlag heißt Beuth

Das DIN Deutsches Institut für Normung e.V. ist der runde Tisch, an dem Hersteller, Handel, Verbraucher, Handwerk, Dienstleistungsunternehmen, Wissenschaft, technische Überwachung, Staat, also alle, die ein Interesse an der Normung haben, zusammenwirken.

DIN-Normen sind ein wichtiger Beitrag zur technischen Infrastruktur unseres Landes, zur Verbesserung der Exportchancen und zur Zusammenarbeit in einer arbeitsteiligen Gesellschaft.

Das DIN orientiert seine Arbeiten an folgenden Grundsätzen:

- Freiwilligkeit
- Öffentlichkeit
- Beteiligung aller interessierten Kreise
- Einheitlichkeit und Widerspruchsfreiheit
- Sachbezogenheit
- Konsens
- Orientierung am Stand der Technik
- Orientierung an den wirtschaftlichen Gegebenheiten
- Orientierung am allgemeinen Nutzen
- Internationalität

Diese Grundsätze haben den DIN-Normen die allgemeine Anerkennung gebracht. DIN-Normen bilden einen Maßstab für ein einwandfreies technisches Verhalten.

Das DIN stellt über den Beuth Verlag Normen und technische Regeln aus der ganzen Welt bereit. Besonderes Augenmerk liegt dabei auf den in Deutschland unmittelbar relevanten technischen Regeln. Hierfür hat der Beuth Verlag Dienstleistungen entwickelt, die dem Kunden die Beschaffung und die praktische Anwendung der Normen erleichtern. Er macht das in fast einer halben Million von Dokumenten niedergelegte und ständig fortgeschriebene technische Wissen schnell und effektiv nutzbar.

Die Recherche- und Informationskompetenz der DIN-Datenbank erstreckt sich über Europa hinaus auf internationale und weltweit genutzte nationale, darunter auch wichtige amerikanische Normenwerke. Für die Offline-Recherche stehen der DIN-Katalog für technische Regeln (als CD-ROM und in Papierform) und die komfortable internationale Normendatenbank PERINORM zur Verfügung. Auch über das Internet können DIN-Normen recherchiert werden (www.din.de/beuth). Aus dem Rechercheergebnis kann direkt bestellt werden.

DIN und Beuth stellen auch Informationsdienste zur Verfügung, die sowohl auf besondere Nutzergruppen als auch auf individuelle Kundenbedürfnisse zugeschnitten werden können, und berücksichtigen dabei nationale, regionale und internationale Regelwerke aus aller Welt. Sowohl das DIN als auch der in dessen Gemeinnützigkeit eingeschlossene Beuth Verlag verstehen sich als Partner der Anwender, die alle notwendigen Informationen aus Normung und technischem Recht recherchieren und beschaffen. Ihre Serviceleistungen stellen sicher, daß dieses Wissen rechtzeitig und regelmäßig verfügbar ist.

DIN-Taschenbücher

DIN-Taschenbücher sind kleine Normensammlungen im Format A 5. Sie sind nach Fach- und Anwendungsgebiet geordnet. Die DIN-Taschenbücher haben in der Regel eine Laufzeit von drei Jahren, bevor eine Neuauflage erscheint. In der Zwischenzeit kann ein Teil der abgedruckten DIN-Normen überholt sein. Maßgebend für das Anwenden jeder Norm ist jeweils deren Originalfassung mit dem neuesten Ausgabedatum.

Kontaktadressen

Auskünfte zum Normenwerk

Deutsches Informationszentrum für technische Regeln im DIN (DITR)
Postanschrift: 10772 Berlin
Hausanschrift: Burggrafenstraße 6, 10787 Berlin
Kostenpflichtige Telefonauskunft: 01 90 - 88 26 00

Bestellmöglichkeiten für Normen und Normungsliteratur

Beuth Verlag GmbH
Postanschrift: 10772 Berlin
Hausanschrift: Burggrafenstraße 6, 10787 Berlin
E-Mail: postmaster@beuth.de

Deutsche Normen und technische Regeln

Fax: (0 30) 26 01 - 12 60
Tel.: (0 30) 26 01 - 22 60

Auslandsnormen

Fax: (0 30) 26 01 - 18 01
Tel.: (0 30) 26 01 - 23 61

Normen-Abonnement

Fax: (0 30) 26 01 - 12 59
Tel.: (0 30) 26 01 - 22 21

Elektronische Produkte

Fax: (0 30) 26 01 - 12 68
Tel.: (0 30) 26 01 - 26 68

Loseblattsammlungen/Zeitschriften

Fax: (0 30) 26 01 - 12 60
Tel.: (0 30) 26 01 - 21 21

Interessenten aus dem Ausland erreichen uns unter:

Fax: + 49 30 26 01 - 12 60
Tel.: + 49 30 26 01 - 22 60

Prospektanforderung

Fax: (0 30) 26 01 - 17 24
Tel.: (0 30) 26 01 - 22 40

Fax-Abruf-Service

(0 30) 26 01 - 4 50 01

Vorwort

Seit 1972 kommt der Normenausschuß Bauwesen (NABau) im DIN Deutsches Institut für Normung e.V. mit der Zusammenfassung seiner Arbeitsergebnisse, den DIN-Normen im Bauwesen, den Wünschen einer großen Anzahl von Fachleuten in Praxis und Ausbildung nach, die für ihre Arbeit die Normen bestimmter Gebiete des Bauwesens jeweils in einem DIN-Taschenbuch handlich und übersichtlich zusammengestellt benutzen wollen.

Das 1994 in vierter Auflage erschienene DIN-Taschenbuch 189 "Bauphysik – Normen für das Studium – Brandschutz, Feuchtigkeitsschutz, Lüftung, Schallschutz, Wärmebedarfsermittlung, Wärmeschutz" wurde in zwei Bände aufgeteilt: in die 5. Auflage als DIN-Taschenbuch 189 "Bauphysik 1 – Normen für das Studium" mit den Sachgebieten "Brandschutz" und "Schallschutz" und in die 1. Auflage als DIN-Taschenbuch 310 "Bauphysik 2 – Normen für das Studium" mit den Sachgebieten "Feuchteschutz", "Lüftung", "Wärmebedarfsermittlung" und "Wärmeschutz".

Diese Aufteilung wurde aufgrund des durch Europäische Normen und Norm-Entwürfe gewachsenen Umfangs des Normenwerks erforderlich.

Die 1. Auflage des DIN-Taschenbuches 310 "Bauphysik 2 – Normen für das Studium – Feuchtigkeitsschutz, Lüftung, Wärmebedarfsermittlung, Wärmeschutz" und die 5. Auflage des DIN-Taschenbuches 189 "Bauphysik 1 – Normen für das Studium – Brandschutz, Schallschutz" der Reihe Bauphysik-Studium enthalten z. Z. gültige Normen sowie ausgewählte Norm-Entwürfe und Vornormen. In dem DIN-Taschenbuch 189 und dem DIN-Taschenbuch 310 sind nur Anforderungsnormen und keine Prüfnormen enthalten.

Anregungen zur Verbesserung, Erweiterung und Beschränkung des vorliegenden DIN-Taschenbuches werden erbeten an den Normenausschuß Bauwesen im DIN Deutsches Institut für Normung e.V., 10772 Berlin.

Berlin, im April 1999   Normenausschuß Bauwesen im DIN
                                         Deutsches Institut für Normung e.V.
                                         Dipl.-Ing. Roswitha Cohrs

Hinweise für das Anwenden des DIN-Taschenbuches

Eine **Norm** ist das herausgegebene Ergebnis der Normungsarbeit.

Deutsche Normen (DIN-Normen) sind vom DIN Deutsches Institut für Normung e.V. unter dem Zeichen DIN herausgegebene Normen.

Sie bilden das Deutsche Normenwerk.

Eine **Vornorm** war bis etwa März 1985 eine Norm, zu der noch Vorbehalte hinsichtlich der Anwendung bestanden und nach der versuchsweise gearbeitet werden konnte. Seit April 1985 wird eine Vornorm nicht mehr als Norm herausgegeben. Damit können auch Arbeitsergebnisse, zu deren Inhalt noch Vorbehalte bestehen oder deren Aufstellungsverfahren gegenüber dem einer Norm abweicht, als Vornorm herausgegeben werden (Einzelheiten siehe DIN 820-4).

Eine **Auswahlnorm** ist eine Norm, die für ein bestimmtes Fachgebiet einen Auszug aus einer anderen Norm enthält, jedoch ohne sachliche Veränderungen oder Zusätze.

Eine **Übersichtsnorm** ist eine Norm, die eine Zusammenstellung aus Festlegungen mehrerer Normen enthält, jedoch ohne sachliche Veränderungen oder Zusätze.

Teil (früher Blatt) kennzeichnete bis Juni 1994 eine Norm, die den Zusammenhang zu anderen Teilen mit gleicher Hauptnummer dadurch zum Ausdruck brachte, daß sich die DIN-Nummern nur in den Zählnummern hinter dem Zusatz "Teil" voneinander unterschieden haben. Das DIN hat sich bei der Art der Nummernvergabe der internationalen Praxis angeschlossen. Es entfällt deshalb bei der DIN-Nummer die Angabe "Teil"; diese Angabe wird in der DIN-Nummer durch "-" ersetzt. Das Wort "Teil" wird dafür mit in den Titel übernommen. In den Verzeichnissen dieses DIN-Taschenbuches wird deshalb für alle ab Juli 1994 erschienenen Normen die neue Schreibweise verwendet.

Ein **Beiblatt** enthält Informationen zu einer Norm, jedoch keine zusätzlichen genormten Festlegungen.

Ein **Norm-Entwurf** ist das vorläufig abgeschlossene Ergebnis einer Normungsarbeit, das in der Fassung der vorgesehenen Norm der Öffentlichkeit zur Stellungnahme vorgelegt wird.

Die Gültigkeit von Normen beginnt mit dem Zeitpunkt des Erscheinens (Einzelheiten siehe DIN 820-4). Das Erscheinen wird im DIN-Anzeiger angezeigt.

Hinweise für den Anwender von DIN-Normen

Die Normen des Deutschen Normenwerkes stehen jedermann zur Anwendung frei.

Festlegungen in Normen sind aufgrund ihres Zustandekommens nach hierfür geltenden Grundsätzen und Regeln fachgerecht. Sie sollen sich als "anerkannte Regeln der Technik" einführen. Bei sicherheitstechnischen Festlegungen in DIN-Normen besteht überdies eine tatsächliche Vermutung dafür, daß sie "anerkannte Regeln der Technik" sind. Die Normen bilden einen Maßstab für einwandfreies technisches Verhalten; dieser Maßstab ist auch im Rahmen der Rechtsordnung von Bedeutung. Eine Anwendungspflicht kann sich aufgrund von Rechts- oder Verwaltungsvorschriften, Verträgen oder sonstigen Rechtsgründen ergeben. DIN-Normen sind nicht die einzige, sondern eine Erkenntnisquelle für technisch ordnungsgemäßes Verhalten im Regelfall. Es ist auch zu berücksichtigen, daß DIN-Normen nur den zum Zeitpunkt der jeweiligen Ausgabe herrschenden Stand der Technik berücksichtigen können. Durch das Anwenden von Normen entzieht sich niemand der Verantwortung für eigenes Handeln. Jeder handelt insoweit auf eigene Gefahr.

Jeder, der beim Anwenden einer DIN-Norm auf eine Unrichtigkeit oder eine Möglichkeit einer unrichtigen Auslegung stößt, wird gebeten, dies dem DIN unverzüglich mitzuteilen, damit etwaige Mängel beseitigt werden können.

DIN-Nummernverzeichnis

Hierin bedeuten:
- ● Neu aufgenommen gegenüber der 4. Auflage des DIN-Taschenbuches 189
- ☐ Geändert gegenüber der 4. Auflage des DIN-Taschenbuches 189

(en) Von dieser Norm gibt es auch eine vom DIN herausgegebene englische Übersetzung

Dokument	Sachgebiet	Seite	Dokument	Sachgebiet	Seite
DIN 1946-1 (en)	2	115	DIN 4701-3	3	360
DIN 1946-2 (en)	2	153	DIN 18195-2 (en)	1	3
DIN 1946-4 (en) ●	2	165	E DIN 18195-2 ●	1	10
DIN 1946-6 ☐	2	189	DIN 18195-3 (en)	1	21
DIN 4108 Bbl 2 ●	4	365	E DIN 18195-3 ●	1	26
DIN 4108-1	4	413	DIN 18195-4 (en)	1	37
DIN 4108-2 (en)	4	417	E DIN 18195-4 ●	1	45
E DIN 4108-2 ●	4	429	DIN 18195-5 (en)	1	53
DIN 4108-3 (en)	4	449	E DIN 18195-5 ●	1	58
E DIN 4108-3/A1 ●	4	458	DIN 18195-6 (en)	1	68
DIN V 4108-4 ☐	4	460	E DIN 18195-6 ●	1	74
DIN 4108-5 (en)	4	495	DIN 18195-7	1	84
DIN V 4108-7 ●	4	511	DIN 18195-8 (en)	1	87
DIN 4701-1	3	209	DIN 18195-9 (en)	1	91
E DIN 4701-1 ●	3	237	DIN 18195-10 (en)	1	98
DIN 4701-2	3	293	DIN 18531 (en)	1	102
E DIN 4701-2 ●	3	315	DIN 18540 ☐ (en)	1	108

Veränderungen gegenüber der 4. Auflage (1994) von DIN-Taschenbuch 189

Nicht mehr abgedruckte Normen in DIN-Taschenbuch 189 (5. Aufl., 1999)

DIN 4102-7
DIN 18230-2
DIN 18232-2
DIN 18234-1

Nicht mehr abgedruckte Normen in DIN-Taschenbuch 189 (5. Aufl., 1999); jetzt abgedruckt in DIN-Taschenbuch 310 (1. Aufl., 1999)

DIN 1946-1	DIN 18195-2
DIN 1946-2	DIN 18195-3
DIN 1946-6	DIN 18195-4
DIN 4108-1	DIN 18195-5
DIN 4108-2	DIN 18195-6
DIN 4108-3	DIN 18195-7
DIN 4108-4	DIN 18195-8
DIN 4108-5	DIN 18195-9
DIN 4701-1	DIN 18195-10
DIN 4701-2	DIN 18531
DIN 4701-3	DIN 18540

Verzeichnis abgedruckter Normen und Norm-Entwürfe
(nach Sachgebieten geordnet)

Dokument	Ausgabe	Titel	Seite
		1 Feuchteschutz	
DIN 18195-2	1983-08	Bauwerksabdichtungen; Stoffe	3
E DIN 18195-2	1998-09	Bauwerksabdichtungen – Teil 2: Stoffe	10
DIN 18195-3	1983-08	Bauwerksabdichtungen; Verarbeitung der Stoffe	21
E DIN 18195-3	1998-09	Bauwerksabdichtungen – Teil 3: Anforderungen an den Untergrund und Verarbeitung der Stoffe	26
DIN 18195-4	1983-08	Bauwerksabdichtungen; Abdichtungen gegen Bodenfeuchtigkeit; Bemessung und Ausführung	37
E DIN 18195-4	1998-09	Bauwerksabdichtungen – Teil 4: Abdichtungen gegen Bodenfeuchtigkeit (Kapillarwasser, Haftwasser, Sickerwasser); Bemessung und Ausführung	45
DIN 18195-5	1984-02	Bauwerksabdichtungen; Abdichtungen gegen nichtdrückendes Wasser; Bemessung und Ausführung	53
E DIN 18195-5	1998-09	Bauwerksabdichtungen – Teil 5: Abdichtungen gegen nichtdrückendes Wasser; Bemessung und Ausführung	58
DIN 18195-6	1983-08	Bauwerksabdichtungen; Abdichtungen gegen von außen drückendes Wasser; Bemessung und Ausführung	68
E DIN 18195-6	1998-09	Bauwerksabdichtungen – Teil 6: Abdichtungen gegen von außen drückendes Wasser; Bemessung und Ausführung	74
DIN 18195-7	1989-06	Bauwerksabdichtungen; Abdichtungen gegen von innen drückendes Wasser; Bemessung und Ausführung	84
DIN 18195-8	1983-08	Bauwerksabdichtungen; Abdichtungen über Bewegungsfugen	87
DIN 18195-9	1986-12	Bauwerksabdichtungen; Durchdringungen, Übergänge, Abschlüsse	91
DIN 18195-10	1983-08	Bauwerksabdichtungen; Schutzschichten und Schutzmaßnahmen	98
DIN 18531	1991-09	Dachabdichtungen; Begriffe, Anforderungen, Planungsgrundsätze	102
DIN 18540	1995-02	Abdichten von Außenwandfugen im Hochbau mit Fugendichtstoffen	108
		2 Lüftung	
DIN 1946-1	1988-10	Raumlufttechnik; Terminologie und graphische Symbole (VDI-Lüftungsregeln)	115
DIN 1946-2	1994-01	Raumlufttechnik; Gesundheitstechnische Anforderungen (VDI-Lüftungsregeln)	153
DIN 1946-4	1999-03	Raumlufttechnik – Teil 4: Raumlufttechnische Anlagen in Krankenhäusern (VDI-Lüftungsregeln)	165

Dokument	Ausgabe	Titel	Seite
DIN 1946-6	1998-10	Raumlufttechnik – Teil 6: Lüftung von Wohnungen; Anforderungen, Ausführung, Abnahme (VDI-Lüftungsregeln)	189

3 Wärmebedarfsermittlung

DIN 4701-1	1983-03	Regeln für die Berechnung des Wärmebedarfs von Gebäuden; Grundlagen der Berechnung	209
E DIN 4701-1	1995-08	Regeln für die Berechnung der Heizlast von Gebäuden – Teil 1: Grundlagen der Berechnung	237
DIN 4701-2	1983-03	Regeln für die Berechnung des Wärmebedarfs von Gebäuden; Tabellen, Bilder, Algorithmen	293
E DIN 4701-2	1995-08	Regeln für die Berechnung der Heizlast von Gebäuden – Teil 2: Tabellen, Bilder, Algorithmen	315
DIN 4701-3	1989-08	Regeln für die Berechnung des Wärmebedarfs von Gebäuden; Auslegung der Raumheizeinrichtungen	360

4 Wärmeschutz

DIN 4108 Bbl 2	1998-08	Wärmeschutz und Energie-Einsparung in Gebäuden – Wärmebrücken – Planungs- und Ausführungsbeispiele	365
DIN 4108-1	1981-08	Wärmeschutz im Hochbau; Größen und Einheiten	413
DIN 4108-2	1981-08	Wärmeschutz im Hochbau; Wärmedämmung und Wärmespeicherung; Anforderungen und Hinweise für Planung und Ausführung	417
E DIN 4108-2	1995-11	Wärmeschutz im Hochbau – Teil 2: Wärmedämmung und Wärmespeicherung; Anforderungen und Hinweise für Planung und Ausführung	429
DIN 4108-3	1981-08	Wärmeschutz im Hochbau; Klimabedingter Feuchteschutz; Anforderungen und Hinweise für Planung und Ausführung	449
E DIN 4108-3/A1	1995-11	Wärmeschutz im Hochbau – Teil 3: Klimabedingter Feuchteschutz; Anforderungen und Hinweise für Planung und Ausführung; Änderung A1	458
DIN V 4108-4	1998-10	Wärmeschutz und Energie-Einsparung in Gebäuden – Teil 4: Wärme- und feuchteschutztechnische Kennwerte	460
DIN 4108-5	1981-08	Wärmeschutz im Hochbau; Berechnungsverfahren	495
DIN V 4108-7	1996-11	Wärmeschutz im Hochbau – Teil 7: Luftdichtheit von Bauteilen und Anschlüssen; Planungs- und Ausführungsempfehlungen sowie -beispiele	511

Sachgebiet 1

Feuchteschutz

Dokument	Seite
DIN 18195-2	3
E DIN 18195-2	10
DIN 18195-3	21
E DIN 18195-3	26
DIN 18195-4	37
E DIN 18195-4	45
DIN 18195-5	53
E DIN 18195-5	58
DIN 18195-6	68
E DIN 18195-6	74
DIN 18195-7	84
DIN 18195-8	87
DIN 18195-9	91
DIN 18195-10	98
DIN 18531	102
DIN 18540	108

DK 699.82 : 691

August 1983

Bauwerksabdichtungen
Stoffe

DIN 18 195 Teil 2

Water-proofing of buildings; materials
Etanchéité d'ouvrage; materiaux

Teilweise Ersatz für
DIN 4031/03.78,
DIN 4117/11.60 und
DIN 4122/03.78

Zu dieser Norm gehören:
DIN 18 195 Teil 1 Bauwerksabdichtungen; Allgemeines, Begriffe
DIN 18 195 Teil 3 Bauwerksabdichtungen; Verarbeitung der Stoffe
DIN 18 195 Teil 4 Bauwerksabdichtungen; Abdichtungen gegen Bodenfeuchtigkeit, Bemessung und Ausführung
DIN 18 195 Teil 5 Bauwerksabdichtungen; Abdichtungen gegen nichtdrückendes Wasser, Bemessung und Ausführung
DIN 18 195 Teil 6 Bauwerksabdichtungen; Abdichtungen gegen von außen drückendes Wasser, Bemessung und Ausführung
DIN 18 195 Teil 8 Bauwerksabdichtungen; Abdichtungen über Bewegungsfugen
DIN 18 195 Teil 9 Bauwerksabdichtungen; Durchdringungen, Übergänge, Abschlüsse
DIN 18 195 Teil 10 Bauwerksabdichtungen; Schutzschichten und Schutzmaßnahmen
Ein weiterer Teil über die Abdichtungen gegen von innen drückendes Wasser befindet sich in Vorbereitung.

Inhalt

Seite

1 Anwendungsbereich und Zweck 1
2 Begriffe 1
3 Abdichtungsstoffe 2
4 Hilfsstoffe 5

1 Anwendungsbereich und Zweck

Diese Norm gilt für Abdichtungsstoffe und Hilfsstoffe, die zur Herstellung von Bauwerksabdichtungen gegen
— Bodenfeuchtigkeit nach DIN 18 195 Teil 4,
— nichtdrückendes Wasser nach DIN 18 195 Teil 5 und
— von außen drückendes Wasser nach DIN 18 195 Teil 6
verwendet werden.

2 Begriffe

Für die Definition von Begriffen gelten
— DIN 55 946 Teil 1 (z. Z. Entwurf) für Bitumen und für Stoffe aus Bitumen,
— DIN 7724 für hochpolymere Werkstoffe (Thermoplaste, Elastomere),
— DIN 18 195 Teil 1 für sonstige Begriffe.

Fortsetzung Seite 2 bis 7

Normenausschuß Bauwesen (NABau) im DIN Deutsches Institut für Normung e.V.

3 Abdichtungsstoffe

3.1 Bitumen-Voranstrichmittel

	1	2	3	4	5	6	7
		Auslaufzeit (Flüssigkeitsgrad) s	Flammpunkt °C	Staubtrockenzeit [1]) h	Massenanteil an Festkörper %	Erweichungspunkt des Festkörpers [2]) °C	Massenanteil an Asche bezogen auf Festkörper %
1	Bitumenlösung	≥ 15	> 21	≤ 3	30 bis 50	54 bis 72 [2])	≤ 5
2	Bitumenemulsion	≥ 15	–	≤ 5	≥ 30	≥ 45	≤ 5
3	Prüfung nach	DIN ISO 2431	DIN 53 213 Teil 1	DIN 53 150	DIN 53 215	DIN 52 011 [3])	DIN 52 005

[1]) Trockengrad 1 auf Glas mit 250 g/m^2.
[2]) Geprüft wird der nach DIN 53 215 ermittelte Festkörper.
[3]) Bei Bitumenemulsion nach DIN 52 041.

3.2 Klebemassen und Deckaufstrichmittel, heiß zu verarbeiten

	1		2	3	4
			Massenanteil an löslichem Bindemittel %	Erweichungspunkt des Bindemittels [1]) °C	Erweichungspunkt des Festkörpers [1]) °C
1	Bitumen nach DIN 1995	ungefüllt	≥ 99	54 bis 80	54 bis 80
2		gefüllt [3])	≥ 50	54 bis 80	≥ 60
3	Geblasenes Bitumen [2])	ungefüllt	≥ 99	80 bis 125	80 bis 125
4		gefüllt [3])	≥ 50	80 bis 125	≥ 90
5	Prüfung nach		DIN 1996 Teil 6	DIN 52 011	DIN 52 011

[1]) Bei gefüllten Massen am extrahierten Bindemittel ermittelt.
[2]) Eine Norm über geblasenes Bitumen befindet sich in Vorbereitung.
[3]) Art der mineralischen Füllstoffe: Nicht quellfähige Gesteinsmehle und/oder mineralische Faserstoffe.

DIN 18 195 Teil 2 Seite 3

3.3 Deckaufstrichmittel, kalt zu verarbeiten

	1		2	3	4	5	6	7
			Auslaufzeit (Flüssigkeitsgrad) s	Flammpunkt °C	Staubtrockenzeit [2] h	Massenanteil an löslichem Bindemittel %	Massenanteil an Füllstoffen u. unlös. Org. %	Erweichungspunkt des Festkörpers °C
1	Bitumenlösung	ungefüllt	> 70	> 21	≤ 3	≥ 55	–	54 bis 72
2		gefüllt [1]	> 70	> 21	≤ 3	30 bis 50	25 bis 40	≥ 60
3	Bitumenemulsion		> 70	–	≤ 5	≥ 30	≤ 20	≥ 60
4	Prüfung nach		DIN ISO 2431	DIN 53 213 Teil 1	DIN 53 150	DIN 1996 Teil 6	DIN 1996 Teil 6	DIN 52 011 [3]

[1] Der Massenanteil an Füllstoffen darf den des Bindemittels nicht überschreiten.
[2] Trockengrad 1 mit 300 g/m^2.
[3] Für Bitumenemulsion ferner nach DIN 52 041.

3.4 Asphaltmastix, heiß zu verarbeiten

	1	2	3	4	5	6
		Massenanteil an löslichem Bindemittel	Massenanteil an Füller	Massenanteil an Sand [2]	Erweichungspunkt des Bindemittels [3]	Erweichungspunkt des Festkörpers
			bezogen auf 100 % Mineralstoffe			
		%	%	%	°C	°C
1	Asphaltmastix [1] (Spachtelmasse 13/16)	13 bis 16	≥ 25	≤ 75	45 bis 80	85 bis 120
2	Asphaltmastix [1] (Spachtelmasse 18/22)	18 bis 22	≥ 25	≤ 75	45 bis 80	≤ 90
3	Prüfung nach	DIN 1996 Teil 6	DIN 1996 Teil 14	DIN 1996 Teil 14	DIN 52 011	DIN 1996 Teil 15

[1] Bitumensorte: Destillationsbitumen nach DIN 1995.
[2] Kornabgestuft, Korngröße 0,09 bis 2 mm einschließlich Faserstoffe.
[3] Am extrahierten Bindemittel ermittelt.

3.5 Spachtelmassen, kalt zu verarbeiten

	1	2	3	4	5
		Flammpunkt °C	Massenanteil an löslichem Bindemittel %	Massenanteil an Füllstoffen u. unlös. Org. %	Erweichungspunkt des Festkörpers °C
1	Bitumenlösung	> 21	25 bis 70	< 65	≥ 90
2	Bitumenemulsion	–	> 35	< 40	≥ 90
3	Prüfung nach	DIN 53 213 Teil 1	DIN 1996 Teil 6	DIN 1996 Teil 6	DIN 52 011 [1]

[1] Für Bitumenemulsion nach DIN 52 041.

3.6 Bitumenbahnen

	1		2		1		2
	Bahn		nach		Bahn		nach
1	Nackte Bitumenbahn	R 500 N	DIN 52 129	10	Dachdichtungsbahn	G 200 DD	DIN 52 130
2	Bitumendachbahn	R 500	DIN 52 128	11	Bitumen-Schweißbahn	J 300 S 4	DIN 52 131
3	Dachbahn	V 13	DIN 52 143	12	Bitumen-Schweißbahn	J 300 S 5	DIN 52 131
4	Dichtungsbahn	J 300 D	DIN 18 190 Teil 2	13	Bitumen-Schweißbahn	G 200 S 4	DIN 52 131
5	Dichtungsbahn	G 220 D	DIN 18 190 Teil 3	14	Bitumen-Schweißbahn	G 200 S 5	DIN 52 131
6	Dichtungsbahn	Cu 0,1 D	DIN 18 190 Teil 4	15	Bitumen-Schweißbahn	V 60 S 4	DIN 52 131
7	Dichtungsbahn	Al 0,2 D	DIN 18 190 Teil 4	16	Bitumen-Schweißbahn mit 0,1 mm dicker Kupferbandeinlage in Anlehnung an DIN 52 131		–
8	Dichtungsbahn	PETP 0,03 D	DIN 18 190 Teil 5				
9	Dachdichtungsbahn	J 300 DD	DIN 52 130				

3.7 Kunststoff-Dichtungsbahnen

	1	2		1	2
	Bahn	nach		Bahn	nach
1	Polyisobutylen-(PIB-)Bahn	DIN 16 935	3	PVC weich (Polyvinylchlorid weich)-Bahn, nicht bitumenbeständig	DIN 16 938
2	PVC weich (Polyvinylchlorid weich)-Bahn, bitumenbeständig	DIN 16 937	4	Ethylencopolymerisat-Bitumen (ECB)-Bahn	DIN 16 729 (z.Z. Entwurf)

Anmerkung: Sollen Kunststoff-Dichtungsbahnen vollflächig mit Bitumen verklebt werden, so ist gegebenenfalls durch eine entsprechende Untersuchung die Verträglichkeit der verwendeten Stoffe untereinander zu überprüfen.

3.8 Kalottengeriffelte Metallbänder [1])

Allgemeine Anforderungen: Poren- und rissefrei, plan- und geradegereckt.
Lieferart: 600 mm breite Rollen, bei Kupferband bis höchstens 100 mm breit.

1	2	3	4	5	6	7
Band	Kurz-zeichen	Werkstoff Werkstoff-nummer	DIN-Nummer	Dicke des unprofilierten Bandes [2]) mm	Kalotten-höhe	Zugfestigkeit des unprofilierten Bandes N/mm^2
1	Kupferband	Sf-Cu	2.0090	DIN 1708	0,1	1,0 bis 1,5	200 bis 260
2					0,2		
3	Aluminium-band	Al 99,5	3.0255	DIN 1712 Teil 3	0,2	1,0 bis 2,5	60 bis 90
4	Edelstahl-band	X 5 CrNiMo 18 10	1.4401	DIN 17 440	0,05 bis 0,065	1,0 bis 1,3	500 bis 600

[1]) In Sonderfällen auch unprofiliert.
[2]) Bei profilierten Blechen ist die Dicke des unprofilierten Bandes über die flächenbezogene Masse zu bestimmen. Diese ist für Kupferband DIN 1791, für Aluminiumband DIN 1784 und für Edelstahlband DIN 17 440 zu entnehmen.

4 Hilfsstoffe

4.1 Stoffe für Trennschichten/Trennlagen
Benennung, flächenbezogene Masse und sonstige Anforderungen:
a) Ölpapier, min. 50 g/m^2;
b) Rohglasvlies nach DIN 52 141, 60 bis 100 g/m^2;
c) Vliese aus Chemiefasern, min. 150 g/m^2;
d) Polyethylen-(PE-)Folie, 140 bis 180 g/m^2;
e) Lochglasvlies-Bitumenbahn einseitig grob besandet, min. 150 g/m^2; Lochanzahl: 120 bis 140 Stück/m^2; Lochdurchmesser: 16 bis 20 mm; Lochanordnung: in Bahnenlängsrichtung versetzt; Lochabstände: in Bahnenlängsrichtung 90 bis 120 mm, untereinander 70 bis 100 mm.

4.2 Stoff für Schutzlagen
Bahn aus PVC halbhart, mindestens 1 mm dick.

4.3 Stoffe zum Verfüllen von Fugen in Schutzschichten
a) Vergußmassen aus Bitumen, heiß und kalt zu verarbeiten,
b) Kunststoff-Bänder,
c) Bänder und Profilstäbe.

Zitierte Normen

DIN	1708	Kupfer; Kathoden und Gußformate
DIN	1712 Teil 3	Aluminium; Halbzeug
DIN	1784	Bänder, Bleche und Formate aus Aluminium und Aluminium-Knetlegierungen mit Dicken von 0,021 bis 0,35 mm, kaltgewalzt; Maße
DIN	1791	Bänder und Bandstreifen aus Kupfer und Kupfer-Knetlegierungen, kaltgewalzt; Maße
DIN	1995	Bituminöse Bindemittel für den Straßenbau; Anforderungen
DIN	1996 Teil 6	Prüfung bituminöser Massen für den Straßenbau und verwandte Gebiete; Bestimmung des Bindemittelgehaltes
DIN	1996 Teil 14	Prüfung bituminöser Massen für den Straßenbau und verwandte Gebiete; Bestimmung der Korngrößenverteilung von Mineralstoffen
DIN	1996 Teil 15	Prüfung bituminöser Massen für den Straßenbau und verwandte Gebiete; Bestimmung des Erweichungspunktes nach Wilhelmi
DIN	7724	Gruppierung hochpolymerer Werkstoffe auf Grund der Temperaturabhängigkeit ihres mechanischen Verhaltens; Grundlagen, Gruppierung, Begriffe
DIN	16 729	(z. Z. Entwurf) Kunststoff-Dach- und Dichtungsbahnen; Bahnen aus Ethylencopolymerisat-Bitumen (ECB), Anforderungen, Prüfung
DIN	16 935	Polyisobutylen-Bahnen für Bautenabdichtungen; Anforderungen, Prüfung
DIN	16 937	PVC weich (Polyvinylchlorid weich)-Bahnen, bitumenbeständig, für Bautenabdichtungen; Anforderungen, Prüfung
DIN	16 938	PVC weich (Polyvinylchlorid weich)-Bahnen, nicht bitumenbeständig, für Abdichtungen; Anforderungen, Prüfung
DIN	17 440	Nichtrostende Stähle; Gütevorschriften
DIN	18 190 Teil 2	Dichtungsbahnen für Bauwerksabdichtungen; Dichtungsbahnen mit Jutegewebeeinlage, Begriff, Bezeichnung, Anforderungen
DIN	18 190 Teil 3	Dichtungsbahnen für Bauwerksabdichtungen; Dichtungsbahnen mit Glasgewebeeinlage, Begriff, Bezeichnung, Anforderungen
DIN	18 190 Teil 4	Dichtungsbahnen für Bauwerksabdichtungen; Dichtungsbahnen mit Metallbandeinlage, Begriff, Bezeichnung, Anforderungen
DIN	18 190 Teil 5	Dichtungsbahnen für Bauwerksabdichtungen; Dichtungsbahnen mit Polyäthylenterephthalat-Folien-Einlage, Begriff, Bezeichnung, Anforderungen
DIN	18 195 Teil 1	Bauwerksabdichtungen; Allgemeines, Begriffe
DIN	18 195 Teil 3	Bauwerksabdichtungen; Verarbeitung der Stoffe
DIN	18 195 Teil 4	Bauwerksabdichtungen; Abdichtungen gegen Bodenfeuchtigkeit, Bemessung und Ausführung
DIN	18 195 Teil 5	Bauwerksabdichtungen; Abdichtungen gegen nichtdrückendes Wasser, Bemessung und Ausführung
DIN	18 195 Teil 6	Bauwerksabdichtungen; Abdichtungen gegen von außen drückendes Wasser, Bemessung und Ausführung
DIN	18 195 Teil 8	Bauwerksabdichtungen; Abdichtungen über Bewegungsfugen
DIN	18 195 Teil 9	Bauwerksabdichtungen; Durchdringungen, Übergänge, Abschlüsse
DIN	18 195 Teil 10	Bauwerksabdichtungen; Schutzschichten und Schutzmaßnahmen
DIN	52 005	Prüfung bituminöser Bindemittel; Bestimmung der Asche
DIN	52 011	Prüfung bituminöser Bindemittel; Bestimmung des Erweichungspunktes, Ring und Kugel
DIN	52 041	Prüfung bituminöser Bindemittel; Verfahren für die Rückgewinnung des Bitumens aus Bitumenemulsionen
DIN	52 128	Bitumendachbahnen mit Rohfilzeinlage; Begriff, Bezeichnung, Anforderungen
DIN	52 129	Nackte Bitumenbahnen; Begriff, Bezeichnung, Anforderungen
DIN	52 130	Bitumen-Dachdichtungsbahnen; Begriff, Bezeichnung, Anforderungen
DIN	52 131	Bitumen-Schweißbahnen; Begriff, Bezeichnung, Anforderungen
DIN	52 141	Glasvlies als Einlage für Dach- und Dichtungsbahnen; Begriff, Bezeichnung, Anforderungen
DIN	52 143	Glasvlies-Bitumendachbahnen; Begriff, Bezeichnung, Anforderungen
DIN	53 150	Prüfung von Anstrichstoffen und ähnlichen Beschichtungsstoffen; Bestimmung des Trockengrades von Anstrichen (Abgewandeltes Bandow-Wolff-Verfahren)
DIN	53 213 Teil 1	Prüfung von Anstrichstoffen und ähnlichen lösungsmittelhaltigen Erzeugnissen; Flammpunktprüfung im geschlossenen Tiegel, Bestimmung des Flammpunktes
DIN	53 215	Prüfung von Anstrichstoffen; Bestimmung des Festkörper-Gehaltes von bituminösen Anstrichstoffen
DIN	55 946 Teil 1	(z. Z. Entwurf) Bitumen und Stoffe aus Bitumen sowie Stoffe aus Steinkohlenteerpech; Bitumen und Stoffe aus Bitumen, Begriffe
DIN ISO	2431	Anstrichstoffe; Bestimmung der Auslaufzeit mit Auslaufbechern

Frühere Ausgaben
DIN 4031: 07.32x, 11.59x, 03.78
DIN 4117: 06.50, 11.60
DIN 4122: 07.68, 03.78

Änderungen
Gegenüber DIN 4031/03.78, DIN 4117/11.60 und DIN 4122/03.78 wurden folgende Änderungen vorgenommen:
Die Normen wurden dem Stand der Technik entsprechend vollständig überarbeitet und ihr Inhalt wurde unter der Norm-Nummer DIN 18 195 zusammengefaßt und in Teil 1 bis Teil 6 und Teil 8 bis Teil 10 gegliedert.

Internationale Patentklassifikation
E 04 B 1-66

Entwurf September 1998

Bauwerksabdichtungen Teil 2: Stoffe	**DIN** **18195-2**

Einsprüche bis 31. Dez 1998

ICS 91.100.50; 91.120.30

Water-proofing of buildings – Part 2: Materials

Etanchéité d'ouvrage – Partie 2: Matériaux

Vorgesehen als Ersatz für
Ausgabe 1983-08;
Ersatz für
Entwurf Ausgabe 1996-12

Anwendungswarnvermerk

Dieser Norm-Entwurf wird der Öffentlichkeit zur Prüfung und Stellungnahme vorgelegt.

Weil die beabsichtigte Norm von der vorliegenden Fassung abweichen kann, ist die Anwendung dieses Entwurfes besonders zu vereinbaren.

Stellungnahmen werden erbeten an den Normenausschuß Bauwesen (NABau) im DIN Deutsches Institut für Normung e. V., 10772 Berlin (Hausanschrift: Burggrafenstraße 6, 10787 Berlin).

Inhalt

Seite

Vorwort 1
1 Anwendungsbereich 3
2 Normative Verweisungen 3
3 Definitionen 6
4 Abdichtungsstoffe 6
5 Hilfsstoffe 10
Anhang A (informativ) Hinweise für Einsprecher 11

Vorwort

Dieser Norm-Entwurf wurde vom NABau-Arbeitsausschuß "Bauwerksabdichtungen" erarbeitet.

Um die Stellungnahmen besser bearbeiten zu können, wird darum gebeten, diese zusätzlich in maschinenlesbarer Form – als Diskette – in dem Format entsprechend dem Anhang A dem DIN zukommen zu lassen.

DIN 18195 "Bauwerksabdichtungen" besteht aus:

- Teil 1: Grundsätze, Definitionen, Zuordnung der Abdichtungsarten (z. Z. Entwurf)
- Teil 2: Stoffe (z. Z. Entwurf)
- Teil 3: Anforderungen an den Untergrund und Verarbeitung der Stoffe (z. Z. Entwurf)
- Teil 4: Abdichtungen gegen Bodenfeuchtigkeit (Kapillarwasser, Haftwasser, Sickerwasser) – Bemessung und Ausführung (z. Z. Enwurf)

Fortsetzung Seite 2 bis 11

Normenausschuß Bauwesen (NABau) im DIN Deutsches Institut für Normung e.V.

Seite 2
E DIN 18195-2 : 1998-09

- Teil 5: Abdichtungen gegen nichtdrückendes Wasser, Bemessung und Ausführung (z. Z. Entwurf)
- Teil 6: Abdichtungen gegen von außen drückendes Wasser, Bemessung und Ausführung (z. Z. Entwurf)
- Teil 7: Abdichtungen gegen von innen drückendes Wasser, Bemessung und Ausführung
- Teil 8: Abdichtungen über Bewegungsfugen
- Teil 9: Durchdringungen, Übergänge, Abschlüsse
- Teil 10: Schutzschichten und Schutzmaßnahmen

Änderungen

Gegenüber der Ausgabe August 1983 wurden folgende Änderungen vorgenommen:

- Die Listen der anzuwendenden Abdichtungsbahnen dem Stand der Technik entsprechend geändert.

Seite 3
E DIN 18195-2 : 1998-09

1 Anwendungsbereich

Diese Norm gilt für Abdichtungsstoffe und Hilfsstoffe, die zur Herstellung von Bauwerksabdichtungen gegen
- Bodenfeuchtigkeit nach E DIN 18195-4,
- nichtdrückendes Wasser nach E DIN 18195-5,
- von außen drückendes Wasser nach E DIN 18195-6 und
- von innen drückendes Wasser nach DIN 18195-7

verwendet werden.

Sie gilt ferner für das Herstellen der Abdichtungen über Bewegungsfugen nach DIN 18195-8, für Durchdringungen, Übergänge und Abschlüsse nach DIN 18195-9 sowie für Schutzschichten und Schutzmaßnahmen nach DIN 18195-10.

Diese Norm gilt nicht für

- die Abdichtung von nicht genutzten und von extensiv begrünten Dachflächen (siehe DIN 18531),
- die Abdichtung von Fahrbahnen, z. B. Fahrbahntafeln, die zu öffentlichen Straßen oder zu Schienenwegen gehören,
- die Abdichtung von Deponien, Erdbauwerken und bergmännisch erstellten Tunnel.
- Bauteile, die so wasserundurchlässig sind, daß die Dauerhaftigkeit des Bauteils und die Nutzbarkeit des Bauwerks ohne weitere Abdichtung im Sinne dieser Norm gegeben sind. *)

2 Normative Verweisungen

Diese Norm enthält durch datierte oder undatierte Verweisungen Festlegungen aus anderen Publikationen. Diese normativen Verweisungen sind an den jeweiligen Stellen im Text zitiert, und die Publikationen sind nachstehend aufgeführt. Bei datierten Verweisungen gehören spätere Änderungen oder Überarbeitungen dieser Publikationen nur zu dieser Norm, falls sie durch Änderung oder Überarbeitung eingearbeitet sind. Bei undatierten Verweisungen gilt die letzte Ausgabe der in Bezug genommenen Publikation.

DIN 1708
Kupfer; Kathoden und Gußformate

DIN 1791
Bänder und Bandstreifen aus Kupfer und Kupfer-Knetlegierungen – kaltgewalzt, Maße

DIN 1995-1
Bitumen und Steinkohlenteerpech – Anforderungen an die Bindemittel – Straßenbaubitumen

DIN 1996-6
Prüfung von Asphalt – Bestimmung des Bindemittelgehaltes und Rückgewinnung des Bindemittels

DIN 1996-14
Prüfung von Asphalt – Bestimmung der Korngrößenverteilung von aus Asphalt extrahierten Mineralstoffen

DIN 1996-15
Prüfung bituminöser Massen für den Straßenbau und verwandte Gebiete – Bestimmung des Erweichungspunktes nach Wilhelmi

DIN 7724
Polymere Werkstoffe – Gruppierung polymerer Werkstoffe aufgrund ihres mechanischen Verhaltens

DIN 7864-1
Elastomer-Bahnen für Abdichtungen – Anforderungen, Prüfung

---

*) Bauteile aus wasserundurchlässigem Beton lassen im Gegensatz zu abgedichteten Bauteilen Feuchtigkeit durch verschiedene Transportmechanismen auf die wasserabgewandte Seite des Bauteils durchtreten. Dadurch kann die Nutzbarkeit angrenzender Räume eingeschränkt sein.

DIN 16726
Kunststoff-Dachbahnen, Kunststoff-Dichtungsbahnen – Prüfungen

DIN 16729
Kunststoff-Dachbahnen und Kunststoff-Dichtungsbahnen aus Ethylencopolymerisat-Bitumen (ECB) - Anforderungen

DIN 16734
Kunststoff-Dachbahnen aus weichmacherhaltigem Polyvinylchlorid (PVC-P) mit Verstärkung aus synthetischen Fasern, nicht bitumenverträglich – Anforderungen

DIN 16735
Kunststoff-Dachbahnen aus weichmacherhaltigem Polyvinylchlorid (PVC-P) mit einer Glasvlieseinlage, nicht bitumenverträglich – Anforderungen

DIN 16935
Kunststoff-Dichtungsbahnen aus Polyisobutylen (PIB) – Anforderungen

DIN 16937
Kunststoff-Dichtungsbahnen aus weichmacherhaltigem Polyvinylchlorid (PVC-P), bitumenverträglich – Anforderungen

DIN 16938
Kunststoff-Dichtungsbahnen aus weichmacherhaltigem Polyvinylchlorid (PVC-P), nicht bitumenverträglich – Anforderungen

DIN 17440
Nichtrostende Stähle – Technische Lieferbedingungen für Blech, Warmband und gewalzte Stäbe für Druckbehälter, gezogenen Draht und Schmiedestücke

DIN 18190-4
Dichtungsbahnen für Bauwerksabdichtungen – Dichtungsbahnen mit Metallbandeinlage – Begriff, Bezeichnung, Anforderungen

E DIN 18195-1
Bauwerksabdichtungen – Teil 1: Grundsätze, Definitionen, Zuordnung der Abdichtungsarten

E DIN 18195-4
Bauwerksabdichtungen – Teil 4: Abdichtungen gegen Bodenfeuchtigkeit (Kapillarwasser, Haftwasser, Sickerwasser), Bemessung und Ausführung

E DIN 18195-5
Bauwerksabdichtungen – Teil 5: Abdichtungen gegen nichtdrückendes Wasser, Bemessung und Ausführung

E DIN 18195-6
Bauwerksabdichtungen – Teil 6: Abdichtungen gegen von außen drückendes Wasser, Bemessung und Ausführung

DIN 18195-7
Bauwerksabdichtungen – Teil 7: Abdichtungen gegen von innen drückendes Wasser, Bemessung und Ausführung

E DIN 28052-6
Chemischer Apparatebau – Oberflächenschutz mit nichtmetallischen Werkstoffen für Bauteile aus Beton in verfahrenstechnischen Anlagen – Eignungsnachweis und Prüfung

DIN 52005
Prüfung bituminöser Bindemittel – Bestimmung der Asche

DIN 52011
Prüfung bituminöser Bindemittel – Bestimmung des Erweichungspunktes, Ring und Kugel

DIN 52041
Prüfung bituminöser Bindemittel – Verfahren für die Rückgewinnung des Bitumens aus Bitumenemulsionen

DIN 52123
Prüfung von Bitumen- und Polymerbitumenbahnen

DIN 52128
Bitumendachbahnen mit Rohfilzeinlage – Begriff, Bezeichnung, Anforderungen

DIN 52129
Nackte Bitumenbahnen – Begriff, Bezeichnung, Anforderungen

DIN 52130
Bitumen-Dachdichtungsbahnen – Begriff, Bezeichnung, Anforderungen

DIN 52131
Bitumen-Schweißbahnen – Begriff, Bezeichnung, Anforderungen

DIN 52132
Polymerbitumen-Dachdichtungsbahnen – Begriff, Bezeichnung, Anforderungen

DIN 52133
Polymerbitumen-Schweißbahnen – Begriff, Bezeichnung, Anforderungen

DIN 52141
Glasvlies als Einlage für Dach- und Dichtungsbahnen – Begriff, Bezeichnung, Anforderungen

DIN 52143
Glasvlies-Bitumendachbahnen – Begriff, Bezeichnung, Anforderungen

DIN 53150
Prüfung von Anstrichstoffen und ähnlichen Beschichtungsstoffen – Bestimmung des Trockengrades von Anstrichen (Abgewandeltes Bando-Wolff-Verfahren)

DIN 53213-1
Prüfung von Anstrichstoffen und ähnlichen lösungsmittelhaltigen Erzeugnissen – Flammpunktprüfung im geschlossenen Tiegel – Teil 1: Bestimmung des Flammpunktes

DIN 53215
Prüfung von Anstrichstoffen – Bestimmung des Festkörper-Gehaltes von bituminösen Anstrichstoffen

DIN 55946-1
Bitumen und Steinkohlenteerpech – Teil 1: Begriffe für Bitumen und Zubereitungen aus Bitumen

DIN 61210
Vliese, verfestigte Vliese (Filze, Vliesstoffe, Watten) und Vliesverbundstoffe auf Basis textiler Fasern; Technologische Einteilung

DIN EN ISO 2431
Lacke und Anstrichstoffe – Bestimmung der Auslaufzeit mit Auslaufbechern (ISO 2431:1993, einschließich Technische Korrektur 1:1994); Deutsche Fassung EN ISO 2431:1996

DIN EN ISO 3251
Lacke und Anstrichstoffe – Bestimmung des nichtflüchtigen Anteils von Lacken, Anstrichstoffen und Bindemitteln für Lacke und Anstrichstoffe (ISO 3251:1993); Deutsche Fassung EN ISO 3251:1995

ZTV-BEL-B 1
Zusätzliche Technische Vertragsbedingungen und Richtlinien für das Herstellen von Brückenbelägen auf Beton – Teil 1: Dichtungsschicht aus einer Bitumen-Schweißbahn

3 Definitionen

Für die Anwendung dieser Norm gelten die Definitionen für Bitumen und Zubereitungen aus Bitumen nach DIN 55946-1, für polymere Werkstoffe nach DIN 7724 und für sonstige nach E DIN 18195-1.

4 Abdichtungsstoffe

Tabelle 4.1: Bitumen-Voranstrichmittel

	1	2	3	4	5	6	7
1		Auslaufzeit (Flüssigkeitsgrad) s	Flammpunkt °C	Staubtrockenzeit [1] h	Massenanteil an Festkörper %	Erweichungspunkt des Festkörpers °C	Massenanteil an Asche [2] %
2	Bitumenlösung	≥ 15	> 21	≤ 3	30 bis 50	54 bis 72	≤ 5
3	Bitumenemulsion	≥ 15	-	≤ 5	≥ 30	≥ 45	≤ 5
4	Prüfung nach	DIN EN ISO 2431 [3]	DIN 53213-1	DIN 53150	DIN 53215 [4]	DIN 52011 [5]	DIN 52005

[1] Trockengrad 1 auf Glas mit 250 g/m².
[2] Bezogen auf den Festkörper.
[3] Mit der 4-mm-Düse.
[4] Bei Bitumenemulsionen nach DIN 52041.
[5] Geprüft wird der nach DIN 53215 ermittelte Festkörper.

Tabelle 4.2: Klebemassen und Deckaufstrichmittel, heiß zu verarbeiten

	1		2	3	4
1			Massenanteil an löslichem Bindemittel %	Erweichungspunkt des Bindemittels [1] °C	Erweichungspunkt des Festkörpers °C
2	Straßenbau Bitumen nach DIN 1995-1	ungefüllt	≥ 99	54 bis 75	
3		gefüllt [2]	≥ 50	54 bis 75	≥ 60
4	Oxidbitumen	ungefüllt	≥ 99	80 bis 125	
5		gefüllt [2]	≥ 50	80 bis 125	≥ 90
6	Prüfung nach		DIN 1996-6	DIN 52011	DIN 52011

[1] Bei gefüllten Massen am extrahierten Bindemittel gemessen.
[2] Mineralische Füllstoffe aus nicht quellfähigen Gesteinsmehlen und/oder mineralischen Faserstoffen mit einem Massenanteil von mindestens 30 %.

Seite 7
E DIN 18195-2 : 1998-09

Tabelle 4.3: Asphaltmastix und Gußasphalt

	1	2	3	4	5	6
1		Massenanteil an löslichem Bindemittel	Massenanteil an Füller	Massenanteil an Sand [2]	Erweichungspunkt des Bindemittels [3]	Erweichungspunkt des Festkörpers
		%	bezogen auf 100 % Mineralstoffe		°C	°C
			%	%		
2	Asphaltmastix [1]	13 bis 16	≥ 25	≤ 75	45 bis 75	85 bis 120
3	Gußasphalt	6,5 bis 9,0	≥ 20	≤ 45		
4	Prüfung nach	DIN 1996-6	DIN 1996-14	DIN 1996-14	DIN 52011	DIN 1996-15

[1] Bitumensorte gemäß DIN 1995-1 Straßenbaubitumen oder polymermodifizierte Bitumen
[2] Kornabgestuft. Korngröße 0,09 bis 2,0 mm
[3] Am extrahierten Bindemittel

Tabelle 4.4: Bitumen- und Polymerbitumenbahnen

	1	2
1	Bahnen	nach
2	Nackte Bitumenbahnen R 500 N	DIN 52129
3	Bitumendachbahn mit Rohfilzeinlage R 500	DIN 52128
4	Glasvlies-Bitumendachbahnen	DIN 52143
5	Dichtungsbahnen Cu 0,1 D	DIN 18190-4
6	Bitumen-Dachdichtungsbahnen	DIN 52130
7	Bitumen-Schweißbahnen	DIN 52131
8	Polymerbitumen-Dachdichtungsbahnen, Bahnentyp PYE	DIN 52132
9	Polymerbitumen-Schweißbahnen, Bahnentyp PYE	DIN 52133
10	Bitumen-Schweißbahnen mit 0,1 mm dicker Kupferbandeinlage	nach DIN 52131, abweichend jedoch mit Kupferbandeinlage
11	Polymerbitumen-Schweißbahnen mit hochliegender Trägereinlage aus Polyestervlies	nach ZTV-BEL-B 1
12	Edelstahlkaschierte Bitumenschweißbahnen	nach ZTV-BEL-B 1

Tabelle 4.5: Kunststoff-Dichtungsbahnen

	1	2
	Bahnen	nach
1	Ethylencopolymerisat-Bitumen (ECB)-Bahnen	DIN 16729
2	Polyvinylchlorid weich (PVC-P)-Bahnen, mit Verstärkung aus synthetischen Fasern, nicht bitumenverträglich	DIN 16734
3	Polyvinylchlorid weich (PVC-P)-Bahnen, mit Glasvlieseinlage, nicht bitumenverträglich	DIN 16735
4	Polyisobutylen (PIB)-Bahnen	DIN 16935
5	Polyvinylchlorid weich (PVC-P)-Bahnen, bitumenverträglich	DIN 16937
6	Polyvinylchlorid weich (PVC-P)-Bahnen, nicht bitumenverträglich	DIN 16938
7	Elastomer (EPDM)-Bahnen	DIN 7864-1, abweichend jedoch mit werkseitiger Beschichtung zur Nahtfügetechnik

Tabelle 4.6: Kalottengeriffelte Metallbänder

	1	2	3	4	5	6	7
	Band	Werkstoff			Dicke des unprofilierten Bandes [1] mm	Kalottenhöhe mm	Zugfestigkeit des unprofilierten Bandes N/mm^2
		Kurzzeichen	Werkstoffnummer	Norm-Nummer			
1	Kupferband	Sf-Cu	2.0090	DIN 1708	0,1	1,0 bis 1,5	200 bis 260
2					0,2		
3	Edelstahlband	X5 CrNiMo 1810	1.4401	DIN 17440	0,05 bis 0,065	1,0 bis 1,3	500 bis 600

Allgemeine Anforderungen: Poren- und rissefrei, plan und geradegereckt.
Lieferart: Rollen, 600 mm, bei Kupferband höchstens 1000 mm breit.
[1] Bei profilierten Blechen ist die Dicke des unprofilierten Bandes über die flächenbezogene Masse zu bestimmen. Diese ist für Kupferband aus DIN 1791 und für Edelstahlband DIN 17440 zu entnehmen.

Seite 9
E DIN 18195-2 : 1998-09

Tabelle 4.7: Kunststoffmodifizierte Dickbeschichtungen

lfd. Nr.	Zusammensetzung und Eigenschaft	Prüfwert/Anforderung	Prüfverfahren nach	abweichend jedoch
1	Zusammensetzung der Flüssigkomponente			
1.1	Festkörpergehalt (Ma.-%)	Wert ist anzugeben	EN ISO 3251	bei einer Temperatur von 105°C ± 5 K bis zur Gewichtskonstanz
1.2	Aschegehalt (Ma.-%) bezogen auf Festkörper	Wert ist anzugeben	DIN 52005	Probenvorbereitung: EN ISO 3251 bei einer Temperatur von 475°C ± 25 K bis zur Gewichtskonstanz
1.3	Bindemittelgehalt (Ma.-%) incl. nicht verdampfbarer org. Anteile bezogen auf Festkörper	≥ 35%	errechnet aus 1.1 und 1.2	
2	Eigenschaften der Trockenschicht			
2.1	Dichte des Festkörpers	Wert ist anzugeben	DIN 52123 Verfahren A	
2.2	Wärmebeständigkeit	≥ + 70°C	DIN 52123	Vor der Prüfung ist der Probekörper 28 d bei 20°C / 65% rel. Luftfeuchte zu trocknen. Trockenschichtdicke: mind 3 mm
2.3	Kaltbiegeverhalten	≤ 0°C	DIN 52123	Vor der Prüfung ist der Probekörper 28 d bei 20°C / 65% rel. Luftfeuchte zu trocknen. Trockenschichtdicke: mind. 3mm
2.4	Wasserundurchlässigkeit	Schlitzbreite: 1 mm Wasserdruck: 0,075 N/mm²	DIN 52123	Vor der Prüfung ist der Probekörper 28 d bei 20°C / 65% rel. Luftfeuchte zu trocknen. Trockenschichtdicke: mind. 4 mm
2.5	Rißüberbrückung	≥ 2mm	E DIN 28052-6	Prüftemperatur: + 4°C ohne Druckwasserversuch, alternativ kann der Riß auch zentrisch erzeugt werden

Tabelle 4.8 Kaltselbstklebende Bitumen-Dichtungsbahnen

	1	2	3
	Eigenschaften	Prüfung nach	Anforderungen
1	Wasserdurchlässigkeit	DIN 52123, 10,2	$\geq$ 4bar/24h
2	Höchstzugkraft längs/quer	DN 52123, 11	$\geq$ 200/200 N/5 cm
3	Dehnung bei Höchstzugkraft längs/quer	DIN 52123, 11	$\geq$ 150/150 %
4	Verhalten bei Weiterreißversuch	DIN 16726, 5.8.2	$\geq$ 60/60 N
5	Kaltbiegeversuch	DIN 52123, 12	$\leq$ -30 C
6	Wärmestandfestigkeit	DIN 52123, 13	$\geq$ +70 C
7	Rißüberbrückung	E DIN 28052-6	$\geq$ 5 mm, bei 2 mm Rißversatz
8	Dicke	DIN 52123, 5	gesamt $\geq$ 1,5mm Trägerfolie $\geq$ 0.07mm

5 Hilfsstoffe

5.1 Stoffe für Grundierungen, Versiegelungen und Kratzspachtelungen [1]

Lösungsmittelfreie Epoxidharze nach ZTV-BEL-B 1[1]

5.2 Stoffe für Trennschichten bzw. Trennlagen

a) Ölpapier, mindestens 50 g/m^2;
b) Rohglasvliese nach DIN 52141;
c) Vliese aus Chemiefasern, mindestens 150 g/m^2;
d) Polyethylen-(PE-) Folie, mindestens 0,2 mm dick;
e) Lochglasvlies-Bitumenbahn, einseitig grob besandet, mindestens 1500 g/m^2.

5.3 Stoffe für Schutzlagen

a) Bahnen aus PVC-halbhart, mindestens 1 mm dick;
b) Bautenschutzmatten und -platten aus Gummi- oder Polyethylengranulat, mindestens 6 mm dick;
c) Vliese nach DIN 61210 bzw. Geotextilien aus Chemiefasern, mindestens 300 g/m^2, mindestens 2 mm dick.

5.4 Stoffe zum Verfüllen von Fugen in Schutzschichten

a) bitumenhaltige Vergußmassen,
b) Profile aus Bitumen, thermoplastischen Kunststoffen oder Elastomeren.

---

[1] Für Abdichtung nach E DIN 18195-5, Ziffer 8.3.7

Anhang A (informativ)
Hinweise für Einsprecher

Es wird darum gebeten, die Stellungnahmen in eine Tabelle mit fünf Spalten einzutragen, die dem unten abgebildeten Schema entspricht. Ziel ist es dann, alle Einsprüche in einer entsprechenden Tabelle aufzulisten. Als Einsprecher wählen Sie bitte ein Kürzel aus drei Buchstaben.

Bitte speichern Sie nach Möglichkeit die fertige Tabelle der Einsprüche als Microsoft Word 6.0, WordPerfect 5.2 oder Fich Text Format Datei auf eine Diskette ab, die Sie dann freundlicherweise an das DIN senden.

Einsprüche zu E DIN 18195-2, veröffentlicht: 1998-09

Einsprecher	Abschnitt	r, t *)	Einspruch	Kommentar des Arbeitsausschusses
Firma Max	allgemein	r	Kommentar...	
Firma Max	2.1	r	Kommentar...	
Firma Max	2.2	t	Kommentar...	
Firma Max	3.2.3	r	Kommentar...	
Firma Max	3.2.4	t	.Kommentar...	
Firma Max	3.2.5	r	Kommentar...	
Firma Max	4.3	t	Kommentar...	
Firma Max	5.2	r	Kommentar...	
Firma Max	7.1.2	t	Kommentar...	
Firma Max	9.1.2	t	Kommentar...	
Firma Max	9.1.4	r	Kommentar...	
Firma Max	9.2.1	r	Kommentar...	
Firma Max	Bild 3	t	Kommentar...	
Firma Max	A.2.3	r	Kommentar...	

*) redaktionell (r)
   technisch (t)

DK 699.82 : 691.004

August 1983

Bauwerksabdichtungen
Verarbeitung der Stoffe

DIN 18 195
Teil 3

Water-proofing of buildings; processing of materials
Etanchéité d'ouvrage; traitement des materiaux

Teilweise Ersatz für
DIN 4031/03.78,
DIN 4117/11.60 und
DIN 4122/03.78

Zu dieser Norm gehören:
DIN 18 195 Teil 1   Bauwerksabdichtungen; Allgemeines, Begriffe
DIN 18 195 Teil 2   Bauwerksabdichtungen; Stoffe
DIN 18 195 Teil 4   Bauwerksabdichtungen; Abdichtungen gegen Bodenfeuchtigkeit, Bemessung und Ausführung
DIN 18 195 Teil 5   Bauwerksabdichtungen; Abdichtungen gegen nichtdrückendes Wasser, Bemessung und Ausführung
DIN 18 195 Teil 6   Bauwerksabdichtungen; Abdichtungen gegen von außen drückendes Wasser, Bemessung und Ausführung
DIN 18 195 Teil 8   Bauwerksabdichtungen; Abdichtungen über Bewegungsfugen
DIN 18 195 Teil 9   Bauwerksabdichtungen; Durchdringungen, Übergänge, Abschlüsse
DIN 18 195 Teil 10 Bauwerksabdichtungen; Schutzschichten und Schutzmaßnahmen
Ein weiterer Teil über die Abdichtungen gegen von innen drückendes Wasser befindet sich in Vorbereitung.

Inhalt

	Seite		Seite
1 Anwendungsbereich und Zweck	1	5 Klebemassen und Deckaufstrichmittel, heiß zu verarbeiten	2
2 Begriffe	1	6 Asphaltmastix, heiß zu verarbeiten	2
3 Bitumen-Voranstrichmittel und Deckaufstrichmittel, kalt zu verarbeiten	1	7 Bitumenbahnen und Metallbänder	2
4 Spachtelmassen, kalt zu verarbeiten	1	8 Kunststoff-Dichtungsbahnen	3

1 Anwendungsbereich und Zweck

Diese Norm gilt für die Verarbeitung von Stoffen nach DIN 18 195 Teil 2, die zur Herstellung von Bauwerksabdichtungen gegen
— Bodenfeuchtigkeit nach DIN 18 195 Teil 4,
— nichtdrückendes Wasser nach DIN 18 195 Teil 5 und
— von außen drückendes Wasser nach DIN 18 195 Teil 6
verwendet werden.

2 Begriffe

Für die Definition von Begriffen gelten
— DIN 55 946 Teil 1 (z. Z. Entwurf) für Bitumen und für Stoffe aus Bitumen,
— DIN 7724 für hochpolymere Werkstoffe (Thermoplaste, Elastomere),
— DIN 18 195 Teil 1 für sonstige Begriffe.

3 Bitumen-Voranstrichmittel und Deckaufstrichmittel, kalt zu verarbeiten

Bitumen-Voranstrichmittel und kalt zu verarbeitende Deckaufstrichmittel sind z. B. durch Streichen, Rollen oder Spritzen zu verarbeiten. Bevor andere oder weitere Schichten auf sie aufgebracht werden, müssen sie ausreichend durchgetrocknet bzw. abgelüftet sein.
Deckaufstrichmittel müssen in zusammenhängender Schicht aufgebracht werden.

4 Spachtelmassen, kalt zu verarbeiten

Kalt zu verarbeitende Spachtelmassen sind mit Kelle, Spachtel, Schieber oder durch Streichen oder Spritzen zu verarbeiten. Bevor weitere oder andere Schichten auf sie aufgebracht werden, müssen sie ausreichend durchgetrocknet bzw. abgelüftet sein. Bei jedem Arbeitsgang ist eine zusammenhängende Schicht aufzutragen.

Fortsetzung Seite 2 bis 5

Normenausschuß Bauwesen (NABau) im DIN Deutsches Institut für Normung e.V.

5 Klebemassen und Deckaufstrichmittel, heiß zu verarbeiten

Heiß zu verarbeitende Klebemassen und Deckaufstrichmittel sind soweit zu erhitzen, daß ihre Viskosität (Gießbarkeit) verarbeitungsgerecht ist.

Anmerkung: Anhaltswerte für die dazu notwendigen Temperaturen in Abhängigkeit von der verwendeten Bitumensorte enthält Tabelle 1.

Tabelle 1.

Verwendete Bitumensorte	B 25 [1]	85/25 [2]	100/25 [2]	105/15 [2]
Verarbeitungstemperatur in °C	150 bis 160	180	190 bis 200	über 200 bis 210

[1] Nach DIN 1995
[2] Nach den Analysentabellen der Bitumenindustrie

Bei der Aufbereitung sollen Temperaturen über 240 °C vermieden werden.

Klebemassen sind zusammen mit den zu verklebenden Bitumenbahnen nach einem der im Abschnitt 7.2 bis Abschnitt 7.4 festgelegten Verfahren zu verarbeiten. Deckaufstrichmittel sind in der Regel durch Streichen zu verarbeiten.

6 Asphaltmastix, heiß zu verarbeiten

Asphaltmastix, heiß zu verarbeiten, ist mit Kelle, Spachtel oder Schieber zu verarbeiten.

7 Bitumenbahnen und Metallbänder

7.1 Allgemeines

Bitumenbahnen sind nach einem der in den Abschnitten 7.2 bis 7.6 festgelegten Verfahren vollflächig miteinander zu verkleben. Das Flämmverfahren nach Abschnitt 7.5 darf jedoch nicht bei nackten Bitumenbahnen angewendet werden. Das Schweißverfahren nach Abschnitt 7.6 darf nur für Schweißbahnen angewendet werden. Metallbänder sind grundsätzlich im Gieß- und Einwalzverfahren nach Abschnitt 7.4 zu verarbeiten. Die Bitumenbahnen und Metallbänder sind gegeneinander versetzt und in der Regel in der gleichen Richtung einzubauen.

7.2 Bürstenstreichverfahren

7.2.1 Auf waagerechten oder schwach geneigten Bauwerksflächen

Die Bitumenbahnen sind untereinander durch einen vollflächigen Aufstrich aus Klebemasse zu verkleben. Dabei ist vor die aufgerollte Bitumenbahn die Klebemasse in ausreichender Menge aufzutragen. Die Bitumenbahn ist dann unmittelbar anschließend so in die Klebemasse einzurollen, daß sie möglichst hohlraumfrei aufgeklebt werden kann. Die Ränder der aufgeklebten Bitumenbahnen sind anzubügeln.

7.2.2 Auf senkrechten oder stark geneigten Bauwerksflächen

Die Bitumenbahnen sind mit dem Untergrund und untereinander durch zwei vollflächige Aufstriche aus Klebemasse zu verkleben. Dabei ist die Unterseite der aufklebenden Bitumenbahn mit jeweils einem Aufstrich zu versehen. Es darf jedoch nur so viel Fläche mit Klebemasse bestrichen werden, daß bei dem Aufkleben der Bitumenbahn beide Aufstriche noch ausreichend flüssig sind, damit eine einwandfreie Verklebung sichergestellt ist. Die aufgeklebten Bitumenbahnen sind von der Bahnmitte aus zu den Rändern hin anzubügeln.

7.3 Gießverfahren

Beim Gießverfahren werden die Bitumenbahnen in die ausgegossene Klebemasse eingerollt. Hierzu sind ungefüllte Klebemassen zu verwenden.

Auf waagerechten und schwach geneigten Bauwerksflächen ist die Klebemasse aus einem Gießgefäß so auf den Untergrund vor die aufgerollte Bitumenbahn zu gießen, daß sie beim Ausrollen satt in die Klebemasse eingebettet wird.

Auf senkrechten und stark geneigten Bauwerksflächen ist die Klebemasse in den Zwickel zwischen Untergrund und angedrückter Bahnenrolle zu gießen. Beim Abrollen der Bitumenbahn muß der Bahnenrolle in ganzer Breite ein Klebemassewulst vorlaufen und die Klebemasse muß an den Rändern der Bitumenbahn austreten. Die ausgetretene Klebemasse ist sofort flächig zu verteilen.

7.4 Gieß- und Einwalzverfahren

Beim Gieß- und Einwalzverfahren werden die Bitumenbahnen in die ausgegossene Klebemasse eingewalzt. Hierzu darf nur gefüllte Klebemasse verwendet werden.

Das Einbauverfahren ist sinngemäß wie in Abschnitt 7.3 durchzuführen, jedoch müssen die aufzuklebenden Bitumenbahnen straff auf einen Kern aufgewickelt sein und beim Ausrollen in die Klebemasse fest eingewalzt werden.

Auf senkrechten oder stark geneigten Flächen sollen nur Bitumenbahnen mit einer Breite bis zu 0,7 m verwendet werden, es sei denn, daß ein maschinelles Verarbeitungsverfahren eine größere Breite zuläßt.

7.5 Flämmverfahren

Beim Flämmverfahren wird die in ausreichender Menge auf dem Untergrund vorhandene Klebemasse durch Wärmezufuhr aufgeschmolzen und die fest aufgewickelte Bitumenbahn darin ausgerollt. Für die Bahnenbreite bei senkrechten oder stark geneigten Flächen gilt Abschnitt 7.4.

Bei der Verarbeitung von Bitumen-Dichtungsbahnen im Flämmverfahren ist im Überdeckungsbereich der Bahnen zusätzlich Klebemasse aufzubringen.

7.6 Schweißverfahren

Beim Schweißverfahren sind die dem Untergrund zugewandte Seite der fest aufgewickelten Schweißbahn und der Untergrund zum Zwecke einer einwandfreien Verbindung ausreichend zu erhitzen. Die Bitumenmasse der Schweißbahn muß dabei so weit aufgeschmolzen werden, daß beim Ausrollen der Bitumenbahn ein Bitumenwulst in ganzer Breite vorläuft und die Bitumenmasse an den Rändern der ausgerollten Bitumenbahn austritt. Die ausgetretene Bitumenmasse ist sofort flächig zu verteilen. Für die Bahnenbreite bei senkrechten oder stark geneigten Flächen gilt Abschnitt 7.4.

8 Kunststoff-Dichtungsbahnen

8.1 Allgemeines

Kunststoff-Dichtungsbahnen sind nach einem der nach Abschnitt 8.2 und Abschnitt 8.3 festgelegten Verfahren zu verarbeiten, werkseitig vorgefertigte Planen aus Kunststoff-Dichtungsbahnen jedoch nur nach Abschnitt 8.3. Naht- und Stoßverbindungen sind nach Abschnitt 8.4 herzustellen.

8.2 Verlegung mit heiß zu verarbeitender Klebemasse

Für die Verlegung mit heiß zu verarbeitender Klebemasse dürfen nur bitumenverträgliche Kunststoff-Dichtungsbahnen verwendet werden.

Die Kunststoff-Dichtungsbahnen sind im Bürstenstreichverfahren nach Abschnitt 7.2 oder im Flämmverfahren nach Abschnitt 7.5 zu verarbeiten. Soweit die Naht- und Stoßverbindungen nicht mit Bitumen verklebt werden, ist sicherzustellen, daß die zu überlappenden Teile der Kunststoff-Dichtungsbahnen frei von Klebemasse bleiben.

Anmerkung: Sollen Kunststoff-Dichtungsbahnen vollflächig mit Bitumen verklebt werden, ist gegebenenfalls durch eine entsprechende Untersuchung die Verträglichkeit der verwendeten Stoffe untereinander zu überprüfen.

8.3 Lose Verlegung

8.3.1 Lose Verlegung mit mechanischer Befestigung

Die Kunststoff-Dichtungsbahnen oder daraus werkseitig vorgefertigte Planen sind lose auf dem Untergrund zu verlegen und stellenweise durch mechanische Befestigungsmittel mit dem Untergrund zu verbinden.

Art, Lage und Anzahl der Befestigungsmittel sind auf die Art des Untergrundes und der Kunststoff-Dichtungsbahnen sowie auf die zu erwartenden Beanspruchungen abzustimmen. Sie dürfen die Kunststoff-Dichtungsbahnen auf Dauer weder chemisch noch mechanisch schädigen. Als Montagehilfe dürfen bei der Verarbeitung auch kunststoffverträgliche Kaltklebstoffe verwendet werden.

Anmerkung: Als Befestigungsmittel für Kunststoff-Dichtungsbahnen eignen sich z. B. Flachbänder oder Halteteller aus Metall, kunststoffbeschichtetem Metall oder aus Kunststoff, die mit Nieten, Schrauben oder Dübeln am Untergrund befestigt werden, sowie Profile zum Einbetonieren aus Kunststoff oder kunststoffbeschichtetem Metall.

8.3.2 Lose Verlegung mit Auflast

Die Kunststoff-Dichtungsbahnen oder daraus werkseitig vorgefertigte Planen sind lose auf dem Untergrund zu verlegen und mit einer dauernd wirksamen Auflast zu versehen. Zwischen Kunststoff-Dichtungsbahnen und Auflast sind Schutzbahnen anzuordnen.

8.4 Naht- und Stoßverbindungen

8.4.1 Allgemeines

Für die Herstellung der Naht- und Stoßverbindungen auf der Baustelle dürfen in Abhängigkeit von den Werkstoffen der Kunststoff-Dichtungsbahnen Verfahren nach Tabelle 2 angewendet werden.

Für die Anfertigung von Planen und Formteilen aus PVC weich im Werk darf daneben auch das Hochfrequenzschweißen (HF-Schweißen) angewendet werden. Die Schweißbreite muß hierbei mindestens 5 mm betragen.

Zur Herstellung der Verbindungen müssen die Verbindungsflächen trocken und frei von Verunreinigungen sein. Falls Kaschierungen oder andere Beschichtungen das Herstellen der Verbindungen behindern, sind sie zu entfernen. Bei Kunststoff-Dichtungsbahnen ab 1,5 mm Dicke sind im Bereich von T-Stößen die Kanten der unteren Kunststoff-Dichtungsbahnen mechanisch oder thermisch anzuschrägen.

Tabelle 2.

Verfahren	Werkstoff der Kunststoff-Dichtungsbahnen [1]		
	PIB	PVC weich	ECB
Quellschweißen		X	X
Warmgasschweißen		X	X
Heizelementschweißen		X	X
Verkleben mit Bitumen	X		X

[1]) Kurzzeichen nach DIN 7728 Teil 1.

8.4.2 Quellschweißen

Beim Quellschweißen sind die sauberen Verbindungsflächen mit einem geeigneten Lösungsmittel (Quellschweißmittel) oder Lösungsmittelgemisch anzulösen und unmittelbar danach durch Druck zu verbinden. Für die Schweißbreite gilt Tabelle 3.

8.4.3 Warmgasschweißen

Beim Warmgasschweißen sind die sauberen Verbindungsflächen durch Einwirkung von Warmgas (Heißluft) zu plastifizieren und unmittelbar danach durch Druck zu verbinden. Für die Schweißbreite gilt Tabelle 3.

Tabelle 3.

Verfahren	Werkstoff[1])	Einfache Naht mm	Doppelnaht je Einzelnaht mm
Quellschweißen	PIB	30	—
	PVC weich	30	—
Warmgasschweißen	PVC weich	20	15
	ECB	30	20
Heizelementschweißen	PVC weich	20	15
	ECB	30	15

[1]) Kurzzeichen nach DIN 7728 Teil 1.

8.4.4 Heizelementschweißen

Beim Heizelementschweißen sind die sauberen Verbindungsflächen durch einen Heizkeil zu plastifizieren und unmittelbar danach durch Druck zu verbinden. Für die Schweißbreite gilt Tabelle 3.

8.4.5 Verkleben mit Bitumen

Beim Verkleben mit Bitumen sind die sauberen Verbindungsflächen vollflächig mit heiß zu verarbeitender Bitumenklebemasse zu verbinden. Die Nahtüberdeckung muß dabei mindestens 100 mm betragen.

8.4.6 Prüfung

Auf der Baustelle ausgeführte Naht- und Stoßverbindungen nach Abschnitt 8.4.2 bis Abschnitt 8.4.4 sind auf ihre Dichtigkeit zu prüfen. Hierfür ist in der Regel eine Kombination aus den nachstehend aufgeführten Prüfverfahren anzuwenden.

a) Verfahren A:
Reißnadelprüfung, bei der eine Reißnadel an der Schweißnahtkante entlanggeführt wird.

b) Verfahren B:
Anblasprüfung, bei der die Schweißnahtkante mit einem Handgerät für Warmgasschweißung angeblasen wird. Die Temperatur des Warmgases soll hierbei etwa 150 °C, gemessen etwa 5 mm vor der Düse, betragen. Es ist eine Spitzdüse oder eine höchstens 20 mm breite Flachdüse zu verwenden.
Die Anblasprüfung ist nicht bei ECB-Dichtungsbahnen anzuwenden.

c) Verfahren C:
Optische Prüfung, bei der die Schweißnahtraupe der Verbindungen von ECB- oder PIB-Dichtungsbahnen durch Betrachten geprüft werden.
Bei PVC weich-Dichtungsbahnen ist diese Prüfung durch Nachbehandlung entsprechend Abschnitt 8.4.7 zu ersetzen.

d) Verfahren D:
Druckluftprüfung, bei der ein Prüfkanal, gebildet aus einer doppelten Schweißnaht, mit Druckluft gefüllt wird. Der Prüfkanal soll 10 bis 20 mm breit sein, der Prüfdruck etwa 2 bar und die Prüfdauer mindestens 5 Minuten betragen. Die Prüfung gilt als nicht bestanden, wenn der Prüfdruck um mehr als 20 % abfällt oder eine Naht stellenweise aufplatzt.
Die Druckluftprüfung ist nicht bei PIB-Dichtungsbahnen anzuwenden.

e) Verfahren E:
Vakuumprüfung, bei der eine durchsichtige Prüfglocke auf die Verbindung aufgesetzt und die darin befindliche Luft abgesaugt wird, nachdem auf die Verbindung eine Prüfflüssigkeit aufgetragen wurde. Die Prüfglocke muß der örtlichen Formgebung angepaßt sein, der Prüfdruck soll bei PIB-Dichtungsbahnen höchstens 0,2 bar, bei anderen Dichtungsbahnen in der Regel 0,4 bar betragen. Die Prüfung gilt als nicht bestanden, wenn die Prüfflüssigkeit unter dem Einfluß des Unterdruckes Blasen bildet. Für die Prüfung sind folgende Verfahrenskombinationen anzuwenden:

— bei Verlegung nach Abschnitt 8.2 (vollflächige Verklebung):
Verfahren A oder B in Verbindung mit Verfahren C,

— bei Verlegung nach Abschnitt 8.3 (lose Verlegung)
- bei überwiegend langen Prüfabschnitten:
Verfahren D, ergänzt in den nicht erfaßbaren Bereichen, z. B. bei T- und Kreuzstößen, durch Verfahren E, A oder B,

— bei überwiegend kurzen Prüfabschnitten:
Verfahren A oder B in Verbindung mit Verfahren C, ergänzt im Bereich von Eckpunkten, T- und Kreuzstößen durch Verfahren E.

8.4.7 Nachbehandlung

Die nach den Abschnitten 8.4.2 bis 8.4.4 hergestellten Nahtverbindungen sind wie folgt nachzubehandeln:

T-Stöße von Abdichtungen mit PIB- oder PVC weich-Dichtungsbahnen sind durch Injizieren von PIB- bzw. PVC-Lösung nachzubehandeln. Ferner sollten die Nähte von PVC weich-Dichtungsbahnen nach dem Quell- oder Warmgasschweißen durch Überstreichen der äußeren Nahtkanten mit PVC-Lösung nachbehandelt werden.

Zitierte Normen

DIN 1995	Bituminöse Bindemittel für den Straßenbau; Anforderungen
DIN 7724	Gruppierung hochpolymerer Werkstoffe auf Grund der Temperaturabhängigkeit ihres mechanischen Verhaltens; Grundlagen, Gruppierung, Begriffe
DIN 7728 Teil 1	Kunststoffe; Kurzzeichen für Homopolymere, Copolymere und Polymergemische
DIN 18 195 Teil 1	Bauwerksabdichtungen; Allgemeines, Begriffe
DIN 18 195 Teil 2	Bauwerksabdichtungen; Stoffe
DIN 18 195 Teil 4	Bauwerksabdichtungen; Abdichtungen gegen Bodenfeuchtigkeit, Bemessung und Ausführung
DIN 18 195 Teil 5	Bauwerksabdichtungen; Abdichtungen gegen nichtdrückendes Wasser, Bemessung und Ausführung
DIN 18 195 Teil 6	Bauwerksabdichtungen; Abdichtungen gegen von außen drückendes Wasser, Bemessung und Ausführung
DIN 18 195 Teil 8	Bauwerksabdichtungen; Abdichtungen über Bewegungsfugen
DIN 18 195 Teil 9	Bauwerksabdichtungen; Durchdringungen, Übergänge, Abschlüsse
DIN 18 195 Teil 10	Bauwerksabdichtungen; Schutzschichten und Schutzmaßnahmen
DIN 55 946 Teil 1	(z. Z. Entwurf) Bitumen und Stoffe aus Bitumen sowie Stoffe aus Steinkohlenteerpech; Bitumen und Stoffe aus Bitumen, Begriffe

Frühere Ausgaben

DIN 4031: 07.32x, 11.59x, 03.78
DIN 4117: 06.50, 11.60
DIN 4122: 07.68, 03.78

Änderungen

Gegenüber DIN 4031/03.78, DIN 4117/11.60 und DIN 4122/03.78 wurden folgende Änderungen vorgenommen:
Die Normen wurden dem Stand der Technik entsprechend vollständig überarbeitet und ihr Inhalt wurde unter der Norm-Nummer DIN 18 195 zusammengefaßt und in Teil 1 bis Teil 6 und Teil 8 bis Teil 10 gegliedert.

Internationale Patentklassifikation

E 04 B 1-66

Entwurf September 1998

Bauwerksabdichtungen
Teil 3: Anforderungen an den Untergrund und Verarbeitung der Stoffe

DIN 18195-3

Einsprüche bis 31. Dez 1998

ICS 91.100.50; 91.120.30

Water-proofing of buildings – Part 3: Requirements of the ground and working properties of materials

Vorgesehen als Ersatz für Ausgabe 1983-08;
Ersatz für
Entwurf Ausgabe 1996-12

Etanchéité d'ouvrage – Partie 3: Exigences au sol et aptitude à l'usinage des matériaux

Anwendungswarnvermerk

Dieser Norm-Entwurf wird der Öffentlichkeit zur Prüfung und Stellungnahme vorgelegt.

Weil die beabsichtigte Norm von der vorliegenden Fassung abweichen kann, ist die Anwendung dieses Entwurfes besonders zu vereinbaren.

Stellungnahmen werden erbeten an den Normenausschuß Bauwesen (NABau) im DIN Deutsches Institut für Normung e. V., 10772 Berlin (Hausanschrift: Burggrafenstraße 6, 10787 Berlin).

Inhalt

Seite

Vorwort 1
1 Anwendungsbereich 3
2 Normative Verweisungen 3
3 Definitionen 4
4 Anforderungen an den Untergrund 4
5 Verarbeitung flüssiger Massen 4
6 Verarbeitung von Bitumenbahnen und Metallbändern .. 6
7 Verarbeitung von Kunststoff-Dichtungsbahnen 7
Anhang A (informativ) Hinweise für Einsprecher 11

Vorwort

Dieser Norm-Entwurf wurde vom NABau-Arbeitsausschuß "Bauwerksabdichtungen" erarbeitet.

Um die Stellungnahmen besser bearbeiten zu können, wird darum gebeten, diese zusätzlich in maschinenlesbarer Form – als Diskette – in dem Format entsprechend dem Anhang A dem DIN zukommen zu lassen.

DIN 18195 "Bauwerksabdichtungen" besteht aus:

- Teil 1: Grundsätze, Definitionen, Zuordnung der Abdichtungsarten (z. Z. Entwurf)
- Teil 2: Stoffe (z. Z. Entwurf)
- Teil 3: Anforderungen an den Untergrund und Verarbeitung der Stoffe (z. Z. Entwurf)
- Teil 4: Abdichtungen gegen Bodenfeuchtigkeit (Kapillarwasser, Haftwasser, Sickerwasser) – Bemessung und Ausführung (z. Z. Enwurf)

Fortsetzung Seite 2 bis 11

Normenausschuß Bauwesen (NABau) im DIN Deutsches Institut für Normung e.V.

- Teil 5: Abdichtungen gegen nichtdrückendes Wasser, Bemessung und Ausführung (z. Z. Entwurf)
- Teil 6: Abdichtungen gegen von außen drückendes Wasser, Bemessung und Ausführung (z.Z. Entwurf)
- Teil 7: Abdichtungen gegen von innen drückendes Wasser, Bemessung und Ausführung
- Teil 8: Abdichtungen über Bewegungsfugen
- Teil 9: Durchdringungen, Übergänge, Abschlüsse
- Teil 10: Schutzschichten und Schutzmaßnahmen

Änderungen

Gegenüber der Ausgabe August 1983 wurden folgende Änderungen vorgenommen:

   a) Bitumendickbeschichtungen wurden neu aufgenommen.
   b) Die Überdeckungsbreiten von Bahnen aus den Teilen 4-7 wurden übernommen.
   c) Grundierungen und Kratzspachtelungen wurden neu aufgenommen.
   d) Den Änderungen in E DIN 18195-2 folgend wurden die Abschnitte über die Verarbeitung von Deckaufstrichmittel, kalt zu verarbeiten und Spachtelmassen, kalt zu verarbeiten, gestrichen.
   e) Die Norm wurde redaktionell überarbeitet

Seite 3
E DIN 18195-3 : 1998-09

1 Anwendungsbereich

Diese Norm gilt für die Verarbeitung von Stoffen nach E DIN 18195-2, die zur Herstellung von Bauwerksabdichtungen gegen

- Bodenfeuchtigkeit nach E DIN 18195-4,
- nichtdrückendes Wasser nach E DIN 18195-5
- von außen drückendes Wasser nach E DIN 18195-6 und
- von innen drückendes Wasser nach DIN 18195-7

Sie gilt ferner für das Herstellen der Abdichtungen über Bewegungsfugen nach DIN 18195-8, für Durchdringungen, Übergänge und Abschlüsse nach DIN 18195-9 sowie für Schutzschichten und Schutzmaßnahmen nach DIN 18195--10.

Diese Norm gilt nicht für

- die Abdichtung von nicht genutzten und extensiv begrünten Dachflächen (siehe DIN 18531),
- die Abdichtung von Fahrbahnen, z. B. Fahrbahntafeln, die zu öffentlichen Straßen oder zu Schienenwegen gehören,
- die Abdichtung von Deponien, Erdbauwerken und bergmännisch erstellten Tunnel.
- Bauteile, die so wasserundurchlässig sind, daß die Dauerhaftigkeit des Bauteils und die Nutzbarkeit des Bauwerks ohne weitere Abdichtung im Sinne dieser Norm gegeben sind. *)

2 Normative Verweisungen

Diese Norm enthält durch datierte oder undatierte Verweisungen Festlegungen aus anderen Publikationen. Diese normativen Verweisungen sind an den jeweiligen Stellen im Text zitiert, und die Publikationen sind nachstehend aufgeführt. Bei datierten Verweisungen gehören spätere Änderungen oder Überarbeitungen dieser Publikationen nur zu dieser Norm, falls sie durch Änderung oder Überarbeitung eingearbeitet sind. Bei undatierten Verweisungen gilt die letzte Ausgabe der in Bezug genommenen Publikation.

DIN 1053-1
Mauerwerk – Teil 1: Berechnung und Ausführung

DIN 1995-1
Bitumen und Steinkohlenteerpech – Anforderungen an die Bindemittel – Teil 1: Straßenbaubitumen

DIN 7724
Polymere Werkstoffe – Gruppierung polymerer Werkstoffe aufgrund ihres mechanischen Verhaltens

DIN 7728-1
Kunststoffe – Teil 1: Kennbuchstaben und Kurzzeichen für Polymere und ihre besonderen Eigenschaften

E DIN 18195-1
Bauwerksabdichtungen – Teil 1: Grundsätze, Definitionen, Zuordnung der Abdichtungsarten

E DIN 18195-2
Bauwerksabdichtungen – Teil 2: Stoffe

E DIN 18195-4
Bauwerksabdichtungen – Teil 4: Abdichtungen gegen Bodenfeuchtigkeit, (Kapillarwasser, Haftwasser, Sickerwasser), Bemessung und Ausführung

E DIN 18195-5
Bauwerksabdichtungen – Teil 5: Abdichtungen gegen nichtdrückendes Wasser, Bemessung und Ausführung

E DIN 18195-6
Bauwerksabdichtungen – Teil 6: Abdichtungen gegen von außen drückendes Wasser, Bemessung und Ausführung

---

*) Bauteile aus wasserundurchlässigem Beton lassen im Gegensatz zu abgedichteten Bauteilen Feuchtigkeit durch verschiedene Transportmechanismen auf die wasserabgewandte Seite des Bauteils durchtreten. Dadurch kann die Nutzbarkeit angrenzender Räume eingeschränkt sein.

Seite 4
E DIN 18195-3 : 1998-09

DIN 18195-7
Bauwerksabdichtungen – Teil 7: Abdichtungen gegen von innen drückendes Wasser, Bemessung und Ausführung

DIN 55946-1
Bitumen und Steinkohlenteerpech – Teil 1: Begriffe für Bitumen und Zubereitungen aus Bitumen

3 Definitionen

Für die Anwendung dieser Norm gelten die Definitionen für Bitumen und Stoffe aus Bitumen nach DIN 55946-1, für polymere Werkstoffe nach DIN 7724 und für Sonstige nach E DIN 18195-1:

4 Anforderungen an den Untergrund

4.1 Allgemeines

Bauwerksflächen, auf die die Abdichtung aufgebracht werden soll, müssen frostfrei, fest, eben, frei von Nestern und klaffenden Rissen, Graten und frei von schädlichen Verunreinigungen sein und müssen bei aufgeklebten Abdichtungen oberflächentrocken sein. Mauerwerksflächen sind voll und bündig zu verfugen; Betonflächen müssen eine ebene und geschlossene Oberfläche aufweisen. Falls erforderlich, z. B. bei porigen Baustoffen, oder oberflächenprofilierten Baustoffen (Putzrillen), sind die Flächen mit Mörtel der Mörtelgruppen II oder III nach DIN 1053-1 zu ebnen und abzureiben. Kehlen und Kanten sollten fluchtgerecht und bei aufgeklebten Abdichtungen außerdem gerundet/gefast sein.

4.2 Bitumendickbeschichtungen

Für Bitumendickbeschichtungen gilt zusätzlich: Nicht verschlossene Vertiefungen größer 5 mm, wie beispielsweise Mörteltaschen, offene Stoßfugen oder Ausbrüche, sind mit geeigneten Mörteln zu schließen. Offene Stoßfugen bis 5 mm und Oberflächenprofilierungen bzw. Unebenheiten von Steinen (z. B. Putzrillen bei Ziegeln oder Schwerbetonsteinen) müssen entweder durch Vermörtelung (Dünn- oder Ausgleichsputz), durch Dichtungsschlämmen oder durch eine Kratzspachtelung mit Bitumendickbeschichtung egalisiert werden.

5 Verarbeitung flüssiger Massen

Für die Verarbeitung flüssiger Massen muß die Umgebungstemperatur mehr als + 5°C betragen.

5.1 Bitumen-Voranstrich; Grundierung; Versiegelung; Kratzspachtelung

Bitumen-Voranstrichmittel sind in der Regel durch Streichen, Rollen oder Spritzen zu verarbeiten. Bevor andere oder weitere Schichten auf sie aufgebracht werden, müssen sie ausreichend durchgetrocknet bzw. abgelüftet sein. Bitumen-Voranstriche sind so aufzutragen, daß eine Menge von 200 g/m² bis 300 g/m² gleichmäßig verteilt wird. Grundierungen sind mit lösemittelfreiem Reaktionsharz so herzustellen, daß eine Menge von 300 g/m² bis 500 g/m² durch Fluten bis zur Sättigung einmalig aufgetragen und unter Vermeidung von Stoffansammlungen verteilt wird. Die Grundierung muß im frischen Zustand mit trockenem Quarzsand der Körnung 0,2/0,7 mm gleichmäßig abgestreut werden, so daß eine sandpapierähnliche Oberfläche entsteht. Nicht festhaftendes Abstreumaterial ist nach dem Aushärten der Grundierung zu entfernen.

Versiegelungen sind zweilagig herzustellen. Die erste Lage ist mit lösemittelfreiem Reaktionsharz so herzustellen, daß eine Menge von 300 g/m² bis 500 g/m² durch Fluten bis zur Sättigung aufgetragen und unter Vermeidung von Stoffansammlungen verteilt wird. Diese Lage ist im frischen Zustand mit trockenem Quarzsand der Körnung 0,7/1,2 mm im Überschuß abzustreuen. Nicht haftendes Abstreumaterial ist zu entfernen, sobald es der Erhärtungszustand dieser Lage zuläßt. Die zweite Lage ist mit lösemittelfreiem Reaktionsharz so herzustellen, daß eine Menge von mindestens 300 g/m² gleichmäßig aufgebracht und unter Vermeidung von Stoffansammlungen verteilt wird. Dabei ist die Abstreuung gleichmäßig zu benetzen. Die Oberfläche dieser Lage darf nicht abgestreut werden.

Die Kratzspachtelung wird entweder auf eine erhärtete Grundierung oder frisch in frisch auf eine mit Reaktionsharz gleichmäßig dünn vorbehandelte Betonoberfläche aufgetragen. Sie ist kratzend über den Spitzen der Betonfläche abzuziehen. Die Oberfläche der Kratzspachtelung ist mit trockenem Quarzsand der Körnung 02 mm/07 mm so abzustreuen, daß eine Oberflächenstruktur wie bei einer Grundierung entsteht. Sie ist an den Nähten und Rändern scharf abzuziehen.

Bei Bitumendickbeschichtungen kann die Kratzspachtelung aus dem Beschichtungsmaterial selbst bestehen.

5.2 Klebemassen und Deckaufstrichmittel

Klebemassen und Deckaufstrichmittel sind soweit zu erhitzen, daß ihre Viskosität (Gießbarkeit) verarbeitungsgerecht ist.

Anhaltswerte für die dazu notwendigen Temperaturen in Abhängigkeit von der verwendeten Bitumensorte enthält Tabelle 1.

Tabelle 1: Verarbeitungstemperaturen für Klebemassen und Deckaufstrichmittel

Verwendete Bitumensorte	B 25[1]	85/25[2]	100/25[2]	105/15[2]
Verarbeitungstemperatur in °C	150 bis 160	180	190 bis 200	201 bis 210

[1] Nach DIN 1995-1
[2] Nach den Analysentabellen der Bitumenindustrie.

Bei der Aufbereitung sollten Temperaturen über 230 °C vermieden werden.

Klebemassen sind zusammen mit Bitumenbahnen nach einem der in 8.2 bis 8.4 beschriebenen Verfahren und mit bitumenverträglichen Kunststoff-Bahnen nach einem in 8.2 festgelegten Verfahren zu verarbeiten. Deckaufstrichmittel sind in der Regel durch Streichen zu verarbeiten.

5.3 Bitumendickbeschichtungen

5.3.1 Verarbeitung

Die Verarbeitung hat je nach Konsistenz im Spachtel- oder im Spritzverfahren zu erfolgen. Bitumendickbeschichtungen sind in mindestens zwei Arbeitsgängen mit oder ohne Verstärkungseinlage auszuführen. Der Auftrag muß fehlstellenfrei, gleichmäßig und je nach Lastfall entsprechend dick erfolgen. Handwerklich bedingt sind Schwankungen der Schichtdicke beim Auftragen des Materials nicht auszuschließen. Die vorgeschriebene Mindestschichtdicke darf an keiner Stelle unterschritten werden.

Bis zum Erreichen der Regenfestigkeit ist Regeneinwirkung zu vermeiden. Wasserbelastung und Frosteinwirkung sind bis zur Durchtrocknung der Beschichtung auszuschließen.

Bei Arbeitsunterbrechungen muß die Bitumendickbeschichtung auf Null ausgestrichen werden. Bei Wiederaufnahme der Arbeiten wird überlappend weitergearbeitet. Arbeitsunterbrechungen dürfen nicht an Gebäudeecken, Kehlen oder Kanten erfolgen.

Bei Abdichtung nach DIN 18195-6 muß der Ausführende besonders qualifiziert sein.

5.3.2 Durchdringungen

Bei Abdichtungen nach DIN 18195-4 ist die Bitumendickbeschichtung hohlkehlenartig an die Durchdringung anzuarbeiten.

Bei Abdichtungen nach DIN 18195-5 erfolgt der Anschluß an die Durchdringung durch Auftragen der Bitumendickbeschichtung mit Verstärkungseinlage auf Klebeflansche oder mittels Los- und Festflanschkonstruktionen.

Abdichtungen nach DIN 18195-6 sind ausschließlich mittels Los- und Festflanschkonstruktionen auszuführen.

5.3.3 Fugen

Die Abdichtung der Fugen erfolgt mit bitumenverträglichen Fugenbändern aus Kunststoff-Dichtungsbahnen, die eine Vlies- oder Gewebekaschierung zum Einbetten in die Bitumendickbeschichtung besitzen. Die Stoßverbindungen der Fugenbänder sind je nach Werkstoff in Fügetechnik nach 7.4 auszuführen.

5.3.4 Prüfung

Die Schichtdickenkontrolle hat im frischen Zustand durch das Messen der Naßschichtdicke (Mittelwert aus 5 Proben je Ausführungsprojekt bzw. je 100m²) zu erfolgen. Für nachträgliche Prüfungen kann die Trockenschichtdicke durch Entnahme von Proben (10 Einzelmessungen an zwei Proben 50mm x 50mm je Ausführungsprojekt bzw. je 100 m²) festgestellt werden.

Bei Abdichtung nach DIN 18195-6 ist die Schichtdickenkontrolle (Anzahl, Lage, Ergebnis) zu dokumentieren.

5.4 Asphaltmastix und Gußasphalt

Asphaltmastix und Gußasphalt sind mit Spachtel oder Schieber, Gußasphalt auf großen Flächen auch maschinell, zu verarbeiten.

6 Verarbeitung von Bitumenbahnen und Metallbändern

6.1 Allgemeines

Bitumenbahnen sind nach einem der in 6.2 bis 6.7 festgelegten Verfahren vollflächig miteinander zu verkleben. Metallbänder sind grundsätzlich im Gieß- und Einwalzverfahren nach 6.4 zu verarbeiten. Das Schweißverfahren nach 6.6 darf nur für Schweißbahnen angewendet werden. Das Flämmverfahren nach 6.5 darf nicht bei nackten Bitumenbahnen angewendet werden.

Die Bitumenbahnen und Metallbänder sind innerhalb einer Lage und von Lage zu Lage gegeneinander versetzt und in der Regel in der gleichen Richtung einzubauen.

Folgende Mindestbreiten der Überlappung an Nähten, Stößen und Anschlüssen sind einzuhalten:

Bitumenbahnen und KSK-Bahnen:	80 mm
Bitumen-Schweißbahnen in Verbindung mit Gußasphalt:	80 mm
Edelstahl kaschierte Bitumen-Schweißbahnen:	Längsnähte mindestens 100 mm Quernähte mindestens 200 mm
Metallbänder in Verbindung mit Bitumenwerkstoffen:	An Nähten 100 mm An Stößen und Anschlüssen 200 mm

6.2 Bürstenstreichverfahren

6.2.1 Auf waagerechten oder schwach geneigten Bauwerksflächen

Die Bitumenbahnen sind durch einen vollflächigen Aufstrich aus Klebemasse zu verkleben. Dabei ist die Klebemasse in ausreichender Menge vor die aufgerollte Bitumenbahn mit einer Bürste aufzutragen. Die Bitumenbahn ist dann unmittelbar anschließend so in die Klebemasse einzurollen, daß sie möglichst hohlraumfrei aufgeklebt werden kann. Die Ränder der aufgeklebten Bitumenbahnen sind anzubügeln.

6.2.2 Auf senkrechten oder stark geneigten Bauwerksflächen

Die Bitumenbahnen sind durch zwei vollflächige Aufstriche aus Klebemasse zu verkleben. Dabei sind der Untergrund und die Unterseite der aufzuklebenden Bitumenbahn mit jeweils einem Aufstrich zu versehen. Es darf jedoch nur so viel Fläche mit Klebemasse bestrichen werden, daß bei dem Aufkleben der Bitumenbahn beide Aufstriche noch ausreichend flüssig sind, damit eine einwandfreie Verklebung sichergestellt ist. Die aufgeklebten Bitumenbahnen sind von der Bahnenmitte aus zu den Rändern hin anzubügeln.

6.3 Gießverfahren

Beim Gießverfahren werden die Bitumenbahnen in die ausgegossene Klebemasse eingerollt. Hierzu sind ungefüllte Klebemassen zu verwenden. Das Gießverfahren ist gegenüber dem Bürstenstreichverfahren zu bevorzugen.

Auf waagerechten und schwach geneigten Bauwerksflächen ist die Klebemasse aus einem Gießgefäß so auf den Untergrund vor die aufgerollte Bitumenbahn zu gießen, daß die Bahn beim Ausrollen satt in die Klebemasse eingebettet wird. Auf senkrechten und stark geneigten Bauwerksflächen ist die Klebemasse in den Zwickel zwischen Untergrund und angedrückter Bahnenrolle zu gießen.

Beim Ausrollen der Bitumenbahn muß der Bahnenrolle in ganzer Breite ein Klebemassewulst vorlaufen, und die Klebemasse muß an den Rändern der Bitumenbahn austreten. Die ausgetretene Klebemasse ist sofort flächig zu verteilen.

6.4 Gieß- und Einwalzverfahren

Beim Gieß- und Einwalzverfahren sind die Bitumenbahnen bzw. die Metallbänder in die ausgegossene Klebemasse einzuwalzen. Hierzu darf nur gefüllte Klebemasse verwendet werden.

Das Einbauverfahren ist sinngemäß wie in 6.3 durchzuführen, jedoch müssen die aufzuklebenden Bahnen straff auf einen Kern gewickelt sein und beim Ausrollen fest in die Klebemasse eingewalzt werden.

Auf senkrechten oder stark geneigten Flächen sollten Bitumenbahnen nur mit einer Breite bis 0,75 m verwendet werden, es sei denn, daß ein maschinelles Verarbeitungsverfahren eine größere Breite zuläßt.

6.5 Flämmverfahren

Beim Flämmverfahren wird Klebemasse aus Heißbitumen in ausreichender Menge auf den Untergrund gegossen und möglichst gleichmäßig verteilt. Zum Verkleben der Bitumenbahn ist die Bitumenschicht durch Wärmezufuhr wieder aufzuschmelzen und die fest aufgewickelte Bitumenbahn darin auszurollen. Im Überdeckungsbereich der Bitumenbahnen ist zusätzlich Klebemasse aufzubringen.

Für die Breite der Bitumenbahnen bei senkrechten oder stark geneigten Flächen gilt 6.4.

6.6 Schweißverfahren

Beim Schweißverfahren sind sowohl die dem Untergrund zugewandte Seite der fest aufgewickelten Schweißbahn als auch der Untergrund selbst zum Zwecke einer einwandfreien Verbindung ausreichend zu erhitzen. Die Bitumenmasse der Schweißbahn muß dabei soweit aufgeschmolzen werden, daß beim Ausrollen der Bahn ein Bitumenwulst in ganzer Breite vorläuft und die Bitumenmasse an den Rändern der ausgerollten Bahn austritt. Die ausgetretene Bitumenmasse ist sofort flächig zu verteilen. Für die Breite der Bitumenbahnen bei senkrechten oder stark geneigten Flächen gilt 6.4.

6.7 kaltverarbeitbare Selbstklebebahnen

Bei der Kaltverarbeitung wird die Dichtungsbahn unter Abzug eines Trennpapiers flächig verklebt und angedrückt.. An den Überlappungen muß der Andruck mit einem Hartgummiroller erfolgen. zur Vermeidung von Kapillaren sind am T-Stoß gesonderte Maßnahmen zu erfgreifen (z. B. Schrägschnitt der unterdeckenden Bahn). Die Breite der KSK-Bahnen soll bei senkrechten oder stark geneigten Flächen 1,10 m nicht überschreiten.

7 Verarbeitung von Kunststoff-Dichtungsbahnen

7.1 Allgemeines

Kunststoff-Dichtungsbahnen sind nach einem der in 7.2 und 7.3 festgelegten Verfahren zu verarbeiten, werkseitig vorgefertigte Planen jedoch nur nach 7.3. Naht- und Stoßverbindungen sind nach 7.4 herzustellen.

Folgende Mindestbreiten der Überlappung an Längs- und Quernähten sind einzuhalten:

Kunststoff-Dichtungsbahnen: 50 mm ,
bei Verklebung mit Bitumen 80 mm

Elastomer-Bahnen: 50 mm

7.2 Verklebte Verlegung

7.2.1 Allgemeines

Werden Kunststoff-Dichtungsbahnen mit Verklebung verlegt, sind sie vollflächig zu verkleben. Bei Verwendung von Bitumenklebemasse sind bitumenverträgliche Bahnen zu verwenden.

Die Kunststoff-Dichtungsbahnen sind nach einem der in 7.2.2 bis 7.2.4 beschriebenen Verfahren zu verarbeiten. Soweit die Naht- und Stoßverbindungen nicht mit Bitumen verklebt werden, ist sicherzustellen, daß die zu überlappenden Teile der Bahnen frei von Klebemasse bleiben.

7.2.2 Bürstenstreichverfahren

Beim Bürstenstreichverfahren ist vor die aufgerollte Kunststoff-Dichtungsbahn Klebemasse in ausreichender Menge auf den Untergrund aufzutragen und mit einer Bürste (Besen) gleichmäßig zu verteilen, so daß ein vollflächiger Klebefilm entsteht. Die Bahn ist darin einzurollen und gleichmäßig anzudrücken, so daß möglichst keine Hohlräume oder Blasen entstehen.

7.2.3 Gießverfahren

Beim Gießverfahren werden die Bahnen in die ausgegossene Klebemasse eingerollt. Hierzu sind ungefüllte Klebemassen zu verwenden.

Auf waagerechten oder schwach geneigten Flächen ist die Klebemasse aus einem Gießgefäß so auf den Untergrund vor die aufgerollte Bahn zu gießen, daß sie beim Ausrollen satt in die Klebemasse eingebettet wird. Auf senkrechten oder stark geneigten Flächen ist die Klebemasse in den Zwickel zwischen Untergrund und angedrückter Bahnenrolle zu gießen. Beim Ausrollen der Bahn muß vor der Bahnenrolle in ganzer Breite ein Klebemassenwulst laufen.

7.2.4 Flämmverfahren

Beim Flämmverfahren wird Klebemasse in ausreichender Menge auf den Untergrund gegossen und möglichst gleichmäßig verteilt. Zum Verkleben mit der Kunststoff-Dichtungsbahn ist die Bitumenschicht durch Wärmezufuhr wieder aufzuschmelzen und die fest aufgerollte Kunststoff-Dichtungsbahn darin auszurollen.

7.3 Lose Verlegung

7.3.1 Lose Verlegung mit mechanischer Befestigung oder teilflächiger Verklebung

Die Kunststoff-Dichtungsbahnen oder daraus werkseitig vorgefertigte Planen sind lose auf dem Untergrund zu verlegen und stellenweise durch mechanische Befestigungsmittel mit dem Untergrund zu verbinden. Art, Lage und Anzahl der Befestigungsmittel sind auf die Art des Untergrundes und der Kunststoff-Dichtungsbahnen sowie auf die zu erwartenden Beanspruchungen abzustimmen. Sie dürfen die Kunststoff-Dichtungsbahnen auf Dauer weder chemisch noch mechanisch schädigen. Als Montagehilfe dürfen bei der Verarbeitung auch kunststoffverträgliche Kaltklebstoffe verwendet werden.

ANMERKUNG: Als Befestigungsmittel für Kunststoff-Dichtungsbahnen eignen sich auf das jeweilige System abgestimmte Flachbänder oder Halteteller aus Metall, kunststoffbeschichtetem Metall oder aus Kunststoff, die mit Nieten, Schrauben oder Dübeln am Untergrund befestigt werden, sowie Profile zum Einbetonieren aus Kunststoff oder kunststoffbeschichtetem Metall.

7.3.2 Lose Verlegung mit Auflast

Die Kunststoff-Bahnen oder daraus werkseitig vorgefertigte Planen sind lose auf dem Untergrund zu verlegen und mit einer dauernd wirksamen Auflast zu versehen.

7.4 Fügetechnik der Kunststoff-Dichtungsbahnen

7.4.1 Allgemeines

Für die Herstellung der Naht- und Stoßverbindungen auf der Baustelle dürfen in Abhängigkeit von den Werkstoffen der Kunststoff-Dichtungsbahnen Verfahren nach Tabelle 2 angewendet werden. Für die Breite der Schweißnähte gilt Tabelle 3.

Zur Herstellung der Verbindungen müssen die Verbindungsflächen trocken und frei von Verunreinigungen sein. Falls Kaschierungen oder andere Beschichtungen das Herstellen der Verbindungen behindern, sind sie zu entfernen. Bei Kunststoff-Dichtungsbahnen von mindestens 1,5 mm Dicke sind im Bereich von T-Stößen die Kanten der unteren Bahnen mechanisch oder thermisch anzuschrägen.

Tabelle 2: Kunststoff-Dichtungsbahnen, Fügeverfahren

Verfahren	Kunststoff-Dichtungsbahnen, Werkstoff[1]			
	PIB	PVC-P	ECB	Elastomer
Quellschweißen	X	X		X[2]
Warmgasschweißen		X	X	X[2]
Heizelementschweißen		X	X	X[2]
Verkleben mit Bitumen	X		X	

[1] Kurzzeichen nach DIN 7728-1
[2] nach Werksvorschrift

Tabelle 3: Kunststoff-Dichtungsbahnen, Mindest-Schweißnahtbreiten

Verfahren	Werkstoff[1]	Einfache Naht mm	Doppelnaht, je Einzelnaht mm
Quellschweißen	PIB	30	-
	PVC-P	30	-
	Elastomer	30	-
Warmgasschweißen	PVC-P	20	15
	ECB	30	20
	Elastomer	30	15
Heizelementschweißen	PVC-P	20	15
	ECB	30	15
	Elastomer	30	15

[1] Kurzzeichen nach DIN 7728-1.

7.4.2 Quellschweißen

Beim Quellschweißen sind die sauberen und trockenen Verbindungsflächen mit einem geeigneten Lösemittel (Quellschweißmittel) oder Lösemittelgemisch anzulösen und unmittelbar danach durch gleichmäßiges, flächiges Andrücken zu verbinden.

7.4.3 Warmgasschweißen

Beim Warmgasschweißen sind die sauberen Verbindungsflächen durch Einwirkung von Warmgas (Heißluft) zu plastifizieren und unmittelbar danach durch gleichmäßiges, flächiges Andrücken zu verbinden.

7.4.4 Heizelementschweißen

Beim Heizelementschweißen sind die sauberen Verbindungsflächen durch einen Heizkeil zu plastifizieren und unmittelbar danach durch gleichmäßiges, flächiges Andrücken zu verbinden.

7.4.5 Verkleben mit Bitumen

Beim Verkleben mit Bitumen sind die sauberen Verbindungsflächen vollflächig mit Bitumenklebemasse zu verbinden.

7.4.6 Prüfung

Auf der Baustelle ausgeführte Naht- und Stoßverbindungen nach 7.4.2 bis 7.4.4 sind auf ihre Dichtheit zu prüfen. Hierfür ist in der Regel eine Kombination aus den nachstehend aufgeführten Prüfverfahren anzuwenden.

a) Verfahren A: Reißnadelprüfung

Bei der Reißnadelprüfung ist eine Reißnadel oder ein anderes geeignetes Werkzeug an der Schweißnahtkante entlangzuführen.

b) Verfahren B: Anblasprüfung

Bei der Anblasprüfung ist die Schweißnahtkante mit einem Handgerät für Warmgasschweißung anzublasen. Die Temperatur des Warmgases sollte hierbei etwa 150 °C, gemessen etwa 5 mm vor der Düse, betragen. Es ist eine Spitzdüse oder eine höchstens 20 mm breite Flachdüse zu verwenden. Die Anblasprüfung darf nicht bei ECB-Bahnen angewendet werden.

c) Verfahren C: Optische Prüfung

Bei der optischen Prüfung ist die Schweißnahtraupe der Verbindungen von Bahnen aus ECB oder PIB durch Betrachten zu prüfen. Bei Bahnen aus PVC-P ist anstelle dieser Prüfung die Nachbehandlung nach 7.4.7 anzuwenden.

d) Verfahren D: Druckluftprüfung

Bei der Druckluftprüfung ist ein Prüfkanal, gebildet aus einer doppelten Schweißnaht, mit Druckluft zu füllen. Der Prüfkanal sollte 10 bis 20 mm breit sein, der Prüfdruck etwa 2 bar und die Prüfdauer mindestens 5 min betragen.

Die Prüfung gilt als nicht bestanden, wenn der Prüfdruck um mehr als 20 % abfällt oder eine Naht stellenweise aufplatzt. Die Druckluftprüfung darf nicht bei PIB-Bahnen angewendet werden.

e) Verfahren E: Vakuumprüfung

Bei der Vakuumprüfung ist eine Prüfflüssigkeit auf die Verbindung aufzutragen, darüber eine durchsichtige Prüfglocke aufzusetzen und die darin befindliche Luft abzusaugen. Die Prüfglocke muß der örtlichen Formgebung angepaßt sein. Der Prüfdruck sollte bei PIB-Bahnen höchstens 0,2 bar, bei anderen Bahnen in der Regel 0,4 bar betragen. Die Prüfung gilt als nicht bestanden, wenn die Prüfflüssigkeit unter dem Einfluß des Unterdruckes Blasen bildet.

Für die Prüfung sind folgende Verfahrenskombinationen anzuwenden:

– bei Verlegung nach 7.2 (vollflächige Verklebung): Reißnadelprüfung oder Anblasprüfung in Verbindung mit einer optischen Prüfung

– bei Verlegung nach 7.3 (lose Verlegung),

– bei Prüfabschnitten ab 3 m Länge:
Druckluftprüfung, ergänzt in den nicht erfaßbaren Bereichen, z. B. bei T- und Kreuzstößen, durch die Vakuumprüfung. In Sonderfällen darf auch die Reißnadelprüfung oder Anblasprüfung, in Verbindung mit einer optischen Prüfung angewendet werden.

– bei Prüfabschnitten unter 3 m Länge:
Reißnadelprüfung oder Anblasprüfung, in Verbindung mit einer optischen Prüfung, im Bereich von Eckpunkten, T- und Kreuzstößen und stichprobenweise in den Prüfabschnitten selbst, ergänzt durch die Vakuumprüfung.

7.4.7 Nachbehandlung

Die nach 7.4.2 bis 7.4.4 hergestellten Nahtverbindungen sind wie folgt nachzubehandeln:

T-Stöße von Abdichtungen mit PIB- oder PVC-P-Bahnen sind durch Injizieren von PIB- bzw. PVC-Lösung nachzubehandeln. Ferner sollten die Nähte von PVC-P-Bahnen nach dem Quell- oder Warmgasschweißen durch Überstreichen der äußeren Nahtkanten mit PVC-Lösung nachbehandelt werden.

Anhang A (informativ)
Hinweise für Einsprecher

Es wird darum gebeten, die Stellungnahmen in eine Tabelle mit fünf Spalten einzutragen, die dem unten abgebildeten Schema entspricht. Ziel ist es dann, alle Einsprüche in einer entspechenden Tabelle aufzulisten. Als Einsprecher wählen Sie bitte ein Kürzel aus drei Buchstaben.

Bitte speichern Sie nach Möglichkeit die fertige Tabelle der Einsprüche als Microsoft Word 6.0, WordPerfect 5.2 oder Rich Text Format Datei auf eine Diskette ab, die Sie dann freundlicherweise an das DIN senden.

Einsprüche zu E DIN 18195-3, veröffentlicht: 1998-09

Einsprecher	Abschnitt	r, t *)	Einspruch	Kommentar des Arbeitsausschusses
Firma Max	allgemein	r	Kommentar...	
Firma Max	2.1	r	Kommentar...	
Firma Max	2.2	t	Kommentar...	
Firma Max	3.2.3	r	Kommentar...	
Firma Max	3.2.4	t	Kommentar...	
Firma Max	3.2.5	t	Kommentar...	
Firma Max	4.3	t	Kommentar...	
Firma Max	5.2	r	Kommentar...	
Firma Max	5.7	r	Kommentar...	
Firma Max	7.1.2	t	Kommentar...	
Firma Max	9.1.2	t	Kommentar...	
Firma Max	9.1.4	r	Kommentar...	
Firma Max	9.2.1	r	Kommentar...	
Firma Max	Bild 3	t	Kommentar...	
Firma Max	A.2.3	r	Kommentar...	

*) redaktionell (r)
 technisch (t)

DK 699.822 : 691

August 1983

Bauwerksabdichtungen
Abdichtungen gegen Bodenfeuchtigkeit
Bemessung und Ausführung

DIN 18 195
Teil 4

Water-proofing of buildings; water-proofing against ground moisture, dimensioning and execution

Etanchéité d'ouvrage; etanchéité contre l'humidite du sol, dimensionnement et exécution

Teilweise Ersatz für DIN 4117/11.60

Maße in cm

Zu dieser Norm gehören:

DIN 18 195 Teil 1	Bauwerksabdichtungen; Allgemeines, Begriffe
DIN 18 195 Teil 2	Bauwerksabdichtungen; Stoffe
DIN 18 195 Teil 3	Bauwerksabdichtungen; Verarbeitung der Stoffe
DIN 18 195 Teil 5	Bauwerksabdichtungen; Abdichtungen gegen nichtdrückendes Wasser, Bemessung und Ausführung
DIN 18 195 Teil 6	Bauwerksabdichtungen; Abdichtungen gegen von außen drückendes Wasser, Bemessung und Ausführung
DIN 18 195 Teil 8	Bauwerksabdichtungen; Abdichtungen über Bewegungsfugen
DIN 18 195 Teil 9	Bauwerksabdichtungen; Durchdringungen, Übergänge, Abschlüsse
DIN 18 195 Teil 10	Bauwerksabdichtungen; Schutzschichten und Schutzmaßnahmen

Ein weiterer Teil über die Abdichtungen gegen von innen drückendes Wasser befindet sich in Vorbereitung.

Inhalt

	Seite		Seite
1 Anwendungsbereich und Zweck	1	5 Anordnung	2
2 Begriffe	2	6 Ausführung	5
3 Stoffe	2	7 Mindestmengen für Einbau bzw. Verbrauch von streich- und spachtelfähigen Abdichtungsstoffen	6
4 Anforderungen	2		

1 Anwendungsbereich und Zweck

1.1 Diese Norm gilt für die Abdichtung von Bauwerken und Bauteilen mit Bitumenwerkstoffen und Kunststoff-Dichtungsbahnen gegen im Boden vorhandenes, kapillargebundenes und durch Kapillarkräfte auch entgegen der Schwerkraft fortleitbares Wasser (Bodenfeuchtigkeit, Saugwasser, Haftwasser, Kapillarwasser).

1.2 Sie gilt ferner auch gegen das von Niederschlägen herrührende und nicht stauende Wasser (Sickerwasser) bei senkrechten und unterschnittenen Wandbauteilen.

1.3 Mit dieser Feuchtigkeitbeanspruchung darf nur gerechnet werden, wenn das Baugelände bis zu einer ausreichenden Tiefe unter der Fundamentsohle und auch das Verfüllmaterial der Arbeitsräume aus nichtbindigen Böden, z. B. Sand, Kies, bestehen.

Anmerkung 1: Nichtbindige Böden sind für in tropfbarflüssiger Form anfallendes Wasser so durchlässig, daß es ständig von der Oberfläche des Geländes bis zum freien Grundwasserstand absickern und sich auch nicht vorübergehend, z. B. bei starken Niederschlägen, aufstauen kann. Dies erfordert einen Wasserdurchlässigkeitsbeiwert k von mindestens 0,01 cm/s.

Anmerkung 2: Feuchtigkeit ist im Boden immer vorhanden; mit Bodenfeuchtigkeit im Sinne dieser Norm ist daher immer zu rechnen. Bei bindigen Böden und/oder Hanglagen ist darüber hinaus immer Andrang von Wasser in tropfbar-flüssiger Form anzunehmen. Für die Abdichtung von Bauwerken und Bauteilen in solchen Böden und/oder Geländeformen gelten deshalb die Festlegungen von DIN 18 195 Teil 5 für Abdichtungen gegen nichtdrückendes Wasser; zusätzlich hierzu sind Maßnahmen nach DIN 4095 zu treffen, um das Entstehen auch von kurzzeitig drückendem Wasser zu vermeiden.

Zur Bestimmung der Abdichtungsart ist daher die Feststellung der Bodenart, der Geländeform und des durch langjährige Beobachtungen ermittelten höchsten Grundwasserstandes am geplanten Bauwerkstandort unerläßlich.

Fortsetzung Seite 2 bis 8

Normenausschuß Bauwesen (NABau) im DIN Deutsches Institut für Normung e.V.

2 Begriffe

Für die Definition von Begriffen gilt DIN 18 195 Teil 1.

3 Stoffe

Für Abdichtungen gegen Bodenfeuchtigkeit sind nach Maßgabe des Abschnittes 6 Stoffe nach DIN 18 195 Teil 2 zu verwenden.

Anmerkung: Sollen Kunststoff-Dichtungsbahnen vollflächig mit Bitumen verklebt werden, ist gegebenenfalls durch eine entsprechende Untersuchung die Verträglichkeit der verwendeten Stoffe untereinander zu überprüfen.

4 Anforderungen

Abdichtungen gegen Bodenfeuchtigkeit müssen Bauwerke und Bauteile gegen von außen angreifende Bodenfeuchtigkeit und unterirdische Wandbauteile nach Abschnitt 1.1 auch gegen nichtstauendes Sickerwasser schützen. Sie müssen gegen natürliche oder durch Lösungen aus Beton oder Mörtel entstandene Wässer unempfindlich sein.

5 Anordnung

Das Prinzip einer fachgerechten Anordnung von Abdichtungen gegen Bodenfeuchtigkeit ist in den nachfolgenden Abschnitten an Gebäuden dargestellt, sie gilt sinngemäß jedoch auch für andere Bauwerke.

5.1 Abdichtung nichtunterkellerter Gebäude

5.1.1 Bei nichtunterkellerten Gebäuden sind Außen- und Innenwände durch eine waagerechte Abdichtung gegen das Aufsteigen von Feuchtigkeit zu schützen. Bei Außenwänden soll die Abdichtung etwa 30 cm über dem Gelände angeordnet sein.

5.1.2 Ferner sind alle vom Boden berührten, äußeren Flächen der Umfassungswände gegen das Eindringen von Feuchtigkeit abzudichten. Die Abdichtung muß unten bis zum Fundamentabsatz und oben bis an die waagerechte Abdichtung nach Abschnitt 5.1.1 reichen (siehe Bilder 1 bis 4). Oberhalb des Geländes darf sie entfallen, wenn dort ausreichend wasserabweisende Bauteile verwendet werden; andernfalls ist die Abdichtung hinter der Sockelbekleidung hochzuziehen.

5.1.3 Wird der Fußboden mit belüftetem Zwischenraum zum Erdboden ausgeführt (siehe Bild 1), so ist eine besondere Abdichtung des Fußbodens nicht erforderlich. In diesem Fall muß die Unterfläche der Fußbodenkonstruktion mindestens 5 cm über der waagerechten Wandabdichtung angeordnet werden, damit diese Abdichtung gegen Beschädigung beim Einbau der Fußbodenkonstruktion geschützt wird.

5.1.4 Ist ein tiefliegender Fußboden in Höhe der umgebenden Geländeoberfläche vorgesehen, so ist die Abdichtung nach Bild 2 auszuführen. Dabei ist der Fußboden durch eine Abdichtung nach Abschnitt 6.4 zu schützen, die an eine zusätzliche, etwa in Höhe der Fußbodenabdichtung angeordnete, waagerechte Wandabdichtung heranreichen muß.

5.1.5 Bei Gebäuden mit geringen Anforderungen an die Raumnutzung darf die Abdichtung auch nach Bild 3 oder Bild 4 ausgeführt werden. In diesem Fall ist der Fußboden durch eine kapillarbrechende, grobkörnige Schüttung von mindestens 15 cm Dicke gegen das Eindringen von Feuchtigkeit zu schützen. Die Schüttung ist nach Möglichkeit in der Höhenlage der waagerechten Wandabdichtung anzuordnen. Ist diese Ausführung nicht möglich, weil der Fußboden in Höhe der Geländeoberfläche angeordnet werden soll (siehe Bild 4), so wird eine gewisse Durchfeuchtung der Wände unterhalb der waagerechten Abdichtung sowie des Fußbodens selbst in Kauf genommen. Bei dieser Ausführungsart müssen die Innenflächen der Wände vom Fußboden bis zur waagerechten Abdichtung unverputzt bleiben.

Um die kapillarbrechende Wirkung der Schüttung nicht zu beeinträchtigen, ist sie z. B. mit einer Folie abzudecken, bevor der Beton des Fußbodens aufgebracht wird.

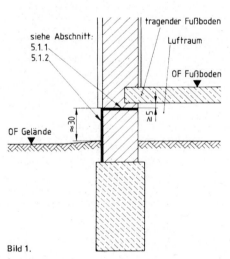

Bild 1.

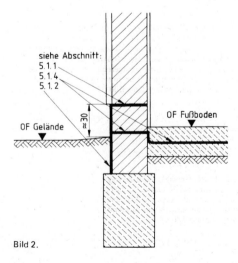

Bild 2.

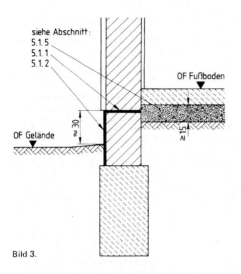

Bild 3.

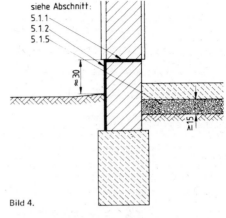

Bild 4.

5.2 Abdichtung unterkellerter Gebäude
5.2.1 Gebäude mit Wänden aus Mauerwerk auf Streifenfundamenten

5.2.1.1 Bei Gebäuden mit gemauerten Kellerwänden sind in den Außenwänden mindestens zwei waagerechte Abdichtungen vorzusehen. Die untere Abdichtung soll etwa 10 cm über der Oberfläche des Kellerfußbodens und die obere etwa 30 cm über dem umgebenden Gelände angeordnet werden. Bei Innenwänden darf die obere Abdichtung entfallen.

5.2.1.2 Alle vom Boden berührten Außenflächen der Umfassungswände sind gegen seitliche Feuchtigkeit nach Abschnitt 5.1.2 abzudichten (siehe Bilder 5 und 6).

5.2.1.3 Kellerdecken sind mit ihren Unterflächen mindestens 5 cm über der oberen waagerechten Abdichtung der Außenwände anzuordnen. Muß die Kellerdecke tiefer liegen, so ist eine dritte waagerechte Abdichtung der Außenwände mindestens 5 cm unter der Unterfläche der Kellerdecke vorzusehen (siehe Bild 6).

5.2.1.4 Kellerfußböden sind nach Bild 5 gegen aufsteigende Feuchtigkeit durch eine Abdichtung nach Abschnitt 6.4 zu schützen, die an die untere waagerechte Abdichtung der Wände heranreichen muß.

5.2.1.5 Bei Gebäuden mit geringen Anforderungen an die Nutzung der Kellerräume darf der Schutz des Kellerfußbodens auch durch die Anordnung einer grobkörnigen Schüttung sinngemäß wie Abschnitt 5.1.5 vorgenommen werden (siehe Bild 6).

5.2.2 Gebäude mit Wänden aus Mauerwerk auf Fundamentplatten

5.2.2.1 Bei Gebäuden auf Fundamentplatten ist der Kellerfußboden durch eine Abdichtung nach Abschnitt 6.4 auf der gesamten Fundamentplatte zu schützen.

5.2.2.2 Die Abdichtung der Kellerwände ist nach Abschnitt 5.2.1 vorzusehen, wobei die untere waagerechte Abdichtung entfallen darf, da sie durch die Abdichtung der Fundamentplatte ersetzt wird (siehe Bild 7). Bei dieser Ausführungsart ist eine seitliche Verschiebung des Mauerwerks durch die Einwirkung von Horizontalkräften, z. B. Erddruck, mit geeigneten Maßnahmen zu verhindern.

5.2.2.3 Bei Gebäuden mit geringen Anforderungen an die Nutzung der Kellerräume darf der Kellerfußboden auch durch eine kapillarbrechende, grobkörnige Schüttung von mindestens 15 cm Dicke gegen das Eindringen von Feuchtigkeit geschützt werden. In diesem Fall muß die untere waagerechte Abdichtung der Außenwände jedoch ausgeführt werden (siehe Bild 8).
Um die kapillarbrechende Wirkung der Schüttung nicht zu beeinträchtigen, ist sie z. B. mit einer Folie abzudecken, bevor der Beton des Fußbodens aufgebracht wird.

5.2.3 Gebäude mit Wänden aus Beton

Die Abdichtung der Außenwandflächen ist nach Abschnitt 5.1.2 vorzusehen. Die Fußböden sind in Abhängigkeit von den Anforderungen an die Nutzung der Kellerräume nach Abschnitt 5.2.1.4 oder Abschnitt 5.2.1.5 zu schützen.

Da wegen des monolithischen Gefüges des Betons die Anordnung von waagerechten Abdichtungen in den Wänden in der Regel nicht möglich ist, sind zum Schutz gegen das Aufsteigen von Feuchtigkeit im Einzelfall besondere Maßnahmen erforderlich (siehe Bild 9).

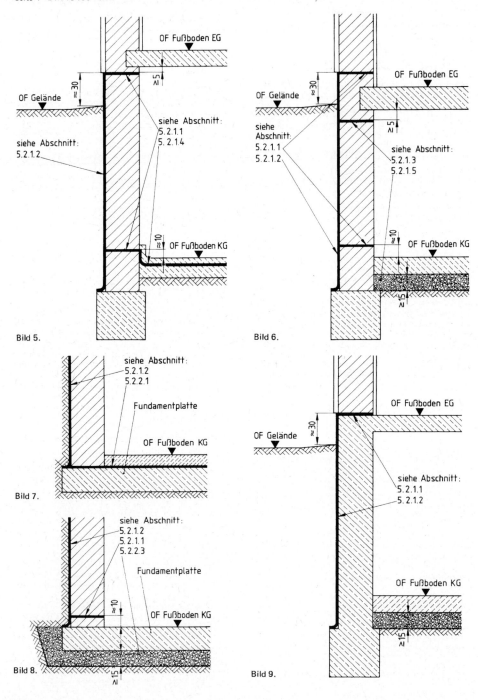

6 Ausführung

6.1 Allgemeines
Bei der Ausführung von Abdichtungen gegen Bodenfeuchtigkeit gelten
- DIN 18 195 Teil 3 für das Verarbeiten der Stoffe,
- DIN 18 195 Teil 8 für das Herstellen der Abdichtungen über Bewegungsfugen,
- DIN 18 195 Teil 9 für das Herstellen von Durchdringungen, Übergängen und Anschlüssen,
- DIN 18 195 Teil 10 für Schutzschichten und Schutzmaßnahmen.

6.2 Waagerechte Abdichtungen in Wänden
Für waagerechte Abdichtungen in Wänden sind
- Bitumendachbahnen nach DIN 52 128,
- Dichtungsbahnen nach DIN 18 190 Teil 2 bis Teil 5,
- Dachdichtungsbahnen nach DIN 52 130,
- Kunststoff-Dichtungsbahnen nach DIN 16 935, DIN 16 937 oder DIN 16 729 (z. Z. Entwurf) zu verwenden.

Kunststoff-Dichtungsbahnen nach DIN 16 938 dürfen verwendet werden, wenn anschließende Abdichtungen nicht aus Bitumenwerkstoffen bestehen.
Die Abdichtungen müssen aus mindestens einer Lage bestehen. Die Auflagerflächen für die Bahnen sind mit Mörtel der Mörtelgruppen II oder III nach DIN 1053 Teil 1 so dick abzugleichen, daß eine waagerechte Oberfläche ohne Unebenheiten entsteht, die die Bahnen durchstoßen könnten.
Die Bahnen dürfen nicht aufgeklebt werden. Sie müssen sich an den Stößen um mindestens 20 cm überdecken. Die Stöße dürfen verklebt werden. Wenn es aus konstruktiven Gründen notwendig ist, sind die Abdichtungen in den Wänden stufenförmig auszuführen, damit waagerechte Kräfte übertragen werden können. Die Abdichtungen dürfen hierbei nicht unterbrochen werden.

6.3 Abdichtungen von Außenwandflächen

6.3.1 Allgemeines
Zur Abdichtung von Außenwandflächen dürfen alle in DIN 18 195 Teil 2 genannten Abdichtungsstoffe unter Berücksichtigung der baulichen und abdichtungstechnischen Erfordernisse verwendet werden.
Die Abdichtungen müssen über ihre gesamte Länge an die waagerechten Abdichtungen nach Abschnitt 6.2 herangeführt werden, so daß keine Feuchtigkeitsbrücken (Putzbrücken) entstehen können.
Je nach Art der Hinterfüllung des Arbeitsraumes und der gewählten Abdichtung sind für die abgedichteten Wandflächen Schutzmaßnahmen oder Schutzschichten vorzusehen. Beim Hinterfüllen ist darauf zu achten, daß die Abdichtung nicht beschädigt wird. Unmittelbar an die abgedichteten Wandflächen dürfen daher Bauschutt, Splitt oder Geröll nicht geschüttet werden.

6.3.2 Abdichtungen mit Deckaufstrichmitteln
Zur Aufnahme von Deckaufstrichmitteln sind Mauerwerksflächen voll und bündig zu verfugen; Betonflächen müssen eine ebene und geschlossene Oberfläche aufweisen. Falls erforderlich, z. B. bei porigen Baustoffen, sind die Flächen mit Mörtel der Mörtelgruppen II oder III nach DIN 1053 Teil 1 zu ebnen und abzureiben.

Vor dem Herstellen der Aufstriche müssen Mörtel oder Beton ausreichend erhärtet sein. Der Untergrund muß trocken sein, sofern nicht für feuchten Untergrund geeignete Aufstrichmittel verwendet werden. Verschmutzungen der zu streichenden Flächen, z. B. durch Sand, Staub oder ähnliche lose Teile, sind zu entfernen.
Die Aufstriche sind aus einem kaltflüssigen Voranstrich und mindestens zwei heiß- oder drei kaltflüssig aufzubringenden Deckaufstrichen herzustellen. Bei heißflüssigen Aufstrichen ist der nachfolgende Aufstrich unverzüglich nach dem Erkalten des vorhergehenden herzustellen; bei kaltflüssigen Aufstrichen darf der nachfolgende erst nach dem Trocknen des vorhergehenden aufgebracht werden.
Die Aufstriche müssen eine zusammenhängende und deckende Schicht ergeben, die auf dem Untergrund fest haftet; die nach Abschnitt 7 aufzubringenden Mindestmengen müssen eingehalten werden.

6.3.3 Abdichtungen mit Spachtelmassen, kalt zu verarbeiten
Zur Aufnahme von kalt zu verarbeitenden Spachtelmassen sind die Wandflächen wie in Abschnitt 6.3.2 vorzubereiten und mit einem kaltflüssigen Voranstrich zu versehen.
Die Spachtelmassen sind in der Regel in zwei Schichten aufzubringen, wobei die Mindestmengen nach Abschnitt 7 eingehalten werden müssen.

6.3.4 Abdichtung mit Bitumenbahnen
Zur Abdichtung mit Bitumenbahnen dürfen alle in DIN 18 195 Teil 2 genannten Bitumenbahnen verwendet werden. Dazu sind die Wandflächen wie in Abschnitt 6.3.2 vorzubereiten und mit einem kaltflüssigen Voranstrich zu versehen.
Die Bahnen sind einlagig mit Klebemasse aufzukleben. Bei Verwendung von nackten Bitumenbahnen nach DIN 52 129 ist außerdem ein Deckaufstrich vorzusehen. Bitumen-Schweißbahnen nach DIN 52 131 dürfen auch im Schweißverfahren aufgebracht werden.
Die Bahnen müssen sich an Nähten, Stößen und Anschlüssen um 10 cm überdecken.

6.3.5 Abdichtungen mit Kunststoff-Dichtungsbahnen
Für Abdichtungen mit Kunststoff-Dichtungsbahnen sind die Wandflächen wie in Abschnitt 6.3.2 vorzubereiten und, falls bitumenverträgliche Bahnen aufgeklebt werden sollen, mit einem kaltflüssigen Voranstrich zu versehen.
Bei der Abdichtung mit PIB-Bahnen nach DIN 16 935 sind die Wandflächen mit einem Aufstrich aus Klebemasse zu versehen und die Bahnen im Flämmverfahren aufzukleben.
Nicht bitumenverträgliche PVC weich-Bahnen nach DIN 16 938 sind mit mechanischer Befestigung einzubauen; sie dürfen nicht mit Bitumen in Berührung kommen. Die Art der mechanischen Befestigung richtet sich nach den baulichen Gegebenheiten.
ECB-Bahnen nach DIN 16 729 (z. Z. Entwurf) und bitumenverträgliche PVC weich-Bahnen nach DIN 16 937 dürfen sowohl mit Klebemasse aufgeklebt als auch lose mit mechanischer Befestigung eingebaut werden.
Die Bahnen müssen sich an Nähten, Stößen und Anschlüssen um 5 cm überdecken.

6.4 Abdichtungen von Fußbodenflächen
6.4.1 Allgemeines
Zur Abdichtung von Fußbodenflächen dürfen Bitumenbahnen, Kunststoff-Dichtungsbahnen oder Asphaltmastix verwendet werden. Als Untergrund für die Abdichtungen ist eine Betonschicht oder ein gleichwertiger standfester Untergrund erforderlich. Kanten und Kehlen sind, falls erforderlich, zu runden. Die fertiggestellten Abdichtungen sind vor mechanischen Beschädigungen zu schützen, z. B. durch Schutzschichten nach DIN 18 195 Teil 10.

6.4.2 Abdichtungen mit Bitumenbahnen
Zur Abdichtung mit Bitumenbahnen dürfen alle in DIN 18 195 Teil 2 genannten Bitumenbahnen verwendet werden. Die Abdichtungen sind aus mindestens einer Lage herzustellen. Die Bahnen sind lose oder punktweise oder vollflächig verklebt auf den Untergrund aufzubringen. Nackte Bitumenbahnen nach DIN 52 129 müssen auf ihrer Unterseite eine voll deckende, heiß aufzubringende Klebemasseschicht erhalten und mit einem gleichartigen Deckaufstrich versehen werden.

Die Bahnen müssen sich an Nähten, Stößen und Anschlüssen um 10 cm überdecken, die Überdeckungen müssen vollflächig verklebt, bzw. bei Schweißbahnen verschweißt werden.

6.4.3 Abdichtungen mit Kunststoff-Dichtungsbahnen aus PIB oder ECB
Die Abdichtungen sind aus mindestens einer Lage herzustellen. Die Bahnen sind lose zu verlegen oder auf dem Untergrund aufzukleben.

Die Bahnen müssen sich an Nähten, Stößen und Anschlüssen um 5 cm überdecken, die Überdeckungen sind bei PIB mit Quellschweißmittel und bei ECB mit Warmgas oder mit Heizelement zu verschweißen. Nähte, Stöße und Anschlüsse dürfen auch mit Bitumen verklebt werden, wenn die Überdeckungen 10 cm breit sind.

Abdichtungen aus PIB-Bahnen sind mit einer Trennschicht aus geeigneten Stoffen nach DIN 18 195 Teil 2 abzudecken.

6.4.4 Abdichtungen mit Kunststoff-Dichtungsbahnen aus PVC weich
Die Abdichtungen sind aus mindestens einer Lage Bahnen oder werkseitig vorgefertigter Planen herzustellen. Die Bahnen oder Planen sind lose zu verlegen, bei Verwendung von bitumenverträglichem PVC weich dürfen sie auf dem Untergrund aufgeklebt werden.

Auf der Baustelle ausgeführte Nähte, Stöße und Anschlüsse müssen sich um 5 cm überdecken, wenn sie mit Quellschweißmittel verschweißt werden; sie müssen sich um 3 cm überdecken, wenn sie mit Warmgas verschweißt werden. Bei bitumenverträglichen PVC weich-Bahnen, die mit Klebemasse aufgeklebt werden, müssen die Überdeckungen 10 cm breit sein.

6.4.5 Abdichtungen mit Asphaltmastix
Abdichtungen aus Asphaltmastix sind in einer Mindestdicke von 0,7 cm auf einer Unterlage nach Abschnitt 6.4.1 herzustellen.

7 Mindestmengen für Einbau bzw. Verbrauch von streich- und spachtelfähigen Abdichtungsstoffen

Die erforderlichen Mindestmengen für streich- und spachtelfähige Abdichtungsstoffe sind in der folgenden Tabelle aufgeführt. Die Mengen sind mit der in Spalte 5 angegebenen Anzahl von Arbeitsgängen aufzubringen. Die Festkörpermengen gelten für mittlere Arbeitstemperaturen und für eine mittlere Schichtdicke von 0,1 cm bei kalt zu verarbeitenden, von 0,25 cm bei heiß zu verarbeitenden Massen und von 0,7 cm bei Aphaltmastix.

Tabelle.

	1	2	3	4	5
	Abdichtungsstoff	Dichte des Festkörpers kg/dm³	Verbrauchsmenge kg/m²	Festkörpermenge kg/m²	Arbeitsgänge, Anzahl
	Voranstrichmittel				
1	Bitumenlösung	1,0	0,2 bis 0,3	–	1
2	Bitumenemulsion	1,0 bis 1,1	0,2 bis 0,3	–	1
	Deckaufstrichmittel, kalt zu verarbeiten				
3	Bitumenlösung	1,0 bis 1,6	–	1,0 bis 1,6	3
4	Bitumenemulsion	1,1 bis 1,3	–	1,1 bis 1,3	3
	Deckaufstrichmittel, heiß zu verarbeiten				
5	Bitumen, gefüllt oder ungefüllt	1,0 bis 1,8	–	2,5 bis 4,0	2
	Spachtelmassen, kalt zu verarbeiten				
6	Bitumenlösung oder -emulsion	1,3 bis 2,0	–	1,3 bis 2,0	2
	Asphaltmastix				
7	Asphaltmastix	1,3 bis 1,8	–	9 bis 13	1

Zitierte Normen

DIN 1053 Teil 1	Mauerwerk; Berechnung und Ausführung
DIN 4095	Baugrund; Dränung des Untergrundes zum Schutz von baulichen Anlagen, Planung und Ausführung
DIN 16729	(z. Z. Entwurf) Kunststoff-Dach- und Dichtungsbahnen; Bahnen aus Ethylencopolymerisat-Bitumen (ECB), Anforderungen, Prüfung
DIN 16935	Polyisobutylen-Bahnen für Bautenabdichtungen; Anforderungen, Prüfung
DIN 16937	PVC weich (Polyvinylchlorid weich)-Bahnen, bitumenbeständig, für Bautenabdichtungen; Anforderungen, Prüfung
DIN 16938	PVC weich (Polyvinylchlorid weich)-Bahnen, nicht bitumenbeständig, für Abdichtungen; Anforderungen, Prüfung
DIN 18190 Teil 2	Dichtungsbahnen für Bauwerksabdichtungen, Dichtungsbahnen mit Jutegewebeeinlage, Begriff, Bezeichnung, Anforderungen
DIN 18190 Teil 3	Dichtungsbahnen für Bauwerksabdichtungen; Dichtungsbahnen mit Glasgewebeeinlage, Begriff, Bezeichnung, Anforderungen
DIN 18190 Teil 4	Dichtungsbahnen für Bauwerksabdichtungen; Dichtungsbahnen mit Metallbandeinlage, Begriff, Bezeichnung, Anforderungen
DIN 18190 Teil 5	Dichtungsbahnen für Bauwerksabdichtungen; Dichtungsbahnen mit Polyäthylenterephthalat-Folien-Einlage, Begriff, Bezeichnung, Anforderungen
DIN 18195 Teil 1	Bauwerksabdichtungen; Allgemeines, Begriffe
DIN 18195 Teil 2	Bauwerksabdichtungen; Stoffe
DIN 18195 Teil 3	Bauwerksabdichtungen; Verarbeitung der Stoffe
DIN 18195 Teil 5	Bauwerksabdichtungen; Abdichtungen gegen nichtdrückendes Wasser, Bemessung und Ausführung
DIN 18195 Teil 6	Bauwerksabdichtungen; Abdichtungen gegen von außen drückendes Wasser, Bemessung und Ausführung
DIN 18195 Teil 8	Bauwerksabdichtungen; Abdichtungen über Bewegungsfugen
DIN 18195 Teil 9	Bauwerksabdichtungen; Durchdringungen, Übergänge, Abschlüsse
DIN 18195 Teil 10	Bauwerksabdichtungen; Schutzschichten und Schutzmaßnahmen
DIN 52128	Bitumendachbahnen mit Rohfilzeinlage; Begriff, Bezeichnung, Anforderungen
DIN 52129	Nackte Bitumenbahnen; Begriff, Bezeichnung, Anforderungen
DIN 52130	Bitumen-Dachdichtungsbahnen; Begriff, Bezeichnung, Anforderungen
DIN 52131	Bitumen-Schweißbahnen; Begriff, Bezeichnung, Anforderungen

Frühere Ausgaben
DIN 4117: 06.50, 11.60

Änderungen
Gegenüber DIN 4117/11.60 wurden folgende Änderungen vorgenommen:
Die Norm wurde dem Stand der Technik entsprechend vollständig überarbeitet. Zusammen mit den Überarbeitungen von DIN 4031 über Abdichtungen gegen drückendes Wasser und DIN 4122 über Abdichtungen gegen nichtdrückendes Wasser wurde der gesamte Normeninhalt in DIN 18195 Teil 1 bis Teil 6 und Teil 8 bis Teil 10 neu gegliedert.

Internationale Patentklassifikation
E 04 B 1-66

Entwurf September 1998

Bauwerksabdichtungen
Teil 4: Abdichtungen gegen Bodenfeuchtigkeit
(Kapillarwasser, Haftwasser, Sickerwasser) — Bemessung und Ausführung

DIN 18195-4

Einsprüche bis 31. Dez 1998

ICS 91.100.50; 91.120.30

Vorgesehen als Ersatz für Ausgabe 1983-08;
Ersatz für
Entwurf Ausgabe 1996-12

Water-proofing of buildings — Part 4: Water-proofing against ground moisture (capillary water, retained water, leakage water) — Design and execution

Etanchéité d'ouvrage — Partie 4: Etanchéité contre l'humidité du sol (eau capillaire, eau de rétention, eau d'infiltration) — Dimensionnenment et exécution

Anwendungswarnvermerk

Dieser Norm-Entwurf wird der Öffentlichkeit zur Prüfung und Stellungnahme vorgelegt.

Weil die beabsichtigte Norm von der vorliegenden Fassung abweichen kann, ist die Anwendung dieses Entwurfes besonders zu vereinbaren.

Stellungnahmen werden erbeten an den Normenausschuß Bauwesen (NABau) im DIN Deutsches Institut für Normung e. V., 10772 Berlin (Hausanschrift: Burggrafenstr. 6, 10787 Berlin).

Inhalt

	Seite
Vorwort	2
1 Anwendungsbereich	3
2 Normative Verweisungen	3
3 Definitionen	4
4 Stoffe	4
5 Anforderungen	4
6 Anordnung	4
7 Ausführung	5
Anhang A (informativ) Hinweise für Einsprecher	8

Fortsetzung Seite 2 bis 8

Normenausschuß Bauwesen (NABau) im DIN Deutsches Institut für Normung e.V.

Seite 2
E DIN 18195-4 : 1998-09

Vorwort

Dieser Norm-Entwurf wurde vom NABau-Arbeitsausschuß "Bauwerksabdichtungen" erarbeitet.

Um die Stellungnahmen besser bearbeiten zu können, wird darum gebeten, diese zusätzlich in maschinenlesbarer Form – als Diskette – in dem Format entsprechend dem Anhang A dem DIN zukommen zu lassen.

DIN 18195 "Bauwerksabdichtungen" besteht aus:

- Teil 1:   Grundsätze, Definitionen, Zuordnung der Abdichtungsarten (z. Z. Entwurf)
- Teil 2:   Stoffe (z. Z. Entwurf)
- Teil 3:   Anforderungen an den Untergrund und Verarbeitung der Stoffe (z. Z. Entwurf)
- Teil 4:   Abdichtungen gegen Bodenfeuchtigkeit (Kapillarwasser, Haftwasser, Sickerwasser) – Bemessung und Ausführung (z. Z. Enwurf)
- Teil 5:   Abdichtungen gegen nichtdrückendes Wasser, Bemessung und Ausführung (z. Z. Entwurf)
- Teil 6:   Abdichtungen gegen von außen drückendes Wasser, Bemessung und Ausführung (z. Z. Entwurf)
- Teil 7:   Abdichtungen gegen von innen drückendes Wasser, Bemessung und Ausführung
- Teil 8:   Abdichtungen über Bewegungsfugen
- Teil 9:   Durchdringungen, Übergänge, Abschlüsse
- Teil 10: Schutzschichten und Schutzmaßnahmen

Änderungen

Gegenüber der Ausgabe August 1983 wurden folgende Änderungen vorgenommen:

a) Die Beschreibung der Bauweisen wurde an die geänderte Liste der Stoffe nach E DIN 18195-2 angepaßt.
b) Die bisher enthaltenen Bilder entfallen, die zugehörigen Erläuterungen in Abschnitt 6 wurden entsprechend umformuliert.
c) Abschnitt 7 wurde in E DIN 18195-3 übernommen, die zugehörige Tabelle entfällt.

1 Anwendungsbereich

1.1 Diese Norm gilt für die Abdichtung von Bauwerken und Bauteilen mit Bitumenwerkstoffen und Kunststoff-Dichtungsbahnen gegen im Boden vorhandenes, kapillargebundenes und durch Kapillarkräfte auch entgegen der Schwerkraft fortleitbares Wasser (Bodenfeuchtigkeit, Saugwasser, Haftwasser, Kapillarwasser).

1.2 Sie gilt ferner auch für das Abdichten gegen das von Niederschlägen herrührende und nicht stauende Wasser (Sickerwasser) bei senkrechten und unterschnittenen Wandbauteilen.

1.3 Mit dieser Feuchtigkeitbeanspruchung darf nur gerechnet werden, wenn das Baugelände bis zu einer ausreichenden Tiefe unter der Fundamentsohle und auch das Verfüllmaterial der Arbeitsräume aus nichtbindigen Böden, z. B. Sand oder Kies (Wasserdurchlässigkeitsbeiwert k mindestens 10^{-3} m/s), bestehen oder wenn bei bindigen Böden eine funktionsfähige Dränung nach DIN 4095 vorhanden ist.

1.4 Diese Norm gilt nicht für
- die Abdichtung von nicht genutzten und von extensiv begrünten Dachflächen (siehe DIN 18531),
- die Abdichtung von Fahrbahnen, z. B. Fahrbahntafeln, die zu öffentlichen Straßen oder zu Schienenwegen gehören,
- die Abdichtung von Deponien, Erdbauwerken und bergmännisch erstellten Tunnel.
- Bauteile, die so wasserundurchlässig sind, daß die Dauerhaftigkeit des Bauteils und die Nutzbarkeit des Bauwerks ohne weitere Abdichtung im Sinne dieser Norm gegeben sind. *)

2 Normative Verweisungen

Diese Norm enthält durch datierte oder undatierte Verweisungen Festlegungen aus anderen Publikationen. Diese normativen Verweisungen sind an den jeweiligen Stellen im Text zitiert, und die Publikationen sind nachstehend aufgeführt. Bei datierten Verweisungen gehören spätere Änderungen oder Überarbeitungen dieser Publikationen nur zu dieser Norm, falls sie durch Änderung oder Überarbeitung eingearbeitet sind. Bei undatierten Verweisungen gilt die letzte Ausgabe der in Bezug genommenen Publikation.

DIN 1053-1
  Mauerwerk – Teil 1: Berechnung und Ausführung

DIN 4095
  Baugrund – Dränung des Untergrundes zum Schutz baulicher Anlagen – Planung, Bemessung und Ausführung

DIN 16729
  Kunststoff-Dachbahnen und Kunststoff-Dichtungsbahnen aus Ethylencopolymerisat-Bitumen (ECB) – Anforderungen

DIN 16734
  Kunststoff-Dachbahnen aus weichmacherhaltigem Polyvinylchlorid (PVC-P) mit Verstärkung aus synthetischen Fasern, nicht bitumenverträglich – Anforderungen

DIN 16735
  Kunststoff-Dachbahnen aus weichmacherhaltigem Polyvinylchlorid (PVC-P) mit einer Glasvlieseinlage, nicht bitumenverträglich – Anforderungen

DIN 16935
  Kunststoff-Dichtungsbahnen aus Polyisobutylen (PIB) – Anforderungen

DIN 16937
  Kunststoff-Dichtungsbahnen aus weichmacherhaltigem Polyvinylchlorid (PVC-P), bitumenverträglich – Anforderungen

---

*) Bauteile aus wasserundurchlässigem Beton lassen im Gegensatz zu abgedichteten Bauteilen Feuchtigkeit durch verschiedene Transportmechanismen auf die wasserabgewandte Seite des Bauteils durchtreten. Dadurch kann die Nutzbarkeit angrenzender Räume eingeschränkt sein.

Seite 4
E DIN 18195-4 : 1998-09

DIN 16938
Kunststoff-Dichtungsbahnen aus weichmacherhaltigem Polyvinylchlorid (PVC-P), nicht bitumenverträglich – Anforderungen

E DIN 18195-1
Bauwerksabdichtungen – Teil 1: Grundsätze, Definitionen, Zuordnung der Abdichtungsarten

E DIN 18195-2
Bauwerksabdichtungen – Teil 2: Stoffe

E DIN 18195-3
Bauwerksabdichtungen – Teil 3: Anforderungen an den Untergrund und Verarbeitung der Stoffe

DIN 18195-8
Bauwerksabdichtungen – Teil 8: Abdichtungen über Bewegungsfugen

DIN 18195-9
Bauwerksabdichtungen – Teil 9: Durchdringungen, Übergänge, Abschlüsse

DIN 18195-10
Bauwerksabdichtungen – Teil 10: Schutzschichten und Schutzmaßnahmen

DIN 52129
Nackte Bitumenbahnen – Begriff, Bezeichnung, Anforderungen

DIN 52130
Bitumen-Dachdichtungsbahnen – Begriff, Bezeichnung, Anforderungen

3 Definitionen

Für die Anwendung dieser Norm gelten die Definitionen nach E DIN 18195-1.

4 Stoffe

Für Abdichtungen gegen Bodenfeuchtigkeit sind nach Maßgabe des Abschnittes 4 "Abdichtungsstoffe" nach E DIN 18195-2 zu verwenden.

5 Anforderungen

Abdichtungen gegen Bodenfeuchtigkeit müssen Bauwerke und Bauteile gegen von außen einwirkende Bodenfeuchtigkeit und erdberührte Wandbauteile nach 1.2 auch gegen nichtstauendes Sickerwasser schützen. Sie müssen gegen natürliche oder durch Lösungen aus Beton oder Mörtel verändertes Wasser unempfindlich sein.

6 Anordnung

6.1 Alle vom Boden berührten Außenflächen der Umfassungswände sind gegen seitliche Feuchtigkeit abzudichten. Diese Abdichtung muß bis etwa 300 mm über Gelände hochgeführt werden, um ausreichende Anpassungsmöglichkeiten der Geländeoberfläche zu gewährleisten.

6.2 Außen- und Innenwände von Gebäuden sind durch mindestens eine waagerechte Abdichtung (Querschnittsabdichtung) gegen aufsteigende Feuchtigkeit zu schützen.

6.3 Die Abdichtung nach 6.1 muß unten bis zum Fundamentabsatz reichen und so an die waagerechte Abdichtung nach 6.2 herangeführt oder mit ihr verklebt werden, daß keine Feuchtigkeitsbrücken, insbesondere im Bereich von Putzflächen entstehen können (Putzbrücken). Oberhalb des Geländes darf sie entfallen, wenn dort ausreichend wasserabweisende Bauteile verwendet werden; andernfalls ist die Abdichtung hinter der Sockelbekleidung hochzuziehen.

6.4 Bei unverputzt bleibendem, zweischaligem Mauerwerk am Gebäudesockel (Verblendmauerwerk) kann die Abdichtung nach 6.1 hinter der Verblendung auf der Außenseite der Innenschale hochgeführt werden. Der Schalenzwischenraum sollte am Fußpunkt der Verblendschale oberhalb der Geländeoberfläche entwässert werden. Erfolgt die Entwässerung unterhalb Geländeoberfläche ist in eine Sickerschicht oder Dränung zu entwässern.

Bei kapillarsaugendem Sichtmauerwerk ist oberhalb der Spritzwasserzone eine weitere waagerechte Abdichtung in der Verblendschale anzuordnen.

6.5 Bei Gebäuden mit Wänden aus Beton ist die Anordnung von waagerechten Abdichtungen in den Wänden in der Regel nicht möglich. Zum Schutz gegen das Aufsteigen von Feuchtigkeit sind im Einzelfall besondere Maßnahmen erforderlich, die vom Planer vor Beginn der Arbeiten festzulegen sind. Die Fußböden sind nach 6.6 abzudichten. Bei Gebäuden aus wasserundurchlässigem Beton kann die Abdichtung je nach vorgesehener Nutzung entfallen.

6.6 Sollen Fußbodenflächen gegen aufsteigende Feuchtigkeit durch eine Abdichtung geschützt werden, so ist diese nach Abschnitt 7.4 auszuführen. Dabei muß die Abdichtung des Fußbodens an die waagerechte Abdichtung der Wände so herangeführt oder mit ihr verklebt werden, daß keine Feuchtigkeitsbrücken insbesondere im Bereich von Putzflächen entstehen können (Putzbrücken).

7 Ausführung

7.1 Allgemeines

7.1.1 Bei der Ausführung von Abdichtungen gegen Bodenfeuchtigkeit gelten

- E DIN 18195-3 für das Verarbeiten der Stoffe,
- DIN 18195-8 für das Herstellen der Abdichtungen über Bewegungsfugen,
- DIN 18195-9 für das Herstellen von Durchdringungen, Übergängen und Abschlüssen,
- DIN 18195-10 für Schutzschichten und Schutzmaßnahmen.

7.1.2 Abdichtungen dürfen nur bei Witterungsverhältnissen hergestellt werden, die sich nicht nachteilig auf sie auswirken, es sei denn, daß schädliche Wirkungen durch besondere Vorkehrungen mit Sicherheit verhindert werden.

7.2 Waagerechte Abdichtungen in Wänden

Für die waagerechte Abdichtung in Wänden sind

- Bitumen-Dachdichtungsbahnen nach DIN 52130,
- Kunststoff-Dichtungsbahnen nach E DIN 18195-2, Tabelle 4.5

zu verwenden.

Kunststoff-Dichtungsbahnen nach DIN 16938, DIN 16734 und DIN 16735 dürfen nur verwendet werden, wenn sie nicht mit Bitumenwerkstoffen in Berührung kommen.

Die Abdichtungen müssen aus mindestens einer Lage bestehen. Die Auflagerflächen für die Bahnen sind mit Mörtel der Mörtelgruppen II oder III nach DIN 1053-1 so dick abzugleichen, daß waagerechte Oberflächen ohne für die Bahnen schädlichen Unebenheiten entstehen.

Die Bahnen dürfen nicht aufgeklebt werden und müssen eine durchgehende Abdichtungslage bilden. Sie müssen sich an den Stößen um mindestens 200 mm überdecken. Die Stöße dürfen verklebt werden. Wenn es aus konstruktiven Gründen notwendig ist, sind die Abdichtungen in den Wänden stufenförmig auszuführen, damit waagerechte Kräfte übertragen werden können.

Bei zweischaligem Mauerwerk und Entwässerung unterhalb der Geländeoberfläche nach 6.4 müssen die Stöße verklebt werden.

7.3 Abdichtungen von Außenwandflächen

7.3.1 Allgemeines

Zur Abdichtung von Außenwandflächen dürfen alle in E DIN 18195-2 genannten Abdichtungsstoffe mit Ausnahme der in Tabelle 4.3 und in Tabelle 4.4, Zeilen 2 bis 4 genannten Stoffe verwendet werden. Sie sind unter Berücksichtigung der baulichen und abdichtungstechnischen Erfordernisse auszuwählen.

Die Abdichtung muß in ihrer gesamten Länge an die waagerechte Abdichtung nach 7.2 herangeführt oder mit ihr verklebt werden, so daß keine Feuchtigkeitsbrücken, insbesondere im Bereich von Putzflächen entstehen können (Putzbrücken). Je nach Hinterfüllung des Arbeitsraumes der Baugrube oder der gewählten Abdichtung sind für die abgedichteten Wandflächen Schutzmaßnahmen oder Schutzschichten vorzusehen. Beim Hinterfüllen ist darauf zu achten, daß die Abdichtung nicht beschädigt wird. Bauschutt, Splitt oder Geröll dürfen daher nicht unmittelbar an die abgedichteten Wandflächen angeschüttet werden.

7.3.2 Abdichtungen mit Deckaufstrichmitteln

Diese Abdichtungen sollten für unterkellerte Gebäude nicht verwendet werden.

Vor dem Herstellen der Aufstriche müssen Mörtel oder Beton ausreichend erhärtet sein. Der Untergrund muß trocken sein, sofern nicht für feuchten Untergrund geeignete Aufstrichmittel verwendet werden. Verschmutzungen der abzudichtenden Flächen, z. B. durch Sand, Staub oder andere lose Teile, sind zu entfernen.

Die Aufstriche sind aus einem kaltflüssigen Voranstrich unter Verwendung von 200 g/m² - 300 g/m² Voranstrichmittel und mindestens zwei heißflüssig aufzubringenden Deckaufstrichen herzustellen. Der Voranstrich muß getrocknet sein, bevor die Deckaufstriche aufgebracht werden. Der zweite Deckaufstrich ist unmittelbar nach Erkalten des ersten herzustellen. Die Aufstriche müssen eine zusammenhängende und deckende Schicht ergeben, die auf dem Untergrund fest haftet. Die Endschichtdicke muß im Mittel 2,5 mm, an keiner Stelle weniger als 1,5 mm dick sein.

7.3.3 Abdichtung mit Bitumendickbeschichtungen

Bei Abdichtungen mit Bitumendickbeschichtungen muß der Untergrund saugfähig sein; er darf leicht feucht, aber nicht naß sein. Die Bitumendickbeschichtung muß eine zusammenhängende und deckende Schicht ergeben, die auf dem Untergrund fest haftet. Die Mindesttrockenschichtdicke beträgt 3 mm. Die Fläche ist mit einem Voranstrich zu versehen. Der Auftrag der Dickbeschichtung erfolgt in zwei Arbeitsgängen.

Die Verfüllung der Baugrube darf erst nach ausreichender Durchtrocknung der Abdichtungslage erfolgen. Dabei darf die Abdichtungslage nicht beschädigt werden.

7.3.4 Abdichtung mit Bitumenbahnen

Die Wandflächen sind mit einem kaltflüssigen Voranstrich zu versehen. Die Bahnen sind mindestens einlagig mit Klebemasse aufzukleben. Bitumen-Schweißbahnen und Polymerbitumen-Schweißbahnen dürfen auch im Schweißverfahren aufgebracht werden.

7.3.5 Abdichtungen mit Bitumen-KSK-Bahnen

Der Untergrund ist mit einem kaltflüssigen Voranstrich zu versehen. Die Abdichtung ist aus mindestens einer Lage herzustellen und vollflächig aufzukleben.

7.3.6 Abdichtungen mit Kunststoff-Dichtungsbahnen

Für Abdichtungen mit Kunststoff-Dichtungsbahnen sind die Wandfläche falls bitumenverträgliche Bahnen aufgeklebt werden, mit einem kaltflüssigen Voranstrich zu versehen.

Bei der Abdichtung mit PIB-Bahnen nach DIN 16935 sind die Wandflächen mit einem Aufstrich aus Klebemasse zu versehen und die Bahnen im Flämmverfahren aufzukleben.

ECB-Bahnen nach DIN 16729 und bitumenverträgliche PVC weich-Bahnen nach DIN 16937 dürfen sowohl mit Klebemasse aufgeklebt als auch lose mit mechanischer Befestigung eingebaut werden.

Nichtbitumenverträgliche PVC weich-Bahnen nach DIN 16938 sind mit mechanischer Befestigung lose einzubauen; sie dürfen nicht mit Bitumen in Berührung kommen. Die Art der mechanischen Befestigung richtet sich nach den baulichen Gegebenheiten.

Abdichtungen aus Elastomer-Bahnen dürfen sowohl mit Klebemasse oder Kaltklebstoff aufgeklebt als auch in loser Verlegung mit mechanischer Befestigung eingebaut werden.

7.4 Abdichtungen der Sohlflächen

7.4.1 Allgemeines

Zur Abdichtung der Sohlflächen dürfen Bitumenbahnen, Bitumen-KSK-Bahnen, Kunststoff-Dichtungsbahnen Bitumendickbeschichtungen oder Asphaltmastix verwendet werden. Als Untergrund für die Abdichtungen ist eine Betonschicht oder ein gleichwertiger standfester Untergrund erforderlich. Kanten und Kehlen sind, falls erforderlich, zu fasen bzw. zu runden. Die fertiggestellten Abdichtungen sind vor mechanischen Beschädigungen zu schützen, z. B. durch Schutzschichten nach DIN 18195-10.

Seite 7
E DIN 18195-4 : 1998-09

7.4.2 Abdichtung mit Bitumendickbeschichtungen

Die Bitumendickbeschichtung muß eine zusammenhängende und deckende Schicht ergeben, die auf dem Untergrund fest haftet. Die Mindesttrockenschichtdicke beträgt 3 mm. Der Auftrag erfolgt in zwei Arbeitsgängen.

7.4.3 Abdichtungen mit Bitumenbahnen

Zur Abdichtung mit Bitumenbahnen dürfen alle in E DIN 18195-2 genannten Bitumenbahnen verwendet werden. Die Abdichtungen sind aus mindestens einer Lage herzustellen. Die Bahnen sind lose oder punktweise oder vollflächig verklebt auf den Untergrund aufzubringen. Werden jedoch nackte Bitumenbahnen nach DIN 52129 verwendet, müssen diese auf ihrer Unterseite eine voll deckende, heiß aufzubringende Klebemasseschicht erhalten und mit einem gleichartigen Deckaufstrich versehen werden. Die Überdeckungen müssen vollflächig verklebt bzw. bei Schweißbahnen verschweißt werden.

7.4.4 Abdichtungen mit Bitumen-KSK-Bahnen

Der Untergrund ist mit einem kaltflüssigen Voranstrich zu versehen. Die Abdichtung ist aus mindestens einer Lage herzustellen. Die Bahnen sind punktweise oder vollflächig verklebt aufzubringen. Die Überdeckungen müssen vollflächig verklebt werden.

7.4.5 Abdichtungen mit Kunststoff-Dichtungsbahnen aus PIB oder ECB

Die Abdichtungen sind aus mindestens einer Lage herzustellen. Die Bahnen sind lose zu verlegen oder auf dem Untergrund aufzukleben.

Die Überdeckungen sind bei PIB mit Quellschweißmittel und bei ECB mit Warmgas oder mit dem Heizelement zu verschweißen. Nähte, Stöße und Anschlüsse dürfen auch mit Bitumen verklebt werden.

Abdichtungen aus PIB-Bahnen sind mit einer Trennschicht aus geeigneten Stoffen nach E DIN 18195-2 abzudecken.

7.4.5 Abdichtungen mit Kunststoff-Dichtungsbahnen aus PVC-P oder Elastomeren

Die Abdichtungen sind aus mindestens einer Lage Bahnen oder werkseitig vorgefertigter Planen herzustellen. Die Bahnen oder Planen sind lose zu verlegen, bei Verwendung von Elastomeren oder bitumenverträglichem PVC-P dürfen sie auch auf dem Untergrund aufgeklebt werden.

7.4.6 Abdichtungen mit Asphaltmastix

Abdichtungen aus Asphaltmastix sind in einer mittleren Schichtdicke von 10mm herzustellen, wobei die Schichtdicke mindestens 7mm und maximal 15mm betragen muß.

Asphaltmastix kann auf einer Trennschicht, z. B. aus Rohglasvlies aufgebracht werden, in Innenräumen oder auf Stahlflächen kann auch ein Bitumenvoranstrich angeordnet sein.

Anhang A (informativ)
Hinweise für Einsprecher

Es wird darum gebeten, die Stellungnahmen in eine Tabelle mit fünf Spalten einzutragen, die dem unten abgebildeten Schema entspricht. Ziel ist es dann, alle Einsprüche in einer entsprechenden Tabelle aufzulisten. Als Einsprecher wählen Sie bitte ein Kürzel aus drei Buchstaben.

Bitte speichern Sie nach Möglichkeit die fertige Tabelle der Einsprüche als Microsoft Word 6.0, WordPerfect 5.2 oder Rich Text Format Datei auf eine Diskette ab, die Sie dann freundlicherweise an das DIN senden.

Einsprüche zu E DIN 18195-4, veröffentlicht: 1998-09

Einsprecher	Abschnitt	r, t *)	Einspruch	Kommentar des Arbeitsausschusses
Firma Max	allgemein	r	Kommentar...	
Firma Max	2.1	r	Kommentar...	
Firma Max	2.2	t	Kommentar...	
Firma Max	3.2.3	r	Kommentar...	
Firma Max	3.2.4	t	Kommentar...	
Firma Max	3.2.5	t	Kommentar...	
Firma Max	4.3	t	Kommentar...	
Firma Max	5.2	r	Kommentar...	
Firma Max	5.7	t	Kommentar...	
Firma Max	7.1.2	t	Kommentar...	
Firma Max	9.1.2	r	Kommentar...	
Firma Max	9.1.4	r	Kommentar...	
Firma Max	9.2.1	r	Kommentar...	
Firma Max	Bild 3	t	Kommentar...	
Firma Max	A.2.3	r	Kommentar...	

*) redaktionell (r)
 technisch (t)

DK 699.82.002 : 691

Februar 1984

Bauwerksabdichtungen
Abdichtungen gegen nichtdrückendes Wasser
Bemessung und Ausführung

DIN 18 195
Teil 5

Ersatz für
Ausgabe 08.83

Water-proofing of buildings; water-proofing against non-pressing water, dimensioning and execution

Etanchéité d'ouvrage; etanchéité contre d'eau non pressant, dimensionnement et exécution

Zu dieser Norm gehören:
DIN 18 195 Teil 1   Bauwerksabdichtungen; Allgemeines, Begriffe
DIN 18 195 Teil 2   Bauwerksabdichtungen; Stoffe
DIN 18 195 Teil 3   Bauwerksabdichtungen; Verarbeitung der Stoffe
DIN 18 195 Teil 4   Bauwerksabdichtungen; Abdichtungen gegen Bodenfeuchtigkeit, Bemessung und Ausführung
DIN 18 195 Teil 6   Bauwerksabdichtungen; Abdichtungen gegen von außen drückendes Wasser, Bemessung und Ausführung
DIN 18 195 Teil 8   Bauwerksabdichtungen; Abdichtungen über Bewegungsfugen
DIN 18 195 Teil 9   Bauwerksabdichtungen; Durchdringungen, Übergänge, Abschlüsse
DIN 18 195 Teil 10   Bauwerksabdichtungen; Schutzschichten und Schutzmaßnahmen
Ein weiterer Teil über die Abdichtungen gegen von innen drückendes Wasser befindet sich in Vorbereitung.

Inhalt

		Seite
1	Anwendungsbereich und Zweck	1
2	Begriffe	1
3	Stoffe	1
4	Anforderungen	1
5	Bauliche Erfordernisse	2
6	Arten der Beanspruchung	2
7	Ausführung	2

1 Anwendungsbereich und Zweck

1.1 Diese Norm gilt für die Abdichtung von Bauwerken und Bauteilen mit Bitumenwerkstoffen, Metallbändern und Kunststoff-Dichtungsbahnen gegen nichtdrückendes Wasser, d. h. gegen Wasser in tropfbar-flüssiger Form, z. B. Niederschlags-, Sicker- oder Brauchwasser, das auf die Abdichtung keinen oder nur vorübergehend einen geringfügigen hydrostatischen Druck ausübt.

1.2 Diese Norm gilt nicht für die Abdichtung der Fahrbahntafeln von Brücken, die zu öffentlichen Straßen gehören.

2 Begriffe

Für die Definition von Begriffen gilt DIN 18 195 Teil 1.

3 Stoffe

Für die Abdichtung gegen nichtdrückendes Wasser sind nach Maßgabe des Abschnittes 7 Stoffe nach DIN 18 195 Teil 2 zu verwenden.

Anmerkung: Sollen Kunststoff-Dichtungsbahnen vollflächig mit Bitumen verklebt werden, ist gegebenenfalls durch eine entsprechende Untersuchung die Verträglichkeit der verwendeten Stoffe untereinander zu überprüfen.

4 Anforderungen

4.1 Abdichtungen nach dieser Norm müssen Bauwerke oder Bauteile gegen nichtdrückendes Wasser schützen und gegen natürliche oder durch Lösungen aus Beton oder Mörtel entstandene Wässer unempfindlich sein.

Fortsetzung Seite 2 bis 5

Normenausschuß Bauwesen (NABau) im DIN Deutsches Institut für Normung e.V.

4.2 Die Abdichtung muß das zu schützende Bauwerk oder den zu schützenden Bauteil in dem gefährdeten Bereich umschließen oder bedecken und das Eindringen von Wasser verhindern.

4.3 Die Abdichtung darf bei den zu erwartenden Bewegungen der Bauteile, z. B. durch Schwingungen, Temperaturänderungen oder Setzungen, ihre Schutzwirkung nicht verlieren. Die hierfür erforderlichen Angaben müssen bei der Planung einer Bauwerksabdichtung vorliegen.

4.4 Die Abdichtung muß Risse in dem abzudichtenden Bauwerk, die z. B. durch Schwinden entstehen, überbrücken können. Durch konstruktive Maßnahmen ist jedoch sicherzustellen, daß solche Risse zum Entstehungszeitpunkt nicht breiter als 0,5 mm sind und daß durch eine eventuelle weitere Bewegung die Breite der Risse auf höchstens 2 mm und der Versatz der Rißkanten in der Abdichtungsebene auf höchstens 1 mm beschränkt bleiben.

5 Bauliche Erfordernisse

5.1 Bei der Planung des abzudichtenden Bauwerkes oder der abzudichtenden Bauteile sind die Voraussetzungen für eine fachgerechte Anordnung und Ausführung der Abdichtung zu schaffen. Dabei ist die Wechselwirkung zwischen Abdichtung und Bauwerk zu berücksichtigen und gegebenenfalls die Beanspruchung der Abdichtung durch entsprechende konstruktive Maßnahmen in zulässigen Grenzen zu halten.

5.2 Das Entstehen von Rissen im Bauwerk, die durch die Abdichtung nicht überbrückt werden können (siehe Abschnitt 4.4), ist durch konstruktive Maßnahmen, z. B. durch Anordnung von Bewehrung, ausreichender Wärmedämmung oder von Fugen, zu verhindern.

5.3 Dämmschichten, auf die Abdichtungen unmittelbar aufgebracht werden sollen, müssen für die jeweilige Nutzung geeignet sein. Sie dürfen keine schädlichen Einflüsse auf die Abdichtung ausüben und müssen sich als Untergrund für die Abdichtung und deren Herstellung eignen. Falls erforderlich, sind unter Dämmschichten Dampfsperren und gegebenenfalls auch Ausgleichschichten einzubauen.

5.4 Durch bautechnische Maßnahmen, z. B. durch die Anordnung von Gefälle, ist für eine dauernd wirksame Abführung des auf die Abdichtung einwirkenden Wassers zu sorgen. Bei der Abdichtung von Bauwerken oder Bauteilen im Erdreich sind, falls erforderlich, Maßnahmen nach DIN 4095 zu treffen.

5.5 Bauwerksflächen, auf die die Abdichtung aufgebracht werden soll, müssen fest, eben, frei von Nestern, klaffenden Rissen und Graten und dürfen nicht naß sein. Kehlen und Kanten sollen fluchtrecht und gerundet sein.

5.6 Beim Nachweis der Standsicherheit für das zu schützende Bauwerk oder Bauteil darf der Abdichtung keine Übertragung von planmäßigen Kräften parallel zu ihrer Ebene zugewiesen werden. Sofern dies in Sonderfällen nicht zu vermeiden ist, muß durch Anordnung von Widerlagern, Ankern, Bewehrung oder durch andere konstruktive Maßnahmen dafür gesorgt werden, daß Bauteile auf der Abdichtung nicht gleiten oder ausknicken.

5.7 Entwässerungsabläufe, die die Abdichtung durchdringen, müssen sowohl die Oberfläche des Bauwerkes oder Bauteils als auch die Abdichtungsebene dauerhaft entwässern.

6 Arten der Beanspruchung

6.1 Je nach Größe der auf die Abdichtung einwirkenden Beanspruchungen durch Verkehr, Temperatur und Wasser werden mäßig und hoch beanspruchte Abdichtungen unterschieden. Die Beanspruchung von Abdichtungen auf Dämmschichten durch Verkehrslasten ist besonders zu beachten; zur Vermeidung von Schäden durch Verformungen sind Dämmstoffe zu wählen, die den statischen und dynamischen Beanspruchungen genügen.

6.2 Abdichtungen sind mäßig beansprucht, wenn
— die Verkehrslasten vorwiegend ruhend nach DIN 1055 Teil 3 sind und die Abdichtung nicht unter befahrenen Flächen liegt,
— die Temperaturschwankung an der Abdichtung nicht mehr als 40 K beträgt,
— die Wasserbeanspruchung gering und nicht ständig ist.

6.3 Abdichtungen sind hoch beansprucht, wenn eine oder mehrere Beanspruchungen die in Abschnitt 6.2 angegebenen Grenzen überschreiten. Hierzu zählen grundsätzlich alle waagerechten und geneigten Flächen im Freien und im Erdreich.

7 Ausführung

7.1 Allgemeines

7.1.1 Bei der Ausführung von Abdichtungen gegen nichtdrückendes Wasser gelten
— DIN 18195 Teil 3 für das Verarbeiten der Stoffe,
— DIN 18195 Teil 8 für das Herstellen der Abdichtung über Bewegungsfugen,
— DIN 18195 Teil 9 für das Herstellen von Durchdringungen, Übergängen und Abschlüssen, sowie
— DIN 18195 Teil 10 für Schutzschichten und Schutzmaßnahmen.

7.1.2 Abdichtungen dürfen nur bei Witterungsverhältnissen hergestellt werden, die sich nicht nachteilig auf sie auswirken, es sei denn, daß schädliche Wirkungen durch besondere Vorkehrungen mit Sicherheit verhindert werden.

7.1.3 Auf einem Untergrund aus Einzelelementen, z. B. Fertigteilplatten, sind vor dem Aufbringen der Abdichtung, falls erforderlich, geeignete Maßnahmen zur Überbrückung der Plattenstöße zu treffen.

7.1.4 Die Abdichtungen sind je nach Untergrund und Art der ersten Abdichtungslage vollflächig verklebt, punktweise verklebt oder lose aufliegend herzustellen.

7.1.5 Die zu erwartenden Temperaturbeanspruchungen der Abdichtungen, z. B. durch Teile von Heizungsanlagen, sind bei der Planung zu berücksichtigen. Die Temperatur an der Abdichtung muß um mindestens 30 °C unter dem

Erweichungspunkt nach Ring und Kugel (siehe DIN 52011) der Klebemassen und Deckaufstrichmittel aus Bitumen bleiben.

7.1.6 Die Abdichtung von waagerechten oder schwach geneigten Flächen ist an anschließenden, höher gehenden Bauteilen in der Regel 15 cm über die Oberfläche der Schutzschicht, des Belages oder der Überschüttung hochzuführen und dort zu sichern (siehe DIN 18195 Teil 9). Beim Abschluß der Abdichtung von Decken überschütteter Bauwerke ist die Abdichtung mindestens 20 cm unter die Fuge zwischen Decke und Wänden herunterzuziehen und gegebenenfalls mit der Wandabdichtung zu verbinden.

7.1.7 Abdichtungen von Wandflächen müssen im Bereich von Wasserentnahmestellen mindestens 20 cm über die Wasserentnahmestelle hoch geführt werden.

7.1.8 Die Abdichtungen sind in der Regel mit Schutzschichten nach DIN 18195 Teil 10 zu versehen. Solche Schutzschichten, die auf die fertige Abdichtung aufgebracht werden, sind möglichst unverzüglich nach Fertigstellung der Abdichtung herzustellen. Im anderen Fall sind Schutzmaßnahmen gegen Beschädigungen nach DIN 18195 Teil 10 zu treffen.

7.1.9 Für die zulässige Druckbelastung einzelner Abdichtungsarten gelten die entsprechenden Werte von DIN 18195 Teil 6.

7.2 Abdichtungen für mäßige Beanspruchungen

7.2.1 Abdichtung mit nackten Bitumenbahnen und/oder Glasvlies-Bitumendachbahnen

Die Abdichtung ist aus mindestens zwei Lagen herzustellen, die mit Klebemasse untereinander zu verbinden und mit einem Deckaufstrich zu versehen sind. Bei Verwendung von nackten Bitumenbahnen muß die Abdichtung eingepreßt sein, der Flächendruck darf jedoch geringer sein als in Abschnitt 7.3.1 angegeben.

Falls erforderlich, ist der Untergrund mit einem Voranstrich zu versehen. Werden für die erste Lage nackte Bitumenbahnen verwendet, so sind sie auch an ihren Unterseiten vollflächig mit Klebemasse einzustreichen.

Die Klebemassen sind im Bürstenstreich-, im Gieß- oder im Gieß- und Einwalzverfahren aufzubringen. Dabei sind die Mindesteinbaumengen für Klebeschichten und Deckaufstrich entsprechend der Tabelle einzuhalten.

Die Bahnen müssen sich an Nähten, Stößen und Anschlüssen um 10 cm überdecken.

7.2.2 Abdichtung mit Bitumen-Dichtungsbahnen, -Dachdichtungs- oder -Schweißbahnen

Die Abdichtung ist aus mindestens einer Lage Bahnen mit Gewebe- oder Metallbandeinlage herzustellen. Bitumen-Dichtungsbahnen und -Dachdichtungsbahnen sind im Bürstenstreich-, im Gieß- oder im Flämmverfahren aufzubringen, Bitumen-Schweißbahnen sind im Schweißverfahren ohne Verwendung zusätzlicher Klebemasse oder im Gießverfahren einzubauen. Bitumen-Dichtungsbahnen und -Dachdichtungsbahnen sind mit einem Deckaufstrich zu versehen.

Für die Massemengen und die Überdeckung der Bahnen gilt Abschnitt 7.2.1.

7.2.3 Abdichtung mit Kunststoff-Dichtungsbahnen aus PIB oder ECB

Die Abdichtung ist aus mindestens einer Lage mindestens 1,5 mm dicker Kunststoff-Dichtungsbahnen herzustellen, die mit Klebemasse im Bürstenstreich- oder im Flämmverfahren aufzubringen sind.

Auf der Abdichtung ist eine Trennlage mit ausreichender Naht- und Stoßüberdeckung, z. B. aus lose verlegter Polyethylenfolie, oder eine Trenn- und Schutzlage aus nackten Bitumenbahnen mit Klebe- und Deckaufstrich vorzusehen.

Die Kunststoff-Dichtungsbahnen müssen sich an Nähten, Stößen und Anschlüssen um 5 cm zu überdecken, sie sind bei PIB mit Quellschweißmittel und bei ECB mit Warmgas oder mit Heizelement zu verschweißen. Sie dürfen auch mit Bitumen verklebt werden, wenn sie sich um 10 cm überdecken. In diesem Fall darf auch das Gießverfahren angewendet werden.

7.2.4 Abdichtung mit Kunststoff-Dichtungsbahnen aus PVC weich

Die Abdichtung ist aus mindestens einer Lage 1,2 mm dicker Kunststoff-Dichtungsbahnen herzustellen, die lose zu verlegen oder mit einem geeigneten Klebstoff — bei bitumenverträglichen Kunststoff-Dichtungsbahnen auch mit Klebemasse — aufzubringen sind. Auf der Abdichtung ist eine Schutzlage aus geeigneten Bahnen, z. B. mindestens 1 mm dicke PVC weich-Bahnen, halbhart, oder mindestens 2 mm dicke und mindestens 300 g/m^2 schwere Bahnen aus synthetischem Vlies, vorzusehen. Bei bitumenverträglichen PVC weich-Bahnen darf die Schutzlage auch aus nackten Bitumenbahnen mit ausreichender Naht- und Stoßüberdeckung und Klebe- und Deckaufstrich bestehen.

In Sonderfällen darf die Abdichtung auch aus mindestens 0,85 mm dicken Kunststoff-Dichtungsbahnen bestehen,

Tabelle.

Art der Klebe- und Deckaufstrichmasse	Klebeschichten			Deckaufstrich
	Bürstenstreich- oder Flämmverfahren	Gießverfahren	Gieß- und Einwalzverfahren	
	Mindesteinbaumengen in kg/m^2			
Bitumen, ungefüllt	1,5	1,3	—	1,5
Bitumen, gefüllt (γ = 1,5)	—	—	2,5	—

Seite 4 DIN 18 195 Teil 5

wenn eine zusätzliche, wie oben beschriebene Schutzlage auch unterhalb der Abdichtung angeordnet wird.

Die Kunststoff-Dichtungsbahnen müssen sich an Nähten- Stößen und Anschlüssen bei Quellverschweißung um 5 cm, bei Verschweißung mit Warmgas oder Heizelement um 3 cm überdecken. Bei Verwendung von Kunststoff-Dichtungsbahnen unter 1,2 mm Dicke darf nur die Quellverschweißung angewendet werden.

7.2.5 Abdichtung mit Asphaltmastix

Die Abdichtung ist aus einer Lage Asphaltmastix (Spachtelmasse 13/16) mit unmittelbar darauf angeordneter Schutzschicht aus Gußasphalt oder aus zwei Lagen Asphaltmastix herzustellen. Diese Abdichtung darf nur auf waagerechten oder schwach geneigten Flächen angewendet werden.

Zwischen der Abdichtung und dem Untergrund ist eine Trennlage, z. B. aus Rohglasvlies, vorzusehen.

Einlagiger Asphaltmastix muß im Mittel 10 mm, darf jedoch an keiner Stelle unter 7 mm oder über 15 mm dick sein. Zweilagiger Asphaltmastix muß insgesamt im Mittel 15 mm, darf jedoch an keiner Stelle unter 12 mm oder über 20 mm dick sein.

Die Schutzschicht aus Gußasphalt bei einlagigem Asphaltmastix muß mindestens 20 mm dick sein.

7.3 Abdichtungen für hohe Beanspruchungen

7.3.1 Abdichtung mit nackten Bitumenbahnen

Die Abdichtung ist aus mindestens drei Lagen herzustellen, die mit Klebemasse untereinander zu verbinden und mit einem Deckaufstrich zu versehen sind. Sie darf nur dort angewendet werden, wo eine Einpressung der Abdichtung mit einem Flächendruck von mindestens 0,01 MN/m^2 sichergestellt ist.

Die Unterseiten der Bitumenbahnen der ersten Lage sind vollflächig mit Klebemasse einzustreichen. Falls erforderlich, ist auf dem Untergrund ein Voranstrich aufzubringen. Die Klebemassen sind im Bürstenstreich-, im Gieß- oder im Gieß- und Einwalzverfahren aufzubringen. Dabei sind die Mindesteinbaumengen für Klebeschichten und Deckaufstrich entsprechend der Tabelle einzuhalten.

Die Bitumenbahnen müssen sich an Nähten, Stößen und Anschlüssen um 10 cm überdecken.

7.3.2 Abdichtung mit Bitumen-Dichtungsbahnen, -Dachdichtungs- und/oder -Schweißbahnen

Die Abdichtung ist aus mindestens zwei Lagen Bahnen mit Gewebe- oder Metallbandeinlage herzustellen. Falls erforderlich, ist auf dem Untergrund ein Voranstrich aufzubringen. Bitumen-Dichtungsbahnen und -Dachdichtungsbahnen sind mit Klebemasse im Bürstenstreich-, im Gieß- oder im Flämmverfahren aufzubringen, Bitumenschweißbahnen sind im Schweißverfahren ohne Verwendung zusätzlicher Klebemasse oder im Gießverfahren einzubauen. Obere Lagen aus Bitumen-Dichtungsbahnen oder -Dachdichtungsbahnen sind mit einem Deckaufstrich zu versehen.

Für die Massemengen und die Überdeckung der Bahnen gilt Abschnitt 7.3.1.

7.3.3 Abdichtung mit Kombinationen von Bitumen-Dichtungsbahnen, -Dachdichtungs- oder -Schweißbahnen mit Glasvlies-Bitumen-Dachbahnen oder nackten Bitumenbahnen

Die Abdichtung ist aus mindestens zwei Lagen herzustellen, wobei mindestens eine Lage aus Bahnen mit Gewebe- oder Metallbandeinlage bestehen muß, die an der Wasserseite anzuordnen ist, sofern nackte Bitumenbahnen für die zweite Lage verwendet werden.

Im übrigen gelten entsprechend den verwendeten Bahnen die Abschnitte 7.3.1 und 7.3.2 sinngemäß.

7.3.4 Abdichtung mit Kunststoff-Dichtungsbahnen aus PIB oder ECB

Die Abdichtung ist aus einer Lage Kunststoff-Dichtungsbahnen — bei PIB mindestens 1,5 mm, bei ECB mindestens 2,0 mm dick — herzustellen, die mit Klebemasse zwischen zwei Lagen aus nackten Bitumenbahnen vollflächig einzukleben sind. Die Abdichtung ist mit einem Deckaufstrich zu versehen.

Bei waagerechten und schwach geneigten Flächen darf die obere Lage aus nackten Bitumenbahnen durch eine geeignete Schutzlage mit Trennfunktion ersetzt werden, wenn unmittelbar nach Herstellung der Abdichtung die Schutzschicht aufgebracht wird.

Die Kunststoff-Dichtungsbahnen sind im Bürstenstreich- oder im Flämmverfahren einzubauen. Für die Verarbeitung der nackten Bitumenbahnen gilt Abschnitt 7.3.1 sinngemäß. Die Mindesteinbaumengen für Klebeschichten und Deckaufstrich entsprechend der Tabelle sind einzuhalten.

Die Kunststoff-Dichtungsbahnen müssen sich an Nähten, Stößen und Anschlüssen um 5 cm überdecken, sie sind bei PIB mit Quellschweißmittel und bei ECB mit Warmgas oder mit Heizelement Iv zu verschweißen. Sie dürfen auch mit Bitumen verklebt werden, wenn sie sich um 10 cm überdecken. In diesem Fall darf auch das Gießverfahren angewendet werden.

7.3.5 Abdichtung aus bitumenverträglichen Kunststoff-Dichtungsbahnen aus PVC weich

Die Abdichtung ist aus einer Lage mindestens 1,5 mm dicker Kunststoff-Dichtungsbahnen herzustellen, die mit Klebemasse zwischen zwei Lagen aus nackten Bitumenbahnen vollflächig einzukleben sind. Die Abdichtung ist mit einem Deckaufstrich zu versehen.

Die Kunststoff-Dichtungsbahnen sind im Bürstenstreich- oder im Flämmverfahren einzubauen. Für die Verarbeitung der nackten Bitumenbahnen gilt Abschnitt 7.3.1 sinngemäß. Die Mindesteinbaumengen für Klebeschichten und Deckaufstrich entsprechend der Tabelle sind einzuhalten.

Die Kunststoff-Dichtungsbahnen müssen sich an Nähten, Stößen und Anschlüssen bei Quellverschweißung um 5 cm, bei Verschweißung mit Warmgas oder mit Heizelement um 3 cm überdecken.

7.3.6 Abdichtung mit nicht bitumenverträglichen Kunststoff-Dichtungsbahnen aus PVC weich

Die Abdichtung ist aus mindestens einer Lage mindestens 1,5 mm dicker Kunststoff-Dichtungsbahnen herzustellen, die lose zu verlegen oder mit einem geeigneten Klebstoff aufzubringen sind. Die Abdichtung ist zwischen Schutzlagen aus geeigneten Bahnen, z. B. mindestens 1 mm dicke

PVC weich-Bahnen, halbhart, oder mindestens 2 mm dicke und mindestens 300 g/m² schwere Bahnen aus synthetischem Vlies, einzubauen. Besteht die obere Schutzlage aus PVC weich-Bahnen, halbhart, so sind ihre Nähte und Stöße zu verschweißen.

Für die Überdeckung von Nähten, Stößen und Anschlüssen der Abdichtungslagen gilt Abschnitt 7.3.5. Die Nähte sind nach DIN 18 195 Teil 3 zu prüfen.

7.3.7 Abdichtung mit Metallbändern in Verbindung mit Gußasphalt

Die Abdichtung ist aus mindestens einer Lage kalottengeriffelter Metallbänder aus Kupfer oder Edelstahl herzustellen, die mit Klebemasse aus gefülltem Bitumen im Gieß- und Einwalzverfahren einzubauen sind. Die Mindesteinbaumengen für die Klebeschichten entspreched der Tabelle sind einzuhalten.

Die Metallbänder müssen sich an Nähten um 10 cm, an Stößen und an Anschlüssen bei Arbeitsunterbrechungen um 20 cm überdecken.

Auf die Metallbandlage ist eine 20 mm dicke Schicht aus Gußasphalt aufzubringen.

Falls erforderlich, ist der Untergrund mit einem Voranstrich zu versehen und unter den Metallbändern eine Trenn- und Dampfdruckausgleichschicht anzuordnen.

7.3.8 Abdichtung mit Metallbändern in Verbindung mit Bitumenbahnen

Die Abdichtung ist aus einer Lage kalottengeriffelter Metallbänder aus Kupfer oder Edelstahl und aus einer Schutzlage aus Glasvlies-Bitumenbahnen oder nackten Bitumenbahnen herzustellen. Im übrigen gelten für die Verarbeitung der Metallbänder Abschnitt 7.3.7 und für die Verarbeitung der Bitumenbahnen Abschnitt 7.3.1 sinngemäß.

Falls erforderlich, ist der Untergrund mit einem Voranstrich zu versehen und unter den Metallbändern eine Trenn- und Dampfdruckausgleichschicht anzuordnen.

7.3.9 Abdichtung mit Asphaltmastix in Verbindung mit Gußasphalt

Die Abdichtung ist aus einer Lage Asphaltmastix (Spachtelmasse 13/16) mit unmittelbar darauf angeordneter Schutzschicht und im übrigen nach Abschnitt 7.2.5 herzustellen. Diese Abdichtung darf bei hohen Beanspruchungen nur angewendet werden, wenn Durchdringungen, Übergänge und Abschlüsse aus anderen Bitumenwerkstoffen oder bitumenverträglichen Werkstoffen entsprechend den Abschnitten 7.3.2 bis 7.3.8 hergestellt werden.

Die Festlegungen in DIN 18 195 Teil 10, Ausgabe August 1983, Abschnitt 3.2.2 und Abschnitt 3.3.6 sind besonders zu beachten.

Zitierte Normen

DIN 1055 Teil 3	Lastannahmen für Bauten; Verkehrslasten
DIN 4095	Baugrund; Drähnung des Untergrundes zum Schutz von baulichen Anlagen, Planung und Ausführung
DIN 18 195 Teil 1	Bauwerksabdichtungen; Allgemeines, Begriffe
DIN 18 195 Teil 2	Bauwerksabdichtungen; Stoffe
DIN 18 195 Teil 3	Bauwerksabdichtungen; Verarbeitung der Stoffe
DIN 18 195 Teil 4	Bauwerksabdichtungen; Abdichtungen gegen Bodenfeuchtigkeit, Bemessung und Ausführung
DIN 18 195 Teil 6	Bauwerksabdichtungen; Abdichtungen gegen von außen drückendes Wasser, Bemessung und Ausführung
DIN 18 195 Teil 8	Bauwerksabdichtungen; Abdichtung über Bewegungsfugen
DIN 18 195 Teil 9	Bauwerksabdichtungen; Durchdringungen, Übergänge, Abschlüsse
DIN 18 195 Teil 10	Bauwerksabdichtungen; Schutzschichten und Schutzmaßnahmen
DIN 52 011	Prüfung bituminöser Bindemittel; Bestimmung des Erweichungspunktes, Ring und Kugel

Frühere Ausgaben

DIN 4122: 07.68; 03.78; DIN 18 195 Teil 5: 08.83

Änderungen

Gegenüber DIN 4122/03.78 wurden folgende Änderungen vorgenommen:
Die Norm wurde dem Stand der Technik entsprechend vollständig überarbeitet. Zusammen mit den Überarbeitungen von DIN 4031 über Abdichtungen gegen drückendes Wasser und DIN 4117 über Abdichtungen gegen Bodenfeuchtigkeit wurde der gesamte Normeninhalt in DIN 18 195 Teil 1 bis Teil 6 und Teil 8 bis Teil 10 neu gegliedert.
Gegenüber der Ausgabe August 1983 wurden Druckfehler in den Abschnitten 7.2.4 und 7.3.6 „Kunststoff-Dichtungsbahnen" in „Bahnen" berichtigt.

Internationale Patentklassifikation

E 04 B 1-66

Entwurf September 1998

| | Bauwerksabdichtungen
Teil 5: Abdichtungen gegen nichtdrückendes Wasser
Bemessung und Ausführung | DIN
18195-5 |

Einsprüche bis 31. Dez 1998

ICS 91.100.50; 91.120.30

Water-proofing of buildings – Part 5: Water-proofing against non-pressing water, Design and execution

Vorgesehen als Ersatz für Ausgabe 1984-02;
Ersatz für
Entwurf Ausgabe 1996-12

Etanchéité d'ouvrage – Partie 5: Etanchéité contre d'eau non pressant, Dimensionnement et exécution

Anwendungswarnvermerk

Dieser Norm-Entwurf wird der Öffentlichkeit zur Prüfung und Stellungnahme vorgelegt.

Weil die beabsichtigte Norm von der vorliegenden Fassung abweichen kann, ist die Anwendung dieses Entwurfes besonders zu vereinbaren.

Stellungnahmen werden erbeten an den Normenausschuß Bauwesen (NABau) im DIN Deutsches Institut für Normung e. V., 10772 Berlin (Hausanschrift: Burggrafenstr. 6, 10787 Berlin).

Inhalt

Seite

Vorwort 2
1 Anwendungsbereich 3
2 Normative Verweisungen 3
3 Definitionen 4
4 Stoffe 4
5 Anforderungen 4
6 Bauliche Erfordernisse 5
7 Arten der Beanspruchung 5
8 Ausführung 6
Anhang A (informativ) Hinweise für Einsprecher 10

Fortsetzung Seite 2 bis 10

Normenausschuß Bauwesen (NABau) im DIN Deutsches Institut für Normung e.V.

Vorwort

Dieser Norm-Entwurf wurde vom NABau-Arbeitsausschuß "Bauwerksabdichtungen" erarbeitet.

Um die Stellungnahmen besser bearbeiten zu können, wird darum gebeten, diese zusätzlich in maschinenlesbarer Form – Diskette – dem Format entsprechend dem Anhang A dem DIN zukommen zu lassen.

DIN 18195 "Bauwerksabdichtungen" besteht aus:

- Teil 1: Grundsätze, Definitionen, Zuordnung der Abdichtungsarten (z. Z. Entwurf)
- Teil 2: Stoffe (z. Z. Entwurf)
- Teil 3: Anforderungen an den Untergrund und Verarbeitung der Stoffe (z. Z. Entwurf)
- Teil 4: Abdichtungen gegen Bodenfeuchtigkeit (Kapillarwasser, Haftwasser, Sickerwasser) – Bemessung und Ausführung (z. Z. Enwurf)
- Teil 5: Abdichtungen gegen nichtdrückendes Wasser, Bemessung und Ausführung (z. Z. Entwurf)
- Teil 6: Abdichtungen gegen von außen drückendes Wasser, Bemessung und Ausführung (z. Z. Entwurf)
- Teil 7: Abdichtungen gegen von innen drückendes Wasser, Bemessung und Ausführung
- Teil 8: Abdichtungen über Bewegungsfugen
- Teil 9: Durchdringungen, Übergänge, Abschlüsse
- Teil 10: Schutzschichten und Schutzmaßnahmen

Änderungen

Gegenüber der Ausgabe Februar 1984 wurden folgende Änderungen vorgenommen:

a) Die Norm wurde redaktionell überarbeitet.
b) Die Beschreibung der Abdichtungsbauweisen wurde an die geänderte Liste der Werkstoffe in E DIN 18195-2 angepaßt.
c) Der Anwendungsbereich und die Beanspruchungsarten wurden präzisiert.

Seite 3
E DIN 18195-5 : 1998-09

1 Anwendungsbereich

1.1 Diese Norm gilt für die Abdichtung horizontaler und geneigter Flächen im Freien und im Erdreich, sowie in Naßräumen und auf vergleichbaren Flächen, von Bauteiloberflächen mit Bitumenbahnen und -massen, Kunststoff-Dichtungsbahnen*), Metallbändern, Asphaltmastix, Bitumendickbeschichtungen und den für ihren Einbau erforderlichen Werkstoffen nach E DIN 18195-2-gegen nichtdrückendes Wasser, d. h. gegen Wasser in tropfbar flüssiger Form, z. B. Niederschlags-, Sicker- oder Brauchwasser, das auf die Abdichtung keinen oder nur einen geringfügigen hydrostatischen Druck ausübt.

In diesem Sinne gilt die Norm auch für die Abdichtung unter intensiv begrünten Bauwerksflächen mit einer Anstaubewässerung bis 100 mm Höhe, wenn die Ausführung der Abdichtung und ihrer Anschlüsse der dabei gegebenen besonderen Wasserbeanspruchung Rechnung trägt.

1.2 Diese Norm gilt nicht für

- die Abdichtung von nichtgenutzten und extensiv begrünten Dachflächen (siehe DIN 18531),
- die Abdichtung von Fahrbahnen, z. B. Fahrbahntafeln, die zu öffentlichen Straßen oder zu Schienenwegen gehören,
- die Abdichtung von Deponien, Erdbauwerken und bergmännisch erstellten Tunnel.
- Bauteile, die so wasserundurchlässig sind, daß die Dauerhaftigkeit des Bauteils und die Nutzbarkeit des Bauwerks ohne weitere Abdichtung im Sinne dieser Norm gegeben sind. **)

2 Normative Verweisungen

Diese Norm enthält durch datierte oder undatierte Verweisungen Festlegungen aus anderen Publikationen. Diese normativen Verweisungen sind an den jeweiligen Stellen im Text zitiert, und die Publikationen sind nachstehend aufgeführt. Bei datierten Verweisungen gehören spätere Änderungen oder Überarbeitungen dieser Publikationen nur zu dieser Norm, falls sie durch Änderung oder Überarbeitung eingearbeitet sind. Bei undatierten Verweisungen gilt die letzte Ausgabe der in Bezug genommenen Publikation.

DIN 1055-3
Lastannahmen für Bauten – Teil 3: Verkehrslasten

E DIN 18195-1
Bauwerksabdichtungen – Teil 1: Grundsätze, Definitionen, Zuordnung der Abdichtungsarten

E DIN 18195-2
Bauwerksabdichtungen – Teil 2: Stoffe

E DIN 18195-3
Bauwerksabdichtungen – Teil 3: Anforderungen an den Untergrund und Verarbeitung der Stoffe

E DIN 18195-4
Bauwerksabdichtungen – Teil 4: Abdichtungen gegen Bodenfeuchtigkeit (Kapillarwasser, Haftwasser, Sickerwasser), Bemessung und Ausführung

E DIN 18195-6
Bauwerksabdichtungen – Teil 6: Abdichtungen gegen von außen drückendes Wasser, Bemessung und Ausführung

---

*) Als Kunststoff-Dichtungsbahnen werden Bahnen aus thermoplastischen Kunststoffen und aus Elastomeren bezeichnet.

**) Bauteile aus wasserundurchlässigem Beton lassen im Gegensatz zu abgedichteten Bauteilen Feuchtigkeit durch

DIN 18195-8
Bauwerksabdichtungen – Teil 8: Abdichtungen über Bewegungsfugen

DIN 18195-9
Bauwerksabdichtungen – Teil 9: Durchdringungen, Übergänge, Abschlüsse

DIN 18195-10
Bauwerksabdichtungen – Teil 10: Schutzschichten und Schutzmaßnahmen

DIN 18531
Dachabdichtungen – Begriffe, Anforderungen, Planungsgrundsätze

DIN 52011
Prüfung bituminöser Bindemittel – Bestimmung des Erweichungspunktes, Ring und Kugel

DIN 52131
Bitumen-Schweißbahnen – Begriffe, Bezeichnungen, Anforderungen

DIN 52133
Polymerbitumen-Schweißbahnen – Begriffe, Bezeichnungen, Anforderungen

ZTV-BEL-B 1
Zusätzliche Technische Vertragsbedingungen und Richtlinien für das Herstellen von Brückenbelägen auf Beton
– Teil 1: Dichtungsschicht aus einer Bitumen-Schweißbahn

3 Definitionen

Für die Anwendung dieser Norm gelten die Definitionen nach E DIN 18195-1.

4 Stoffe

Für die Abdichtung gegen nichtdrückendes Wasser sind nach Maßgabe des Abschnitts 8 Werkstoffe nach E DIN 18195-2 zu verwenden.

5 Anforderungen

5.1 Abdichtungen nach dieser Norm müssen Bauwerke oder Bauteile gegen nichtdrückendes Wasser schützen und gegen natürliche oder durch Lösungen aus Beton oder Mörtel entstandene Wässer und in Pfützen stehendes Wasser unempfindlich sein. Sind besondere chemische Beanspruchungen durch das einwirkende Wasser zu erwarten, müssen die Abdichtungsstoffe darauf abgestimmt sein.

Bei begrünten Dächern muß sie durchwurzelungssicher sein, es sei denn, zwischen Abdichtung und Bepflanzung wird eine gesonderte, gegen Durchwurzelung dauerhaft schützende Schicht angeordnet [1].

5.2 Die Abdichtung muß das zu schützende Bauwerk oder zu schützende Bauteil in dem gefährdeten Bereich umschließen oder bedecken und das Eindringen von Wasser verhindern.

5.3 Die Abdichtung darf bei den zu erwartenden Bewegungen der Bauteile, z. B. durch Schwingungen, Temperaturänderungen oder Setzungen, ihre Schutzwirkung nicht verlieren. Die hierfür erforderlichen Angaben müssen bei der Planung einer Bauwerksabdichtung vorliegen.

5.4 Die Abdichtung muß Risse in dem abzudichtenden Bauwerk, die z. B. durch Schwinden entstehen, überbrücken können. Durch konstruktive Maßnahmen ist jedoch sicherzustellen, daß solche Risse zum Entstehungszeitpunkt nicht breiter als 0,5 mm sind und daß durch eine eventuelle weitere Bewegung die Breite der Risse auf höchstens 2 mm und der Versatz der Rißkanten in der Abdichtungsebene auf höchstens 1 mm beschränkt bleiben. Sinngemäß gilt das gleiche für aufklaffende Arbeitsfugen u. ä.

---

[1] Europäische Prüfnorm in Vorbereitung

5.5 Bei Abdichtungen nach 8.2 darf die Rißbreite zum Entstehungszeitpunkt 0,5 mm nicht überschreiten; eine eventuelle Erweiterung muß auf höchstens 1,0 mm beschränkt bleiben. Ein Versatz der Rißkanten darf maximal 0,5 mm betragen.

6 Bauliche Erfordernisse

6.1 Bei der Planung des abzudichtenden Bauwerkes oder der abzudichtenden Bauteile sind die Voraussetzungen für eine fachgerechte Anordnung und Ausführung der Abdichtung zu schaffen. Dabei ist die Wechselwirkung zwischen Abdichtung und Bauwerk zu berücksichtigen und gegebenenfalls die Beanspruchung der Abdichtung durch entsprechende konstruktive Maßnahmen in zulässigen Grenzen zu halten.

6.2 Das Entstehen von Rissen im Bauwerk, die durch die Abdichtung nicht überbrückt werden können (siehe 5.4), ist durch konstruktive Maßnahmen, z. B. durch Anordnung von Bewehrung, ausreichender Wärmedämmung oder Fugen zu verhindern.

6.3 Dämmschichten, auf die Abdichtungen unmittelbar aufgebracht werden sollen, müssen für die jeweilige Nutzung geeignet sein. Sie dürfen keine schädlichen Einflüsse auf die Abdichtung ausüben und müssen sich als Untergrund für die Abdichtung und deren Herstellung eignen. Falls erforderlich, sind unter Dämmschichten Dampfsperren einzubauen.

6.4 Grundsätzlich ist durch bautechnische Maßnahmen dafür zu sorgen, daß das auf die Abdichtung einwirkende Wasser dauernd wirksam so abgeführt wird, daß es keinen bzw. nur einen geringfügigen hydrostatischen Druck ausüben kann.

Bei planmäßiger Anstaubewässerung darf der Wasserstand maximal circa 100mm betragen.

Können sich selbst geringfügige, aber länger einwirkende Mengen stehenden Wassers (z. B. Pfützen) schädigend auf Schutz- und Belagsschichten auswirken (z. B. bei Plattenbelägen im Mörtelbett) oder wird dadurch das Fehlstellenrisiko wesentlich erhöht (z. B. an Durchdringungen und Dehnfugen), so ist durch eine planmäßige Gefällegebung oder andere Maßnahmen (z. B. Abläufe in den durch Durchbiegung entstandenen Mulden) für eine vollständige Wasserableitung zu sorgen. Dies gillt dann besonders auch für die Kehlen zwischen Gefälleflächen.

Wird der Wasserabfluß durch die Belagsschichten soweit verzögert, daß daraus Schäden zu erwarten sind, so können Dränschichten auf der Abdichtung erforderlich werden.

Die Anordnung von Dränschichten ist auch erforderlich bei erdüberschütteten Decken mit Schüttgut mit einem Durchlässigkeitsbeiwert $k \leq 10^{-3}$ m/s.

6.5 Der Abdichtung darf keine Übertragung von planmäßigen Kräften parallel zu ihrer Ebene zugewiesen werden. Dies gilt auch für den Nachweis der Standsicherheit. Sofern dies in Sonderfällen nicht zu vermeiden ist, muß durch Anordnung von Widerlagern, Ankern, Bewehrung oder durch andere konstruktive Maßnahmen dafür gesorgt werden, daß Bauteile auf der Abdichtung nicht gleiten oder ausknicken. Dies gilt bei befahrenen Flächen auch für Horizontalkräfte aus dem Fahrverkehr.

6.6 Abläufe zur Entwässerung von Belagsoberflächen, die die Abdichtung durchdringen, müssen sowohl die Nutzfläche als auch die Abdichtungsebene dauerhaft entwässern. Sie müssen für Wartungsarbeiten leicht zugänglich sein.

7 Arten der Beanspruchung

7.1 Je nach Art und Aufgabe der Abdichtung, ihrem Schutzziel sowie der Größe der auf die Abdichtung einwirkenden Beanspruchungen durch Verkehr, Temperatur und Wasser werden mäßig und hoch beanspruchte Abdichtungen unterschieden. Die Beanspruchung von Abdichtungen auf Dämmschichten durch Verkehrslasten ist besonders zu beachten; zur Vermeidung von Schäden durch Verformungen sind Dämmstoffe zu wählen, die den statischen und dynamischen Beanspruchungen genügen.

7.2 Zu den mäßig beanspruchten Flächen zählen u. a.:
- Balkone, Loggien und ähnliche Flächen im Wohnungsbau;
- unmittelbar spritzwasserbelastete Fußboden- und Wandflächen in Naßräumen des Wohnungsbaus - soweit sie nicht durch andere Maßnahmen hinreichend gegen eindringende Feuchtigkeit geschütz sind.

7.3 Zu den hoch beanspruchten Flächen zählen u. a.:

– Dachterrassen, begrünte Flächen, Parkdecks, Hofkellerdecken und Durchfahrten, erdüberschüttete Decken
– durch Nutz- oder Reinigungswasser stark beanspruchte Fußboden- und Wandflächen in Naßräumen wie: Schwimmbäder, öffentliche Duschen, gewerbliche Küchen u.a. gewerbliche Nutzungen.

7.4 Soweit die Nutzung einer abzudichtenden Fläche nicht sinngemäß 7.2 bzw. 7.3 zugeordnet werden kann, ist die Beanspruchung als mäßig anzusehen, wenn

– die Verkehrslasten vorwiegend ruhend nach DIN 1055-3 sind und die Abdichtung nicht unter befahrenen Flächen liegt,
– die Wasserbeanspruchung gering und nicht ständig ist und ausreichend Gefälle vorhanden ist, um Wasseranstau oder Pfützenbildung zu verhindern.

8 Ausführung
8.1 Allgemeines

8.1.1 Bei der Ausführung von Abdichtungen gegen nichtdrückendes Wasser gelten

– E DIN 18195-3 für das Verarbeiten der Stoffe,
– DIN 18195-8 für das Herstellen der Abdichtung über Bewegungsfugen,
– DIN 18195-9 für das Herstellen von Durchdringungen, Übergängen und Abschlüssen sowie
– DIN 18195-10 für Schutzschichten und Schutzmaßnahmen.

8.1.2 Abdichtungen dürfen nur bei Witterungsverhältnissen hergestellt werden, die sich nicht nachteilig auf sie auswirken, es sei denn, daß schädliche Wirkungen durch besondere Vorkehrungen mit Sicherheit verhindert werden.

8.1.3 Auf einem Untergrund aus Einzelelementen, z. B. Fertigteilplatten, sind vor dem Aufbringen der Abdichtung, falls erforderlich, Maßnahmen (z. B. Anordnung von Schleppstreifen) zur Überbrückung der Plattenstöße zu treffen.

8.1.4 Die Abdichtungen sind je nach Untergrund und Art der ersten Abdichtungslage vollflächig verklebt, punktweise verklebt oder lose aufliegend herzustellen. Abdichtungen aus Bitumendickbeschichtungen müssen vollflächig mit dem Untergrund verbunden sein.

8.1.5 Die zu erwartenden Temperaturbeanspruchungen der Abdichtungen, z. B. durch Teile von Heizungsanlagen, sind bei der Planung zu berücksichtigen. Bei Abdichtungen unter Verwendung von Bitumenwerkstoffen muß die Temperatur an der Abdichtung um mindestens 30 K unter dem Erweichungspunkt nach Ring und Kugel (siehe DIN 52011) der Klebemassen und Deckaufstrichmittel bleiben.

8.1.6 Die Abdichtung von waagerechten oder schwach geneigten Flächen ist an anschließenden, höher gehenden Bauteilen in der Regel etwa 150 mm über die ungünstigstenfalls oberste wasserführende Ebene (der Schutzschicht, des Belages oder der Überschüttung) hochzuführen und dort zu sichern (siehe DIN 18195-9). Ist dies im Einzelfall nicht möglich, z. B. bei Balkon- oder Terrassentüren, sind dort besondere planerische Maßnahmen gegen das Eindringen von Wasser oder das Hinterlaufen der Abdichtung erforderlich.

Beim Abschluß der Abdichtung von Decken überschütteter Bauwerke ist die Abdichtung mindestens 200 mm unter die Fuge zwischen Decke und Wänden herunterzuziehen und gegebenenfalls mit der Wandabdichtung zu verbinden.

8.1.7 Abdichtungen von Wandflächen müssen im Bereich von Wasserentnahmestellen mindestens 200 mm über die Wasserentnahmestelle hoch geführt werden.

8.1.8 Die Abdichtung ist vor Beschädigung zu schützen. In der Regel ist zwischen Abdichtung und Belag eine Schutzschicht nach DIN 18195-10 anzuordnen,;häufig kann auch die Nutzschicht selbst diese Funktion übernehmen. Schutzschichten sind möglichst unverzüglich nach Fertigstellung der Abdichtung herzustellen. Im anderen Fall sind Schutzmaßnahmen gegen Beschädigungen nach DIN 18195-10 zu treffen. Auf den Schutz der aufgekanteten Abdichtungsränder ist besonders zu achten.

8.1.9 Für die zulässige Druckbelastung einzelner Abdichtungsarten gelten die entsprechenden Werte von E DIN 18195-6.

8.2 Abdichtungen für mäßige Beanspruchungen

8.2.1 Abdichtung mit Bitumen- oder Polymerbitumenbahnen

Die Abdichtung ist aus mindestens einer Lage Bahnen mit Gewebe-, Polyestervlies- oder Metallbandeinlage herzustellen. Die Bahnen sind im Bürstenstreich-, im Gieß- oder im Flämmverfahren, Schweißbahnen jedoch vorzugsweise im Schweißverfahren ohne zusätzliche Verwendung von Klebemasse einzubauen.

Falls erforderlich, ist auf dem Untergrund ein Voranstrich aufzubringen. Bitumen-Dachdichtungsbahnen mit Gewebeeinlage müssen mit einem Deckaufstrich versehen werden.

Für die Klebeschichten und Deckaufstriche ist ungefülltes Bitumen zu verwenden. Die Einbaumengen müssen für Klebeschichten

– im Bürstenstreich- oder im Flämmverfahren mindestens 1,5 kg/m²,
– im Gießverfahren mindestens 1,3 kg/m² betragen.

Die Einbaumenge für Deckaufstriche muß mindestens 1,5 kg/m² betragen.

8.2.2 Abdichtung mit Bitumen-KSK-Bahnen

Die Abdichtung ist aus mindestens einer Lage kaltverarbeitbarer, selbstklebender Bitumen-Dichtungsbahnen auf HDPE-Trägerfolie herzustellen. Der Untergrund ist mit einem kaltflüssigen Voranstrich zu versehen. Die Bahnen sind punktweise oder vollflächig verklebt aufzubringen. Die Überdeckungen müssen vollflächig verklebt werden.

8.2.3 Abdichtung mit Kunststoff-Dichtungsbahnen aus PIB oder ECB

Die Abdichtung ist aus mindestens einer Lage mindestens 1,5 mm dicker Kunststoff-Dichtungsbahnen herzustellen, die mit Klebemasse im Bürstenstreich- oder im Flämmverfahren aufzubringen sind. ECB-Bahnen, die unterseitig mit Kunststoffvlies kaschiert sind, dürfen auch lose verlegt werden.

Auf der Abdichtung ist eine Trennlage mit ausreichender Naht- und Stoßüberdeckung, z. B. aus lose verlegter Polyethylenfolie, oder eine Trenn- und Schutzlage aus nackten Bitumenbahnen mit Klebe- und Deckaufstrich vorzusehen.

8.2.4 Abdichtung mit Kunststoff-Dichtungsbahnen aus PVC-P

Die Abdichtung ist aus mindestens einer Lage mindestens 1,2 mm dicker Kunststoff-Dichtungsbahnen herzustellen, die lose zu verlegen oder mit einem geeigneten Klebstoff – bei bitumenverträglichen Kunststoff-Dichtungsbahnen auch mit Klebemasse – aufzubringen sind. Auf der Abdichtung ist eine Schutzlage aus geeigneten Bahnen, z. B. mindestens 1 mm dicke PVC-P-Bahnen, halbhart, oder mindestens 300 g/m² schwere Bahnen aus synthetischem Vlies, vorzusehen. Bei bitumenverträglichen PVC-P-Bahnen darf die Schutzlage auch aus nackten Bitumenbahnen mit ausreichender Naht- und Stoßüberdeckung sowie mit Klebe- und Deckaufstrich bestehen.

8.2.5 Abdichtung mit Elastomer-Bahnen

Die Abdichtung ist aus mindestens einer Lage mindestens 1,2 mm dicker Elastomer-Bahnen herzustellen, die lose zu verlegen oder mit Klebemasse oder einem Kaltklebstoff aufzubringen sind. Auf die Abdichtung ist eine Schutzlage aus geeigneten Bahnen, z. B. mindestens 300 g/m² schwere Bahnen aus synthetischem Vlies, vorzusehen.

8.2.6 Abdichtung mit Asphaltmastix

Die Abdichtung ist aus einer Lage Asphaltmastix mit unmittelbar darauf angeordneter Schutzschicht aus Gußasphalt oder aus zwei Lagen Asphaltmastix mit Schutzschicht nach Teil 10 herzustellen. Diese Abdichtung darf nur auf waagerechten oder schwach geneigten Flächen angewendet werden.

Zwischen der Abdichtung und dem Untergrund ist eine Trennlage, z. B. aus Rohglasvlies, vorzusehen.

Bei Bauwerken mit ausreichender Erdüberschüttung kann die Abdichtung auch im Verbund auf Bitumenvoranstrich eingebaut werden. Die Erdüberschüttung ist unmittelbar nach Fertigstellung der Abdichtung herzustellen.

Einlagiger Asphaltmastix muß im Mittel 10 mm, darf an keiner Stelle unter 7 mm oder über 15 mm dick sein. Zweilagiger Asphaltmastix muß insgesamt im Mittel 15 mm, darf jedoch an keiner Stelle unter 12 mm oder über 20 mm dick sein.

Anschlüsse, Abschlüsse, Anschlüsse an Durchdringungen und Übergänge sind mit anderen Bitumenwerkstoffen herzustellen, die für die Kombination mit Asphalt – insbesondere im Hinblick auf die Verarbeitungstemperatur – geeignet sind. Die Anschlußbahnen müssen mindestens 300 mm tief in die Mastixschicht einbinden und im aufgekanteten Bereich gegen Beschädigung geschützt sein.

Die Schutzschicht aus Gußasphalt bei einlagigem Asphaltmastix muß eine Nenndicke von 25 mm aufweisen.

8.2.7 Abdichtung mit Bitumendickbeschichtungen

Der Untergrund ist mit einem Voranstrich zu versehen. Die darauf aufgebrachte Bitumendickbeschichtung muß eine zusammenhängende und deckende Schicht ergeben, die auf dem Untergrund haftet. Sie ist in zwei Arbeitsgängen aufzubringen. Die Mindesttrockenschichtdicke muß 3 mm betragen.

An Kehlen und Kanten sind Gewebeverstärkungen einzubauen, die auch für horizontale Flächen zu empfehlen sind.

Das Aufbringen der Schutzschichten darf erst nach ausreichender Erhärtung der Abdichtung erfolgen.

8.3 Abdichtungen für hohe Beanspruchungen

8.3.1 Abdichtung mit nackten Bitumenbahnen

Die Abdichtung ist aus mindestens drei Lagen herzustellen, die mit Klebemasse untereinander zu verbinden und mit einem Deckaufstrich zu versehen sind. Sie darf nur dort angewendet werden, wo eine Einpressung der Abdichtung mit einem Flächendruck von mindestens 0,01 MN/m² sichergestellt ist.

Die Unterseiten der Bitumenbahnen der ersten Lage sind vollflächig mit Klebemasse einzustreichen. Falls erforderlich, ist auf dem Untergrund ein Voranstrich aufzubringen. Die Klebemassen sind im Bürstenstreich-, im Gieß- oder im Gieß- und Einwalzverfahren aufzubringen. Dabei sind die Mindesteinbaumengen für Klebeschichten und Deckaufstrich nach 8.2.1 einzuhalten.

Werden die Bahnen im Gieß- und Einwalzverfahren eingebaut, ist für die Klebeschichten gefülltes Bitumen in einer Menge von mindestens 2,5 kg/m² zu verwenden.

8.3.2 Abdichtung mit Bitumen- oder Polymerbitumenbahnen

Die Abdichtung ist aus mindestens zwei Lagen Bahnen mit Gewebe-, Polyestervlies- oder Metallbandeinlage herzustellen. Die Bahnen sind mit Klebemasse im Bürstenstreich-, im Gieß- oder im Flämmverfahren, Schweißbahnen jedoch vorzugsweise im Schweißverfahren ohne zusätzliche Verwendung von Klebemasse einzubauen.

Falls erforderlich, ist auf dem Untergrund ein Voranstrich aufzubringen. Obere Lagen aus Dichtungs- und Dachdichtungsbahnen müssen mit einem Deckaufstrich versehen werden.

Für die Einbaumengen von Klebemassen und Deckaufstrichen gilt 8.2.1.

8.3.3 Abdichtung mit Kunststoff-Dichtungsbahnen aus PIB oder ECB

Die Abdichtung ist aus einer Lage Kunststoff-Dichtungsbahnen – bei PIB mindestens 1,5 mm, bei ECB mindestens 2 mm dick – herzustellen, die mit Klebemasse zwischen zwei Lagen aus nackten Bitumenbahnen vollflächig einzukleben sind. Die Abdichtung ist mit einem Deckaufstrich zu versehen.

Bei waagerechten und schwach geneigten Flächen darf die obere Lage aus nackten Bitumenbahnen durch eine geeignete Schutzlage mit Trennfunktion ersetzt werden, wenn unmittelbar nach Herstellung der Abdichtung die Schutzschicht aufgebracht wird.

Die Kunststoff-Dichtungsbahnen sind im Bürstenstreich- oder im Flämmverfahren einzubauen. Für die Verarbeitung der nackten Bitumenbahnen gilt 8.3.1 sinngemäß, für die Einbaumengen von Klebemassen und Deckaufstrich gilt 8.2.1. Bahnen aus ECB, unterseitig mit Kunststoffvlies kaschiert, dürfen auch lose verlegt werden.

8.3.4 Abdichtung mit Kunststoff-Dichtungsbahnen aus PVC-P oder Elastomeren

Die Abdichtung ist aus einer Lage mindestens 1,5 mm dicker Kunststoff-Dichtungsbahnen herzustellen, die lose zu verlegen oder aufzukleben sind.

Bei loser Verlegung ist die Abdichtungslage zwischen zwei geeigneten Schutzlagen, z. B. mindestens 1 mm dicke PVC-P-Bahnen oder -Platten oder mindestens 300 g/m² schwere synthetische Vliese, einzubauen. Besteht die obere Schutzlage aus PVC-P, so sind ihre Nähte und Stöße zu verschweißen.

Bei verklebten Abdichtungen ist die Kunststoff-Dichtungsbahn mit einer unteren Lage aus Bitumenschweißbahnen nach DIN 52131 oder DIN 52133 zu kombinieren. Die Verklebung der Kunststoff-Dichtungsbahnen erfolgt durch Anflämmen der Bitumenschweißbahn. Für die Verarbeitung der Bitumenbahnen gilt 8.3.2.

8.3.5 Abdichtung mit Metallbändern in Verbindung mit Gußasphalt

Die Abdichtung ist aus mindestens einer Lage kalottengeriffelter Metallbänder aus Kupfer oder Edelstahl herzustellen, die mit Klebemasse aus gefülltem Bitumen im Gieß-und Einwalzverfahren einzubauen sind. Die Mindesteinbaumengen für die Klebeschichten entsprechend 8.2.1 sind einzuhalten.

Die Metallbänder müssen sich an Nähten um 100 mm, an Stößen und an Anschlüssen bei Arbeitsunterbrechungen um 200 mm überdecken.

Auf die Abdichtungslage ist eine Schicht aus Gußasphalt aufzubringen, die im Mittel mindestens 20 mm dick sein muß, oder eine Schutzlage aus Bitumenbahnen in Verbindung mit einer andersartigen Schutzschicht nach DIN 18195-10.

Falls erforderlich, ist der Untergrund mit einem Voranstrich zu versehen.

Im Bereich der Aufkantungen ist die bahnenförmige Abdichtung zweilagig auszuführen; hierbei sollte die obere Lage nicht aus Metallbändern bestehen. Die Aufkantung ist gegen mechanische Beschädigung und unmittelbare Sonneneinstrahlung zu schützen.

8.3.6 Abdichtung mit Metallbändern in Verbindung mit Bitumenbahnen

Die Abdichtung ist aus einer Lage kalottengeriffelter Metallbänder aus Kupfer oder Edelstahl und aus einer Schutzlage aus Glasvlies-Bitumenbahnen oder nackten Bitumenbahnen herzustellen. Im übrigen gelten für die Verarbeitung der Metallbänder 8.3.5 und für die Verarbeitung der Bitumenbahnen 8.3.1 sinngemäß

8.3.7 Abdichtung mit Bitumen-Schweißbahnen in Verbindung mit Gußasphalt

Die Abdichtung ist aus einer Lage Bitumen-Schweißbahnen (E DIN 18195-2 : 1998-MM, Tabelle 4.4, Zeile 11 oder Zeile 12) herzustellen, die im Schweißverfahren aufzubringen sind.

Auf der Abdichtungslage ist im Verbund eine Schicht aus Gußasphalt aufzubringen, die im Mittel mindestens 25 mm dick sein muß, jedoch an keiner Stelle unter 15 mm dick sein darf.

Der Untergrund ist mit lösemittelfreiem Epoxidharz zu grundieren oder zu versiegeln (siehe ZTV-BEL-B 1). Bei Abdichtungen in Gebäuden, von erdüberschütteten Decken und ähnlich geschützten Flächen kann der Untergrund statt dessen mit einem Bitumen-Voranstrich behandelt werden.

Bei Rauhtiefen > 1,5 mm und bei Fehlstellen im Beton ist der Untergrund mit einer Kratzspachtelung zu behandeln.

Im Bereich der Aufkantungen ist eine zweilagige Abdichtung anzuordnen, die zweite Lage muß mindestens 300 mm in die Fläche reichen. Die Aufkantungen sind gegen Beschädigung zu schützen.

8.3.8 Abdichtung mit Asphaltmastix in Verbindung mit Gußasphalt

Die Abdichtung ist aus einer Lage Asphaltmastix mit unmittelbar darauf angeordneter Schutzschicht und im übrigen wie 8.2.6 herzustellen.

Anschlüsse an Durchdringungen, Übergänge und Abschlüsse sind aus anderen bahnenförmigen Bitumenwerkstoffen oder bitumenverträglichen Werkstoffen nach 8.3.2. bis 8.3.7 herzustellen, die für die Kombination mit Asphalt – insbesondere im Hinblick auf die Verarbeitungstemperatur – geeignet sind. Die bahnenförmigen Anschlüsse sind mindestens zweilagig auszuführen. Sie müssen mindestens 300 mm in die Flächen reichen. Die Aufkantung ist gegen Beschädigung zu schützen.

Die Festlegungen in DIN 18195-10 über die Anforderungen an Schutzschichten und über die Ausführung von Schutzschichten aus Gußasphalt sind besonders zu beachten.

Anhang A (informativ)
Hinweise für Einsprecher

Es wird darum gebeten, die Stellungnahmen in eine Tabelle mit fünf Spalten einzutragen, die dem unten abgebildeten Schema entspricht. Ziel ist es dann, alle Einsprüche in einer entsprechenden Tabelle aufzulisten. Als Einsprecher wählen Sie bitte ein Kürzel aus drei Buchstaben.

Bitte speichern Sie nach Möglichkeit die fertige Tabelle der Einsprüche als Microsoft Word 6.0, WordPerfect 5.2 oder Rich Text Format Datei auf eine Diskette ab, die Sie dann freundlicherweise an das DIN senden.

Einsprüche zu E DIN 18195-5, veröffentlicht: 1998-09

Einsprecher	Abschnitt	r, t *)	Einspruch	Kommentar des Arbeitsausschusses
Firma Max	allgemein	r	Kommentar ...	
Firma Max	2.1	r	Kommentar ...	
Firma Max	2.2	t	Kommentar ...	
Firma Max	3.2.3	r	Kommentar ...	
Firma Max	3.2.4	t	Kommentar ...	
Firma Max	3.2.5	t	Kommentar ...	
Firma Max	4.3	t	Kommentar ...	
Firma Max	5.2	r	Kommentar ...	
Firma Max	5.7	t	Kommentar ...	
Firma Max	7.1.2	t	Kommentar ...	
Firma Max	9.1.2	r	Kommentar ...	
Firma Max	9.1.4	r	Kommentar ...	
Firma Max	9.2.1	r	Kommentar ...	
Firma Max	Bild 3	t	Kommentar ...	
Firma Max	A.2.3	r	Kommentar ...	
*) redaktionell (r) technisch (t)				

DK 699.82.002 : 691

August 1983

Bauwerksabdichtungen
Abdichtungen gegen von außen drückendes Wasser
Bemessung und Ausführung

DIN 18 195
Teil 6

Water-proofing of buildings; water-proofing against outside pressing water, dimensioning and execution

Etanchéité d'ouvrage; etanchéité contre l'eau pressant du dehors, dimensionnement et exécution

Teilweise Ersatz für
DIN 4031/03.78

Zu dieser Norm gehören:

DIN 18 195 Teil 1	Bauwerksabdichtungen; Allgemeines, Begriffe
DIN 18 195 Teil 2	Bauwerksabdichtungen; Stoffe
DIN 18 195 Teil 3	Bauwerksabdichtungen; Verarbeitung der Stoffe
DIN 18 195 Teil 4	Bauwerksabdichtungen; Abdichtungen gegen Bodenfeuchtigkeit, Bemessung und Ausführung
DIN 18 195 Teil 5	Bauwerksabdichtungen; Abdichtungen gegen nichtdrückendes Wasser, Bemessung und Ausführung
DIN 18 195 Teil 8	Bauwerksabdichtungen; Abdichtungen über Bewegungsfugen
DIN 18 195 Teil 9	Bauwerksabdichtungen; Durchdringungen, Übergänge, Abschlüsse
DIN 18 195 Teil 10	Bauwerksabdichtungen; Schutzschichten und Schutzmaßnahmen

Ein weiterer Teil über die Abdichtungen gegen von innen drückendes Wasser befindet sich in Vorbereitung.

Inhalt

	Seite		Seite
1 Anwendungsbereich und Zweck	1	4 Anforderungen	1
2 Begriffe	1	5 Bauliche Erfordernisse	2
3 Stoffe	1	6 Ausführung	2

1 Anwendungsbereich und Zweck

Diese Norm gilt für die Abdichtung von Bauwerken mit Bitumenwerkstoffen, Metallbändern und Kunststoff-Dichtungsbahnen gegen von außen drückendes Wasser, d. h. gegen Wasser, das von außen auf die Abdichtung einen hydrostatischen Druck ausübt.

2 Begriffe

Für die Definition von Begriffen gilt DIN 18 195 Teil 1.

3 Stoffe

Für Abdichtungen gegen von außen drückendes Wasser sind nach Maßgabe des Abschnittes 6 Stoffe nach DIN 18 195 Teil 2 zu verwenden.

Anmerkung: Sollen Kunststoff-Dichtungsbahnen vollflächig mit Bitumen verklebt werden, ist gegebenenfalls durch eine entsprechende Untersuchung die Verträglichkeit der verwendeten Stoffe untereinander zu überprüfen.

4 Anforderungen

4.1 Wasserdruckhaltende Abdichtungen müssen Bauwerke gegen von außen hydrostatisch drückendes Wasser schützen und gegen natürliche oder durch Lösungen aus Beton oder Mörtel entstandene Wässer unempfindlich sein.

4.2 Die Abdichtung ist in der Regel auf der dem Wasser zugekehrten Bauwerksseite anzuordnen; sie muß eine geschlossene Wanne bilden oder das Bauwerk allseitig umschließen. Die Abdichtung ist bei nichtbindigem Boden mindestens 300 mm über den höchsten Grundwasserstand zu führen, darüber ist das Bauwerk durch eine Abdichtung gegen Bodenfeuchtigkeit nach DIN 18 195 Teil 4 oder gegen nichtdrückendes Wasser nach DIN 18 195 Teil 5 zu schützen. Bei bindigem Boden ist die Abdichtung mindestens 300 mm über die geplante Geländeoberfläche zu führen.

Der höchste Grundwasserstand ist aus möglichst langjährigen Beobachtungen zu ermitteln. Bei Bauwerken im Hochwasserbereich ist der höchste Hochwasserstand maßgebend.

Fortsetzung Seite 2 bis 6

Normenausschuß Bauwesen (NABau) im DIN Deutsches Institut für Normung e.V.

4.3 Die Abdichtung darf bei den zu erwartenden Bewegungen der Bauteile durch Schwinden, Temperaturänderungen und Setzungen ihre Schutzwirkung nicht verlieren. Die hierfür erforderlichen Angaben müssen bei der Planung einer Bauwerksabdichtung vorliegen.

4.4 Die Abdichtung muß Risse, die z. B. durch Schwinden entstehen, überbrücken können. Durch konstruktive Maßnahmen ist jedoch sicherzustellen, daß solche Risse zum Entstehungszeitpunkt nicht breiter als 0,5 mm sind und daß durch eine eventuelle weitere Bewegung die Breite des Risses auf höchstens 5 mm und der Versatz der Rißkanten in der Abdichtungsebene auf höchstens 2 mm beschränkt bleibt.

5 Bauliche Erfordernisse

5.1 Bei der Planung des abzudichtenden Bauwerks sind die Voraussetzungen für eine fachgerechte Anordnung und Ausführung der Abdichtung zu schaffen. Dabei ist die Wechselwirkung zwischen Abdichtung und Bauwerk zu berücksichtigen und gegebenenfalls die Beanspruchung der Abdichtung durch entsprechende konstruktive Maßnahmen in den zulässigen Grenzen zu halten.

5.2 Beim Nachweis der Standsicherheit für das zu schützende Bauwerk darf der Abdichtung keine Übertragung von planmäßigen Kräften parallel zu ihrer Ebene zugewiesen werden. Sofern dies in Sonderfällen nicht zu vermeiden ist, muß durch Anordnung von Widerlagern, Ankern, Bewehrung oder durch andere konstruktive Maßnahmen dafür gesorgt werden, daß Bauteile auf der Abdichtung nicht gleiten oder ausknicken.

5.3 Bauwerksflächen, auf die die Abdichtung aufgebracht werden soll, müssen fest, eben, frei von Nestern, klaffenden Rissen oder Graten und dürfen nicht naß sein. Kehlen und Kanten sollen fluchtrecht und mit einem Halbmesser von 40 mm gerundet sein.

5.4 Die zulässigen Druckspannungen senkrecht zur Abdichtungsebene sind für die einzelnen Abdichtungsarten in Abschnitt 6 angegeben.

5.5 Vor- und Rücksprünge der abzudichtenden Flächen sind auf die unbedingt notwendige Anzahl zu beschränken.

5.6 Bei einer Änderung der Größe der auf die Abdichtung wirkenden Kräfte ist eine belastungsbedingte Rißbildung der Baukonstruktion zu vermeiden.

5.7 Ein unbeabsichtigtes Ablösen der Abdichtung von ihrer Unterlage ist durch konstruktive Maßnahmen auszuschließen.

5.8 Bei statisch unbestimmten Tragwerken ist der Einfluß der Zusammendrückung der Abdichtung zu berücksichtigen.

5.9 Die zu erwartenden Temperaturbeanspruchungen der Abdichtung sind bei der Planung zu berücksichtigen. Die Temperatur an der Abdichtung muß um mindestens 30 °C unter dem Erweichungspunkt nach Ring und Kugel (siehe DIN 52 011) der Klebemassen und Deckaufstrichmittel bleiben.

5.10 Für Bauteile im Gefälle sind konstruktive Maßnahmen gegen Gleitbewegungen zu treffen, z. B. Anordnung von Nocken. Auch bei waagerechter Lage der Bauwerkssohle müssen Maßnahmen getroffen werden, die eine Verschiebung des Bauwerks durch Kräfte ausschließen, die durch den Baufortgang wirksam werden können.

5.11 Bei Einwirkung von Druckluft sind Abdichtungen durch geeignete Maßnahmen gegen das Ablösen von der Unterlage zu sichern. Bei Abdichtungen, die ausschließlich aus Bitumenwerkstoffen bestehen, sind außerdem Metallbänder einzukleben.

5.12 Gegen die Abdichtung muß hohlraumfrei gemauert oder betoniert werden. Insbesondere sind Nester im Beton an der wasserabgewandten Seite der Abdichtung unzulässig. Dies gilt uneingeschränkt für alle in dieser Norm behandelten Abdichtungsarten.

6 Ausführung

6.1 Allgemeines

6.1.1 Bei der Ausführung von wasserdruckhaltenden Abdichtungen gelten
- DIN 18 195 Teil 3 für das Verarbeiten der Stoffe,
- DIN 18 195 Teil 8 für das Herstellen der Abdichtung über Bewegungsfugen,
- DIN 18 195 Teil 9 für das Herstellen von Durchdringungen, Übergängen und Abschlüssen, sowie
- DIN 18 195 Teil 10 für Schutzschichten und Schutzmaßnahmen.

6.1.2 Abdichtungen dürfen nur bei Witterungsverhältnissen hergestellt werden, die sich nicht nachteilig auf sie auswirken, es sei denn, daß schädliche Wirkungen durch besondere Vorkehrungen mit Sicherheit verhindert werden.

6.1.3 Die Abdichtungen sind mit Schutzschichten nach DIN 18 195 Teil 10 zu versehen. Solche Schutzschichten, die auf die fertige Abdichtung aufgebracht werden, sind möglichst unverzüglich nach Fertigstellung der Abdichtung herzustellen. Im anderen Fall sind Schutzmaßnahmen gegen Beschädigungen nach DIN 18 195 Teil 10 zu treffen.

6.2 Abdichtung mit nackten Bitumenbahnen R 500 N

6.2.1 Die Abdichtung ist mindestens aus den in Tabelle 1 angegebenen Lagen herzustellen, die durch Bitumenklebemasse miteinander zu verbinden sind. Die Abdichtung ist mit einem Deckaufstrich zu versehen, falls erforderlich, ist auf dem Untergrund ein Voranstrich aufzubringen. Die erste Lage muß an ihrer Unterseite vollflächig mit Klebemasse eingestrichen werden.

6.2.2 Die Abdichtung muß grundsätzlich eingepreßt sein, wobei der auf sie ausgeübte Flächendruck mindestens 0,01 MN/m^2 betragen muß. Falls bei Abdichtungen auf senkrechten Flächen in der Nähe der Geländeoberfläche dieser Wert nicht erreichbar ist, muß die Abdichtung zumindest vollflächig eingebettet sein. Bei der Ermittlung der Einpressung darf der hydrostatische Druck des angreifenden Wassers nicht in Rechnung gestellt werden. Abdichtungen, die keinen Einpreßdruck benötigen, behandeln die Abschnitte 6.3 bis 6.8.

6.2.3 Die Klebemasseschichten der Abdichtung sind im Bürstenstreich-, im Gieß- oder im Gieß- und Einwalzverfahren aufzubringen.

6.2.4 Die Massemengen von Klebeschichten und Deckaufstrich müssen Tabelle 2 entsprechen.

6.2.5 Werden gefüllte Massen mit einer anderen Rohdichte als nach Tabelle 2 verwendet, so muß das Gewicht der je m² einzubauenden Klebemasse dem Verhältnis der Rohdichten entsprechend umgerechnet werden.

6.2.6 Die Bahnen der einzelnen Lagen müssen sich an Nähten, Stößen und Anschlüssen um 10 cm überdecken.

6.2.7 Abdichtungen aus nackten Bitumenbahnen dürfen nach Tabelle 1 höchstens mit 0,6 MN/m² belastet werden. Bei höheren Belastungen ist die Abdichtung entweder nach Abschnitt 6.3 auszubilden oder die Auswirkung der Belastung auf die Abdichtung ist nachzuweisen.

6.3 Abdichtung mit nackten Bitumenbahnen R 500 N und Metallbändern

6.3.1 Wird in der Abdichtung mit nackten Bitumenbahnen nach Abschnitt 6.2 eine Lage aus 0,1 mm dickem Kupferband oder aus 0,05 mm dickem Edelstahlband angeordnet, ist die nach Abschnitt 6.2.2 verlangte Mindesteinpressung nicht erforderlich. Das Metallband ist als zweite Lage, von der Wasserseite gezählt, einzubauen. Die erforderliche Gesamtanzahl der Lagen und die zulässige Druckbelastung für diesen Abdichtungsaufbau richtet sich nach Tabelle 3. Das Metallband ist mit gefülltem Bitumen im Gieß- und Einwalzverfahren aufzukleben, auch wenn die Bitumenbahnen im Bürstenstreich- oder Gießverfahren eingebaut werden. Die Einbaumengen richten sich nach Tabelle 1 und Abschnitt 6.2.5.

6.3.2 Werden in der Abdichtung mit nackten Bitumenbahnen nach Abschnitt 6.2 zwei Lagen aus 0,1 mm dickem Kupferband oder aus 0,05 mm dickem Edelstahlband angeordnet, darf die Abdichtung bis 1,5 MN/m² belastet werden. Da die Metallbandlagen grundsätzlich zwischen Lagen aus Bitumenbahnen einzubauen sind, ist jedoch in diesem Fall eine mindestens vierlagige Ausführung erforderlich. Die erforderliche Gesamtanzahl richtet sich nach Tabelle 4.

6.3.3 Die Bitumenbahnen der einzelnen Lagen müssen sich an Nähten, Stößen und Anschlüssen um 10 cm, die Metallbänder an Nähten um 10 cm, an Stößen und Anschlüssen um 20 cm überdecken.

Tabelle 1. Anzahl der Lagen bei Abdichtungen nach Abschnitt 6.2

	1	2	3	4
	Eintauchtiefe m	zul. Druckbelastung MN/m² max.	Bürstenstreich- oder Gießverfahren	Gieß- und Einwalzverfahren
			Lagenanzahl, mindestens	
2	bis 4		3	3
3	über 4 bis 9	0,6	4	3
4	über 9		5	4

Tabelle 2. Einbaumengen bei Abdichtungen nach Abschnitt 6.2 und Abschnitt 6.3

	1	2	3	4	5
		Klebeschichten im			
1	Art der Klebe- und Aufstrichmasse	Bürstenstreichverfahren	Gießverfahren	Gieß- und Einwalzverfahren	Deckaufstrich
		Mindesteinbaumengen in kg/m²			
2	Bitumen, ungefüllt	1,5	1,3	–	1,5
3	Bitumen, gefüllt ($\gamma = 1,5$)	–	–	2,5	–

Tabelle 3. Anzahl der Lagen bei Abdichtungen nach Abschnitt 6.3.1

	1	2	3	4
	Eintauchtiefe m	zul. Druckbelastung MN/m² max.	Bürstenstreich- oder Gießverfahren	Gieß- und Einwalzverfahren
			Lagenanzahl, mindestens	
2	bis 4		3	3
3	über 4 bis 9	1,0	3	3
4	über 9		4	3

Tabelle 4. Anzahl der Lagen bei Abdichtungen nach Abschnitt 6.3.2

	1	2	3	4
	Eintauchtiefe m	zul. Druckbelastung MN/m² max.	Bürstenstreich- oder Gießverfahren	Gieß- und Einwalzverfahren
			Lagenanzahl, mindestens	
2	bis 4		4	4
3	über 4 bis 9	1,5	4	4
4	über 9		5	4

Seite 4   DIN 18 195 Teil 6

6.4 Abdichtung mit Bitumen-Schweißbahnen

6.4.1 Die Abdichtung ist mindestens aus der in Tabelle 5 angegebenen Lagen herzustellen. Die Bitumen-Schweißbahnen sind im Schweißverfahren aufzubringen und miteinander zu verbinden. Falls erforderlich, ist auf dem Untergrund ein Voranstrich aufzutragen.

Anmerkung: Abdichtungen mit Bitumen-Schweißbahnen werden vorzugsweise bei Arbeiten im Überkopfbereich und an unterschnittenen Flächen angewendet.

6.4.2 Die Einpressung der Abdichtung ist nicht erforderlich. Für die zulässige Druckbelastung gilt Tabelle 5.

6.4.3 An unterschnittenen Flächen sowie im oberen Gewölbe- und Ulmenbereich ist die Abdichtung stets nach den Zeilen 4 oder 5 der Tabelle 5 auszuführen.

6.4.4 Die Bahnen der einzelnen Lagen müssen sich an Nähten, Stößen und Anschlüssen um 10 cm überdecken.

Tabelle 5. **Anzahl der Lagen und Art der Einlagen bei Abdichtungen nach Abschnitt 6.4**

	1	2	3
1	Eintauchtiefe m	zul. Druckbelastung MN/m^2 max.	Lagenanzahl, min. und Art der Einlage der Bitumen-Schweißbahnen
2	bis 4	bei Einlagen aus Jutegewebe: 1,0 Glasgewebe: 0,8	2 – Gewebeeinlage
3			3 – Gewebeeinlage
4	über 4 bis 9		1 – Gewebeeinlage + 1 – Kupferbandeinlage
5	über 9		2 – Gewebeeinlage + 1 – Kupferbandeinlage

6.5 Abdichtung mit Bitumen-Dichtungsbahnen

6.5.1 Die Abdichtung ist mindestens aus den in Tabelle 6 angegebenen Lagen herzustellen, die durch Bitumenklebmasse miteinander zu verbinden sind. Die Abdichtung ist mit einem Deckaufstrich zu versehen, falls erforderlich, ist auf dem Untergrund ein Voranstrich aufzubringen.

6.5.2 Die Einpressung der Abdichtung ist nicht erforderlich. Für die zulässige Druckbelastung gilt Tabelle 6.

6.5.3 Die Bahnen sind im Gieß-, im Flämm- oder im Gieß- und Einwalzverfahren einzubauen.

6.5.4 Die Massemengen von Klebeschichten und Deckaufstrich müssen Tabelle 7 entsprechen.

6.5.5 Wird die Abdichtung mit gefülltem Bitumen im Gieß- und Einwalzverfahren hergestellt, gilt Abschnitt 6.2.5 sinngemäß.

6.5.6 Die Bahnen der einzelnen Lagen müssen sich an Nähten, Stößen und Anschlüssen um 10 cm überdecken.

Tabelle 6. **Anzahl der Lagen und Art der Einlagen bei Abdichtungen nach Abschnitt 6.5**

	1	2	3
1	Eintauchtiefe m	zul. Druckbelastung MN/m^2 max.	Lagenanzahl, min. und Art der Einlage der Bitumen-Dichtungsbahnen
2	bis 4	bei Einlagen aus Glasgewebe: 0,8 bei allen anderen Einlagen: 1,0	2 – Gewebeeinlage oder Kupferbandeinlage oder PETP-Einlage
3			2 – Gewebeeinlage + 1 – PETP-Einlage
4	über 4 bis 9		3 – Gewebeeinlage
5			1 – Gewebeeinlage + 1 – Kupferbandeinlage
6	über 9		2 – Gewebeeinlage + 1 – Kupferbandeinlage
7			2 – PETP-Einlage + 1 – Kupferbandeinlage

Tabelle 7. **Einbaumengen bei Abdichtungen nach Abschnitt 6.5**

	1	2	3	4	5
1	Art der Klebe- und Aufstrichmasse	Klebeschichten im			Deckaufstrich
		Gießverfahren	Flämmverfahren	Gieß- und Einwalzverfahren	
		Mindesteinbaumengen in kg/m^2			
2	Bitumen, ungefüllt	1,3	1,5	–	1,5
3	Bitumen, gefüllt ($\gamma = 1,5$)	–	–	2,5	–

6.6 Abdichtung mit PIB-Bahnen und nackten Bitumenbahnen

6.6.1 Die Abdichtung ist aus einer Lage PIB-Bahnen in der nach Tabelle 8 angegebenen Mindestdicke herzustellen, die zwischen zwei Lagen nackter Bitumenbahnen mit Bitumenklebemasse einzukleben ist. Die Abdichtung ist mit einem Deckaufstrich zu versehen, falls erforderlich, ist auf dem Untergrund ein Voranstrich aufzubringen.

71

6.6.2 Die Einpressung der Abdichtung ist nicht erforderlich. Für die zulässige Druckbelastung gilt Tabelle 8.

6.6.3 Die PIB-Bahnen sind im Bürstenstreich- oder im Flämmverfahren, die nackten Bitumenbahnen sind im Bürstenstreich- oder im Gießverfahren einzubauen.

6.6.4 Die Massemengen, die die Klebeschichten und der Deckaufstrich mindestens enthalten müssen, sind je nach Einbauverfahren in den Tabellen 2 und 7 angegeben.

6.6.5 PIB-Bahnen, die quellverschweißt werden, müssen sich an Nähten, Stößen und Anschlüssen um mindestens 5 cm überdecken, sie sind mit einem Quellschweißmittel nach DIN 16935 zu verschweißen.

PIB-Bahnen, die mit Bitumen verklebt werden, und die nackten Bitumenbahnen müssen sich an Nähten, Stößen und Anschlüssen um 10 cm überdecken.

Tabelle 8. Dicke der PIB-Bahnen bei Abdichtungen nach Abschnitt 6.6

	1	2	3
1	Eintauchtiefe m	zul. Druckbelastung MN/m^2 max.	PIB-Bahnen, Mindestdicke mm
2	bis 4		1,5
3	über 4 bis 9	0,6	2,0
4	über 9		2,0

6.7 Abdichtung mit PVC weich-Bahnen und nackten Bitumenbahnen

6.7.1 Die Abdichtung ist aus einer Lage PVC weich-Bahnen nach DIN 16937 in der nach Tabelle 9 angegebenen Mindestdicke herzustellen, die zwischen zwei Lagen nackter Bitumenbahnen mit Bitumenklebemasse einzukleben ist. Die Abdichtung ist mit einem Deckaufstrich zu versehen, falls erforderlich, ist auf dem Untergrund ein Voranstrich aufzubringen.

6.7.2 Die Einpressung der Abdichtung ist nicht erforderlich. Für die zulässige Druckbelastung gilt Tabelle 9.

6.7.3 Die PVC weich-Bahnen sind im Bürstenstreichoder im Flämmverfahren, die nackten Bitumenbahnen sind im Bürstenstreich- oder im Gießverfahren einzubauen.

6.7.4 Die Massemengen, die die Klebeschichten und der Deckaufstrich mindestens enthalten müssen, sind je nach Einbauverfahren in den Tabellen 2 und 7 angegeben.

6.7.5 Die PVC weich-Bahnen müssen sich an Nähten, Stößen und Anschlüssen um mindestens 5 cm überdecken, wenn sie mit Tetrahydrofuran (THF) quellverschweißt werden. Sie müssen sich um mindestens 3 cm überdecken, wenn sie mit Warmgas heißverschweißt werden.

Die nackten Bitumenbahnen müssen sich an Nähten, Stößen und Anschlüssen um mindestens 10 cm überdecken.

Tabelle 9. Dicke der PVC weich-Bahnen bei Abdichtungen nach Abschnitt 6.7

	1	2	3
1	Eintauchtiefe m	zul. Druckbelastung MN/m^2 max.	PVC weich-Bahnen, Mindestdicke mm
2	bis 4		1,5
3	über 4 bis 9	1,0	1,5
4	über 9		2,0

6.8 Abdichtung mit ECB-Bahnen und nackten Bitumenbahnen

6.8.1 Die Abdichtung ist aus einer Lage mindestens 2,0 mm dicker ECB-Bahnen herzustellen, die zwischen zwei Lagen nackter Bitumenbahnen mit Bitumenklebemasse einzukleben ist. Die Abdichtung ist mit einem Deckaufstrich zu versehen, falls erforderlich, ist auf dem Untergrund ein Voranstrich aufzubringen.

6.8.2 Die Einpressung der Abdichtung ist nicht erforderlich. Die zulässige Druckbelastung beträgt höchstens 1,0 MN/m^2.

6.8.3 Es dürfen nur ECB-Bahnen mit einer Breite bis zu 1 m verwendet werden. Sie sind im Bürstenstreich- oder im Flämmverfahren einzubauen, die Bitumenbahnen sind im Bürstenstreich- oder im Gießverfahren einzubauen.

6.8.4 Die Massemengen, die die Klebeschichten und der Deckaufstrich mindestens enthalten müssen, sind je nach Einbauverfahren in den Tabellen 2 und 7 angegeben.

6.8.5 ECB-Bahnen, die mit Warmgas heißverschweißt werden, müssen sich an Nähten, Stößen und Anschlüssen um mindestens 5 cm überdecken.

ECB-Bahnen, die mit Bitumen verklebt werden, und die nackten Bitumenbahnen müssen sich an Nähten, Stößen und Anschlüssen um 10 cm überdecken.

Zitierte Normen

DIN 16935	Polyisobutylen-Bahnen für Bautenabdichtungen; Anforderungen, Prüfung
DIN 16937	PVC weich (Polyvinylchlorid weich)-Bahnen, bitumenbeständig, für Bautenabdichtungen; Anforderungen, Prüfung
DIN 18 195 Teil 1	Bauwerksabdichtungen; Allgemeines, Begriffe
DIN 18 195 Teil 2	Bauwerksabdichtungen; Stoffe
DIN 18 195 Teil 3	Bauwerksabdichtungen; Verarbeitung der Stoffe
DIN 18 195 Teil 4	Bauwerksabdichtungen; Abdichtungen gegen Bodenfeuchtigkeit, Bemessung und Ausführung
DIN 18 195 Teil 5	Bauwerksabdichtungen; Abdichtungen gegen nichtdrückendes Wasser, Bemessung und Ausführung
DIN 18 195 Teil 8	Bauwerksabdichtungen; Abdichtungen über Bewegungsfugen
DIN 18 195 Teil 9	Bauwerksabdichtungen; Durchdringungen, Übergänge, Abschlüsse
DIN 18 195 Teil 10	Bauwerksabdichtungen; Schutzschichten und Schutzmaßnahmen
DIN 52 011	Prüfung bituminöser Bindemittel; Bestimmung des Erweichungspunktes, Ring und Kugel

Frühere Ausgaben
DIN 4031: 07.32x, 11.59x, 03.78

Änderungen
Gegenüber DIN 4031/03.78, wurden folgende Änderungen vorgenommen:
Die Norm wurde dem Stand der Technik entsprechend vollständig überarbeitet. Zusammen mit den Überarbeitungen von DIN 4117 über Abdichtungen gegen Bodenfeuchtigkeit und DIN 4122 über Abdichtungen gegen nichtdrückendes Wasser wurde der gesamte Normeninhalt in DIN 18 195 Teil 1 bis Teil 6 und Teil 8 bis Teil 10 neu gegliedert.

Internationale Patentklassifikation
E 04 B 1-66

Entwurf September 1998

	Bauwerksabdichtungen Teil 6: Abdichtungen gegen von außen drückendes Wasser Bemessung und Ausführung	**DIN** **18195-6**

Einsprüche bis 31. Dez 1998

ICS 91.100.50; 91.120.30

Vorgesehen als Ersatz für
Ausgabe 1983-08;
Ersatz für
Entwurf Ausgabe 1996-12

Water-proofing of buildings – Part 6: Water-proofing against outside pressing water, Design and execution

Etanchéité d'ouvrage – Partie 6: Etanchéité contre d'eau pressant au dehors, Dimensionnement et exécution

Anwendungswarnvermerk

Dieser Norm-Entwurf wird der Öffentlichkeit zur Prüfung und Stellungnahme vorgelegt.

Weil die beabsichtigte Norm von der vorliegenden Fassung abweichen kann, ist die Anwendung dieses Entwurfes besonders zu vereinbaren.

Stellungnahmen werden erbeten an den Normenausschuß Bauwesen (NABau) im DIN Deutsches Institut für Normung e. V., 10772 Berlin (Hausanschrift: Burggrafenstr. 5, 10787 Berlin).

Inhalt

Seite

Vorwort 2
1 Anwendungsbereich 3
2 Normative Verweisungen 3
3 Definitionen 4
4 Stoffe 4
5 Anforderungen 4
6 Bauliche Erfordernisse 4
7 Arten der Beanspruchung 5
8 Ausführung stark beanspruchter Abdichtungen 6
9 Ausführung schwach beanspruchter Abdichtungen 9
Anhang A (informativ) Hinweise für Einsprecher 10

Fortsetzung Seite 2 bis 10

Normenausschuß Bauwesen (NABau) im DIN Deutsches Institut für Normung e.V.

Vorwort

Dieser Norm-Entwurf wurde vom NABau-Arbeitsausschuß "Bauwerksabdichtungen" erarbeitet.

Um die Stellungnahmen besser bearbeiten zu können, wird darum gebeten, diese zusätzlich in maschinenlesbarer Form – Diskette – dem Format entsprechend dem Anhang A dem DIN zukommen zu lassen.

DIN 18195 "Bauwerksabdichtungen" besteht aus:

- Teil 1: Grundsätze, Definitionen, Zuordnung der Abdichtungsarten (z. Z. Entwurf)
- Teil 2: Stoffe (z. Z. Entwurf)
- Teil 3: Anforderungen an den Untergrund und Verarbeitung der Stoffe (z. Z. Entwurf)
- Teil 4: Abdichtungen gegen Bodenfeuchtigkeit (Kapillarwasser, Haftwasser, Sickerwasser) – Bemessung und Ausführung (z. Z. Enwurf)
- Teil 5: Abdichtungen gegen nichtdrückendes Wasser, Bemessung und Ausführung (z. Z. Entwurf)
- Teil 6: Abdichtungen gegen von außen drückendes Wasser, Bemessung und Ausführung (z. Z. Entwurf)
- Teil 7: Abdichtungen gegen von innen drückendes Wasser, Bemessung und Ausführung
- Teil 8: Abdichtungen über Bewegungsfugen
- Teil 9: Durchdringungen, Übergänge, Abschlüsse
- Teil 10: Schutzschichten und Schutzmaßnahmen

Änderungen

Gegenüber der Ausgabe August 1983 wurden folgende Änderungen vorgenommen:

Die Norm wurde unter Berücksichtigung der in E DIN 18195-1 bis E DIN 18195-3 vorgenommenen Änderungen redaktionell überarbeitet. Zusätzlich wurde im Abschnitt 7 zwischen verschiedenen Beanspruchungsarten bei von außen drückendem Wasser unterschieden, deren unterschiedliche Ausführungsarten in den Abschnitten 8 und 9 beschrieben werden.

Seite 3
E DIN 18195-6 : 1998-09

1 Anwendungsbereich

Diese Norm gilt für die Abdichtung von Bauwerken mit Bitumenwerkstoffen, Metallbändern und Kunststoff-Dichtungsbahnen*) gegen von außen drückendes Wasser, d. h. gegen Wasser, das von außen auf die Abdichtung einen hydrostatischen Druck ausübt.

Diese Norm gilt nicht für

– die Abdichtung von Deponien, Erdbauwerken und bergmännisch erstellten Tunnel.

– Bauteile, die so wasserundurchlässig sind, daß die Dauerhaftigkeit des Bauteils und die Nutzbarkeit des Bauwerks ohne weitere Abdichtung im Sinne dieser Norm gegeben sind. **)

2 Normative Verweisungen

Diese Norm enthält durch datierte oder undatierte Verweisungen Festlegungen aus anderen Publikationen. Diese normativen Verweisungen sind an den jeweiligen Stellen im Text zitiert, und die Publikationen sind nachstehend aufgeführt. Bei datierten Verweisungen gehören spätere Änderungen oder Überarbeitungen dieser Publikationen nur zu dieser Norm, falls sie durch Änderung oder Überarbeitung eingearbeitet sind. Bei undatierten Verweisungen gilt die letzte Ausgabe der in Bezug genommenen Publikation.

DIN 4095
 Baugrund – Dränung zum Schutz baulicher Anlagen – Planung, Bemessung und Ausführung

DIN 16937
 Kunststoff-Dichtungsbahnen aus weichmacherhaltigem Polyvinylchlorid (PVC-P), bitumenverträglich – Anforderungen

DIN 16938
 Kunststoff-Dichtungsbahnen aus weichmacherhaltigem Polyvinylchlorid (PVC-P), nicht bitumenverträglich – Anforderungen

E DIN 18195-1
 Bauwerksabdichtungen – Teil 1: Grundsätze, Definitionen, Zuordnung der Abdichtungsarten

E DIN 18195-2
 Bauwerksabdichtungen – Teil 2: Stoffe

E DIN 18195-3
 Bauwerksabdichtungen – Teil 3: Anforderungen an den Untergrund und Verarbeitung der Stoffe

E DIN 18195-4
 Bauwerksabdichtungen – Teil 4: Abdichtungen gegen Bodenfeuchtigkeit (Kapillarwasser, Haftwassser, Sickerwasser), Bemessung und Ausführung

E DIN 18195-5
 Bauwerksabdichtungen – Teil 5: Abdichtungen gegen nichtdrückendes Wasser, Bemessung und Ausführung

DIN 18195-8
 Bauwerksabdichtungen – Teil 8: Abdichtungen über Bewegungsfugen

---

*) Als Kunststoff-Dichtungsbahnen werden Bahnen aus thermoplastischen Kunststoffen und aus Elastomeren bezeichnet.

**) Bauteile aus wasserundurchlässigem Beton lassen im Gegensatz zu abgedichteten Bauteilen Feuchtigkeit durch verschiedene Transportmechanismen auf die wasserabgewandte Seite des Bauteils durchtreten. Dadurch kann die Nutzbarkeit angrenzender Räume eingeschränkt sein.

DIN 18195-9
Bauwerksabdichtungen – Teil 9: Durchdringungen, Übergänge, Abschlüsse

DIN 18195-10
Bauwerksabdichtungen – Teil 10: Schutzschichten und Schutzmaßnahmen

DIN 52011
Prüfung bituminöser Bindemittel – Bestimmung des Erweichungspunktes, Ring und Kugel

DIN 52133
Polymerbitumen-Schweißbahnen – Begriffe, Bezeichnungen, Anforderungen

3 Definitionen

Für die Anwendung dieser Norm gelten die Definitionen nach E DIN 18195-1. Die Geländeoberkante wird im folgenden GOK abgekürzt.

4 Stoffe

Für Abdichtungen gegen von außen drückendes Wasser sind nach Maßgabe des Abschnitts 8 Stoffe nach E DIN 18195-2 zu verwenden.

5 Anforderungen

5.1 Wasserdruckhaltende Abdichtungen müssen Bauwerke gegen von außen hydrostatisch drückendes Wasser schützen und gegen natürliche oder durch Lösungen aus Beton oder Mörtel entstandene Wässer unempfindlich sein. Der Bemessungswasserstand ist möglichst aus langjährigen Beobachtungen zu ermitteln.

5.2 Die Abdichtung ist in der Regel auf der dem Wasser zugekehrten Bauwerksseite anzuordnen; sie muß eine geschlossene Wanne bilden oder das Bauwerk allseitig umschließen. Die wasserdruckhaltende Abdichtung ist bei nichtbindigem Boden mindestens 300 mm über den Bemessungswasserstand zu führen; darüber ist das Bauwerk durch eine Abdichtung gegen Sickerwasser im Wandbereich und Bodenfeuchtigkeit nach E DIN 18195-4 oder bei anschließenden Decken nach E DIN 18195-5 zu schützen.

Bei bindigem Boden ist die Abdichtung wegen der Gefahr einer Stauwasserbildung entweder mindestens 300 mm über die geplante Geländeoberfläche zu führen, oder gegen Hinterlaufen durch Niederschlagswasser auf Höhe GOK zu sichern. Zusätzlich sind für die Außenwände bis etwa 300 mm über GOK ausreichend wasserabweisende Bauteile zu verwenden.

5.3 Die Abdichtung darf bei den zu erwartenden Bewegungen der Bauteile durch Schwinden, Temperaturänderungen und Setzungen ihre Schutzwirkung nicht verlieren. Die hierfür erforderlichen Angaben müssen bei der Planung einer Bauwerksabdichtung vorliegen.

5.4 Die Abdichtungen müssen Risse, die z. B. durch Schwinden entstehen, überbrücken können. Durch konstruktive Maßnahmen ist jedoch sicherzustellen, daß solche Risse zum Entstehungszeitpunkt nicht breiter als 0,5 mm sind und daß durch eine eventuelle weitere Bewegung die Breite des Risses auf höchstens 5 mm und der Versatz der Rißkanten in der Abdichtungsebene auf höchstens 2 mm beschränkt bleibt.

5.5 Bei schwach beanspruchten Abdichtungen nach Abschnitt 9 darf jedoch die Rißbreite zum Entstehungszeitpunkt 0,5 mm nicht überschreiten; eine eventuelle Erweiterung der Risse muß auf höchstens 1,0 mm beschränkt bleiben. Der Versatz der Rißkanten darf max. 0,5 mm betragen.

6 Bauliche Erfordernisse

6.1 Bei der Planung des abzudichtenden Bauwerks sind die Voraussetzungen für eine fachgerechte Anordnung und Ausführung der Abdichtung zu schaffen. Dabei ist die Wechselwirkung zwischen Abdichtung und Bauwerk zu berücksichtigen und gegebenenfalls die Beanspruchung der Abdichtung durch entsprechende konstruktive Maßnahmen in den zulässigen Grenzen zu halten.

6.2 Beim Nachweis der Standsicherheit für das zu schützende Bauwerk darf der Abdichtung keine Übertragung von planmäßigen Kräften parallel zu ihrer Ebene zugewiesen werden. Sofern dies in Sonderfällen nicht zu vermeiden ist, muß durch Anordnung von Widerlagern, Ankern, Bewehrung oder durch andere konstruktive Maßnahmen dafür gesorgt werden, daß Bauteile auf der Abdichtung nicht gleiten oder ausknicken.

6.3 Kehlen und Kanten sollten fluchtgerecht ausgeführt sein, Kehlen mit einem Halbmesser von mindestens 40 mm gerundet und Kanten auf etwa 20 mm / 20 mm abgefast sein.

6.4 Die zulässigen Druckspannungen senkrecht zur Abdichtungsebene sind für die einzelnen Abdichtungsarten in Abschnitt 8 angegeben.

6.5 Vor- und Rücksprünge der abzudichtenden Flächen sind auf die unbedingt notwendige Anzahl zu beschränken.

6.6 Bei einer Änderung der Größe der auf die Abdichtung wirkenden Kräfte ist eine belastungsbedingte Rißbildung der Baukonstruktion zu vermeiden.

6.7 Ein unbeabsichtigtes Ablösen der Abdichtung von ihrer Unterlage ist durch konstruktive Maßnahmen auszuschließen.

6.8 Die zu erwartenden Temperaturbeanspruchungen der Abdichtung sind bei der Planung zu berücksichtigen. Bei Abdichtungen mit Bitumenwerkstoffen (Bitumenbahnen, Klebemassen und Deckaufstrichmittel) muß der Erweichungspunkt Ring und Kugel (siehe DIN 52011) des Bitumens mindestens 30 K über der zu erwartenden Temperatur liegen.

6.9 Für Bauteile im Gefälle sind konstruktive Maßnahmen gegen Gleitbewegungen zu treffen, z. B. Anordnung von Nocken. Auch bei waagerechter Lage der Bauwerkssohle müssen Maßnahmen getroffen werden, die eine Verschiebung des Bauwerks durch Kräfte ausschließen, die durch den Baufortgang wirksam werden können.

6.10 Bei Einwirkung von Druckluft sind Abdichtungen durch geeignete Maßnahmen gegen das Ablösen von der Unterlage zu sichern. Bei Abdichtungen, die ausschließlich aus Bitumenwerkstoffen bestehen, sind außerdem Metallbänder einzukleben.

6.11 Gegen die Abdichtung muß hohlraumfrei gemauert oder betoniert werden. Insbesondere sind Nester im Beton an der wasserabgewandten Seite der Abdichtung unzulässig. Dies gilt uneingeschränkt für alle in dieser Norm behandelten Abdichtungsarten.

6.12 Durch konstruktive Maßnahmen ist sicherzustellen, daß die Abdichtung mit Bitumenwerkstoffen hohlraumfrei dauerhaft eingebettet ist, um ein Abfließen von Bitumenmasse bei Änderungen in der Flächenpressung zu verhindern.

7 Arten der Beanspruchung

7.1 Je nach Art der Beanspruchung werden stark beanspruchte Abdichtungen gegen drückendes Wasser und schwach beanspruchte Abdichtungen gegen drückendes Wasser unterschieden. Maßgebend sind Wasserbeanspruchung und Gründungstiefe unter GOK.

7.2 Stark beanspruchte Abdichtungen gegen drückendes Wasser sind Abdichtungen von Gebäuden und baulichen Anlagen gegen Grundwasser, Schichtenwasser und stauendes Sickerwasser, unabhängig von Gründungstiefe, Eintauchtiefe und Bodenart.

7.3 Schwach beansprucht sind Abdichtungen von Kelleraußenwänden bei Gründungstiefen bis 3,0 m unter GOK in bindigen Böden ohne Dränung nach DIN 4095 gegen vorübergehend stauendes Sickerwasser, wobei die Unterkante der Kellersohle mindestens 0,3 m über dem nach Möglichkeit langjährig ermittelten höchsten Grundwasserstand/Hochwasserstand liegen muß. Die Wandabdichtung ist hierbei über einen rückläufigen Stoß oder einen Kehranschluß an der Außenwand wasserdicht an die Sohlenabdichtung anzuschließen.

8 Ausführung stark beanspruchter Abdichtungen

8.1 Allgemeines

8.1.1 Bei der Ausführung von wasserdruckhaltenden Abdichtungen gelten

- E DIN 18195-3 für das Verarbeiten der Werkstoffe,
- DIN 18195-8 für das Herstellen der Abdichtung über Bewegungsfugen,
- DIN 18195-9 für das Herstellen von Durchdringungen, Übergängen und Abschlüssen, sowie
- DIN 18195-10 für Schutzschichten und Schutzmaßnahmen.

8.1.2 Abdichtungen dürfen nur bei Witterungsverhältnissen hergestellt werden, die sich nicht nachteilig auf sie auswirken, es sei denn, daß schädliche Wirkungen durch besondere Vorkehrungen mit Sicherheit verhindert werden.

8.1.3 Die Abdichtungen sind einzubetten bzw. erforderlichenfalls einzupressen, d. h. mit Schutzschichten nach DIN 18195-10 zu versehen. Solche Schutzschichten, die auf die fertige Abdichtung aufgebracht werden, sind möglichst unverzüglich nach Fertigstellung der Abdichtung herzustellen. Im anderen Fall sind Schutzmaßnahmen gegen Beschädigungen nach DIN 18195-10 zu treffen.

8.2 Abdichtung mit nackten Bitumenbahnen

8.2.1 Die Abdichtung ist mindestens aus den in Tabelle 1 angegebenen Lagen herzustellen, die durch Bitumenklebemasse miteinander zu verbinden sind. Die Abdichtung ist mit einem Deckaufstrich zu versehen. Falls erforderlich, z. B. auf senkrechten oder stark geneigten Flächen, ist auf dem Untergrund ein Voranstrich aufzubringen. Die erste Bahnenlage muß an ihrer Unterseite vollflächig mit Klebemasse versehen werden.

Tabelle 1: Anzahl der Lagen bei Abdichtungen nach 8.2

	1	2	3
1	Eintauchtiefe m	Bürstenstreich- oder Gießverfahren	Gieß-und Einwalzverfahren
		Mindestanzahl der Lagen	
2	bis 4	3	3
3	über 4 bis 9	4	3
4	über 9	5	4

8.2.2 Die Abdichtung muß grundsätzlich eingepreßt sein, wobei der auf sie ausgeübte Flächendruck mindestens 0,01 MN/m² betragen muß. Falls bei Abdichtungen auf senkrechten Flächen in der Nähe der Geländeoberfläche dieser Wert nicht erreichbar ist, muß die Abdichtung zumindest vollflächig eingebettet sein.

Bei der Ermittlung der Einpressung darf der hydrostatische Druck des angreifenden Wassers nicht in Rechnung gestellt werden. Abdichtungen, die keinen Einpreßdruck benötigen, behandeln 8.3 bis 8.8.

8.2.3 Die Klebemasseschichten der Abdichtung sind im Bürstenstreich-, im Gieß- oder im Gieß- und Einwalzverfahren aufzubringen.

8.2.4 Die Massemengen von Klebeschichten und Deckaufstrich müssen Tabelle 4 entsprechen. Werden gefüllte Massen mit anderen als dort angegebenen Rohdichten verwendet, so muß das Gewicht der je m² einzubauenden Klebemasse dem Verhältnis der Rohdichten entsprechend umgerechnet werden.

8.2.5 Abdichtungen aus nackten Bitumenbahnen dürfen höchstens mit 0,6 MN/m² belastet werden. Bei höheren Belastungen ist die Abdichtung entweder nach 8.3 auszubilden oder die Auswirkung der Belastung auf die Abdichtung ist nachzuweisen.

8.3 Abdichtung mit nackten Bitumenbahnen und Metallbändern

8.3.1 Wird in einer Abdichtung mit nackten Bitumenbahnen nach 8.2 eine Lage aus 0,1 mm dickem Kupferband oder aus 0,05 mm dickem Edelstahlband angeordnet, ist die nach 8.2.2 verlangte Mindesteinpressung nicht erforderlich. Das Metallband ist als zweite Lage, von der Wasserseite gezählt, einzubauen. Die insgesamt erforderliche Anzahl der Lagen richtet sich nach Tabelle 2. Das Metallband ist mit gefülltem Bitumen im Gieß- und Einwalzverfahren aufzukleben, die Bitumenbahnen sind im Bürstenstreich-, im Gieß- oder im Gieß- und Einwalzverfahren einzubauen.

Die zulässige Druckbelastung beträgt höchstens 1 MN/m². Die Einbaumengen für Klebemassen und Deckaufstriche richten sich nach Tabelle 4.

8.3.2 Werden in einer Abdichtung mit nackten Bitumenbahnen nach 8.2 zwei Lagen aus 0,1 mm dickem Kupferband oder aus 0,05 mm dickem Edelstahlband angeordnet, darf die Abdichtung bis 1,5 MN/m² belastet werden. Die äußeren Lagen der Abdichtung sind grundsätzlich aus Bitumenbahnen herzustellen, daher ist in diesem Fall eine mindestens vierlagige Ausführung erforderlich.

Tabelle 2 : Anzahl der Lagen bei Abdichtungen nach 8.3.1

		1	2	3
1		Eintauchtiefe m	Bürstenstreich- oder Gießverfahren	Gieß- und Einwalzverfahren
			Mindestanzahl der Lagen	
2		bis 4	3	3
3		über 4 bis 9	3	3
4		über 9	4	3

8.4 Abdichtung mit Bitumen-Bahnen und/oder Polymerbitumen-Bahnen

8.4.1 Die Abdichtung ist mindestens aus den in Tabelle 3 angegebenen Lagen herzustellen, die durch Bitumenklebemasse miteinander zu verbinden sind. Die Abdichtung ist mit einem Deckaufstrich zu versehen. Falls erforderlich, z. B. bei senkrechten oder stark geneigten Flächen, ist auf dem Untergrund ein Voranstrich aufzubringen.

8.4.2 Die Einpressung der Abdichtung ist nicht erforderlich. Die zulässige Druckbelastung beträgt höchstens 1 MN/m², bei Bahnen mit Trägereinlagen aus Glasgewebe 0,8 MN/m².

8.4.3 Die Bahnen sind im Gieß-, im Flämm- oder im Gieß- und Einwalzverfahren einzubauen. Die Einbaumengen von Klebeschichten und Deckaufstrich müssen Tabelle 4 entsprechen.

8.5 Abdichtung mit Bitumen-Schweißbahnen

8.5.1 Abdichtungen mit Bitumen-Schweißbahnen sollen nur in Ausnahmefällen angewendet werden, z. B. im Überkopfbereich und an unterschnittenen Flächen.

8.5.2 Die Abdichtung ist mindestens aus den in Tabelle 3 angegebenen Lagen herzustellen; dabei sind unterschnittene Flächen und Überkopfbereiche stets nach den Zeilen 4 oder 5 der Tabelle auszuführen. Die Bahnen sind im Schweißverfahren einzubauen.

8.5.3 Die Einpressung der Abdichtung ist nicht erforderlich. Die zulässige Druckbelastung beträgt höchstens 1 MN/m², bei Bahnen mit Trägereinlagen aus Glasgewebe 0,8 MN/m².

Tabelle 3: Anzahl der Lage und Art der Einlagen bei Abdichtungen nach 8.4 und 8.5

	1	2
1	Eintauchtiefe in m	Mindestanzahl der Lagen und Art der Einlage
2	bis 4	2 Gewebe- oder Polyestervlieseinlage
3	über 4 bis 9	3 Gewebe- oder Polyestervlieseinlage
4		1 Gewebe- oder Polyestervlieseinlage + 1 Kupferbandeinlage
5	über 9	2 Gewebe- oder Polyestervlieseinlage + 1 Kupferbandeinlage

Tabelle 4: Einbaumengen bei Klebeschichten und Deckaufstrichen in 8.2 bis 8.4

	1	2	3	4	5	6
1	Art der Klebe- und Deckaufstrichmasse	Auftrag der Klebeschichten im				Deckaufstrich
		Bürstenstreichverfahren	Gießverfahren	Gieß- und Einwalzverfahren	Flämmverfahren	
		Einbaumengen in kg/m² mindestens				
2	Bitumen, ungefüllt	1,5	1,3	-	1,5	1,5
3	Bitumen, gefüllt ($\gamma = 1,5$)	-	-	2,5	-	-

8.6 Abdichtung mit Kunststoff-Bahnen aus PIB und nackten Bitumenbahnen

8.6.1 Die Abdichtung ist aus einer Lage PIB-Bahnen in der nach Tabelle 5 angegebenen Mindestdicke herzustellen, die zwischen zwei Lagen nackter Bitumenbahnen mit Bitumenklebemasse einzukleben ist. Die Abdichtung ist mit einem Deckaufstrich zu versehen, falls erforderlich, ist auf dem Untergrund ein Voranstrich aufzubringen.

8.6.2 Die Einpressung der Abdichtung ist nicht erforderlich. Die zulässige Druckbelastung beträgt höchstens 0,6 MN/m².

8.6.3 Es dürfen nur PIB-Bahnen mit einer Breite bis 1,2 m verwendet werden. Sie sind im Bürstenstreich- oder im Flämmverfahren, die nackten Bitumenbahnen sind im Bürstenstreich- oder im Gießverfahren einzubauen.

8.6.4 Die Massemengen, die die Klebeschichten und der Deckaufstrich mindestens enthalten müssen, sind in Tabelle 4 angegeben.

Tabelle 5: Dicke der Bahnen bei Abdichtungen nach 8.6, 8.7 und 8.8

	1	2	3
1	Eintauchtiefe m	Dicke der Bahnen aus PIB bzw. PVC-P mm min.	Dicke der Bahnen aus ECB mm min.
2	bis 4	1,5	2,0
3	über 4 bis 9	2,0	2,5
4	über 9	2,0	2,5

Seite 9
E DIN 18195-6 : 1998-09

8.7 Abdichtung mit Kunststoff-Bahnen aus PVC-P und nackten Bitumenbahnen

8.7.1 Die Abdichtung ist aus einer Lage PVC-P-Bahnen nach DIN 16937 in der nach Tabelle 5 angegebenen Mindestdicke herzustellen, die zwischen zwei Lagen nackter Bitumenbahnen mit Bitumenklebemasse einzukleben ist. Die Abdichtung ist mit einem Deckaufstrich zu versehen, falls erforderlich, ist auf dem Untergrund ein Voranstrich aufzubringen, z. B. bei senkrechten oder stark geneigten Flächen.

8.7.2 Die Einpressung der Abdichtung ist nicht erforderlich. Die zulässige Druckbelastung beträgt höchstens 1 MN/m^2.

8.7.3 Es dürfen nur PVC-P-Bahnen mit einer Breite bis 1,2 m verwendet werden. Sie sind im Bürstenstreich- oder im Flämmverfahren, die nackten Bitumenbahnen sind im Bürstenstreich- oder im Gießverfahren einzubauen.

8.7.4 Die Massemengen, die die Klebeschichten und der Deckaufstrich mindestens enthalten müssen, sind in Tabelle 4 angegeben.

8.8 Abdichtung mit Kunststoff-Bahnen aus ECB und nackten Bitumenbahnen

8.8.1 Die Abdichtung ist nach Tabelle 5 aus einer Lage mindestens 2 mm dicker ECB-Bahnen herzustellen, die zwischen zwei Lagen nackter Bitumenbahnen mit Bitumenklebemasse einzukleben ist. Die Abdichtung ist mit einem Deckaufstrich zu versehen; falls erforderlich, ist auf dem Untergrund ein Voranstrich aufzubringen, z. B. auf senkrechten oder stark geneigten Flächen.

8.8.2 Die Einpressung der Abdichtung ist nicht erforderlich. Die zulässige Druckbelastung beträgt höchstens 1 MN/m^2.

8.8.3 Es dürfen nur ECB-Bahnen mit einer Breite bis 1,2 m verwendet werden. Sie sind im Bürstenstreich- oder im Flämmverfahren einzubauen, die Bitumenbahnen sind im Bürstenstreich- oder im Gießverfahren einzubauen.

8.8.4 Die Massemengen, die Klebeschichten und Deckaufstrich mindestens enthalten müssen, sind in Abhängigkeit von den Einbauverfahren in Tabelle 4 angegeben.

8.9 Abdichtung mit Kunststoff-Bahnen aus PVC-P

8.9.1 Die Abdichtung ist aus einer Lage PVC-P-Bahnen nach DIN 16938 in einer Dicke von mindestens 2,0 mm herzustellen. Die Abdichtung ist lose zwischen Schutzlagen aus synthetischem Vlies, mindestens 2 mm dick und mindestens 300 g/m^2 schwer, zu verlegen.

8.9.2 Die Eintauchtiefe der Abdichtung ist auf 4 m zu begrenzen. Eine Einpressung ist nicht erforderlich.

9 Ausführung schwach beanspruchter Abdichtungen

9.1 Abdichtungen mit Bitumendickbeschichtungen

Der Untergrund ist mit einem Voranstrich zu versehen. Die darauf aufgebrachte Bitumendickbeschichtung muß eine zusammenhängende und deckende Schicht ergeben, die auf dem Untergrund haftet. Sie ist in zwei Arbeitsgängen aufzubringen, wobei nach dem ersten Arbeitsgang eine Verstärkungseinlage einzulegen ist. Die Mindesttrockenschichtdicke muß 4 mm betragen (Prüfung nach E DIN 18195-3 : 1998-MM, 5.3.4).

Der Anschluß der Wandabdichtung an die Sohlabdichtung ist über einen rückläufigen Stoß vorzunehmen.

Das Aufbringen der Schutzschichten darf erst nach ausreichender Trocknung der Abdichtung erfolgen. Als Schutzschichten sind vorzugsweise Stoffe nach DIN 18195-10, 3.3.8 z. B. Perimeterdämmplatten, Dränplatten mit abdichtungsseitiger Gleitfolie, zu verwenden.

9.2 Abdichtungen mit Polymerbitumen-Schweißbahnen

Die Abdichtung ist aus mindestens einer Lage Polymerbitumen-Schweißbahn PYE PV 200 S5 - DIN 52133 herzustellen.

Falls erforderlich, ist auf dem Untergrund ein Voranstrich aufzubringen. Dies gilt grundsätzlich, wenn die Abdichtung direkt auf gemauerte oder betonierte Außenwände aufgebracht wird. Die Bahnen sind vorzugsweise im Schweißverfahren ohne zusätzliche Verwendung von Klebemasse einzubauen.

Als Schutzschichten sind vorzugsweise Stoffe nach DIN 18195-10, 3.3.8 z. B. Perimeterdämmplatten, Dränplatten mit abdichtungsseitiger Gleitfolie, zu verwenden.

Anhang A (informativ)
Hinweise für Einsprecher

Es wird darum gebeten, die Stellungnahmen in eine Tabelle mit fünf Spalten einzutragen, die dem unten abgebildeten Schema entspricht. Ziel ist es dann, alle Einsprüche in einer entsprechenden Tabelle aufzulisten. Als Einsprecher wählen Sie bitte ein Kürzel aus drei Buchstaben.

Bitte speichern Sie nach Möglichkeit die fertige Tabelle der Einsprüche als Microsoft Word 6.0, WordPerfect 5.2 oder Rich Text Format Datei auf eine Diskette ab, die Sie dann freundlicherweise an das DIN senden.

Einsprüche zu E DIN 18195-6, veröffentlicht: 1998-09

Einsprecher	Abschnitt	r, t *)	Einspruch	Kommentar des Arbeitsausschusses
Firma Max	allgemein	r	Kommentar...	
Firma Max	2.1	r	Kommentar...	
Firma Max	2.2	t	Kommentar...	
Firma Max	3.2.3	r	Kommentar...	
Firma Max	3.2.4	t	Kommentar...	
Firma Max	3.2.5	t	Kommentar...	
Firma Max	4.3	r	Kommentar...	
Firma Max	5.2	r	Kommentar...	
Firma Max	5.7	r	Kommentar...	
Firma Max	7.1.2	t	Kommentar...	
Firma Max	9.1.2	r	Kommentar...	
Firma Max	9.1.4	r	Kommentar...	
Firma Max	9.2.1	t	Kommentar...	
Firma Max	Bild 3	r	Kommentar...	
Firma Max	A.2.3			
*) redaktionell (r) technisch (t)				

DK 699.82:624.078 Juni 1989

Bauwerksabdichtungen
Abdichtungen gegen von innen drückendes Wasser
Bemessung und Ausführung

DIN
18 195
Teil 7

Water-proofing of buildings; Water-proofing against pressing water from the inside; Dimensioning and execution
Etanchéité d'ouvrage; Etanchéité contre l'eau pressant de l'intérieur; Dimensionnement et exécution

Zu dieser Norm gehören:
DIN 18 195 Teil 1   Bauwerksabdichtungen; Allgemeines, Begriffe
DIN 18 195 Teil 2   Bauwerksabdichtungen; Stoffe
DIN 18 195 Teil 3   Bauwerksabdichtungen; Verarbeitung der Stoffe
DIN 18 195 Teil 4   Bauwerksabdichtungen; Abdichtungen gegen Bodenfeuchtigkeit; Bemessung und Ausführung
DIN 18 195 Teil 5   Bauwerksabdichtungen; Abdichtungen gegen nichtdrückendes Wasser; Bemessung und Ausführung
DIN 18 195 Teil 6   Bauwerksabdichtungen; Abdichtungen gegen von außen drückendes Wasser; Bemessung und Ausführung
DIN 18 195 Teil 8   Bauwerksabdichtungen; Abdichtungen über Bewegungsfugen
DIN 18 195 Teil 9   Bauwerksabdichtungen; Durchdringungen, Übergänge, Abschlüsse
DIN 18 195 Teil 10 Bauwerksabdichtungen; Schutzschichten und Schutzmaßnahmen

1 Anwendungsbereich

Diese Norm gilt für die Abdichtung von Bauwerken mit Bitumenwerkstoffen, Metallbändern und Kunststoff-Dichtungsbahnen gegen von innen drückendes Wasser, d. h. gegen Wasser, das von innen auf die Abdichtung einen hydrostatischen Druck ausübt, z. B. bei Trinkwasserbehältern, Wasserspeicherbecken, Schwimmbecken, Regenrückhaltebecken, im folgenden Behälter genannt.

Diese Norm gilt nicht für die Abdichtung von Erdbauwerken und nicht für Abdichtungen im Chemieschutz.

2 Begriffe

Für die Definition von Begriffen gilt DIN 18 195 Teil 1.

3 Stoffe

Für Abdichtungen gegen von innen drückendes Wasser sind nach Maßgabe des Abschnittes 6 Stoffe nach DIN 18 195 Teil 2 zu verwenden.

4 Anforderungen

4.1 Abdichtungen gegen von innen drückendes Wasser (Behälterabdichtungen) müssen ein unbeabsichtigtes Ausfließen des Wassers aus dem Behälter verhindern und das Bauwerk gegen das Wasser schützen. Sie müssen sich gegenüber dem zur Aufnahme bestimmten Wasser neutral verhalten und beständig sein.

4.2 Die Abdichtung ist auf der dem Wasser zugekehrten Bauwerksseite anzuordnen. Sie muß eine geschlossene Wanne bilden und in der Regel mindestens 300 mm über den höchsten Wasserstand geführt und gegen Hinterlaufen gesichert werden, sofern das Hinterlaufen der Abdichtung nicht auf andere Weise verhindert wird, z. B. bei Schwimmbecken.

4.3 Die Abdichtung darf bei den zu erwartenden Bewegungen der Bauteile, z. B. durch Befüllen und Entleeren, Schwinden, Temperaturänderungen, Setzungen, ihre Schutzwirkung nicht verlieren. Die Angaben über Größe und Art der aufzunehmenden Bewegungen müssen bei der Planung der Bauwerksabdichtung vorliegen.

4.4 Die Abdichtung muß Risse im Bauwerk, die z. B. durch Schwinden entstehen, überbrücken können. Durch konstruktive Maßnahmen ist jedoch sicherzustellen, daß solche Risse zum Entstehungszeitpunkt nicht breiter als 0,5 mm sind und daß durch eine eventuelle weitere Bewegung die Breite der Risse auf höchstens 5 mm und der Versatz der Rißkanten auf höchstens 2 mm beschränkt bleiben.

5 Bauliche Erfordernisse

5.1 Bei der Planung des abzudichtenden Bauwerkes sind die Voraussetzungen für eine fachgerechte Anordnung und Ausführung der Abdichtung zu schaffen. Dabei ist die Wechselwirkung zwischen Abdichtung und Bauwerk zu berücksichtigen und gegebenenfalls die Beanspruchung der Abdichtung durch entsprechende konstruktive Maßnahmen in den zulässigen Grenzen zu halten. Eine eventuelle Kondensatbildung auf der vom Wasser abgewendeten Seite ist planerisch zu berücksichtigen.

5.2 Wird ein Behälterbauwerk außer von innen auch von außen durch Wasser beansprucht, ist es auch von außen der Beanspruchungsart entsprechend nach DIN 18 195 Teil 4, Teil 5 oder Teil 6 abzudichten.

5.3 Die zu erwartenden Temperaturbeanspruchungen der Abdichtung sind bei der Planung zu berücksichtigen. Bei aufgeklebten Abdichtungen muß die Temperatur um mindestens 30 K unter dem Erweichungspunkt Ring und Kugel nach DIN 52 011 der verwendeten Bitumenwerkstoffe bleiben.

5.4 Durch die Planung darf der Abdichtung keine Übertragung von Kräften parallel zur Abdichtungsebene zugewiesen werden. Gegebenenfalls muß durch Anordnung von Widerlagern, Ankern, Bewehrung oder durch andere konstruktive Maßnahmen sichergestellt werden, daß Bauteile auf der Abdichtung nicht gleiten oder ausknicken.

5.5 Bauwerksflächen, auf die die Abdichtung aufgebracht werden soll, müssen fest, frei von Nestern, Unebenheiten, klaffenden Rissen oder Graten sein. Sie müssen ferner frei sein von schädlichen Stoffen, die die Abdichtung in ihrer Funktion beeinträchtigen können.

Bei aufgeklebten Abdichtungen müssen Kehlen mit einem Halbmesser von mindestens 40 mm ausgerundet und Kanten mindestens 30 mm × 30 mm abgefast sein.

5.6 Wird gegen die Abdichtung gemauert oder betoniert, muß dies hohlraumfrei erfolgen.

Fortsetzung Seite 2 und 3

Normenausschuß Bauwesen (NABau) im DIN Deutsches Institut für Normung e.V.

6 Ausführung

6.1 Allgemeines

6.1.1 Bei der Ausführung von Abdichtungen gegen von innen drückendes Waser gilt für das Verarbeiten der Stoffe DIN 18 195 Teil 3.

6.1.2 Die Abdichtungen dürfen nur bei Witterungsverhältnissen hergestellt werden, die sich nicht nachteilig auf sie auswirken, es sei denn, daß schädliche Wirkungen durch besondere Vorkehrungen mit Sicherheit verhindert werden.

6.2 Aufgeklebte Abdichtungen

Aufgeklebte Abdichtungen sind in einer der folgenden Bauweisen herzustellen:

a) Mit nackten Bitumenbahnen DIN 52 129 – R 500 N und Metallbändern,
b) mit Bitumen-Dichtungsbahnen nach DIN 18 190 Teil 2 bis Teil 5 oder Bitumen-Dachdichtungsbahhnen nach DIN 52 130,
c) mit nackten Bitumenbahnen DIN 52 129 – R 500 N und Bahnen nach Aufzählung b),
d) mit Bitumen-Schweißbahnen nach DIN 52 131,
e) mit PIB-Bahnen nach DIN 16 935 und nackten Bitumenbahnen DIN 52 129 – R 500 N,
f) mit PVC-P-Bahnen nach DIN 16 937 und nackten Bitumenbahnen DIN 52 129 – R 500 N,
oder
g) mit ECB-Bahnen nach DIN 16 729 und nackten Bitumenbahnen DIN 52 129 – R 500 N.

Für die Ausführung der Abdichtungen im einzelnen gelten die Regeln nach DIN 18 195 Teil 6.

6.3 Lose verlegte Abdichtungen

6.3.1 Lose verlegte Abdichtungen sind aus jeweils einer Lage

a) ECB-Bahnen nach DIN 16 729,
b) PVC-P-Bahnen nach DIN 16 730,
c) PVC-P-Bahnen nach DIN 16 734,
d) PVC-P-Bahnen nach DIN 16 937
oder
e) PVC-P-Bahnen nach DIN 16 938

herzustellen.

Die Bahnen müssen bei Wassertiefen (Eintauchtiefen) bis 9 m mindestens 1,5 mm dick und darüber mindestens 2 mm dick sein.

Wenn mit schädlichen Einflüssen aus dem Abdichtungsuntergrund zu rechnen ist, ist die Abdichtung auf einer Trenn- oder Schutzlage, z. B. aus Chemiefaservlies, herzustellen.

6.3.2 Die Abdichtung ist an Kehlen, Kanten und Ecken mit Formstücken oder Zulagen aus dem Bahnenmaterial zu verstärken, die mit der Abdichtungslage zu verschweißen sind.

6.3.3 Die Abdichtung ist am oberen Rand und in der Regel auch an Kehlen, Kanten und Ecken mechanisch auf dem Untergrund zu befestigen. Bei senkrechten oder stark geneigten Flächen über 4 m Höhe sind außerdem Zwischenbefestigungen vorzusehen.

Zur Befestigung sind kunststoffkaschierte Bleche, kunststoffkaschierte Metallprofile oder Kunststoffprofile zu verwenden, die auf dem Abdichtungsuntergrund angebracht und an denen die Kunststoffbahnen angeschweißt werden.

Werden zur Befestigung der Abdichtung Befestigungsmittel eingesetzt, die die Abdichtung durchdringen, so müssen sie mit Bahnenmaterial überdeckt werden, das mit der Abdichtung wie die Nahtverbindungen der Bahnen zu verschweißen ist. Die Befestigungsmittel müssen korrosionsbeständig, mit dem Abdichtungsstoff verträglich und so ausgebildet sein, daß eine Beschädigung der Abdichtung ausgeschlossen ist.

6.3.4 Die obere Befestigung der Abdichtung ist so auszubilden, daß bei Inbetriebnahme des abgedichteten Bauwerks (Behälterfüllung) die zwischen Abdichtung und Abdichtungsuntergund eingeschlossene Luft entweichen kann.

6.3.5 Wenn eine Schutzschicht auf der Abdichtung angeordnet werden soll, ist eine feste Schutzschicht nach DIN 18 195 Teil 10 vorzusehen. Falls erforderlich, ist eine Trenn- oder Schutzlage zwischen Schutzschicht und Abdichtung anzuordnen (siehe Abschnitt 6.3.1, letzter Absatz).

Zitierte Normen

DIN 16 729	Kunststoff-Dachbahnen und Kunststoff-Dichtungsbahnen aus Ethylencopolimerisat-Bitumen (ECB); Anforderungen
DIN 16 730	Kunststoff-Dachbahnen aus weichmacherhaltigem Polyvinylchlorid (PVC-P) nicht bitumenverträglich; Anforderungen
DIN 16 734	Kunststoff-Dachbahnen aus weichmacherhaltigem Polyvinylchlorid (PVC-P) mit Verstärkung aus synthetischen Fasern, nicht bitumenverträglich; Anforderungen
DIN 16 935	Kunststoff-Dichtungsbahnen aus Polyisobutylen (PIB); Anforderungen
DIN 16 937	Kunststoff-Dichtungsbahnen aus weichmacherhaltigem Polyvinylchlorid (PVC-P), bitumenverträglich; Anforderungen
DIN 16 938	Kunststoff-Dichtungsbahnen aus weichmacherhaltigem Polyvinylchlorid (PVC-P), nicht bitumenverträglich; Anforderungen
DIN 18 190 Teil 2	Dichtungsbahnen für Bauwerksabdichtungen; Dichtungsbahnen mit Jutegewebeeinlage, Begriff, Bezeichnung, Anforderungen
DIN 18 190 Teil 3	Dichtungsbahnen für Bauwerksabdichtungen; Dichtungsbahnen mit Glasgewebeeinlage, Begriff, Bezeichnung, Anforderungen
DIN 18 190 Teil 4	Dichtungsbahnen für Bauwerksabdichtungen; Dichtungsbahnen mit Metallbandeinlage, Begriff, Bezeichnung, Anforderungen
DIN 18 190 Teil 5	Dichtungsbahnen für Bauwerksabdichtungen; Dichtungsbahnen mit Polyäthylenterephthalat-Folien-Einlage, Begriff, Bezeichnung, Anforderungen
DIN 18 195 Teil 1	Bauwerksabdichtungen; Allgemeines, Begriffe
DIN 18 195 Teil 2	Bauwerksabdichtungen; Stoffe
DIN 18 195 Teil 3	Bauwerksabdichtungen; Verarbeitung der Stoffe
DIN 18 195 Teil 4	Bauwerksabdichtungen; Abdichtungen gegen Bodenfeuchtigkeit; Bemessung und Ausführung
DIN 18 195 Teil 5	Bauwerksabdichtungen; Abdichtungen gegen nichtdrückendes Wasser; Bemessung und Ausführung
DIN 18 195 Teil 6	Bauwerksabdichtungen; Abdichtungen gegen von außen drückendes Wasser; Bemessung und Ausführung
DIN 18 195 Teil 8	Bauwerksabdichtungen; Abdichtungen über Bewegungsfugen
DIN 18 195 Teil 9	Bauwerksabdichtungen; Durchdringungen, Übergänge, Abschlüsse
DIN 18 195 Teil 10	Bauwerksabdichtungen; Schutzschichten und Schutzmaßnahmen
DIN 52 011	Prüfung von Bitumen; Bestimmung des Erweichungspunktes; Ring und Kugel
DIN 52 129	Nackte Bitumenbahnen; Begriff, Bezeichnung, Anforderungen
DIN 52 130	Bitumen-Dachdichtungsbahnen; Begriffe, Bezeichnung, Anforderungen
DIN 52 131	Bitumen-Schweißbahnen; Begriffe, Bezeichnung, Anforderungen

Internationale Patentklassifikation

E 02 B 3/16
E 02 D 31/00

DK 699.82 : 624.078.32 : 691   August 1983

Bauwerksabdichtungen
Abdichtungen über Bewegungsfugen

DIN 18 195 Teil 8

Water-proofing of buildings; water-proofing over joints for movements
Etanchéité d'ouvrage; etanchéité sur le joints de mouvement

Teilweise Ersatz für
DIN 4031/03.78,
DIN 4117/11.60 und
DIN 4122/03.78

Zu dieser Norm gehören:
DIN 18 195 Teil 1   Bauwerksabdichtungen; Allgemeines, Begriffe
DIN 18 195 Teil 2   Bauwerksabdichtungen; Stoffe
DIN 18 195 Teil 3   Bauwerksabdichtungen; Verarbeitung der Stoffe
DIN 18 195 Teil 4   Bauwerksabdichtungen; Abdichtungen gegen Bodenfeuchtigkeit, Bemessung und Ausführung
DIN 18 195 Teil 5   Bauwerksabdichtungen; Abdichtungen gegen nichtdrückendes Wasser, Bemessung und Ausführung
DIN 18 195 Teil 6   Bauwerksabdichtungen; Abdichtungen gegen von außen drückendes Wasser, Bemessung und Ausführung
DIN 18 195 Teil 9   Bauwerksabdichtungen; Durchdringungen, Übergänge, Abschlüsse
DIN 18 195 Teil 10 Bauwerksabdichtungen; Schutzschichten und Schutzmaßnahmen

Ein weiterer Teil über die Abdichtungen gegen von innen drückendes Wasser befindet sich in Vorbereitung.

Inhalt

	Seite		Seite
1 Anwendungsbereich und Zweck	1	4 Anforderungen	1
2 Begriffe	1	5 Bauliche Erfordernisse	2
3 Stoffe	1	6 Ausführung	2

1 Anwendungsbereich und Zweck

Diese Norm gilt im Zusammenhang mit Abdichtungen gegen
- Bodenfeuchtigkeit nach DIN 18 195 Teil 4,
- nichtdrückendes Wasser nach DIN 18 195 Teil 5 und
- von außen drückendes Wasser nach DIN 18 195 Teil 6

für die Abdichtung über Bewegungsfugen von Bauwerken (im folgenden kurz Fugen genannt).

2 Begriffe

Für die Definition von Begriffen gilt DIN 18 195 Teil 1.

3 Stoffe

Für die Herstellung der Abdichtung über Fugen dürfen folgende Stoffe nach DIN 18 195 Teil 2 verwendet werden:
- Bitumen-Voranstrichmittel,
- Klebemassen und Deckaufstrichmittel, heiß zu verarbeiten
- nackte Bitumenbahnen,
- Bitumen-Dichtungsbahnen,
- Bitumen-Schweißbahnen,
- Kunststoff-Dichtungsbahnen,
- Metallbänder,
- Stoffe zum Verfüllen von Fugen.

Ferner dürfen folgende Stoffe verwendet werden, soweit sich ihr Einsatz auf die Verstärkung oder die Stützung der Abdichtung im Fugenbereich beschränkt:
- Bitumenbahnen mit Polyestervlieseinlage,
- Elastomer-Bahnen nach DIN 7864 und
- Profilbänder aus hochpolymeren Werkstoffen.

4 Anforderungen

4.1 Abdichtungen über Fugen müssen das Eindringen von Bodenfeuchtigkeit bzw. Wasser durch die Fugen in das Bauwerk verhindern.

4.2 Die Abdichtungen müssen beständig sein gegen natürliche und durch Lösungen aus Beton oder Mörtel entstandene bzw. aus der Bauwerksnutzung herrührende Wässer. Sie müssen ferner die Beanspruchungen aus Fugenbewegungen, Temperaturveränderungen und gegebenenfalls Wasserdruck schadlos aufnehmen.

Fortsetzung Seite 2 bis 4

Normenausschuß Bauwesen (NABau) im DIN Deutsches Institut für Normung e.V.

5 Bauliche Erfordernisse

5.1 Die erforderlichen Angaben über die zu erwartenden Beanspruchungen der Abdichtungen über Fugen müssen bei der Planung der Bauwerksabdichtung vorliegen.

5.2 Die Ausbildung der Fugen in der Bauwerkskonstruktion muß auf das Abdichtungssystem sowie auf die Art, Richtung und Größe der aufzunehmenden Bewegungen abgestimmt sein.

5.3 Die Fugen sollen möglichst gradlinig und ohne Vorsprünge verlaufen. Der Schnittwinkel von Fugen untereinander und mit Kehlen oder Kanten soll nicht wesentlich vom rechten Winkel abweichen.

5.4 Die Bauwerksabdichtung soll zu beiden Seiten der Fugen in derselben Ebene liegen. Der Abstand der Fugen von parallel verlaufenden Kehlen und Kanten sowie von Durchdringungen muß mindestens die halbe Breite der Verstärkungsstreifen (siehe Tabelle) zuzüglich der erforderlichen Anschlußbreite für die Flächenabdichtung betragen. Wenn dies im Einzelfall bei Abdichtungen gegen nichtdrückendes Wasser nicht eingehalten werden kann, sind Sonderkonstruktionen, z. B. Stützbleche, erforderlich.

5.5 Fugen müssen auch in angrenzenden Bauteilen, z. B. Schutzschichten, an der gleichen Stelle wie in dem abzudichtenden Bauteil ausgebildet werden. Von dieser Regel darf nur bei Dehnungsfugen, d. h. bei Fugen, die ausschließlich Bewegungen parallel zur Abdichtungsebene aufzunehmen haben, unter der Geländeoberfläche abgewichen werden.

5.6 Die Verformung der Abdichtung, die sich aus ihrer mechanischen Beanspruchung ergibt, muß bei der Ausbildung der abzudichtenden und angrenzenden Bauteile berücksichtigt werden, z. B. durch die Anordnung von Fugenkammern (siehe Tabelle).

5.7 Fugenfüllstoffe müssen mit den vorgesehenen Abdichtungsstoffen verträglich sein.

6 Ausführung

6.1 Allgemeines

6.1.1 Im folgenden wird die Ausführung der Abdichtung über Fugen angegeben, bei denen das Maß von
- 40 mm bei Bewegungen ausschließlich senkrecht zur Abdichtungsebene,
- 30 mm bei Bewegungen ausschließlich parallel zur Abdichtungsebene und
- 25 mm bei einer Kombination beider Bewegungsarten

nicht überschritten wird.

6.1.2 Es ist zwischen Fugen des Typs I und II zu unterscheiden.

Fugen Typ I sind Fugen für langsam ablaufende und einmalige oder selten wiederholte Bewegungen, z. B. Setzungsbewegungen oder Längenänderungen durch jahreszeitliche Temperaturschwankungen. Diese Fugen befinden sich in der Regel unter der Geländeoberfläche.

Fugen Typ II sind Fugen für schnell ablaufende oder häufig wiederholte Bewegungen, z. B. Bewegungen durch wechselnde Verkehrslasten oder Längenänderungen durch tageszeitliche Temperaturschwankungen. Diese Fugen befinden sich in der Regel oberhalb der Geländeoberfläche.

6.1.3 Abdichtungen über Fugen, deren Bewegungen die Maße nach Abschnitt 6.1.1 überschreiten, sind grundsätzlich mit Hilfe von Los- und Festflanschkonstruktionen nach DIN 18 195 Teil 9, erforderlichenfalls in Doppelausführung, herzustellen. Dabei ist auf beiden Seiten der Fuge eine Los- und Festflanschkonstruktion anzuordnen, an denen sowohl die Flächenabdichtungen als auch das verbindende Dichtungsprofil wasserdicht anzuschließen sind.

6.2 Bei Abdichtungen gegen Bodenfeuchtigkeit

6.2.1 Fugen Typ I mit Bewegungen bis 5 mm

Bei Flächenabdichtungen aus Bitumenwerkstoffen sind die Fugen durch mindestens 1 Lage Bitumen-Dichtungs- oder Schweißbahnen, 500 mm breit, mit Gewebe- oder Metallbandeinlage abzudichten.

Bei Flächenabdichtungen aus Kunststoff-Dichtungsbahnen sind die Abdichtungen ohne weitere Verstärkung über den Fugen durchzuziehen.

6.2.2 Fugen Typ I mit Bewegungen über 5 mm und Fugen Typ II

Die Abdichtung über den Fugen ist nach Abschnitt 6.3 auszuführen.

6.3 Bei Abdichtungen gegen nichtdrückendes Wasser

6.3.1 Fugen Typ I

Bei Flächenabdichtungen aus Bitumenwerkstoffen sind die Abdichtungen über den Fugen eben durchzuziehen und durch mindestens 2, mindestens 300 mm breite Streifen zu verstärken, die bestehen können aus
- Kupferband, mindestens 0,2 mm dick,
- Edelstahlband, mindestens 0,05 mm dick,
- Elastomer-Bahnen, mindestens 1,0 mm dick,
- Kunststoff-Dichtungsbahnen, mindestens 1,5 mm dick

oder
- Bitumenbahnen mit Polyestervlieseinlage, mindestens 3,0 mm dick.

Für ebene Verstärkungen sind die erforderliche Anzahl der Verstärkungsstreifen und ihre Breite in Abhängigkeit von der Fugenbewegung sowie die Größe der erforderlichen Fugenkammer in der Tabelle angegeben.

Die Verstärkungsstreifen sind so anzuordnen, daß sie voneinander jeweils durch eine Abdichtungslage oder durch eine zusätzliche Lage (Zulage) getrennt sind. Werden Metallbänder an den Außenseiten der Abdichtung angeordnet, so sind sie jeweils durch eine weitere Zulage zu schützen.

Bei Flächenabdichtungen aus lose verlegten Kunststoff-Dichtungsbahnen sind die Abdichtungen über den Fugen durchzuziehen, wobei die Bahnen im Fugenbereich zu unterstützen sind.

Diese Unterstützung ist vorzunehmen durch
- etwa 0,5 mm dicke und etwa 0,2 mm breite kunststoffbeschichtete Bleche, die erforderlichenfalls auf

DIN 18 195 Teil 8 Seite 3

einer Seite der Fuge an der Abdichtungsunterlage befestigt sein dürfen, oder durch
– einzubetonierende, außenliegende Profilbänder.
Ausführungen nach Abschnitt 6.3.2 dürfen ebenfalls verwendet werden.

6.3.2 Fugen Typ II
Unter Berücksichtigung der Größe und Häufigkeit der Fugenbewegungen sowie der Art der Wasserbeanspruchung ist die Art der Abdichtung im Einzelfall festzulegen, z. B. durch Unterbrechen der Flächenabdichtung und schlaufenartige Anordnung geeigneter Abdichtungsstoffe oder mit Hilfe von Los- und Festflanschkonstruktionen.

6.4 Bei Abdichtungen gegen von außen drückendes Wasser

6.4.1 Fugen Typ I
Die Flächenabdichtung ist über den Fugen durchzuziehen und durch mindestens 2, mindestens 300 mm breite Streifen zu verstärken, die bestehen können aus

– Kupferband, mindestens 0,2 mm dick,
– Edelstahlband, mindestens 0,05 mm dick oder
– Kunststoff-Dichtungsbahnen, mindestens 1,5 mm dick.

Für die Anzahl, die Größe und die Anordnung der Verstärkungen sowie die Fugenkammern gilt Abschnitt 6.3.1. Werden nur 2 Verstärkungsstreifen eingebaut, so müssen sie immer aus Metallband bestehen, an den Außenseiten der Abdichtungen angeordnet und jeweils durch eine Zulage aus Bitumenbahnen geschützt werden. Weitere Verstärkungsstreifen dürfen auch aus Kunststoff-Dichtungsbahnen bestehen. Ihre Dicke muß den für die Flächenabdichtung verwendeten Kunststoffbahnen in Abhängigkeit von der Eintauchtiefe nach DIN 18 195 Teil 6 entsprechen.

6.4.2 Fugen Typ II
Die Abdichtung über den Fugen ist grundsätzlich mit Sonderkonstruktionen, z. B. mit Los- und Festflanschkonstruktionen nach DIN 18 195 Teil 9, erforderlichenfalls in Doppelausführung, herzustellen.

Tabelle. Verstärkungsstreifen und Fugenkammern für Fugen Typ I

Bewegung zur Abdichtungsebene ausschließlich		kombinierte Bewegung	Verstärkungsstreifen		Fugenkammer in waagerechten und schwach geneigten Flächen	
senkrecht mm	parallel mm	mm	Anzahl	Breite mm	Breite [1]) mm	Tiefe mm
10	10	10	2	≥ 300	–	–
20	20	15	2	≥ 500	100	50 bis 80
30	30	20	3	≥ 500	100	50 bis 80
40	–	25	4	≥ 500	100	50 bis 80

[1]) Gesamtbreite einschließlich Fugenbreite.

Zitierte Normen

DIN 7864	Elastomer-Bahnen für Abdichtungen; Anforderungen, Prüfung
DIN 18 195 Teil 1	Bauwerksabdichtungen; Allgemeines, Begriffe
DIN 18 195 Teil 2	Bauwerksabdichtungen; Stoffe
DIN 18 195 Teil 3	Bauwerksabdichtungen; Verarbeitung der Stoffe
DIN 18 195 Teil 4	Bauwerksabdichtungen; Abdichtungen gegen Bodenfeuchtigkeit, Bemessung und Ausführung
DIN 18 195 Teil 5	Bauwerksabdichtungen; Abdichtungen gegen nichtdrückendes Wasser, Bemessung und Ausführung
DIN 18 195 Teil 6	Bauwerksabdichtungen; Abdichtungen gegen von außen drückendes Wasser, Bemessung und Ausführung
DIN 18 195 Teil 9	Bauwerksabdichtungen; Durchdringungen, Übergänge, Abschlüsse
DIN 18 195 Teil 10	Bauwerksabdichtungen; Schutzschichten und Schutzmaßnahmen

Frühere Ausgaben

DIN 4031: 07.32x, 11.59x, 03.78
DIN 4117: 06.50, 11.60
DIN 4122: 07.68, 03.78

Änderungen

Gegenüber DIN 4031/03.78, DIN 4117/11.60 und DIN 4122/03.78 wurden folgende Änderungen vorgenommen:
Die Festlegungen für die Abdichtung über Bauwerksfugen wurden vollständig überarbeitet und in dieser Norm zusammengefaßt.

Internationale Patentklassifikation

E 04 B 1-66

DK 699.82 : 624.078 : 691

Dezember 1986

Bauwerksabdichtungen
Durchdringungen   Übergänge   Abschlüsse

DIN 18 195
Teil 9

Water-proofing of buildings; penetrations, transitions, endings
Etanchéité d'ouverage; penetrations, transitions, bouts

Ersatz für Ausgabe 08.83

Zu dieser Norm gehören:
DIN 18 195 Teil 1   Bauwerksabdichtungen; Allgemeines, Begriffe
DIN 18 195 Teil 2   Bauwerksabdichtungen; Stoffe
DIN 18 195 Teil 3   Bauwerksabdichtungen; Verarbeitung der Stoffe
DIN 18 195 Teil 4   Bauwerksabdichtungen; Abdichtungen gegen Bodenfeuchtigkeit, Bemessung und Ausführung
DIN 18 195 Teil 5   Bauwerksabdichtungen; Abdichtungen gegen nichtdrückendes Wasser, Bemessung und Ausführung
DIN 18 195 Teil 6   Bauwerksabdichtungen; Abdichtungen gegen von außen drückendes Wasser, Bemessung und Ausführung
DIN 18 195 Teil 8   Bauwerksabdichtungen; Abdichtungen über Bewegungsfugen
DIN 18 195 Teil 10 Bauwerksabdichtungen; Schutzschichten und Schutzmaßnahmen

Ein weiterer Teil über die Abdichtungen gegen von innen drückendes Wasser befindet sich in Vorbereitung.

Maße in mm

Inhalt
Seite

1 Anwendungsbereich und Zweck 1
2 Begriffe 1
3 Anforderungen 1
4 Ausführung 1
5 Ausbildung und Anordnung von Einbauteilen ... 2

1 Anwendungsbereich und Zweck

Diese Norm gilt im Zusammenhang mit Abdichtungen gegen
– Bodenfeuchtigkeit nach DIN 18 195 Teil 4,
– nichtdrückendes Wasser nach DIN 18 195 Teil 5 und
– von außen drückendes Wasser nach DIN 18 195 Teil 6
für das Herstellen von Durchdringungen, Übergängen und Abschlüssen.

Diese Norm gilt nicht bei Dachabdichtungen und nicht bei der Abdichtung der Fahrbahntafeln von Brücken, die zu öffentlichen Straßen gehören (siehe auch DIN 18 195 Teil 1).

2 Begriffe
Für die Definition von Begriffen gilt DIN 18 195 Teil 1.

3 Anforderungen
Durchdringungen, Übergänge und Abschlüsse müssen, erforderlichenfalls mit Hilfe von Einbauteilen, so hergestellt sein, daß sie den verwendeten Abdichtungsstoffen und der jeweiligen Wasserbeanspruchung entsprechen.

Sie dürfen auch bei zu erwartenden Bewegungen der Bauteile ihre Funktion nicht verlieren. Soweit erforderlich, sind dafür besondere Maßnahmen zu treffen, z. B. die Anordnung von Mantelrohrkonstruktionen mit Stopfbuchsen für Rohr- und Kabeldurchführungen.

Durchdringungen, Übergänge und Abschlüsse müssen so angeordnet werden, daß die Bauwerksabdichtung fachgerecht angeschlossen werden kann.

4 Ausführung

4.1 Bei Abdichtungen gegen Bodenfeuchtigkeit
Anschlüsse an Durchdringungen von Aufstrichen und Spachtelmassen aus Bitumen sind mit spachtelbaren Stoffen oder mit Manschetten auszuführen.

Abdichtungsbahnen sind in der Regel mit Klebeflansch, Anschweißflansch oder mit Manschette und Schelle anzuschließen.

Abschlüsse von Abdichtungen mit bahnenförmigen Stoffen sind durch Verwahrung der Bahnenränder herzustellen, z. B. durch Einziehen in eine Nut oder durch Anordnung von Klemmschienen.

Fortsetzung Seite 2 bis 7

Normenausschuß Bauwesen (NABau) im DIN Deutsches Institut für Normung e.V.

4.2 Bei Abdichtungen gegen nichtdrückendes Wasser

Anschlüsse an Durchdringungen sind durch Klebeflansche, Anschweißflansche, Manschetten, Manschetten mit Schellen oder durch Los- und Festflanschkonstruktionen auszuführen.

Übergänge sind durch Klebeflansche, Anschweißflansche, Klemmschienen oder Los- und Festflanschkonstruktionen herzustellen. Übergänge zwischen Abdichtungssystemen aus verträglichen Stoffen dürfen auch ohne Einbauteile ausgeführt werden.

Abschlüsse an aufgehenden Bauteilen sind zu sichern, indem der Abdichtungsrand in Nuten eingezogen oder mit Klemmschienen versehen oder konstruktiv abgedeckt wird. Die Abdichtung ist in der Regel mindestens 150 mm über die Oberfläche eines über der Abdichtung liegenden Belages hochzuziehen.

4.3 Bei Abdichtungen gegen drückendes Wasser

Anschlüsse an Durchdringungen sind mit Los- und Festflanschkonstruktionen auszuführen.

Übergänge sind mit Los- und Festflanschkonstruktionen herzustellen, die bei der Verbindung von unterschiedlichen Abdichtungssystemen als Doppelflansche mit Trennleiste auszuführen sind (siehe Bild 3).

Abschlüsse sind wie in Abschnitt 4.2 auszuführen.

5 Ausbildung und Anordnung von Einbauteilen

5.1 Allgemeines

Einbauteile müssen gegen natürliche und/oder durch Lösungen aus Beton bzw. Mörtel entstandene Wässer unempfindlich und mit den anzuschließenden Abdichtungsstoffen verträglich sein. Grundsätzlich ist bei der Stoffwahl für Einbauteile die Gefahr der Korrosion, z. B. infolge elektrolytischer Vorgänge, zu beachten. Erforderlichenfalls sind nichtrostende Stoffe zu verwenden oder geeignete Korrosionsschutzmaßnahmen zu treffen.

Die der Abdichtung zugewandten Kanten von Einbauteilen müssen frei von Graten sein.

Abläufe als Einbauteile bei Abdichtungen gegen nichtdrückendes Wasser müssen DIN 19599 entsprechen. Bei Abläufen mit Los- und Festflansch müssen die Losflansche zum Anschluß der Abdichtung aufschraubbar sein.

5.2 Klebeflansche, Anschweißflansche, Manschetten

Klebeflansche, Anschweißflansche und Manschetten müssen der Abdichtungsart entsprechend aus geeigneten Metallen, Kunststoffen oder kunststoffbeschichteten Metallen bestehen. Sie müssen sauber, in ihrer Lage ausreichend gesichert und, soweit erforderlich, mit einem Voranstrich versehen sein. Sie selbst und ihr Anschluß an durchdringende Bauteile müssen wasserdicht sein.

Klebeflansche, Anschweißflansche und Manschetten sollen so angeordnet werden, daß ihre Außenkanten mindestens 150 mm von Bauwerkskanten und -kehlen sowie mindestens 500 mm von Bauwerksfugen entfernt sind.

Bei Abdichtungen aus Bitumenbahnen oder aus aufgeklebten Hochpolymerbahnen müssen die Anschlußflächen mindestens 100 mm breit sein. Die Abdichtungen sind an den Anschlüssen erforderlichenfalls zu verstärken. Enden auf der Anschlußfläche mehrere Lagen, so sind sie gestaffelt anzuschließen.

Bei Verwendung von Anschweißflanschen im Zusammenhang mit Abdichtungen aus Hochpolymerbahnen sind die Schweißnahtbreiten nach DIN 18195 Teil 3 einzuhalten.

Die Abdichtungen müssen auf den Anschlußflächen von Klebeflanschen, Anschweißflanschen und Manschetten enden und dürfen nicht aufgekantet werden.

5.3 Schellen

Schellen müssen in der Regel aus Metall bestehen und mehrfach nachspannbar sein. Soweit für den Einbau erforderlich, dürfen sie mehrteilig sein. Ihre Anpreßflächen müssen mindestens 25 mm breit sein.

Der Anpreßdruck ist in Abhängigkeit von den verwendeten Abdichtungsstoffen so zu bemessen, daß die Abdichtung nicht abgeschnürt wird.

5.4 Klemmschienen

Die Maße von Klemmschienen und der zu ihrer Befestigung zu verwendenden Sechskantschrauben müssen den Werten der Tabelle, Spalte 2, entsprechen. Die Einzellängen von Klemmschienen sollen 2,50 m nicht überschreiten.

Klemmschienen sind mit Sechskantschrauben in Dübeln an ausreichend ebenen Bauwerksflächen zu befestigen, wobei die Abdichtungsränder wasserdicht zwischen Klemmschienen und Bauwerksflächen eingeklemmt werden. An Bauwerkskanten und -kehlen sind Klemmschienen so zu unterbrechen, daß sie sich bei temperaturbedingter Ausdehnung nicht gegenseitig behindern.

5.5 Los- und Festflanschkonstruktionen

Los- und Festflanschkonstruktionen müssen in der Regel aus schweißbarem Stahl bestehen und ihre Maße müssen den Werten der Tabelle, Spalte 3 bzw. Spalte 4, entsprechen. Ihre Formen müssen in Abhängigkeit von ihrer Anordnung den Bildern 1 bis 4 entsprechen.

Alle Schweißnähte, die den Wasserweg unterbinden sollen, müssen wasserdicht und nach Möglichkeit zweilagig ausgeführt sein. Die Stumpfstöße der Festflansche sind voll durchzuschweißen und auf der Abdichtungsfläche plan zu schleifen. Die Losflansche dürfen nicht steifer ausgebildet sein als die Festflansche. Ihre Länge darf 1,50 m nicht übersteigen und muß so gewählt werden, daß sie paßgerecht ohne Beschädigung der Bolzen eingebaut werden können. Der Zwischenraum zwischen zwei Losflanschen darf in der Regel nicht mehr als 4 mm betragen. Über den Stoßstellen der Festflansche sollen auch die Losflansche gestoßen sein. Für die Bolzen sind aufgeschweißte Gewindebolzen oder durchgesteckte und verschweißte Sechskantschrauben zu verwenden. Bei aufgeschweißten Gewindebolzen ist die Schweißnaht nötigenfalls statisch nachzuweisen. Die Bolzenlänge ist so zu bemessen, daß nach Aufsetzen der Schraubmutter im ungepreßten Zustand der Abdichtung mindestens zwei Gewindegänge am Bolzenende frei sind.

Ändern sich die Neigungen der Abdichtungsebenen bezogen auf die Längsrichtung von Los- und Festflanschkonstruktionen um mehr als 45°, so sind sie an diesen Stellen mit einem Radius von mindestens 200 mm auszubilden, wobei in der Winkelhalbierenden ein Bolzen anzuordnen ist. Die Losflansche müssen als Paßstücke mit Langlöchern hergestellt sein. Wegen der Langlöcher sind beim Anschrauben Unterlegscheiben zu verwenden (siehe Bild 4).

Los- und Festflanschkonstruktionen sind so anzuordnen, daß ihre Außenkanten mindestens 300 mm von Bauwerkskanten und -kehlen sowie mindestens 500 mm von Bauwerksfugen entfernt sind. Sie sind im Bauwerk zu verankern und die Festflansche so einzubauen, daß ihre Oberflächen mit den angrenzenden abzudichtenden Bauwerksflächen eine Ebene bilden. Die der Abdichtung zugewandten Flanschflächen sind unmittelbar vor Einbau der Abdichtung zu säubern und erforderlichenfalls mit einem Voranstrich zu versehen. Zum Einbau der Abdichtung in Los- und Festflanschkonstruktionen müssen die Löcher zum Durchstecken der Bolzen in die einzelnen Abdichtungslagen mit dem Locheisen eingestanzt werden. Notwendige Stöße und Nähte der Abdichtungslagen in den Flanschbereichen sind stumpf zu stoßen und gegeneinander versetzt anzuordnen.

Dies gilt auch für die bei Kunststoffabdichtungen erforderlichen Dichtungsbeilagen. Die Bolzen müssen bis zum Aufsetzen der Schraubmuttern vor Verschmutzung und Beschädigung geschützt werden. Die Schraubmuttern sind mehrmals anzuziehen, gegebenenfalls letztmalig unmittelbar vor einem Einbetonieren oder Einmauern der Konstruktion. Der Anpreßdruck der Schraubmuttern ist auf die Flanschkonstruktion und auf die Art der Abdichtung abzustimmen.

Bei Bitumen-Abdichtungen ist am freien Ende das Ausquetschen der Bitumenmasse zu begrenzen. Hierzu ist erforderlichenfalls eine Stahlleiste anzuordnen (siehe Bild 1). Bei Übergängen von Abdichtungssystemen mit unverträglichen Stoffen sind stählerne Trennleisten vorzusehen (siehe Bild 3).

5.6 Telleranker

Telleranker zur Verwendung bei Bitumen-Abdichtungen müssen in der Regel in Form und Mindestmaßen Bild 5 entsprechen. Die Form der Anker für Los- und Festplatten sind den jeweiligen konstruktiven Erfordernissen entsprechend auszubilden, z. B. als Platten anstelle von Haken. Falls Telleranker mit abweichenden Formen und Maßen verwendet werden, müssen sie jedoch den nachfolgenden Anforderungen entsprechen.

Die Los- und Festplatten von Tellerankern sind im allgemeinen mit gleichem Durchmesser kreisrund auszubilden. Werden Festplatten mit quadratischen Formen verwendet, so müssen ihre Kantenlängen mindestens 10 mm größer als die Durchmesser der Losplatten sein. Für die Schweißnähte von Tellerankern gilt Abschnitt 5.5 sinngemäß.

Die Gewindehülse der Festverankerung ist vor Verschmutzung zu schützen und für den Einbau von Losverankerung in ihrer Lage zu kennzeichnen. Beim Einbau der Losverankerung muß ihr Gewinde mindestens um das Maß des Bolzendurchmessers in die Gewindehülse eingeschraubt werden.

Zur Verwendung bei Kunststoffabdichtungen sind Telleranker in Sonderausführungen mit im allgemeinen geringeren Maßen als in Bild 5 einzusetzen.

Tabelle. **Regelmaße für Klemmschienen und Los- und Festflanschkonstruktionen**

Art der Maße (siehe Bild 1 bis Bild 4)		Klemmschienen	Los- und Festflanschkonstruktionen	
		Für Bauwerksabdichtungen gegen		
		nichtdrückendes Wasser [1]	nichtdrückendes Wasser	von außen drückendes Wasser
	1	*2*	*3*	*4*
1 2 3	Klemmschiene bzw. Losflansch Breite a_1 Dicke t_1 Kantenabfasung f	≥ 50 5 bis 7 ≈ 1	≥ 60 ≥ 6 ≈ 2	≥ 150 ≥ 10 ≈ 2
4 5	Festflansch Breite a_2 Dicke t_2	– –	≥ 70 $\geq 6, \geq t_1$	≥ 160 $\geq 10, \geq t_1$
6	Schraube bzw. Bolzen Durchmesser d_3	≥ 8	≥ 12	≥ 20
7 8	Schweißnaht bei Gewindebolzen Breite s_1 Höhe s_2	– –	$\approx 2,0$ $\approx 3,2$	$\approx 2,5$ $\approx 5,0$
9	Schraub- bzw. Bolzenlöcher Durchmesser d_1	≥ 10	≥ 14	≥ 22
10	Erweiterung bei Gewindebolzen Durchmesser d_2	–	$d_1 + 2 \cdot s_1$	$d_1 + 2 \cdot s_1$
11	Schraub- bzw. Bolzenabstand untereinander	150 bis 200	75 bis 150	75 bis 150
12	Schraubenabstand vom Ende der Klemmschienen bzw. Bolzenabstand vom Ende der Losflansche	≤ 75	≤ 75	≤ 75

[1] Klemmschienen für Abdichtungen gegen nichtdrückendes Wasser im Bereich mäßiger Beanspruchung und für Abdichtungen gegen Bodenfeuchtigkeit mit kleineren Maßen müssen eine solche Biegesteifigkeit aufweisen, daß eine einwandfreie Verwahrung der Abdichtung sichergestellt wird.

DIN 18 195 Teil 9 Seite 5

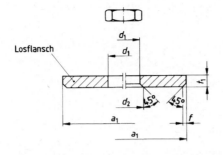

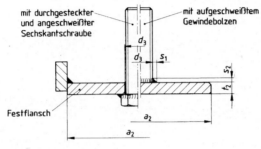

Bild 1. Los- und Festflanschkonstruktion aus Flacheisen

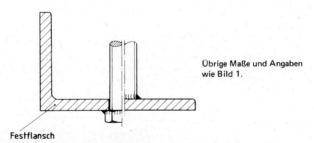

Übrige Maße und Angaben wie Bild 1.

Bild 2. Los- und Festflanschkonstruktion aus Flach- und Winkeleisen

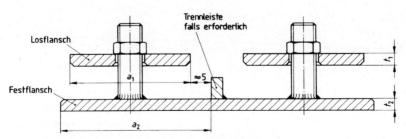

Bild 3. Los- und Festflanschkonstruktion in Doppelausführung für Übergänge

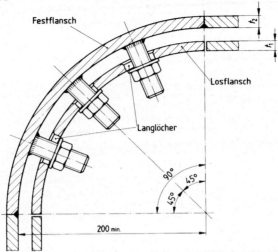

Bild 4. Los- und Festflanschkonstruktion bei Richtungsänderung der Abdichtungsebene, Längsschnitt

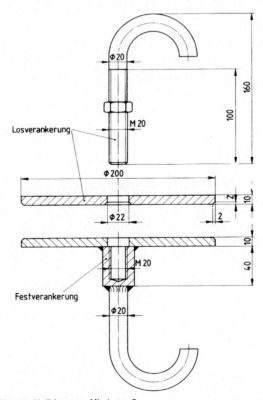

Bild 5. Telleranker für Bitumen-Abdichtungen, Mindestmaße

Zitierte Normen

DIN 18 195 Teil 1	Bauwerksabdichtungen; Allgemeines, Begriffe
DIN 18 195 Teil 2	Bauwerksabdichtungen; Stoffe
DIN 18 195 Teil 3	Bauwerksabdichtungen; Verarbeitung der Stoffe
DIN 18 195 Teil 4	Bauwerksabdichtungen; Abdichtungen gegen Bodenfeuchtigkeit, Bemessung und Ausführung
DIN 18 195 Teil 5	Bauwerksabdichtungen; Abdichtungen gegen nichtdrückendes Wasser, Bemessung und Ausführung
DIN 18 195 Teil 6	Bauwerksabdichtungen; Abdichtungen gegen von außen drückendes Wasser, Bemessung und Ausführung
DIN 18 195 Teil 8	Bauwerksabdichtungen; Abdichtung über Bewegungsfugen
DIN 18 195 Teil 10	Bauwerksabdichtungen; Schutzschichten und Schutzmaßnahmen
DIN 19 599	Abläufe und Abdeckungen in Gebäuden; Klassifizierung, Bau- und Prüfgrundsätze, Kennzeichnung

Frühere Ausgaben

DIN 4031: 07.32x, 11.59x, 03.78; DIN 4117: 06.50, 11.60; DIN 4122: 07.68, 03.78
DIN 18 195 Teil 9: 08.83

Änderungen

Gegenüber der Ausgabe August 1983 wurden folgende Änderungen vorgenommen:
a) In Abschnitt 1 wurde der Anwendungsbereich durch eine Negativabgrenzung präzisiert.
b) In den Abschnitten 5.1 und 5.2 wurden die Angaben zum Einbau von Entwässerungsabläufen mit der Folgeausgabe von DIN 19 599 abgestimmt.
c) Es wurden einzelne redaktionelle Korrekturen vorgenommen.

Internationale Patentklassifikation

E 04 B 1/66
E 02 B 3/16
E 01 D 19/08
E 02 D 31/04
E 04 D 5/00

DK 699.82 : 691

August 1983

Bauwerksabdichtungen
Schutzschichten und Schutzmaßnahmen

DIN 18 195
Teil 10

Water-proofing of buildings; protective layers and protective measures
Etanchéité d'ouvrage; couches protectrices et mesures de protection

Teilweise Ersatz für
DIN 4031/03.78,
DIN 4117/11.60 und
DIN 4122/03.78

Zu dieser Norm gehören:

DIN 18 195 Teil 1	Bauwerksabdichtungen; Allgemeines, Begriffe
DIN 18 195 Teil 2	Bauwerksabdichtungen; Stoffe
DIN 18 195 Teil 3	Bauwerksabdichtungen; Verarbeitung der Stoffe
DIN 18 195 Teil 4	Bauwerksabdichtungen; Abdichtungen gegen Bodenfeuchtigkeit, Bemessung und Ausführung
DIN 18 195 Teil 5	Bauwerksabdichtungen; Abdichtungen gegen nichtdrückendes Wasser, Bemessung und Ausführung
DIN 18 195 Teil 6	Bauwerksabdichtungen; Abdichtungen gegen von außen drückendes Wasser, Bemessung und Ausführung
DIN 18 195 Teil 8	Bauwerksabdichtungen; Abdichtungen über Bewegungsfugen
DIN 18 195 Teil 9	Bauwerksabdichtungen; Durchdringungen, Übergänge, Abschlüsse

Ein weiterer Teil über die Abdichtungen gegen von innen drückendes Wasser befindet sich in Vorbereitung.

1 Anwendungsbereich und Zweck

Diese Norm gilt für Schutzschichten auf Bauwerksabdichtungen gegen
— Bodenfeuchtigkeit nach DIN 18 195 Teil 4,
— nichtdrückendes Wasser nach DIN 18 195 Teil 5 und
— von außen drückendes Wasser nach DIN 18 195 Teil 6

sowie für Schutzmaßnahmen, die vorzusehen sind, um Bauwerksabdichtungen bis zur Fertigstellung des Bauwerks vor Beschädigungen zu schützen.

2 Begriffe

Für die Definition von Begriffen gilt DIN 18 195 Teil 1.

3 Schutzschichten

3.1 Stoffe

Stoffe für Schutzschichten müssen mit der Bauwerksabdichtung verträglich und gegen die auf sie einwirkenden Beanspruchungen mechanischer, thermischer und chemischer Art widerstandsfähig sein.

3.2 Anforderungen

3.2.1 Schutzschichten müssen Bauwerksabdichtungen dauerhaft vor schädigenden Einflüssen statischer, dynamischer und thermischer Art schützen. Sie können in Einzelfällen Nutzschichten des Bauwerks bilden.

3.2.2 Bewegungen und Verformungen der Schutzschichten dürfen die Abdichtung nicht beschädigen. Schutzschichten für Bauwerksabdichtungen nach DIN 18 195 Teil 5 sind erforderlichenfalls von der Abdichtung zu trennen und durch Fugen aufzuteilen. Darüber hinaus müssen in diesem Fall an Aufkantungen und Durchdringungen der Abdichtung in der Schutzschicht ausreichend breite Fugen vorhanden sein.

In festen Schutzschichten sind ferner Fugen im Bereich von Neigungswechseln, z. B. beim Übergang von schwach zu stark geneigten Flächen, anzuordnen, sofern die Neigungen mehr als 2 m lang sind.

3.2.3 Bei Bauwerksfugen sind in festen Schutzschichten Fugen an gleicher Stelle anzuordnen; für die Einzelheiten gilt DIN 18 195 Teil 8.

3.2.4 Fugen in waagerechten oder schwach geneigten Schutzschichten müssen verschlossen sein, für Fugen über Bauwerksfugen sind dafür Einlagen und/oder Verguß vorzusehen.

3.3 Ausführung

3.3.1 Allgemeines

3.3.1.1 Die Art der Schutzschicht ist in Abhängigkeit von den zu erwartenden Beanspruchungen und den örtlichen Gegebenheiten auszuwählen. Schutzschichten, die auf die fertige Abdichtung aufgebracht werden, sind möglichst unverzüglich nach Fertigstellung der Abdichtung herzustellen. Im anderen Fall sind Schutzmaßnahmen gegen Beschädigungen nach Abschnitt 4 zu treffen.

3.3.1.2 Beim Herstellen von Schutzschichten dürfen die Abdichtungen nicht beschädigt werden; Verunreinigungen auf den Abdichtungen sind vorher sorgfältig zu entfernen.

Fortsetzung Seite 2 bis 4

Normenausschuß Bauwesen (NABau) im DIN Deutsches Institut für Normung e.V.

3.3.1.3 Schutzschichten auf geneigten Abdichtungen sind, sofern sie nicht aus Bitumen-Dichtungsbahnen bestehen, vom tiefsten Punkt nach oben und in solchen Teilabschnitten herzustellen, daß sie nicht abrutschen können.

3.3.1.4 Senkrechte Schutzschichten, die vor Herstellung der Abdichtung ausgeführt werden und als Abdichtungsrücklage dienen, müssen in jedem Bauzustand standsicher sein. Senkrechte Schutzschichten, die nachträglich hergestellt werden, müssen abschnittsweise hinterfüllt oder abgestützt werden.

3.3.1.5 Auf waagerechte oder schwach geneigte Schutzschichten dürfen Lasten oder lose Massen nur dann aufgebracht werden, wenn die Schutzschichten belastbar und erforderlichenfalls gesichert sind.

3.3.2 Schutzschichten aus Mauerwerk

3.3.2.1 Schutzschichten aus Mauerwerk sind 11,5 cm dick unter Verwendung von Mörtel der Mörtelgruppe II oder III nach DIN 1053 Teil 1 herzustellen. Dabei sind senkrechte Schutzschichten von waagerechten oder geneigten Flächen durch Fugen mit Einlagen zu trennen. Senkrechte Schutzschichten sind durch senkrechte Fugen im Abstand von höchstens 7 m zu unterteilen und von den Eckbereichen zu trennen.

3.3.2.2 Freistehende Schutzschichten, die vor Herstellung der Abdichtung ausgeführt werden und als Abdichtungsrücklage dienen, dürfen mit höchstens 12,5 cm dicken und 24 cm breiten Vorlagen verstärkt werden.

3.3.2.3 Die abdichtungsseitige Fläche des Mauerwerks ist mit einem glatt geriebenem, etwa 1 cm dicken Putz der Mörtelgruppe II nach DIN 18 550 zu versehen. Alle Ecken und Kanten sind zu runden, die Ecke am Fuß des Mauerwerks ist als Kehle mit etwa 4 cm großem Halbmesser auszubilden. Die Einlagen der senkrechten Fugen nach Abschnitt 3.3.2.1 müssen auch den Kehlenbereich erfassen.

3.3.2.4 Bei senkrechten Schutzschichten, die nach Herstellung der Abdichtung ausgeführt werden, ist eine, in der Regel 4 cm dicke Fuge zwischen Abdichtung und Mauerwerk vorzusehen, die hohlraumfrei mit Mörtel nach Abschnitt 3.3.2.1 auszufüllen ist.

3.3.3 Schutzschichten aus Beton

3.3.3.1 Schutzschichten aus Beton müssen mindestens in der Betongüte B 10, bei Anordnung von Bewehrung mindestens in B 15 nach DIN 1045 hergestellt werden. Die Bewehrung muß die nach dieser Norm erforderliche Betonüberdeckung aufweisen. Als Zuschlag für den Beton darf nur Kies mit einer Korngröße bis zu 8 mm verwendet werden.

3.3.3.2 Die Schutzschichten sollen mindestens 5 cm dick sein; werden sie auf Flächen mit einem größeren Neigungswinkel als 18° (etwa 33 %) angeordnet, sind sie in der Regel zu bewehren.

3.3.3.3 Senkrechte Schutzschichten sind von waagerechten oder geneigten durch Fugen mit Einlagen zu trennen. Sie sind durch senkrechte Fugen im Abstand von höchstens 7 m zu unterteilen und von den Eckbereichen zu trennen.

3.3.4 Schutzschichten aus Mörtel

Schutzschichten aus Mörtel dürfen nur auf nicht begeh- oder befahrbaren, vorzugsweise senkrechten Flächen oder auf Flächen, die mehr als 18° (etwa 33 %) geneigt sind, hergestellt werden. Sie müssen mindestens 2 cm dick sein und aus Mörtel der Mörtelgruppe II oder III nach DIN 1053 Teil 1 bestehen. Sofern sie durch Drahtgewebe bewehrt werden, ist Mörtelgruppe III zu verwenden. Schutzschichten aus Mörtel sind erforderlichenfalls gegen Ausknicken zu sichern.

3.3.5 Schutzschichten aus Platten

3.3.5.1 Schutzschichten aus B e t o n p l a t t e n, z. B. großformatigen Betonfertigteilen, die vor Herstellung der Abdichtung ausgeführt werden und als Abdichtungsrücklage dienen, sind während des Bauzustandes unverschieblich anzuordnen. Fugen sind mit Mörtel der Mörtelgruppe III nach DIN 1053 Teil 1 bündig zu schließen, so daß die abdichtungsseitigen Flächen der Schutzschichten stetige Abdichtungsrücklagen bilden.

3.3.5.2 Schutzschichten aus Betonplatten auf waagerechten oder schwach geneigten Abdichtungen müssen unter Verwendung von Mörtel der Mörtelgruppe II oder III nach DIN 1053 Teil 1 hergestellt werden. Die Platten sind vollflächig im Mörtelbett zu lagern. Die Gesamtdicke der Schutzschicht muß mindestens 5 cm, die des Mörtelbettes mindestens 2 cm betragen. Die Fugen sind erforderlichenfalls mit Vergußmasse zu füllen.

Bei Schutzschichten für die Abdichtung von Terrassen und ähnlichen Flächen mit Neigungen bis zu 2° (etwa 3 %) dürfen Betonplatten auch in einem mindestens 3 cm dicken ungebundenen Kiesbett aus Kies der Korngröße 4/8 mm verlegt werden.

3.3.5.3 Schutzschichten aus K e r a m i k - oder W e r k s t e i n p l a t t e n müssen für die jeweiligen besonderen Beanspruchungen geeignet sein, z. B. durch Widerstandsfähigkeit gegen chemische Einwirkungen oder durch hohe Abriebfestigkeit. Nach diesen Beanspruchungen richtet sich die Art der zu verwendenden Platten, des Mörtelbettes und der Fugenverfüllung.

3.3.6 Schutzschichten aus Gußasphalt

3.3.6.1 Schutzschichten aus Gußasphalt sind mindestens 2 cm dick herzustellen, der Gußasphalt muß der Beanspruchung der Schutzschicht entsprechend zusammengesetzt sein.

3.3.6.2 Wird eine Schutzschicht aus Gußasphalt auf einer Abdichtung aus Bitumenwerkstoffen hergestellt, so ist zwischen diese eine geeignete Trennschicht aus Stoffen nach DIN 18 195 Teil 2 anzuordnen. Wird die Schutzschicht auf blanken Metallbändern oder auf Abdichtungen aus Asphaltmastix angeordnet, ist eine Trennschicht nicht erforderlich.

3.3.7 Schutzschichten aus Bitumen-Dichtungsbahnen

3.3.7.1 Schutzschichten aus Bitumen-Dichtungsbahnen dürfen nur an senkrechten Flächen in Tiefen über 3 m unter der Geländeoberfläche und nur dort angeordnet werden, wo nachträgliche Beschädigungen, z. B. durch Erdaufgrabungen, ausgeschlossen sind. Sie sind aus Dichtungsbahnen für Bauwerksabdichtungen nach DIN 18 190 Teil 4 herzustellen, die im Bürstenstreich-, im Gieß- oder im Gieß- und Einwalzverfahren einzubauen sind.

3.3.7.2 Die Bahnen müssen sich an den Längs- und Querseiten um mindestens 5 cm überdecken.

3.3.7.3 Nach der Herstellung einer Schutzschicht aus Bitumen-Dichtungsbahnen muß die erforderliche Verfüllung der Baugrube oder des Arbeitsraumes lagenweise in einer Schichtdicke ausgeführt werden, die von der Art der Verfüllung abhängig ist, jedoch nicht mehr als 30 cm betragen soll. Das Verfüllmaterial sollte bis zu einem Abstand von 50 cm von der Schutzschicht aus Sand mit der überwiegenden Korngruppe 0/4 mm bestehen.

3.3.8 Schutzschichten aus sonstigen Stoffen

Sofern Schutzschichten aus anderen Stoffen als nach Abschnitt 3.3.2 bis Abschnitt 3.3.7 hergestellt werden, z. B. aus Kunststoffen oder Schaumkunststoffen, müssen diese Stoffe den Anforderungen des Abschnittes 3.1 und die Schutzschichten den Anforderungen des Abschnittes 3.2 entsprechen sowie für die besonderen Beanspruchungen des Einzelfalls geeignet sein.

4 Schutzmaßnahmen

4.1 Schutzmaßnahmen dienen im Gegensatz zu Schutzschichten dem vorübergehenden Schutz der Abdichtung während der Bauarbeiten. Sie müssen auf die Dauer des maßgebenden Bauzustandes, z. B. einer Arbeitsunterbrechung, abgestimmt sein.

4.2 Auf ungeschützten Abdichtungen dürfen keine Lasten, z. B. Baustoffe oder Geräte, gelagert werden. Sie dürfen ferner nicht mehr als unbedingt notwendig und nur mit geeigneten Schuhen betreten werden.

4.3 Abdichtungsanschlüsse sind während der Bauzeit durch geeignete Maßnahmen vor Beschädigung und schädlicher Wasseraufnahme zu schützen. Dieser Schutz und eventuell dazu erforderliche Aussteifungen dürfen erst unmittelbar vor Weiterführung der Abdichtungsarbeiten entfernt werden.

4.4 Abdichtungen sind bis zur Fertigstellung des Bauwerks gegen mögliche schädigende Beanspruchungen durch Grund-, Stau- und Oberflächenwasser zu schützen. Dabei ist insbesondere darauf zu achten, daß in jedem Bauzustand eine ausreichende Sicherung gegen Auftrieb vorhanden ist. Oberflächenwasser darf die Abdichtung nicht von ihrer Unterlage abdrücken.

4.5 Abdichtungen sind während der Bauzeit ferner gegen die Einwirkungen schädigender Stoffe, z. B. Schmier- und Treibstoffe, Lösungsmittel oder Schalungsöl, zu schützen.

4.6 Werden vor senkrechten oder stark geneigten Abdichtungen, die keine Schutzschichten benötigen, Bewehrungseinlagen einschließlich Montage- und Verteilereisen verlegt, so muß ihr lichter Abstand von der Abdichtung mindestens 5 cm betragen. Unvermeidliche Abstandshalter dürfen sich nicht schädigend in die Abdichtung eindrücken.

Abdichtungen aus Bitumenwerkstoffen sind vor Einbau von Bewehrungen mit einem Anstrich aus Zementmilch zu versehen, um mechanische Beschädigungen der Abdichtungen beim Einbau der Bewehrung erkennen zu lassen.

4.7 Wird auf der wasserabgewandten Seite einer senkrechten Abdichtung konstruktives Mauerwerk erstellt, so ist zwischen Abdichtung und Mauerwerk ein 4 cm breiter Zwischenraum zu belassen, der beim Aufmauern mit Mörtel der Mörtelgruppe III nach DIN 1053 Teil 1 auszufüllen und sorgfältig mit Stampfern zu verdichten ist.

4.8 Beim Ausbau von Baugrubenumschließungen, z. B. beim Ziehen von Bohlträgern, ist durch geeignete Maßnahmen sicherzustellen, daß die Schutzschicht der Abdichtung nicht bewegt oder beschädigt wird. Verbleiben Baugrubenumschließungen ganz oder teilweise im Boden, muß sichergestellt sein, daß sich das Bauwerk einschließlich der Schutzschicht der Abdichtung unabhängig davon bewegen kann.

4.9 Senkrechte und stark geneigte Abdichtungen sind gegen Wärmeeinwirkung, z. B. Sonneneinstrahlung, zu schützen, z. B. durch Zementmilchanstrich, Abhängen mit Planen oder Wasserberieselung, damit die Gefahr des Abrutschens vermieden wird.

Zitierte Normen

DIN 1045	Beton und Stahlbeton; Bemessung und Ausführung
DIN 1053 Teil 1	Mauerwerk; Berechnung und Ausführung
DIN 18 190 Teil 4	Dichtungsbahnen für Bauwerksabdichtungen; Dichtungsbahnen mit Metallbandeinlage, Begriff, Bezeichnung, Anforderungen
DIN 18 195 Teil 1	Bauwerksabdichtungen; Allgemeines, Begriffe
DIN 18 195 Teil 2	Bauwerksabdichtungen; Stoffe
DIN 18 195 Teil 3	Bauwerksabdichtungen; Verarbeitung der Stoffe
DIN 18 195 Teil 4	Bauwerksabdichtungen; Abdichtungen gegen Bodenfeuchtigkeit, Bemessung und Ausführung
DIN 18 195 Teil 5	Bauwerksabdichtungen; Abdichtungen gegen nichtdrückendes Wasser, Bemessung und Ausführung
DIN 18 195 Teil 6	Bauwerksabdichtungen; Abdichtungen gegen von außen drückendes Wasser, Bemessung und Ausführung
DIN 18 195 Teil 8	Bauwerksabdichtungen; Abdichtungen über Bewegungsfugen
DIN 18 195 Teil 9	Bauwerksabdichtungen; Durchdringungen, Übergänge, Abschlüsse
DIN 18 550	Putz; Baustoffe und Ausführung

Frühere Ausgaben

DIN 4031: 07.32x, 11.59x, 03.78
DIN 4117: 06.50, 11.60
DIN 4122: 07.68, 03.78

Änderungen

Gegenüber DIN 4031/03.78, DIN 4117/11.60 und DIN 4122/03.78 wurden folgende Änderungen vorgenommen:
Die Festlegungen über Schutzschichten und Schutzmaßnahmen wurden vollständig überarbeitet und in dieser Norm zusammengefaßt.

Internationale Patentklassifikation

E 04 B 1-66

DK 692.415 : 699.83 : 001.4   September 1991

Dachabdichtungen
Begriffe, Anforderungen, Planungsgrundsätze

DIN 18 531

Water-proofing of roofs; concepts, requirements, design principles
Etanchéité du toit; notions, exigences, principes de planification

Ersatz für DIN V 18 531/02.87

1 Anwendungsbereich und Zweck

Diese Norm gilt für die Planung von Dachabdichtungen aus Bitumenbahnen und/oder Hochpolymerbahnen nach Abschnitt 3.5, die auf einer Unterlage flächig aufliegen.

Sie gilt nicht für Dachdeckungen (siehe Abschnitt 2.1, Anmerkung) und nicht für die Abdichtung von genutzten Dachflächen (siehe DIN 18 195 Teil 5).

2 Begriffe

2.1 Dachabdichtung

Eine Dachabdichtung ist ein flächiges Bauteil zum Schutz eines Bauwerkes gegen Niederschlagswasser. Sie besteht aus einer über die gesamte Dachfläche reichenden, wasserundurchlässigen Schicht. Zur Dachabdichtung gehören auch Anschlüsse, Abschlüsse, Durchdringungen und Fugenausbildungen.

Anmerkung: Im Gegensatz zu Dachabdichtungen sind Dachdeckungen flächige Bauteile, die aus schuppenförmig angeordneten Baustoffen, z. B. Dachziegeln, oder aus Blechtafeln bestehen.

2.2 Dachneigung

Die Dachneigung ist die Neigung der Dachfläche gegen die Waagerechte. Das Maß der Dachneigung wird ausgedrückt als Winkel zwischen Dachfläche und der Waagerechten in Grad (°) oder als Steigung der Dachfläche gegen die Waagerechte in Prozent (%). Für die Planung und die Konstruktion von Dachabdichtungen werden folgende Dachneigungsgruppen unterschieden:

I: bis 3° (5%)
II: über 3° (5%) bis 5° (9%)
III: über 5° (9%) bis 20° (36%)
IV: über 20° (36%)

2.3 Nichtgenutzte Dachfläche

Eine nichtgenutzte Dachfläche ist eine Dachfläche, die nicht für den Aufenthalt von Personen, für die Nutzung durch Verkehr oder für Bepflanzung vorgesehen ist. Das gelegentliche Betreten von Dachflächen, z. B. zwecks Wartung und Instandhaltung, gilt nicht als Nutzung.

2.4 Unterlage der Dachabdichtung

Die Unterlage der Dachabdichtung ist das Bauteil, auf das die Dachabdichtung unmittelbar aufgebracht wird, z. B. Schalung aus Holz oder Holzwerkstoffen, Dämmschicht, oder unmittelbar die tragende Unterkonstruktion.

2.5 Bewegungsfuge

Eine Bewegungsfuge ist ein Zwischenraum zwischen zwei Bauwerksteilen oder Bauteilen, der ihnen unterschiedliche Bewegungen ermöglicht (aus: DIN 18 195 Teil 1/08.83).

2.6 Durchdringung bei Dachabdichtung

Bei Dachabdichtungen ist eine Durchdringung ein Bauteil, das die Dachabdichtung durchdringt, z. B. Rohrleitung, Kabel, Ablauf, Stütze.

2.7 Anschluß bei Dachabdichtung

Bei Dachabdichtungen ist ein Anschluß die Verbindung der Dachabdichtung mit aufgehenden oder sie durchdringenden Bauteilen. Es werden starre und bewegliche Anschlüsse unterschieden.

2.8 Abschluß bei Dachabdichtung

Bei Dachabdichtungen ist ein Abschluß die Ausbildung der Dachabdichtung am Dachrand.

2.9 Trennschicht bei Dachabdichtung

Bei Dachabdichtungen ist eine Trennschicht ein Flächengebilde zur Trennung einer Dachabdichtung von angrenzenden Bauteilen oder Schichten.

2.10 Oberflächenschutz bei Dachabdichtung

Bei Dachabdichtungen ist ein Oberflächenschutz die Abdeckung einer Dachabdichtung zum Schutz vor mechanischer und/oder atmosphärischer Beanspruchung.

3 Anforderungen

3.1 Allgemeines

Dachabdichtungen müssen das Eindringen von Niederschlagswasser in das zu schützende Bauwerk verhindern. Die Art der Stoffe, die Anzahl der Lagen und deren Anordnung sowie das Verfahren zur Herstellung der Dachabdichtung müssen in ihrem Zusammenwirken und unter Berücksichtigung der Bewegungen der Unterlage die Funktion der Dachabdichtung sicherstellen.

Ihre Eigenschaften dürfen sich unter der üblichen Einwirkung von Sonne, Wasser, Wind und sonstiger atmosphärischer Bedingungen sowie von Mikroorganismen, mit denen unter den örtlichen Verhältnissen und bei dem gewählten Abdichtungsaufbau zu rechnen ist, nicht so verändern, daß die Funktion und der Bestand der Dachabdichtung beeinträchtigt werden.

Weitere Voraussetzung für die Funktion der Dachabdichtung ist eine ordnungsgemäße Wartung.

Die Beanspruchungs- und Einflußgrößen, die für die Funktion und den Bestand der Dachabdichtung von Bedeutung sind, müssen bereits bei der Planung des Bauwerks und der Dachabdichtung sowie bei der Auswahl der Stoffe berücksichtigt werden.

Fortsetzung Seite 2 bis 6

Normenausschuß Bauwesen (NABau) im DIN Deutsches Institut für Normung e. V.

3.2 Eigenschaften

Dachabdichtungen müssen die auf sie einwirkenden, planmäßig zu erwartenden Lasten auf tragfähige Bauteile weiterleiten. Ferner müssen sie so geplant und ausgeführt sein, daß sie bei den Temperaturen, die in einer Dachabdichtung üblicherweise zu erwarten sind (– 20 bis + 80 °C), funktionsfähig bleiben.

3.3 Verträglichkeit

Stoffe und Bauteile der Dachabdichtung müssen mit anderen Stoffen und Bauteilen, mit denen sie in Berührung kommen, verträglich sein. Bei Unverträglichkeiten sind zur Vermeidung von Schäden geeignete Maßnahmen, z. B. die Anordnung von Trennschichten, vorzusehen.

3.4 Brandverhalten

Sofern Dachabdichtungen widerstandsfähig gegen Flugfeuer und strahlende Wärme sein müssen, ist der Nachweis nach DIN 4102 Teil 7 zu führen. Hinsichtlich bereits klassifizierter Bedachungen siehe DIN 4102 Teil 4.

3.5 Stoffe

3.5.1 Allgemeines

Die in Abschnitt 3.1 genannten allgemeinen Anforderungen an die Dachabdichtung müssen durch entsprechende Eigenschaften der zu verwendenden Stoffe sichergestellt werden. Die Stoffe müssen unter Berücksichtigung der Einbauart und der Beanspruchung im Zusammenwirken mit den anderen Teilen des Dachaufbaus insbesondere folgenden Anforderungen genügen:
- Standfestigkeit, Dehnfähigkeit und Reißfestigkeit unter den zu erwartenden Temperaturen und Verformungen,
- Widerstandsfähigkeit gegen UV-Strahlung, sofern kein besonderer Oberflächenschutz für die Dachabdichtung vorgesehen ist,
- Widerstandsfähigkeit gegen Wasser,
- Widerstandsfähigkeit gegen Angriffe durch Mikroorganismen,
- Perforationsfestigkeit bei bestimmungsgemäßem Gebrauch der Dachabdichtung.

Die Stoffe müssen ferner den planmäßig zu erwartenden mechanischen Belastungen standhalten. Sie dürfen nicht unzulässig schrumpfen oder sich verhärten, d. h. sie müssen ausreichend alterungsbeständig sein.

Die Stoffe sind so auszuwählen, daß insbesondere bei An- und Abschlüssen sowie bei Durchdringungen durch dauernde Wechselbelastung keine Schäden entstehen.

3.5.2 Abdichtungsbahnen

Für die Herstellung von Dachabdichtungen sollen Abdichtungsbahnen nach folgenden Normen verwendet werden:

a) Bitumenbahnen
   - DIN 18 190 Teil 2 bis Teil 5
   - DIN 52 130
   - DIN 52 131
   - DIN 52 132
   - DIN 52 133
   - DIN 52 143

b) Hochpolymerbahnen (Kunststoff- und Kautschukbahnen)
   - DIN 7864 Teil 1
   - DIN 16 729
   - DIN 16 730
   - DIN 16 731
   - DIN 16 734
   - DIN 16 735
   - DIN 16 736
   - DIN 16 737
   - DIN 16 935
   - DIN 16 937
   - DIN 16 938

Darüber hinaus dürfen auch Abdichtungsbahnen verwendet werden, die den Nachweis ihrer Gebrauchstauglichkeit in geeigneter Form erbracht haben.

3.6 Lagesicherheit gegen Abheben durch Windkräfte

3.6.1 Allgemeines

Dachabdichtungen müssen auf einer Unterlage flächig aufliegen. Dabei ist durch geeignete Maßnahmen sicherzustellen, daß sie auf Dauer in ihrer Lage verbleiben und nicht durch Windkräfte abgehoben werden. Durch Sicherungsmaßnahmen müssen Kräfte, die auf die Dachabdichtung einwirken, sicher in die Unterlage abgeleitet werden. Diese Anforderung gilt für Gebäude bis 20 m Höhe als erfüllt, wenn eine der in den Abschnitten 3.6.2 bis 3.6.4 beschriebenen Sicherungsmaßnahmen fachgerecht ausgeführt wird.

Für Gebäude mit mehr als 20 m Höhe ist die Lagesicherheit in jedem Fall rechnerisch nach DIN 1055 Teil 4 nachzuweisen.

3.6.2 Sicherung durch Aufkleben

Wenn die Lagesicherheit der Dachabdichtung durch Aufkleben auf die Unterlage hergestellt werden soll, muß die Unterlage selbst so ausreichend fest sein, daß sich aus den Windlasten ergebenden Kräfte ohne Schaden aufgenommen werden können.

Die Verklebung ist materialspezifisch vorzunehmen. Z. B. sind Dachabdichtungen aus Bitumenbahnen ausreichend lagesicher, wenn sie mindestens zu 10 % in gleichmäßiger Verteilung mit der Unterlage verklebt sind. Bei Dachkonstruktionen aus Profilblechen sind in der Regel darüber hinaus im Randbereich (siehe Bild 1) mindestens 3 Stück mechanische Befestigungselemente je m² vorzusehen.[1])

Wird die Haftfestigkeit durch Versuche ermittelt und die Lagesicherheit rechnerisch untersucht, ist ein Sicherheitsfaktor von $\nu = 1,5$ zu berücksichtigen.

3.6.3 Sicherung durch mechanische Befestigung

Bei geeigneten Dachabdichtungssystemen und Unterkonstruktionen darf die Lagesicherheit auch durch mechanische Befestigung in der statisch wirksamen Schicht des Dachaufbaus, z. B. durch Tellerdübel, Spreizdübel, Holzschrauben oder selbstbohrende Schrauben mit Haltetellern, Breitkopfstiften (Nägeln), hergestellt werden.

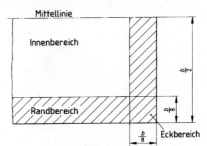

b Gebäudebreite
r Breite des Randbereichs
$r = 1\,m \leq b/8 \geq 2\,m$

Bild 1. Bereiche der Dachfläche

---

[1]) Infolge konstruktionsbedingter Luftdurchlässigkeit, z. B. durch die Randausbildung, können zusätzliche Winddruckkräfte auf die Unterseite des Dachaufbaus einwirken, die durch die erhöhten Windsogkräfte im Wand- und Eckbereich nicht abgedeckt sind.

Die Befestigungselemente müssen so beschaffen sein und so verankert werden, daß sie die zu erwartenden Kräfte dauerhaft aufnehmen und weiterleiten können. Mit Ausnahme von Breitkopfstiften sollen die Befestigungselemente für eine dynamische Ausreißkraft von mindestens 0,5 kN konstruiert sein. Ihre Eignung muß durch ein Prüfzeugnis nachgewiesen sein.

Durch die mechanische Befestigung darf die Wasserundurchlässigkeit der Dachabdichtung nicht beeinträchtigt werden, die Befestigungsstellen sind daher in der Regel zu überkleben oder zu überschweißen. Die zu befestigenden Bahnen müssen so beschaffen sein, daß sie unter der zu erwartenden Beanspruchung nicht aus den Befestigungsmitteln ausreißen.

Die nachfolgenden Ausführungsbeispiele für Dachabdichtungen mit mechanischer Befestigung gelten ohne besonderen Nachweis als lagesicher:

a) Dachaufbau auf Stahltrapezprofilen

Die Dachabdichtung ist einschließlich eventueller weiterer Schichten des Dachaufbaus, z.B. Dampfsperre, Wärmedämmung, mit Befestigungselementen auf den Obergurten der Stahltrapezprofile zu befestigen. Die Anzahl der Befestigungen muß für die verschiedenen Bereiche der Dachfläche (siehe Bild 1) mindestens betragen:

- Innenbereich : 4 Stück/m^2
- Randbereich : 6 Stück/m^2
- Eckbereich : 8 Stück/m^2

b) Dachabdichtung aus Bitumenbahnen auf Schalung aus Holz oder Holzwerkstoff

Die untere Lage der Dachabdichtung ist im Bereich der Bahnenüberdeckungen mit korrosionsgeschützten Breitkopfstiften im Abstand von etwa 10 cm auf die Unterlage zu nageln. Zur weiteren Verbesserung der Lagesicherheit kann bei Verwendung von 1 m breiten Bahnen eine weitere Nagelreihe in Bahnenmitte mit Nagelabständen von etwa 25 cm vorgesehen werden oder es können 50 cm breite Bahnen verwendet werden.

Die untere Lage darf auch durch eine Sturmverdrahtung befestigt werden. Sie ist dazu mit korrosionsgeschützten Drähten von etwa 1 mm Durchmesser kreuzweise im Abstand von etwa 33 cm zu überspannen, die an den Kreuzungspunkten durch korrosionsgeschützte Breitkopfstifte mit der Unterlage zu verbinden sind.

3.6.4 Sicherung durch Auflast

Bei Dachabdichtungen, die nicht aufgeklebt und nicht oder nur teilweise auf der Unterlage mechanisch befestigt sind, ist die Lagesicherheit durch eine Auflast mit ausreichender Masse herzustellen (lose verlegte Dachabdichtung).

Damit die Auflast nicht durch Einwirkung der Schwerkraft abrutschen kann, eignen sich lose verlegte Dachabdichtungen in der Regel nur für Dächer der Dachneigungsgruppe I. Die Auflast auf lose verlegten Dachabdichtungen muß mindestens den Werten nach Tabelle 1 entsprechen.

Sofern die Abdichtung am Rand und an den Durchdringungen in der Abdichtungsebene kraftschlüssig mit der Unterlage verbunden ist, genügen für den Randbereich die Auflasten nach Tabelle 1, Spalte 3. Wenn die Abdichtungen in diesen Bereichen nicht kraftschlüssig mit der Unterlage verbunden wird, sind die erhöhten Auflasten nach Tabelle 1, Spalte 4 vorzusehen.

Wird Kies als Auflast verwendet, muß er aus natürlichem, ungebrochenem Gestein der Korngruppe 16/32 nach DIN 4226 Teil 1 bestehen, wobei geringe Abweichungen hinsichtlich des Über- und Unterkorns zulässig sind. Die Mindestdicke der Kiesschüttung muß – unabhängig von der erforderlichen Auflast – im Einbauzustand 5 cm betragen.

Als Auflast dürfen auch ausreichend dimensionierte Betonplatten, Betonverbundpflaster oder ähnliches verwendet werden.

Bei einer Dachhöhe über 20 m sind im Rand- und Eckbereich in jedem Fall Platten, Pflaster oder eine Kombination aus Kiesschüttung und Platten mit dem Mindestgewicht nach Tabelle 1 vorzusehen.

Tabelle 1. **Auflasten**

1	2	3	4
		Auflast Randbereich	
Höhe der Dachfläche über Gelände m	Auflast Innenbereich kg/m^2	mit Befestigung am Dachrand kg/m^2	ohne Befestigung am Dachrand kg/m^2
bis 8	40	80	120
über 8 bis 20	65	130	190
über 20	80	160	260

3.7 Lagesicherheit bei geneigten Dächern

Falls erforderlich, sind bei geneigten Dächern zusätzliche Maßnahmen zu treffen, um ein Abgleiten der Dachabdichtung, z. B. durch Wärmeeinwirkung oder durch die Schwerkraft, zu verhindern.

4 Konstruktive Planungsgrundsätze

4.1 Allgemeines

Bei der Planung ist die Wechselwirkung zwischen Dachdichtung und den darunterliegenden sowie den angrenzenden Bauteilen zu berücksichtigen. Es ist insbesondere darauf zu achten, daß sich Wasserdampfdiffusion nicht schädlich auf die Dachabdichtung auswirken kann (siehe DIN 4108 Teil 3).

Flächen, die als Unterlage der Dachabdichtung vorgesehen sind, sollen mit dem für die Ableitung des Niederschlagswassers erforderlichen Gefälle hergestellt sein. Bei Dächern der Dachneigungsgruppe I muß mit verbleibendem Wasser auf der Dachabdichtung gerechnet werden (siehe Abschnitt 4.5). Die Flächen müssen eben, sauber und frei von Fremdkörpern sein. Sie müssen ferner den baustoffbezogenen Anforderungen nach Abschnitt 4.2 entsprechen.

4.2 Anforderungen an die Unterlagen der Dachabdichtung

4.2.1 Beton (Ortbeton)

Flächen aus Beton müssen ausreichend erhärtet und oberflächentrocken sein. Die Oberfläche muß stetig verlaufend, geschlossen, sowie frei von Kiesnestern und Graten sein.

4.2.2 Betonfertigteile

Flächen aus Betonfertigteilen müssen nach der Verlegung eine stetig verlaufende Oberfläche aufweisen. Die Fugen zwischen den Fertigteilen müssen geschlossen sein.

4.2.3 Holzschalung

Holzschalung soll aus lufttrockenen, gespundeten Brettern bestehen, die im ungehobelten Zustand mindestens 24 mm dick sein sollen. Sie müssen der Güteklasse III nach DIN 68 365 entsprechen. Die Bretter sollen zwischen 8 und 16 cm breit sein, sie müssen nach DIN 68 800 Teil 3 gegen Holzschädlinge geschützt sein. Das verwendete Holzschutzmittel muß ein Prüfzeichen haben und mit den in Berührung kommenden Stoffen verträglich sein.

4.2.4 Schalung aus Spanplatten und Bau-Furniersperrholz

Für Schalung aus Spanplatten und Bau-Furniersperrholz gilt DIN 1052 Teil 1.

Spanplatten müssen Typ V 100 G nach DIN 68 763 und Bau-Furniersperrholz muß Typ BFU 100 G (früher Verleimungsart AW 100) nach DIN 68 705 Teil 3 entsprechen. Die Platten müssen trocken, gleichmäßig dick, tritt- und biegefest sein und dürfen keine Binde- und Schutzmittel enthalten, die den Dachaufbau schädlich beeinflussen.

4.2.5 Dämmschichten

Dämmschichten müssen aus genormten Dämmstoffen bestehen, z. B. nach DIN 18 161 Teil 1, DIN 18 164 Teil 1, DIN 18 165 Teil 1 oder DIN 18 174. Die Eignung anderer Stoffe ist z. B. durch eine allgemeine bauaufsichtliche Zulassung nachzuweisen.

Platten mit Verfalzungen müssen so ausgebildet sein, daß sich Bewegungen in der Dämmschicht nicht großflächig auswirken können.

Werden Platten verwendet, deren temperaturbedingte Längenänderung nachteilig auf die Dachabdichtung einwirkt, ist eine vollflächige Trennung zwischen Dämmschicht und Dachabdichtung vorzusehen oder es sind Platten zu verwenden, bei denen durch Unterteilung der Plattengröße die Ausdehnung in der Oberfläche verringert wird.

4.3 Dachkonstruktionen mit Stahltrapezprofilen

Bei Dachkonstruktionen mit Stahltrapezprofilen müssen die Profile mit einer Unterlage für die Dachabdichtung nach Abschnitt 2.4 versehen sein. Die Stahltrapezprofile müssen DIN 18 807 Teil 1, Teil 2 und Teil 3 entsprechen.

Für den Korrosionsschutz der Stahltrapezprofile gilt DIN 18 807 Teil 1. Ein Voranstrich aus Bitumen zur Haftverbesserung gilt in keinem Fall als Korrosionsschutz.

Die Stahltrapezprofile müssen so verlegt sein, daß ihre Obergurte so eine ebene Fläche bilden, damit die Unterlage der Dachabdichtung ebenflächig aufgeklebt oder mechanisch befestigt werden kann (siehe DIN 18 807 Teil 3).

Wenn als Unterlage der Dachabdichtung auf den Stahltrapezprofilen eine Dämmschicht vorgesehen ist, muß ihre Art und ihre Dicke auf den Abstand der Obergurte der Stahltrapezprofile abgestimmt sein.

4.4 Dampfdruckausgleich

Unter Dachabdichtungen muß in der Regel ein Dampfdruckausgleich möglich sein.

4.5 Dachabdichtung

Die dauerhafte Funktionsfähigkeit der Dachabdichtung wird durch
- die Dachneigung,
- die Art der Beanspruchung,
- die Art des Einbaus,
- die Auswahl der verwendeten Stoffe und ihre Verarbeitung, sowie durch
- die Wartung

beeinflußt. Dachabdichtungen sind in der Regel in mehreren Lagen auszuführen, die untereinander vollflächig zu verkleben sind.

Sie dürfen auch einlagig hergestellt werden, wenn unter Berücksichtigung der Beanspruchung die Eigenschaften der Stoffe dies zulassen.

Alle Arten der Dachabdichtung müssen jedoch den nutzungs- und ausführungsbedingten Erfordernissen, wie Sicherheit der Nahtverbindungen, Sicherheit gegen mechanische Beschädigung und ausreichende Witterungsbeständigkeit, in gleicher Weise Rechnung tragen.

Bei der Abdichtung von Dächern der Dachneigungsgruppe I muß der erhöhten Beanspruchung, z.B. durch Schmutzablagerung und langsam ablaufendes bzw. verbleibendes Niederschlagswasser, durch Auswahl hierfür geeigneter Stoffe Rechnung getragen werden.

4.6 Oberflächenschutz

Ein Oberflächenschutz ist in Abhängigkeit von der Dachneigung und/oder der Art der Bahnen der obersten Lage auszuwählen. In der Regel sind hierfür Kiesschüttungen, mindestens 5 cm dick, und Plattenbeläge nach Abschnitt 3.6.4 zu verwenden, die bei lose verlegten Dachabdichtungen gleichzeitig die erforderliche Auflast bilden.

Bei Dachabdichtungen aus Bitumenbahnen, die keine Auflast erfordern, darf der Oberflächenschutz auch aus einem werkseitig auf die Bitumenbahnen aufgebrachten oder auf der Baustelle auf die Dachabdichtung aufgeklebten mineralischen Oberflächenschutz, z. B. einer Besplittung oder Beschichtung, bestehen. Solche Beschichtungen gelten jedoch nicht als abdichtende Schicht der Dachabdichtung.

Dachabdichtungen mit einem Oberflächenschutz aus Kiesschüttung und/oder Plattenbelag erfüllen in der Regel die bauaufsichtlichen Anforderungen an das Brandverhalten von Bedachungen nach Abschnitt 3.7.

4.7 Bewegungsfugen

Die Ausbildung von Bewegungsfugen im Bauwerk muß auf die Dachabdichtung sowie auf die Art, Richtung, Größe und Häufigkeit der zu erwartenden Bewegungen abgestimmt sein.

Der Schnittwinkel von Fugen untereinander und mit Kehlen oder Kanten sollte nicht wesentlich vom rechten Winkel abweichen. Fugen dürfen nicht durch Bauwerksecken und in einer Kehle oder Kante verlaufen, ihr Abstand zu parallel verlaufenden Kehlen oder Kanten soll mindestens 50 cm betragen. Ist dieses Maß nicht einzuhalten, muß die Fuge mit einer Hilfskonstruktion ausgeführt werden, an die die Dachabdichtung als beweglicher Anschluß nach Abschnitt 4.9 angeschlossen werden kann.

Die Dachabdichtung soll an Bewegungsfugen aus der wasserführenden Ebene herausgehoben werden, z. B. durch Anordnung von Dämmstoffkeilen oder durch Aufkantung. Teile von Dachflächen, die durch solche Anhebungen getrennt werden, sind unabhängig voneinander zu entwässern.

4.8 Dachentwässerungen

Dachentwässerungen sind nach DIN 1986 Teil 1, Teil 2 und Teil 4 zu planen und auszuführen.

Bei nichtdurchlüfteten Dächern sowie bei Dächern der Dachneigungsgruppen I und II werden Innenentwässerungen empfohlen. Die Abläufe von Innenentwässerungen müssen an den tiefsten Stellen der Dachfläche vorgesehen werden. Dafür sind bei der Planung die am Bauwerk zu erwartenden Verformungen und Durchbiegungen zu berücksichtigen.

Die Entwässerungen sollen mit ihren Flanschaußenkanten im Abstand von mindestens 50 cm zu anderen Durchdringungen, Fugen, Dachaufbauten oder zu aufgehenden Bauteilen angeordnet werden.

4.9 Anschlüsse

Anschlüsse sollen bei den Dachneigungsgruppen I und II mindestens 15 cm, bei den Dachneigungsgruppen III und IV mindestens 10 cm über die fertige Dachoberfläche, z. B. Oberfläche Kiesschüttung oder Plattenbelag, hochgezogen

DIN 18 531 Seite 5

werden. Sie sollen aus den gleichen Abdichtungsstoffen wie die Dachabdichtung hergestellt werden und müssen gegen hinterlaufendes Wasser und gegen Abrutschen, z. B. durch Überhangstreifen und Klemmschienen, gesichert werden.

Anschlüsse, die eine Bewegung zwischen aufgehendem Bauteil und Dachabdichtung erlauben sollen (bewegliche Anschlüsse), müssen mit besonderen Hilfskonstruktionen hergestellt werden.

Für Anschlüsse, die nicht in dem angegebenen Maße hochgezogen werden können, sind besondere Maßnahmen erforderlich.

4.10 Abschlüsse

Bei Dächern mit Innenentwässerung sollen Abschlüsse bei den Dachneigungsgruppen I und II mindestens 10 cm, bei den Dachneigungsgruppen III und IV mindestens 5 cm über die fertige Dachoberfläche, z.B. Oberfläche Kiesschüttung oder Plattenbelag, angehoben werden. Die Anhebung ist in der Regel mit Dachrandaufkantungen herzustellen. Die Abschlüsse sind bis zur Außenkante der Dachaufkantungen zu führen und gegen Abrutschen zu sichern.

Abschlüsse an Dachrandaufkantungen sind in der Regel durch Bleche, Metall- oder andere Profile abzudecken. Die obere Fläche der Abdeckung soll ein Gefälle zur Dachseite aufweisen, ihre äußeren senkrechten Schenkel sollen den oberen Rand von Putz oder Verkleidung der Fassaden je nach Gebäudehöhe zwischen 5 und 10 cm überdecken.

Bei der Herstellung von Abschlüssen dürfen Profile nicht in Abdichtungen mit Bitumenbahnen eingeklebt werden.

Hat die Dachfläche eine Attika, die wesentlich höher ist als die erforderliche Anhebung, ist anstelle des Abschlusses ein Anschluß der Dachabdichtung nach Abschnitt 4.9 vorzusehen.

Bei Dächern mit Außenentwässerungen sind die Abschlüsse in der Regel durch Verwendung von Traufblechen so herzustellen, daß das Niederschlagswasser sicher in die außenliegenden Dachrinnen abgeleitet wird.

4.11 Durchdringungen

Der Abstand von Durchdringungen untereinander und zu anderen Bauteilen, z. B. Bewegungsfugen, An- und Abschlüssen soll mindestens 50 cm betragen. Sie sind sinngemäß wie Anschlüsse nach Abschnitt 4.9 auszubilden, wobei die Dachabdichtung mit Klebeflanschen, Klemmflanschen oder besonderen Einbauteilen an die durchdringenden Bauteile anzuschließen ist.

4.12 Lichtkuppeln

Lichtkuppeln und vergleichbare Einbauteile, die an die Dachabdichtung angeschlossen werden, sollen mit einem Aufsetzkranz versehen sein. Der Anschluß der Dachabdichtung soll aus der wasserführenden Ebene herausgehoben werden, z. B. durch Hochführen der Dachabdichtung am Aufsetzkranz oder durch Anordnung eines zusätzlichen Bohlenkranzes unter dem Aufsetzkranz. Ein solcher Bohlenkranz ist zur festen Montage von Lichtkuppeln auch dann vorzusehen, wenn sie auf Dämmschichten angeordnet werden.

Bei Planung und Ausführung des Anschlusses von Dachabdichtungen an die Aufsatzkränze von Lichtkuppeln sind ihre unterschiedlichen, temperaturbedingten Längenänderungen zu berücksichtigen.

Sofern durch andere Bestimmungen kein größeres Maß vorgeschrieben ist, soll der Abstand der Außenkanten der Klebeflansche von Aufsatzkränzen untereinander mindestens 30 cm betragen.

4.13 Blitzschutzanlagen

Halterungen von Blitzschutzanlagen dürfen nicht auf Dachabdichtungen befestigt oder aufgeklebt werden. Bei der Durchführung der Halterungen durch die Dachabdichtung ist Abschnitt 4.11 zu beachten. Im übrigen wird auf DIN VDE 0185 Teil 1 und Teil 2 verwiesen.

Zitierte Normen

DIN 1052 Teil 1	Holzbauwerke; Berechnung und Ausführung
DIN 1055 Teil 4	Lastannahmen für Bauten; Verkehrslasten, Wildlasten bei nicht schwingungsanfälligen Bauwerken
DIN 1986 Teil 1	Entwässerungsanlagen für Gebäude und Grundstücke; Technische Bestimmungen für den Bau
DIN 1986 Teil 2	Entwässerungsanlagen für Gebäude und Grundstücke; Bestimmungen für die Ermittlung der lichten Weiten und Nennweiten für Rohrleitungen
DIN 1986 Teil 4	Entwässerungsanlagen für Gebäude und Grundstücke; Verwendungsbereiche von Abwasserrohren und -formstücken verschiedener Werkstoffe
DIN 4102 Teil 4	Brandverhalten von Baustoffen und Bauteilen; Zusammenstellung und Anwendung klassifizierter Baustoffe, Bauteile und Sonderbauteile
DIN 4102 Teil 7	Brandverhalten von Baustoffen und Bauteilen; Bedachungen, Begriffe, Anforderungen und Prüfungen
DIN 4108 Teil 3	Wärmeschutz im Hochbau; Klimabedingter Feuchteschutz, Anforderungen und Hinweise für Planung und Ausführung
DIN 4226 Teil 1	Zuschlag für Beton; Zuschlag mit dichtem Gefüge, Begriffe, Bezeichnung und Anforderungen
DIN 7864 Teil 1	Elastomer-Bahnen für Abdichtungen; Anforderungen, Prüfung
DIN 16 729	Kunststoff-Dachbahnen und Kunststoff-Dichtungsbahnen aus Ethylencopolymerisat-Bitumen (ECB), Anforderungen
DIN 16 730	Kunststoff-Dachbahnen aus weichmacherhaltigem Polyvinylchlorid (PVC-P), nicht bitumenverträglich; Anforderungen
DIN 16 731	Kunststoff-Dachbahnen aus Polyisobutylen (PIB), einseitig kaschiert; Anforderungen
DIN 16 734	Kunststoff-Dachbahnen aus weichmacherhaltigem Polyvinylchlorid (PVC-P) mit Verstärkung aus synthetischen Fasern, nicht bitumenverträglich; Anforderungen
DIN 16 735	Kunststoff-Dachbahnen aus weichmacherhaltigem Polyvinylchlorid (PVC-P) mit einer Glasvlieseinlage, nicht bitumenverträglich; Anforderungen

DIN 16 736	Kunststoff-Dachbahnen und Kunststoff-Dichtungsbahnen, aus chloriertem Polyethylen (PE-C), einseitig kaschiert; Anforderungen
DIN 16 737	Kunststoff-Dachbahnen und Kunststoff-Dichtungsbahnen aus chloriertem Polyethylen (PE-C) mit einer Gewebeeinlage; Anforderungen
DIN 16 935	Kunststoff-Dichtungsbahnen aus Polyisobutylen (PIB); Anforderungen
DIN 16 937	Kunststoff-Dichtungsbahnen aus weichmacherhaltigem Polyvinylchlorid (PVC-P), bitumenverträglich; Anforderungen
DIN 16 938	Kunststoff-Dichtungsbahnen aus weichmacherhaltigem Polyvinylchlorid (PVC-P), nicht bitumenverträglich; Anforderungen
DIN 18 161 Teil 1	Korkerzeugnisse als Dämmstoffe für das Bauwesen; Dämmstoffe für die Wärmedämmung
DIN 18 164 Teil 1	Schaumkunststoffe als Dämmstoffe für das Bauwesen; Dämmstoffe für die Wärmedämmung
DIN 18 165 Teil 1	Faserdämmstoffe für das Bauwesen; Dämmstoffe für die Wärmedämmung
DIN 18 174	Schaumglas als Dämmstoff für das Bauwesen; Dämmstoffe für die Wärmedämmung
DIN 18 190 Teil 2	Dichtungsbahnen für Bauwerksabdichtungen; Dichtungsbahnen mit Jutegewebeeinlage, Begriff, Bezeichnung, Anforderungen
DIN 18 190 Teil 3	Dichtungsbahnen für Bauwerksabdichtungen; Dichtungsbahnen mit Glasgewebeeinlage, Begriff, Bezeichnung, Anforderungen
DIN 18 190 Teil 4	Dichtungsbahnen für Bauwerksabdichtungen; Dichtungsbahnen mit Metallbandeinlage, Begriff, Bezeichnung, Anforderungen
DIN 18 190 Teil 5	Dichtungsbahnen für Bauwerksabdichtungen; Dichtungsbahnen mit Polyethylenterephthalat-Folien-Einlage, Begriff, Bezeichnung, Anforderungen
DIN 18 195 Teil 1	Bauwerksabdichtungen; Allgemeines, Begriffe
DIN 18 195 Teil 5	Bauwerksabdichtungen; Abdichtungen gegen nichtdrückendes Wasser, Bemessung und Ausführung
DIN 18 807 Teil 1	Trapezprofile im Hochbau; Stahltrapezprofile; Allgemeine Anforderungen, Ermittlung der Tragfähigkeitswerte durch Berechnung
DIN 18 807 Teil 2	Trapezprofile im Hochbau; Stahltrapezprofile; Durchführung und Auswertung von Tragfähigkeitsversuchen
DIN 18 807 Teil 3	Trapezprofile im Hochbau; Stahltrapezprofile; Festigkeitsnachweise und konstruktive Ausbildung
DIN 52 130	Bitumen-Dachdichtungsbahnen; Begriffe, Bezeichnung, Anforderungen
DIN 52 131	Bitumen-Schweißbahnen; Begriffe, Bezeichnung, Anforderungen
DIN 52 132	Polymerbitumen-Dachdichtungsbahnen; Begriff, Bezeichnung, Anforderungen
DIN 52 133	Polymerbitumen-Schweißbahnen; Begriff, Bezeichnung, Anforderungen
DIN 52 143	Glasvlies-Bitumendachbahnen; Begriffe, Bezeichnung, Anforderungen
DIN 68 365	Bauholz für Zimmerarbeiten; Gütebedingungen
DIN 68 705 Teil 3	Sperrholz; Bau-Furniersperrholz
DIN 68 763	Spanplatten; Flachpreßplatten für das Bauwesen, Begriffe, Anforderungen, Prüfung, Überwachung
DIN 68 800 Teil 3	Holzschutz; Vorbeugender chemischer Holzschutz
DIN VDE 0185 Teil 1	Blitzschutzanlage; Allgemeines für das Errichten
DIN VDE 0185 Teil 2	Blitzschutzanlage; Errichten besonderer Anlagen

Frühere Ausgaben

DIN V 18 531: 02.87

Änderungen

Gegenüber DIN V 18 531/02.87 wurden folgende Änderungen vorgenommen:
a) Der Vornormencharakter wurde aufgehoben.
b) Die Zitate von Normen wurden dem Stand der Fortschreibung angepaßt.

Internationale Patentklassifikation

E 04 D 5/00
E 04 D 11/00
D 06 N 5/00

Februar 1995

Abdichten von Außenwandfugen im Hochbau mit Fugendichtstoffen	**DIN 18540**

ICS 91.120.30

Ersatz für Ausgabe 1988-10

Deskriptoren: Fugenabdichtung, Fugendichtungsmasse, Baustoff, Hochbau, Dichtstoff

Sealing of exterior wall joints in building using joint sealants
Calfeutrement étanche des joints de parois exterieurs de bâtiment à l'aide de mastics

Vorwort

Diese Norm wurde vom NABau-Arbeitsausschuß 02.16.00 "Fugendichtstoffe" erarbeitet. Da die in ihr enthaltenen Änderungen gegenüber der vorausgehenden Ausgabe vom Oktober 1988 im wesentlichen redaktioneller Art sind, wurde sie im Wege des Kurzverfahrens nach DIN 820-4 veröffentlicht.

Änderungen

Gegenüber der Ausgabe Oktober 1988 wurden folgende Änderungen vorgenommen:
a) In 4.2.1 wurde die Ausspritzmenge in ml statt in g angegeben.
b) In 4.3.4.1 wurde das Herstellungsverfahren für die Probekörper präzisiert.
c) Im Hinblick auf DIN 52452-4 wurden 4.2.8 und 4.3.9 neu aufgenommen und 6.4 wurde neu formuliert.
d) Die Zitate von Normen wurden dem gegenwärtigen Stand angepaßt und Tabelle 1 dementsprechend korrigiert.
e) Der Text wurde redaktionell überarbeitet.

Frühere Ausgaben

DIN 18540-1: 1973-10, 1980-01
DIN 18540-2: 1973-10, 1980-01
DIN 18540-3: 1973-10, 1980-01
DIN 18540: 1988-10

1 Anwendungsbereich

Diese Norm gilt für Fugendichtstoffe sowie für die Ausbildung von Außenwandfugen, die mit Fugendichtstoffen abgedichtet werden. Sie gilt für Außenwandfugen zwischen Bauteilen aus Ortbeton und/oder Betonfertigteilen mit geschlossenem Gefüge sowie aus unverputztem Mauerwerk und/oder Naturstein.

Diese Norm gilt nicht für Fugen zwischen Bauteilen aus Gas- oder Schaumbeton, Fugen, die mit Erdreich in Berührung kommen, und nicht für Bauwerkstrennfugen.

2 Normative Verweisungen

Diese Norm enthält durch datierte oder undatierte Verweisungen Festlegungen aus anderen Publikationen. Diese normativen Verweisungen sind an den jeweiligen Stellen im Text zitiert, und die Publikationen sind nachstehend aufgeführt. Bei datierten Verweisungen gehören spätere Änderungen oder Überarbeitungen dieser Publikationen nur zu dieser Norm, falls sie durch Änderung oder Überarbeitung eingearbeitet sind. Bei undatierten Verweisungen gilt die letzte Ausgabe der in Bezug genommenen Publikation.

DIN 1164-1
 Portland-, Eisenportland-, Hochofen- und Traßzement — Teil 1: Begriffe, Bestandteile, Anforderungen, Lieferung

DIN 4102-1
 Brandverhalten von Baustoffen und Bauteilen — Baustoffe — Teil 1: Begriffe, Anforderungen und Prüfungen

DIN 4102-4
 Brandverhalten von Baustoffen und Bauteilen — Teil 4: Zusammenstellung und Anwendung klassifizierter Baustoffe, Bauteile und Sonderbauteile

DIN 18200
 Überwachung (Güteüberwachung) von Baustoffen, Bauteilen und Bauarten — Allgemeine Grundsätze

DIN 50014
 Klimate und ihre technische Anwendung — Normalklimate

DIN 52451
 Prüfung von Dichtstoffen für das Bauwesen — Bestimmung der Volumenänderung nach Temperaturbeanspruchung — Tauchwägeverfahren

DIN 52452-1
 Prüfung von Dichtstoffen für das Bauwesen — Verträglichkeit der Dichtstoffe — Teil 1: Verträglichkeit mit anderen Baustoffen

DIN 52452-4
 Prüfung von Dichtstoffen für das Bauwesen — Verträglichkeit der Dichtstoffe — Teil 4: Verträglichkeit mit Beschichtungssystemen

Fortsetzung Seite 2 bis 5

Normenausschuß Bauwesen (NABau) im DIN Deutsches Institut für Normung e.V.

Seite 2
DIN 18540 : 1995-02

DIN 52455-1
Prüfung von Dichtstoffen für das Bauwesen — Haft- und Dehnversuch — Teil 1: Beanspruchung durch Normalklima, Wasser oder höhere Temperaturen

DIN 52455-4
Prüfung von Dichtstoffen für das Bauwesen — Haft- und Dehnversuch — Teil 4: Dehn-Stauch-Zyklus bei Temperaturbeanspruchung

DIN 52460
Fugen- und Glasabdichtungen — Begriffe

DIN EN 196-1
Prüfverfahren für Zement — Teil 1: Bestimmung der Festigkeit; Deutsche Fassung EN 196-1 : 1987

DIN EN 26927
Hochbau — Fugendichtstoffe — Begriffe (ISO 6927 : 1981); Deutsche Fassung EN 26927 : 1990

DIN EN 27389
Hochbau — Fugendichtstoffe — Bestimmung des Rückstellvermögens (ISO 7389 : 1987); Deutsche Fassung EN 27389 : 1990

DIN EN 27390
Hochbau — Fugendichtstoffe — Bestimmung des Standvermögens (ISO 7390 : 1987); Deutsche Fassung EN 27390 : 1990

DIN EN 28340
Hochbau — Fugendichtstoffe — Bestimmung der Zugfestigkeit unter Vorspannung (ISO 8340 : 1984); Deutsche Fassung EN 28340 : 1990

DIN EN 29048
Hochbau — Fugendichtstoffe — Bestimmung der Verarbeitbarkeit von Dichtstoffen mit genormtem Gerät (ISO 9048 : 1987); Deutsche Fassung EN 29049 : 1990

3 Begriffe
Für die Definition von Begriffen gelten DIN 52460 und DIN EN 26927.

4 Fugendichtstoffe
4.1 Bezeichnung
Fugendichtstoffe, die den Anforderungen nach 4.2 entsprechen und nach 4.4 überwacht werden, sind mit der Benennung "Fugendichtstoff", der Normnummer sowie mit dem Kurzzeichen F für frühbeständig oder NF für nicht frühbeständig (siehe 4.3.4.2) zu bezeichnen.
Bezeichnung eines frühbeständigen Fugendichtstoffes (F):

Fugendichtstoff DIN 18540 — F

4.2 Anforderungen
4.2.1 Verarbeitbarkeit
Bei der Prüfung nach 4.3.2 muß die Ausspritzmenge bei
— Einkomponenten-Fugendichtstoffen am Ende der Lagerfähigkeit und bei
— Mehrkomponenten-Fugendichtstoffen 40 min nach Mischbeginn

mindestens 70 ml/min betragen.

4.2.2 Standvermögen
Bei der Prüfung nach 4.3.3 darf das Absacken nach den Versuchen bei 5 °C und bei 70 °C sowohl in waagerechter als auch in senkrechter Stellung an allen Probekörpern höchstens 2 mm betragen.

4.2.3 Haft- und Dehnverhalten
Bei der Prüfung nach 4.3.4.2 darf keine Ablösung des Fugendichtstoffes vom Kontaktmaterial und keine Rißbildung am Fugendichtstoff auftreten.
Bei der Prüfung nach Tabelle 1, Zeilen 1 bis 3, darf die auf den Ausgangsquerschnitt bezogene Spannung bei 100 % Dehnung 0,4 N/mm^2 nicht überschreiten (Prüfung bei Normalklima).
Bei der Prüfung nach Tabelle 1, Zeilen 4 und 5, sind alle Zugversuche nur bei −20 °C durchzuführen. Die dabei auf den Ausgangsquerschnitt bezogene Spannung bei 100 % Dehnung darf 0,6 N/mm^2 nicht überschreiten.

4.2.4 Verfärbung angrenzender Baustoffe
Bei der Prüfung nach 4.3.5 dürfen außerhalb der Haftfläche keine Verfärbungen durch den Primer (Voranstrichmittel) oder durch Bestandteile des Fugendichtstoffs auftreten.

4.2.5 Rückstellvermögen
Bei der Prüfung nach 4.3.6 muß das Rückstellvermögen mindestens 70 % betragen.

4.2.6 Volumenänderung
Die bei der Prüfung nach 4.3.7 ermittelten Einzelwerte der Volumenänderung sind anzugeben.

4.2.7 Brandverhalten
Fugendichtstoffe müssen im eingebauten Zustand die Anforderungen der Baustoffklasse B 2 nach DIN 4102-1 erfüllen.

4.2.8 Anstrichverträglichkeit
Sofern eine Anstrichverträglichkeit des Fugendichtstoffs zugesichert ist, dürfen bei einer Prüfung nach 4.3.9 keine Unverträglichkeiten und/oder kein Versagen der Haftung auftreten.

4.3 Prüfung
4.3.1 Allgemeines
Für die Prüfung sind Fugendichtstoffe und die vom Hersteller vorgeschriebenen Primer zu verwenden, die mindestens 3 Monate bei einer Temperatur von 18 bis 23 °C gelagert wurden.
Die Probekörper sind herzustellen
— von der Prüfstelle, gegebenenfalls in Anwesenheit eines Beauftragten des Herstellers oder
— vom Hersteller in Anwesenheit eines Beauftragten der Prüfstelle.
Soweit nachstehend nichts anderes festgelegt ist, sind alle Prüfungen im Normalklima DIN 50014 — 23/50-2 an jeweils 3 Probekörpern durchzuführen.

4.3.2 Verarbeitbarkeit
Die Prüfung ist nach DIN EN 29048 mit einer Lochplatte mit 4 mm Lochdurchmesser auszuführen. Dabei sind Dichtstoff und Geräte bei (23 ± 2) °C vorzubehandeln.

4.3.3 Standvermögen
Die Prüfung ist nach DIN EN 27390, Verfahren A und B, mit Profil U 20 bei 5 °C und bei 70 °C durchzuführen.

4.3.4 Haft- und Dehnverhalten
4.3.4.1 Herstellung der Probekörper
Die Probekörper sind nach DIN 52455-1 mit den Fugenmaßen 12 mm × 12 mm × 50 mm herzustellen.

109

Seite 3
DIN 18540 : 1995-02

Tabelle 1: Lagerung, Beanspruchung und Prüfung der Probekörper zur Ermittlung des Haft- und Dehnverhaltens

Zeile	Lagerung, Beanspruchung und Prüfung nach	Vorlagerung		Beanspruchung		Vereinbarte Dehnung auf %	Vereinbarte Stauchung auf %	Prüftemperatur °C
		Mehrkomponenten-	Einkomponenten-	Mehrkomponenten-	Einkomponenten-			
				Fugendichtstoffe				
1		—	—	A 1	A 2	250	—	23
2	DIN 52455-1	—	—	B 1	B 2	250	—	23
3		—	—	C 1	C 2	250	—	23
4	DIN EN 28340	Verfahren B				200	—	–20
5		Verfahren A				200	—	–20
6	DIN 52455-4	V 2	V 4	Wechsellagerung		150	50	—
7	DIN EN 27389	Verfahren B				200	—	23

Für zementhaltige Bauteile sind als Kontaktmaterial Prismen aus Zementmörtel, hergestellt nach DIN EN 196-1 mit Zement der Festigkeitsklasse Z 45 nach DIN 1164-1 und mit den Maßen 70 mm × 12 mm × ≥ 30 mm zu verwenden. Die Prismen sind bei etwa 23 °C zu lagern und während der ersten 3 Tage vor Wasserverdunstung zu schützen. Die Kontaktfläche muß planeben und möglichst frei von großen Luftporen und durch einen nassen Schnitt hergestellt sein. Anschließend sind die Mörtelprismen bis zur Verwendung mindestens 7 Tage an der Luft bei etwa 23 °C und 50 % relativer Luftfeuchte zu lagern.

4.3.4.2 Lagerung, Beanspruchung und Prüfung der Probekörper

Die Probekörper sind nach ihrer Herstellung nach Tabelle 1 zu lagern, zu beanspruchen und zu prüfen.

Fugendichtstoffe, die die Prüfung nach Tabelle 1, Zeile 3, nicht bestehen, gelten als nicht frühbeständig (siehe auch 4.1).

4.3.5 Verfärbung angrenzender Baustoffe

Die Prüfung ist nach DIN 52452-1 mit Probekörpern durchzuführen, die unter Verwendung von Prüfflächen aus Weißbeton herzustellen sind. Bei Anwendung des Dichtstoffes auf Naturstein sind Prüfflächen aus dem entsprechenden Naturstein zu verwenden.

4.3.6 Rückstellvermögen

Die Prüfung ist nach DIN EN 27389, Verfahren B, durchzuführen. Es sind Probekörper mit den Fugenmaßen 12 mm × 12 mm × 50 mm zu verwenden, die mit einer Dehnung auf 200 % der Ausgangsfugenbreite zu prüfen sind.

4.3.7 Volumenschwund

Die Prüfung ist nach DIN 52451 durchzuführen.

4.3.8 Brandverhalten

Die Prüfung ist nach DIN 4102-1 durchzuführen, soweit der Fugendichtstoff nicht bereits nach DIN 4102-4 klassifiziert ist.

4.3.9 Anstrichverträglichkeit

Die Prüfung ist nach DIN 52452-4, Prüfung A1, durchzuführen, wenn im Bereich der Haftflächen bereits eine Oberflächenbeschichtung vorhanden ist.

Die Prüfung ist nach DIN 52452-4, Prüfung A2, durchzuführen, wenn eine nachträgliche Oberflächenbeschichtung der Außenwandfläche unter Aussparung der Fugen vorgesehen ist.

Die Prüfung ist nach DIN 52452-4, Prüfung A3, durchzuführen, wenn eine ganzflächige Beschichtung der Außenwandfläche einschließlich der Fugenoberflächen verlangt wird oder vorgesehen ist.

4.4 Überwachung (Güteüberwachung)

Die Einhaltung der in 4.2 festgelegten Anforderungen ist durch eine Überwachung (Güteüberwachung) nach DIN 18200, bestehend aus Eigen- und Fremdüberwachung, nachzuweisen.

Art und Häufigkeit der dabei im Rahmen der Eigenüberwachung durchzuführenden Prüfungen sind in Tabelle 2 angegeben.

Bei der vor der Fremdüberwachung durchzuführenden Erstprüfung sind alle Anforderungen nach 4.2 zu prüfen, und es ist darüber ein Prüfzeugnis auszustellen.

Bei der laufenden Fremdüberwachung wird das Haft- und Dehnverhalten mit den Prüfungen nach Tabelle 1, Zeilen 4 und 7, sowie die Volumenänderung nach 4.3.7 zu prüfen.

4.5 Kennzeichnung

Dieser Norm entsprechende und nach dieser Norm überwachte Fugendichtstoffe sind auf der Verpackung, aus der sie verarbeitet werden, oder auf besonderen, jeder Lieferung beigefügten Merkblättern wie folgt zu kennzeichnen:

— Normbezeichnung nach 4.1,
— genaue Bezeichnung der Produktionscharge, z. B. Chargennummer,
— Inhalt in ml,
— Bezeichnung des Basis-Kunststoffes,
— Anzahl der Komponenten,
— Farbe des Fugendichtstoffes,
— Zeitpunkt (Datum), bis zu dem der Fugendichtstoff verarbeitbar ist,
— Mischanweisung bei Mehrkomponenten-Dichtstoffen,
— Verarbeitungszeit (Topfzeit) bei Normalklima DIN 50014 — 23/50-2,
— höchste und tiefste Verarbeitungstemperatur,

Tabelle 2: Prüfungen im Rahmen der Eigenüberwachung

Zeile	Gegenstand der Prüfung	Prüfung nach[1]	Häufigkeit (Zeitabstand und Anzahl der Prüfungen)	Anforderung nach
1	Verarbeitbarkeit	4.3.2	1 Prüfung je Produktionscharge des Fugendichtstoffes	4.2.1
2	Standvermögen	4.3.3	1 Probekörper je Produktionscharge des Fugendichtstoffes bei ungünstiger Lagerung	4.2.2
3	Haft- und Dehnverhalten	4.3.4.2 Lagerung nach Tabelle 1, Zeile 1	3 Probekörper je Woche, in der Fugendichtstoffe hergestellt werden.	4.2.3
4	Haft- und Dehnverhalten	4.3.4.2 Lagerung nach Tabelle 1, Zeile 2	3 Probekörper je Produktionscharge des Voranstrichmittels	4.2.3

[1]) Die Prüfungen sind mit frischem Fugendichtstoff durchzuführen und dürfen im Einvernehmen mit der fremdüberwachenden Stelle durch geeignete Kurzprüfverfahren ersetzt werden.

— zugehöriger Primer,
— Schutzmaßnahmen, z. B. bei fehlender Frühbeständigkeit,
— sonstige besondere Verarbeitungsbedingungen, z. B. Untergrundfeuchte, relative Luftfeuchte, Einschränkung der Lagerfähigkeit bei tiefen Temperaturen.

Auf der Verpackung von Primern sind der Verwendungszweck und der zugehörige Fugendichtstoff anzugeben.

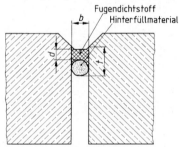

Bild 1: Fugenausbildung

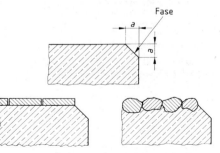

Bild 2: Ausbildung der Fugenkanten bei Bauteilen aus Beton

5 Konstruktive Ausbildung der Außenwandfugen

5.1 Allgemeines

Die Fugenflanken müssen bis zu einer Tiefe von $t = 2\,b$, parallel verlaufen, um dem Hinterfüllmaterial ausreichenden Halt zu verschaffen (siehe Bild 1).

Bei Betonbauteilen sind die Kanten nach Bild 2 mit $a \geq 10$ mm abzufasen.

Bauteile aus Mauerwerk müssen an den Fugenflanken vollfugig hergestellt, und die Mauersteinfugen müssen bündig abgestrichen sein.

5.2 Fugenbreite b

Bei der Planung ist das Nennmaß der Fugenbreite nach Tabelle 3, das unter Berücksichtigung üblicher Fertigungstoleranzen errechnet wurde, zu bemessen.

Die Tabelle geht von einer Temperaturdifferenz von -20 bis $+60\,°C$ (80 K) als Bauteiltemperatur, einem thermischen Dehnungskoeffizienten von $1{,}1 \times 10^{-5}\,K^{-1}$ und einer zulässigen Gesamtverformung des Fugendichtstoffs von 25 % aus. Wird von den Werten der Tabelle 3 abgewichen, so ist ein genauer Nachweis zu führen.

In Sonderfällen, z. B. bei höheren Bauteiltemperaturen an dunklen Wänden, ist die Fugenbreite um 10 bis 30 % zu vergrößern. Dabei sind eventuelle Bauwerkssetzungen, Krümmungen von Wandtafeln und Reibungsverhältnisse, die zu ungleicher Verteilung der Formänderung auf die Fugen führen können, zu berücksichtigen. Die Fugenbreite ist so zu bemessen, daß die Gesamtverformung des Fugendichtstoffes (Summe aus Stauchung und Dehnung) höchstens 25 %, bezogen auf die Fugenbreite b und eine Bauteiltemperatur von 10 °C, beträgt.

Dabei sind gegebenenfalls auch Formänderungen infolge möglicher Bauwerkssetzungen, oder von Verkrümmungen der Wandtafeln durch ungleiche Temperatur- und Feuchtigkeitseinwirkungen zu beachten. Sind unterschiedliche Reibungsverhältnisse und dementsprechend eine ungleiche Verteilung der Formänderung auf die einzelnen Fugen zu erwarten, so ist die Fugenbreite zu vergrößern.

5.3 Oberfläche der Bauteile im Fugenbereich

Die Fugenflanken müssen so fest und tragfähig sein, daß sie die Zugspannungen aufnehmen können, die durch den Fugendichtstoff auf sie einwirken.

Sofern die Fugenflanken anstrichtechnisch vorbehandelt sind, ist der Verarbeiter des Fugendichtstoffes über die Art der Vorbehandlung vor Beginn der Verfugungsarbeiten zu informieren und die Anstrichverträglichkeit durch eine Prüfung nach 4.3.9 nachzuweisen.

ANMERKUNG: Da Rückstände von Entschalungsmitteln das Haften von Fugendichtstoffen beeinträchtigen können, ist es zweckmäßig, in einer Eignungsprüfung die Verträglichkeit des Entschalungsmittels mit dem vorgesehenen Fugendichtstoff und seinem Voranstrichmittel festzustellen.

Mörtel zur Ausbesserung schadhafter Stellen im Fugenbereich muß ausreichend fest und rissefrei erhärtet sein, eine weitgehend porenfreie Oberfläche haben und ausreichend am Beton haften. Solche Ausbesserungen dürfen das Haften des Fugendichtstoffes nicht beeinträchtigen.

Tabelle 3: Fugen und Fugenabdichtung, Maße

Fugenabstand m	Fugenbreite Nennmaß[1] b mm	Fugenbreite Mindestmaß[2] b_{min} mm	Dicke des Fugendichtstoffes[3] d mm	Dicke des Fugendichtstoffes[3] Grenzabmaße mm
bis 2	15	10	8	± 2
über 2 bis 3,5	20	15	10	± 2
über 3,5 bis 5	25	20	12	± 2
über 5 bis 6,5	30	25	15	± 3
über 6,5 bis 8	35[4]	30	15	± 3

[1] Nennmaß für die Planung.
[2] Mindestmaß zum Zeitpunkt der Fugenabdichtung.
[3] Die angegebenen Werte gelten für den Endzustand, dabei ist auch die Volumenänderung des Fugendichtstoffes zu berücksichtigen.
[4] Bei größeren Fugenbreiten sind die Anweisungen des Dichtstoffherstellers zu beachten.

6 Abdichten der Außenwandfugen

6.1 Allgemeines

6.1.1 Hinterfüllmaterial

Das Hinterfüllmaterial muß eine gleichmäßige, möglichst konvexe Begrenzung der Fugentiefe und die freie Verformbarkeit der Fugen sicherstellen. Ferner soll es eine Dreiflankenhaftung des Fugendichtstoffs verhindern. Dazu sind Rundprofile aus geschlossenzelligem, verrottungsfestem Schaumstoff zu verwenden. Er muß mit dem Fugendichtstoff verträglich und darf nicht wassersaugend sein. Ferner darf er die Formänderung des Fugendichtstoffes nicht unzulässig behindern und keine Stoffe enthalten, die das Haften des Fugendichtstoffes an den Fugenflanken beeinträchtigen können, z. B. Bitumen, Teer, Öl. Ferner darf es keine Verfärbung oder Blasen hervorrufen.

Das Hinterfüllmaterial muß im eingebauten Zustand einen ausreichenden Widerstand beim Einbringen und Abglätten des Fugendichtstoffes leisten.

In Ausnahmefällen, z. B. bei Fugen mit starrem Fugengrund, dürfen Trennfolien als Hinterfüllmaterial verwendet werden.

6.1.3 Abglättmittel

Es sind nur chemisch neutrale Abglättmittel zu verwenden, die keine Verfärbung des Fugendichtstoffes hervorrufen und auf dem Fugendichtstoff keinen Film hinterlassen (Gefahr der Kerbwirkung durch den aufreißenden Film bei der Dehnung des Fugendichtstoffes). Sie dürfen die Haftung an den Fugenflanken nicht beeinträchtigen.

6.2 Vorbereiten der Fugen

Die Fugenränder sind — falls erforderlich — sauber abzukleben. Durch Hinterfüllmaterial ist die Haftung des Fugendichtstoffes am Fugengrund zu verhindern oder bis zur Unschädlichkeit einzuschränken Das Hinterfüllmaterial ist zur Einhaltung der Maße für die Fugentiefe nach Tabelle 3 genügend fest und gleichmäßig tief einzubauen. An den Fugenflanken ist der zugehörige Primer gleichmäßig aufzubringen.

6.3 Einbringen des Fugendichtstoffes

Die vom Hersteller herausgegebenen Verarbeitungsanweisungen und etwaige weitere technische Informationen über den Untergrund sind zu beachten. Der Fugendichtstoff ist in einer Dicke d nach Tabelle 3 einzubringen (siehe Bild 1).

Bei Temperaturen unter 5 °C und über 40 °C an der Wandoberfläche darf nicht verfugt werden.

Ansammlungen von Niederschlagswasser hinter bereits durchgeführten Abdichtungen sind zu verhindern. Deshalb ist der Fugendichtstoff in senkrechten Fugen von oben nach unten einzubringen.

Mehrkomponenten-Fugendichtstoffe sind nach Angabe des Herstellers im vorgeschriebenen Mischungsverhältnis vollständig und gleichmäßig zu mischen.

Der Fugendichtstoff darf erst nach ausreichender Ablüftezeit des Voranstrichs eingebracht werden, jedoch nicht auf Kondenswasserschichten, die durch die Verdunstungskälte der Lösemittel entstehen können.

Die vom Hersteller angegebene zulässige Zeitspanne zwischen Auftragen des Primers und dem Einbringen des Fugendichtstoffes darf nicht überschritten werden.

Der Fugendichtstoff ist gleichmäßig und möglichst blasenfrei einzubringen. Durch Andrücken und Abglätten ist ein guter Kontakt mit den Fugenflanken herzustellen, wobei möglichst wenig Abglättmittel zu verwenden ist.

Nicht frühbeständige Fugendichtstoffe (NF) müssen durch geeignete Maßnahmen nach dem Einbringen vor Wasserbeanspruchung geschützt werden.

6.4 Anstriche auf Fugendichtstoffen

Fugendichtstoffe sollen grundsätzlich nicht überstrichen werden.

Wenn in Ausnahmefällen Außenwände einschließlich der Oberfläche des Fugendichtstoffes beschichtet werden sollen, ist die Verträglichkeit zwischen Beschichtungssystem und dem Fugendichtstoff durch eine Prüfung nach Abschnitt 4.3.9 nachzuweisen.

6.5 Aufzeichnungen über den Arbeitsablauf

Über das Verarbeiten von Fugendichtstoffen sind fortlaufend Aufzeichnungen anzufertigen und vom Auftraggeber oder seinem Beauftragten gegenzuzeichnen.

Sie müssen folgende Angaben enthalten:
— Datum,
— Witterung (Temperatur, Niederschläge),
— Bezeichnung der ausgeführten Arbeiten (Fugenmaße usw.),
— Verwendeter Fugendichtstoff und Voranstrichmittel (Fabrikat, Chargennummer),
— Sonstige verwendete Hilfsstoffe, z. B. Hinterfüllmaterial, Abglättmittel.

Sachgebiet 2

Lüftung

Dokument	Seite
DIN 1946-1	115
DIN 1946-2	153
DIN 1946-4	165
DIN 1946-6	189

DK 628.8:697.91:001.4   Oktober 1988

Raumlufttechnik
Terminologie und graphische Symbole
(VDI-Lüftungsregeln)

DIN
1946
Teil 1

Ventilation and air conditioning; terminology and graphical Symbols
(VDI code of practice)

Ventilation et conditionnement d'air; terminologie et symboles graphiques
(règles de ventilation du VDI)

Ersatz für Ausgabe 04.60

Inhalt

Seite

1 **Anwendungsbereich** 2

2 **Begriffe** 2

3 **Raumlufttechnische Anlagen** 6
   3.1 Aufgaben Raumlufttechnischer Anlagen 6
   3.2 Klassifikation Raumlufttechnischer Anlagen 6
   3.3 Benennung der Systeme von Raumlufttechnischen Anlagen nach verfahrenstechnischen Merkmalen 9
   3.4 Bauelemente Raumlufttechnischer Anlagen 10
      3.4.1 Luftförderung, Luftbehandlung 10
      3.4.2 Luftverteilung 10
      3.4.3 Meß-, Steuerungs- und Regelungstechnik (MSR) 11
   3.5 Baueinheiten Raumlufttechnischer Anlagen 11
      3.5.1 Unterscheidung nach der Bauweise 11
      3.5.2 Unterscheidung nach der Funktion 11
      3.5.3 Unterscheidung nach der Luftverbindung zum Raum 11
      3.5.4 Unterscheidung nach dem Aufstellungsort 11

4 **Freie Lüftungssysteme** 12
   4.1 Aufgaben von Freien Lüftungssystemen 12
   4.2 Systeme zur Freien Lüftung 12
   4.3 Bauelemente zur Freien Lüftung 12

5 **Graphische Symbole** 12
   5.1 Übersicht 12
   5.2 Anwendungsbeispiele 35

6 **Luftarten** 36

Erläuterungen 38

Fortsetzung Seite 2 bis 38

Normenausschuß Heiz- und Raumlufttechnik (NHRS) im DIN Deutsches Institut für Normung e.V.
Normenausschuß Maschinenbau (NAM) im DIN

1 Anwendungsbereich

Diese Norm gilt für Raumlufttechnische Anlagen (im folgenden RLT-Anlagen genannt) und Freie Lüftungssysteme als Grundlage. RLT-Anlagen sind solche, bei denen Luft maschinell gefördert wird. Die Norm gilt nicht für Prozeßlufttechnische Anlagen, bei denen die geförderte Luft zur Durchführung eines technischen Prozesses innerhalb von Apparaten oder Maschinen verwendet wird, z. B. Trockner, Anlagen zur Späne- oder Fadenabsaugung, pneumatische Förderanlagen.

Die Lufttechnik gliedert sich in die Bereiche Prozeßlufttechnik und Raumlufttechnik (siehe Bild 1).

2 Begriffe [1])

Benennung	Definition
Abluft	Durch eine RLT-Anlage oder ein Freies Lüftungssystem aus dem Raum abgezogene Luft (vom Raum aus betrachtet, siehe Bild 5)
Absaugung	örtliche maschinelle Luftabführung zur Senkung des Raumbelastungsgrades
Anlage	Eine Anlage im Sinne dieser Norm ist eine für sich funktionsfähige Einheit zur Erfüllung einer technischen Aufgabe
Aufenthaltsbereich	Bereich innerhalb eines Raumes, in dem sich Personen aufhalten und in dem ein gefordertes Raumklima einzuhalten ist
Außenluft	Die gesamte aus dem Freien angesaugte Luft (siehe Bild 5)
Baueinheit [2])	Kombination von Bauelementen zur Luftbehandlung
Bauelement	Kleinstes für sich funktionsfähiges Bauteil einer RLT-Anlage oder eines Freien Lüftungssytems
Befeuchten	Erhöhen des Feuchtegehaltes
Befeuchtungslast	Dampfmassenstrom, der dem Raum zugeführt werden muß, um einen angestrebten Raumluftzustand aufrechtzuerhalten
Blockbauweise	Bauelemente in gemeinsamem Gehäuse; zusammen transportabel und versetzbar
Bypass	Führung eines Nebenstromes getrennt von einem Hauptstrom; auch Kurzbegriff für „Bypassleitung"
Bypassfaktor	Verhältnis von Nebenstrom zur Summe von Hauptstrom und Nebenstrom
Diffusor	Bauelement zur verlustarmen Geschwindigkeitsreduzierung durch Querschnittserweiterung
Druckhaltung	Halten vorgegebener (Differenz-)Drücke in Räumen oder Leitungssystemen
Entfeuchten	Verringern des Feuchtegehaltes
Entfeuchtungslast	Dampfmassenstrom, der aus dem Raum abgeführt werden muß, um einen angestrebten Raumluftzustand aufrechtzuerhalten
Fensterlüftung	Freie Lüftung über geöffnete Fenster
Feuchtegehalt	Wassermasse je Masseneinheit trockener Luft
Feuchterückgewinnung	Maßnahme zur Wiedernutzung des Feuchtegehaltes der Luft, die einen Versorgungsbereich verläßt
Filtern	Abscheiden von Luftverunreinigungen aus Luftströmen
Fortluft	Die ins Freie abgeführte Luft (siehe Bild 5)
Freies Lüftungssystem	Lüftungssystem ohne maschinelle Luftförderung

[2]) Baueinheiten sind Zentraleinheiten nach VOB-C, DIN 18 379, sofern diese mit dem Baukörper fest verbunden sind.

[1]) Die aufgeführten Begriffe sind nur im Hinblick auf ihre Anwendung in der Raumlufttechnik erläutert. Weitere Begriffe siehe Abschnitte 3 und 4

Benennung	Definition
Fugenlüftung	Freie Lüftung über baulich bedingte Fugen, z. B. an Fenstern und Türen
Gehäuse	Funktionell notwendige Hülle für Bauelemente
Gerät	Kombination von Bauelementen in Blockbauweise
Heizen	Zuführen sensibler Wärme
Heizen, direktes	Heizen ohne Zwischenschalten eines Mediums zwischen Wärmequelle und zu heizendem Medium
Heizen, indirektes	Heizen mit Zwischenschalten eines Mediums zwischen Wärmequelle und zu heizendem Medium
Heizlast	Wärmestrom, der dem Raum zugeführt werden muß, um einen angestrebten Raumluftzustand aufrechtzuerhalten
Heizlast, latente	Wärmestrom, der erforderlich ist, um bei konstanter Lufttemperatur die Wassermenge bei dieser Temperatur zu verdunsten, die dem Raum zum Aufrechterhalten eines angestrebten Feuchtegehaltes zugeführt werden muß
Heizlast, sensible	Wärmestrom, der dem Raum zugeführt werden muß, um bei konstantem Feuchtegehalt eine angestrebte Lufttemperatur aufrechtzuerhalten (Wärmebedarf)
Heizleistung	Wärmestrom, der von einem Wärmeerzeuger oder Wärmeaustauscher zugeführt wird
Heizwasser	Wasser als Medium zur Versorgung von Lufterwärmern
Induktion	Mitnehmen von Raumluft (Sekundärluft) durch einen Luftstrahl (Primärluft)
Induktionsverhältnis	Sekundärluft-Volumenstrom bezogen auf Primärluft-Volumenstrom
Kälteleistung	Auslegungsleistung einer Kälteanlage bzw. Kühlmaschine (Nutzkälteleistung)
Kaltwasser	Wasser (Brunnen-, Kältemaschinen-) als Medium zur Versorgung von Luftkühlern
Kammerbauweise	Kombinationsart von Bauelementen in am Aufstellungsort aufgebauten Kammern, deren gemeinsames Transportieren und Versetzen aufgrund ihres konstruktiven Aufbaues nicht vorgesehen ist
Kammerzentrale	Kombination von Bauelementen in Kammerbauweise
Konvektorbauweise (bei Raumgeräten)	Ausführungsform eines Wärmetauschers zur überwiegend konvektiven Wärmeübertragung an den Raum
Kühlen	Abführen sensibler Wärme
Kühlen, direktes	Kühlen ohne Zwischenschalten eines Mediums zwischen Kälteerzeuger und zu kühlendem Medium
Kühlen, indirektes	Kühlen mit Zwischenschalten eines Mediums zwischen Kälteerzeuger und zu kühlendem Medium
Kühllast	Wärmestrom, der aus einem Raum abgeführt werden muß, um einen angestrebten Raumluftzustand aufrechtzuerhalten
Kühllast, latente	Wärmestrom, der erforderlich ist, um einen Dampfmassenstrom bei Lufttemperatur zu kondensieren, so daß bei konstanter Lufttemperatur ein angestrebter Feuchtegehalt im Raum aufrechterhalten wird
Kühllast, sensible	Wärmestrom, der bei konstantem Feuchtegehalt aus dem Raum abgeführt werden muß, um eine angestrebte Lufttemperatur aufrechtzuerhalten
Kühlleistung	Wärmestrom, der von einem Kälteerzeuger oder Wärmeaustauscher abgeführt wird

Benennung	Definition
Kühlung, freie	Kühlung, direkt oder indirekt, mittels Außenluft, deren Temperatur unterhalb der Raumlufttemperatur liegt
Kühlwasser (Brunnen-, Fluß-, Rück-)	Wasser als Medium zur Verflüssigerkühlung von Kälteanlagen
Lüftung	Austausch von Raumluft gegen Außenluft
Lüftung, Freie	Lüftung mit Förderung der Luft durch Druckunterschiede infolge Wind und/oder Temperaturdifferenzen zwischen Außen und Innen
Lüftung, maschinelle	Lüftung mit Förderung der Luft durch Strömungsmaschinen
Luftart	Bezeichnung der Luft nach dem jeweiligen Ort innerhalb einer RLT-Anlage oder einer Lüftungseinrichtung (z. B. Außenluft, Zuluft, vorbehandelte Zuluft, Abluft, Umluft, Fortluft, siehe Bild 5)
Luftbehandlung	Technisch herbeigeführte Veränderung des Zustandes der Luft, z. B. bezüglich Temperatur, Feuchtegehalt, Staubgehalt, Keimzahl, Gehalt an Gasen und Dämpfen, Druck u. ä.
Luftbehandlung, thermodynamische	Technisch herbeigeführte Veränderung des Zustandes der Luft bezüglich Temperatur und Feuchte
Luftbehandlungseinheit	Kombination von Bauelementen zur Luftbehandlung
Luftbehandlungsfunktion	Technische Möglichkeit zur Durchführung einer Luftbehandlung
Luftfeuchte, relative	Wasserdampfteildruck der Luft, bezogen auf den Sättigungsdruck des Wasserdampfes bei Lufttemperatur
Luftführung, im Raum	Angestrebte Art der Luftstömung in maschinell gelüfteten Räumen
Lufthauptbehandlung	Teilbehandlung der Luft, die nach der Zahl der Luftbehandlungsfunktionen oder nach der Leistung die wesentlichste ist
Luftmassenstrom	Quotient aus geförderter Luftmasse und Zeit
Luftnachbehandlung	Teilbehandlung der Luft in einer RLT-Anlage, die in Strömungsrichtung nach der Lufthauptbehandlung erfolgt
Luftrate	Bezogener Luftvolumenstrom
Luftschleier	Luftstrom zur begrenzten Trennung zweier Raumbereiche unterschiedlichen Raumluftzustandes
Luftschleuse	Raum zur verkehrsmäßigen Verbindung bei luftmäßiger Trennung von Bereichen unterschiedlicher Luftstandards mit mindestens zwei gegenseitig verriegelten Türen
Luftschleuse, aktive	Luftschleuse mit Anschluß an eine RLT-Anlage
Luftschleuse, passive	Luftschleuse ohne Anschluß an eine RLT-Anlage
Luftstrom	Oberbegriff für Luftvolumenstrom und Luftmassenstrom
Luftteilbehandlung	Luftbehandlung, die nicht die gesamte beabsichtigte Behandlung umfaßt
Luftvolumenstrom	Quotient aus gefördertem Luftvolumen und Zeit
Luftvorbehandlung	Teilbehandlung der Luft, die in Strömungsrichtung vor der Lufthauptbehandlung erfolgt
Luftwechsel	Luftvolumenstrom für einen Raum, bezogen auf das Raumvolumen
Mischluft	Gemisch von Luft verschiedener Art oder verschiedenen Zustandes (siehe Bild 5)
Mischregler	Bauelement zum Mischen von 2 Luftströmen mit Volumenstromregelung
Mischsteller	Bauelement zum Mischen von 2 Luftströmen ohne Volumenstromregelung

Benennung	Definition
Mischströmung, ideale	Idealisierte Form der Raumluftströmung, bei der infolge vollständiger Durchmischung der Raumluftzustand an jeder Stelle gleich ist
Mischströmung, reale	Reale Form der Raumluftströmung, bei der der Raumluftzustand infolge starker Durchmischung im Aufenthaltsbereich an jeder Stelle nahezu gleich ist
Personenluftrate	Außenluftvolumenstrom bezogen auf eine Person. Kurzbegriff für „Personen-Außenluftrate"
Plattenbauweise (bei Raumgeräten)	Ausführungsform eines Wärmetauschers mit einem nennenswerten Anteil des Wärmeaustausches mit dem Raum durch Strahlung
Primärluft, allgemein	Treibluft bei einem Induktionsvorgang
Primärluft bei Induktionssystemen	Dem Induktionsgerät aus einer Luftleitung zugeführter Teil der Luft (im allgemeinen behandelte Außenluft)
Querlüftung	Freie Lüftung von einer Seite eines Gebäudes zu einer anderen, vorwiegend durch Winddruck hervorgerufen (auch spezielle Form der maschinellen Tunnellüftung)
Raumbelastungsgrad	Verhältnis der in einem bestimmten Raumbereich wirksamen Last zur zugeführten Raumlast
Raumumluft	Raumluft, die zum Zwecke der Luftbehandlung in demselben Raum über ein Gerät geführt wird
Raumlufttechnische Anlage	Lufttechnische Anlage mit maschineller Luftförderung zur Erfüllung einer raumlufttechnischen Aufgabe
Sammelleitung	Abschnitt in einem Abluftleitungsnetz einer RLT-Anlage, in den Abluft aus mehreren Öffnungen oder Leitungen eintritt
Schachtlüftung	Freie Lüftung über Luftschächte
Schlitzlüftung	Freie Lüftung über vorgesehene Schlitze mit verstellbaren Strömungsquerschnitten
Sekundärluft, allgemein	Mitgenommene Luft bei einem Induktionsvorgang
Sekundärluft bei Induktionssystemen	Vom Induktionsgerät aus dem Raum angesaugter Teil der Zuluft (Raumumluft)
Sperrluftstrom	Differenz zwischen Zuluft- und Abluftstrom bei Luftschleusen
Tropfenabscheider	Bauelement zur mechanischen Abscheidung von Tropfen durch Luftumlenkung
Überdruck, im Raum	Positiver Differenzdruck gegenüber der Umgebung eines Raumes, hervorgerufen durch einen größeren Zuluft- als Abluftmassenstrom
Umluft	Abluft, die in derselben Anlage als Zuluft wiederverwendet wird (siehe Bild 5)
Unterdruck	Negativer Differenzdruck gegenüber der Umgebung eines Raumes, hervorgerufen durch einen kleineren Zuluft- als Abluftmassenstrom
Verdrängungsströmung, ideale	Idealisierte Form der Raumluftströmung, bei der eine gleichmäßige Ausbreitung ohne Mischvorgänge erfolgt
Verdrängungsströmung, reale	Reale Form der Raumluftströmung, bei der der Raum nahezu ohne Mischvorgänge gleichmäßig durchströmt wird
Versorgungsbereich	Bereich, der von einer RLT-Anlage versorgt wird
Versorgungsstelle	Bereich, der von der kleinsten Einheit einer RLT-Anlage versorgt wird (z. B. von einem Induktionsgerät, Raumgerät, Luftdurchlaß)

Benennung	Definition
Verteilleitung	Abschnitt im Zuluftleitungsnetz einer RLT-Anlage, aus dem Zuluft über mehrere Öffnungen oder Leitungen austritt
Volumenstromregler	Bauelement zur Einhaltung eines konstanten Volumenstromes (ohne Vordruckeinfluß)
Volumenstromsteller	Bauelement zur Steuerung eines Volumenstromes (mit Vordruckeinfluß)
Wärmelast	Oberbegriff für Heizlast und Kühllast
Wärmeleistung	Auslegungsleistung eines Wärmeerzeugers oder Wärmeaustauschers
Wärmerückgewinnung	Maßnahme zur Wiedernutzung von thermischer Energie der Luft
Zentrale, RLT-	Raum oder Raumgruppe eines Gebäudes, in dem die wesentlichen Teile einer RLT-Anlage für die Luftbehandlung und Luftförderung untergebracht sind
Zentralumluft	Abluft aus einem oder mehreren Versorgungsbereichen, die zentral der oder den RLT-Anlagen wieder zugeführt wird
Zone	Teil eines Versorgungsbereiches, der gemeinsam geregelt oder gesteuert wird
Zonenumluft	Abluft, die in derselben Zone als Zuluft wiederverwendet wird
Zuluft	Die gesamte dem Raum zuströmende Luft (vom Raum aus betrachtet, siehe Bild 5)
Zweikreiswärmeaustauscher	Kombinierter Lufterwärmer und Luftkühler; mit in die gemeinsame Wärmeaustauschfläche integrierten, getrennt geführten Rohren für das Heiz- und Kühlmittel

3 Raumlufttechnische Anlagen

3.1 Aufgaben Raumlufttechnischer Anlagen

RLT-Anlagen werden eingesetzt, um ein angestrebtes Raumklima sicherzustellen. Dazu müsen je nach Anforderung folgende Aufgaben erfüllt werden:

a) Abführen von Luftverunreinigungen aus Räumen:
Geruchsstoffe, Schadstoffe, Ballaststoffe
b) Abführen sensibler Wärmelasten aus Räumen:
Heizlasten, Kühllasten
c) Abführen latenter Wärmelasten aus Räumen:
Enthalpieströme von Befeuchtungslasten und Entfeuchtungslasten
d) Schutzdruckhaltung:
Druckhaltung in Gebäuden zum Schutz gegen ungewollten Luftaustausch

Die meisten Aufgaben nach a) werden üblicherweise durch stetige Lufterneuerung (Lüftung) und/oder eine geeignete Luftbehandlung (Filterung) gelöst. Die Aufgaben nach b) und c) werden im Regelfall durch eine geeignete thermodynamische Luftbehandlung erfüllt. Sie lassen sich in begrenztem Maße auch durch eine Lufterneuerung durchführen. Die Aufgabe nach d) wird durch unterschiedliche maschinell zu- und abgeführte Luftmassenströme gelöst.

3.2 Klassifikation Raumluftttechnischer Anlagen

Nach der Lüftungsfunktion werden unterschieden (siehe Bild 1 und Tabelle 1):
1. RLT-Anlagen mit Lüftungsfunktion
2. RLT-Anlagen ohne Lüftungsfunktion

Nach der Art der thermodynamischen Luftbehandlung für die Zuluft werden unterschieden:
– Anlagen ohne Luftbehandlungsfunktion,
– Anlagen mit einer Luftbehandlungsfunktion,
– Anlagen mit zwei Luftbehandlungsfunktionen,
– Anlagen mit drei Luftbehandlungsfunktionen und
– Anlagen mit vier Luftbehandlungsfunktionen

Als thermodynamische Luftbehandlungsfunktionen für die Zuluft gelten:

H: Heizen
K: Kühlen
B: Befeuchten
E: Entfeuchten

Anlagen ohne thermodynamische Luftbehandlung erhalten den Kennbuchstaben O (ohne).
Bei Anlagen werden die möglichen Luftbehandlungsfunktionen vollzählig gewertet, ohne Rücksicht darauf, ob diese gleichzeitig oder unabhängig voneinander möglich sind (siehe auch Erläuterungen).
Bei Luftbehandlungselementen, die gleichzeitig mehrere thermodynamische Luftbehandlungsfunktionen ausführen, sind alle Funktionen einzeln zu zählen.
Bei der Leistungsbeschreibung dürfen die Anlagenbenennungen nach Tabelle 1 nur verwendet werden, wenn die unter gegebenen Lastbedingungen von der Anlage einzuhaltenden Luftzustände in dem Versorgungsbereich angegeben werden.

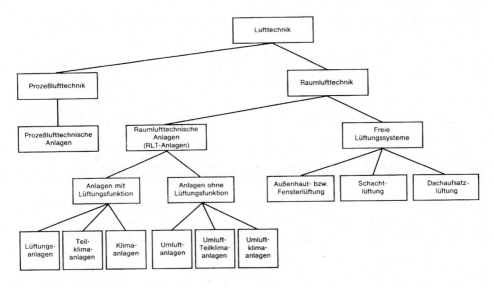

Bild 1 Gliederung der Lufttechnik

Bei den Typbezeichnungen werden die Luftarten aufgeführt, die für die Lüftung des Raumes bestimmend sind:

AU: Außenluft, allgemein Luft, die für den jeweiligen Zweck eine Lüftungsfunktion übernehmen kann.

FO: Fortluft

UM: Umluft

MI: Mischluft (Außenluft + Umluft)

Tabelle 1 gibt das Schema der Klassifikation wieder. Darin sind folgende Benennungen festgelegt:

Lüftungsanlage:	RLT-Anlage mit Lüftungsfunktion, ohne bzw. mit einer thermodynamischen Luftbehandlungsfunktion
Umluftanlage:	RLT-Anlage ohne Lüftungsfunktion, ohne bzw. mit einer thermodynamischen Luftbehandlungsfunktion
Teilklimaanlage:	RLT-Anlage mit Lüftungsfunktion und mit zwei oder drei thermodynamischen Luftbehandlungsfunktionen
Umluft-Teilklima-anlage:	RLT-Anlage ohne Lüftungsfunktion und mit zwei oder drei thermodynamischen Luftbehandlungsfunktionen
Klimaanlage:	RLT-Anlage mit Lüftungsfunktion und mit vier thermodynamischen Luftbehandlungsfunktionen
Umluft-Klima-anlage:	RLT-Anlage ohne Lüftungsfunktion und mit vier thermodynamischen Luftbehandlungsfunktionen

Tabelle 1. **Typ-Bezeichnungen und Anlagenbenennungen nach thermodynamischer Luftbehandlungs-(LB-) Funktion und Luftart**

$n^{3)}$	Typ-Bezeichnung LB-Funkion [4])-Luftart [4])	Anlagenbenennung
0	0-AU, 0-MI, 0-FO	Lüftungsanlage
0	0-UM	Umluftanlage
1	H-AU, H-MI K-AU, K-MI B-AU, B-MI E-AU, E-MI	Lüftungsanlage
1	H-UM K-UM B-UM E-UM	Umluftanlage
2	HK-AU, HK-MI HB-AU, HB-MI HE-AU, HE-MI KB-AU, KB-MI KE-AU, KE-MI BE-AU, BE-MI	Teilklimaanlage
2	HK-UM HB-UM HE-UM KB-UM KE-UM BE-UM	Umluft-Teilklimaanlage
3	HKB-AU, HKB-MI HKE-AU, HKE-MI HBE-AU, HBE-MI KBE-AU, KBE-MI	Teilklimaanlage
3	HKB-UM HKE-UM HBE-UM KBE-UM	Umluft-Teilklimaanlage
4	HKBE-AU, HKBE-MI	Klimaanlage
4	HKBE-UM	Umluft-Klimaanlage

[3]) Anzahl der thermodynamischen Luftbehandlungsfunktionen
[4]) Siehe Abschnitt 3.2

3.3 Benennung der Systeme von Raumlufttechnischen Anlagen nach verfahrenstechnischen Merkmalen

RLT-Anlagen nach Abschnitt 3.2 werden nach unterschiedlichen Systemen gebaut, deren verfahrenstechnische Merkmale für ihre Beurteilung hinsichtlich z. B. Wirtschaftlichkeit, Platzbedarf, Energieverteilung, Regelmöglichkeit, Raumluftströmung, Hygiene, Wartung und Betrieb wesentlich sind.

Ordnung, Benennung und Beschreibung der Systeme sind aus Tabelle 2 ersichtlich.

Tabelle 2. **Benennung der Systeme nach verfahrenstechnischen Merkmalen**

	Verfahrenstechnisches Merkmal	System-Benennung	System-Beschreibung
A	Luftversorgung	Einzelgeräte-System	Behandlung[5]) und, mindestens teilweise, Förderung der Luft für den gesamten Versorgungsbereich mit Geräten an den Versorgungsstellen
		Zentralanlagen-System	Zentrale Förderung und, mindestens teilweise, zentrale Behandlung[5]) der Luft oder eines Teiles der Luft für den gesamten Versorgungsbereich
B	Luftart	Fortluft-System	System, bei dem nur Fortluft maschinell gefördert wird
		Außenluft-System	System, bei dem nur Außenluft maschinell gefördert wird
		Mischluft-System	System, bei dem nur Außenluft und Umluft maschinell gefördert werden
		Umluft-System	System, bei dem nur Umluft maschinell gefördert wird
		Außen- und Fortluft-System	System, bei dem nur Außenluft und Fortluft maschinell gefördert werden
		Misch- und Fortluft-System	System, bei dem Außenluft, Umluft und Fortluft maschinell gefördert werden
C	Umluftbehandlung	Zentral-Umluft-System	System mit Umluftbehandlung zentral für den gesamten Versorgungsbereich
		Zonen-Umluft-System	System mit Umluftbehandlung getrennt für einzelne Zonen des Versorgungsbereiches
		Raum-Umluft-System	System mit Umluftbehandlung unmittelbar an den Versorgungsstellen
		Induktions-System	Förderung der Raumluft durch Induktion (z. B. Induktionsgeräte)
		Ventilator-System	Förderung der Raumluft durch Ventilatoren (z. B. Ventilatorkonvektoren)
D	Luftgeschwindigkeit in den Leitungen	Niedergeschwindigkeits-System	System mit Luftgeschwindigkeiten bis 10 m/s in den Verteil- oder Sammelleitungen
		Hochgeschwindigkeits-System	System mit Luftgeschwindigkeiten über 10 m/s in den Verteil- oder Sammelleitungen
E	Druckabfall an den Versorgungsstellen	Niederdruck-System	System mit Druckabfall am Luftdurchlaß bis 100 Pa
		Hochdruck-System	System mit Druckabfall am Luftdurchlaß und einem eventuell zugehörigen Volumenstromregler, -steller oder Drosselelement über 100 Pa
F	Luftvolumenstrom an Versorgungsstellen	Konstant-Volumenstrom-System	System mit ungeregeltem oder durch Regelung konstant gehaltenem Volumenstrom an den Versorgungsstellen.
		Variabel-Volumenstrom-System	System mit lastabhängig geregeltem Volumenstrom an den Versorgungsstellen

[5]) auch für Anlagen ohne Luftbehandlung

Tabelle 2. (Fortsetzung) **Benennung der Systeme nach verfahrenstechnischen Merkmalen**

	Verfahrenstechnisches Merkmal	System-Benennung	System-Beschreibung
G	Energiezufuhr an den Versorgungsstellen	Nur-Luft-System	Energiezufuhr an den Versorgungsstellen nur durch die Zuluft
		-Einkanal-System	System mit einer Zuluftleitung an den Versorgungsstellen
		-Zweikanal-System	System mit Zuluftleitungen unterschiedlicher Luftart oder unterschiedlichen Luftzustandes (z.B. Lufttemperatur) an den Versorgungsstellen
		Nur-Wasser-System (Nur-Flüssigkeits-System)	Energiezufuhr an den Versorgungsstellen nur durch Wasser bzw. andere Flüssigkeiten
		-Einrohr-System	System mit einem gemeinsamen Vor- und Rücklaufrohr an den Versorgungsstellen
		-Zweirohr-System	System mit je einem Vor- und Rücklaufrohr an den Versorgungsstellen
		-Dreirohr-System	System mit zwei Vorlaufrohren unterschiedlicher Temperatur und einem gemeinsamen Rücklaufrohr an den Versorgungsstellen
		-Vierrohr-System	System mit zwei Vorlaufrohren unterschiedlicher Temperatur und zwei Rücklaufrohren an den Versorgungsstellen
		Luft-Wasser-System[6], [7] (Luft-Flüssigkeits-System)	Energiezufuhr an den Versorgungsstellen durch Zuluft und durch Wasser bzw. andere Flüssigkeiten
		Direkt-Energie-System	Wärme- bzw. Kälte-Erzeugung direkt an den Versorgungsstellen
		-Direkt-Luftheiz-System	Warmlufterzeugung mittels Brennstoffen, Strom oder Wärmepumpen an den Versorgungsstellen
		-Direkt-Luftkühl-System	Kaltluft-Erzeugung durch Kältemaschinen an den Versorgungsstellen

[6] auch in Verbindung mit Raumheiz- bzw. -kühlflächen, soweit diese mit der RLT-Anlage in einem funktionellen Zusammenhang stehen (z.B. gekoppelte Regelung)
[7] Detailausführungen wie bei Nur-Wasser-Systemen

3.4 Bauelemente Raumlufttechnischer Anlagen

Aufgeführt sind die Hauptgruppen von Bauelementen der Luftbehandlung, Luftförderung und Luftverteilung.

Den Bauelementen sind Kennbuchstaben zugeordnet. Sie können beispielsweise in Massenauszügen, Stücklisten und Abrechnungsunterlagen verwendet werden.

Kombinationen der Kennbuchstaben sind möglich.

3.4.1 Luftförderung, Luftbehandlung

VE	Ventilator
LF	Luftfilter
LH	Lufterwärmer
LK	Luftkühler
LHK	Zweikreiswärmeaustauscher
LB	Luftbefeuchter
LE	Luftentfeuchter
TA	Tropfenabscheider
SD	Schalldämpfer
KA	Kammer
GH	Gehäuse
VEKV	Ventilatorkonvektor
IGR	Induktionsgerät
IGR-O	Induktionsgerät mit konstantem Volumenstrom ohne Wärmeaustauscher
IGR-HK	Induktionsgerät mit konstantem Volumenstrom mit Wärmeaustauscher
IGR-VVS⋯	Induktionsgerät mit variablem Volumenstrom (mit/ohne Wärmeaustauscher)

3.4.2 Luftverteilung

LL	Luftleitung
KL	Klappe, allgemein
LKL	Luftklappe (Drosselung und/oder Absperrung durch senkrecht zum Luftstrom drehbare Flächen)
VT	Ventil, Armatur
LVT	Luftventil (Drosselung und/oder Absperrung durch einen axial bewegten Dichtkörper)

DIN 1946 Teil 1 Seite 11

LVS	Luftschieber (Drosselung und/oder Absperrung durch senkrecht zum Luftstrom bewegte Flächen)
LBL	Luftblende (Drosselung durch eine senkrecht zum Luftstrom angeordnete durchbrochene Fläche)
LFW	Luft-Festwiderstand (z. B. Loch- oder Gitterblech, Düse, poröse Stoffe)
LLE	Luftlenkeinrichtung
DFS	Diffusor
VR	Volumenstromregler
VS	Volumenstromsteller
MIR	Mischregler
MIS	Mischsteller
LD	Luftdurchlaß

3.4.3 Meß-, Steuerungs- und Regelungstechnik (MSR)

S	Schalter
T	Taster
DF	Druckfühler
FF	Feuchtefühler
GF	Geschwindigkeitsfühler
TF	Temperaturfühler
VF	Volumenstromfühler
MKL	Klappe mit Motorantrieb
PKL	Klappe mit pneumatischem Antrieb
MVT	Ventil mit Motorantrieb
PVT	Ventil mit pneumatischem Antrieb
RG	Regler
SCH	Schalttafel
EL	Elektrische Meß- oder Steuerleitung
PL	Pneumatische Meß- oder Steuerleitung
ST	Stellglied

3.5 Baueinheiten Raumlufttechnischer Anlagen

3.5.1 Unterscheidung nach der Bauweise

GR	Gerät
KAZ	Kammerzentrale

3.5.2 Unterscheidung nach der Funktion

Art und Umfang der Luftbehandlung für die Zuluft werden analog der Klassifikation Raumlufttechnischer Anlagen mit entsprechenden Kennbuchstaben gekennzeichnet.

H	Heizen
K	Kühlen
B	Befeuchten
E	Entfeuchten
O	keine thermodynamische Luftbehandlungsfunktion

Im Unterschied zu der Klassifikation Raumlufttechnischer Anlagen werden bei Baueinheiten nur solche thermodynamischen Luftbehandlungsfunktionen gewertet, die gleichzeitig ausgeführt werden können oder für die die komplette Energieversorgung eingebaut ist (siehe Abschnitt 3.2).
Entsprechend der Anzahl der thermodynamischen Luftbehandlungsfunktionen (H, K, B, E) unterscheidet man:
- Lüftungs-Gerät, Lüftungs-Kammerzentrale,
  keine oder nur thermodynamische Luftbehandlungsfunktion
- Teilklima-Gerät, Teilklima-Kammerzentrale,
  2 oder 3 thermodynamische Luftbehandlungsfunktionen,
- Klima-Gerät, Klima-Kammerzentrale,
  4 thermodynamische Luftbehandlungsfunktionen.

Raumlufttechnische Geräte mit eingebautem Kälte- bzw. Wärmeerzeuger werden durch Zusatzbuchstaben gekennzeichnet:

KM	Kühlmaschine (mit Verdichter, Verdampfer und Verflüssiger)
HM	Heizmaschine (Wärmepumpe; mit Verdichter, Verdampfer und Verflüssiger)
KHM	Kühlmaschine/Heizmasschine (umschaltbar; mit Verdichter, Verdampfer und Verflüssiger)
KMS-VD	Kühlmaschine in Split-Bauweise (mit Verdichter und Verdampfer)
KMS-VF	Kühlmaschine in Split-Bauweise (mit Verdichter und Verflüssiger)
HMS-VD	Heizmaschine in Split-Bauweise (mit Verdichter und Verdampfer)
HMS-VF	Heizmaschine in Split-Bauweise (mit Verdichter und Verflüssiger)
WE	Wärmeerzeuger
WRG	Wärmerückgewinner
WFRG	Wärme-Feuchterückgewinner

Beispiele:
- Ein Teilklimagerät Typ HKE-KM hat Einrichtungen zum Heizen, Kühlen und Entfeuchten der Zuluft und eine eingebaute Kühlmaschine. Verfügt das Gerät zusätzlich über eine Umschaltmöglichkeit auf Wärmepumpenbetrieb, wird es bezeichnet als Teilklimagerät Typ HKE-KHM.
- Ein Lüftungsgerät Typ H-WE enthält einen Lufterwärmer und einen Wärmeerzeuger.

3.5.3 Unterscheidung nach der Luftverbindung zum Raum

ZU-GR	Zuluft-Gerät
ZU-KAZ	Zuluft-Kammerzentrale
UM-GR	Umluft-Gerät
UM-KAZ	Umluft-Kammerzentrale
AB-GR	Abluft-Gerät
AB-KAZ	Abluft-Kammerzentrale
ZU-AB-GR	Zuluft-/Abluft-Gerät
ZU-AB-KAZ	Zuluft-/Abluft-Kammerzentrale

3.5.4 Unterscheidung nach dem Aufstellungsort

Bauart für Anordnung im Freien:

AGR	Außen-Gerät
DGR	Dach-Gerät
AKAZ	Außen-Kammerzentrale
DKAZ	Dach-Kammerzentrale

Bauart für Anordnung in einer Raumlufttechnischen Zentrale im Gebäudeinneren:

ZGR	Zentralen-Gerät
IKAZ	Innen-Kammerzentrale (Innenaufstellung)

Bauart für Anordnung im Raum (in der Regel im zu behandelnden Raum):

RGR	Raum-Gerät

Je nach Art der Anordnung im Raum unterscheidet man bei Raumgeräten:
- Gerät für freie Anordnung (mit Verkleidung bzw. entsprechendem Gehäuse):

S-RGR	Schrankgerät
T-RGR	Truhengerät

125

Seite 12 DIN 1946 Teil 1

- Gerät für Anordnung hinter separater Verkleidung oder in Zwischendecke:
  - E-RGR Einbaugerät
  - D-RGR Deckengerät
- Gerät für Wand- bzw. Fenstereinbau:
  - W-RGR Wandgerät
  - F-RGR Fenstergerät

4 Freie Lüftungssysteme

4.1 Aufgaben von Freien Lüftungssystemen

Mit Freien Lüftungssystemen können Luftverunreinigungen sowie sensible und latente Wärmelasten durch Zufuhr von Außenluft abgeführt werden. Die Förderung der Luft erfolgt ausschließlich durch Druckunterschiede infolge Wind und/oder Temperaturdifferenzen zwischen außen und innen. Die Wirkung ist deshalb Schwankungen unterworfen.

4.2 Systeme zur Freien Lüftung

FS	Außenhaut- bzw. Fensterlüftungs-System
SCS	Schachtlüftungs-System
DAS	Dachaufsatzlüftungs-System

4.3 Bauelemente zur Freien Lüftung

F	Fenster
SC	Schacht
DA	Dachaufsatz

In Systemen zur Freien Lüftung werden auch Bauelemente von RLT-Anlagen verwendet (siehe Abschnitt 3.4).

5 Graphische Symbole

Die im folgenden aufgeführten graphischen Symbole sind entsprechend ihren Anwendungsbereichen geordnet und nach z. B. DIN 2481 in Grundreihe, Nebenreihe und Anwendungsbeispiele eingeteilt.

In der Grundreihe sind Basissymbole enthalten. In der Nebenreihe werden durch zusätzliche qualifizierende Symbolelemente speziell benötigte Symbole (Symbolfamilien) abgeleitet.

An den Anwendungsbeispielen sind die genormten Symbole so dargestellt, wie sie z. B. bezüglich ihrer Proportionen in der Praxis angewendet werden können. Darüber hinaus werden hier Beispiele über die Verbindung der Symbole miteinander in technischen Zeichnungen gegeben.

5.1 Übersicht

	Seite
Ventilatoren, Verdichter	13
Luftfilter	13
Lufterwärmer, Luftkühler	14
Luftbefeuchter, Luftentfeuchter	16
Abscheider, Luftlenkeinrichtungen	17
Kammern	17
Luftleitungen	18
Schalldämpfer	18
Klappen	19
Volumenstrom- und Mischregler, Volumenstrom- und Mischsteller	20
Luftdurchlässe	22
Messung, Steuerung, Regelung	23
Wärmeerzeuger, Wärmeaustauscher	24
Kälteanlagen	25
Kühltürme	26
Pumpen	26
Ventile, Armaturen	27
Ausdehnungsgefäße	31
Ventilatorkonvektoren	31
Induktionsgeräte	32
Freie Lüftung; Fenster	33
Freie Lüftung; Schächte, Dachaufsätze	34

DIN 1946 Teil 1 Seite 13

	Graphische Symbole	
Grundreihe	Nebenreihe	Anwendungsbeispiele
Ventilatoren, Verdichter (VE)		
Ventilator, Verdichter, allgemein (DIN 30 600, Reg.-Nr 00715)		Radial-Ventilator Axial-Ventilator Kältemittelverdichter
Luftfilter (LF)		
Filter, allgemein (DIN 30 600, Reg.-Nr 0669)	Schwebstofffilter (DIN 30 600, Reg.-Nr 01014) Rollbandfilter (DIN 30 600, Reg.-Nr 01017)	Filter mit Klassifizierung (z. B. EU 5) Filter ohne Klassifizierung Schwebstofffilter (z. B. Klasse Q)
	Sorptionsfilter (DIN 30 600, Reg.-Nr 01018) Elektrofilter (DIN 30 600, Reg.-Nr 06098)	Rollbandfilter (z. B. EU 2) Rollbandfilter ohne Klassifizierung Sorptionsfilter

Graphische Symbole		
Grundreihe	Nebenreihe	Anwendungsbeispiele

Lufterwärmer [8]**, Luftkühler** [8] **(LH, LK)**

Grundreihe	Nebenreihe	Anwendungsbeispiele	
Umformer, Lufterwärmer (DIN 30 600, Reg.-Nr 00044)	Lufterwärmer Luft/Dampf, (DIN 30 600, Reg.-Nr 06085)	Lufterwärmer Luft/Wasser bzw. Flüssigkeit	Lufterwärmer Luft/Dampf
	Lufterwärmer direkt befeuert (DIN 30 600, Reg.-Nr 06086)	Elektro-Lufterwärmer (DIN 30 600, Reg.-Nr 06087)	Lufterwärmer direkt befeuert	Elektro-Lufterwärmer
	Luftkühler Luft/Wasser bzw. Flüssigkeit (DIN 30 600, Reg.-Nr 06088)	Luftkühler Luft/Dampf (DIN 30 600, Reg.-Nr 06089)	Luftkühler Luft/Wasser bzw. Flüssigkeit in Leitung (Zeichnung)	Luftkühler Luft/Dampf in Leitung (Schaltschema)
	Elektro-Luftkühler, Peltierkühler (DIN 30 600, Reg.-Nr 06090)		Elektro-Luftkühler, Peltierkühler	

[8]) Umformer im Sinne von DIN 30 600

Graphische Symbole			
Grundreihe	Nebenreihe		Anwendungsbeispiele

Lufterwärmer[8]**, Luftkühler**[8] **(LH, LK)** (Fortsetzung)

	Lufterwärmer/-kühler für sensible Wärmerückgewinnung (WRG) Luft/Wasser bzw. Flüssigkeit, kreislaufverbunden (DIN 30 600, Reg.-Nr 06091)	Lufterwärmer/-kühler für sensible Wärmerückgewinnung (WRG) Luft/Dampf, (z. B. Wärmerohr) (DIN 30 600, Reg.-Nr 06092)	Wärmerohr in Luftleitung (Schaltschema)
		Lufterwärmer/-kühler, Luft/Luft bzw. Gas, Wärmerückgewinner (WRG) mit Kreuzung der Luftströme (DIN 30 600, Reg.-Nr 06094)	Platten-WRG in Luftleitung (Zeichnung)
			Platten-WRG, eingebaut im Gerät (Zeichnung)
			Platten-WRG in Luftleitung (Schaltschema)
	Lufterwärmer/-kühler, Luft/Luft bzw. Gas, Wärme- bzw. Wärme-Feuchterückgewinner (WRG bzw. WFRG) mit Austausch über wechselndem Speichermassenkontakt (DIN 30 600, Reg.-Nr 06095)		rotierender WFRG in Luftleitung (Schaltschema)
			rotierender WFRG, eingebaut im Gerät (Zeichnung)

[7]) Siehe Seite 14

Graphische Symbole		
Grundreihe	Nebenreihe	Anwendungsbeispiele

Luftbefeuchter, Luftentfeuchter (LB, LE)

Luftbefeuchter (-entfeuchter), allgemein (DIN 30 600, Reg.-Nr 06099)	Sprühbefeuchter (-entfeuchter) (DIN 30 600, Reg.-Nr 06100)	Adiabatischer Umlaufsprühbefeuchter mit Tropfenabscheider
	Zentrifugalbefeuchter (-entfeuchter) (DIN 30 600, Reg.-Nr 06101) / Schwingungsbefeuchter (-entfeuchter) (DIN 30 600, Reg.-Nr 06102)	Nicht adiabatischer Umlaufsprühbefeuchter (-entfeuchter)
	Rieselbefeuchter (-entfeuchter) (DIN 30 600, Reg.-Nr 06104) / Sprüh-/Rieselbefeuchter (-entfeuchter) (DIN 30 600, Reg.-Nr 06103)	Dampfbefeuchter für Fremddampf
	Durchlauf-Sprühbefeuchter (-entfeuchter) (DIN 30 600, Reg.-Nr 06105) / Dampfbefeuchter (DIN 30 600, Reg.-Nr 06391)	Dampfbefeuchter mit Elektro-Dampferzeuger

Graphische Symbole		
Grundreihe	Nebenreihe	Anwendungsbeispiele

Abscheider (TA), Luftlenkeinrichtungen (LLE)

Abscheider, allgemein (DIN 30 600, Reg.-Nr 00659)	Prallabscheider (DIN 30 600, Reg.-Nr 00763)	
Strömungsgleichrichter (DIN 30 600, Reg.-Nr 06096)	Tropfenabscheider (DIN 30 600, Reg.-Nr 06097)	Adiabatischer Umlaufsprühbefeuchter mit Strömungsgleichrichter und Tropfenabscheider

Kammern (KA)

Mischkammer, allgemein (DIN 30 600, Reg.-Nr 06131)	Mischkammer mit beliebiger Anzahl von Eingängen (DIN 30 600, Reg.-Nr 06134)	Mischkammer in Luftleitung, Klappen mit pneumatischem Antrieb (Schaltschema)
Verteilkammer, allgemein (DIN 30 600, Reg.-Nr 06132)	Verteilkammer mit beliebiger Anzahl von Ausgängen (DIN 30 600, Reg.-Nr 06133)	Verteilkammer in Luftleitung, Klappen mit Elektromotorantrieb (Schaltschema)

Graphische Symbole		
Grundreihe	Nebenreihe	Anwendungsbeispiele
Luftleitungen (LL)		
Luftleitung, allgemein	Luftleitung mit zusätzlicher Qualitätsanforderung (DIN 30 600, Reg.-Nr 06093)	Kanal (Zeichnung) Rundrohr (Zeichnung)
		Kanal mit zusätzlicher Qualitätsanforderung (Zeichnung) (z. B. Feuerwiderstandsklasse L 90 nach DIN 4102 Teil 6)
		Kanal mit zusätzlicher Qualitätsanforderung, alternativ (Zeichnung)
		Flexibles Rundrohr, Schlauch (Zeichnung)
Schalldämpfer (SD)		
Schalldämpfer, allgemein (DIN 30 600, Reg.-Nr 00615)		Schalldämpfer in Luftleitung (Zeichnung)

Graphische Symbole		
Grundreihe	Nebenreihe	Anwendungsbeispiele
Klappen (KL)		

Klappe, allgemein (DIN 30 600, Reg.-Nr 06147)	Klappe mit Gehäuse (DIN 30 600, Reg.-Nr 06148)	Luftdichte Klappe (DIN 30 600, Reg.-Nr 06149)	Drosselklappe in Luftleitung (Schaltschema)	Drosselklappe in Luftleitung (Zeichnung)
	Brandschutzklappe, Feuerwiderstandsklasse Kn (DIN 30 600, Reg.-Nr. 06150)	Rauchschutzklappe (DIN 30 600, Reg.-Nr 00607)	Brandschutzklappe in Luftleitung, Feuerwiderstandsklasse K 90 (Schaltschema)	
	Gliederklappe, gleichläufig (DIN 30 600, Reg.-Nr 06151)	Gliederklappe, gegenläufig (DIN 30 600, Reg.-Nr 06152)	Brandschutzklappe in Luftleitung, Feuerwiderstandsklasse K 90 (Zeichnung)	
	Rückschlagklappe (DIN 30 600, Reg.-Nr 00606)	Überströmklappe (DIN 30 600, Reg.-Nr 06153)	Rückschlagklappe in Luftleitung (Schaltschema)	Überströmklappe in Luftleitung (Schaltschema)
	Umschaltklappe (DIN 30 600, Reg.-Nr 06154)			

Graphische Symbole		
Grundreihe	Nebenreihe	Anwendungsbeispiele
Volumenstrom- und Mischregler, Volumenstrom- und Mischsteller (VR, MIR, VS, MIS)		
Volumenstromregler, -steller, allgemein, (DIN 30 600, Reg.-Nr 06111)	Konstant-Volumenstromregler (mit Vordruckausgleich) (DIN 30 600, Reg.-Nr 06112) — Variabel-Volumenstromregler (mit Vordruckausgleich) (DIN 30 600, Reg.-Nr 06113) — Volumenstromsteller (ohne Vordruckausgleich) (DIN 30 600, Reg.-Nr 06114) — Konstant-Volumenstromregler ohne Hilfsenergie (DIN 30 600, Reg.-Nr 06115) — Konstant-Volumenstromregler mit elektrischer Hilfsenergie (DIN 30 600, Reg.-Nr 06116) — Variabel-Volumenstromregler ohne Hilfsenergie DIN 30 600, Reg.-Nr 06117 — Variabel-Volumenstromregler mit pneumatischer Hilfsenergie (DIN 30 600, Reg.-Nr 06118) — Volumenstromsteller mit pneumatischer Hilfsenergie (DIN 30 600, Reg.-Nr 06119)	Temperaturgesteuerter Variabel-Volumenstromregler mit pneumatischer Hilfsenergie in Luftleitung (Zeichnung) Temperaturgesteuerter Volumenstromsteller mit pneumatischer Hilfsenergie in Luftleitung (Schaltschema)

134

Graphische Symbole

Grundreihe	Nebenreihe	Anwendungsbeispiele
Volumenstrom- und Mischregler, Volumenstrom- und Mischsteller (VR, MIR)		(Fortsetzung)

Grundreihe	Nebenreihe	Anwendungsbeispiele
(Luft-)Mischer, allgemein (DIN 30 600), Reg.-Nr 06120)	Mischregler, Mischsteller (DIN 30 600, Reg.-Nr 06121)	Temperaturgesteuerter Mischregler ohne Hilfsenergie mit Elektromotorantrieb des Mischers (Konstant-Volumenstrom)
	Mischregler mit konstantem Volumenstrom (DIN 30 600, Reg.-Nr 06122)	
	Mischregler mit variablem Volumenstrom (DIN 30 600, Reg.-Nr 06123)	Temperaturgesteuerter Mischregler mit pneumatischer Hilfsenergie und mit pneumatischem Antrieb des Mischers (Variabel-Volumenstom) in Luftleitung (Schaltschema)
	Mischsteller mit variablem Volumenstrom (DIN 30 600, Reg.-Nr 06124)	Mischer mit Elektromotorantrieb in Luftleitung (Zeichnung)
		Mischer mit Magnetantrieb

Graphische Symbole		
Grundreihe	Nebenreihe	Anwendungsbeispiele
Luftdurchlässe (LD)		

Grundreihe:

Zuluftdurchlaß
(DIN 30 600,
Reg.-Nr 06331)

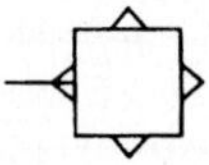

Abluftdurchlaß
(DIN 30 600,
Reg.-Nr 06330)

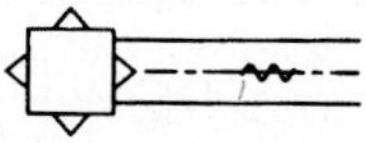

Wetterschutzgitter
(DIN 30 600,
Reg.-Nr 06170)

Nebenreihe:

Deckenzuluftverteiler (rund)
(DIN 30 600
Reg.-Nr 06393 [3])

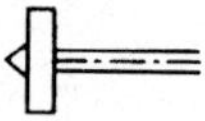

Deckenabluftsammler (rund)
(DIN 30 600
Reg.-Nr 06392 [2])

Anwendungsbeispiele:

Zuluftdurchlässe

Deckenluftverteiler mit Luftleitung
(Schaltschema)

Deckenluftverteiler
mit flexibler Leitung (Zeichnung)

Gitter für Rohreinbau
(Zeichnung)

Schlitzdurchlaß mit Rundrohr (Zeichnung)

Abluftdurchlässe

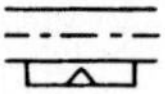

Gitter für Rohreinbau (Zeichnung)

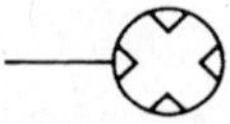

Deckenabluftventil mit
Luftleitung (Schaltschema)

[2]) Siehe Seite 2
[3]) Siehe Seite 8

DIN 1946 Teil 1 Seite 23

Graphische Symbole		
Grundreihe	Nebenreihe	Anwendungsbeispiele
Messung, Steuerung, Regelung (MSR)		
Fühler, Meßort (DIN 30 600, Reg.-Nr 01254)	Kanalfühler, allgemein (DIN 30 600, Reg.-Nr 06155)	Kanal-Temperaturfühler ϑ Kanal-Differenzdruckfühler ΔP (z. B. Meßblende)
		Kanalfühler für relative Feuchte φ Kanal-Volumenstromfühler $\dot{V}$
	Raumfühler, allgemein (DIN 30 600, Reg.-Nr 06156)	Raum-Temperaturfühler ϑ
		Raumfühler für relative Feuchte φ
	Außenfühler, allgemein (DIN 30 600, Reg.-Nr. 06157)	Außen-Temperaturfühler ϑ Außenenthalpiefühler h
Regler, allgemein (DIN 30 600, Reg.-Nr 00156)	Elektrischer Analogregler (DIN 30 600, Reg.-Nr 06158)	
	Elektrischer Digitalregler (DIN 30 600, Reg.-Nr 06159)	Außenfühler für relative Feuchte φ
	Pneumatischer Analogregler (DIN 30 600, Reg.-Nr 06160)	Elektrischer Analogregler mit PI-Regelverhalten ⟩ PI

137

Graphische Symbole		
Grundreihe	Nebenreihe	Anwendungsbeispiele
Wärmeerzeuger, Wärmeaustauscher (WE)		
Wasserdampferzeuger (DIN 30 600, Reg.-Nr 00621)		Dampfkessel, (z. B. 10 bar maximaler Betriebsdruck) — Heißwasserkessel (z. B. 130°C maximale Betriebstemperatur)
Wasserkessel (DIN 30 600, Reg.-Nr 00630)		Warmwasserkessel (z. B. 60 °C maximale Betriebstemperatur)
Wasser-Dampf-Umformer (DIN 30 600, Reg.-Nr 00622)		Heißwasser-Dampferzeuger
Wärmeaustauscher (Dampf-Dampf, Dampf-Wasser, Wasser-Wasser) mit Kreuzung der Stoffflüsse (DIN 30 600, Reg.-Nr 00618)		
Wärmeaustauscher ohne Kreuzung der Stoffflüsse (DIN 30 600, Reg.-Nr 00619)		

Graphische Symbole

Grundreihe	Nebenreihe	Anwendungsbeispiele
Kälteanlagen (KM, HM)		
Heiz- und Kühlmaschine (Wärmepumpe, Kältemaschine), allgemein (DIN 30 600, Reg.-Nr 06143)	Strahl-Kühlmaschine/-Heizmaschine (DIN 30 600, Reg.-Nr 06144)	Kompressionskühlmaschine in Blockbauweise mit Wasserkühler (Verdampfer) und wasserbeaufschlagtem Verflüssiger (Schaltschema)
	Kompressionskühlmaschine/-Heizmaschine (DIN 30 600, Reg.-Nr 06145)	Absorptionsheizmaschine in Blockbauweise mit Heizwassererzeugung (Verflüssiger) und wasserbeaufschlagtem Verdampfer (Schaltschema)
	Absorptionskühlmaschine/-Heizmaschine (DIN 30 600, Reg.-Nr 06146)	Kompressionskühlmaschine in Blockbauweise mit Luftkühler (Direktverdampfer) und luftgekühltem Verflüssiger (Schaltschema)
		Kompressionskühlmaschine in Splitbauweise mit separatem Luftkühler (Direktverdampfer); Verdichter und luftgekühlter Verflüssiger in einer Baueinheit (Schaltschema)

Graphische Symbole			
Grundreihe	Nebenreihe	Anwendungsbeispiele	
Kühltürme (KT)			
Kühlturm, allgemein (DIN 30 600, Reg.-Nr 00658)	Geschlossener Kühlturm mit Ventilator (DIN 30 600, Reg.-Nr 06332)	Geschlossener Kühlturm mit Radial-Ventilator und Kanalanschluß (Schaltschema)	
	Offener Kühlturm mit Ventilator (DIN 30 600, Reg.-Nr 06333)	Offener Kühlturm mit Axial-Ventilator (Schaltschema)	
Pumpen (PU)			
Flüssigkeitspumpe, allgemein (DIN 30 600, Reg.-Nr 00695)	Kreiselpumpe (DIN 30 600, Reg.-Nr 00708)	Kreiselpumpe mit Rohrleitung (Schaltschema/Zeichnung)	
	Kolbenpumpe (DIN 30 600, Reg.-Nr 00697)		

DIN 1946 Teil 1 Seite 27

Graphische Symbole		
Grundreihe	Nebenreihe	Anwendungsbeispiele
Ventile, Armaturen (VT)		
Armatur, allgemein (DIN 30 600, Reg.-Nr 00584)	Durchgangs-Absperrventil (DIN 30 600, Reg.-Nr 00588)	Durchgangs-Absperrventil mit Handbetätigung (Schaltschema)
	Eck-Absperrventil (DIN 30 600, Reg.-Nr 00590) / Dreiweg-Absperrventil (Umschaltventil) (DIN 30 600, Reg.-Nr 00591)	
		Durchgangs-Drosselventil mit Handbetätigung (Schaltschema)
		Durchgangs-Regelventil mit pneumatischem Antrieb (Schaltschema)
Durchgangs-Regelventil (-Drosselventil) (DIN 30 600, Reg.-Nr 00592)	Eck-Regelventil (-Drosselventil) (DIN 30 600, Reg.-Nr 06161) / Dreiweg-Regelventil (-Drosselventil) (DIN 30 600, Reg.-Nr 06162)	
	Vierweg-Regelventil (-Drosselventil) (DIN 30 600, Reg.-Nr 06163)	Vierweg-Regelventil mit Elektromotorantrieb (Schaltschema)

141

Seite 28 DIN 1946 Teil 1

Graphische Symbole		
Grundreihe	Nebenreihe	Anwendungsbeispiele
Ventile, Armaturen (VT) (Fortsetzung)		
	Druckminder-Durchgangsventil (DIN 30 600, Reg.-Nr 00594)	Druckminder-Eckventil (DIN 30 600, Reg.-Nr 00595)
	Überströmventil, federbelastet (DIN 30 600, Reg.-Nr 02228)	Überströmventil, gewichtsbelastet (DIN 30 600, Reg.-Nr 02229)
Rückschlagarmatur, allgemein (DIN 30 600, Reg.-Nr 00603)	Rückschlag-Durchgangsventil (DIN 30 600, Reg.-Nr 00604)	Membran-Rückschlagventil (DIN 30 600, Reg.-Nr 06164)
	Rückschlag-Eckventil (DIN 30 600, Reg.-Nr 00605)	Kugel-Rückschlagventil (DIN 30 600, Reg.-Nr 00579)
	Rückschlagklappe (DIN 30 600, Reg.-Nr 00606)	
Armatur mit Sicherheitsfunktion (DIN 30 600, Reg.-Nr 00593)	Sicherheits-Durchgangsabsperrventil, federbelastet (DIN 30 600, Reg.-Nr 02237)	Sicherheits-Eckventil, federbelastet (DIN 30 600, Reg.-Nr 06165)

Graphische Symbole		
Grundreihe	Nebenreihe	Anwendungsbeispiele
Ventile, Armaturen (VT) (Fortsetzung)		

Sicherheits-Durchgangs-absperrventil, gewichts-belastet (DIN 30 600, Reg.-Nr 02238)	Sicherheits-Eckventil, gewichts-belastet (DIN 30 600, Reg.-Nr 06166)

Absperrschieber
(DIN 30 600, Reg.-Nr 00586)

Durchgangs-hahn (DIN 30 600, Reg.-Nr 00599)	Eckhahn (DIN 30 600, Reg.-Nr 00600)

Dreiweghahn (DIN 30 600, Reg.-Nr 00601)	Vierweghahn (DIN 30 600, Reg.-Nr 00602)

Schmutzfänger
(DIN 30 600, Reg.-Nr 06167)

Graphische Symbole		
Grundreihe	Nebenreihe	Anwendungsbeispiele
Ventile, Armaturen (VT) (Fortsetzung)		
	Armatur mit Handbetätigung (DIN 30 600, Reg.-Nr 02235) — Armatur mit Elektromotorantrieb (DIN 30 600, Reg.-Nr 02234) — Armatur mit Membranantrieb (DIN 30 600, Reg.-Nr 02231) — Armatur mit Magnetantrieb (DIN 30 600, Reg.-Nr 02233) — Armatur mit Hydraulikantrieb (DIN 30 600, Reg.-Nr 02232) — Armatur mit elektrisch beheiztem Dehnungsantrieb (DIN 30 600, Reg.-Nr 06168) — Armatur mit Dehnungsantrieb (DIN 30 600, Reg.-Nr 06169)	

Graphische Symbole		
Grundreihe	Nebenreihe	Anwendungsbeispiele

Ausdehnungsgefäße (AG)

Behälter allgemein, Ausdehnungsgefäß (DIN 30 600, Reg.-Nr 00631)	Druckausdehnungsgefäß (DIN 30 600, Reg.-Nr 06171)	
	Offenes Ausdehnungsgefäß (DIN 30 600, Reg.-Nr 06172)	
	Membran-Ausdehnungsgefäß (DIN 30 600, Reg.-Nr 06173)	

Ventilatorkonvektoren (VEKV)

Ventilatorkonvektor, allgemein (DIN 30 600, Reg.-Nr 06128)	Ventilatorkonvektor für wasserseitige Regelung (DIN 30 600, Reg.-Nr 06129)	Ventilatorkonvektor, im Luft- und Wasserschema, wasserseitig geregelt, 2-Rohr-System / Ventilatorkonvektor, im Luftschema, wasserseitig geregelt, 2-Rohr-System
	Ventilatorkonvektor, luftseitig geregelt (DIN 30 600, Reg.-Nr 06130)	Ventilatorkonvektor im Luft- und Wasserschema, luftseitig geregelt, 4-Rohr-System
		Ventilatorkonvektor, im Luftschema, luftseitig geregelt, 4-Rohr-System

145

Graphische Symbole		
Grundreihe	Nebenreihe	Anwendungsbeispiele

Induktionsgeräte (IGR)

Grundreihe	Nebenreihe	Anwendungsbeispiele
Induktionsgerät, allgemein (DIN 30 600, Reg.-Nr 06125)	Induktionsgerät für wasserseitige Regelung (DIN 30 600, Reg.-Nr 06126)	Induktionsgerät im Luft- und Wasserschema, wasserseitig geregelt, 2-Rohr-System
		Induktionsgerät, im Luftschema, wasserseitig geregelt, 2-Rohr-System (2R)
	Induktionsgerät für luftseitige Regelung (DIN 30 600, Reg.-Nr 06127)	Induktionsgerät im Luft- und Wasserschema, luftseitig geregelt, 4-Rohr-System
	Induktionsgerät mit variablem Volumenstrom (DIN 30 600, Reg.-Nr 06361)	

Graphische Symbole		
Grundreihe	Nebenreihe	Anwendungsbeispiele
Freie Lüftung, Fenster (F)		
Fenster, allgemein (DIN 30 600, Reg.Nr 06334)	Drehflügel-Fenster (DIN 30 600, Reg.-Nr 06335) Wendeflügel-Fenster (DIN 30 600, Reg.-Nr 06336) Kippflügel-Fenster (DIN 30 600, Reg.-Nr 06337) Schiebeflügel-Fenster (DIN 30 600, Reg.-Nr 06338) Lüftungsgitter-Fenster (DIN 30 600, Reg.-Nr 06339) Schwingflügel-Fenster (DIN 30 600, Reg.-Nr 06340) Dreh-Kippflügel-Fenster (DIN 30 600, Reg.-Nr 06341) Klappflügel-Fenster (DIN 30 600, Reg.-Nr 06342)	siehe DIN 1356

Graphische Symbole		
Grundreihe	Nebenreihe	Anwendungsbeispiele
Freie Lüftung Schächte (SC), Dachaufsätze (DA)		
Freistehender Luftschacht (DIN 30 600, Reg.-Nr 06136)	Freistehender Fortluftschacht (DIN 30 600, Reg.-Nr 06137)	
Schacht im Gebäude (DIN 30 600, Reg.-Nr 06135)	Freistehender Außenluftschacht (DIN 30 600, Reg.-Nr 06138)	
Dachaufsatz (DIN 30 600, Reg.-Nr 06139)	Dachkuppel (DIN 30 600, Reg.-Nr 06140)	
	Dachlaterne (DIN 30 600, Reg.-Nr 06141)	
	Deflektor (DIN 30 600, Reg.-Nr 06142)	

DIN 1946 Teil 1 Seite 35

5.2 Anwendungsbeispiele

In den Bildern 2 bis 4 werden Geräte oder Kammerzentralen mit nicht näher bezeichneten bzw. mit näher bezeichneten Bauelementen dargestellt.

Bild 2. Gerät bzw. Kammerzentrale mit nicht näher bezeichneten Bauelementen

Beispiele für Geräte bzw. Kammerzentralen mit näher bezeichneten Bauelementen:

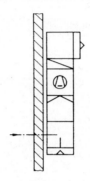

Bild 3. Luftheizer

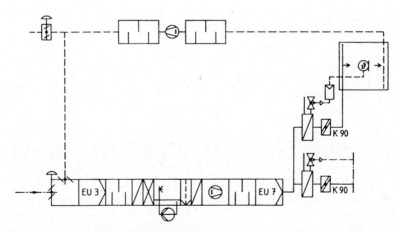

Bild 4. RLT-Anlage mit Zuluftgerät bzw. Zuluftkammerzentrale

6 Luftarten

Luftart	Kennzeichnung durch		
	Kurzzeichen	Strichkennzeichen	Farbe
Außenluft	AU	–··–··–	GRÜN
vorbehandelte Außenluft	VAU	–··–··–	GRÜN
Fortluft	FO	– – – – –	GELB
nachbehandelte Fortluft	NFO	– – – – –	GELB
Abluft	AB	– – – – –	GELB
nachbehandelte Abluft	NAB	– – – – –	GELB
Umluft	UM	– – – – –	GELB
Mischluft	MI	–··–··–	ORANGE
Zuluft [8])	ZU	————	GRÜN, ROT, BLAU, VIOLETT
vorbehandelte Zuluft [8])	VZU	————	GRÜN, ROT, BLAU, VIOLETT

Buchstaben und Strichkennzeichen sind bevorzugt anzuwenden, Farbkennzeichnungen nur in besonderen Fällen.

[8]) Die Farbkennzeichnung der Zuluft wird entsprechend der Zahl der thermodynamischen Luftbehandlungsfunktionen der Zuluft gewählt.

grün	keine	thermodynamischen Luftbehandlungs-Funktionen
rot	1	thermodynamischen Luftbehandlungs-Funktion
blau	2 oder 3	thermodynamische Luftbehandlungs-Funktionen
violett	4	thermodynamische Luftbehandlungs-Funktionen

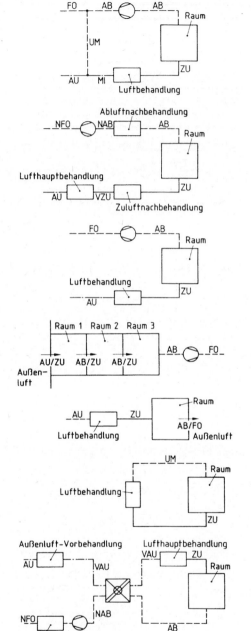

Bild 5 Beispiele für Luftarten

DIN 1946 Teil 1 Seite 37

Zitierte Normen

DIN 1356	Bauzeichnungen
DIN 2481	Wärmekraftanlagen; Graphische Symbole
DIN 4102 Teil 6	Brandverhalten von Baustoffen und Bauteilen; Lüftungsleitungen, Begriffe, Anforderungen und Prüfungen
DIN 18 379	VOB Verdingungsordnung für Bauleistungen, Teil C: Allgemeine Technische Vorschriften für Bauleistungen, Lüftungstechnische Anlagen
DIN 30 600	Graphische Symbole; Registrierung, Bezeichnung

Weitere Normen und andere Unterlagen

DIN 1946 Teil 2	Raumlufttechnik; Gesundheitstechnische Anforderungen (VDI-Lüftungsregeln)
DIN 1946 Teil 4	Raumlufttechnische Anlagen (VDI-Lüftungsregeln); Raumlufttechnische Anlagen in Krankenhäusern
DIN 18 017 Teil 3	(z. Z. Entwurf) Lüftung von Bädern und Spülaborten ohne Außenfenster; mit Ventilatoren
DIN 18 032 Teil 1	Sporthallen; Hallen für Turnen und Spielen, Richtlinien für Planung und Bau
DIN 24 163 Teil 1	Ventilatoren; Leistungsmessung, Normkennlinien
DIN 24 163 Teil 2	Ventilatoren; Leistungsmessung, Normprüfstände
DIN 24 163 Teil 3	Ventilatoren; Leistungsmessung an Kleinventilatoren, Normprüfstände
DIN 24 184	Typprüfung von Schwebstoffiltern
DIN 24 184 Teil 2	(z. Z. Entwurf) Prüfungen von Schwebstoffiltern; Flammen-Photometrische Prüfung von Filtern mit einem Natriumchlorid-Aerosol
DIN 24 185 Teil 1	Prüfung von Luftfiltern für die allgemeine Raumlufttechnik; Begriffe, Einheiten, Verfahren
DIN 24 185 Teil 2	Prüfung von Luftfiltern für die allgemeine Raumlufttechnik; Filterklasseneinteilung, Kennzeichnung, Prüfung
DIN 25 414	Lüftungstechnische Anlagen in Kernkraftwerken

VDI-Richtlinien

VDI 2051	Raumlufttechnik in Laboratorien
VDI 2052	Raumlufttechnische Anlagen für Küchen
VDI 2053	Lüftung von Garagen und Tunneln
VDI 2067 Bl. 3	Berechnungen der Kosten von Wärmeversorgungsanlagen; Raumlufttechnik
VDI 2078	Berechnung der Kühllast klimatisierter Räume (VDI-Kühllastregeln)
VDI 2079	Abnahmeprüfung an Raumlufttechnischen Anlagen
VDI 2080	Meßverfahren und Meßgeräte für Raumlufttechnische Anlagen
VDI 2081	Geräuscherzeugung und Lärmminderung in Raumlufttechnischen Anlagen
VDI 2083 Bl. 1	Reinraumtechnik; Grundlagen, Definitionen und Festlegung der Reinheitsklassen
VDI 2083 Bl. 2	Reinraumtechnik; Bau, Betrieb und Wartung
VDI 2083 Bl. 3	Reinraumtechnik; Meßtechnik
VDI 2089 Bl. 1	Heizung, Raumlufttechnik und Brauchwasserbereitung in Hallenbädern
VDI 3801	Betreiben von Raumlufttechnischen Anlagen
VDI 3802	(z. Z. Entwurf) Raumlufttechnische Anlagen für Fertigungsstätten
VDI 3803	Raumlufttechnische Anlagen; Bauliche und technische Anforderungen

VDMA-Einheitsblätter

VDMA 24 186 Teil 1 Leistungsprogramm für die Wartung von Lufttechnischen und anderen technischen Ausrüstungen in Gebäuden; Lufttechnische Geräte und Anlagen

Frühere Ausgaben

DIN 1946 : 1937, 07.50, 03.51; DIN 1946 Teil 1 : 04.60

Änderungen

Gegenüber der Ausgabe April 1960 wurden folgende Änderungen vorgenommen:
a) Der Inhalt wurde vollständig überarbeitet.
b) Die hygienischen und technischen Anforderungen wurden herausgenommen.
c) Die baulichen und sicherheitstechnischen Anforderungen wurden herausgenommen.
d) Die Prüfung und die technische Abnahme wurden herausgenommen.
e) Die Abschnitte für die Begriffe und die graphischen Symbole wurden wesentlich erweitert.
f) Es wurden neu aufgenommen Bauelemente und Baueinheiten Raumlufttechnischer Anlagen einschließlich deren Kennbuchstaben.
g) Es wurden neu aufgenommen Freie Lüftungssysteme einschließlich deren Kennbuchstaben.

Erläuterungen

Die frühere DIN 1946 Teil 1, die den Untertitel „Grundregeln" trug, enthielt allgemeine Angaben über Aufgaben der Lüftung und Klimatisierung, Begriffsbestimmungen, hygienische und technische Grundforderungen, bauliche und sicherheitstechnische Anforderungen sowie Angaben zur Prüfung und Abnahme. Sie war aus den im Jahre 1937 vom Verein Deutscher Ingenieure herausgegebenen „VDI-Lüftungsregeln" hervorgegangen, die mit geringfügigen Änderungen als DIN 1946, Ausgabe März 1951, in das Normenwerk übernommen wurden. In der Neufassung vom April 1960 wurde die Norm dem inzwischen erreichten technischen Fortschritt angepaßt und im Inhalt wesentlich erweitert.

Die bisherigen Regeln orientierten sich mit ihren Anforderungen vorwiegend an den Menschen. Inzwischen haben die produkt- oder verfahrensorientierten Anlagen in der Raumlufttechnik jedoch eine solche Bedeutung erlangt, daß ein großer Teil der bisher in DIN 1946 Teil 1 enthaltenen Anforderungen nicht mehr generell für alle Raumlufttechnischen Anlagen gilt. Außerdem sind die Aufgaben der Raumlufttechnik gewachsen und die technischen Anforderungen soviel differenzierter geworden, daß eine weitergehende Unterteilung des Gesamtregelwerkes DIN 1946 erforderlich wurde.

Es erschien auch zweckmäßig, Freie Lüftungssysteme mit in das Regelwerk einzubeziehen.

Der Aufbau des gesamten Regelwerkes DIN 1946 ist daher neu geordnet worden (siehe auch „Weitere Normen und andere Unterlagen").

Die gesundheitstechnischen Anforderungen sind jetzt in DIN 1946 Teil 2 enthalten.

Die technischen und baulichen Anforderungen wurden in VDI 3803 eingearbeitet. Diese VDI-Richtlinie soll zu gegebener Zeit in eine DIN-Norm überführt werden.

Prüfung und technische Abnahme werden in VDI 2079 behandelt. Diesbezügliche Meßgeräte und Meßverfahren sind in VDI 2080 enthalten.

DIN 1946 Teil 1, der jetzt die Bezeichnung „Terminologie und graphische Symbole" trägt, umfaßt nur noch Begriffsbestimmungen, Klassifikationen von Anlagen und Anlagensystemen sowie Darstellungsmethoden. Er soll eine Vereinheitlichung im Sprachgebrauch und in den Zeichnungen sicherstellen.

Für die Klassifikation Raumlufttechnischer Anlagen kann man generell die zu wählenden Bezeichnungen an den einzuhaltenden Raumluftzuständen oder an den Möglichkeiten der Luftbehandlung für die Zuluft orientieren. Hier wurden die Luftbehandlungsfunktionen als Klassifikationsmerkmal gewählt, da die Bindung einer Anlagenbezeichnung an die Einhaltung bestimmter Luftzustände diese von der Dimensionierung, Regelung und Einregulierung abhängig machen würde. Außerdem können nur bei dieser Klassifikationsbasis die gleichen Bezeichnungen für Anlagen und Geräte verwendet werden. Da bei Seriengeräten deren spätere Verwendung nicht bekannt ist, wäre hier eine Zuordnung nach den von diesen einzuhaltenden Luftzuständen gar nicht möglich. Einem möglichen Mißbrauch der Bezeichnungen im kommerziellen Bereich wird dadurch vorgebeugt, daß diese für Anlagen im Geschäftsverkehr nur dann benutzt werden dürfen, wenn gleichzeitig die unter den gegebenen Lastbedingungen damit einzuhaltenden Luftzustände angegeben werden.

Die Neubearbeitung von DIN 1946 Teil 1 wurde von der VDI-Gesellschaft Technische Gebäudeausrüstung unter Mitarbeit des Normenausschusses Heiz- und Raumlufttechnik (NHRS) im DIN Deutsches Institut für Normung e. V. vorgenommen.

Internationale Patentklassifikation

F 24 F 7/00 – 7/10

DK 628.83/.84 : 697.91 : 644.1

Raumlufttechnik
Gesundheitstechnische Anforderungen
(VDI-Lüftungsregeln)

Januar 1994

**DIN
1946**
Teil 2

Ventilation and air conditioning; Technical health requirements
(VDI ventilation rules)

Ersatz für Ausgabe 01.83

1 Anwendungsbereich

Diese Norm gilt für Raumlufttechnische Anlagen (nachfolgend RLT-Anlagen genannt) nach DIN 1946 Teil 1 in Arbeits- und Versammlungsräumen in Gebäuden, sofern die RLT-Anlagen für die festgelegten Luftströme ausgelegt sind und über die jeweils erforderlichen thermodynamischen Behandlungsfunktionen und Einrichtungen zur Luftreinigung verfügen. Sie enthält gesundheitstechnische Anforderungen für die Behaglichkeit von Personen bei sehr leichter Tätigkeit (siehe Tabelle 1, Aktivitätsstufen I und II) im Aufenthaltsbereich (siehe Abschnitt 3) von Räumen. Bei schwererer körperlicher Tätigkeit (siehe Tabelle 1, Aktivitätsstufen III und IV) sind besondere Vereinbarungen zu treffen. Dies gilt auch, wenn die Anforderungen durch ein Arbeitsverfahren, durch ein Produkt oder durch bauliche Gegebenheiten bestimmt werden.

ANMERKUNG: Bei der freien Lüftung können wegen der Abhängigkeit vom Außenklima und von weiteren Außenbedingungen eine ausreichende Luftqualität und Behaglichkeit nicht immer erreicht werden.

2 Allgemeines

RLT-Anlagen für Aufenthaltsräume von Personen sollen ein behagliches Raumklima und eine gesundheitlich verträgliche Raumluft schaffen.

Es ist zu klären, welche Voraussetzungen (siehe ArbeitsStättV, ASR 5) für das Einhalten des geforderten Raumluftzustandes vorliegen müssen und in welchen Bereichen eine zeitweilige Abweichung, z.B. durch den Einfluß des Außenklimas (Sonneneinstrahlung) auftreten kann, bzw. wo innere Schadstoffquellen berücksichtigt werden müssen.

3 Aufenthaltsbereiche

Je nach Baustruktur, Nutzung und Ausstattung ist der Aufenthaltsbereich im Raum unterschiedlich abzugrenzen. Lufttemperatur (siehe DIN 33 403 Teil 1) und Luftbewegung machen diese Abgrenzung erforderlich. Im allgemeinen dürfte die Begrenzung bei 1 m Abstand von Außenwänden, 0,5 m von Innenwänden und bis zu 2 m über Fußboden liegen (siehe VDI 3803 und DIN 1946 Teil 7).

Innerhalb von Verkehrswegen und in der Nähe von Türen können, trotz einer einwandfrei funktionierenden RLT-Anlage, zeitweise Luftzustände auftreten, die nicht den gesundheitlichen Anforderungen entsprechen. Hier sind gegebenenfalls besondere Maßnahmen zur Herstellung behaglicher Raumluftzustände notwendig.

4 Thermische Behaglichkeit

Thermische Behaglichkeit (siehe auch DIN 33 403 Teil 1) ist gegeben, wenn der Mensch Lufttemperatur, Luftfeuchte, Luftbewegung und Wärmestrahlung in seiner Umgebung als optimal empfindet und weder wärmere noch kältere, weder trockenere noch feuchtere Raumluft wünscht (siehe Erläuterungen, [1]).

4.1 Einflußfaktoren auf die thermische Behaglichkeit und Raumluftqualität

Die thermische Behaglichkeit und die Luftqualität in Räumen werden beeinflußt durch

a) die Personen in Abhängigkeit von
 — Tätigkeit,
 — Bekleidung,
 — Aufenthaltsdauer,
 — thermische und stoffliche Belastung (z.B. Gerüche) und
 — Belegung bzw. Anzahl

b) den Raum in Abhängigkeit von
 — Temperatur der Oberflächen,
 — Lufttemperaturverteilung,
 — Wärmequellen und
 — Schadstoffquellen

c) die RLT-Anlage in Abhängigkeit von
 — Lufttemperatur, Luftgeschwindigkeit und Luftfeuchte,
 — Luftaustausch,
 — Reinheit der Luft (Aerosole und Gerüche) und
 — Luftführung.

Mit RLT-Anlagen werden direkt die Lufttemperatur, Luftgeschwindigkeit, Luftfeuchte und die Luftqualität des Raumes beeinflußt. Eine Abschirmung von Räumen gegen direkte Sonneneinstrahlung ist nach Möglichkeit vorzunehmen.

Weitere wesentliche Einflußgrößen auf das physische und psychische Wohlbefinden können die raumakustischen sowie die Lichtverhältnisse und die Farbgebung sein. Darüber wird hier keine Aussage gemacht.

4.1.1 Tätigkeit
Die Gesamtwärmeabgabe einer Person wird von ihrer Tätigkeit beeinflußt (siehe Tabelle 1).

4.1.2 Bekleidung
Der Wärmedurchgang ist durch die Art der Bekleidung beeinflußbar. Anhaltswerte für den Wärmedurchlaßwiderstand der Bekleidung sind in Tabelle 2 enthalten.

Fortsetzung Seite 2 bis 12

Normenausschuß Heiz- und Raumlufttechnik (NHRS) im DIN Deutsches Institut für Normung e.V.

Seite 2 DIN 1946 Teil 2

Tabelle 1: Gesamtwärmeabgabe je Person in Abhängigkeit von der Tätigkeit
(siehe auch DIN 33 403 Teil 3)

Tätigkeit	Aktivitätsstufe	Gesamtwärmeabgabe[1], [2] je Person — Anhaltswerte W
Statische Tätigkeit im Sitzen wie Lesen und Schreiben	I[3]	120
Sehr leichte körperliche Tätigkeit im Stehen oder Sitzen	II	150
Leichte körperliche Tätigkeit	III	190
Mittelschwere bis schwere körperliche Tätigkeit	IV	über 270

[1] Gesamtwärmeabgabe durch Strahlung, Leitung, Verdunstung und Konvektion bei einer Raumtemperatur von 22 °C (siehe VDI 2078).
[2] 1 metabolische Einheit des Ruheenergieumsatzes in sitzender Position:
1 met = 58 W/m^2 Körperoberfläche, wobei für eine Person etwa 1,7 m^2 zugrundegelegt werden.
[3] Die Aktivitätsstufe I entspricht 1,2 met.

Tabelle 2: Wärmedurchlaßwiderstand der Bekleidung
(Siehe auch DIN 33 403 Teil 3; Werte gerundet)

Bekleidung[4]	Wärmedurchlaßwiderstand R[5] m^2 K/W
Ohne Kleidung	0
Leichte Sommerkleidung	0,08
Mittlere Kleidung	0,16
Warme Kleidung	0,24

[4] Siehe auch DIN ISO 7730 (z. Z. Entwurf)
[5] Eine weitere Einheit des Wärmedurchlaßwiderstandes der Bekleidung ist 1 clo = 0,155 m^2 K/W.

4.1.3 Temperatur

Im Aufenthaltsbereich ist das Zusammenwirken von Lufttemperatur und Strahlungstemperatur der Umgebungsoberflächen zu berücksichtigen. Die örtliche Temperatur wird als operative Raumtemperatur[6] bezeichnet und nach der folgenden Näherungsgleichung ermittelt:

$$t_o = 0,5 \, (t_a + t_r) \quad (1)$$

Hierin bedeuten:
t_o örtliche operative Raumtemperatur in °C
t_a örtliche Lufttemperatur in °C

$$t_r = \sum_{K=1}^{n} \varphi_K \cdot t_K \text{ örtliche Strahlungstemperatur in °C}$$

φ_K Einstrahlzahl zwischen dem Raumpunkt und der Fläche K (siehe Erläuterungen)
t_K Temperatur der Fläche K in °C

ANMERKUNG: Die operative Raumtemperatur ist nicht identisch mit dem in anderen Regelwerken angewandten Begriff „Raumtemperatur".

Diese Beziehung gilt unter folgenden Voraussetzungen:
— Aktivitätsstufe I oder II (siehe Tabelle 1),
— leichte bis mittlere Bekleidung (siehe Tabelle 2),
— Raumluftgeschwindigkeit und Turbulenzgrad im zulässigen Bereich (siehe Bild 3) und
— Emissionsverhältnis (Verhältnis der ausgesendeten Strahlungsenergie zur höchstmöglichen Strahlungsemission) der Oberflächen $\varepsilon \approx 0,9$.

Die operative Raumtemperatur ist in den Höhen 0,1 m, 1,1 m und 1,7 m über dem Fußboden zu ermitteln (z. B. mit einem Globe-Thermometer).
Bei der Berechnung der örtlichen Strahlungstemperatur sollen die Oberflächentemperatur und die Flächenanteile nach ihren Einstrahlzahlen gewichtet werden.

4.1.3.1 Bereiche der operativen Raumtemperatur

Der Bereich empfohlener operativer Raumtemperaturen ist in Bild 1 kreuzschraffiert dargestellt.
Bei hohen Außenlufttemperaturen im Sommerbetrieb und bei kurzzeitig auftretenden hohen thermischen Lasten wird ein Anstieg der operativen Raumtemperatur zugelassen.
Häufig wird die Kühllast von Räumen nicht von den Außen-, sondern von den thermischen Innenlasten (z.B. Maschinenwärme) bestimmt. Treten diese Lasten nur kurzzeitig auf, so darf die operative Raumtemperatur unterhalb einer Außentemperatur von 29 °C (d. h. auch im Winterbetrieb) bis 26 °C ansteigen (senkrecht schraffierter Bereich in Bild 1).
Bei bestimmten Lüftungssystemen (z. B. Quellüftung, siehe [2]) können operative Raumtemperaturen im waagerecht schraffierten Bereich zwischen 20 und 22°C zugelassen werden.

4.1.3.2 Lufttemperaturschichtung

Bei der Lufttemperatur ist neben dem Niveau auch der vertikale Temperaturgradient in der Aufenthaltszone für das Behaglichkeitsempfinden von Bedeutung. Der vertikale Gradient der Lufttemperatur darf höchstens 2 K je m Raumhöhe betragen.
Dabei soll die Lufttemperatur in 0,1 m Höhe über dem Fußboden 21 °C nicht unterschreiten.

4.1.3.3 Strahlungstemperatur-Asymmetrie
(siehe Erläuterungen)

Einseitige Erwärmung oder Abkühlung des Menschen durch uneinheitliche Umgebungsflächentemperaturen kann zu thermischer Unbehaglichkeit führen. Zu ihrer Beurteilung ist der Raum am Betrachtungsort in zwei Halbräume aufzuteilen und für diese die jeweilige Halbraum-Strahlungstemperatur zu berechnen oder zu messen. Dabei soll die Lage der Trennfläche parallel zur Lage der Oberflächen mit den größten Temperaturunterschieden sein.

[6] Auch „empfundene Temperatur" genannt

DIN 1946 Teil 2 Seite 3

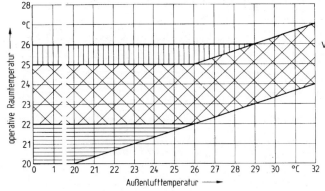

Voraussetzungen:
— Aktivitätsstufen I und II
— leichte bis mittlere Bekleidung
(siehe Tabelle 2)

Bild 1: Bereiche operativer Raumtemperaturen

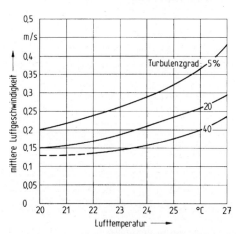

Die Werte gelten für Aktivitätsstufe I und einen Wärmedurchlaßwiderstand der Kleidung von etwa 0,12 m² K/W. Bei höheren Aktivitätsstufen und Wärmedurchlaßwiderständen können die Grenzkurven z. B. VDI 2083 Blatt 5 (z. Z. Entwurf) entnommen werden. Die Kurve für 40 % gilt auch für Turbulenzgrade > 40 %.

Bild 2: Werte von mittleren Luftgeschwindigkeiten als Funktion von Temperatur und Turbulenzgrad der Luft im Behaglichkeitsbereich (siehe auch ISO/DIS 7730, [3])

Es gilt

$$t_{rH1} = 2 \cdot \sum_{K=1}^{m} \varphi_K \cdot t_K \quad (2)$$

$$t_{rH2} = 2 \cdot \sum_{K=m+1}^{n} \varphi_K \cdot t_K \quad (3)$$

Hierin bedeuten:

t_{rH1} Halbraum-Strahlungstemperatur am Betrachtungsort für den Halbraum 1

t_{rH2} Halbraum-Strahlungstemperatur am Betrachtungsort für den Halbraum 2

K = 1 bis m Flächen im Halbraum 1
K = m+1 bis n Flächen im Halbraum 2

Als Grenzwerte für die Differenz der Strahlungstemperatur beider Halbräume, bei der noch thermische Behaglichkeit eingehalten werden kann, gelten

— für warme Deckenflächen $|t_{rH1} - t_{rH2}| \leq 3,5$ K,
— für kalte Wandflächen $|t_{rH1} - t_{rH2}| \leq 8,0$ K,
— für gekühlte Deckenflächen $|t_{rH1} - t_{rH2}| \leq 17,0$ K
— für warme Wandflächen $|t_{rH1} - t_{rH2}| \leq 19,0$ K.

Die Werte gelten für eine operative Raumtemperatur im Behaglichkeitsbereich und für Personen mit leichter bis mittlerer Bekleidung und sitzender Tätigkeit. Für andere Verhältnisse können zur Zeit keine gesicherten Aussagen gemacht werden.

4.1.4 Luftgeschwindigkeit

Die thermische Behaglichkeit der Personen wird im besonderen Maße von der Luftbewegung im Aufenthaltsbereich mitgeprägt (siehe auch Abschnitt 5.3). Die Grenzwerte der Luftgeschwindigkeit im Behaglichkeitsbereich sind abhängig von der Lufttemperatur und vom Turbulenzgrad der Strömung und ergeben sich aus Bild 2.

155

Bei operativen Raumtemperaturen zwischen 20 und 22 °C ist, außer bei Mischlüftung (siehe Bild 2, gestrichelter Bereich), die thermische Behaglichkeit noch gegeben, wenn die in Bild 2 angegebenen Luftgeschwindigkeiten nicht überschritten werden.

Der Turbulenzgrad T wird definiert wie folgt:

$$T = \frac{s_v}{\bar{v}} \cdot 100 \qquad (4)$$

mit

$$\bar{v} = \frac{1}{n} \sum_{i=1}^{n} v_i \qquad (5)$$

und

$$s_v = \sqrt{\frac{1}{n-1} \sum_{i=1}^{n} (v_i - \bar{v})^2} \qquad (6)$$

Hierin bedeuten:
- T Turbulenzgrad in %
- s_v Standardabweichung der Momentanwerte der Luftgeschwindigkeit
- $\bar{v}$ mittlere Luftgeschwindigkeit (zeitlicher Mittelwert der Luftgeschwindigkeit, siehe auch VDI 2080)
- n Anzahl der Meßpunkte
- v_i Momentanwert der Luftgeschwindigkeit

Die Kurven in Bild 2 stellen die Grenzwerte der zeitlich gemittelten Geschwindigkeiten für die jeweilige Turbulenzgradbereiche dar.

Eine minimale Luftbewegung ist für den notwendigen konvektiven Wärme- und Stofftransport erforderlich. Sie stellt sich durch freie Konvektion an einer Wärmequelle ein. Mindestwerte können deshalb nicht angegeben werden.

Wird der Wärmedurchlaßwiderstand der Kleidung um 0,032 m² K/W oder die Aktivität um 10 W erhöht, darf die zulässige Luftgeschwindigkeit für die um etwa 1 K erhöhte zugeordnete Lufttemperatur angehoben werden.

Bei gleichbleibender Luftgeschwindigkeit darf die Lufttemperatur entsprechend vermindert werden.

Für die Geschwindigkeitsmessung ist ein richtungsunabhängiges Meßgerät zu verwenden. Die Mittelungszeit beträgt mindestens 100 s (bei digitalen Meßgeräten mindestens 100 Einzelmessungen) und die Ansprechzeit der Sonden, zu der 63 % der Endwerte angezeigt werden (t 63), soll kleiner als 0,2 s sein. Je Sekunde ist mindestens 1 Meßwert zu erfassen. Die Luftgeschwindigkeit ist in den Höhen 0,1, 1,1 und 1,7 m über dem Fußboden zu messen.

Ohne Messung wird der Turbulenzgrad mit 40 % angesetzt (untere Kurve in Bild 2).

4.1.5 Luftfeuchte

Für die Behaglichkeit liegt die obere Grenze des Feuchtegehaltes der Luft bei 11,5 g Wasser je kg trockene Luft und 65 % relativer Luftfeuchte.

Über die untere Grenze der relativen Luftfeuchte liegen keine gesicherten Erkenntnisse vor. Als Behaglichkeitsgrenze können — weitgehend unabhängig von der Lufttemperatur — 30 % relative Luftfeuchte gelten; gelegentliche Unterschreitungen sind vertretbar.

4.2 Raumluftqualität

Die Qualität der Raumluft wird einerseits durch die Qualität der Zuluft und andererseits durch nutzungs- und raumbedingte Verunreinigungen bestimmt.

Die Zuluft besteht aus Außen- und gegebenenfalls Umluft, deren Qualität berücksichtigt werden muß.

Umluft sollte nur bei Arbeiten mit geringen durch Arbeitsprozesse bedingten Verunreinigungen angewendet werden, wenn dies durch thermische Lasten erforderlich ist. Dabei ist der Außenluftstrom so zu bemessen, daß ein ausreichendes Abführen der Verunreinigungen sichergestellt ist.

Ferner ist zu berücksichtigen, daß Umluft die Oberfläche der Luftkanäle verunreinigen kann (z. B. durch Tabakrauch). Es ist deshalb im allgemeinen ratsam, keine Umluft zu verwenden, die aus anderen Räumen stammt.

Verunreinigungen der Luft bestehen aus unbelebten Stoffen und lebenden Organismen wie

- Gase und Dämpfe (z. B. CO, CO_2, SO_2, NO_2, NO_x, O_3, Radon, Formaldehyd, Kohlenwasserstoffe),
- Geruchsstoffe (z. B. mikrobielle Abbauprodukte von organischem Material, durch Fäulnisbakterien, menschliche, tierische und pflanzliche Geruchsstoffe sowie Ausdünstungen, die von Baumaterialien und Arbeitsprozessen herrühren),
- Aerosole (z. B. anorganische Stäube wie Fasern und Schwermetalle, organische Stäube wie Kohlenwasserstoffverbindungen und Pollen),
- Viren,
- Bakterien und ihre Sporen (Legionellen, Gasbranderreger),
- Pilze und Pilzsporen (z. B. Erreger des Befeuchterfiebers und Erreger der Aspergillose).

RLT-Anlagen-bedingte Verunreinigungen sind durch sachgerechte Planung, Ausführung, Wartung und Betrieb der RLT-Anlagen weitgehend zu vermeiden.

Raumbedingte Verunreinigungen können freigesetzt werden durch Menschen, Tiere, Pflanzen, Arbeitsprozesse und Einrichtungen bzw. Baumaterialien.

Die Zuluft soll Außenluftqualität aufweisen, sofern die Außenluft nicht durch außergewöhnliche Belastungen verunreinigt ist.

Im Bereich von Aufenthaltsräumen ohne besondere Freisetzung von Arbeitsstoffen ist der Umluftanteil so zu begrenzen, daß hygienische Höchstwerte (z. B. 0,15 % für die CO_2-Volumenkonzentration) nicht überschritten werden. Bezüglich der Konzentration der durch Arbeitsprozesse am Arbeitsplatz entstehenden Verunreinigungen in der Raumluft sind die einschlägigen Bestimmungen (z. B. MAK-Werte) einzuhalten.

4.2.1 Lüftungseffektivität

Die Luftströmung im Raum soll so geführt werden, daß der Austausch der Raumluft gegen zugeführte Zuluft sowie der Abtransport von Verunreinigungen und Geruchsstoffen möglichst wirkungsvoll erfolgen kann.

Als Beurteilungskriterium dient die Lüftungseffektivität ε_v, die wie folgt definiert ist:

$$\varepsilon_v = \frac{1}{\mu_{RA}} \cdot \frac{C_{AB} - C_{ZU}}{C_{AZ} - C_{ZU}} \qquad (7)$$

Hierin bedeuten:
- μ_{RA} Raumbelastungsgrad (siehe DIN 1946 Teil 4)
- C_{AB} Schadstoffkonzentration im Abluftkanal
- C_{ZU} Schadstoffkonzentration in der Zuluft
- C_{AZ} Schadstoffkonzentration in der Aufenthaltszone

Ein Lüftungssystem führt um so wirkungsvoller Verunreinigungen ab, je größer die Lüftungseffektivität ist (siehe [2]). Es läßt sich zeigen, daß für die ideale Mischströmung $\varepsilon_v = 1$ und für die Verdrängungsströmung $\varepsilon_v > 1$ gilt. Liegen keine Werte für die Lüftungseffektivität vor, so muß von $\varepsilon_v = 1$ ausgegangen werden. Die Lüftungseffektivität kann mit Hilfe von Spurengas ermittelt werden (z. B. OP-Räume in Krankenhäusern nach DIN 4799).

Tabelle 3: Personen- und flächenbezogener Mindest-Außenluftstrom

Raumart	Beispiel	Außenluftstrom Personenbezogen m^3/h	Außenluftstrom Flächenbezogen[7] $m^3/(m^2 \cdot h)$
Arbeitsräume	Einzelbüro Großraumbüro Labor[8])	40 60 —	4 6 —
Versammlungsräume	Konzertsaal, Theater, Konferenzraum	20	10 bis 20
Wohnräume[9])	Hotelzimmer[9]), Ruhe- und Pausenraum[10]), WC[10])	—	—
Unterrichtsräume	Lesesaal Klassen- und Seminarraum, Hörsaal	20 30	12 15
Räume mit Publikumsverkehr	Verkaufsraum Gaststätte Museum[11])	20 30 —	3 bis 12 8 —
Sportstätten	Sporthalle[12]) Schwimmbad[11])	— —	— —
Sonstige Räume[13])	Rundfunk- und Fernsehstudio, Schutzraum, EDV-Raum usw.	—	—

[7]) Auf die Grundfläche des Raumes bezogen
[8]) Siehe DIN 1946 Teil 7
[9]) Siehe DIN 1946 Teil 6 (z. Z. Entwurf)
[10]) Siehe DIN 18 017 Teil 3
[11]) Siehe AMEV RLT-Anlagen-Bau-93
[12]) Siehe DIN 18 032 Teil 1
[13]) Sind im Einzelfall nach Funktion und Auflage gesondert zu ermitteln.

4.2.2 Außenluftstrom

Der erforderliche Außenluftstrom wird entweder personen- oder flächenbezogen ermittelt oder aus der Schadstoffbelastung errechnet. Bei der Schadstoffbelastung ist zu unterscheiden zwischen Schadstoffen, z. B. in Fertigungsbetrieben, und Verunreinigungen und Gerüchen. Der erforderliche Außenluftstrom wird nach einem der in den Abschnitten 4.2.2.1 und 4.2.2.2 angegebenen Verfahren ermittelt.
Zur Berücksichtigung weiterer Einflußgrößen, wie z. B. Emissionen von Baustoffen kann das im Anhang A aufgeführte Verfahren angewendet werden. Es wird darauf hingewiesen, daß die darin genannten Werte der weiteren Erprobung bedürfen.

4.2.2.1 Personen- oder flächenbezogener Außenluftstrom

In den verschiedenen Raumarten müssen die in der Tabelle 3 angegebenen Mindest-Außenluftströme eingehalten werden. Der jeweils höhere Wert ist maßgebend (siehe Erläuterungen). Bei Räumen mit zusätzlichen, belästigenden Geruchsquellen (z. B. Tabakrauch) soll der Mindest-Außenluftstrom je Person um 20 m^3/h erhöht werden.

4.2.2.2 Schadstoffbezogener Außenluftstrom

In Räumen mit produktionsbedingtem Schadstoffanfall ist der Außenluftstrom so einzustellen, daß die gültigen MAK- bzw. TRK-Werte eingehalten werden (siehe auch TRGS 403). Der Außenluftstrom läßt sich nach Gleichung (8) berechnen.

Wenn kein Umgang mit chemischen Stoffen vorliegt, dann gilt der Innenraumwert (MIK-Wert oder ein vom Bundesgesundheitsamt festgelegter Richtwert). Beim Umgang mit chemischen Stoffen gilt der MAK-Wert nach TRGS 900.

$$\dot{V} = \frac{\dot{G}}{C_i - C_o} \qquad (8)$$

Hierin bedeuten:
$\dot{V}$ erforderlicher Außenluftstrom
$\dot{G}$ gesamte Belastung
C_i zugelassene Konzentration (z. B. MAK-Wert)
C_o Außenluftkonzentration

Für die Belastung der Raumluft durch Ausdünstungen von Personen kann der CO_2-Gehalt der Luft als Vergleichsmaßstab herangezogen werden. Der CO_2-Gehalt der Raumluft soll 0,15 % (Volumenkonzentration) nicht überschreiten. Empfohlen werden 0,1 % (Volumenkonzentration).

4.3 Schutz gegen Lärm

Der Anlagen-Schallpegel ist unter Berücksichtigung der von außen einwirkenden Geräusche so niedrig zu halten, wie es nach Art der Raumnutzung erforderlich und nach dem Stand der Technik möglich ist. In Tabelle 4 sind Richtwerte für A-bewertete Schalldruckpegel der RLT-Anlagen aufgeführt.
Für die von RLT-Anlagen erzeugten Geräusche ist VDI 2081 zu beachten.

Tabelle 4: Richtwerte für Schalldruckpegel der RLT-Anlagen

Raumart	Beispiel	A-bewerteter Schalldruckpegel dB Anforderungen	
		hoch	niedrig
Arbeitsräume	Einzelbüro Großraumbüro Werkstatt Labor	35 45 50 [8]	40 50 [14] [8]
Versammlungsräume	Konzertsaal, Opernhaus Theater, Kino Konferenzraum	25 30 35	30 35 40
Wohnräume	Hotelzimmer	30[15]	35[15]
Sozialräume	Ruheraum[16], Pausenraum Wasch- und WC-Raum	30 45	40 55
Unterrichtsräume	Lesesaal Klassen- und Seminarraum, Hörsaal	30 35	35 40
Räume mit Publikumsverkehr	Museum Gaststätte Verkaufsraum	35 40 45	40 55 60
Sportstätten	Turn- und Sporthalle, Schwimmbad	45	50
Sonstige Räume	Rundfunkstudio Fernsehstudio Schutzraum EDV-Raum Reiner Raum Küche	15 25 45 45 50 50	25 30 55 60 65 65

[8] Siehe DIN 1946 Teil 7
[14] Der Wert für niedrige Anforderungen kann produktbedingt wesentlich höher ausfallen.
[15] Nachtwerte um 5 dB niedriger
[16] Für Krankenhäuser siehe DIN 1946 Teil 4

5 Technische Anforderungen

Die wichtigsten bau- und anlagentechnischen Gesichtspunkte, von denen die physiologisch-hygienischen Anforderungen an eine RLT-Anlage abhängen, sind nachstehend zusammengestellt.

Die Bauelemente von RLT-Anlagen sind so anzuordnen und auszuführen, daß sie zu Betätigungs-, Wartungs-, Inspektions-, und Instandsetzungszwecken leicht zugänglich sind (siehe DIN 31 051).

Zur Erhaltung des Soll-Zustandes der RLT-Anlage in funktioneller und hygienischer Hinsicht ist die regelmäßige Wartung unerläßlich. VDI 3801, VDI 3803 und VDMA 24 186 Teil 1 sind zu beachten (siehe Abschnitt 7).

Verwendete Materialien sowie brand-, schall- und korrosionsschutztechnische Maßnahmen müssen den gesundheitstechnischen Anforderungen genügen (siehe VOB/C DIN 18 379).

5.1 Kammerzentrale, Gerät

Die Zentralräume dürfen nicht als Durchgangs-, Aufenthalts- oder Lagerräume benutzt werden. Kammertüren sollen dicht schließen. Die Innenwandungen der zentralen Geräte sind reinigungsfähig und abriebfest auszuführen (siehe auch VDI 3803).

5.2 Bauelemente raumlufttechnischer Anlagen

5.2.1 Luftfilter

Zur Reinigung der Außenluft und Umluft und zur Sauberhaltung der Komponenten der Luftaufbereitung und der Luftleitungen ist ein Luftfilter, mindestens der Klasse EU 4 nach DIN 24 185 Teil 2, in unmittelbarer Nähe der Außenluft-Ansaugöffnung einzubauen. Befindet sich die Außenluft-Ansaugöffnung außerhalb des Gebäudes und ist der Außenluftkanal begehbar, darf die erste Filterstufe am Eintritt des Kanals in das Gebäude angeordnet werden.

Eine zweite Filterstufe (mindestens EU 7) soll auf der Druckseite des Ventilators liegen, möglichst als letztes Bauelement der Luftbehandlungseinheit. Eine möglicherweise notwendige dritte Filterstufe (z. B. Schwebstoffilter geprüft nach DIN 24 184) soll nahe an dem zu versorgenden Raum oder im Raum installiert sein. Auf einen dichten Abschluß zwischen Luftfilter und Wänden ist zu achten. Alle Luftfilter müssen vor Durchfeuchtung geschützt werden. Die relative Luftfeuchte sollte im Filter nicht über 90 % (siehe DIN 1946 Teil 4) liegen. Der Filterzustand (Einbauzustand, Verschmutzung) muß jederzeit beurteilt werden können.

Folgende Daten müssen am Bauelement angegeben bzw. gut abzulesen sein:

- Filterklasse,
- Art des Filtermediums,
- Nennluftvolumenstrom,
- zugehörige Anfangsdruckdifferenz,
- Istdruckdifferenz und
- Enddruckdifferenz für Filterwechsel.

5.2.2 Luftbefeuchter

Um das Wachstum von Bakterien, Pilzen und Protozoen (tierische Einzeller) in Luftbefeuchtern bekämpfen zu können, sollen diese so gestaltet sein, daß sie in allen Teilen, einschließlich Tropfenabscheider, für eine gründliche Reinigung und eine eventuelle Desinfektion zugänglich sind.

Das Wasser für Luftbefeuchter muß bezüglich der mikrobiologischen Parameter beim Befüllen Trinkwasserqualität aufweisen und darf im Umlaufbetrieb nur physikalisch oder mit auf Brauchbarkeit geprüften Stoffen behandelt werden. Dies bedeutet nicht nur eine Untersuchung der bioziden Wirkung unter Laborbedingungen, sondern auch eine diesbezügliche Überprüfung unter Praxisbedingungen sowie im Falle von chemischen Stoffen eine toxikologische Bewertung der eingesetzten Mittel.

Um den hygienischen Anforderungen an die Beschaffenheit des Befeuchterwassers gerecht zu werden, sollte im Umlaufwasser für Sprühbefeuchter eine möglichst niedrige Keimzahl (etwa 1000/ml bei einer Bebrütungstemperatur von (36 ± 1) °C) angestrebt werden.

Die gleichen Anforderungen an die toxikologische Unbedenklichkeit gelten auch für Reinigungs- und Desinfektionsmittel.

Bei Dampfbefeuchtern ist für eine gleichmäßige Verteilung des Dampfes über den Leitungsquerschnitt zu sorgen. Eine Möglichkeit der Funktionskontrolle ist vorzusehen. Der Dampf darf keine gesundheitsschädigenden Stoffe enthalten.

In den Luftleitungen hinter Luftbefeuchtern darf kein Wasserniederschlag auftreten.

5.2.3 Luftkühler

Da sich im Kondenswasser von Luftkühlern auch Bakterien und Pilze ansiedeln und vermehren können, ist eine leichte Zugänglichkeit für Reinigungszwecke sicherzustellen.

5.2.4 Ventilatoren

Die Ventilatoren und Ventilatorgehäuse müssen reinigungsfähig sein. Hierzu können z. B. Reinigungsöffnungen vorgesehen werden.

5.2.5 Schalldämpfer

Schalldämpfer im Außenluftstrom sollten hinter der ersten Filterstufe angeordnet sein. Die Reinigungsfähigkeit muß sichergestellt sein.

5.2.6 Luftleitungen

Die Innenflächen der Luftleitungen und etwaiger Einbauten wie Schalldämpfer und ähnliches müssen zur Vermeidung von Staubablagerungen glatt und abriebfest sein.

Als glatt können Wandungen aus Blech, Steinzeug und Kunststoff, ferner Innenflächen mit geringer Rauheit bei Schächten oder Kanälen aus Beton, Betonformstücken und Mauerwerk, bei denen die Fugen glattgestrichen sind, angesehen werden. Flexible Rohre müssen DIN 24 146 Teil 1 erfüllen. Ihre Länge sollte deren 20fachen Durchmesser nicht überschreiten.

Abluftleitungen mit Überdruck gegenüber der Umgebung müssen dicht nach DIN V 24 194 Teil 2 sein, um ein Austreten von Schadstoffen sicher zu verhindern (siehe VDI 3803). Bezüglich des Brandschutzes gelten die bauaufsichtlichen Bestimmungen. DIN 4102 Teil 6 ist zu beachten.

Inspektions- und Reinigungsöffnungen sind, falls erforderlich, an Stellen anzubringen, von denen aus eine Einsicht und Reinigung der Luftleitungen möglich ist. Auf gute Zugänglichkeit ist zu achten.

Die Außenluft-Ansaugleitungen müssen bis zur ersten Filterstufe reinigungsfähig sein; sofern sie nicht begehbar oder bekriechbar sind, müssen sie mit entsprechenden Reinigungsöffnungen versehen sein.

5.2.7 Außenluft-Ansaugöffnung

Die Außenluft ist an einer Stelle anzusaugen, an der mit möglichst geringer Verunreinigung (Staub, Ruß, Gerüche, Abgase, Fortluft) und Erwärmung zu rechnen ist. Deshalb soll die Öffnung mindestens 3 m über der Erdoberfläche liegen. Eine Außenluftansaugung direkt über Dächern und an Fassadenvorsprüngen ist nach Möglichkeit zu vermeiden. Wegen der Ansammlung von Schmutz, Bildung von Pilzen und Bakterienherden sind Ansaugöffnungen in Erdgleiche bzw. aus Gruben nicht zulässig.

Die Entfernung zwischen Außenluftansaugung und RLT-Zentrale soll möglichst kurz sein. Zu beachten sind die Häufigkeit der Windrichtung und Windstärke sowie die Luftströmung am Gebäude und die Auswirkungen umliegender Quellen von Schadstoffemissionen (Schornsteine, Rückkühlwerke usw.). Außenluftansaug- und Fortluftaustrittöffnungen sind so anzuordnen, daß keine unmittelbare Wiederansaugung (Rezirkulation) auftritt.

Bei dichter Bebauung sowie ungünstigen Verhältnissen können Modell-Versuche im Windkanal über die Luftströmung und Druckverteilung am Gebäude durchgeführt werden. Bei Festlegungen einer günstigen Außenluftsaugstelle ist es besser, längere Außenluftleitungen als eine nicht einwandfreie Entnahmestelle für die Außenluft in Kauf zu nehmen.

Wegen der Gefahr von Staubansammlung in längeren Außenluftleitungen soll ein Luftfilter nahe der Ansaugöffnung angeordnet werden. Ein Einfrieren des Filters ist sicher zu verhindern.

5.2.8 Fortluft-Austrittöffnung

Die Fortluft, die mit Verunreinigungen belastet sein kann, ist so ins Freie zu führen, daß ein Wiederansaugen ebenso wie eine mögliche Belästigung der Umgebung vermieden wird. Störungen durch Geruchsübertragung über die Fortluft-Austrittöffnung sind nach Möglichkeit zu unterbinden.

5.2.9 Wärmerückgewinner

Gegen den Einsatz von Wärmerückgewinnern bestehen aus hygienischer Sicht keine Bedenken, wenn die Luftströme völlig getrennt geführt werden. Rekuperatoren mit Trennflächen, Regeneratoren mit umlaufenden flüssigen oder gasförmigen Wärmeträgern im geschlossenen Kreislaufverbund und Wärmepumpen entsprechen diesen Anforderungen.

Bei möglicher Unterschreitung des Taupunktes in einem der beiden Luftströme sind die gleichen gesundheitstechnischen Anforderungen wie beim Luftkühler zu erfüllen. Regeneratoren mit drehenden, festen Wärmeträgern, bei denen die Luftströme wechselweise die Speichermasse durchströmen, und Regeneratoren mit umlaufenden Wärmeträgern im offenen Kreislaufverbund können in allen RLT-Anlagen eingesetzt werden, bei denen auch Umluftbetrieb zulässig ist. Anderenfalls ist die Unbedenklichkeit im Einzelfall nachzuweisen (siehe DIN 1946 Teil 4).

5.3 Luftführung im Raum

Um eine ausreichende Raumdurchspülung zu erreichen, ist die Luftführung im Raum von entscheidender Bedeutung. Sie hängt von der Raumgeometrie, vom Luftstrom, von der Anordnung und Art der Zuluft-Durchlässe, der Anordnung der Abluft-Durchlässe, der Zuluftgeschwindigkeit, der Strömungsrichtung der Zuluft und der Temperatur-Differenz zwischen Zuluft und Raumluft oder Abluft ab. Der Luftstrom und die Anordnung der Luftdurchlässe werden durch die Größe und Verteilung der äußeren und inneren Lasten, die Nutzung und die Ausstattung sowie die Hygiene (Vermeiden von Staub- und Schmutzanfall) des Raumes bestimmt. Die Art des Zuluftdurchlasses ist neben der konstruktiven Ausbildung im wesentlichen durch das Maß der Beimischung von Raumluft und durch die Richtung der austretenden Zuluft gekennzeichnet. Für Luftdurchlässe muß eine Reinigungsmöglichkeit gegeben sein.

Bei allen Systemen, auch bei variablem Luftvolumenstrom, müssen die Zuluft-Durchlässe bei allen Betriebszuständen eine ausreichende Raumdurchspülung sicherstellen. Dabei müssen die Anforderungen an Raumtemperatur, Raumluftgeschwindigkeit und Raumluftfeuchte eingehalten werden (siehe Abschnitte 4.1.3 bis 4.1.5).

In Räumen mit örtlich begrenzten Schadstoffen ist anzustreben, diese Bereiche des Raumes durch das raumlufttechnische System vom übrigen Raum abzuschirmen oder durch erhöhten Zuluftvolumenstrom kräftiger zu durchspülen. Nach Möglichkeit sollte jedoch der direkten Absaugung am Entstehungsort der Schadstoffe der Vorzug gegeben werden.

Die ausreichende Raumdurchspülung ist im allgemeinen durch eine Rauchprobe nachzuweisen. Bei besonders hohen Anforderungen sind Konzentrationsmessungen oder ähnliche Verfahren zu vereinbaren. In vielen Fällen bewährt sich die Untersuchung der Raumströmung in Modellräumen. Bei extremen Bedingungen sind bereits im Planungsstadium strömungstechnische Versuche am Modellraum angebracht.

Zeitweilige Störungen in der Luftführung bzw. behaglichkeitsmindernde Einflüsse können durch die bauliche Ausführung des Raumes eintreten, z. B. als Folge von direkter Sonneneinstrahlung durch Glasflächen, ungenügender Wärmedämmung oder unzureichender Speicherfähigkeit des Gebäudes sowie an Fassadenundichtigkeiten eindringender Außenluft. Versperrungen (z. B. Möbel, Einbauten) und Wärmequellen können zu erheblichen Störungen der Raumströmung führen. Deshalb müssen bei der endgültigen Festlegung der Raumausstattung die Belange der Luftführung genügend berücksichtigt werden (siehe VDI 3803).

Bei einer Luftführung im Raum, bei der sich Luftströmungen einstellen, die wesentlich durch die Eigenkonvektion von Wärmequellen (z. B. Personen) bestimmt werden, wird die thermische Behaglichkeit positiv beeinflußt.

5.4 Abweichungen von Raumlufttemperatur und Raumluftfeuchte

Beim Betrieb von RLT-Anlagen sollten in einer horizontalen Meßebene insgesamt die örtlichen und zeitlichen Abweichungen vom Sollwert der Raumlufttemperatur im Aufenthaltsbereich 2 K nicht über- bzw. unterschreiten.

RLT-Anlagen mit Bauelementen für die Be- und Entfeuchtung sind so auszulegen, daß bei Berücksichtigung einer Regelabweichung von 5 % die obere Grenze der relativen Luftfeuchte nach Abschnitt 4.1.5 nicht überschritten wird [17].

6 Abnahmeprüfungen

6.1 Technische Abnahmeprüfungen

Die technischen Abnahmeprüfungen sind entsprechend dem Baufortschritt durch Fachkräfte vorzunehmen. Die allgemeine Abnahmeprüfung erfolgt nach VOB/C-DIN 18 379.

Über die erfolgte Abnahmeprüfung sind Protokolle zu führen.

6.2 Prüfung der Schwebstoffilter

Schwebstoffilter müssen auf Leckfreiheit und dichten Sitz überprüft werden.

7 Wartung und Kontrolle der RLT-Anlagen

Auf die störungsfreie Funktion und Reinhaltung der Bauelemente der RLT-Anlagen ist zu achten. Die Filter sind regelmäßig zu überprüfen und spätestens bei Erreichen der vorgegebenen Enddruckdifferenz auszuwechseln. Insbesondere bei Schwebstoffiltern sind periodisch Leckfreiheit und dichter Sitz zu überprüfen. Die für die Inspektion erforderlichen Zeitabstände sind festzulegen und einzuhalten.

Es wird empfohlen, die Wartung in Anlehnung an VDMA 24 186 Teil 1 oder AMEV Wartung 85 vorzunehmen.

---

[17] Bei Parallelbetrieb thermisch unterschiedlich belasteter Räume kann die Regelabweichung entsprechend größer sein.

Anhang A

Raumluftqualitätsbezogener Außenluftstrom

Es sind 3 Luftqualitätsklassen (empfundene Luftqualität) durch den Prozentsatz der damit unzufriedenen Personen nach Tabelle A.1 festgelegt.

Die Stärke der Verunreinigungsquellen kann in der Einheit olf[18]) angegeben werden (siehe Tabelle A.2). Dabei wird der Effekt vieler verschiedener Quellen aufsummiert.

Da zum Vergleich die beim Betreten des Raumes empfundene Luftqualität herangezogen wird, können sich nach dieser Berechnung hohe Außenluftströme ergeben.

Tabelle A.1: Empfundene Luftqualität, ausgedrückt durch den Prozentsatz unzufriedener Personen

Empfundene Luftqualität dezipol[19])		Unzufriedene Personen[20]) %
Hoch	0,7	≤ 10
Mittel	1,4	≤ 20
Niedrig	2,5	≤ 30

[19]) 1 dezipol ist die Luftverunreinigung, die entsteht, wenn 10 l/s reine Luft mit 1 olf verunreinigt werden.
[20]) Beim Betreten des Raumes.

Tabelle A.2: Verunreinigungslast von Personen

Tätigkeit	Verunreinigungslast olf
Aktivitätsstufe[21]) I	1
Aktivitätsstufe[21]) II	1,5
Aktivitätsstufe[21]) III	2
Aktivitätsstufe[21]) IV	2,5
Raucher beim Rauchen	25
Raucher im Durchschnitt	6

[21]) Siehe Tabelle 1.

Die Verunreinigungslast von flächigen Materialien kann in olf/m² ermittelt werden. Eine praktische Abschätzung ergibt sich, wenn alle Verunreinigungen auf den Quadratmeter Grundfläche bezogen, summiert werden. Typische flächenbezogene Verunreinigungslasten sind z. B.:

— Personen im Büro mit etwa 0,1 olf/m²; dabei ergibt sich eine zusätzliche Belastung von 0,1 olf/m² je 20 % Raucher.
— Material und Lüftungssystem in durchschnittlichen Anlagen und Gebäuden mit 0,3 olf/m².

Die durchschnittliche Verunreinigungslast in Gebäuden beträgt

— 0,2 olf/m² in Gebäuden mit geringer Verunreinigung und
— 0,6 olf/m² bei 40 % Raucher.

Der erforderliche Außenluftstrom läßt sich nach Gleichung (9) errechnen:

$$\dot{V} = 10 \cdot \frac{G}{(C_i - C_{AL})\varepsilon_v} \qquad (9)$$

Hierin bedeuten:
$\dot{V}$ erforderlicher Außenluftstrom in l/s
G gesamte Luftverunreinigung in olf
C_i gewünschte (empfundene) Luftqualität in dezipol
C_{AL} Außenluftqualität in dezipol
ε_v Lüftungseffektivität

Bei hoher Außenluftqualität (siehe Tabelle A.3) läßt sich der Außenluftstrom reduzieren.

Tabelle A.3: Typische Außenluftqualitäten

Ort	Außenluftqualität C_{AL} dezipol
Gebirge, Meer	0,05
Städte mit hoher Außenluftqualität	0,1
Städte mit mittlerer Außenluftqualität	0,2
Städte mit geringer Außenluftqualität	0,5

[18]) 1 olf ist die Luftverunreinigung, die ein Mensch bei Aktivitätsstufe I abgibt.

Zitierte Normen und andere Unterlagen

DIN 1946 Teil 1	Raumlufttechnik; Terminologie und graphische Symbole (VDI-Lüftungsregeln)
DIN 1946 Teil 4	Raumlufttechnik, Raumlufttechnische Anlagen in Krankenhäusern (VDI-Lüftungsregeln)
DIN 1946 Teil 6	(z. Z. Entwurf) Raumlufttechnik; Lüftung von Wohnungen (VDI-Lüftungsregeln)
DIN 1946 Teil 7	Raumlufttechnik; Raumlufttechnische Anlagen in Laboratorien (VDI-Lüftungsregeln)
DIN 4102 Teil 6	Brandverhalten von Baustoffen und Bauteilen; Lüftungsleitungen; Begriffe, Anforderungen und Prüfungen
DIN 4799	Raumlufttechnik; Luftführungssysteme für Operationsräume; Prüfung
DIN 18 017 Teil 3	Lüftung von Bädern und Toilettenräumen ohne Außenfenster; mit Ventilatoren
DIN 18 032 Teil 1	Sporthallen; Hallen für Turnen, Spiele und Mehrzwecknutzung; Grundsätze für Planung und Bau
DIN 18 379	VOB Verdingungsordnung für Bauleistungen; Teil C: Allgemeine Technische Vertragsbedingungen für Bauleistungen (ATV); Raumlufttechnische Anlagen
DIN 24 146 Teil 1	Lufttechnische Anlagen; Flexible Rohre, Maße und Anforderungen
DIN 24 184	Typprüfung von Schwebstoffiltern; Prüfung mit Paraffinölnebel als Prüfaerosol
DIN 24 185 Teil 2	Prüfung von Luftfiltern für die allgemeine Raumlufttechnik; Filterklasseneinteilung, Kennzeichnung, Prüfung
DIN V 24 194 Teil 2	Kanalbauteile für lufttechnische Anlagen; Dichtheit; Dichtheitsklassen von Luftkanalsystemen
DIN 31 051	Instandhaltung; Begriffe und Maßnahmen
DIN 33 403 Teil 1	Klima am Arbeitsplatz und in der Arbeitsumgebung; Grundlagen zur Klimaermittlung
DIN 33 403 Teil 3	Klima am Arbeitsplatz und in der Arbeitsumgebung; Beurteilung des Klimas im Erträglichkeitsbereich
DIN ISO 7730	(z. Z. Entwurf) Gemäßigtes Umgebungsklima; Ermittlung des PMV und des PPD und Beschreibung der Bedingungen für thermische Behaglichkeit; Identisch mit ISO 7730 : 1984
ISO/DIS 7730	Moderate thermal environments — Determination of the PMV and PPD indices and specification of the conditions for thermal comfort
VDI 2078	(z. Z. Entwurf) Berechnung der Kühllast klimatisierter Räume (VDI-Kühllastregeln)
VDI 2080	Meßverfahren und Meßgeräte für Raumlufttechnische Anlagen
VDI 2081	Geräuscherzeugung und Lärmminderung in Raumlufttechnischen Anlagen
VDI 2083 Blatt 5	(z. Z. Entwurf) Reinraumtechnik; Behaglichkeitskriterien
VDI 3801	Betreiben von Raumlufttechnischen Anlagen
VDI 3803	Raumlufttechnische Anlagen; Bauliche und technische Anforderungen
VDMA 24 186 Teil 1	Leistungsprogramm für die Wartung von lufttechnischen und anderen technischen Ausrüstungen in Gebäuden; Lufttechnische Geräte und Anlagen
TRGS 403[22])	Bewertung von Stoffgemischen in der Luft am Arbeitsplatz
TRGS 900[22])	MAK-Werte 1989; Maximale Arbeitsplatzkonzentrationen und biologische Arbeitsstofftoleranzwerte der Senatskommission zur Prüfung gesundheitsschädlicher Arbeitsstoffe der deutschen Forschungsgemeinschaft
ArbStättV[22])	Verordnung über Arbeitsstätten
ASR 5[22])	Lüftung
AMEV Wartung 85[23])	Vertragsmuster für Wartung, Inspektion und damit verbundenen kleinen Instandsetzungsarbeiten für technische Anlagen und Einrichtungen in öffentlichen Gebäuden (Wartung 85)
AMEV RLT-Anlagen-Bau-93[23])	Hinweise zur Planung und Ausführung von Raumlufttechnischen Anlagen für öffentliche Gebäude (RLT-Anlagen-Bau-93)
[1]	E. Mayer: Physik der thermischen Behaglichkeit. Abgedruckt in Physik in unserer Zeit 20 (1989), Heft 4, Seiten 97—103
[2]	Recknagel, Sprenger, Hönmann: Taschenbuch für Heizung + Klimatechnik[24])
[3]	Fanger, P. O., A. K. Melikov, H. Hanzawa und J. Ring: Air turbulence and sensation of draught. Energy and Buildings (1988) Nr. 12, S. 21/39

Frühere Ausgaben

DIN 1946 Teil 2: 04.60, 01.83

---

[22]) Zu beziehen durch:
   Deutsches Informationszentrum für technische Regeln (DITR) im DIN, Burggrafenstraße 6, 10787 Berlin
[23]) Zu beziehen durch: Buch- und Offsetdruckerei E. Seidl GmbH, Sebastianusstr. 43, 53229 Bonn
[24]) Zu beziehen durch: R. Oldenburg Verlag GmbH, Rosenheimer Straße 145, 81669 München

DIN 1946 Teil 2 Seite 11

Änderungen
Gegenüber der Ausgabe Januar 1983 wurden folgende Änderungen vorgenommen:
— Inhalt vollständig überarbeitet.

Erläuterungen
Zu Abschnitt 4 Thermische Behaglichkeit
Physiologisch erfolgt die Empfindung der thermischen Behaglichkeit über Temperaturfühler im Stammhirn und auf der Haut. „Zu warm" (Beginn des Schwitzens) empfindet man richtungsunabhängig, und es wird ausgelöst bei Überschreiten einer bestimmten Schwellentemperatur im Stammhirn (Kerntemperatur). „Zu kalt" empfindet man insgesamt (Beginn des Frierens) oder örtlich bei Unterschreiten der Schwellentemperatur auf der Haut. Die Schwellentemperaturen unterliegen interindividuellen Streuungen und tageszeitlichen Schwankungen. Auch deshalb sind stets mehr als 0 % mit dem Raumklima Unzufriedene vorhanden.

Zu Abschnitt 4.1.3, Temperatur
Der Berechnung der Einstrahlzahl liegen folgende Überlegungen zugrunde:
Das Winkelverhältnis zwischen einer Person und einer ebenen Umgebungsfläche kann genügend genau durch die Ermittlung der Einstrahlzahl zwischen einer differentiellen Kugelfläche (im folgenden als Punkt bezeichnet) und einer ebenen Fläche beschrieben werden. Hierfür gilt als Grundfall:

$$\varphi_K = \frac{1}{8} - \frac{1}{4\pi} \arctan\left[\frac{h\sqrt{a^2 + b^2 + h^2}}{a \cdot b}\right] \text{ in rad} \tag{10}$$

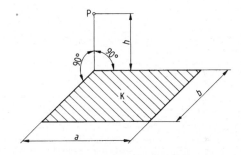

Bild 3

Dabei steht der Punkt P senkrecht über einer Ecke der Fläche K. Häufig liegt diese Anordnung des Punktes zu der Oberfläche in einem Raum noch nicht vor. Dann muß die Raumoberfläche graphisch so zerlegt werden, daß wiederum der in Bild 3 skizzierte Grundfall entsteht. Die Einstrahlzahl für den Punkt zur gesamten Raumfläche ergibt sich dann durch Addition bzw. Subtraktion der Einstrahlzahlen für die Teilflächen. Die Summe der Einstrahlzahlen für den Punkt in den ganzen Raum ergibt den Wert 1.

Bei der Bestimmung der Einstrahlzahlen für die Halbraum-Strahlungstemperaturen ist analog zu verfahren. Bei gleichem Betrachtungsstandort müssen keine neuen Einstrahlzahlen berechnet werden, sondern es können die Einstrahlzahlen der Teilflächen, die den betrachteten Halbraum bilden, verwendet werden. In den Gleichungen ist zusätzlich der Faktor 2 enthalten, um wiederum die Bedingung zu erfüllen, daß die Summe der Einstrahlzahlen für den Punkt P in jeden Halbraum den Wert 1 ergibt.

ANMERKUNG: Dieses Verfahren und die hier angegebenen Grenzwerte weichen von anderen in der Literatur zu findenden Verfahren ab. Es wurde aus Einfachheitsgründen in diese Norm aufgenommen.

Im folgenden Beispiel ist die Berechnung der Einstrahlzahl für die Fensterfront eines Raumes dargestellt:

Maße in m

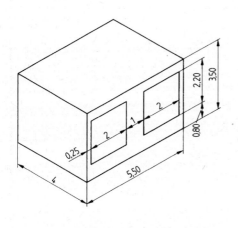

Bild 4   Bild 5

Bestimmung der Einstrahlzahl für ein Fenster auf den Punkt P:

$\varphi(1)+(2)$ (a = 2,5 m, b = 1,9 m, h = 1 m)   =   0,077
$-\;\varphi(2)$ (a = 0,5 m, b = 1,9 m, h = 1 m)   = $-$0,032
$\varphi(3)+(4)$ (a = 2,5 m, b = 0,3 m, h = 1 m)   =   0,021
$-\;\varphi(4)$ (a = 0,5 m, b = 0,3 m, h = 1 m)   = $-$0,010
                                                 1 Fenster =   0,056

Die Einstrahlzahl für beide Fenster (F) ist: φ_{PF} = 0,112.
Wenn alle anderen Oberflächen (O) gleiche Temperatur aufweisen, gilt:

φ_{PO} = $1 - \varphi_{PF}$ = $1 - 0{,}112$ = 0,888

Für die Einstrahlzahl der Fenster in den Halbraum 1 (H1) gilt:

$\varphi_{PF\,H1}$ = $2 \cdot \varphi_{PF}$ = 0,224

Für die Einstrahlzahl der Restflächen (O) im Halbraum 1 gilt:

$\varphi_{PO\,H1}$ = $1 - \varphi_{PF\,H1}$ = 0,776

Zu Abschnitt 4.2.2.1, Personen- oder flächenbezogener Außenluftstrom

In größeren Räumen mit geringer Personenbelegung muß der Außenluftstrom in Abhängigkeit von der Fläche (Grundfläche des Raumes) erhöht werden, so daß der Raum von der Luft gleichmäßig durchspült werden kann. In großen Räumen besteht bei kleinen Luftmengen — die sich durch eine geringe Belegung ergeben — die Gefahr, daß wegen des Luftführungssystems die Luft nicht gleichmäßig verteilt wird und somit die im Raum befindlichen Personen nicht erreicht.

Internationale Patentklassifikation

F 24 F 007/00
G 01 K 013/00
G 01 F 001/00
G 01 N 019/10
G 01 N 027/00

März 1999

Raumlufttechnik
Teil 4: Raumlufttechnische Anlagen in Krankenhäusern
(VDI-Lüftungsregeln)

DIN 1946-4

ICS 91.040.10; 91.140.30

Ersatz für Ausgabe 1989-12

Deskriptoren: Raumlufttechnik, Krankenhaus, RLT-Anlage, Anforderung

Ventilation and air conditioning —
Part 4: Ventilation in hospitals (VDI Ventilation rules)
Ventilation et conditionnement d'air —
Partie 4: Ventilation des hôpitaux (Règles de ventilation du VDI)

Inhalt

Seite

Vorwort 1
1 Anwendungsbereich 2
2 Normative Verweisungen 2
3 Allgemeines 2
4 Aufgaben der RLT-Anlagen 2
5 Physiologisch-hygienische Anforderungen 3
5.1 Thermische Behaglichkeit 3
5.2 Luftqualität, Reinheit der Luft 3
5.3 Schallpegel 4
6 Technisch-hygienische Anforderungen 4
6.1 Außenluftansaugöffnung
    und Fortluftaustrittsöffnung 4
6.2 Luftleitungen 4
6.3 Absperrklappen 6
6.4 Entrauchungsleitungen
    und Brandschutzklappen 7
6.5 Bauelemente der RLT-Anlagen 7
6.6 RLT-Anlagen in OP-Abteilungen 8
6.7 Betrieb der RLT-Anlagen in besonderen Fällen ... 10

Seite

7 Gliederung der Krankenhausbereiche
  und Zuordnung der Anforderungen 10
8 Hinweise für die Bauplanung 14
9 Reinigung und Desinfektion
  der RLT-Anlagen 14
10 Abnahmeprüfungen 14
10.1 Allgemeines 14
10.2 Technische Abnahmeprüfung 14
10.3 Hygienische Abnahmeprüfung 15
11 Wartung und Kontrolle der RLT-Anlagen
   nach der Inbetriebnahme 15
11.1 Wartung und technische Kontrollen 15
11.2 Hygienische Kontrollen 15
Anhang A (normativ) Technische Abnahmeprüfung ... 16
Anhang B (normativ) Hygienische Abnahmeprüfung .. 20
Anhang C (informativ) Erläuterungen 21
Anhang D (informativ) Literaturhinweise 24

Vorwort

Diese Norm wurde vom Normenausschuß Heiz- und Raumlufttechnik, Arbeitsausschuß 2.04 erarbeitet.

Die weiteren Normen der Reihe DIN 1946 „Raumlufttechnik" werden nachfolgend aufgeführt:

— Teil 1: Terminologie und grafische Symbole
— Teil 2: Gesundheitstechnische Anforderungen
— Teil 6: Lüftung von Wohnungen — Anforderungen, Ausführung, Abnahme
— Teil 7: Raumlufttechnische Anlagen in Laboratorien

Änderungen

Gegenüber DIN 1946-4 : 1989-12 wurden folgende Änderungen vorgenommen:

a) Anpassung der geforderten Luftfilterklassen an die Klassifizierung nach DIN EN 779.
b) Präzisierung einiger Aussagen der Ausgabe vom Dezember 1989, die sich in der Vergangenheit als erläuterungsbedürftig erwiesen haben.

Frühere Ausgaben

DIN 1946-4: 1963-05, 1978-04, 1989-12

Fortsetzung Seite 2 bis 24

Normenausschuß Heiz- und Raumlufttechnik (NHRS) im DIN Deutsches Institut für Normung e.V.
Normenausschuß Medizin (NAMed) im DIN
Normenausschuß Maschinenbau (NAM) im DIN

1 Anwendungsbereich

Diese Norm enthält spezielle Anforderungen an die raumlufttechnischen Anlagen (im folgenden RLT-Anlagen genannt) in Krankenhäusern und entsprechend zu versorgenden gleichartigen Gebäuden oder Räumen.

In den Anwendungsbereich dieser Norm fallen alle in Tabelle 2, Spalte 2 (siehe Abschnitt 7) aufgeführten Raumarten und solche, an die sinngemäß die gleichen Anforderungen gestellt werden, nicht dagegen Räume des Verwaltungs-, Wirtschafts- und Betriebsbereiches sowie sonstige nicht krankenhaustypische Bereiche. Nicht erfaßt sind Sonderfälle (z. B. Quarantänestationen), die besonderer auf den Einzelfall abgestimmter hygienischer Beratung bedürfen.

2 Normative Verweisungen

Diese Norm enthält durch datierte oder undatierte Verweisungen Festlegungen aus anderen Publikationen. Diese normativen Verweisungen sind an den jeweiligen Stellen im Text zitiert, und die Publikationen sind nachstehend aufgeführt. Bei datierten Verweisungen gehören spätere Änderungen oder Überarbeitungen dieser Publikationen nur zu dieser Norm, falls sie durch Änderung oder Überarbeitung eingearbeitet sind. Bei undatierten Verweisungen gilt die letzte Ausgabe der in Bezug genommenen Publikation.

DIN EN 779
  Partikel-Luftfilter für die allgemeine Raumlufttechnik — Anforderungen, Prüfung, Kennzeichnung; Deutsche Fassung EN 779 : 1993 + AC 1994

DIN EN 1822-1
  Schwebstoffilter (HEPA und ULPA) — Teil 1: Klassifikation, Leistungsprüfung, Kennzeichnung; Deutsche Fassung EN 1822-1 : 1998

DIN 1946-2
  Raumlufttechnik — Gesundheitstechnische Anforderungen (VDI-Lüftungsregeln)

DIN 1946-7
  Raumlufttechnik — Raumlufttechnische Anlagen in Laboratorien (VDI-Lüftungsregeln)

DIN 4799
  Raumlufttechnik — Luftführungssysteme für Operationsräume — Prüfung

DIN 18379
  VOB Verdingungsordnung für Bauleistungen — Teil C: Allgemeine Technische Vertragsbedingungen für Bauleistungen (ATV) — Raumlufttechnische Anlagen

DIN V 24194-2
  Kanalbauteile für Lufttechnische Anlagen: Dichtheit — Dichtheitsklassen von Luftkanalsystemen

DIN 58948-7
  Sterilisation; Gas-Sterilisatoren; Bauliche Anforderungen und Betriebsmittel für Ethylenoxid- und Formaldehyd-Groß-Sterilisatoren

USA-MIL-STD 282[1]
  Military Standard — Filter units, Protective clothing, gas-mask components and related products: performance-test methods

Strahlenschutzverordnung[2]

Trinkwasserverordnung[2]

VDI 2078
  Berechnung der Kühllast klimatisierter Räume (VDI-Kühllastregeln)

VDI 2079
  Abnahmeprüfung an Raumlufttechnischen Anlagen

VDMA-Einheitsblatt 24186-1
  Leistungsprogramm für die Wartung von lufttechnischen und anderen technischen Ausrüstungen in Gebäuden — Lufttechnische Geräte und Anlagen

Anforderungen der Hygiene an Schleusen im Krankenhaus (Anlage zu Nr. 4.2.3 der RKI-Richtlinie Krankenhaushygiene und Infektionsprävention)[3]

Richtlinie der Deutschen Gesellschaft für Hygiene und Mikrobiologie DGHM für die Prüfung und Bewertung chemischer Desinfektionsverfahren[4]

AMEV Wartung 85
  Wartung, Inspektion und damit verbundene kleine Instandsetzungsarbeiten für technische Anlagen und Einrichtungen in öffentlichen Gebäuden; Wartung 85[5]

RKI-Richtlinie Krankenhaushygiene und Infektionsprävention[4]

3 Allgemeines

In Krankenhäusern ist neben den klinischen Belangen die gewissenhafte Beachtung der Hygiene oberstes Gebot. Das bedingt neben einer guten Ausbildung, Organisation und Disziplin des medizinischen und technischen Personals auch eine entsprechende bauliche Konzeption und Ausführung des Krankenhauses und seiner Einrichtungen. Dies ist bei Planung, Ausführung, Betrieb und Wartung der RLT-Anlagen besonders zu beachten.

Aufgrund der Erfahrungen beim Bau von Krankenhäusern ist es erforderlich, daß an der gesamten Planung und Ausführung und damit auch derjenigen der RLT-Anlagen ein Arzt für Hygiene (im folgenden Hygieniker genannt) beteiligt wird.

Wenn von dieser Norm abgewichen werden soll, muß dieses mit dem Bedarfsträger, dem planenden Fachingenieur, dem Hygieniker sowie der für das Gesundheitswesen zuständigen Behörde vereinbart und mit detaillierter Begründung aktenkundig gemacht werden. Diese Vereinbarung ist dem Ersteller der RLT-Anlagen zur Kenntnis zu geben.

4 Aufgaben der RLT-Anlagen

Zu den besonderen Aufgaben der RLT-Anlagen in Krankenhäusern gehört neben der Aufrechterhaltung des erforderlichen thermischen Raumklimas die weitgehende Herabsetzung des Gehaltes an Mikroorganismen und Staub, Narkosegasen, Geruchsstoffen und anderen Verunreinigungen in der Raumluft. Deshalb sind RLT-Anlagen in den in Tabelle 2, Spalten 4 und 5 (siehe Abschnitt 7) durch + gekennzeichneten Raumarten unentbehrlich.

Außerdem kann eine raumlufttechnische Behandlung aufgrund ungünstiger äußerer und innerer Gegebenheiten auch für weitere Räume notwendig sein (siehe Anhang C, Erläuterungen zu Abschnitt 4).

Zu den ungünstigen inneren Gegebenheiten im Krankenhaus gehören u. a.:
— hohe innere Wärmelasten, z. B. durch medizinisch-technische Geräte,

---

[1] Zu beziehen durch: Beuth Verlag GmbH (Auslandsnormenverkauf), 10772 Berlin
[2] Zu beziehen durch Deutsches Informationszentrum für technische Regeln (DITR) im DIN, 10772 Berlin
[3] Erschienen 1979 im Gustav Fischer Verlag
[4] Zu beziehen durch Gustav Fischer Verlag
[5] Zu beziehen durch Buch- und Offsetdruckerei E. Seidl GmbH, Rheindorfer Str. 87, Bonn

- stärkere Belastung der Raumluft durch Narkosegase, Desinfektionsmittelgase und -dämpfe sowie durch Geruchsstoffe und
- Ausgleich der Luftvolumenstrombilanz im Pflegebereich und in anderen Bereichen.

Die Tabelle 2 enthält krankenhausspezifische Anforderungen. Sie berücksichtigen hygienische und klinische Forderungen und Gesichtspunkte sowie Belange des Arbeitsschutzes.

Für Raumarten, in denen RLT-Anlagen nach Tabelle 2, Spalten 4 und 5 entbehrlich sind, gelten die Werte der Tabelle 2 nur, wenn RLT-Anlagen installiert werden.

Auf die Festlegung von Zahlenwerten für die Raumluftzustände der Raumklasse II (siehe 5.2.1) wurde in den meisten Fällen verzichtet, weil keine krankenhausspezifischen Werte gefordert werden können.

5 Physiologisch-hygienische Anforderungen

(Siehe auch DIN 1946-2.)

5.1 Thermische Behaglichkeit

5.1.1 Allgemeines

Die thermische Behaglichkeit ist von der körperlichen Aktivität und der Bekleidung sowie von der Luft- und Umgebungstemperatur, der Raumluftströmung (Raumluftgeschwindigkeit und Turbulenzgrad) und von der Raumluftfeuchte abhängig.

Behaglichkeitskriterien, die die vorstehenden Einflüsse berücksichtigen, sind in 4.1 von DIN 1946-2 : 1994 festgelegt. Darin wird für die angegebenen zulässigen Raumluftgeschwindigkeiten von üblichen Luftführungssystemen mit hohem Turbulenzgrad ausgegangen.

5.1.2 Raumlufttemperatur

Für die Raumlufttemperatur gelten die Werte nach DIN 1946-2, sofern nicht in Tabelle 2, Spalten 7 und 8 abweichende Anforderungen enthalten sind.

Hinsichtlich der Grenzabweichungen gelten die Festlegungen in DIN 1946-2.

5.1.3 Raumluftströmung

Bei Luftführungssystemen mit hohem Turbulenzgrad gelten grundsätzlich die Festlegungen in DIN 1946-2. Dabei ist vom Aktivitätsgrad I und von mittlerer Bekleidung auszugehen, wenn nicht im Einzelfall vom Bedarfsträger andere Anforderungen gestellt werden.

Bei Luftführungssystemen mit niedrigem Turbulenzgrad (z. B. turbulenzarme Verdrängungsströmung) können unter weitgehender Wahrung der thermischen Behaglichkeit höhere Raumluftgeschwindigkeiten zulässig sein.

5.1.4 Raumluftfeuchte

Räume, für die eine Beeinflussung der Raumluftfeuchte erforderlich ist, sind in Tabelle 2, Spalte 9 gekennzeichnet. Für diese Räume sind die in DIN 1946-2 genannten Werte einzuhalten.

5.2 Luftqualität, Reinheit der Luft

5.2.1 Raumklassen

Aus hygienisch-mikrobiologischen Gründen bestehen im Krankenhaus unterschiedliche Anforderungen an die Keimarmut der Zu- bzw. Raumluft. Es werden 2 Raumklassen für die einzelnen Krankenhausbereiche unterschieden:

- Raumklasse I: Hohe bzw. besonders hohe Anforderungen an die Keimarmut
- Raumklasse II: Übliche Anforderungen an die Keimarmut

Die Zuordnung der Räume zu diesen beiden Raumklassen ist in Tabelle 2, Spalte 3 aufgeführt.

5.2.2 Reinigung der Luft

Zum Abscheiden von teilchenförmigen Verunreinigungen aller Art einschließlich Mikroorganismen ist eine mehrstufige Filterung der Zuluft erforderlich: für Räume der Raumklasse II eine 2stufige und für Räume der Raumklasse I — um der Forderung nach hoher bzw. besonders hoher Keimarmut zu genügen — eine 3stufige Filterung.

Für die einzelnen Filterstufen sind folgende Klassen vorzusehen (siehe Anhang C, Erläuterungen zu 5.2.2):

- 1. Filterstufe mindestens F 5 nach DIN EN 779
- 2. Filterstufe mindestens F 7 nach DIN EN 779
- 3. Filterstufe mindestens H 13 nach DIN EN 1822-1.

Aus hygienischen Gründen sind die Filterstufen wie folgt anzuordnen:

- 1. Filterstufe saugseitig in unmittelbarer Nähe der Außenluftansaugöffnung (u. a. Reinhaltung der Luftbehandlungselemente); befindet sich die Außenluftansaugöffnung außerhalb des Gebäudes und ist der Außenluftkanal begehbar, darf die 1. Filterstufe bei Eintritt des Kanals in das Gebäude angeordnet werden.
- 2. Filterstufe druckseitig am Anfang der Zuluftleitung (u. a. Reinhaltung des Leitungsnetzes).
- 3. Filterstufe druckseitig möglichst nahe an dem zu versorgenden Raum oder nahe der zu versorgenden Gruppe gleicher Raumart, für OP-Räume bevorzugt endständig.

5.2.3 Außenluft- und Zuluftvolumenstrom

Beim Betrieb von RLT-Anlagen ist der in Tabelle 2, Spalte 6 (siehe Abschnitt 7) festgelegte Mindest-Außenluftvolumenstrom erforderlich. Der Zuluftvolumenstrom muß aus Gründen der weiteren Herabsetzung des Luftkeimpegels und/oder aus Gründen der Wärmebilanz unter Umständen größer sein als der Mindest-Außenluftvolumenstrom[6]; bezüglich des erforderlichen Zuluftvolumenstroms für OP-Räume siehe 6.6.2.

Wenn die Differenz zwischen dem erforderlichen Zuluftvolumenstrom und dem Mindest-Außenluftvolumenstrom nicht durch Umluft — siehe 5.2.4 — ausgeglichen werden kann, muß der Außenluftvolumenstrom entsprechend erhöht werden.

5.2.4 Umluft

Umluft darf unter folgenden Voraussetzungen verwendet werden:

Als Umluft darf nur Abluft aus demselben Raum oder derselben Raumgruppe[7] (z. B. OP-Funktionseinheit) verwendet werden. Die Umluft muß separat oder gemeinsam mit der Außenluft über die gleichen Filterstufen mit der jeweils vorgeschriebenen Filterklassen (siehe 5.2.2) wie die Außenluft geführt werden.

Bei Raumumluftgeräten, z. B. OP-Zuluftsystemen mit Umluftförderung, ohne Zuluftleitung darf die 2. Filterstufe entfallen, wenn die 1. Filterstufe mindestens Filterklasse F 7 aufweist (siehe Anhang C, Erläuterungen zu 5.2.4). Beim Einsatz von Luftkühlern in solchen Geräten muß eine Entfeuchtung ausgeschlossen werden.

Gegen die Verwendung von Umluft können jedoch wegen der Belastung der Abluft mit Schadgasen hygienisch-toxikologische Bedenken bestehen (siehe auch 6.6.3).

---

[6] Falls wegen einer großen Anzahl von Personen im Raum höhere Außenluftvolumenströme erforderlich werden, so ist deren Berechnung nach DIN 1946-2 vorzunehmen.

[7] Welche Räume zur selben Raumgruppe gehören, muß der Hygieniker festlegen.

5.2.5 Luftströmung zwischen Räumen

Eine Luftströmung zwischen Räumen darf aus hygienischen Gründen im allgemeinen nur in Richtung von Räumen mit höheren Anforderungen an die Keimarmut nach solchen mit geringeren Anforderungen auftreten. Die dafür im allgemeinen erforderlichen Strömungsrichtungen sind für die Räume der OP-Abteilung in Tabelle 1 aufgeführt. Für die übrigen Krankenhausbereiche ist analog zu verfahren.

Die RLT-Anlagen müssen diese Strömungsrichtungen durch unterschiedliche Auslegung der Zu- und/oder Abluftvolumenströme sicherstellen. Einem gegenüber der Umgebung luftmäßig abzuschirmenden Bereich muß deshalb mechanisch mehr Zuluft zugeführt werden, als Abluft abgezogen wird. Die Differenz der Luftvolumenströme muß über vorbestimmte Raumundichtigkeiten, z. B. Türfugen, in die Umgebung abströmen.

RLT-Anlagen können nur dann eine gezielte Strömungsrichtung der Luft sicherstellen, wenn die vorbestimmten, für die Funktion der Räume notwendigen Öffnungen (Türen, Durchreichen, Klappen usw.) nur geringe Undichtigkeiten aufweisen; aus diesem Grund dürfen sie stets auch nur kurzfristig geöffnet sein. Die Anordnung von Luftschleusen ist vor allem dort erforderlich, wo der Betrieb des Krankenhauses es mit sich bringt, daß Türen und Durchreichen häufig geöffnet werden (siehe auch Abschnitt 8, Absätze 6 und 7).

Luftschleusen müssen in der Regel vorhanden sein zur Abgrenzung von

a) Räumen der Raumklasse I gegenüber Räumen der Raumklasse II,
b) Räumen der Raumklasse I gegenüber dem Freien,
c) Räumen einer Raumklasse gegenüber Räumen derselben Raumklasse, soweit vom Hygieniker festgelegt, z. B. zwischen OP-Räumen und Intensivpflege-Räumen.

Die lufttechnische Funktion dieser Schleusen ist nur dann sichergestellt, wenn durch entsprechende Maßnahmen (z. B. gegenseitig verriegelte automatische Türen) ein gleichzeitiges Öffnen der Ein- und Ausgangstür verhindert wird. Ohne diese Voraussetzungen läßt sich eine wirksame lüftungsmäßige Trennung auch mit Hilfe einer RLT-Anlage nicht erreichen. Mit Rücksicht auf eine geringe Übertragungsrate beim Öffnungsvorgang eignen sich Schiebetüren am besten.

Diese wirksame Trennfunktion ist mit Rücksicht auf die mögliche Intensität eines Luftaustausches entgegen dem Gefälle des hygienischen Standards besonders wichtig, wenn der zu schützende Bereich mehr als eine Verkehrsverbindung zum übrigen Gebäude hat, wenn innerhalb des Schutzbereiches Fenster zum Öffnen eingebaut oder Öffnungen zu Schächten vorhanden sind (z. B. Klappen von Abwurfschächten, Aufzugtüren). Der sicherere Weg besteht darin, die vorstehend genannten Störeinflüsse durch entsprechende bauliche Gestaltung gänzlich auszuschalten.

5.3 Schallpegel

Die von der RLT-Anlage erzeugten Geräusche müssen, unterstützt durch bauseitige Maßnahmen, so vermindert werden, daß der durch Luft- oder Körperschall in die gelüfteten Räume übertragene Schall die in Tabelle 2, Spalte 10 (siehe Abschnitt 7) angegebenen Richtwerte für den maximalen Anlagen-Schallpegel nicht überschreitet.

6 Technisch-hygienische Anforderungen

6.1 Außenluftansaugöffnung und Fortluftaustrittsöffnung

An die Reinheit der Zuluft sind hohe Anforderungen zu stellen. Die Ansaugöffnung für die Außenluft soll mindestens 3 m über Erdniveau liegen, da die Außenluft im Freien in Bodennähe mit Mikroorganismen und Staub angereichert ist. Auch gegenüber einem Flachdach und anderen waagerechten Flächen ist ein ausreichend großer, zusätzlich die Umströmung des Gebäudes berücksichtigender Abstand erforderlich. Eine generelle Angabe der optimalen Höhe der Ansaugöffnung ist wegen der unterschiedlichen meteorologischen Gegebenheiten und der baulichen Struktur nicht möglich.

Darüber hinaus ist die Lage der Außenluftansaugöffnung unter Berücksichtigung emittierender Fortluft-, Rauchgas-, Geruchs- oder sonstiger Störquellen zu wählen, wobei auch die zukünftige Bebauung beachtet werden muß. Erforderlichenfalls ist ein Fachgutachten einzuholen.

Die Ansaugöffnung darf für Unbefugte nicht unmittelbar zugänglich sein.

Die Fortluft ist möglichst über Dach ins Freie zu führen. Höhe, Lage sowie Ausbildung der Fortluftöffnung sind so festzulegen, daß eine Belästigung und Gefährdung der Umgebung oder des eigenen Gebäudes auch bei eingeschränktem Volumenstrom vermieden wird und auch unter Windeinfluß die Abführung der Fortluft gesichert ist. Erforderlichenfalls ist auch hier ein Fachgutachten einzuholen.

6.2 Luftleitungen

6.2.1 Allgemeine Anforderungen

Die Luftleitungen müssen glatte Wandungen haben; als glatt gilt verzinktes Stahlblech oder gleich glattes Material. Sie müssen ferner so kurz wie möglich sein.

Flexible Luftleitungen dürfen nur zum Anschluß von Luftdurchlässen bis zu einer Länge von maximal 2 m verwendet werden.

Luftleitungen, Formstücke und Verbindungen sind aerodynamisch so auszuführen, daß Partikelablagerungen und das Eindringen von Falschluft infolge örtlicher Unterdruckbildung in Zuluftleitungen, die unter Überdruck stehen, möglichst vermieden werden.

Alle in Luftstromrichtung hinter der 3. Filterstufe anschließenden Luftleitungen müssen so ausgeführt werden, daß sie innen leicht gereinigt und wischdesinfiziert werden können.

Hinter der 3. Filterstufe dürfen keine flexiblen Luftleitungen, Schalldämpfer, Klappen u. ä. eingebaut werden. Wickelfalzrohre dürfen hinter der 3. Filterstufe nur dann verwendet werden, wenn sie mit Gleitmitteln hergestellt wurden, die rückstandsfrei verdunsten.

Räume, die nach ihrem hygienischen Standard innerhalb des Gebäudes nicht miteinander in Luftaustausch stehen dürfen, z. B. verschiedene OP-Funktionseinheiten, müssen durch luftdichte Klappen trennbare Zu- und Abluftleitungen erhalten. Die zuluftseitige Trennung muß bei 3stufiger Filterung spätestens vor der 3. Filterstufe erfolgen.

Nicht zur RLT-Anlage gehörende Installationen sind in Luftleitungen unzulässig. Nicht vermeidbare, für die RLT-Anlage erforderliche Installationen müssen die vorstehend genannten Forderungen an die Beschaffenheit der Oberfläche erfüllen (z. B. Leuchten und deren Stromzuführungsleitungen in begehbaren Kanälen, Heizmitteltungen zu Lufterwärmern oder Dampfzuleitungen zu Dampfbefeuchtern).

Im Bereich von in Luftleitungen befindlichen Bauelementen, wie z. B. Absperrklappen, Volumenstromregler, müssen Revisionsöffnungen vorgesehen werden. Ihre Lage muß gut sichtbar gekennzeichnet werden.

Bauliche Hohlräume wie Installationsschächte, zwischen Doppelwänden oder durch Deckenabhängungen dürfen zur Führung von Zuluft und Abluft nicht unmittelbar genutzt werden.

Tabelle 1: Strömungsrichtung in OP-Abteilungen[8)]

		1	2	3	4	5	6	7	8	9	10	11	12	13	14	15	16	17	18	19	20	21	22	23
		aseptischer OP-Raum	septischer OP-Raum	Waschraum	Einleitungsraum	Ausleitungsraum	Geräteraum, rein (unmittelbar am OP-Raum)	Versorgungsflur/-lager für Sterilgut[9)]	OP-Flur	Geräteaufbereitung, rein	Geräteaufbereitung, unrein	Sterilisation, reine Seite	Sterilisation, unreine Seite	Aufwachraum (innerhalb der OP-Abteilung)	Personalaufenthaltsraum	Putzraum	Personalumkleide-, innerer reiner Raum	Personalumkleide-, innerer unreiner Raum	Personalumkleide-, äußerer unreiner Raum, gegebenenfalls mit WC	Patientenschleuse	Versorgungsschleuse	Entsorgungsschleuse	übriges Krankenhaus	Außenluft
1	aseptischer OP-Raum																							
2	septischer OP-Raum																							
3	Waschraum	←	O																					
4	Einleitungsraum	←	O	O																				
5	Ausleitungsraum	←	O	O	O																			
6	Geräteraum, rein (unmittelbar am OP-Raum)	←	↑	↑	↑	↑																		
7	Versorgungsflur/-lager für Sterilgut[9)]	↑	↑																					
8	OP-Flur			←	←	←	←	←																
9	Geräteaufbereitung, rein						O	←	↑															
10	Geräteaufbereitung, unrein							←	←															
11	Sterilisation, reine Seite	↑	↑					O	↑	↑														
12	Sterilisation, unreine Seite								←		O	←												
13	Aufwachraum (innerhalb der OP-Abteilung)								←															
14	Personalaufenthaltsraum								←															
15	Putzraum								←	←	O	←	O											
16	Personalumkleide-, innerer reiner Raum								←															
17	Personalumkleide-, innerer unreiner Raum								←									←						
18	Personalumkleide-, äußerer unreiner Raum, gegebenenfalls mit WC																	←	←					
19	Patientenschleuse								←					O										
20	Versorgungsschleuse								←															
21	Entsorgungsschleuse								←															
22	übriges Krankenhaus													←	←	←		←		←	←	←	←	
23	Außenluft	←	←					←				←	←	←			←	←						

Die Pfeile geben die Strömungsrichtung zwischen jeweils benachbarten Räumen an.
O bedeutet: Luftaustausch in beiden Richtungen unbedenklich
BEISPIEL: Spalte 1 „aseptischer OP-Raum"
               Zeile 3 „Waschraum"
               Der Pfeil gibt die Strömungsrichtung vom aseptischen OP-Raum zum Waschraum an.

[8)] Erfahrungsgemäß ist bei der geforderten Raumdichtigkeit ein Luftvolumenstrom von etwa 20 m^3/(m Fugenlänge · h) ausreichend, um die notwendige Strömungsrichtung zu sichern.

[9)] Unmittelbare Anbindung an den OP-Raum durch Durchreicheschrank.

Es ist sicherzustellen, daß die Innenwandungen der Luftleitungen durch Transport, Lagerung auf der Baustelle und Montage nicht verschmutzt werden. Die Luftleitungen sind nach Montage der Tagesleistung zu schließen, damit der geforderte Reinheitszustand erhalten bleibt. Dann ist zur Inbetriebnahme eine weitere Reinigung der Luftleitungen zwischen der — in Luftstromrichtung gesehen — 2. Filterstufe und Raum bzw. zwischen 2. und 3. Filterstufe nicht mehr nötig (siehe auch Abschnitt 9, Absatz 2).

6.2.2 Außenluftansaugleitungen

Außenluftansaugleitungen müssen nach der Dichtheitsklasse II nach DIN V 24194-2 ausgeführt werden, um das Ansaugen von Falschluft aus dem Gebäude (Leckagen) und die damit verbundene Gefahr einer Krankenhausinfektion zu vermeiden. Aus diesem Grund ist auch in den Fällen, in denen bei unvermeidbar großer Entfernung zwischen Ansaugöffnung und zu versorgenden Räumen die Möglichkeit einer Wahl zwischen kurzer Ansaugleitung mit langer Überdruckleitung und langer Ansaugleitung mit kurzer Überdruckleitung besteht, die kurze Ansaugleitung zu bevorzugen.

Der Leitungsabschnitt zwischen Ansaugöffnung und Kammerzentrale bzw. (Lüftungs-)Gerät muß begehbar, mindestens bekriechbar oder aber mit einer ausreichenden Anzahl von Reinigungsöffnungen versehen sein, so daß eine mechanische Reinigung und Desinfektion der Innenwandungen möglich ist.

Die allgemeine Forderung nach glatten Innenwandungen gilt für die Ansaugleitungen als erfüllt, wenn deren maximale Rauhtiefe R_{max} 0,3 mm beträgt.

Die Wandungen müssen mechanisch beanspruchbar und abriebfest sein.

Die Anordnung eines Bodenablaufs soll vermieden werden. Sofern sich eine Entwässerung nicht umgehen läßt, darf sie nicht direkt an das Abwasserleitungsnetz angeschlossen werden.

Die Reinigungsfähigkeit der Ansaugleitungen einschließlich der Installation muß erhalten bleiben. Durchführungen durch die Wandungen der Ansaugleitungen sind so auszuführen, daß auch die für diese geforderte Dichtheit eingehalten wird.

6.2.3 Zuluftleitungen

Wenn Lage oder Umfang von Räumen oder Raumgruppen der Raumklasse II die in 6.2.1 (1. Absatz) geforderte kurze Leitungsführung mit wirtschaftlich vertretbarem Aufwand nicht zulassen, müssen die unvermeidbar längeren Leitungsabschnitte als Überdruckleitungen ausgeführt werden.

Die allgemeine Forderung nach möglichst kurzen Luftleitungen gilt in besonderem Maße für Räume der Raumklasse I. Daher ist auch die Kammerzentrale bzw. das (Lüftungs-)Gerät möglichst nahe den zu versorgenden Räumen bzw. Raumgruppen anzuordnen.

Innerhalb der Raumklasse I müssen Zuluftüberdruckleitungen nach der Dichtheitsklasse III nach DIN V 24194-2 ausgeführt werden. Alle übrigen Überdruckleitungen sind nach der Dichtheitsklasse II nach DIN V 24194-2 auszuführen. Der Leckluftvolumenstrom der Zuluftleitung darf zu keinem Überdruck in den baulichen Hohlräumen führen. Erfahrungsgemäß ist dies gesichert, wenn dem jeweiligen Hohlraum rechnerisch etwa der 3fache Leckluftvolumenstrom über die zugehörende Abluftleitung entzogen wird.

Vor jeder 3. Filterstufe ist ein Stutzen anzuordnen, der gut zugänglich sein muß, um erforderlichenfalls die Aufgabe eines Prüfaerosols zu ermöglichen (siehe B.2, 1. Spiegelstrich).

Sofern die 3. Filterstufe nicht endständig ausgeführt wird, ist für die hygienisch-mikrobiologische Überwachung in dem Leitungsabschnitt zwischen 3. Filterstufe und Raum möglichst außerhalb des zu versorgenden Raumes ein Prüfstutzen mit 80 mm Durchmesser einschließlich Verschlußkappe vorzusehen.

6.2.4 Abluft-, Umluft- und Fortluftleitungen

Die druckseitigen Leitungsabschnitte sind so kurz wie möglich und nach der Dichtheitsklasse II nach DIN V 24194-2 auszuführen, um das Austreten von Luft aus dem Leitungsnetz in das Gebäude zu vermeiden.

Die Fortluft aus Isotopenabteilungen ist über ein gesondertes Luftleitungsnetz ungefiltert ins Freie zu führen. Eine Abluftfilterung ist nur erforderlich, wenn die Strahlenschutzverordnung eine Filterung vorschreibt.

6.3 Absperrklappen

RLT-Anlagen müssen so ausgeführt werden, daß über ihre Kanalnetze auch bei Anlagenstillstand durch Wind- oder Auftriebsdrücke kein Lufttransport erfolgen kann, der die lufthygienische Qualität des Gebäudes vermindert. Dazu müssen unter bestimmten Bedingungen in den Kanalnetzen motorbetätigte luftdichte Klappen eingebaut werden. Diese müssen bei Anlagenstillstand und auch bei Ausfall der Hilfsenergie für die Stellmotore schließen.

Die Bedingung des luftdichten Schließens im Sinne dieser Norm gilt als erfüllt, wenn bei einer Druckdifferenz von 100 Pa ein Leckluftvolumenstrom von 10 m^3/h, bezogen auf eine freie Fläche im Drosselquerschnitt bei maximaler Öffnung von 1,0 m^2, nicht überschritten wird.

Luftdichte Klappen zur Erfüllung der obigen Voraussetzungen sind erforderlich mindestens an folgenden Stellen der Zuluftleitungen — soweit sie nicht durch eine 3. Filterstufe gegen mögliche hygienische Folgen von Rückströmungen geschützt sind — und der Abluftleitungen:

a) Bei Anlagen, die Räume verschiedener Raumklassen nach Tabelle 2, Spalte 3 versorgen, an den Trennflächen zwischen den Raumklassenbereichen.

b) Bei Anlagen, die mehrere Geschosse versorgen, in allen Geschoßabzweigen, wenn ein Betrieb mit längeren Stillstandszeiten auf Dauer nicht sicher ausgeschlossen werden kann[10].

c) Darüber hinaus an den Grenzen von Bereichen der gleichen Raumklasse, zwischen denen jedoch aus der Sicht des Hygienikers eine luftmäßige Trennung auch bei Anlagenstillstand sichergestellt sein muß[11].

d) In den Zu- und Abluftleitungen von RLT-Anlagen, die Bereiche mit unterschiedlichen hygienischen Anforderungen versorgen, an einer Stelle zwischen den angeschlossenen Räumen und dem Außenluft-Ansauggitter bzw. Fortluft-Ausblasgitter.

Vor jeder 3. Filterstufe bzw. vor einer Gruppe parallel geschalteter 3. Filterstufen ist eine luftdichte Klappe anzuordnen, die eine Filterwartung auch während des Betriebes der Anlage ermöglicht. Bei luftdichten Klappen vor endständigen Filtern ist zu Filterwartungszwecken eine Einzelbetätigung zulässig.

---

[10] Der durch unerwünschte Druckdifferenzen bedingte Luftaustausch über vertikale Schachtverbindungen ist in der langdauernden kälteren Jahreszeit besonders intensiv. Daher sind bei RLT-Anlagen, die mehrere Geschosse versorgen, luftdichte Klappen in den Geschoßabzweigen besonders wichtig.

[11] Zu Bereichen gleicher Raumklasse, zwischen denen aus hygienischer Sicht eine luftmäßige Trennung auch bei Anlagenstillstand sichergestellt sein muß, zählen im allgemeinen z. B. verschiedene OP-Funktionseinheiten und reine/unreine Bereiche bei Zentral-Sterilisation.

Baumustergeprüfte Brandschutzklappen dürfen als Absperrklappen genutzt werden, sofern dies bauaufsichtlich zugelassen ist.

Übliche Jalousieklappen sind vor der 1. Filterstufe und nach dem Fortluftventilator anzuordnen.

6.4 Entrauchungsleitungen und Brandschutzklappen

Entrauchungsleitungen sind so auszuführen, daß kein lufthygienisch unzulässiger Lufttransport erfolgen kann.

Brandschutzklappen sind hinter 3. Filterstufen nicht zulässig. Brandschutzklappen im Zuluftstrom für die Raumklasse I müssen so mit den Abluftventilatoren für diese Räume zusammengeschaltet werden, daß beim Schließen der Brandschutzklappen auch der Abluftstrom unterbrochen wird, damit eine Keimübertragung aus den angrenzenden Raumbereichen verhindert wird.

6.5 Bauelemente der RLT-Anlagen

6.5.1 Aufstellung der Bauelemente

Ventilatorräume, Kammerzentralen, (Lüftungs-)Geräte, Filterräume sowie einzeln angeordnete Bauelemente müssen für das Bedienungs- und Wartungspersonal einschließlich notwendiger Materialtransporte leicht erreichbar sein, ohne Räume der Raumklasse I betreten zu müssen. Als Ausnahme kann der Einbau eines Raumumluftgerätes mit sensiblen Kühlern integriert in einem besonderen Luftführungssystem gelten, sofern der Hygieniker dieser Ausnahme zustimmt; dabei ist von den im folgenden Absatz enthaltenen Anforderungen der Gesichtspunkt der Wartung ganz besonders zu beachten. — Zulässig ist das Kontrollieren und Wechseln endständiger 3. Filterstufen.

Die Kammerzentralen und (Lüftungs-)Geräte müssen so bemessen sein, daß Bedienung, Wartung und Reinigung der Bauelemente der RLT-Anlagen einschließlich deren Aufstellungsräume unter dem Gesichtspunkt erhöhter Betriebssicherheit und erhöhter Anforderungen der Hygiene sichergestellt werden.

6.5.2 Allgemeine Anforderungen

Alle Bauelemente, (Lüftungs-)Geräte und Kammerzentralen müssen so beschaffen sind und angeordnet sein, daß die Anforderungen, die für Luftleitungen gelten, erfüllt werden können und die Reinigung und Wartung einschließlich des Wechsels von Filtern mit geringstmöglichem Aufwand durchgeführt werden können. Dazu müssen die Innenwandungen der Kammerzentralen und (Lüftungs-)Geräte glatt und reinigungsfähig ausgeführt sein. Die Bauelemente der RLT-Anlagen müssen zur Reinigung an der An- und Abströmseite zugänglich, ersatzweise leicht und gefahrlos ausbaubar sein; das ist auch bei der Ausführung von Rohrleitungsanschlüssen zu beachten.

Kammerzentralen und (Lüftungs-)Geräte müssen zur Kontrolle mindestens der Ventilatoren, Filter sowie Be- und Entfeuchter mit Schaugläsern und mit Innenbeleuchtungen versehen sein.

Die Umschließungsflächen der Kammerzentralen und die Gehäuse von (Lüftungs-)Geräten müssen unter Berücksichtigung aller im eingebauten Zustand möglichen Störeinflüsse (Leitungsanschlüsse, Kabeldurchführungen usw.) der Dichtheitsklasse II nach DIN V 24194-2 entsprechen.

Für die Entwässerung der raumlufttechnischen Geräte gelten die gleichen Anforderungen wie an die Entwässerung der Außenluftansaugleitungen.

6.5.3 Luftfilter

Die in 5.2.2 mit der Angabe der Filterklassen geforderten Abscheidegrade müssen bei allen Betriebszuständen erhalten bleiben. Dies gilt besonders für den Dichtsitz und für das Betriebsverhalten bei Feuchteeinwirkungen.

Die Filtermaterialien der 1. und 2. Filterstufe dürfen durch Feuchteeinwirkungen keine Zersetzungs- und keine wesentlichen Quellerscheinungen zeigen und in ihrem Strömungswiderstand nicht wesentlich beeinflußt werden.

Als 3. Filterstufe dürfen nur Schwebstoffilter nach DIN EN 1822-1 eingebaut werden. Das Filtermaterial muß hydrophob sein. Dabei darf das filternde Material des ungebrauchten Filters nach USA-MIL-STD 282 von Wasser mit einem Prüfdruck von 2 000 Pa nicht durchdrungen werden.

Die Schwebstoffilterelemente sind in das Filtergehäuse dauerhaft dicht einzubauen. Der Dichtsitz von Schwebstoffiltergehäusen muß nachprüfbar sein. Bei Verwendung einer Prüfrille darf durch Messung des Leckluftvolumenstromes aus dem Hohlraum der Prüfrille bei einem Überdruck von 2 000 Pa nachgewiesen werden, daß der Leckluftvolumenstrom 0,003% des Nennluftvolumenstromes eines Filterelementes nicht überschreitet.

Eine Taupunktunterschreitung im Schwebstoffilter muß vermieden werden, da Bakterien- und Pilzwachstum in der Nähe des Taupunktes begünstigt wird. Die relative Luftfeuchte in der das Filtermaterial durchströmenden Luft darf deshalb einen Höchstwert von 95 % nicht überschreiten; um einen unerwünscht hohen Anstieg des Filterwiderstandes zu vermeiden, sollte die relative Luftfeuchte jedoch nicht größer als 90 % sein (vgl. 6.5.5).

An jeder Filterstufe ist zur Überwachung des Betriebszustandes ein Differenzdruckmeßgerät anzubringen, da die Druckdifferenz Meßgröße für die Staubaufnahme des Filters ist. Bei 3. Filterstufen genügt eine verschließbare Meßmöglichkeit.

Um eine möglichst eindeutige Beurteilung des Zustandes der Filter vornehmen zu können, sind für jedes Filter folgende Kenndaten an der Filtereinheit nach Fertigstellung der Anlagen sichtbar anzubringen: Filterklasse, Art des Filtermediums, Nennluftvolumenstrom, zugehörige Anfangsdruckdifferenz, zulässige Enddruckdifferenz. Vom Betreiber ist an derselben Stelle der Tag des jeweils letzten Filterwechsels einzutragen.

6.5.4 Ventilator

Der Zuluft-Ventilator ist zwischen der 1. und der 2. Filterstufe anzuordnen.

Ein Wasserniederschlag im Ventilator muß verhindert werden.

6.5.5 Luftbefeuchter

Luftbefeuchter sind vor der 2. Filterstufe anzuordnen.

Bei der Auswahl des Befeuchtungsverfahrens ist der Hygieniker zu beteiligen.

Für die Befeuchtungseinrichtungen ist neben einer leichten Zugänglichkeit auch eine gute Beobachtungsmöglichkeit sicherzustellen. Außerdem ist eine für die jeweilige Befeuchtungstechnik ausreichend lange Befeuchtungsstrecke vorzusehen.

Die Luftbefeuchter sind so auszulegen, daß keine Tröpfchenbildung im Zuluftvolumenstrom nach den Befeuchtern auftritt und die relative Luftfeuchtigkeit am Ende der Befeuchtungsstrecke etwa 90 % nicht übersteigt.

Ferner muß sichergestellt werden, daß während des Betriebs hinter der Befeuchtungsstrecke keine Kondensatbildung im Zuluftsystem auftreten kann. Dies muß auch bei Ausfall der RLT-Anlage, fehlendem oder zu geringem Zuluftvolumenstrom sichergestellt sein.

Die Wasserabläufe sind nach 6.5.6 auszubilden.

Bei Dampfbefeuchtung darf der Dampf keine gesundheitsschädlichen Stoffe enthalten.

Bei Umlaufsprühbefeuchtung darf die Qualität der Zuluft nicht durch chemische Stoffe verschlechtert werden. Bezüglich der mikrobiologischen Qualität muß das zur Luftbefeuchtung eingespeiste Wasser mindestens Trinkwasserqualität besitzen. Um eine Keimvermehrung zu verhindern, ist eine Behandlung des Wassers vorzunehmen, z. B. durch Verwendung von UV-Strahlern. Bei chemischer Behandlung muß die toxikologische (akute und chronische) Unbedenklichkeit der Zuluft sichergestellt bleiben.

Die Befeuchtungseinrichtungen müssen dem Verwendungszweck entsprechend korrosionsbeständig, reinigungsfähig und desinfizierbar sein.

6.5.6 Luftkühler mit Luftentfeuchtung

Luftkühler mit Luftentfeuchtung sind vor der 2. Filterstufe anzuordnen.

Die Konstruktion des Luftkühlers muß einen einwandfreien Tauwasserabfluß sicherstellen.

Jeder Luftkühler mit Luftentfeuchtung ist mit einer Tauwasserwanne und einem genügend groß dimensionierten Tauwasserablauf zu versehen. Alle Teile des nassen Bereiches müssen reinigungsfähig und desinfizierbar sein.

Es sind Vorkehrungen zu treffen, daß — bei Stillstand und allen Betriebszuständen — keine festen, flüssigen oder gasförmigen Verunreinigungen aus den Tauwasserabläufen in den Zuluftstrom gelangen. Dies ist z. B. durch Vorschaltung einer Wasservorlage mit Schwimmerventil sicherzustellen. Ein direkter Anschluß der Tau- und Wasserabläufe an das Abwassernetz ist nicht statthaft.

6.5.7 Tropfenabscheider

Durch geeignete Maßnahmen ist sicherzustellen, daß keine Wassertropfen von Befeuchtern oder Kühlern in nachfolgende Anlageteile mitgerissen werden.

Wenn erforderlich, sind Tropfenabscheider vor der 2. Filterstufe anzuordnen.

Tropfenabscheider müssen korrosionsbeständig, reinigungsfähig und desinfizierbar sein.

6.5.8 Wärmerückgewinner

6.5.8.1 Allgemeines

Für die Wärmerückgewinnung bei RLT-Anlagen werden aus hygienischer Sicht zwei Verfahren unterschieden:

— Anlagen, bei denen eine Partikel- und Gasübertragung von der Fortluft auf die Zuluft nicht möglich ist (z. B. kreislaufverbundene Wärmeaustauscher);

— Anlagen ohne Trennwände und Anlagen mit Trennwänden, bei denen leckluftbedingt eine Übertragung von Partikeln und Gasen von der Fortluft auf die Zuluft grundsätzlich möglich ist.

Wärmerückgewinner sind zwischen der 1. und 2. Filterstufe anzuordnen.

6.5.8.2 Anlagen ohne Übertragungsmöglichkeit

Anlagen, bei denen aufgrund ihrer Konstruktion eine Partikel-(Keim-)Übertragung sowie eine Gasübertragung von der Fortluft auf die Zuluft nicht möglich sind, können ohne hygienische Prüfung eingesetzt werden.

6.5.8.3 Anlagen mit Übertragungsmöglichkeit

Eine Partikel-(Keim-)Übertragung sowie eine Gasübertragung von der Fortluft auf die Zuluft können stattfinden, weil die Austauschflächen abwechselnd von kontaminierter Fortluft und angesaugter Außenluft berührt werden oder weil Undichtheiten an den Trennflächen zwischen den Luftströmen konstruktionsbedingt oder durch Beschädigung auftreten können.

Für diese Anlagenarten darf unter den gegebenen Betriebsbedingungen die Übertragungsrate von Partikeln (Keimen) vom Fortluft- in den Außenluftstrom nicht größer als $1:10^3$ sein. Der Nachweis der Übertragungsrate kann mit Hilfe eines geeigneten Gases (z. B. Distickstoffmonoxid) erfolgen.

Für diese Anlagen ist die hygienische Unbedenklichkeit durch zwei Gutachten nachzuweisen, von denen eines experimentell sein muß. Einer der Gutachter muß Hygieniker sein.

Bei Gasrückführungen dürfen an den Einwirkungsorten die zulässigen Konzentrationen nicht überschritten werden.

Abluft aus Bereichen der Tierhaltung und aus Räumen mit starker Geruchsbelastung darf nicht verwendet werden.

6.5.9 Schalldämpfer

Schalldämpfer sind so auszuführen, daß die der Luftströmung zugewandten Oberflächen so abriebfest und wasserabweisend wie möglich sowie unverrottbar sind. Sie sind gegen mechanische Beschädigung wirksam zu schützen (z. B. mit Lochblech oder mit Folie und Drahtgitter).

Außenluftschalldämpfer sollten nach der 1. Filterstufe vor dem Ventilator angeordnet werden. Die Zuluftschalldämpfer sollten vor der 2. und erforderlichenfalls zusätzlich vor der 3. Filterstufe angeordnet werden.

6.5.10 Luftdurchlässe

Luftdurchlässe müssen zur Reinigung und Desinfektion, auch des unmittelbar dahinterliegenden Teiles der Luftleitung, zugänglich und leicht ausbaubar sein. Die Einstellung der Luftdurchlässe soll nicht — auch nicht versehentlich — leicht verändert werden können.

Zuluftdurchlässe in OP-Räumen müssen so ausgeführt und eingebaut sein, daß eine Rückströmung von Raumluft in das Innere des Luftdurchlasses ausgeschlossen ist.

Abluftdurchlässe sind in Räumen mit starkem Flusenanfall, z. B. OP-Räumen, mit Flusensieben zu versehen, die ohne Werkzeug leicht abnehmbar sind.

In OP-Räumen sollen von der Abluft 1 200 m³/h in Fußbodennähe und der Rest in Deckennähe abgeführt werden (siehe Anhang C, Erläuterung zu 6.5.10). Bei getrennter Fortluft- und Umluftführung ist mindestens die Fortluft in Fußbodennähe abzuführen.

Die Abluftöffnungen müssen für die Reinigung gut zugänglich sein. Die Unterkante der unteren Abluftöffnungen muß einige Zentimeter über Fußboden angeordnet sein, wobei die Sohle zum OP-Raum hin abgeschrägt sein muß.

6.6 RLT-Anlagen in OP-Abteilungen

6.6.1 Aufgaben der RLT-Anlagen

In OP-Räumen muß die RLT-Anlage vier voneinander unabhängige Aufgaben erfüllen:

— Begrenzung des Luftkeimpegels in den besonders zu schützenden Bereichen (Operationsfeld und Instrumententische, nachfolgend Schutzbereiche genannt);

— Sicherstellung der geforderten Luftströmung zwischen den Räumen (siehe 5.2.5);

— Begrenzung der Narkosegaskonzentration und anderer Stofflasten im Aufenthaltsbereich;

— Einhaltung der geforderten Raumluftzustände (Abführung der Wärme- und Stofflasten).

6.6.2 Zuluftvolumenstrom

Für OP-Räume mit hohen Anforderungen an die Keimarmut ist bei einem Luftführungssystem mit Mischströmung im Raum erfahrungsgemäß ein Mindest-Zuluftvolumenstrom von $\dot{V}_{ZU}^* = 2400 \text{ m}^3/\text{h}$ erforderlich. Dieser wird hier als „Bezugs-Zuluftvolumenstrom" definiert.

Für eine nur im Raum entwickelte gegebene Schadstoffbeimengung (z. B. Luftkeime) stellt sich dabei im Mittel über den Raum (bzw. über die Gesamtabluft) eine „Bezugs-Luftkeimkonzentration" $\bar{k}_R^*$ ein, die örtlich im Raum keine großen Unterschiede aufweist (siehe Anhang C, Erläuterungen zu 6.6.2, 1. und 2. Absatz).

Bei Luftführungssystemen mit Verdrängungsströmung kann in den Schutzbereichen diese Bezugs-Luftkeimkonzentration bereits mit einem um den Kontaminationsgrad μ_S verminderten Zuluftvolumenstrom erreicht werden.

Um für eine relative Bewertung verschiedener Luftführungssysteme eine von der Menge des eingegebenen Schadstoffes unabhängige Größe zu erhalten, wird eine „relative Luftkeimkonzentration" ε_S im Schutzbereich wie folgt definiert:

$$\varepsilon_S = \frac{\bar{k}_S}{\bar{k}_R^*} = \mu_S \frac{\bar{k}_R}{\bar{k}_R^*} = \mu_S \frac{\dot{V}_{ZU}^*}{\dot{V}_{ZU}} \quad (1)$$

Darin bedeuten:

$\mu_S = \dfrac{\bar{k}_S}{\bar{k}_R}$ Kontaminationsgrad im Schutzbereich;

$\bar{k}_R$ mittlere Luftkeimkonzentration im Raum bei $\dot{V}_{ZU}$;

$\bar{k}_R^*$ mittlere (Bezugs-)Luftkeimkonzentration im Raum bei $\dot{V}_{ZU}^*$;

$\bar{k}_S$ mittlere Luftkeimkonzentration im Schutzbereich;

$\dot{V}_{ZU}^*$ Bezugs-Zuluftvolumenstrom (2 400 m³/h);

$\dot{V}_{ZU}$ realer Zuluftvolumenstrom.

Für die relative Luftkeimkonzentration ε_S, die als Bewertungsmaß für die im Schutzbereich gegebene lufthygienische Qualität anzusehen ist, sind zulässige Grenzwerte $\varepsilon_{S\text{zul}}$ festgelegt, so daß für den minimal erforderlichen Zuluftvolumenstrom gilt:

$$\dot{V}_{ZU\min} = \dot{V}_{ZU}^* \frac{\mu_S}{\varepsilon_{S\text{zul}}} = 2400 \frac{\mu_S}{\varepsilon_{S\text{zul}}} \quad \text{in} \quad \frac{\text{m}^3}{\text{h}} \quad (2)$$

Der Kontaminationsgrad μ_S ist bei gegebenen Betriebsbedingungen nicht nur vom Luftführungssystem, sondern auch von einer Reihe anderer Einflußparameter, insbesondere vom Zuluftvolumenstrom selbst, abhängig. Der minimal erforderliche Zuluftvolumenstrom nach Gleichung (2) kann daher nur experimentell ermittelt werden. Dabei kann der einer idealen Mischströmung entsprechende Wert $\mu_S = 1$ ohne Nachweis für alle Luftführungssysteme eingesetzt werden. Werte $\mu_S < 1$ müssen durch eine Prüfung nach DIN 4799 nachgewiesen werden[12].

Als Höchstwerte für die relative Luftkeimkonzentration im Schutzbereich werden festgelegt für

— OP-Räume, Typ A, mit besonders hohen Anforderungen an die Keimarmut (z. B. für Transplantationen, Herzoperationen, Gelenkprothetik, Alloplastik) $\varepsilon_{S\text{zul}} = 2/3$ [13];

— OP-Räume, Typ B, mit hohen Anforderungen an die Keimarmut (auch minimal invasive Chirurgie) $\varepsilon_{S\text{zul}} = 1$ (definitionsgemäß).

An welche OP-Räume hohe und an welche besonders hohe Anforderungen an die Keimarmut zu stellen sind, muß der Hygieniker festlegen (siehe Anhang C, Erläuterungen zu 6.6.2, 3. bis 8. Absatz).

Die genannte Mindestanforderung $\varepsilon_{S\text{zul}} = 2/3$ für OP-Räume mit besonders hohen Anforderungen an die Keimarmut soll nicht mit Zuluftvolumenströmen verwirklicht werden, die über dem Bezugs-Zuluftvolumenstrom $\dot{V}_{ZU}^*$ (2 400 m³/h) liegen, sondern durch Luftführungssysteme mit guter Verdrängungswirkung ($\mu_S \leq 2/3$). Für die Luftführungssysteme werden daher zusätzlich folgende Bedingungen festgelegt:

— OP-Räume, Typ A: Luftführungssysteme mit Verdrängungsströmung;

— OP-Räume, Typ B: Luftführungssysteme mit Mischströmung oder Verdrängungsströmung.

Diese differenzierten Anforderungen an die Keimarmut sind an der Art der im OP-Raum durchzuführenden Operationen orientiert und setzen im übrigen übliche Betriebsbedingungen bezüglich Dauer der Einzeloperationen, zeitlichen Umfangs des täglichen Operationsprogramms, Anzahl der anwesenden Personen, Resistenzschwäche des Patienten usw. voraus.

Außer dem Gesichtspunkt der möglichen Luftkeimkonzentration sind bei der Wahl des Luftführungssystems auch die Fragen der Behaglichkeit für das OP-Team und der Zuträglichkeit für den Patienten mitzuberücksichtigen (siehe Anhang C, Erläuterungen zu 6.6.2, 11. Absatz).

Der günstige Einfluß von Deckenfeldern mit turbulenzarmer Verdrängungsströmung ist nur bei Verwendung geeigneter strömungsgünstiger Leuchten voll wirksam.

Ferner muß darauf geachtet werden, daß andere Strömungshindernisse, wie z. B. Bildschirme, Ampeln oder Röntgengeräte, nicht im Luftstrom zwischen dem Deckenfeld und dem besonders zu schützenden Bereich (Operationsfeld, Instrumententische) liegen.

6.6.3 Außenluftvolumenstrom

Bei 3stufiger Filterung der Zuluft kann davon ausgegangen werden, daß die Luftkeimkonzentration vernachlässigbar gering ist, auch wenn in der Zuluft Umluft enthalten ist. Da Narkosegas und Desinfektionsmitteldämpfe in den Filtern nicht abgeschieden werden, ist hier für die Senkung der Gaskonzentration in den Aufenthaltsbereichen nur der Außenluftanteil wirksam. Der Mindest-Außenluftvolumenstrom muß daher $\dot{V}_{AU\min}$ betragen, um bei üblichen Luftführungssystemen mit Mischcharakteristik die Narkosegaskonzentration im Aufenthaltsbereich des besonders exponierten Anästhesisten unterhalb der toxikologisch zulässigen Grenze zu halten[14].

Zur Verminderung der Narkosegasemissionen werden in der Regel zwar Absaugsysteme vorgesehen. Aus technischen und funktionellen Gründen ist deren Absaugung jedoch nicht vollständig, so daß stets mit einer gewissen Narkosegasemission im OP-Raum zu rechnen ist. Der Mindest-Außenluftvolumenstrom berücksichtigt zusätzlich auch weitere im OP-Raum freiwerdende Schadstoffe, wie z. B. Desinfektions- und Reinigungsmittel.

---

[12] Soweit im gewerblichen Verkehr erreichbare relative Luftkeimkonzentrationen als Produktmerkmale für Luftführungssysteme verwendet werden, müssen diese nach DIN 4799 nachgewiesen werden.

[13] Wenn in besonderen Fällen noch höhere Anforderungen ($\varepsilon_{S\text{zul}} < 2/3$) gestellt werden, ist nach Abschnitt 3, Absatz 3, zu verfahren.

[14] Die trotz Verwendung von Narkosegasabsaugesystemen entstehenden Emissionen betragen nach derzeitigem Kenntnisstand z. B. für Halothan bis zu etwa 500 ml/h. Bei einem Außenluftvolumenstrom von 1 200 m³/h beträgt die Halothan-Volumenkonzentration bei gleichmäßiger Verteilung im Raum folglich 0,4 ppm. Nach bisherigen Untersuchungen liegen die Spitzenkonzentrationen in der Nähe der Emissionsquelle (Aufenthaltsbereich des Anästhesisten) um eine 10er-Potenz höher. Der MAK-Wert für Halothan liegt derzeit bei 5 ppm.

Es ist dafür zu sorgen, daß im Aufenthaltsbereich des Anästhesisten wie im übrigen Aufenthaltsbereich des OP-Raumes die Grenzwerte der Narkosegaskonzentrationen eingehalten werden. Ist eine Narkosegasabsaugung aus technischen oder medizinischen Gründen nicht möglich, muß die gesundheitliche Unbedenklichkeit durch einen Hygieniker festgestellt werden[15].

6.7 Betrieb der RLT-Anlagen in besonderen Fällen

6.7.1 Betrieb außerhalb der Nutzungszeit

Nur für OP-Abteilungen muß außerhalb ihrer Nutzungszeit durch geeignete Maßnahmen stets
— eine Luftströmung zwischen den Räumen nach Tabelle 1 (siehe 5.2.5) und
— bei nicht endständigen 3. Filterstufen eine mittlere Mindestluftgeschwindigkeit in den Zuluftleitungen hinter diesen Filtern von 2 m/s

sichergestellt werden, um eine Kontamination der OP-Abteilung zu verhindern.

Bei endständigen Filtern ist daher ggf. nur die Förderung des Zuluft- oder Abluftüberschusses notwendig, die erforderliche Luftströmung gegenüber den Nachbarräumen aufrechterhält (siehe Anhang C, Erläuterungen zu 6.7.1, 2. Absatz). Zu- und Abluftleitungen, die außerhalb der Betriebszeit zur Sicherstellung der geforderten Strömungsrichtung nicht betrieben werden müssen, sind durch luftdichte Klappen nach 6.3 so zu verschließen, daß keine Luftströmungen über das Kanalnetz auftreten können.

Ferner müssen alle für die Funktion der Räume notwendigen Öffnungen (Türen, Durchreichen, Klappen usw.) auch außerhalb der Nutzungszeit dicht geschlossen gehalten werden.

Die Befeuchtung und Kühlung dürfen fortfallen (siehe Anhang C, Erläuterungen zu 6.7.1, 4. Absatz).

Die Wiederinbetriebnahme der Befeuchtung muß über eine ansteigende Sollwertrampe erfolgen, um zu verhindern, daß die sofortige volle Befeuchterleistung zu einer vorübergehenden Überfeuchtung anschließender Anlagenteile führt.

Reinigungs- und Wartungszeiten in den OP-Abteilungen gelten als Betriebszeiten. Das Ausschalten der die geforderte Luftströmung sicherstellenden RLT-Anlage ist nur für dringende Wartungs- und Reparaturarbeiten zulässig und auf einen möglichst geringen Zeitraum zu beschränken. Zur Kontrolle des durchgehenden Betriebes sind Betriebsstundenzähler einzubauen.

Für Räume mit Zuluftüberschuß muß bei Ausfall des Zuluftventilators der Abluftventilator automatisch mit abgeschaltet werden, um die geforderte Luftströmung zu den Nachbarräumen nicht umzukehren. Bei Abluftüberschuß ist die umgekehrte Verriegelung vorzunehmen.

Auf die vorgenannte eingeschränkte Betriebsweise darf erst dann umgeschaltet werden, wenn die Desinfektionsmitteldämpfe ausreichend abgeführt worden sind.

6.7.2 Betrieb bei Ausfall der allgemeinen Stromversorgung

Der Betrieb der RLT-Anlagen für Räume der Raumklasse I muß, mit Ausnahme der Kühlung und Befeuchtung, auch bei Ausfall der allgemeinen Stromversorgung sichergestellt sein. Die Sicherheitsstromversorgung hierfür muß nicht unterbrechungsfrei sein.

7 Gliederung der Krankenhausbereiche und Zuordnung der Anforderungen

Eine Zusammenstellung der Anforderungen an die Lüftung in Krankenhäusern enthält Tabelle 2[16].

---

[15] Der Nachweis hat durch eine hygienische Begutachtung zu erfolgen. Die verdrängende Wirkung von Luftführungssystemen kann den jeweiligen Umständen entsprechend berücksichtigt werden.

[16] Angaben über die Filterstufen siehe 5.2.2.

Seite 11
DIN 1946-4 : 1999-03

Tabelle 2: Anforderungen an die Lüftung in Krankenhäusern (siehe auch Abschnitt 4, 4. Absatz)

1	2	3	4	5	6	7	8	9	10
Nr	Krankenhausbereich Raumgruppe Raumart	Raum-klasse	RLT-Anlagen unentbehrlich[1]		Hygienischer Mindest-Außenluft-volumen-strom[2] $m^3/(m^2 \cdot h)$	Raumluft-zustände[3][4]			Richtwerte für den maximalen Anlagen-Schallpegel[6] dB(A)
			Klima-physio-logisch	Infektions-prophylaxe		Tempe-raturen		Feuchte[5]	
						min. °C	max. °C		
1	**Untersuchungs- und Behandlungsbereiche**								
1.1	**OP-Abteilungen**								
1.1.1	OP-Räume Typ A oder B, einschließlich Unfall- und Entbindungs-OP-Räume	I	+	+	siehe 6.6	22[7]	26[7]	+	40
1.1.2	Versorgungsflure oder Versorgungs-lager für Sterilgut, Waschräume, Ein- und Ausleitungsräume, gegebenenfalls Geräteräume	I	+	+	15	8)	8)	+	40
1.1.3	Aufwachräume[9]	I	+	+	30	22[7]	26[7]	+	35
1.1.4	Sonstige Räume, Flure	I	+	+	15	8)	8)	+	40
1.2	**Entbindung**								
1.2.1	Entbindungsräume	II			15	24			40
1.2.2	Sonstige Räume, Flure[4]	II			10				40
1.3	**Endoskopie**								
1.3.1	Eingriffsräume (z. B. Arthroskopie, Thorakoskopie oder Mediastinoskopie)	I		+	30				40
1.3.2	Untersuchungsräume (aseptisch, septisch)	II			30				40
1.3.3	Sonstige Räume, Flure[4]	II			10				40
1.4	**Physikalische Therapie**								
1.4.1	Wannenbäder, Bewegungsbäder, Schwimmbäder	II	+		10)	11)	11)		50
1.4.2	Sonstige Räume, Flure[4]	II			10				45
1.5	**Sonstige Bereiche**								
1.5.1	Räume für kleine Eingriffe[12]	II			15				40
1.5.2	Aufwachräume außerhalb der OP-Abteilung	II	+[13]		30		26	+	35
1.5.3	Sonstige Räume und Flure[4], z. B.								
1.5.3.1	Röntgendiagnostik	II	14)		15			14)	40
1.5.3.2	Untersuchungsräume	II			15				40
2	**Pflegebereiche**								
2.1	**Intensivmedizin**								
2.1.1	Bettenzimmer, gegebenenfalls einschließlich Vorraum								
2.1.1.1	für Intensivtherapie (infektionsgefährdete oder infektionsgefährdende Patienten[15])	I	+	+	30	24	26	+	30
2.1.1.2	für Intensivbeobachtung (übrige Patienten)	II	+[16]		15	24	26		30
2.1.2	Notfallraum	I	+	+	30[17]	24	26	+	40
2.1.3	Sonstige Räume, Flure[4]	II			15	8)	8)		40

[1] bis [14] siehe Seite 13

(fortgesetzt)

175

Seite 12
DIN 1946-4 : 1999-03

Tabelle 2 (fortgesetzt)

1	2	3	4	5	6	7	8	9	10
	Krankenhausbereich	Raum-klasse	RLT-Anlagen unentbehrlich[1]		Hygienischer Mindest-Außenluftvolumenstrom[2]	Raumluftzustände[3][4]			Richtwerte für den maximalen Anlagen-Schallpegel[6]
Nr	Raumgruppe Raumart		Klima-physio-logisch	Infektions-prophylaxe	$m^3/(m^2 \cdot h)$	Tempe-raturen		Feuchte[5]	
						min. °C	max. °C		dB(A)
2.2	**Spezialpflege**[18]								
2.2.1	Bettenzimmer	I	+	+	30	24	26	+	30
2.2.2	Notfallraum	I	+	+	30[17]	24	26	+	40
2.2.3	Sonstige Räume, Flure[4]	II			15	[8]	[8]		40
2.3	**Infektionskrankenpflege**[19]								
2.3.1	Bettenzimmer, gegebenenfalls einschließlich Vorraum	II		[20]	10				35[21]
2.3.2	Sonstige Räume, Flure[4]	II			10				40
2.4	**Frühgeborenenpflege**								
2.4.1	Bettenzimmer	II	+[22]		15	24	26	+[23]	35[21]
2.4.2	Sonstige Räume, Flure[4]	II			10	[8]	[8]		40
2.5	**Neugeborenen-, Säuglings- und Allgemeinpflege**								
2.5.1	Bettenzimmer	II			10				35[21]
2.5.2	Sonstige Räume, Flure[4]	II			10				40
2.6	**Sonstige Bereiche**	II			10				
3	**Ver- und Entsorgungsbereiche**								
3.1	**Apotheke**								
3.1.1	Sterilräume	I		+	10				45
3.1.2	Sonstige Räume[24], Flure[4]	II			10				40
3.2	**Sterilisation**[25] unreine Seite, reine Seite, Sterilgutlager	II	[26]	[27]	[28]				50
3.3	**Bettenaufbereitung, Wäscheaufbereitung, Wäscherei** unreine Seite, reine Seite	II	[26]	[27]	[28]				50
3.4	**Pathologie/Prosektur**	II					22[29]		50
3.5	**Laboratorien** hygienisch-mikrobiologische, klinisch-chemische, histologische	II			[30]				45
3.6	**Umkleide- und Sanitärräume**								
3.6.1	Umkleideräume	II			31) 32)				50
3.6.2	WCs	II			32) 33)				34)
3.6.3	Stationsbäder	II			32) 35)				34)
3.6.4	Naßzellen	II			32) 36)				34)
3.7	**Sonstige Bereiche**	II			10				

[1] bis [36] siehe Seite 13

(fortgesetzt)

Tabelle 2 (abgeschlossen)

[1] Außer den hier genannten klimaphysiologischen und infektionsprophylaktischen Gründen können RLT-Anlagen auch aus anderen, in Abschnitt 4 im 2. Absatz genannten Gründen notwendig werden.
[2] Aus den in Abschnitt 4 im 1. und 2. Absatz genannten Gründen können im Einzelfall auch höhere Luftvolumenströme erforderlich werden.
[3] Soweit hier keine Angaben enthalten sind, gelten die Werte nach DIN 1946-2; vergleiche 5.1.1 bis 5.1.3.
[4] Siehe Anhang C, Erläuterungen zu Tabelle 2.
[5] + bedeutet, daß die in DIN 1946-2 genannten Grenzwerte einzuhalten sind.
[6] Diese Werte gelten nur für Räume, die dem ständigen Aufenthalt von Personen dienen.
[7] Ganzjährig von min. bis max. frei wählbar, zusammenhängend mit den zugehörigen Räumen der OP-Abteilung. Für die Bemessung der Kälteanlage kann eine Außentemperatur zugrunde gelegt werden, die um 4 K niedriger liegt als in VDI 2078 angegeben. Für OP-Räume gelten die Temperaturen für das Operationsfeld.
[8] Gleiche Zulufttemperatur und Zuluftfeuchte wie für OP-Räume bzw. Bettenzimmer.
[9] Wenn in OP-Abteilung integriert.
[10] Festlegungen müssen nach Erträglichkeit und bauphysikalischen Anforderungen erfolgen.
[11] Raumtemperatur 2 bis 4 K über Wassertemperatur bis zu einer Raumtemperatur von 28 °C. Bei Wassertemperatur ab 28 °C sollten beide Temperaturen gleich sein.
[12] Zur Definition der „kleinen Eingriffe" siehe RKI-Richtlinie Krankenhaushygiene und Infektionsprävention, Anlage zu Ziffern 5.1 und 4.3.3.
[13] Auch aus Gründen der Narkosegasabführung.
[14] In Einzelfällen können medizinisch-technische Geräte den Einsatz von RLT-Anlagen und die Einhaltung bestimmter Feuchtewerte erforderlich machen.
[15] Entsprechend der RKI-Richtlinie Krankenhaushygiene und Infektionsprävention.
[16] Für einzelne Bettenzimmer darf auf RLT-Anlagen verzichtet werden, nicht jedoch für die für Patienten mit Herz-, Kreislauf- und Atemwegserkrankten bestimmten.
[17] In Bereitschaftszeit nur 15 m^3/(m$^2 \cdot$ h).
[18] Für immunsupprimierte (abwehrgeschwächte) Patienten.
[19] Siehe auch Abschnitt 1, letzter Satz.
[20] Es ist vom Hygieniker zu entscheiden, ob für bestimmte aerogen übertragbare Krankheiten aus infektionsprophylaktischen Gründen eine RLT-Anlage unentbehrlich ist.
[21] Nachtwerte etwa 5 dB niedriger in Verbindung mit Senkung des Luftvolumenstromes, jedoch nicht unter 50 m^3/(h $\cdot$ Person).
[22] RLT-Anlagen dürfen entfallen, wenn alle Frühgeborenen in Inkubatoren untergebracht sind.
[23] Mindestfeuchte 45 % relative Feuchte.
[24] Für Laborräume siehe DIN 1946-7.
[25] Wenn der OP-Abteilung direkt zugeordnet, gilt Nr 1.1.2.
[26] Bei chemischer Desinfektion oder Sterilisation ist für eine Schadstoffabfuhr Sorge zu tragen; siehe hierzu DIN 58948-7.
[27] Es ist durch geeignete bauliche Maßnahmen Sorge dafür zu tragen, daß ein Luftaustausch zwischen reiner und unreiner Seite weitgehend vermieden wird.
[28] Außenluftvolumenstrom nach Schadstoffbilanz.
[29] Gilt nur für Obduktionsräume, sonst gilt auch hier DIN 1946-2.
[30] Nach DIN 1946-7.
[31] Nur Abluft 100 m^3/(Kabine $\cdot$ h).
[32] Dabei muß eine sichere und zugfreie Zuluftnachströmung, erforderlichenfalls durch RLT-Anlagen, sichergestellt werden.
[33] Nur Abluft 60 m^3/(Objekt $\cdot$ h).
[34] In benachbarten Bettenzimmern dürfen tags 35 dB(A) und nachts 30 dB(A) nicht überschritten werden.
[35] Nur Abluft 150 m^3/(Raum $\cdot$ h).
[36] Nur Abluft 100 m^3/(Zelle $\cdot$ h).

8 Hinweise für die Bauplanung [17]

In den verschiedenen Bereichen eines Krankenhauses bestehen aus hygienischen Gründen unterschiedliche Anforderungen an die Keimarmut der Luft. Es muß daher sichergestellt werden, daß eine Luftströmung zwischen Räumen nur in Richtung von Räumen mit höheren Anforderungen an die Keimarmut nach solchen mit geringeren Anforderungen möglich ist. Dieses kann nur durch RLT-Anlagen erreicht werden.

Unkontrollierte Raumundichtigkeiten können eine gezielte Strömungsrichtung der Luft zwischen den Räumen stören und unter Windeinfluß sogar die Strömungsrichtung umkehren. Sie müssen deshalb auf ein im Vergleich zu den vorbestimmten Raumundichtigkeiten (Türen, Fenster, Durchreichen usw.) vertretbares Maß reduziert bleiben. Die Trennflächen zwischen Räumen mit unterschiedlichen Anforderungen an die Keimarmut und gegenüber dem Freien müssen daher baulich so dicht sein, daß Raumluft auch unter ungünstigen Witterungsverhältnissen nur durch die Fugen der vorbestimmten, für die Funktion der Räume notwendigen, geschlossenen Öffnungen (Türen, Durchreichen, Fenster) überströmen kann.

Falls in Räumen der Raumklasse I Fenster eingebaut werden, müssen diese luftdicht sein. Die Praxis hat jedoch gezeigt, daß es auch dann sehr schwierig ist, die Forderung nach ausreichender Dichtigkeit der Umschließungsflächen zu erfüllen; dieses gilt in besonderem Maße für die Außenwände, die der Sonneneinstrahlung und dem Wind ausgesetzt sind. Es empfiehlt sich daher, Räume oder Raumgruppen, für die hohe oder besonders hohe Anforderungen an die Keimarmut oder an die Toleranzen der Raumluftzustände gelten, als innenliegende Räume auszuführen. Auch bei innenliegenden Räumen kann ein Ausblick ins Freie und damit umgekehrt auch ein Einfall von Tageslicht erreicht werden. OP-Räume können z. B. von den Außenwänden durch einen auf beiden Seiten mit Fenstern versehenen Gang getrennt werden.

Diese Empfehlung gilt in erster Linie für die besonders zu schützenden Räume, d. h. für die in Tabelle 2, Spalte 2 (siehe Abschnitt 7) im Bereich der OP-Abteilung genannten Räume, weil dort das Infektionsrisiko besonders groß ist.

Räume mit hohen oder besonders hohen Anforderungen an die Keimarmut müssen außerdem gegenüber angrenzenden Räumen mit niedrigeren Anforderungen durch Luftschleusen abgeschirmt sein.

Luftschleusen sind in der Regel zusätzlich dann zur Sicherstellung einer Luftströmung in Richtung vom Schutzbereich zum Umgebungsbereich notwendig, wenn der zu schützende Bereich mehr als eine Verkehrsverbindung zum übrigen Gebäude hat, wenn innerhalb der zu schützenden Bereiche Fenster oder Öffnungen eingebaut oder Öffnungen zu Schächten (z. B. Klappen von Abwurfschächten, Aufzugtüren) vorhanden sind. Der sicherere Weg besteht darin, die vorstehend genannten Störeinflüsse durch entsprechende bauliche Gestaltung gänzlich auszuschließen [18].

Die lufttechnische Funktion dieser Schleusen ist nur sichergestellt, wenn durch entsprechende Maßnahmen (z. B. gegenseitig verriegelte automatische Türen) ein gleichzeitiges Öffnen der Ein- und Ausgangstür verhindert wird. Mit Rücksicht auf eine geringe Übertragungsrate beim Öffnungsvorgang eignen sich Schiebetüren am besten. Ohne diese Voraussetzungen läßt sich eine wirksame luftmäßige Trennung auch mit Hilfe einer RLT-Anlage nicht erreichen.

Ferner ist bei der Sterilisation, der Bettenaufbereitung und der Wäscheaufbereitung durch geeignete bauliche Maßnahmen Sorge dafür zu tragen, daß ein Luftaustausch zwischen reinen und unreinen Seiten weitgehend vermieden wird.

Bezüglich der Entrauchungsleitungen und der Brandschutzklappen siehe 6.4.

9 Reinigung und Desinfektion der RLT-Anlagen

Ein besonderes Augenmerk ist der regelmäßigen Reinigung und erforderlichenfalls der Desinfektion der Luftbefeuchter (siehe auch 6.5.5) einschließlich der Wasservorratsbehälter sowie der Luftkühler und Tropfenabscheider zu widmen.

Eine regelmäßige Reinigung und Desinfektion des Leitungsnetzes zwischen 2. Filterstufe und Raum bzw. zwischen 2. und 3. Filterstufe ist im allgemeinen nicht möglich und aus hygienischen Gründen nicht nötig; Voraussetzung für diesen Verzicht ist jedoch die Erfüllung der in 6.2.1 im letzten Absatz enthaltenen Anforderungen über die Reinhaltung der Luftleitungen bei der Montage. Reinigung und Desinfektion beschränken sich deshalb nur auf den letzten Leitungsabschnitt zwischen 3. Filterstufe und Zuluftdurchlaß (siehe auch 6.2.1, 4. Absatz).

Die Reinigung und Desinfektion der Leitungsabschnitte hinter den 3. Filterstufen (Raumklasse I) ist unmittelbar vor der Aufnahme des Krankenhausbetriebes sowie bei nicht nur kurzzeitigem Anlagenstillstand in diesen Bereichen von dem dafür zuständigen Krankenhauspersonal oder den vom Krankenhaus mit diesen Arbeiten Beauftragten durchzuführen (siehe auch 11.2).

Nach Beendigung der Arbeiten an den Filtern der 3. Filterstufe müssen in jedem Fall die Lüftungsleitungen hinter der 3. Filterstufe und die angeschlossenen Räume desinfiziert werden.

10 Abnahmeprüfungen

10.1 Allgemeines

Der Bauherr muß die Einhaltung aller einschlägigen Normen und Richtlinien für die RLT-Anlage durch technische und hygienische Abnahmeprüfungen überprüfen lassen.

Es kann zweckmäßig sein, Teile der technischen Abnahmeprüfung nach 10.2 und der hygienischen Abnahmeprüfung nach 10.3 gemeinsam durchzuführen.

10.2 Technische Abnahmeprüfung

10.2.1 Allgemeines

Die technische Abnahmeprüfung ist — zeitlich dem Baufortschritt entsprechend — durch einen Fachingenieur vorzunehmen. Die allgemeine Abnahmeprüfung erfolgt nach DIN 18379. Daneben sind krankenhausspezifische Überprüfungen nach 10.2.2 und 10.2.3 sowie in dem im Anhang A aufgeführten Umfang durchzuführen.

Über die erfolgte Abnahmeprüfung sind Protokolle zu führen.

10.2.2 Prüfung der Schwebstoffilter auf Leckfreiheit und dichten Sitz

Schwebstoffilter müssen auf Leckfreiheit (Unversehrtheit) sowie auf dichten Sitz überprüft werden. Zum Nachweis haben sich folgende Verfahren bewährt:

---

[17] Dieser Abschnitt richtet sich hauptsächlich an die Bauplaner. Daher enthält er für diese zum besseren Verständnis zum Teil Wiederholungen von Aussagen aus 5.2.1 und 5.2.5 sowie 7, Tabelle 2.

[18] Bezüglich weiterer hygienischer Anforderungen an Luftschleusen wird auf die Anlage zu Nummer 4.2.3 der RKI-Richtlinie für Krankenhaushygiene und Infektionsprävention bzw. die RKI-Richtlinie verwiesen.

- Nachweis der Leckfreiheit des Filtermaterials vor Einbau des Filters: Ölfadentest (siehe DIN EN 1822-1);
- Nachweis des Dichtsitzes: Prüfrille
- Nachweis der Leckfreiheit des Filtermaterials und des Dichtsitzes: Partikelzählung im eingebauten Zustand (siehe B.2).

Bei der Messung ist sicherzustellen, daß die Ergebnisse nicht durch Falschluft (z. B. induzierte Raumluft) beeinflußt werden.

10.2.3 Nachweis der Strömungsrichtung

Der Nachweis der nach 5.2.5 erforderlichen Strömungsrichtung ist bei geschlossenen Türen mittels Rauchprobe vorzunehmen. Für Räume der OP-Abteilungen ist dieser Nachweis außer bei den Nennluftvolumenströmen auch bei den nach 6.7.1 außerhalb deren Nutzungszeit zugelassenen verminderten Luftvolumenströmen zu erbringen.

10.3 Hygienische Abnahmeprüfung

Die hygienische Abnahmeprüfung ist durch einen Hygieniker vorzunehmen. Sie umfaßt folgende Prüfungen und Untersuchungen:
- Begehung der RLT-Anlagen und der von den RLT-Anlagen versorgten Räume (siehe B.1). Sie kann gemeinsam mit dem Fachingenieur durchgeführt werden.
- Hygienische Untersuchung der RLT-Anlagen in allen hygienisch relevanten Bereichen insbesondere in Räumen der Raumklasse I (siehe B.2). Sie muß nach der technischen Abnahmeprüfung, nach der Grundreinigung und Desinfektion und vor Beginn der Raumnutzung erfolgen.

Zu dieser Untersuchung gehören:
- Partikelzählungen,
- Luftkeimkonzentrationsmessungen,
- Nachweis der Strömungsrichtung und
- Untersuchung des Befeuchterwassers für Wasserbefeuchter auf Keime und keimhemmende Zusätze. Die Untersuchung des Befeuchterwassers muß bei allen Befeuchtern vorgenommen werden, also auch bei solchen in Räumen der Raumklasse II.

Ferner kann unter bestimmten Umständen noch eine Überprüfung der Übertragungsrate bei Wärmerückgewinnern mit Übertragungsmöglichkeit nach 6.5.8.3 erforderlich sein.

Im Anhang B werden Umfang und Verfahren der Überprüfungen angegeben.

Über die erfolgte Abnahmeprüfung sind Protokolle zu führen.

11 Wartung und Kontrolle der RLT-Anlagen nach der Inbetriebnahme

11.1 Wartung und technische Kontrollen

Die störungsfreie Funktion der RLT-Anlagen ist wesentlich für einen sicheren klinischen Betrieb. Der Betreiber hat daher die Anlagen regelmäßig zu warten und auf ihren einwandfreien Zustand zu überprüfen. Es wird empfohlen, diese Überprüfung in Anlehnung an das VDMA-Einheitsblatt 24186-1 oder die AMEV-Empfehlung „Wartung 85"[19] vorzunehmen.

Neben der Reinhaltung der Bauelemente der RLT-Anlagen sowie der Kammerzentralen und (Lüftungs-)Geräte ist besonderer Wert auf die Wartung der Filter zu legen. Eine regelmäßige Inspektion der Filter ist ebenso unerläßlich wie das Auswechseln bei maximal zulässiger Staubaufnahme. Die Inspektion muß in so kurzen Zeitabständen erfolgen, daß aufgetretene oder sich anzeigende Mängel rechtzeitig beseitigt werden können. Die dafür erforderlichen Zeitabstände sind nach den örtlichen Verhältnissen festzulegen. Meßgröße für die Staubaufnahme ist die Druckdifferenz.

Im übrigen sind vom Betreiber zu veranlassen
- Wiederholung der Prüfungen der Schwebstoffilter auf Leckfreiheit und dichten Sitz nach 10.2.2 mindestens nach Filterwechsel (hierzu siehe auch 11.2) und
- periodische Wiederholung des Nachweises der Strömungsrichtung nach 10.2.3; dabei ist der Einfluß sich verändernder Filterwiderstände auf die Volumenströme besonders zu beachten.

11.2 Hygienische Kontrollen

Der Betreiber hat zu veranlassen, daß
- die hygienische Untersuchung (siehe B.2) jährlich wiederholt wird,
- nach jedem Wechsel der 3. Filterstufe eine Partikelzählung und gegebenenfalls eine Luftkeimmessung (siehe B.2) vorgenommen wird und
- nach Reparaturen mit möglichen hygienischen Auswirkungen der zuständige Hygieniker hinzugezogen wird.

Die Kontrollen haben eine mikrobiologische Untersuchung zu beinhalten. Hierzu gehört insbesondere die Überwachung aller Anlagenteile der Luftbefeuchter.

---

[19] „Wartung, Inspektion und damit verbundene kleine Instandsetzungsarbeiten für technische Anlagen und Einrichtungen in öffentlichen Gebäuden", aufgestellt und herausgegeben vom Arbeitskreis Maschinen- und Elektrotechnik staatlicher und kommunaler Verwaltungen (AMEV), Bonn 1985.

Anhang A (normativ)
Technische Abnahmeprüfung

Außer den für RLT-Anlagen allgemein festgelegten Abnahmeprüfungen — siehe DIN 18379 — sind nachfolgende krankenhausspezifische Prüfungen durchzuführen.

ANMERKUNG: In den Spalten 2 und 3 sind die Abschnitte und Absätze angegeben, die die Bestimmung enthalten, deren Einhaltung zu prüfen ist; in Spalte 4 ist die Prüfung noch durch ein Stichwort gekennzeichnet.

Tabelle A.1: Prüfungen zur technischen Abnahme

1	2	3	4	5	6	7	8	9	10
						Prüfung[1]			
Zeile	Abschnitt nach DIN 1946-4	Absatz	Stichwort	der Bestandsunterlagen	auf Vollständigkeit	der Funktion	Funktionsmessung	der Meßprotokolle	sonstiger Unterlagen[2]
1	3 Allgemeines	3	Abweichungen von der Norm						a)
2	5 Physiologisch-hygienische Anforderungen								
3	5.1.2 Raumlufttemperatur	1	Raumlufttemperatur				×[3]		
4	5.1.3 Raumluftströmung	1, 2	Raumluftgeschwindigkeit				×[4]		
5	5.1.4 Raumluftfeuchte	1	Raumluftfeuchte				×[3]		
6	5.2.2 Reinigung der Luft	2	1.– 3. Filterstufe	×	×				
7		3	Anordnung	×	×				
8	5.2.3 Außenluft- und Zuluftvolumenstrom	1	Mindest-Außenluftvolumenstrom				×[3]		
9	5.2.4 Umluft	2	Anordnung	×	×				
10	5.2.5 Luftströmung zwischen Räumen	1 bis 3	Strömungsrichtung			×			
11		4	Luftschleusen	×	×				
12		5	Verriegelung der Türen	×	×	×			
13	5.3 Schallpegel	1	Richtwerte				×[3]		
14	6 Technisch-hygienische Anforderungen								
15	6.1 Außenluftansaugöffnung und Fortluftaustrittsöffnung	1 bis 3	Lage der Ansaugöffnung	×	×				
16		4	Lage der Fortluftöffnung	×	×				
17	6.2 Luftleitungen								

[1] bis [4] und a) siehe Seite 20

(fortgesetzt)

Seite 17
DIN 1946-4 : 1999-03

Tabelle A.1: (fortgesetzt)

1	2	3	4	5	6	7	8	9	10
						Prüfung[1]			
Zeile	Abschnitt nach DIN 1946-4	Absatz	Stichwort	der Bestandsunterlagen	auf Vollständigkeit	der Funktion	Funktionsmessung	der Meßprotokolle	sonstiger Unterlagen[2]
18	6.2.1 Allgemeine Anforderungen	1	Oberflächenrauhigkeit	×	×				
19		2	Flexible Leitungen	×	×				
20		3	aerodynamische Ausführung	×	×				
21		4	Reinigungsfähigkeit	×	×				
22		5	Einbauten	×	×				
23		6	Leitungstrennung	×	×				
24		7	Fremdinstallationen	×	×				
25		8	Revisionsöffnungen	×	×				
26		9	bauliche Hohlräume	×	×				
27		10	Reinheitszustand	×	×				
28	6.2.2 Außenluftansaugleitungen	1	Dichtheit					×[5]	
29		2	Reinigungsfähigkeit	×	×				
30		3	Oberflächenrauhigkeit	×	×				
31		4	Beanspruchbarkeit		×				
32		5	Bodenablauf	×[6]	×				
33		6	Reinigungsfähigkeit	×	×				
34		6	Dichtheit der Wanddurchführungen	×	×				
35	6.2.3 Zuluftleitungen	3	Dichtheit					×[5]	
36		4	Stutzen	×	×				
37		5	Prüfstutzen	×	×				
38	6.2.4 Abluft-, Umluft- und Fortluftleitungen	1	Dichtheit					×[5]	
39		2	Sonderfortluft	×	×				
40	6.3 Absperrklappen	1	Funktion der Klappen			×			
41		2	Dichtheit						b)
42		3 bis 6	Anordnung der Klappen	×	×				
43	6.4 Entrauchungsleitungen und Brandschutzklappen	1	Entrauchungsleitungen	×	×				
44		2	Brandschutzklappen	×	×				

[1] bis [6] und c), d), e) siehe Seite 20

(fortgesetzt)

181

310/7*

Tabelle A.1: (fortgesetzt)

1	2	3	4	5	6	7	8	9	10
						Prüfung[1]			
Zeile	Abschnitt nach DIN 1946-4	Absatz	Stichwort	der Bestandsunterlagen	auf Vollständigkeit	der Funktion	Funktionsmessung	der Meßprotokolle	sonstiger Unterlagen[2]
45	6.5 Bauelemente der RLT-Anlagen								
46	6.5.2 Allgemeine Anforderungen	1	Zugänglichkeit und Reinigungsfähigkeit	×	×				
47		2	Kontrollmöglichkeit	×	×				
48		3	Dichtheit					×[5]	
49		4	Entwässerung	×[6]	×				
50	6.5.3 Luftfilter	2, 3	Filtermaterial	×					c)
51		4	Dichtsitz			×			
52		5	Grenzfeuchte			×			
53		6	Differenzdruckmeßgerät	×	×				
54		7	Kenndaten			×			
55	6.5.4 Ventilator	1, 2	Anordnung	×	×				
56	6.5.5 Luftbefeuchter	1	Anordnung	×	×				
57		2	Zugänglichkeit, Beobachtungsmöglichkeit	×	×				
58		2	Befeuchtungsstrecke	×	×				
59		2, 3	Tröpfchenbildung, Kondensatbildung	×		×			
60		4	Wasserabläufe	×[6]	×				
61		5	Zusätze zum Speisewasser						d)
62		6	Wasserqualität						e)
63		7	Material und Bauart	×	×				
64	6.5.6 Luftkühler mit Luftentfeuchtung	1	Anordnung	×	×				
65		2	Tauwasserabfluß			×			
66		3	Tauwasserwanne	×	×				
67		4	Wasservorlage o. ä.	×[6]	×				
68	6.5.7 Tropfenabscheider	1	Anordnung	×	×				
69		2	Funktion			×			
70		3	Ausführung	×	×				

[1] bis [6] und f), g) siehe Seite 20   (fortgesetzt)

Tabelle A.1: (fortgesetzt)

1	2	3	4	5	6	7	8	9	10
						Prüfung[1]			
Zeile	Abschnitt nach DIN 1946-4	Absatz	Stichwort	der Bestandsunterlagen	auf Vollständigkeit	der Funktion	Funktionsmessung	der Meßprotokolle	sonstiger Unterlagen[2]
71	6.5.8 Wärmerückgewinner								
72	6.5.8.1 Allgemeines	2	Anordnung	×	×				
73	6.5.8.3 Anlagen mit Übertragungsmöglichkeit	2, 3	Übertragungsrate						f)
74		5	Sonderabluft	×	×				
75	6.5.9 Schalldämpfer	1	Oberflächen	×					
76		2	Anordnung	×	×				
77	6.5.10 Luftdurchlässe	1	Zugänglichkeit	×					
78		2	Rückströmung				×		
79		3	Flusengitter	×					
80		4	Anordnung	×					
81		5	Ausführung	×	×				
82	6.6 RLT-Anlagen in OP-Abteilungen								
83	6.6.2 Zuluftvolumenstrom	6, 7	Kontaminationsgrad						g)
84		9	Luftführungssystem	×	×				
85		13	Strömungshindernisse	×					
86	6.6.3 Außenluftvolumenstrom	1	Mindest-Außenluftvolumenstrom				×		
87		3	gegebenenfalls hygienische Unbedenklichkeit						f)
88	6.7 Betrieb der RLT-Anlagen in besonderen Fällen								
89	6.7.1 Betrieb außerhalb der Nutzungszeit	1	Strömungsrichtung			×			
90		1	gegebenenfalls Mindestluftgeschwindigkeit	×				×[4]	
91		2	Luftströmung			×			
92		6	Schaltung			×			
93	6.7.2 Betrieb bei Ausfall der allgemeinen Stromversorgung	1	Sicherheitsstromversorgung			×			

[1] bis [4] und f), g) siehe Seite 20

(fortgesetzt)

Tabelle A.1: (abgeschlossen)

[1] Zur Vollständigkeitsprüfung, Funktionsprüfung und Funktionsmessung siehe 2.2 bis 2.4 in VDI 2079 : 1983-03.

[2] Es bedeuten
  a) schriftliche Begründung
  b) Hersteller-Nachweis über die Dichtigkeit der Klappen, z. B. durch Prüfung durch eine vom NHRS anerkannte und von der Gesellschaft für Konformitätsbewertung mbH (DIN CERTCO) bezeichnete Prüfstelle und durch Erteilung einer Registriernummer durch DIN CERTCO (die Prüfstellen sind bei DIN CERTCO zu erfragen)
  c) Nachweis der Typprüfung
  d) Bestätigung der toxikologischen Unbedenklichkeit
  e) Nachweis der Wasserherkunft
  f) Gutachten über hygienische Unbedenklichkeit
  g) Nachweis des Kontaminationsgrades

[3] Umfang der Messungen nach 2.4.1 VDI 2079 : 1983-03.

[4] Nur soweit erforderlich und vertraglich vereinbart (besondere Position im Leistungsverzeichnis), z. B. für Bettenzimmer der Intensivpflege.

[5] Die Erfahrung hat gezeigt, daß bei fertig montierten Luftleitungssystemen die Dichtheit nach DIN V 24194-2 in der Regel nicht erreicht wird, obwohl sie bei Messungen der Einzelbauteile beim Hersteller eingehalten wird. Daher sind für Luftleitungen im Bereich der Raumklasse I Messungen der Dichtheit nach erfolgter Montage nach VDI 2080 durchzuführen. Im Leistungsverzeichnis sind diese Dichtheitsmessungen als besondere Position aufzuführen.

[6] Zur Prüfung der Erfüllung dieser Forderung sind auch die Bestandspläne der Abwasseranlagen heranzuziehen.

Anhang B (normativ)
Hygienische Abnahmeprüfung

Für die hygienische Abnahmeprüfung nach 10.3 sind der folgende Umfang einzuhalten und die folgenden Verfahren anzuwenden.

B.1 Begehung der RLT-Anlagen und der von den RLT-Anlagen versorgten Räume

Dabei ist zu prüfen, ob die RLT-Anlagenteile hygienisch einwandfrei sind. Die Prüfung erstreckt sich daher mindestens auf folgende Anlagenteile:
— Luftleitungen
  — Außenluftansaugung (Lage, Außenluftqualität),
  — Außenluftansaugleitung (Ausführung, Reinigungs- und Desinfektionsfähigkeit),
  — Zuluftleitungen (Trennung der Leitungsnetze bei unterschiedlichen Anforderungen an die Keimarmut),
  — Abluft- und Fortluftleitungen (Trennung der Leitungsnetze bei unterschiedlichen Anforderungen an die Keimarmut)
  — Fortluftaustrittsöffnung (Lage, Beeinträchtigung der Zuluftqualität).
— Luftfilter (Filterstufen, Filterklassen, Anordnung, Differenzdruckmeßgeräte, Kennzeichnung).
— Luftbehandlungseinheiten
  — Gehäuse von RLT-Geräten bzw. Kammerzentralen (Reinigungsfähigkeit),
  — Luftbefeuchter (Aufbau, Kondensatablauf, Dampf- und Wasserqualitäten),
  — Kühler (Aufbau, Kondensatablauf),
  — Wärmerückgewinner (Übertragung von Schadstoffen/hygienische Gutachten) und
  — Schallschutzeinrichtungen (Auskleidung).

Für diese Prüfungen sind dem Hygieniker folgende Unterlagen vorzulegen:
— die Anlagenschemata,
— die von der jeweiligen RLT-Anlage versorgten Räume (Raumverzeichnisse),
— die Außenluft-, Zu-, Ab- und Fortluftleitungen,
— die Anordnung der Zu- und Ablufföffnungen,
— die Zu- und Abluftvolumenströme und die sich daraus ergebenden Luftvolumenströme in $m^3/(m^2 \cdot h)$ für jeden Raum und
— die Anordnung der luftdichten Klappen.

B.2 Hygienische Untersuchung der RLT-Anlagen in allen hygienisch relevanten Bereichen, insbesondere in Räumen der Raumklasse I

Vor Beginn der hygienischen Untersuchung sind eine Reinigung und Flächendesinfektion der Zuluftleitungen einschließlich der Luftauslässe hinter der 3. Filterstufe sowie der von der RLT-Anlage versorgten Räume vorzunehmen[20].

Die hygienische Untersuchung umfaßt:
— Partikelzählungen
  Die Zählungen der Partikel erfolgen in allen Räumen der Raumklasse I unmittelbar in der Zuluft. Erforderlichenfalls ist hierzu vor der 3. Filterstufe als Indikator ein Prüfaerosol einzugeben, um Lecks mit hinreichender Sicherheit erkennen zu können. Je Zuluftauslaß sind mindestens 3 Messungen vorzunehmen.
— Luftkeimkonzentrationsmessungen
  Die Luftkeimkonzentrationsmessungen der Zuluft erfolgen nur in den Räumen der Raumklasse I, und zwar unmittelbar am Zuluftdurchlaß. In welchem Umfang

[20] Reinigung und Desinfektion sind nach Abschnitt 9 von dem dafür zuständigen Krankenhauspersonal oder dem vom Krankenhaus mit diesen Arbeiten Beauftragten durchzuführen.

und an welchen Luftdurchlässen eine Messung durchgeführt wird, entscheidet der beteiligte Hygieniker. Als Nährmedium ist ein geeigneter Nährboden, z. B. Blutagar oder CS-Agar, zu verwenden. Die Inkubationstemperatur und -zeit betragen $(36 \pm 1)\,°C$ und 48 h sowie gegebenenfalls $(20 \pm 2)\,°C$ und 120 h.

— Nachweis der Strömungsrichtung
 Der Nachweis der nach 5.2.5 erforderlichen Strömungsrichtung ist nach 10.2.3 vorzunehmen.

— Keimuntersuchung des Befeuchterwassers sowie gegebenenfalls des Tauwassers der Kühler und Tropfenabscheider.

Die Koloniezahl im zur Befeuchtung verwendeten Wasser von Umlaufsprühbefeuchtern soll 1 000 KBE/ml bei Bebrütungstemperaturen von $(20 \pm 2)\,°C$ und $(36 \pm 1)\,°C$ sowie einer Bebrütungszeit von (44 ± 4) h als Oberflächenkulturverfahren auf Caseinpepton-Sojamehlpepton-Agar (CSA) nicht überschreiten.

Sind dem Wasser keimabtötende oder keimhemmende Stoffe zugesetzt, so sind sofort bei der Probenahme der Wasserprobe geeignete Inaktivierungssubstanzen hinzuzugeben. Gegebenenfalls kann die Wasserprobe hierbei verdünnt werden. Falls erforderlich, sind auch dem Nährboden geeignete Inaktivierungssubstanzen hinzuzusetzen. Die Suche nach geeigneten Inaktivierungssubstanzen ist nach den Richtlinien der DGHM[21] für die Prüfung und Bewertung chemischer Desinfektionsverfahren, 1. Teilabschnitt, Stand 1986-01-01 vorzunehmen.

Bei Verwendung von keimtötenden oder keimhemmenden Stoffen im Befeuchterwasser ist der Nachweis unschädlicher Konzentrationen in der Zuluft erforderlich. Die Untersuchung hat mit geeigneten Verfahren (z. B. gaschromographisch) zu erfolgen. Ein Verfahren ist nur dann geeignet, wenn es mindestens 1/10 der gesundheitlich unbedenklichen Konzentration der Zusatzstoffe erfassen kann.

---

[21] Deutsche Gesellschaft für Hygiene und Mikrobiologie.

Anhang C (informativ)
Erläuterungen

Die Folgeausgabe dieser Norm wurde vom AA „DIN 1946 Teil 4" im Normenausschuß Heiz- und Raumlufttechnik (NHRS) erarbeitet. Ziel der Überarbeitung der Ausgabe Dezember 1989 war

— die Aktualisierung einiger Angaben (z. B. Filterklassen),
— Berichtigung von Fehlern sowie
— die Aufnahme zusätzlicher Erläuterungen, deren Notwendigkeit sich während der letzten Jahre ergab.

Zu den einzelnen Abschnitten dieser Norm ist folgendes zu bemerken:

Zu Abschnitt 4
Ungünstige äußere Gegebenheiten sind z. B.
— stark verunreinigte Außenluft,
— hoher äußerer Geräuschpegel,
— hohe äußere Wärmelasten,
— häufig starker Windanfall und
— große Gebäudehöhe.

Ungünstige innere Gegebenheiten sind, außer den in Abschnitt 4 erwähnten, z. B. Räume ohne Außenfenster.

Zu 5.2.2
Die angegebenen Filterklassen stellen die aus hygienischer Sicht notwendige Mindestanforderung dar. Unter Gesamtkosten-Gesichtspunkten können insbesondere für die 1. und 2. Filterstufe höherwertige Filter wirtschaftlicher sein (geringere Verschmutzung der nachfolgenden Bauteile, längere Standzeit der nachfolgenden Filter, aber höhere Druckverluste der Filter). Die Anhebung der Anforderung für die 1. Filterstufe von G 4 (vormals EU 4) auf F 5 trägt solchen Überlegungen Rechnung.

Zu 5.2.4
Bei Raumumluftgeräten kann die 2. Filterstufe aus folgenden Gründen entfallen:
Bei diesen Geräten würden bei 3stufiger Filterung die 2. und 3. Filterstufe räumlich unmittelbar hintereinander angeordnet werden müssen. Zwischen diesen beiden Filterstufen wäre jedoch keine Luftleitung im üblichen Sinne mehr vorhanden, deren Reinhaltung die 2. Filterstufe dient (siehe 5.2.4, 3. Absatz).

Um die Standzeit der letzten Filterstufe (mindestens H 13) nicht unnötig zu verringern, muß im Hinblick auf den starken Flusenanfall im OP-Raum in diesen Fällen für die 1. Filterstufe mindestens ein F 7-Filter eingebaut werden.

Beim Einsatz von Luftkühlern muß eine Entfeuchtung wegen der Schwierigkeit ausgeschlossen werden, das dabei entstehende Kondensat abzuführen.

Zu 6.5.10
Messungen der Narkosegaskonzentration haben gezeigt, daß bei Abführung dieses Abluftvolumenstromes in Fußbodennähe mit einer hinreichenden Schadgasabsaugung zu rechnen ist. Je nach Zuluftvolumenstrom können danach die oben abzuführenden Abluftvolumenströme sich verändern.

Zu 6.6.2, 1. und 2. Absatz
Die Zuluft in OP-Abteilungen ist infolge der Schwebstofffilterung praktisch keimfrei. Die im OP-Raum nachweisbaren Luftkeime werden im wesentlichen von den im Raum anwesenden Personen freigesetzt. Die gewünschte niedrige Luftkeimkonzentration kann daher durch Zufuhr einer ausreichenden Menge Zuluft, d. h. durch Verdünnung, erreicht werden, wenn von einer weitgehenden Mischung zwischen Zuluft und Raumluft ausgegangen werden kann („Mischströmung"), oder durch Verdrängung. In begrenzten Bereichen — zum schützenden Bereichen Operationsfeld und Instrumententische — kann die Luftkeimkonzentration mit mischungsarmer Verdrängung der Raumluft durch die praktisch keimfreie Zuluft weiter abgesenkt werden (Verdrängungsströmung).

Geht man davon aus, daß sich die in der Regel an Partikel gebundenen Luftkeime in der Raumluft wie ein Aerosol verhalten (z. B. keine Sedimentation), lassen sich die für gasförmige Luftbeimengung gültigen Gesetzmäßigkeiten auch auf Luftkeime übertragen. Diese Voraussetzung ist zwar nicht exakt zutreffend, kann aber für die hier zu behandelnde Bewertung von Luftführungssystemen mit genügender Genauigkeit zugrunde gelegt werden.

Für die mittlere Luftkeimkonzentration $\bar{k}_R$ im Raum (bzw. in der Abluft) gilt dann:

$$\bar{k}_R = \frac{\dot{n}_K}{\dot{V}_{ZU}} \quad \text{in} \quad \frac{\text{Keime}}{\text{m}^3} \tag{3}$$

Darin bedeuten:
$\dot{n}_K$ Luftkeimlast, in Keime/h;
$\dot{V}_{ZU}$ realer Zuluftvolumenstrom, in m³/h.

Zu 6.6.2, 3. bis 7. Absatz

Bei idealer Mischströmung ist diese Konzentration an jeder Stelle des Raumes gleich. Real ist die Konzentrationsverteilung im Raum außer vom Zuluftvolumenstrom noch von dem Luftführungssystem im Raum abhängig. Bei Systemen mit guter Mischströmung sind örtliche Unterschiede der Luftkeimkonzentration im Raum gering, bei Luftführungssystemen mit Verdrängungsströmung kann die Luftkeimkonzentration in bestimmten Raumbereichen unter sonst gleichen Bedingungen wesentlich niedriger als die mittlere Luftkeimkonzentration im Raum sein. Die in dem örtlich begrenzten Schutzbereich bei Verdrängungsströmung wirksame Keimlast wird durch Multiplikation der Keimlast mit einem Raumbelastungsgrad (Faktor <1), der hier mit „Kontaminationsgrad" μ_S bezeichnet wird, bestimmt. Für die mittlere Luftkeimkonzentration im Schutzbereich $\bar{k}_S$ gilt damit:

$$\bar{k}_S = \mu_S \frac{\dot{n}_K}{\dot{V}_{ZU}} \quad \text{in} \quad \frac{\text{Keime}}{\text{m}^3} \tag{4}$$

Darin bedeutet:

$\mu_S = \dfrac{\bar{k}_S}{\bar{k}_R}$ Kontaminationsgrad im Schutzbereich

Für diese mittlere Luftkeimkonzentration im Schutzbereich lassen sich maximal zulässige Grenzwerte angeben, die je nach den in dem jeweiligen Operationsraum durchzuführenden Operationen unterschiedlich sind. Auch bei Kenntnis des Kontaminationsgrades für das jeweilige Luftführungssystem läßt sich der erforderliche Zuluftvolumenstrom jedoch nicht ermitteln, da keine hinreichend gesicherten Daten für die im Mittel anzusetzenden Luftkeimlasten $\dot{n}_K$ bekannt sind. Es sind jedoch für OP-Räume mit den früher allein üblichen Mischströmungssystemen Erfahrungswerte für Luftströme bekannt, mit denen eine befriedigende lufthygienische Qualität (Luftkeimkonzentration) erreicht werden kann. Für OP-Räume mit hohen Anforderungen an die Keimarmut liegt dieser Wert, der als „Bezugs-Zuluftvolumenstrom" definiert wird, bei $\dot{V}^*_{ZU}$ = 2 400 m³/h. Man kann daher zur Bewertung der lufthygienischen Qualität von Luftführungssystemen eine „relative Luftkeimkonzentration" ε_S im Schutzbereich definieren, die auf diesen Erfahrungswert bezogen ist:

$$\varepsilon_S = \frac{\bar{k}_S}{\bar{k}^*_R} = \mu_S \frac{\bar{k}_R}{\bar{k}^*_R} = \mu_S \frac{\dot{V}^*_{ZU}}{\dot{V}_{ZU}} \tag{5}$$

Darin bedeuten:
$\dot{V}^*_{ZU}$ Bezugs-Zuluftvolumenstrom (2 400 m³/h);
$\bar{k}^*_R$ mittlere Luftkeimkonzentration im Raum (bzw. in der Abluft) bei $\dot{V}^*_{ZU}$.

ε_S kann sowohl durch niedrige Kontaminationsgrade als auch durch hohe Zuluftvolumenströme günstig beeinflußt werden. Legt man hierfür maximal zulässige Grenzwerte ε_{Szul} fest, kann danach ein minimal zulässiger Zuluftvolumenstrom wie folgt definiert werden:

$$\dot{V}_{ZUmin} = \dot{V}^*_{ZU} \frac{\mu_S}{\varepsilon_{Szul}} = 2\,400 \frac{\mu_S}{\varepsilon_{Szul}} \quad \text{in} \quad \frac{\text{m}^3}{\text{h}} \tag{6}$$

Bei idealer Mischströmung (μ_S = 1) entspricht dieser Mindest-Zuluftvolumenstrom für OP-Räume mit hohen Anforderungen an die Keimarmut definitionsgemäß dem Bezugs-Zuluftvolumenstrom $\dot{V}^*_{ZU}$. Die maximal zulässige relative Luftkeimkonzentration beträgt dafür ε_{Szul} = 1. Für OP-Räume mit darüber hinausgehenden Anforderungen sind in 6.6.2 für ε_{Szul} niedrigere Grenzwerte festgelegt.

Da unter gegebenen Betriebsbedingungen der Kontaminationsgrad μ_S nicht nur vom Luftführungssystem, sondern auch von einer Reihe anderer Einflußparameter, insbesondere vom Zuluftvolumenstrom selbst, abhängig ist, kann der Mindest-Zuluftvolumenstrom nach Gleichung (6) nur experimentell ermittelt werden. Das Prüfverfahren ist in DIN 4799 festgelegt. Bild C.1 zeigt ein Beispiel für die Kennlinie eines Verdrängungs-Luftführungssystems. In diesem Diagramm sind eingetragen:

— Der Mindest-Außenluftvolumenstrom (hier geringer als $\dot{V}_{ZUmin}$),
— der Mindest-Zuluftvolumenstrom für eine zulässige relative Luftkeimkonzentration von ε_S = 1,
— der Mindest-Zuluftvolumenstrom für eine zulässige relative Luftkeimkonzentration von ε_S = ²/₃ und
— der Zuluftvolumenstrom für die minimal erreichbare Luftkeimkonzentration $\varepsilon_S = \varepsilon_{Smin}$.

Zu 6.6.2, 11. Absatz

Beim Einsatz der heute üblichen Zuluftdeckenfelder mit laminarer oder turbulenzarmer Verdrängungsströmung sollte einerseits aus Gründen der Stabilität der Strömung eine Mindestaustrittsgeschwindigkeit von 0,15 m/s am Luftauslaß nicht unterschritten werden. Andererseits ermöglichen die niedrigen erreichbaren Kontaminationsgrade eine so weitgehende Reduzierung des Zuluftvolumenstromes, daß die Zuluftdeckenfelder sehr klein werden. Obwohl auch mit diesen im allgemeinen eine bessere Abschirmung des Schutzbereiches erzielt werden kann als mit großflächigen Auslässen mit Mischströmung, sollten die Zuluftdeckenfelder nicht zu klein gewählt werden, um auch eine das OP-Team und die Instrumententische hinreichend abdeckende Luftführung zu erzeugen.

Zuluftdeckenfelder mit laminarer oder turbulenzarmer Verdrängungsströmung können zwar mit höherer Zulufttemperatur als Mischlüftungssysteme betrieben werden, jedoch erfordern diese eine, wenn auch geringe, Zuluftuntertemperatur gegenüber der Raumluft. Sie können nicht zum Heizen eingesetzt werden.

Bei sehr kleinen Zuluftdeckenfeldern und sehr niedrigen Zuluftvolumenströmen treten allerdings im allgemeinen Probleme mit der hohen, sich aus der Kühllast ergebenden Temperaturdifferenz zwischen Zuluft und Raumluft und der daraus resultierenden örtlichen Lufttemperaturverteilung im Bereich des OP-Tisches auf. Diese Situation wirkt sich sowohl nachteilig auf die physiologischen Arbeitsbedingungen der verschiedenen Mitglieder des OP-Teams aus, wie sie auch zu einer Unterkühlung des Patienten führen kann. Jüngste Untersuchungen zeigen, daß durch Unterkühlung gegebenenfalls auch Infektionen am Wundrand begünstigt werden. Der Arbeitsplatz des Anästhesisten liegt bei sehr kleinen Zuluftdeckenfeldern im allgemeinen außerhalb der Zuluftströmung, so daß dort gegebenenfalls eine unzureichende Abfuhr und Verdünnung der freigesetzten Narkosegase auftreten können.

Aufgrund dieser Zusammenhänge ist ein ausreichend großes Zuluftdeckenfeld zu fordern. Dieses setzt einerseits eine entsprechende Anhebung des Zuluftvolumenstromes voraus. Andererseits werden damit im allgemeinen die genannten Probleme der Zulufttemperaturdifferenz und der Narkosegasabführung mit gelöst. Die Erhöhung des Zuluftvolumenstromes kann allein durch zusätzliche Verwendung von Umluft erreicht werden. Die Betriebskostenauswirkungen höherer Umluftvolumenströme halten sich im allgemeinen in Grenzen.

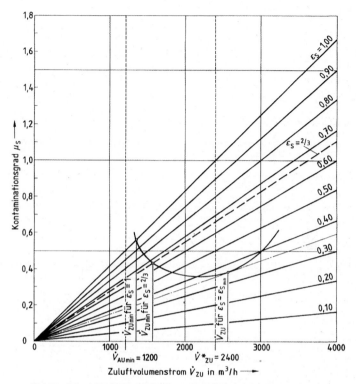

Bild C.1: Beispiel einer Kennlinie für ein Verdrängungs-Luftführungssystem

Zu 6.7.1, 2. Absatz

Die Einhaltung der auch außerhalb der OP-Betriebszeiten geforderten Luftströmungen ist bei Räumen mit endständigen Filtern gegebenenfalls auch möglich, wenn einzelne Räume der OP-Abteilung nur passiv durchflutet, d. h. von der Zuluftversorgung und Abluftentsorgung abgetrennt werden.

Zu 6.7.1, 4. Absatz

Unter den außerhalb der OP-Nutzungszeiten zur Energieeinsparung zugelassenen Maßnahmen ist eine Absenkung der Raumlufttemperaturen nicht mehr genannt.

Die möglichen Einsparungen sind vernachlässigbar gering. Demgegenüber ergeben sich beim Wiederaufheizen über die RLT-Anlage nachteilige Rückwirkungen auf die angestrebte möglichst direkte Versorgung der Gefährdungsbereiche mit praktisch keimfreier Zuluft, da diese in der Regel nur im Kühlbetrieb (Zulufttemperatur unter Raumlufttemperatur) optimal sichergestellt ist.

Zu Tabelle 2

Zu Spalten 7 bis 9, Kopf

Bei der Festlegung der Raumluftzustände für die OP-Räume sind folgende Gesichtspunkte maßgeblich gewesen:

Die Reduzierung der Auslegungs-Außentemperaturen gegenüber den Werten in VDI 2078 — siehe Tabelle 2, Fußnote 7) — wurde insbesondere im Hinblick auf die Senkung der Investitionskosten (Kälteanlage) vorgenommen.

Die freie Wählbarkeit der Temperaturen — siehe Tabelle 2, Fußnote 7) — ist beibehalten worden, um die aus physiologischen Gründen notwendige Möglichkeit einer individuellen Anpassung der Raumtemperatur an die wechselnden Bedürfnisse des Patienten und des OP-Teams sicherzustellen.

Ein Feuchte-Sollwert ist aus medizinischen Gründen nur für die Frühgeborenenpflege vorgesehen worden. Auf eine freie Wählbarkeit der Feuchte wird wie in der bisherigen Normfassung auch weiterhin verzichtet, da von medizinischer Seite keine entsprechenden Anforderungen gestellt wurden.

Zu Spalte 2 Nr. 1.1.4, 1.2.2, 1.3.3, 1.4.2, 1.5.3, 2.1.3, 2.2.3, 2.3.2, 2.4.2, 2.5.2 und 3.1.2

RLT-Anlagen werden bei Fluren mit einer Länge von mehr als 25 m häufig unentbehrlich, da sonst keine ausreichende Lüftung möglich ist. Außerdem kann im Pflegebereich im allgemeinen erst durch RLT-Anlagen eine ausreichende Zuluftversorgung aller innenliegenden Räume mit Fortluftanlagen sichergestellt werden.

Anhang D (informativ)
Literaturhinweise

DIN V ENV 1631
Reinraumtechnik — Planung, Ausführung und Betrieb von Reinräumen und Reinraumgeräten; Deutsche Fassung ENV 1631 : 1996

E DIN EN 1632-1
Reinraumtechnik — Kontrolle der Biokontamination — Teil 1: Grundlagen und Bestimmung kritischer Kontrollpunkte in Risikozonen; Deutsche Fassung prEN 1632-1 : 1994

E DIN EN 1632-2
Reinraumtechnik — Kontrolle der Biokontamination — Teil 2: Analyseverfahren und Messung der Biokontamination von Textilien in Risikozonen; Deutsche Fassung prEN 1632-2 : 1994

E DIN EN 1632-3
Reinraumtechnik — Kontrolle der Biokontamination — Teil 3: Analyseverfahren und Messung der Biokontamination von Oberflächen in Risikozonen; Deutsche Fassung prEN 1632-3 : 1994

E DIN EN 1632-4
Reinraumtechnik — Kontrolle der Biokontamination — Teil 4: Analyseverfahren und Messung der Biokontamination der Luft in Risikozonen; Deutsche Fassung prEN 1632-4 : 1994

VDI 2083 Blatt 1
Reinraumtechnik — Grundlagen, Definitionen und Festlegungen der Reinheitsklassen

VDI 2083 Blatt 2
Reinraumtechnik — Bau, Betrieb und Instandhaltung

E VDI 2083 Blatt 3
Reinraumtechnik — Meßtechnik in der Reinraumluft

VDI 2083 Blatt 4
Reinraumtechnik — Oberflächenreinheit

VDI 2083 Blatt 5
Reinraumtechnik — Thermische Behaglichkeit

VDI 2083 Blatt 6
Reinraumtechnik — Personal am reinen Arbeitsplatz

E VDI 2083 Blatt 7
Reinraumtechnik — Reinheit von Prozeßmedien

E VDI 2083 Blatt 9
Reinraumtechnik — Qualität, Erzeugung und Verteilung von Reinstwasser

VDI 2083 Blatt 10
Reinraumtechnik — Reinstmedien-Versorgungssysteme

E VDI 2083 Blatt 12
Reinraumtechnik — Sicherheits- und Umweltschutzaspekte

Oktober 1998

Raumlufttechnik
Teil 6: Lüftung von Wohnungen
Anforderungen, Ausführung, Abnahme
(VDI-Lüftungsregeln)

DIN 1946-6

ICS 91.140.30

Ersatz für Ausgabe 1994-09

Deskriptoren: Raumlufttechnik, Lüftungsregel, Lüftung, Wohnung

Ventilation and air conditioning — Part 6: Ventilation for residential buildings — Requirements, performance, acceptance (VDI Ventilation code of practice)

Ventilation et conditionnement d'air — Ventilation des logements — Exigences, construction, réception (Règles de ventilation du VDI)

Inhalt

	Seite
Vorwort	1
1 Anwendungsbereich	2
2 Normative Verweisungen	2
3 Definitionen	2
4 Allgemeine Anforderungen	3
4.1 Freie Lüftung	3
4.2 Maschinelle Lüftung	3
5 Anforderungen zur Bemessung und Ausführung	6
5.1 Freie Lüftung	6
5.2 Maschinelle Lüftung	6
6 Anlagenspezifische Anforderungen für maschinelle Lüftung	9
6.1 Entlüftungsanlagen für fensterlosen Bad- und WC-Raum	9

	Seite
6.2 Entlüftungsanlagen für fensterlose Küche	9
6.3 Luftbehandlung	9
7 Instandhaltung	9
8 RLT-Anlagen bzw. Abluftschächte und Feuerstätten	9
8.1 Allgemeines	9
8.2 Anforderungen	10
9 Abnahme	10
Anhang A (informativ) **Abnahmeprotokoll einer RLT-Anlage bzw. eines Abluftschachtes zur freien Lüftung von Wohnungen**	11
Anhang B (informativ) **Erläuterungen**	15
Anhang C (informativ) **Literaturhinweise**	18

Vorwort

Der Grund der Überarbeitung von DIN 1946-6 : 1994-09 war die Korrektur einiger Fehler sowie eine deutlichere Formulierung von Aussagen, die manchem Nutzer der Norm in der Vergangenheit Schwierigkeiten bereitet haben. Es sind keine sachlichen Änderungen vorgenommen worden.

Änderungen
Gegenüber der Ausgabe September 1994 wurden folgende Änderungen vorgenommen:
a) Festlegungen den PNE-Regeln angeglichen.
b) Verdeutlichung einiger Definitionen sowie Aussagen im Text.

Frühere Ausgaben
DIN 1946-6: 1994-09

Fortsetzung Seite 2 bis 18

Normenausschuß Heiz- und Raumlufttechnik (NHRS) im DIN Deutsches Institut für Normung e.V.
Normenausschuß Bauwesen (NABau) im DIN

1 Anwendungsbereich

Diese Norm gilt für die freie und für die maschinelle Lüftung von Wohnungen.

Die in dieser Norm enthaltenen Festlegungen sollen die Auslegung und Ausführung wirksamer Lüftungssysteme unter Berücksichtigung gesundheitstechnischer, bauphysikalischer sowie energetischer Gesichtspunkte ermöglichen.

2 Normative Verweisungen

Diese Norm enthält durch datierte oder undatierte Verweisungen Festlegungen aus anderen Publikationen. Diese normativen Verweisungen sind an den jeweiligen Stellen im Text zitiert, und die Publikationen sind nachstehend aufgeführt. Bei datierten Verweisungen gehören spätere Änderungen oder Überarbeitungen dieser Publikationen nur zu dieser Norm, falls sie durch Änderung oder Überarbeitung eingearbeitet sind. Bei undatierten Verweisungen gilt die letzte Ausgabe der in Bezug genommenen Publikation.

DIN 1946-1
: Raumlufttechnik — Terminologie und graphische Symbole (VDI-Lüftungsregeln)

DIN 4102-4
: Brandverhalten von Baustoffen und Bauteilen — Zusammenstellung und Anwendung klassifizierter Baustoffe, Bauteile und Sonderbauteile

DIN 4109
: Schallschutz im Hochbau — Anforderungen und Nachweise

DIN 4701-1
: Regeln für die Berechnung des Wärmebedarfs von Gebäuden — Grundlagen der Berechnung

DIN 4701-2
: Regeln für die Berechnung des Wärmebedarfs von Gebäuden — Tabellen, Bilder, Algorithmen

DIN 18017-1
: Lüftung von Bädern und Toilettenräumen ohne Außenfenster — Einzelschachtanlagen ohne Ventilatoren

DIN 18017-3
: Lüftung von Bädern und Toilettenräumen ohne Außenfenster mit Ventilatoren

DIN 18160-1
: Hausschornsteine — Anforderungen, Planung und Ausführung

DIN V 24194-2
: Kanalbauteile für lufttechnische Anlagen — Dichtheit — Dichtheitsklassen von Luftkanalsystemen

DIN VDE 0530-5
: Umlaufende elektrische Maschinen — Teil 5: Einteilung der Schutzarten durch Gehäuse für umlaufende Maschinen (IEC 34-5 : 1981 — 2. Ausgabe, modifiziert); Deutsche Fassung EN 60034-5 : 1986

DIN VDE 0700-31
: Sicherheit elektrischer Geräte für den Hausgebrauch und ähnliche Zwecke — Teil 2: Besondere Anforderungen für Dunstabzugshauben (IEC 335-2-31 : 1988, modifiziert); Deutsche Fassung EN 60335-2-31 : 1990

DIN EN 86
: Prüfverfahren für Fenster — Prüfung der Schlagregendichtheit unter statischem Druck

DIN EN 779
: Partikel-Luftfilter für die allgemeine Raumlufttechnik — Anforderungen, Prüfung, Kennzeichnung; Deutsche Fassung EN 779 : 1993 + AC : 1994

DVGW-Arbeitsblatt G 600
: Technische Regeln für Gas-Installationen (DVGW-TRG I /1996)[1]

DVGW-Arbeitsblatt G 626
: Technische Regeln für die Abführung der Abgase von Gaswasserheizern über Zentralentlüftungsanlagen nach DIN 18017-3[1]

DVGW-Arbeitsblatt G 670
: Aufstellung von Gasfeuerstätten in Räumen, Wohnungen oder ähnlichen Nutzungseinheiten mit mechanischen Entlüftungseinrichtungen[1]

VDI 2071
: Wärmerückgewinnung in Raumlufttechnischen Anlagen

VDI 3801
: Betreiben von Raumlufttechnischen Anlagen

VDMA 24186 Teil 1
: Leistungsprogramm für die Wartung von lufttechnischen und an deren technischen Ausrüstungen in Gebäuden; Lufttechnische Geräte und Anlagen

MBO Musterbauordnung
: Bauaufsichtliche Richtlinie über die Lüftung fensterloser Küchen, Bäder und Toilettenräume in Wohnungen[2]
: Bauaufsichtliche Richtlinie über die brandschutztechnischen Anforderungen an Lüftungsanlagen[2]

Wärmeschutz V
: Verordnung über einen energiesparenden Wärmeschutz bei Gebäuden (Wärmeschutzverordnung)[2]

3 Definitionen

Für die Anwendung dieser Norm gelten die in DIN 1946-1 angegebenen Definitionen zusammen mit den folgenden.

3.1 Aufenthaltsbereich in Wohnungen: Der Bereich in Räumen zum dauernden Aufenthalt von Menschen, der durch eine Höhe von 1,50 m[3] über Fußboden und einem Abstand von 0,8 m von den Außenwänden gebildet wird. In Bädern gilt als Aufenthaltsbereich die Aufenthaltszone des Badenden.

3.2 Außenwand-Luftdurchlaß: Öffnung in der Gebäudehülle, durch die Luft in einen Raum einer Wohnung ein- oder ausströmt, so daß ein Luftwechsel stattfindet.

3.3 Intensivlüftung (auch: Stoßlüftung): Nutzungsbedingte, kurzzeitige Lüftung mit erhöhtem Außenluftvolumenstrom.

3.4 Luftdurchlässigkeit: Luftvolumenstrom, der bei Einhaltung eines gegebenen Unterdruckes in einem Raum bzw. einer Wohnung gegenüber dem Freien über die Gebäudehülle in das Gebäudeinnere ein- bzw. nachströmen kann.

3.5 Planmäßiger Außen- bzw. Abluftvolumenstrom: Der nach der vorgesehenen Nutzung (z. B. aus Bauvorschriften) geplante Luftvolumenstrom, ohne Berücksichtigung von witterungs-, bau- und anlagentechnisch bedingten Einflüssen.

---

[1] Zu beziehen durch: Wirtschafts- und Verlagsgesellschaft Gas und Wasser mbH, Josef-Wimmer-Straße 1–3, 53123 Bonn

[2] Zu beziehen durch: Deutsches Informationszentrum für technische Regeln (DITR) im DIN, Burggrafenstraße 6, 10787 Berlin

[3] Bei der Festlegung der Höhe von 1,50 m wurde von der Höhe sitzender Personen ausgegangen.

3.6 Raumlufttechnische Anlage für Wohnungen:
Gesamtheit der Bauteile, Baugruppen und Geräte, die der Behandlung sowie der maschinellen Zu- und/oder Abführung von Luft dienen, um bestimmte raumklimatische Bedingungen im Aufenthaltsbereich sicherzustellen.

3.7 Überström-Luftdurchlaß:
Öffnung innerhalb einer Wohnung, durch die Luft je nach Druckunterschied von einem Raum bzw. Bereich in den anderen überströmt.

4 Allgemeine Anforderungen

4.1 Freie Lüftung

Die Anzahl, Ausführung und Anordnung der Fenster, die Durchlässigkeit der Gebäudehülle und die Bemessung der Außenwand-Luftdurchlässe müssen eine ausreichende Wohnungslüftung ermöglichen.

Die in Tabelle 1 angegebenen planmäßigen Außenluftvolumenströme (siehe auch Anhang B) sind abhängig von der durchschnittlichen Wohnungsgröße und der durchschnittlichen Anzahl der Bewohner (Wohnungsgruppen I bis III).

ANMERKUNG: Der in Tabelle 1 angegebene planmäßige Außenluftvolumenstrom einer Wohnungseinheit bei freier Lüftung entspricht einer Grundlüftung (siehe auch Anhang B) und dient als Bemessungsgrundlage für die freie Lüftung. Er wird nach 5.2 durch die Summe der Volumenströme ermöglicht, die über die Fensterfugen und die erforderlichen Mindestöffnungen der Außenwand-Luftdurchlässe ein- bzw. ausströmen.

Ein Luftaustausch zwischen Treppenraum und Wohnung über die Wohnungseingangstür soll vermieden werden.

4.1.1 Querlüftung (siehe Bild 1a))

Um Geruchsbelästigungen aufgrund von Druckdifferenzen innerhalb der Wohnungseinheit zu vermeiden, sollten Küchen und Sanitärräume mit Fenstern und/oder Außenluftdurchlässen auf der windabgewandten Seite des Gebäudes, bezogen auf die Hauptwindrichtung, angeordnet sein.

4.1.2 Schachtlüftung (siehe Bild 1b) und Bild 2)

Abluftschächte sind in Küchen bzw. Sanitärräumen anzuordnen. Jeder fensterlose Bad- bzw. WC-Raum ist mit einem eigenen Abluftschacht zu versehen. Dabei ist darauf zu achten, daß Geruchsübertragungen in andere Räume derselben Wohnungseinheit bzw. anderer Wohnungseinheiten möglichst vermieden werden.

Zur Sicherstellung der Zuluftnachströmung sind in den Umschließungsflächen der Räume mit Abluftschacht — vorzugsweise den Türen — nicht verschließbare Luftdurchlässe (Überström-Luftdurchlässe, Kürzung der Türblätter) anzuordnen.

4.2 Maschinelle Lüftung

ANMERKUNG 1: Der in Tabelle 1 angegebene planmäßige Außenluftvolumenstrom bei maschineller Lüftung entspricht der zeitweiligen Bedarfslüftung (Gesamtlüftung, siehe Anhang B) und dient als Bemessungsgrundlage für die maschinelle Lüftung. Er wird nach 5.3.2 durch die Summe der Luftvolumenströme ermöglicht, die über die Fensterfugen und die erforderlichen Mindestöffnungen der Außenwand-Luftdurchlässe bei der zugelassenen Druckdifferenz zwischen dem Gebäudeinneren und dem Freien nachströmen. Der in Tabelle 1 bei freier Lüftung angegebene Außenluftvolumenstrom entspricht dem Luftvolumenstrom für die Grundlüftung.

Raumlufttechnische Anlagen (im folgenden RLT-Anlagen genannt) sind so herzustellen und zu betreiben, daß Gerüche und Staub von Wohnung zu Wohnung nicht übertragen werden können. Die Abluft ist an Stellen der stärksten Luftbelastung zu entnehmen.

Aus den zu entlüftenden Räumen soll die Luft möglichst in Deckennähe abgeführt werden.

ANMERKUNG 2: Die Festlegung der Abluftvolumenströme für Küche, Bad-/WC-Raum und separaten WC-Raum sollte so erfolgen, daß die planmäßigen Außenluftvolumenströme für die Grundlüftung der gesamten Wohnung nicht wesentlich überschritten werden. Dabei spielt es keine Rolle, ob diese Räume mit oder ohne Fenster sind. (Bei fensterlosen Räumen hat die Tabelle 2 jedoch Priorität für die Wahl der Abluftvolumenströme.) Daraus resultiert z. B. für Wohnungsgruppe I ein Gesamt-Außenluftvolumenstrom von 40 + 40 = 80 m^3/h, wenn Küche und Bad-/WC-Raum fensterlos sind und kein separater WC-Raum vorhanden ist. Die 80 m^3/h können in Zeiten geringen Luftbedarfs nach DIN 18017-3 um 20 m^3/h im Bad/WC-Raum reduziert werden, wenn die Anlage 24 Stunden am Tag betrieben wird. Damit ergeben sich in Übereinstimmung mit Tabelle 1 für die überwiegende Betriebszeit 60 m^3/h (als Grundlüftung) für die

Tabelle 1: Planmäßige Außenluftvolumenströme[4] für die einzelnen Wohnungsgruppen ohne Berücksichtigung der besonderen Anforderungen fensterloser Räume nach Tabelle 2 (Küche, Bad-, WC-Raum)

Wohnungsgruppe	Wohnungsgröße[5] m^2	Geplante Belegung Personen	Planmäßige Außenluftvolumenströme	
			bei freier Lüftung[6] m^3/h	bei maschineller Lüftung[7] m^2
I	≤ 50	bis 2	60	60
II	> 50 ≤ 80	bis 4	90	120
III	> 80	bis 6	120	180

[4] Die genannten planmäßigen Außenluftvolumenströme dienen in erster Linie der Bemessung von technischen Einrichtungen zur Freien Lüftung und RLT-Anlagen (siehe auch Anhang B unter allgemeine Anforderungen).
[5] Wohnfläche innerhalb der Gebäudehülle
[6] Entspricht der Grundlüftung bei maschineller Lüftung
[7] Volumenströme bei Bedarfslüftung

Tabelle 2: Planmäßige Abluftvolumenströme für fensterlose Räume[8]

Raum	Planmäßiger Abluftvolumenstrom in m³/h	
	bei Betriebsdauer ≥ 12 h/d	bei beliebiger Betriebsdauer
Küche — ständige Lüftung (Grundlüftung)	40	60
Küche — Intensivlüftung	200	200
Kochnische	40	60
Bad-Raum (auch mit WC)	40	60
WC-Raum	20	30

gesamte Wohnung. Die Erhöhung dieses Luftvolumenstromes auf 80 m³/h (als Bedarfslüftung) ist — auch abweichend von Tabelle 1 — zulässig. (Weiteres Beispiel für die Wahl des planmäßigen Außen-(Ab-)luftvolumenstromes siehe Anhang B.)

Die Luft sollte so geführt werden, daß ein möglichst großes Luftvolumen aus den Räumen mit geringer Luftbelastung (z. B. Wohn- und Schlafraum) in die Räume mit höherer Luftbelastung (in der Regel Badraum, WC-Raum, Küche) strömt. Für das Überströmen sind die notwendigen Überström-Luftdurchlässe vorzusehen.

Jeder zu entlüftende innenliegende Raum muß einen unverschließbaren Überström-Luftdurchlaß mit mindestens 150 cm² freien Querschnitt haben.

Der Überström-Luftdurchlaß ist so anzuordnen und auszuführen, daß
— der Raum gut durchströmt wird,
— Zugbelästigungen möglichst vermieden werden und
— die Schalldämmung nicht unzulässig verringert wird.

Die Überström-Luftdurchlässe für Räume mit Fenstern sind so zu bemessen, daß bei geschlossenen Türen in der Wohnung die mittlere Strömungsgeschwindigkeit im freien Querschnitt bei den planmäßigen Außenluftvolumenströmen höchstens 2,5 m/s beträgt. Auf die freie Querschnittsfläche der Überström-Luftdurchlässe dürfen je Tür des betreffenden Raumes 25 cm² angerechnet werden.

Überström-Luftdurchlässe können die Schallübertragung innerhalb einer Wohnung beeinflussen.

Das Nachströmen der für die Lüftung aller, auch der fensterlosen, Räume einer Wohnung erforderlichen Außenluft ist gesichert, wenn
— die Anforderungen nach 5.3.2 erfüllt sind,
— die Außenluft an zentraler Stelle der Wohnung ohne Beeinträchtigung der Wohnfunktion über Luftleitungen und/oder Schächte zugeführt wird oder
— die Luftdurchlässigkeit der Wohnung ohne Zusatzmaßnahmen für die Realisierung des planmäßigen Außenluftvolumenstromes ausreichend ist.

Weitere Anforderungen sind in DIN 18017-3 und in der Bauaufsichtlichen Richtlinie über die Lüftung fensterloser Küchen, Bäder und Toiletträume in Wohnungen enthalten.

4.2.1 Entlüftungsanlage für fensterlosen Bad- und WC-Raum

Die Entlüftungsanlage muß die Fortluft über dichte Leitungen, Dichtheitsklasse II nach DIN V 24194-2, ins Freie fördern und mindestens für einen planmäßigen Abluftvolumenstrom nach Tabelle 2 bemessen sein.

Entlüftungsanlagen dürfen in Wohnungen, in deren Wänden Schornsteine angeordnet sind, keinen größeren Unterdruck gegenüber dem Freien als 4 Pa erzeugen. In anderen Wohnungen darf kein größerer Unterdruck als 8 Pa erzeugt werden. Die Unterdrücke berücksichtigen keinen Windeinfluß.

Es muß sichergestellt sein, daß in die Räume der nach Tabelle 2 erforderliche Außenluftvolumenstrom entweder über Undichtheiten in der Gebäudehülle (einschließlich Außenwand-Luftdurchlässe nach Abschnitt 5) oder über Luftschächte bzw. -leitungen nachströmen kann, ohne daß die vorgenannten Unterdrücke überschritten werden.

Weitere Anforderungen nach DIN 18017-3.

4.2.2 Entlüftungsanlage für fensterlose Küche

Die Entlüftungsanlage muß die Fortluft über dichte Leitungen, Dichtheitsklasse II nach DIN V 24194-2, ins Freie fördern und mindestens für einen planmäßigen Abluftvolumenstrom nach Tabelle 2 bemessen sein. Die in 4.2.1 genannten Unterdrücke dürfen nicht überschritten werden.

Den Räumen der Wohnung muß ein Außenluftvolumenstrom in Höhe der in Tabelle 2 angegebenen planmäßigen Abluftvolumenströme zugeführt werden können. Die Zuluft darf, soweit nachfolgend nichts anderes bestimmt ist, den Räumen der Wohnung, außer Bad- und WC-Raum, entnommen werden. Der fensterlosen Küche muß die Außenluft für die Intensivlüftung über dichte Leitungen, Dichtheitsklasse II nach DIN V 24194-2, oder Schächte oder eine Belüftungsanlage zugeführt werden. Durch den Betrieb einer Belüftungsanlage darf kein Überdruck gegenüber dem Wohn- bzw. Schlafraum entstehen.

4.2.3 Be- und Entlüftungsanlage
(siehe Bild 3 und Bild 4)

Die Entlüftungsanlage muß einen Fortluftvolumenstrom ins Freie fördern, der dem planmäßigen Außenluftvolumenstrom für die Lüftung nach Tabelle 1 entspricht; bei fensterlosen Räumen müssen die Werte nach Tabelle 2 eingehalten werden. Der Fortluftvolumenstrom darf bei gleicher Luftdichte dem maschinell geförderten Außenluftvolumenstrom bis 10 % überschreiten. Die Volumenströme können dem Bedarf nach Lufterneuerung zeitlich angepaßt werden.

Die Belüftungsanlage ist für die in Tabelle 1 bzw. Tabelle 2 genannten planmäßigen Außenluft- bzw. Abluftvolumenströme auszulegen.

---

[8] Siehe auch die Bauaufsichtliche Richtlinie über die Lüftung fensterloser Küchen, Bäder und Toiletträume in Wohnungen.

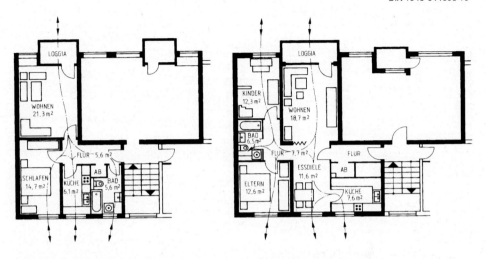

a) Querlüftung (Außenbad)   b) Schachtlüftung (Innenbad)

Bild 1: Freie Lüftung — Wohnungsgrundriß

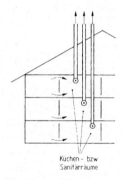

Bild 2: Freie Lüftung — Einzelschächte — mit Zuluft aus den Wohn- und Schlafräumen

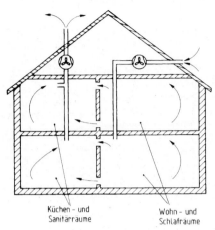
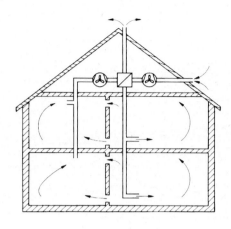
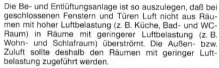

Bild 3: Maschinelle Lüftung — Be- und Entlüftungsanlage ohne Wärmerückgewinnung

Bild 4: Maschinelle Lüftung — Be- und Entlüftungsanlage mit Wärmerückgewinnung

Die Be- und Entlüftungsanlage ist so auszulegen, daß bei geschlossenen Fenstern und Türen Luft nicht aus Räumen mit hoher Luftbelastung (z. B. Küche, Bad- und WC-Raum) in Räume mit geringerer Luftbelastung (z. B. Wohn- und Schlafraum) überströmt. Die Außen- bzw. Zuluft sollte deshalb den Räumen mit geringer Luftbelastung zugeführt werden.

Die Außen- und Fortluftdurchlässe der Be- und Entlüftungsanlage müssen so angeordnet sein, daß weder Fortluft noch Abgase mit der Außenluft angesaugt werden. Die Technischen Regeln für Gas-Installationen sind zu beachten.

Für Wohnungslüftungsanlagen gelten darüber hinaus die Anforderungen der Wärmeschutzverordnung.

5 Anforderungen zur Bemessung und Ausführung

5.1 Allgemeines

Die nach 5.2.1, 5.2.2.1 und 5.3.2 zu berechnenden Querschnitte der Außenwand-Luftdurchlässe gelten für rechnerische Druckunterschiede von 4 Pa (windschwache Lagen[9]) bis 8 Pa (windstarke Lagen[9]).

Bei Anordnung von Außenwand-Luftdurchlässen in Außenwänden ist folgendes zu beachten:

a) Die Außenwand-Luftdurchlässe sollen allein oder mit einem Fenster verbunden, gleichmäßig auf den Außenwänden der Wohn- und Aufenthaltsräume verteilt sein.

b) Die Außenwand-Luftdurchlässe müssen auch im geöffneten Zustand gegen Schlagregen dicht sein. Die Prüfung erfolgt nach DIN EN 86. Für die Prüfung im geöffneten Zustand ist eine Norm in Vorbereitung.

c) Der Außenluftvolumenstrom ist so einzubringen, daß eine Zugbelästigung in den Aufenthaltsbereichen der Wohnung so gering wie möglich gehalten wird (siehe auch Anhang B).

d) Vorgegebene Anforderungen an die Schalldämmung des Fensters müssen von der Kombination Fenster und Außenwand-Luftdurchlaß (auch in der für die Gesamtlüftung erforderlichen Einstellung) erfüllt werden. Bei Einbau des Außenwand-Luftdurchlasses in die Wand muß die Kombination Wand und Außenwand-Luftdurchlaß die vorgenannte Anforderung erfüllen.

e) Die Außenwand-Luftdurchlässe sollen von innen leicht zu warten und zu reinigen sein.

f) Die Außenwand-Luftdurchlässe müssen gegen das Eindringen von Insekten geschützt sein.

g) Die Außenwand-Luftdurchlässe sollen eine Einrichtung zur Veränderung des freien Querschnitts haben, wobei die Einstellbarkeit der für die freie bzw. maschinelle Lüftung erforderlichen Querschnitte sichergestellt sein muß (siehe Anhang A). Darüber hinaus sollten Außenwand-Luftdurchlässe mit selbsttätiger oberer Volumenstrombegrenzung eingesetzt werden. Ist der Querschnitt des Außenwand-Luftdurchlasses von Hand zu verstellen, muß die jeweilige Stellung angezeigt werden. Es sind die gesetzlichen Vorschriften (Wärmeschutzverordnung, Bauordnungsrecht der Länder) zu beachten.

h) Übersteigt der planmäßige Außenluftvolumenstrom die Angaben im Zusammenhang mit dem Mindestluftwechsel nach DIN 4701-1, so ist der zusätzliche Luftvolumenstrom bei der Heizlastberechnung für das Gebäude zu berücksichtigen.

5.2 Freie Lüftung

5.2.1 Bemessung der Außenwand-Luftdurchlässe bei Querlüftung

Bei der Bemessung des planmäßigen Außenluftvolumenstromes $\dot{V}_D$ bei Querlüftung (siehe Bild 1a)) nach Tabelle 1 für die freie Lüftung einer Wohnungseinheit wird in Räumen von Wohnungen, die mit Fenstern mit umlaufenden

---

[9]) Siehe DIN 4701-2.

Seite 7
DIN 1946-6 : 1998-10

Dichtprofilen ausgestattet sind, ein natürlicher Luftwechsel von 0,17 h^{-1} zugrundegelegt.[10] Der natürliche Luftwechsel ergibt sich, bezogen auf die gesamte Wohnungseinheit, zu β_Q = 0,12 h^{-1}.[11]
Der der Bemessung der Außenwand-Luftdurchlässe zugrundezulegende Außenluftvolumenstrom $\dot{V}_{QALD}$ errechnet sich nach Gleichung (1) (siehe auch Anhang B).

$$\dot{V}_{QALD} = 2 \cdot (\dot{V}_p - \beta_Q \cdot V_{WE}) \qquad (1)$$

Hierin bedeuten:
$\dot{V}_{QALD}$ Außenluftvolumenstrom für die Bemessung der Außenwand-Luftdurchlässe in m³/h;
$\dot{V}_p$ Planmäßiger Außenluftvolumenstrom nach Tabelle 1 in m³/h;
V_{WE} Gesamtvolumen der Wohnungseinheit in m³ einschließlich der fensterlosen Räume;
β_Q Natürlicher Luftwechsel bei Querlüftung in h^{-1}.

Wird bei einem Differenzdruck nach 5.1 ein höherer natürlicher Luftwechsel nachgewiesen, so kann der Wert für β_Q entsprechend erhöht werden.
Bei Fenstern mit umlaufender Dichtung und einem Fugendurchlaßkoeffizienten a < 0,3 m³ (h · m · daPa$^{2/3}$)$^{-1}$ und β_Q = 0,12 h^{-1} errechnen sich für $\dot{V}_{QALD}$ die in Tabelle 3 enthaltenen Werte.

Tabelle 3: Außenluftvolumenströme $\dot{V}_{QALD}$ für die Bemessung der Außenwand-Luftdurchlässe bei Querlüftung und einem Fugendurchlaßkoeffizienten a < 0,3 m³ (h · m · daPa$^{2/3}$)$^{-1}$ für die einzelnen Wohnungsgruppen (β_Q = 0,12 h^{-1})

Wohnungsgruppe nach Tabelle 1[12]	$\dot{V}_{QALD}$ bei freier Lüftung (Querlüftung) m³/h
I	90
II	130
III	190

[12] Für die Raumhöhe werden 2,5 m zugrundegelegt.

5.2.2 Schachtlüftung
5.2.2.1 Bemessung der Außenwand-Luftdurchlässe
Bei der Bemessung des planmäßigen Außenluftvolumenstromes $\dot{V}_p$ bei Schachtlüftung (siehe Bild 2) nach Tabelle 1 für die freie Lüftung einer Wohnungseinheit wird in Räumen von Wohnungen, die mit Fenstern mit umlaufenden Dichtprofilen ausgestattet sind, ein natürlicher Luftwechsel von 0,35 h^{-1} zugrundegelegt.[10] Der natürliche Luftwechsel ergibt sich, bezogen auf die gesamte Wohnungseinheit, zu β_S = 0,25 h^{-1}. Der Außenluftvolumenstrom $\dot{V}_{SALD}$ für die Bemessung der Außenwand-Luftdurchlässe errechnet sich nach Gleichung (2).

$$\dot{V}_{SALD} = \dot{V}_p - \beta_S \cdot V_{WE} \qquad (2)$$

Hierin bedeuten:
$\dot{V}_p$, V_{WE} siehe Gleichung (1);
β_S natürlicher Luftwechsel bei Schachtlüftung in h^{-1}.
Wird bei einem Differenzdruck nach 5.1 ein höherer natürlicher Luftwechsel nachgewiesen, so kann der Wert für β_S entsprechend erhöht werden.
Bei Fenstern mit umlaufenden Dichtprofilen und einem Fugendurchlaßkoeffizienten a < 0,3 m³ (h · m · daPa$^{2/3}$)$^{-1}$ und β_S = 0,25 h^{-1} errechnen sich für $\dot{V}_{SALD}$ die in Tabelle 4 enthaltenen Werte.

Tabelle 4: Außenluftvolumenströme $\dot{V}_{SALD}$ für die Bemessung der Außenwand-Luftdurchlässe bei Schachtlüftung und einem Fugendurchlaßkoeffizienten a < 0,3 m³ (h · m · daPa$^{2/3}$)$^{-1}$ für die einzelnen Wohnungsgruppen (β_S = 0,25 h^{-1})

Wohnungsgruppe nach Tabelle 1[12]	$\dot{V}_{SALD}$ bei freier Lüftung (Schachtlüftung) m³/h
I	30
II	40
III	70

[12] Für die Raumhöhe werden 2,5 m zugrundegelegt.

5.2.2.2 Schächte
Siehe DIN 18017-1.

5.2.2.3 Abluftdurchlässe
Die Abluftdurchlässe müssen einen freien Querschnitt von jeweils mindestens 150 cm² haben und sollen in Deckennähe angeordnet sein.

5.2.2.4 Überström-Luftdurchlässe
Siehe 4.2.

5.2.2.5 Reinigung
Siehe DIN 18017-1.

5.2.3 Einzelschachtlüftung für fensterlosen Bad- und WC-Raum
Siehe DIN 18017-1.

5.3 Maschinelle Lüftung
5.3.1 Allgemeines
Die RLT-Anlagen sind nach den allgemein anerkannten Regeln der Technik zu dimensionieren und auszulegen. Dabei sind die verschiedenen anlagenspezifischen Betriebszustände zu berücksichtigen.
RLT-Anlagen in Wohnungen müssen die schalltechnischen Anforderungen nach DIN 4109 erfüllen. Die bauaufsichtliche Richtlinie über die brandschutztechnischen Anforderungen an Lüftungsanlagen ist zu beachten.
Es werden unterschieden (siehe MBO und Länderbauordnungen):
— Be- und Entlüftungsanlagen in Gebäuden ohne brandschutztechnische Anforderungen (bis zu 2 Vollgeschossen ohne Überbrückung von Brandabschnitten) und
— Be- und Entlüftungsanlagen in Gebäuden mit brandschutztechnischen Anforderungen (Mehrfamilienhäuser).

5.3.1.1 Maximaler Außenluftvolumenstrom
Die gewählten Luftvolumenströme sollen bei RLT-Anlagen ohne Wärmerückgewinnung (siehe Bild 3) die in Tabelle 1 angegebenen planmäßigen Außenluftvolumenströme für die Lüftung um nicht mehr als 30 % übersteigen.

---
[10] Bei Fenstern ohne umlaufende Dichtprofile ergibt sich eine Fugenlüftung (siehe 6.1.1).
[11] Unter der Voraussetzung, daß 30 % einer Wohnungseinheit, bezogen auf die Grundfläche, keine Fenster aufweisen (Faktor 0,7).

5.3.1.2 Volumenstromkonstanz

Die Luftvolumenströme dürfen sich gegenüber den planmäßigen Außenluftvolumenströmen durch Wind und thermischen Auftrieb um nicht mehr als 15 % ändern. Anstatt mit dem tatsächlichen Einfluß von Wind und thermischem Auftrieb ist bei der Planung einer Anlage damit zu rechnen, daß sich die Unterschiede der statischen Drücke zwischen den entlüfteten Räumen und den Außenseiten der Fortluftdurchlässe um 40 Pa vergrößern bzw. verringern, wenn der Fortluftvolumenstrom lotrecht über Dach austritt, andernfalls um 60 Pa. Für Belüftungsanlagen ist allgemein mit 60 Pa zu rechnen.

5.3.1.3 Luftführung in der Wohnung und thermische Behaglichkeit

Siehe hierzu auch 4.2 und 4.2.3.

Bei Belüftungsanlagen mit Einrichtungen zur Lufterwärmung darf die Zuluft keine unzumutbaren Belästigungen durch zu hohe Temperaturen hervorrufen.

Kann die Zuluft nicht erwärmt werden, gilt für den Zuluftdurchlaß das gleiche wie für Außenwand-Luftdurchlässe nach 5.1, Aufzählung c).

5.3.2 Bemessung der Außenwand-Luftdurchlässe bei Entlüftungsanlagen

Bei der Bemessung des planmäßigen Außenluftvolumenstromes $\dot{V}_p$ bei Entlüftungsanlagen (siehe DIN 18017-3) nach Tabelle 1 für die maschinelle Lüftung einer Wohnungseinheit wird in Räumen von Wohnungen, die mit Fenstern mit umlaufenden Dichtprofilen ausgestattet sind, ein Luftwechsel von 0,5 h^{-1} zugrunde gelegt.[10]

Der Luftwechsel ergibt sich bezogen auf die gesamte Wohnungseinheit zu $\beta_M = 0{,}35$ h^{-1}. Der Außenluftvolumenstrom $\dot{V}_{EALD}$ für die Außenwand-Luftdurchlässe errechnet sich nach Gleichung (3) (siehe auch Anhang B).

$$\dot{V}_{EALD} = \dot{V}_p - \beta_M \cdot V_{WE} \qquad (3)$$

Hierin bedeuten:

$\dot{V}_p$, V_{WE} siehe Gleichung (1);

β_M Luftwechsel bezogen auf die gesamte Wohnungseinheit in h^{-1}.

Bei Fenstern mit umlaufenden Dichtprofilen und einem Fugendurchlaßkoeffizienten $a < 0{,}3$ m^3 (h · m · daPa$^{2/3}$)$^{-1}$ und $\beta_M = 0{,}35$ h^{-1} errechnen sich für $\dot{V}_{EALD}$ die in Tabelle 5 enthaltenen Werte.

Tabelle 5: Außenluftvolumenströme $\dot{V}_{EALD}$ für die Bemessung der Außenwand-Luftdurchlässe bei maschineller Lüftung und bei einem Fugendurchlaßkoeffizienten $a < 0{,}3$ m^3 (h · m · daPa$^{2/3}$)$^{-1}$ für die einzelnen Wohnungsgruppen ($\beta_M = 0{,}35$ h^{-1})

Wohnungsgruppe nach Tabelle 1[12]	$\dot{V}_{QALD}$ bei maschineller Lüftung m^3/h
I	15
II	50
III	110

[12] Für die Raumhöhe werden 2,5 m zugrundegelegt.

[10] Siehe Seite 7.

5.3.3 Bauelemente der RLT-Anlage

Die Bauelemente der Entlüftungsanlage sollen so gestaltet werden, daß die planmäßigen Außenluft- bzw. Abluftvolumenströme nach Tabelle 1 und Tabelle 2 ohne zusätzliche Einregulierung durch Drosselung in den Wohnungen erreicht werden.

5.3.3.1 Ventilatoren

Siehe DIN 18017-3.

Zusätzliche sicherheitstechnische Maßnahmen des DVGW-Regelwerkes und/oder bauaufsichtliche Richtlinien sind zu beachten, wenn Feuerstätten in den Wohnungen betrieben werden oder bei sich kreuzenden Zu- und Abluftströmen über Plattenwärmetauscher. Dies erfolgt z. B. durch Verriegelung oder durch entsprechende Schaltung der Ventilatoren, je nach Anordnung im System.

5.3.3.2 Luftleitungen

Luftleitungen müssen gegen Korrosion geschützt und so beschaffen und angeordnet sein, daß sie leicht gereinigt werden können. Hierfür sollen entsprechende Reinigungsöffnungen mit Verschlüssen in ausreichender Anzahl vorgesehen werden. Luftleitungen müssen dicht (Dichtheitsklasse II nach DIN V 24194-2) und standsicher sein. Sie müssen so beschaffen oder wärmegedämmt sein, daß Tauwasserbildung verhindert wird.

Steigleitungen (auch Abluftleitungen für Küchen) sollen so glattwandig wie möglich ausgeführt sein und sollen einen runden Querschnitt aufweisen. Sie sollen vertikal durch das Gebäude geführt und unten mit Reinigungsöffnungen versehen sein.

Abluftleitungen müssen, sofern sie nicht zu reinigen sind, austauschbar sein.

5.3.3.3 Ventile, Drosseleinrichtungen, Rückschlagklappen und Reinigungsverschlüsse

Ventile und Reinigungsverschlüsse müssen leicht zugänglich und ebenso wie Drosseleinrichtungen und Rückschlagklappen leicht zu warten und leicht austauschbar sein. Sie müssen gegen Korrosion geschützt sein und durch Verschmutzung, die im bestimmungsgemäßen Betrieb hervorgerufen wird, nicht funktionsunfähig werden.

5.3.3.4 Luftfilter

Bei Abluftabsaugung in Küchen müssen, um eine Verschmutzung der Luftleitungen zu vermeiden, Luftfilter mit leicht austauschbaren Filtereinsätzen vorgesehen werden. Werden Ablufthauben verwendet, dürfen die Luftfilter und Filtereinsätze nicht brennbar sein.

Bei anderen Abluftdurchlässen (z. B. im Bad- und WC-Raum) sollten Luftfilter verwendet werden.

5.3.4 Betriebsweise

Be- und Entlüftungsanlagen sollen gleichzeitig, Zentrallüftungsanlagen für mehrere Wohnungen müssen ständig betrieben werden.

5.3.5 Elektrische Sicherheit

Die elektrischen Betriebsmittel müssen die einschlägigen VDE-Vorschriften erfüllen und für den Dauerbetrieb geeignet sein.

Lüftungsgeräte bzw. Motoren sollen mindestens der Schutzart IP 44 nach DIN VDE 0530-5 entsprechen, Klemmkästen und Schaltkästen der Schutzart IP 54.

Für Arbeiten an den Zu- und Abluftgeräten muß eine allpolige Abschaltmöglichkeit vom Netz mit mindestens 3 mm Kontaktöffnung gegen unbefugtes Wiedereinschalten vorhanden sein.

6 Anlagenspezifische Anforderungen für maschinelle Lüftung

6.1 Entlüftungsanlagen für fensterlosen Bad- und WC-Raum

6.1.1 Nachströmen der Außenluft

Aus den Räumen von Wohnungen, die mit Fenstern mit umlaufenden Dichtprofilen ausgestattet sind, können höchstens 0,5 m³/h je m³ Rauminhalt[13] und aus den Räumen von Wohnungen, die mit Fenstern ohne umlaufende Dichtprofile ausgestattet sind, höchstens 1,0 m³/h je m³ Rauminhalt abgesaugt werden. Wird mit diesen Werten der Luftdurchlässigkeit der planmäßige Außenluftvolumenstrom nicht erreicht, müssen zusätzliche Maßnahmen nach 4.2.1 und 6.2.1 getroffen werden. Dabei sind 4.2 sowie 5.1 beachten.

Bei einer Entlüftungsanlage mit bedarfsgesteuertem Abluftvolumenstrom für mehrere Wohnungen/Räume müssen an den Zuluftschächten und -leitungen Zuluftklappen vorgesehen werden, die beim Abschalten der Entlüftungsanlage automatisch schließen.

6.1.2 Abluftsysteme
Siehe DIN 18017-3.

6.2 Entlüftungsanlagen für fensterlose Küchen

6.2.1 Nachströmen der Außenluft
Für die Werte der Luftdurchlässigkeit gilt 6.1.1.

Sind Zuluftleitungen oder -schächte erforderlich, sind deren Querschnitte so zu bemessen, daß die nach Tabelle 2 benötigten planmäßigen Abluftvolumenströme bei einem maximalen Druckverlust von 4 Pa bis 8 Pa zugeführt werden können.

Leitungen oder Schächte, in denen die Außenluft in innenliegende Küchen geleitet wird, müssen folgende Anforderungen erfüllen:

— Durch die Anordnung ist sicherzustellen, daß bei Intensivlüftung eine möglichst geringe Beeinträchtigung der Behaglichkeit zu erwarten ist. Zuluftdurchlässe sind vorzugsweise im Deckenbereich anzuordnen.

— Luftleitungen müssen nach außen eine Schalldämmung entsprechend den Dämmaßen eines Fensters aufweisen und auch zwischen Wohnungen die entsprechende Schalldämmung haben.

— Um eine Verschmutzung der Zuluftleitungen für innenliegende Küchen zu vermeiden, wird eine Filterung der Außenluft empfohlen. Der Druckverlust der Filter ist dabei zu berücksichtigen. Die Leitungen einschließlich ihrer Einbauten müssen leicht zu warten und zu reinigen sein.

— Die Außenwandluftdurchlässe müssen schlagregensicher und gegen das Eindringen von Insekten geschützt sein.

— Luftleitungen müssen eine verschließbare Klappe aufweisen. Die Grundlüftung soll die Klappe geschlossen sein, während sich bei Intensivlüftung öffnet. Die Stellung der Klappe muß deutlich erkennbar sein. Außenluftschächte für mehrere Küchen müssen motorisch betätigte Absperrklappen mit Brandschutzfunktion haben, die die Klappen bei Betrieb der Abluftaube öffnen. Horizontale Außenluftkanäle sollen Abschlußklappen in der Außenwand haben. Jede dieser Klappen ist mit einer Einrichtung so auszurüsten, daß sie bei Betrieb der Abluftaube öffnet.

---

[13] Siehe auch die Bauaufsichtliche Richtlinie über die Lüftung fensterloser Küchen, Bäder und Toilettenräume in Wohnungen.

6.2.2 Abluftsysteme

Wird die Luft über Abluftaube abgesaugt, muß die Abluftleitung direkt ins Freie führen, wenn die Übertragung von Feuer und Rauch nicht durch geeignete Absperrvorrichtungen verhindert wird (bezüglich der zulässigen Werkstoffe für die Leitung siehe DIN 4102-4 und die einschlägigen bauaufsichtlichen Brandschutzregelungen). Durchläuft diese Leitung andere Bereiche, die von der betrachteten Wohnung notwendigerweise durch feuerwiderstandsfähige Bauteile getrennt sind, dann ist die Leitung feuerwiderstandsfähig auszuführen oder in einem feuerwiderstandsfähigen Schacht nach 8.5 von DIN 4102-4 : 1994-03 zu verlegen. Mehrere Leitungen von Abluftauben in einem feuerwiderstandsfähigen Schacht sind zulässig (siehe auch 6.3).

Im Falle von Dunstabzugshauben gilt DIN VDE 0700-31.

6.3 Luftbehandlung

Die Außenluft muß gefiltert werden. Die verwendeten Filter müssen mindestens den Klassen G 3 bis F 5 nach DIN EN 779 entsprechen.

Es sollen Trockenfilter verwendet werden, deren Einsätze leicht austauschbar sind. Der Zeitpunkt des Austausches (Durchlaßgrad) der Filter muß erkennbar sein. Auf die regelmäßige Wartung (siehe Abschnitt 7) ist zu achten.

Aus energetischen Gründen ist der Einsatz von Wärmerückgewinnungsanlagen (siehe Bild 4) zweckmäßig (siehe auch VDI 2071).

Bei Wärmeübertragung von der Abluft an die Außenluft muß

— ein Überströmen von Abluft aus Bad-, WC-Raum und Küche in die Zuluft und

— die Entstehung von Kurzschlußströmungen zwischen der Fortluft aus Bad-, WC-Raum und Küche und der angesaugten Außenluft im Freien vermieden werden

sowie

— mit Rücksicht auf gegebenenfalls vorhandene Undichtheiten auf der Außenluftseite ein höherer statischer Druck auf der Abluftseite herrschen.

7 Instandhaltung

Die RLT-Anlagen bzw. Einrichtungen zur freien Lüftung sind nach den jeweiligen Herstellerangaben in regelmäßigen, höchstens jedoch zweijährigen Abständen zu warten. Die Wartung ist durch fachkundiges Personal (siehe VDI 3801) nach einem aufzustellenden Wartungsplan (z. B. nach VDMA 24186-1) durchzuführen.

8 RLT-Anlagen bzw. Abluftschächte und Feuerstätten

8.1 Allgemeines

Es ist zu unterscheiden zwischen raumluftunabhängigen und raumluftabhängigen Feuerstätten ohne Abgasklappen nach der Strömungssicherung.

Raumluftunabhängige Feuerstätten entnehmen die Verbrennungsluft direkt dem Freien oder Schächten; das Abgas wird über Abgasanlage über Dach oder direkt ins Freie geführt.

Raumluftabhängige Feuerstätten entnehmen die Verbrennungsluft dem Aufstellraum der Feuerstätte; das Abgas wird über Abgasanlage über Dach ins Freie geführt.

Sind raumluftabhängige Feuerstätten ohne Abgasklappen in Wohnungen vorhanden, so gelten die Wohnungen als schachtentlüftet.

8.2 Anforderungen

8.2.1 Allgemeines

RLT-Anlagen bzw. Abluftschächte und raumluftunabhängige sowie raumluftabhängige Feuerstätten dürfen sich nicht gegenseitig unzulässig beeinflussen.

Die Anforderungen zur Aufstellung von raumluftunabhängigen und raumluftabhängigen Feuerstätten sind in den Bau- und Feuerungsverordnungen der Länder enthalten. Bei der Installation von Gasfeuerstätten sind die Technischen Regeln für Gas-Installationen zu beachten.

Die Entlüftungsanlagen dürfen bei der Absaugung des Abluftvolumenstroms entsprechend den Werten nach Tabelle 1 bzw. Tabelle 2 im Aufstellraum der Feuerstätten und in Wohnungen, in denen Hausschornsteine nach DIN 18160-1 angeordnet sind, keinen größeren Unterdruck als 4 Pa erzeugen.

8.2.2 Raumluftabhängige Feuerstätten

In Wohnungen, die mit RLT-Anlagen oder Abluftschächten ausgerüstet sind, muß für alle Feuerstätten eine ausreichende Verbrennungsluftversorgung sichergestellt sein (siehe auch die bauaufsichtliche Richtlinie über die Lüftung fensterloser Küchen, Bäder und Toilettenräume in Wohnungen).

Luftdurchlässe, die der Verbrennungsluftversorgung von Feuerstätten in Räumen dienen, müssen unverschließbar sein. Ist durch die Bauart der Feuerstätte sichergestellt, daß deren Betrieb nur bei geöffnetem Luftdurchlaß möglich ist, so darf dieser absperrbar sein.

Eine gegenseitige unzulässige Beeinflussung zwischen RLT-Anlage bzw. Abluftschacht und Feuerstätte kann durch folgende Maßnahmen verhindert werden:

— wechselweiser Betrieb,
— gemeinsamer Abtransport des Abgases und der Abluft über eine Anlage und
— ausreichende Luftversorgung der Feuerstätte und der Entlüftungsanlage.

8.2.2.1 Wechselweiser Betrieb von Feuerstätte und RLT-Anlage bzw. Abluftschacht

Ein wechselweiser Betrieb von Feuerstätte und RLT-Anlage bzw. Abluftschacht setzt die Anwendung einer geeigneten Sicherheitseinrichtung nach DVGW-Arbeitsblatt G 670 voraus (z. B. Verriegelungskontakt). Außerdem ist hier die bauaufsichtliche Richtlinie über die Lüftung fensterloser Küchen, Bäder und Toilettenräume zu beachten.

8.2.2.2 Gemeinsamer Abtransport des Abgases und der Abluft über eine Anlage

Abgase von Feuerstätten für gasförmige Brennstoffe können in einem Abluftschacht nach DIN 18017-1 abtransportiert werden, wenn er die Anforderungen an Abgas-Schornsteine nach DIN 18160-1 erfüllt. Nach der Musterbauordnung (MBO) § 2, Absatz 4 darf in RLT-Anlagen bzw. Abluftschächten mit Ventilatoren Abgas gemeinsam mit der Abluft abtransportiert werden. Das DVGW-Arbeitsblatt G 626 ist dabei zu beachten. Der gemeinsame Abtransport der Abgase und der Abluft erfordert eine gegenseitige Abstimmung sowie die Verwendung von Sicherheitseinrichtungen. Er ist nur bei Feuerstätten für gasförmige Brennstoffe zulässig.

Beim gemeinsamen Abtransport von Abgasen und Abluft muß dem Aufstellraum der Feuerstätte mindestens der Verbrennungsluft-Volumenstrom der Feuerstätte zugeführt werden. Dies erfordert eine dauernde Betriebsbereitschaft der RLT-Anlage bzw. des Abluft-Schachtes während der Betriebszeit der Feuerstätte oder ersatzweise eine andere Zuluftversorgung.

8.2.2.3 Ausreichende Luftversorgung der Feuerstätte und der RLT-Anlage bzw. des Abluftschachtes

Bei unabhängigem und dadurch auch gleichzeitigem Betrieb von Feuerstätte und RLT-Anlage bzw. Abluftschacht ist eine ausreichende Luftversorgung sicherzustellen. Der planmäßige Außenluftvolumenstrom nach Tabelle 1 ist um den erforderlichen Verbrennungsluft-Volumenstrom zu erhöhen.

Werden Feuerstätten in abgeschlossenen, eigens belüfteten Räumen aufgestellt, braucht der Verbrennungsluft-Volumenstrom bei der Auslegung der Be- und Entlüftungsanlage nicht berücksichtigt zu werden.

9 Abnahme

Die Erfüllung der in den Abschnitten 4 bis 7 genannten Anforderungen ist nachzuweisen. Die Nachweise können nach Art und Umfang entsprechend dem in Anhang A empfohlenen Schema dargestellt werden; Art und Umfang müssen vereinbart werden.

Für jede RLT-Anlage sind für die Abnahme eine Anlagenbeschreibung — einschließlich der Revisionszeichnungen — und eine Bedienungsanleitung zu liefern.

Anhang A (informativ)
Abnahmeprotokoll einer RLT-Anlage bzw. eines Abluftschachtes zur freien Lüftung für Wohnungen

A.1 Freie Lüftung
A.1.1 Querlüftung

Nr	Abschnitt	Zeichnungs-prüfung	Prüfung der Bestands-unterlagen	Prüfzeugnisse, Nachweise	Funktions-prüfung	Prüfung der Abnahme-protokolle
1	4.1 Freie Lüftung	x	x	—	x	—
2	4.1.1 Querlüftung	x	—	—	—	—
3	5.2.1 Bemessung der Außen-wand-Luftdurchlässe bei Querlüftung	—	x	Kennlinie	—	x
4	8 RLT-Anlagen bzw. Abluftschächte und Feuerstätten	x	x	—	x	—

x erforderlich
— nicht erforderlich

A.1.2 Schachtlüftung

Nr	Abschnitt	Zeichnungs-prüfung	Prüfung der Bestands-unterlagen	Prüfzeugnisse, Nachweise	Funktions-prüfung	Prüfung der Abnahme-protokolle
1	4.1 Freie Lüftung	x	x	—	x	—
2	4.1.2 Schachtlüftung	x	—	—	—	—
3	5.2.2.1 Bemessung der Außenwand-Luftdurchlässe	—	x	Kennlinie	—	x
4	5.2.2.2 Schächte	x	—	—	—	—
5	5.2.2.3 Abluftdurchlässe	x	—	—	—	—
6	5.2.2.4 Überström-durchlässe	x	—	—	—	—
7	5.2.2.5 Reinigung	x	—	—	x	—
8	5.2.3 Einzelschachtlüftung für fensterlosen Bad- und WC- Raum	x	—	—	—	—
9	8 RLT-Anlagen bzw. Abluft-schächte und Feuerstätten	x	x	—	x	—

x erforderlich
— nicht erforderlich

A.2 Maschinelle Lüftung
A.2.1 Entlüftungsanlage für Bad- und WC-Raum

Nr	Abschnitt	Zeichnungs-prüfung	Prüfung der Bestands-unterlagen	Prüfzeugnisse, Nachweise	Funktions-prüfung	Prüfung der Abnahme-protokolle
1	4.2 Maschinelle Lüftung	×	—	—	×	—
2	4.2.1 Entlüftungsanlage für fensterlosen Bad- und WC- Raum	×	—	—	×	×
3	5.3 Maschinelle Lüftung	—	×	Nachweis nach DIN 18017-3; Gütesicherung von Absperrvor-richtungen (Brandschutz)	—	—
4	5.3.1 Allgemeines					
5	5.3.1.1 Maximaler Außenluft-volumenstrom	—	—	—	—	×
6	5.3.1.2 Volumenstromkonstanz	—	—	—	—	×
7	5.3.1.3 Luftführung in der Wohnung und thermische Behaglichkeit	×	—	—	×	×
8	5.3.2 Bemessung der Außen-wand-Luftdurchlässe bei Entlüftungsanlagen	—	×	Kennlinie	—	×
9	5.3.3.1 Ventilatoren	×	×	Kennlinie	×	—
10	5.3.3.2 Luftleitungen	×	—	—	×	—
11	5.3.3.3 Ventile, Drosseleinrich-tungen, Rückschlag-klappen und Reinigungs-verschlüsse	×	—	Kennlinie und Leckvolu-menstrom	×	×
12	5.3.3.4 Luftfilter	×	—	Nachweis der Filterklasse	×	—
13	5.3.4 Betriebsweise	×	—	—	×	×
14	5.3.5 Elektrische Sicherheit	×	×	Prüfzeugnisse	×	—
15	6.1.1 Nachströmen der Außenluft	×	×	—	×	—
16	7 Instandhaltung	×	×	—	—	—
17	8 RLT-Anlagen bzw. Abluft-schächte und Feuerstätten	×	×	—	×	×

× erforderlich
— nicht erforderlich

A.2.2 Entlüftungsanlage für fensterlose Küchen

Nr	Abschnitt	Zeichnungs-prüfung	Prüfung der Bestands-unterlagen	Prüfzeugnisse, Nachweise	Funktions-prüfung	Prüfung der Abnahme-protokolle
1	4.2 Maschinelle Lüftung	×	—	—	×	—
2	4.2.2 Entlüftungsanlage für fensterlose Küchen	×	—	—	—	—
3	5.3 Maschinelle Lüftung	—	×	Nachweis nach DIN 18017-3; Gütesicherung von Absperrvor-richtungen (Brandschutz)	—	—
4	5.3.1 Allgemeines					
5	5.3.1.1 Maximaler Außenluft-volumenstrom	—	—	—	—	—
6	5.3.1.2 Volumenstromkonstanz	—	—	—	—	×
7	5.3.1.3 Luftführung in der Wohnung und thermische Behaglichkeit	×	—	—	×	×
8	5.3.2 Bemessung der Außen-wand-Luftdurchlässe bei Entlüftungsanlagen	—	×	Kennlinie	—	×
9	5.3.3.1 Ventilatoren	×	×	Kennlinie	×	—
10	5.3.3.2 Luftleitungen	×	—	×	×	—
11	5.3.3.3 Ventile, Drosseleinrich-tungen, Rückschlag-klappen und Reinigungs-verschlüsse	×	—	Kennlinie und Leckvolu-menstrom	×	×
12	5.3.3.4 Luftfilter	×	—	Nachweis der Filterklasse	×	—
13	5.3.4 Betriebsweise	×	—	—	×	×
14	5.3.5 Elektrische Sicherheit	×	×	Prüfzeugnisse	×	—
15	6.1.1 Nachströmen der Außenluft	×	×	—	×	—
16	7 Instandhaltung	—	×	—	—	—
17	8 RLT-Anlagen bzw. Abluft-schächte und Feuerstätten	×	×	—	×	×

× erforderlich
— nicht erforderlich

A.2.3 Be- und Entlüftungsanlage

Nr	Abschnitt	Zeichnungs-prüfung	Prüfung der Bestands-unterlagen	Prüfzeugnisse, Nachweise	Funktions-prüfung	Prüfung der Abnahme-protokolle
1	4.2 Maschinelle Lüftung und 3.2.3 Be- und Entlüftungsanlage	×	×	—	×	×
2	5.3.1 Allgemeines	—	×	—	×	—
3	5.3.1.1 Maximaler Außenluft-volumenstrom	—	—	—	—	×
4	5.3.1.2 Volumenstromkonstanz	—	—	—	—	×
5	5.3.1.3 Luftführung in der Wohnung und thermische Behaglichkeit	×	—	—	×	×
6	5.3.3.1 Ventilatoren	×	×	Kennlinie	×	—
7	5.3.3.2 Luftleitungen	×	—	×	×	—
8	5.3.3.3 Ventile, Drosseleinrich-tungen, Rückschlag-klappen und Reinigungs-verschlüsse	×	—	Leckvolu-menstrom	×	×
9	5.3.3.4 Luftfilter	×	—	Nachweis der Filterklasse	×	—
10	5.3.4 Betriebsweise	×	—	—	×	×
11	5.3.5 Elektrische Sicherheit	×	×	Prüfzeugnisse	×	—
12	6.3 Luftbehandlung	×	×	×	—	×
13	7 Instandhaltung	×	×	—	—	—
14	8 RLT-Anlagen bzw. Abluft-schächte und Feuerstätten	×	×	—	×	—

× erforderlich
— nicht erforderlich

Anhang B (informativ)

Erläuterungen

Allgemeines

Der Anwendungsbereich dieser Norm umfaßt die Lüftung von Wohnungen und von wohnungsähnlich genutzten Räumen (z. B. Hotels).

Die Norm enthält Festlegungen zur freien Lüftung (Querlüftung und Schachtlüftung), zur maschinellen Entlüftung und zur maschinellen Be- und Entlüftung.

In dieser Norm werden auch RLT-Anlagen bzw. Einrichtungen zur freien Lüftung für Wohnungen beschrieben, die derzeit teilweise in anderen Normen und Richtlinien behandelt werden (DIN 18017-1 und DIN 18017-3, Bauaufsichtliche Richtlinie über die Lüftung fensterloser Küchen, Bäder und Toilettenräume in Wohnungen).

Die in Tabelle 1 angegebenen planmäßigen Außenluftvolumenströme dienen in erster Linie der Bemessung nach 5.2 (freie Lüftung) und 5.3 (maschinelle Lüftung), bei der von festen Werten ausgegangen werden muß. Für die Beurteilung wohnungshygienischer Belange sind sie nicht allein ausschlaggebend, da derartige Belange auch von anderen Faktoren (z. B. Raumlufttemperatur, Wärmedämmung des Gebäudes, Lebensgewohnheiten der Bewohner) abhängig sind.

Die Werte für die planmäßigen Außenluftvolumenströme bei der maschinellen Lüftung sind höher als die bei freier Lüftung, da bei maschineller Lüftung kein Öffnen der Fenster berücksichtigt wird.

Falls die Anlagen für die Wohnungslüftung Be- und Entfeuchtungseinrichtungen enthalten, so gelten für die Luftbefeuchtung die Werte nach DIN 1946-2.

Freie Lüftung (Querlüftung, Schachtlüftung)

(siehe 4.1 und 5.2)

Die freie Lüftung ist das am weitesten verbreitete Lüftungssystem für Wohnungen. Dabei wird durch Undichtheiten in der Gebäudehülle und durch Luftdurchlässe entsprechend den durch Wind und Thermik verursachten Differenzdrücken Luft zwischen dem Wohnungsinneren und dem Freien ausgetauscht. Naturgemäß ist dieser Luftaustausch großen meteorologischen Schwankungen sowie Schwankungen in der Dichtheit der Gebäudehülle unterworfen. Es werden Hinweise darüber gegeben, welche Maßnahmen erforderlich sind, um vorgegebene Luftvolumenströme im Jahresmittel zu erfüllen.

Ferner werden bekannte Schachtlüftungssysteme für fensterlose Räume beschrieben. Dabei wird zwischen Systemen unterschieden, bei denen für jeden zu lüftenden Raum ein eigener Zuluftschacht vorzusehen ist und solchen, bei denen die Zuluft für zu lüftende Räume aus Nachbarräumen entnommen wird.

Entlüftungsanlage für fensterlose Küche

(siehe 4.2.2)

Nach der Musterbauordnung dürfen Küchen fensterlos ausgeführt werden, wenn sie eine Gesamtlüftung und eine Intensivlüftung (Stoßlüftung) aufweisen. Es werden RLT-Anlagen bzw. Einrichtungen zur freien Lüftung beschrieben, die diese Anforderungen erfüllen.

Eine Ausnahmeregelung für bestehende Gebäude wird zur Zeit diskutiert.

Be- und Entlüftungsanlage

(siehe 4.2.3)

Es werden die geregelten Lüftungsanlagen beschrieben, wobei die in den letzten Jahren mit diesen Anlagen gewonnenen praktischen Erfahrungen eingeflossen sind.

Außenluftvolumenströme

(siehe Abschnitt 4, Tabellen 1 und 2)

Die Außenluftvolumenströme sind so zu bemessen, daß durch den Verdünnungs- oder Verdrängungseffekt der Lüftung die Konzentration von belastenden oder schädlichen Stoffen in der Raumluft soweit herabgesetzt wird, daß gesundheitsschädliche Risiken, Beeinträchtigungen des Wohlbefindens der Bewohner und bauphysikalische Schäden auszuschließen sind. Für die Bemessung der erforderlichen Außenluftvolumenströme wurde — gestützt auf neuere deutsche und internationale Untersuchungen[14] — in dieser Norm davon ausgegangen, daß es in Wohnungen in erster Linie darauf ankommt, den Kohlenstoffdioxidgehalt der Raumluft, Körpergerüche und Wohnungsfeuchte über den Lüftungsvorgang zu kontrollieren. Im Regelfall sind dann negative Auswirkungen durch andere Schad- oder Belastungsstoffe auszuschließen.

Im Sonderfall ist durch weitere Maßnahmen (Materialauswahl, Filterung usw.) dafür Sorge zu tragen, daß die Konzentration anderer eventuell vorkommender Verunreinigungen die in der Raumluft vorgegebenen oder noch festzulegenden Werte nicht überschreitet.

Bauphysikalische Schäden wie Schimmelpilzbefall infolge von Wohnungsfeuchte sind unter durchschnittlichen Bedingungen mit einem etwa 0,5fachen Luftwechsel je Stunde (auf das gesamte Wohnungsvolumen bezogen) vermeidbar. Da sich Wohnungsfeuchte auch bei vorübergehender oder längerer Abwesenheit von Personen auswirken kann, ist eine ständige Lüftung der Wohnung (Grundlüftung) erforderlich.

Kohlenstoffdioxidgehalt und Körpergerüche dagegen sind sehr eng mit den anwesenden Personen korreliert. Das Wohlbefinden unterliegt subjektiven Kriterien, seine Beeinträchtigung durch Körpergerüche und Kohlenstoffdioxid bei den meisten Bewohnern auszuschließen, wenn die Außenluftrate 30 m³ je Stunde und je Person beträgt.

Die erforderlichen Außenluftvolumenströme sind daher von Wohnungsgröße und geplanter Belegung abhängig. In Wohnungen, in denen sich dauernd nur wenige Personen aufhalten, wird im allgemeinen die bauphysikalisch bedingte ständige Lüftung (Grundlüftung) auch als die insgesamt erforderliche Lüftung (Gesamtlüftung) ausreichen. In dichter belegten Wohnungen wird in der Regel zur Grundlüftung noch eine zusätzliche Lüftung hinzugefügt werden müssen, um die personenanzahlbedingte Gesamtlüftung (Bedarfslüftung) zu erreichen. Bei der freien Lüftung wird die zusätzliche Lüftung durch Öffnen der Fenster und/oder durch regelbare Öffnungen in der Gebäudehülle sichergestellt.

BEISPIEL 1: Bemessung der Außen- bzw. Abluftvolumenströme für Wohnungen mit fensterlosen Räumen

Ausgangsdaten:
— Küche fensterlos, Bad-/WC-Raum mit oder ohne Außenfenster
— Wohnungsgröße: 85 m²
— geplante Belegung: 4 Personen
— Lüftungssystem: Um eine ausreichende Lüftung der fensterlosen Räume sicherzustellen, ist mindestens maschinelle Entlüftung erforderlich.

Festlegung der Luftvolumenströme:
— Planmäßige Abluftvolumenströme für fensterlose Räume nach Tabelle 2.

---

[14] Siehe u. a. Annex IX „Mindest-Luftwechsel", Stephanus Druck Uhldingen-Mühlhofen, Juli 1988.

Küche:
40 m³/h für durchgehenden Betrieb als Grundlüftung
200 m³/h als Intensivlüftung
Bad-/WC-Raum:
40 m³/h für durchgehenden Betrieb als Grundlüftung (kann in Zeiten geringen Luftbedarfs nach DIN 18017-3 um 50% reduziert werden)
— Vergleich mit dem planmäßigen Abluftvolumenstrom nach Tabelle 1:
Entsprechend den Ausgangsdaten (85 m², 4 Personen) kann die Wohnung noch der Gruppe II zugeordnet werden, weil die Wohnungsgröße nur unwesentlich (<10%) über 80 m² liegt. Daraus ergibt sich als Bessungsgrundlage für die Bedarfslüftung ein planmäßiger Außenluftvolumenstrom von 120 m³/h. Bei gleichmäßiger Aufteilung dieses Volumenstromes auf Bad-/WC-Raum und Küche müßten aus beiden Räumen je 60 m³/h Luft abgeführt werden.

Die empfohlene Grundlüftung von 90 m³/h wird von der (den) RLT-Anlage(n) für Küche und Bad-/WC-Raum nicht ganz erreicht. Da jedoch gleichzeitig ein gewisses Maß an freier Lüftung wirksam wird, ist eine Vergrößerung der maschinell zu fördernden Abluftvolumenströme nach Tabelle 2 nicht erforderlich. Zur Sicherheit kann der Gesamtluftwechsel Σn der betrachteten Wohnungseinheit bei Grundlüftung kontrolliert werden:

$\Sigma n = n_\mathrm{m} + n_\mathrm{fr}$

Hierin bedeuten:

n_m maschineller Luftwechsel;

$n_\mathrm{m} = \dfrac{80 \text{ m}^3/\text{h}}{85 \text{ m}^2 \cdot 2{,}5 \text{ m}} = 0{,}38 \text{ h}^{-1}$;

n_fr freier Luftwechsel bei maschineller Entlüftung = 0,12 h⁻¹ nach 5.2.1 oder 0,2 h⁻¹ nach[15]).

Es ergibt sich:
$\Sigma n = 0{,}38 + 0{,}12 = 0{,}5 \text{ h}^{-1}$ beziehungsweise
$\Sigma n = 0{,}38 + 0{,}58 \text{ h}^{-1} > 0{,}5 \text{ h}^{-1}$.

Damit ist die vorgenannte Bedingung zur Vermeidung bauphysikalischer Schäden erfüllt.

ANMERKUNG: Können Wohnungsgröße und/oder geplante Personenbelegung in Tabelle 1 nicht eindeutig einer Wohnungsgruppe zugeordnet werden, darf zwischen den angegebenen Luftvolumenströmen interpoliert werden.

Zu den in Tabelle 1 angegebenen Werten (bezogen auf 20°C) sind in besonderen Belastungsfällen, wie höhere Personenzahl, erhöhter Feuchtigkeitsanfall, Tabakrauch usw., Zusätze zu addieren. Anhaltswerte dafür sind 30 m³ je Stunde und je zusätzlicher Person. Im Falle höherer Wohnungsfeuchte können Luftwechsel von bis zu 1 je Stunde angebracht sein. Excessiver Feuchteanfall kann jedoch unter Umständen auch damit nicht gelöst werden.

Bei der Ermittlung der hier angegebenen erforderlichen Außenluftvolumenströme ist vorausgesetzt worden, daß die Konzentrationen der Schad- und Belastungsstoffe in der Abluft wesentlich geringer sind als in der Raumluft. Es ist außerdem angenommen worden, daß die Raumluftströmung über das Lüftungssystem so erfolgt, daß Luftwechsel und Schadstoffabfuhr bei vollständiger Durchmischung erfolgen. Die Vorgänge werden durch den Luftaustauschwirkungsgrad (Verhältnis von kürzester möglicher Verweilzeit zu durchschnittlicher Verweilzeit der Luft) und die Lüftungswirksamkeit (Verhältnis von kürzester möglicher Verweilzeit zu durchschnittlicher Verweilzeit eines Schadstoffs) beschrieben. Die Lüftungswirksamkeit kann u. a. als Verhältnis von Schadstoffkonzentration im Abluftkanal zu Schadstoffkonzentration im Raum ermittelt werden.

In ausländischen Normen für die Raumluftqualität wird z. T. eine der vielen Definitionen für die sogenannte Lüftungseffektivität verwendet. In einigen deutschen Normen sind für besondere Fälle (Operationsräume usw.) Begriffe wie Belastungsgrad oder Kontaminationsgrad eingeführt, die dem Kehrwert der relativen Lüftungswirksamkeit entsprechen. In dieser Norm wird auf die Definition solcher Begriffe oder die Festlegung von Meßverfahren für diese Begriffe zunächst verzichtet.

Luftdurchlässigkeit der Außenbauteile von Wohnungen
(siehe 5.1 und Wärmeschutzverordnung)

In der bauaufsichtlichen Richtlinie über die Lüftung fensterloser Küchen, Bäder und Toilettenräume in Wohnungen werden für die Luftdurchlässigkeit der Außenbauteile (Luftergiebigkeit von Räumen), die mit Fenstern mit umlaufenden Dichtprofilen ausgestattet sind, bei einem Differenzdruck von 4 Pa 0,5 m³ je Stunde und je m³ Rauminhalt angegeben. Für die Luftdurchlässigkeit der Außenbauteile, die mit Fenstern ohne umlaufende Dichtprofile ausgestattet sind, wird 1 m³ je Stunde und je m³ Rauminhalt bei gleichbleibendem Differenzdruck angegeben.

Aufbauend auf der vorgenannten Festlegung und unter Berücksichtigung von einschlägigen neueren Untersuchungen wurde ein einfaches Berechnungsverfahren vorgeschlagen. Bei der Festlegung der Werte für die Berechnungsgleichung wurde auch berücksichtigt, daß der natürliche Luftwechsel durch Kräfte wie Thermik im Gebäude und die jeweils herrschende Windbeanspruchung am Gebäude bewirkt wird und deshalb ständigen Schwankungen unterworfen ist. Bei Windstille und isothermen Zuständen — wie es z. B. während der Sommermonate möglich sein kann — kann kein natürlicher Luftwechsel stattfinden. Während der Wintermonate ist zumindest aufgrund der Thermik ein natürlicher Luftwechsel vorhanden. Die hier zugrundegelegten Werte für den natürlichen Luftwechsel β basieren auf Werten aus dem nationalen und internationalen Vergleich und können für den größten Teil des Jahres (etwa 70%) als repräsentativ angesehen werden.

Der Wert für den natürlichen Luftwechsel ist in Form einer Luftwechselrate festgelegt worden; diese bezieht sich entweder auf das Volumen des Raumes mit Fenstern oder auf das gesamte Volumen der betrachteten Wohnungseinheit. Es wurde dabei vorausgesetzt, daß etwa 30% einer Wohnungseinheit (bezogen auf die Grundfläche) keine Fenster aufweisen. Aufgrund dieser Voraussetzung ist der Wert des natürlichen Luftwechsels für die Wohnungseinheit um 30% niedriger als für den Raum mit Fenstern (Faktor 0,7).

Da die Querlüftung nicht durch zusätzliche Einrichtungen wie Abluftschächte oder maschinelle Entlüftungssysteme, die einen zusätzlichen internen Unterdruck aufbauen, begünstigt wird, wurde der Wert für den natürlichen Luftwechsel mit 0,17 h⁻¹ bzw. mit $\beta_\mathrm{Q} = 0{,}7 \cdot 0{,}17 \approx 0{,}12$ h⁻¹ festgelegt. Diese Werte gelten für Fenster mit umlaufenden Dichtprofilen und mit einem Fugendurchlaßkoeffizienten $a < 0{,}3$ m³ $(\text{h} \cdot \text{m} \cdot \text{daPa}^{2/3})^{-1}$. Für Fenster mit einem größeren Fugendurchlaßkoeffizienten liegen keine Erfahrungswerte vor. Die Werte können durch entsprechende Messungen am jeweiligen Fenster oder in Räumen nach der Über- oder Unterdruckmethode ermittelt werden. Bei der Querlüftung geht man davon aus, daß das gesamte Außenluftvolumenstrom, bedingt durch den natürlichen Luftwechsel, nur auf einer Seite (Luv-Seite) der Wohnung zuströmt und auf der anderen Seite (Lee-Seite) wieder abströmt. Unter der Voraussetzung, daß die Undichtheiten auf beiden Seiten gleichmäßig verteilt sind,

---

[15]) Volker Meyringer, Lutz Trepte „Lüftung im Wohnungsbau", Verlag C. F. Müller, Karlsruhe 1987.

darf sich die Bemessung von $\dot{V}_{QALD}$ nur auf die eine Hälfte der Außenwand beziehen, woraus der Faktor 2 in der Gleichung (1) resultiert.

Bei der maschinellen Entlüftung werden die Werte für den Luftwechsel mit 0,5 h^{-1}, bezogen auf Räume, die mit Fenstern mit umlaufenden Dichtprofilen ausgestattet sind, und mit 1,0 h^{-1} für Räume, die mit Fenstern ohne umlaufende Dichtprofile ausgestattet sind, angesetzt.

Auf die gesamte Wohnungseinheit bezogen ist der Luftwechsel β_M = 0,7 · 0,5 = 0,35 h^{-1} bzw. 0,7 · 1,0 = 0,7 h^{-1}.

Bei der Schachtlüftung wird davon ausgegangen, daß in der entlüfteten Wohnungseinheit ein ständiger Unterdruck herrscht. Dadurch ist sichergestellt, daß wegen vorhandener Undichtheiten über die gesamte Außenfläche ständig Außenluft nachströmt (natürlicher Luftwechsel). Der Wert für den natürlichen Luftwechsel wurde für die Schachtlüftung, bezogen auf den Raum mit Fenstern mit umlaufenden Dichtprofilen, deren Fugendurchlaßkoeffizienten a < 0,3 m^3 (h · m · daPa$^{2/3}$)$^{-1}$ ist, mit 0,35 h^{-1} festgelegt. Auf die gesamte Wohnungseinheit bezogen ist β_S = 0,7 · 0,35 ≈ 0,25 h^{-1}. Ist der Fugendurchlaßkoeffizient a > 0,3 m^3 (h · m · daPa$^{2/3}$)$^{-1}$ (Fenster ohne umlaufende Dichtprofile), erhöht sich der Wert für den natürlichen Luftwechsel.

Die ermittelten Außenluftvolumenströme in Tabelle 3 für die Querlüftung, Tabelle 4 für die Schachtlüftung und Tabelle 5 für die maschinelle Entlüftung basieren auf den Vorgaben in Tabelle 1 und den Berechnungen für die jeweiligen Lüftungsarten.

Zur Ermittlung des Gesamtvolumens der betreffenden Wohnungseinheit einer Wohnungsgruppe wurde von einer lichten Raumhöhe h = 2,50 m ausgegangen.

Bemessung der Außenwand-Luftdurchlässe
(siehe 5.2 und 5.3)

Aufbauend auf einem wirksamen lichten Öffnungsquerschnitt wird in Abhängigkeit von einem Differenzdruck von 4 Pa bzw. 8 Pa der mögliche zusätzliche Luftwechsel durch Außenwand-Luftdurchlässe ermittelt.

BEISPIEL 2: Bemessung der Außenwand-Luftdurchlässe am Beispiel der Wohnung nach Bild 1a)

Ausgangsdaten:
— Küche und Bad-/WC-Raum mit Außenfenstern, Fenster mit umlaufenden Dichtprofilen
— Wohnungsgröße: etwa 53 m^2
— geplante Belegung: 2 Personen
— Lüftungssystem: reine Querlüftung

Bemessung der Außenwand-Luftdurchlässe:
Die Festlegung der Wohnungsgruppe bzw. des planmäßigen Außenluftvolumenstromes erfolgt nach Tabelle 1. Mit 53 m^2 bzw. 2 Personen kann die Wohnung der Gruppe I zugeordnet werden.

Damit kann aus Tabelle 3 unmittelbar der für die Bemessung der Außenwand-Luftdurchlässe zutreffende Luftvolumenstrom $\dot{V}_{QALD}$ = 90 m^3/h abgelesen werden. Ergibt sich aus der Wohnungsgröße und/oder der geplanten Belegung keine eindeutige Zuordnung zu einer Wohnungsgruppe, kann zur Ermittlung des planmäßigen Außenluftvolumenstromes nach Tabelle 1 ebenfalls interpoliert werden.

Für das gewählte Beispiel würde sich bei veränderter Wohnungsgröße (z. B. 65 m^2 nach Gleichung (1)) folgender Luftvolumenstrom ergeben:

$$\dot{V}_{QALD} = 2\,(\dot{V}_p - \beta_Q \cdot V_{WE})$$

Hierin sind:
$\dot{V}_p$ = 75 m^3/h (aus Interpolation)

β_Q = 0,12 h^{-1};
V_{WE} = $A \cdot H$ = 65 · 2,5 = 162,5 m^3.

Es ergibt sich:
$$\dot{V}_{QALD} = 2\,(75 - 0,12 \cdot 162,5) = 111\,\frac{m^3}{h}$$

Die jeweilige Anzahl der notwendigen Außenwand-Luftdurchlässe resultiert aus den Kennlinien ($\dot{V}$, Δp-Kennlinie) oder Kennwerten der Hersteller der Außenwand-Luftdurchlässe bei Δp = 8 Pa in windstarker Lage (bzw. Δp = 4 Pa in windschwacher Lage sowie bei Vorhandensein raumluftabhängiger Feuerstätten).

Ist ein Außenwand-Luftdurchlaß z. B. für 30 m^3/h bei Δp = 8 Pa konzipiert, müßten 90 : 30 = 3 bzw. 111 : 30 ≈ 4 Außenwand-Luftdurchlässe installiert werden. Das bedeutet für die beiden Beispiele den Einbau von einem bzw. zwei Außenwandluftdurchlässen je Aufenthaltsraum (siehe 5.1a)). Diese Zahl kann reduziert werden, wenn ein wirksameres Lüftungssystem gewählt wird, z. B. Schachtlüftung oder maschinelle Entlüftung. In beiden Fällen würde für die Wohnung nach Bild 1a) nur noch je ein Außenwand-Luftdurchlaß erforderlich sein.

Die Undichtheiten der Fenster und Türen in der Außenhülle eines Gebäudes dürfen das in der Wärmeschutzverordnung angegebene Maß nicht übersteigen. Auch die Undichtheiten von zusätzlichen Außenwand-Luftdurchlässen dürfen in geschlossenem Zustand das vorgenannte Maß nicht übersteigen. Werden Fenster mit bekannter Undichtheit verwendet, kann die maximal zulässige Undichtheit der Außenwand-Luftdurchlässe im verschlossenen Zustand, die keine Überschreitung des in der Wärmeschutzverordnung angegebenen Maßes hervorruft, rechnerisch ermittelt werden.

Werden Fenster mit nicht bekannter Undichtheit verwendet, sind im Hinblick auf die Einhaltung des in der Wärmeschutzverordnung enthaltenen Maßes bezüglich des Zusammenwirkens von Fenstern und Luftdurchlässen die entsprechenden Werte meßtechnisch zu ermitteln, oder die Luftdurchlässe müssen dicht verschließbar sein.

Bemessung von notwendigen Belüftungseinrichtungen
(siehe 4.2, Tabelle 2)

Die planmäßigen Abluftvolumenströme für fensterlose Räume sind in der bauaufsichtlichen Richtlinie über die Lüftung festerloser Küchen, Bäder und Toilettenräume in Wohnungen vorgegeben.

Bei der nach Tabelle 2 für fensterlose Küchen geforderten Intensivlüftung braucht die üblicherweise an Lüftungsanlagen zu stellende Forderung nach Zugfreiheit nicht eingehalten werden, da die Intensivlüftung der fensterlosen Küche definitionsgemäß die Funktion eines zu öffnenden Fensters übernimmt.

Maschinelle Be- und Entlüftungsanlagen
(siehe Abschnitt 6)

Bei maschinellen Be- und Entlüftungsanlagen sind größere Luftvolumenströme bei energetisch wirtschaftlicher Betriebsweise möglich.

Bei Anordnung von ausreichend dimensionierten Wärmeaustauschern zur Wärmerückgewinnung kann gegebenenfalls auf die Erwärmung der Zuluft ohne unzulässige Komforteinbuße verzichtet werden.

Instandhaltung
(siehe Abschnitt 7)

Es wurde ein eigener Abschnitt für die Instandhaltung aufgenommen. Dies wurde für notwendig gehalten, da die dauerhafte Funktionsfähigkeit von RLT-Anlagen und Einrichtungen zur freien Lüftung in erheblichem Maße von einer ordnungsgemäß durchzuführenden Wartung abhängig ist.

RLT-Anlagen bzw. Abluft-Schächte und Feuerstätten
(siehe Abschnitt 8)
Die Anforderungen an die Aufstellung und den Betrieb von Feuerstätten sind in den einschlägigen Verordnungen enthalten.

Abnahme (siehe Abschnitt 9)
Die Abnahme der Bauteile und der Anlagen wird analog zu den Regelungen in DIN 18017-3 und in anderen einschlägigen Regeln und Richtlinien behandelt.

Anhang C (informativ)

Literaturhinweise

DIN 1946-2
    Raumlufttechnik — Gesundheitstechnische Anforderungen (VDI-Lüftungsregeln)
E DIN 4701-1
    Regeln für die Berechnung der Heizlast von Gebäuden — Teil 1: Grundlagen der Berechnung
E DIN 4701-2
    Regeln für die Berechnung der Heizlast von Gebäuden — Teil 2: Tabellen, Bilder, Algorithmen
VDI 3816 Blatt 1
    Betreiben von Raumlufttechnischen Anlagen bei belastenden Außenluftsituationen; Grundlagen
VDI 3816 Blatt 2
    Betreiben von Raumlufttechnischen Anlagen bei belastenden Außenluftsituationen; Smogsituationen
VDI 3816 Blatt 3
    Betreiben von Raumlufttechnischen Anlagen bei belastenden Außenluftsituationen; Radioaktive Emissionen

Sachgebiet 3

Wärmebedarfsermittlung

Dokument	Seite
DIN 4701-1	209
E DIN 4701-1	237
DIN 4701-2	293
E DIN 4701-2	315
DIN 4701-3	360

DK 697.12/.14 : 536.68

März 1983

Regeln für die Berechnung des Wärmebedarfs von Gebäuden
Grundlagen der Berechnung

DIN 4701 Teil 1

Rules for calculating the heat requirement of buildings, Basic rules for calculation

Mit DIN 4701 T 2/03.83
Ersatz für DIN 4701/01.59

Beginn der Gültigkeit
Diese Norm gilt ab 1. März 1983.

Einführungsfrist
Ab 1. 6. 1984 müssen Wärmebedarfsrechnungen bei Bezugnahme auf DIN 4701 nach der vorliegenden Norm durchgeführt werden.

Das in DIN 4701, Ausgabe Januar 1959, enthaltene Verfahren für die Wärmebedarfsberechnung wird in den physikalischen Grundlagen im wesentlichen beibehalten, jedoch um neue Erkenntnisse bezüglich der Gebäudedurchströmung und der Sonneneinwirkung erweitert. Außerdem machte die Weiterentwicklung der Bautechnik sowie der Heiz- und Raumlufttechnik eine Reihe von Änderungen und Ergänzungen möglich bzw. erforderlich:

Der bisherige Zuschlag z_U für Betriebsunterbrechung wird nicht beibehalten, da seine Notwendigkeit durch die heutige Steuerungstechnik entfallen ist. Sie erlaubt es, das Wiederanheizen nach Betriebspausen zu beliebigen Zeiten automatisch vorzunehmen. Die Gleichmäßigkeit der Raumtemperaturen in einem Gebäude bei durchgehendem Betrieb wird dadurch verbessert.

Der Ausgleich für kalte Außenflächen, der bisher durch den Zuschlag z_A auf den gesamten Transmissionswärmebedarf des Raumes erfolgte, wird jetzt nur für Außenbauteile mit hohem Wärmedurchgangskoeffizienten vorgenommen, und zwar durch Erhöhung der Wärmedurchgangskoeffizienten.

Die Berechnung des Wärmebedarfes von Flächen, die an das Erdreich grenzen, ist nicht mehr unter den Sonderfällen behandelt, sondern unter den üblichen Fällen. Die Berechnung für wärmegedämmte erdberührte Flächen wurde geändert.

Die Norm enthält jetzt auch ein Berechnungsverfahren für den Gesamt-Wärmebedarf des Gebäudes, der zur Auslegung der Wärmeerzeugungsanlage und zur Berechnung des Jahreswärmebedarfes benötigt wird.

Der von O. Krischer eingeführte D-Wert hat sich international als wichtige Kenngröße durchgesetzt. Die vorgesehene Folgeausgabe der Norm soll deshalb zum Anlaß genommen werden, hierfür in Würdigung der Verdienste von Herrn Professor Dr.-Ing. Dr.-Ing. E. h. O. Krischer, dem früheren Obmann des Ausschusses DIN 4701, die Bezeichnung „Krischer-Wert D" einzuführen.

Die Berechnung des Lüftungswärmebedarfs gilt jetzt auch für Hochhäuser, Gebäude bzw. Räume mit maschineller Lüftung sowie für innenliegende Sanitärräume mit freier Lüftung. Das Berechnungsverfahren berücksichtigt jetzt für Gebäude über 10 m Höhe auch Auftriebseinflüsse. Die Angaben über Fugendurchlaßkoeffizienten sind erweitert. Insbesondere sind Rechenwerte für nicht zu öffnende Fenster und für Fugen bei Fertigbauten aufgenommen worden.

Die wesentlichen Änderungen bei den Sonderfällen umfassen eine Begrenzung der Aufheizzeiten für selten beheizte Gebäude, eine Überarbeitung der Wärmedurchgangswiderstände bei hohen Hallen und eine Erweiterung der Berechnungsmethoden auf Gewächshäuser.

Außerdem wurde eine Reihe z. T. wesentlicher formaler Änderungen vorgenommen: Mit Rücksicht auf die große Vielfalt moderner Mehrschichtbauweisen wurde auf die Tabellierung von Wärmedurchgangskoeffizienten k mit Ausnahme der von Türen verzichtet.

Statt dessen ist der Wärmedurchgangswiderstand $R = 1/k$ jeweils aus der Summe der Wärmeleit- und Wärmeübergangswiderstände zu ermitteln. Die Werte für die Wärmeleitfähigkeiten bzw. Wärmeleitwiderstände sind in dieser Norm nicht mehr enthalten. Sie sind direkt DIN 4108 Teil 4 zu entnehmen.

Die Norm wurde auf die gesetzlich vorgeschriebenen SI-Einheiten umgestellt. Es sind lediglich Umrechnungsgleichungen auf die bisherigen Einheiten angegeben.

Die Handhabung der Norm wird durch die vorgenommene Unterteilung verbessert.

DIN 4701 Teil 1   Regeln für die Berechnung des Wärmebedarfs von Gebäuden; Grundlagen der Berechnung
DIN 4701 Teil 2   Regeln für die Berechnung des Wärmebedarfs von Gebäuden; Tabellen, Bilder, Algorithmen

Fortsetzung Seite 2 bis 28

Normenausschuß Heiz- und Raumlufttechnik (NHR) im DIN Deutsches Institut für Normung e. V.

Inhalt

	Seite
1 Anwendungsbereich	2
2 Formelzeichen	3
3 Umrechnung wichtiger Einheiten	3
4 Übersicht über die Berechnungsverfahren und ihre Grundlagen	4
4.1 Übliche Fälle	4
4.2 Sonderfälle	4
4.3 Grundzüge des Berechnungsverfahrens für übliche Fälle	4
4.3.1 Ausreichende Beheizung	4
4.3.2 Gleichmäßige Beheizung	4
5 Berechnung des Norm-Wärmebedarfs für übliche Fälle	5
5.1 Aufbau der Berechnung	5
5.2 Temperaturen	5
5.2.1 Norm-Außentemperatur	5
5.2.2 Norm-Innentemperatur	5
5.3 Norm-Transmissionswärmebedarf	5
5.3.1 Norm-Wärmedurchgangskoeffizient	6
5.3.2 Außenbauteile	6
5.3.3 Innenbauteile	6
5.3.4 Erdreichberührte Bauteile	6
5.3.5 Krischer-Wert D	7
5.4 Norm-Lüftungswärmebedarf	7
5.4.1 Lüftungswärmebedarf bei freier Lüftung	7
5.4.1.1 Grundlagen	7
5.4.1.2 Berechnungsansätze	8
5.4.1.3 Luftdurchlässigkeit des Bauwerks	8
5.4.1.4 Hauskenngröße	8
5.4.1.5 Höhenkorrekturfaktoren	9
5.4.1.6 Raumkennzahl	9
5.4.1.7 Temperaturdifferenz	9
5.4.1.8 Mindestwert des Norm-Lüftungswärmebedarfs	9
5.4.2 Lüftungswärmebedarf bei maschineller Lüftung	9
5.4.2.1 Anlagen ohne Abluftüberschuß	9
5.4.2.2 Anlagen mit Abluftüberschuß	9

	Seite
5.4.3 Innenliegende Sanitärräume	10
5.5 Norm-Gebäudewärmebedarf	10
5.6 Durchführung der Berechnung	10
5.6.1 Unterlagen für die Berechnung	10
5.6.2 Berechnungsgang	10
5.6.3 Beispiel einer Wärmebedarfsrechnung für ein Gebäude mit einer Höhe unter 10 m	11
5.6.4 Zur Berechnung des Norm-Lüftungswärmebedarfs bei Gebäuden über 10 m Höhe	21
5.6.4.1 Festlegung des ungünstigsten Windangriffs	21
5.6.4.2 Festlegung der Raumkennzahlen	21
5.6.4.3 Festlegung der Höhenkorrekturfaktoren	21
6 Berechnung des Wärmedurchgangswiderstandes	21
6.1 Bauteile mit hintereinanderliegenden Schichten	22
6.2 Bauteile mit nebeneinanderliegenden Elementen	22
6.3 Wärmebrücken	22
6.3.1 I-Träger bündig in einer Außenwand	22
6.3.2 Bauelement mit allseitig geschlossener metallischer Ummantelung	22
7 Hinweise für die Berechnung des Wärmebedarfs in besonderen Fällen	22
7.1 Wärmebedarf selten beheizter Räume	22
7.2 Wärmebedarf bei sehr schwerer Bauart	23
7.3 Wärmebedarf von Hallen und ähnlichen Räumen	23
7.4 Wärmebedarf von Gewächshäusern	23
7.4.1 Transmissionswärmebedarf	23
7.4.2 Lüftungswärmebedarf	23
7.5 Das instationäre thermische Verhalten von Räumen unterschiedlicher Schwere	24
7.6 Temperaturen unbeheizter Nebenräume	24
Anhang A	25
Zitierte Normen	26
Weitere Normen und andere Unterlagen	26
Erläuterungen	27

1 Anwendungsbereich

Diese Norm gilt für Räume in durchgehend und voll bzw. teilweise eingeschränkt beheizten Gebäuden. Als vollbeheizt sind dabei solche Häuser anzusehen, bei denen mit Ausnahme weniger Nebenräume alle Räume mit üblicher Temperatur beheizt werden. Als teilweise eingeschränkt beheizt sind dabei solche Häuser anzusehen, bei denen in Nachbarräumen niedrigere Temperaturen auftreten können.

Heiztechnische Anlagen, die entsprechend dem nach dieser Norm ermittelten Wärmebedarf ausgelegt sind, können bei milderen Witterungsbedingungen, als sie der Normberechnung zugrunde liegen, auch dann eine befriedigende Beheizung ermöglichen, wenn sie zeitweise (z. B. nachts) mit gewissen Einschränkungen oder Unterbrechungen betrieben werden.

Für selten beheizte Gebäude ist unter den Sonderfällen ein Berechnungsverfahren angegeben.

Soweit bei Heizungsprojekten in Ausnahmefällen von den Angaben in dieser Norm abgewichen wird, muß dies zwischen dem Auftraggeber und dem Auftragnehmer besonders vereinbart werden.

2 Formelzeichen

Im folgenden sind die wichtigsten Formelzeichen, die in dieser Norm verwendet werden, alphabetisch zusammengestellt und erläutert.
Weiterhin ist die jeweils zu verwendende Einheit angegeben.

Zeichen	Bedeutung	Einheit
A	Fläche	m^2
a	Fugendurchlaßkoeffizient	$m^3/(m \cdot h \cdot Pa^{2/3})$
b	Breite	m
c	spezifische Wärmekapazität	$J/(kg \cdot K)$
D	Krischer-Wert	$W/(m^2 \cdot K)$
d	Dicke	m
H	Hauskenngröße	$W \cdot h \cdot Pa^{2/3}/(m^3 \cdot K)$
h	Höhe	m
k	Wärmedurchgangskoeffizient	$W/(m^2 \cdot K)$
k_N	Norm-Wärmedurchgangskoeffizient	$W/(m^2 \cdot K)$
l	Länge	m
$\dfrac{m}{\sum A_a}$	außenflächenbezogene Speichermasse	kg/m^2
p	Luftdruck	Pa
$\dot{Q}$	Wärmestrom	W
$\dot{Q}_{FL}$	Lüftungswärmebedarf für freie Lüftung	W
$\dot{Q}_L$	Norm-Lüftungswärmebedarf	W
$\dot{Q}_{L\,min}$	Mindestlüftungswärmebedarf	W
$\dot{Q}_N$	Norm-Wärmebedarf	W
$\dot{Q}_{N,\,Geb}$	Norm-Gebäudewärmebedarf	W
$\dot{Q}_T$	Norm-Transmissionswärmebedarf	W
$\dot{q}$	Wärmestromdichte	W/m^2
$R_k = 1/k$	Wärmedurchgangswiderstand	$m^2 \cdot K/W$
$R_a = 1/\alpha_a$	äußerer Wärmeübergangswiderstand	$m^2 \cdot K/W$
$R_i = 1/\alpha_i$	innerer Wärmeübergangswiderstand	$m^2 \cdot K/W$
R_L	äquivalenter Wärmedurchgangswiderstand für Fugenlüftung	$m^2 \cdot K/W$
R_Z	Aufheizwiderstand	$m^2 \cdot K/W$
R_λ	Wärmeleitwiderstand (auch Wärmedurchlaßwiderstand)	$m^2 \cdot K/W$
r	Raumkennzahl	–

Zeichen	Bedeutung	Einheit
ϑ	Temperatur	°C
ϑ_a	Norm-Außentemperatur	°C
ϑ_a'	Außentemperatur	°C
ϑ_i	Norm-Innentemperatur	°C
ϑ_i'	Temperatur im Nachbarraum	°C
$\dot{V}$	Volumenstrom	m^3/s
V_R	Raumvolumen	m^3
α_a	äußerer Wärmeübergangskoeffizient	$W/(m^2 \cdot K)$
α_i	innerer Wärmeübergangskoeffizient	$W/(m^2 \cdot K)$
β	Luftwechsel	$m^3/(h \cdot m^3)$
Δk_A	Außenflächenkorrektur für Wärmedurchgangskoeffizient	$W/(m^2 \cdot K)$
Δk_S	Sonnenkorrektur für Wärmedurchgangskoeffizient	$W/(m^2 \cdot K)$
$\Delta \dot{Q}_{RLT}$	zusätzlicher Lüftungswärmebedarf für nachströmende Luft infolge maschineller Abluftanlagen	W
$\Delta \vartheta$	Temperaturdifferenz	K
$\Delta \vartheta_a$	Außentemperaturkorrektur	K
ζ	gleichzeitig wirksamer Lüftungswärmeanteil	–
ε	Höhenkorrektur	–
λ	Wärmeleitfähigkeit	$W/(m \cdot K)$
ϱ	Dichte	kg/m^3

3 Umrechnung wichtiger Einheiten

Nachfolgend sind die Umrechnungen der wichtigsten SI-Einheiten zu den Einheiten, die bislang in der Wärmebedarfsrechnung verwendet wurden, angegeben:

- für Wärmeströme ($\dot{Q}$, $\dot{Q}_N$, $\dot{Q}_L$, $\dot{Q}_T$):
 1 W = 0,860 kcal/h
- für Wärmedurchgangs- und Wärmeübergangskoeffizienten (k, k_N, α_i, α_a):
 1 W/($m^2 \cdot$ K) = 0,860 kcal/(h $\cdot m^2 \cdot$ grd)
- für Wärmeleitfähigkeiten (λ):
 1 W/(m $\cdot$ K) = 0,860 kcal/(h $\cdot$ m $\cdot$ grd)
- für Drücke (p):
 1 Pa = 0,102 kp/$m^2 \approx$ 0,102 mmWS
- für Fugendurchlaßkoeffizienten (a):
 1 m^3/(m $\cdot$ h $\cdot$ $Pa^{2/3}$) = 4,58 m^3/(m $\cdot$ h $\cdot$ (kp/m^2)$^{2/3}$)
- für Hauskenngrößen (H):
 1 W $\cdot$ h $\cdot$ $Pa^{2/3}$/($m^3 \cdot$ K) = 0,188 kcal (kp/m^2)$^{2/3}$/(m^3 grd)
- für spezifische Wärmekapazitäten (c):
 1 kJ/kg K = 0,239 kcal/kg grd

Eine wichtige Identität ist gegeben durch:
 1 J $\equiv$ 1 W $\cdot$ s $\equiv$ 1 Nm

4 Übersicht über die Berechnungsverfahren und ihre Grundlagen

Es wird unterschieden zwischen dem Berechnungsverfahren für übliche Fälle und denen für Sonderfälle:

4.1 Übliche Fälle

Das Verfahren für übliche Fälle ist auf die überwiegende Mehrzahl der in der Praxis vorkommenden Gebäude anwendbar. Als Beispiele seien genannt: Wohngebäude, Büro- und Verwaltungsgebäude, Schulen, Bibliotheken, Krankenhäuser, Pflegeheime, Aufenthaltsgebäude in Justizvollzugsanstalten, Gebäude des Gaststättengewerbes, Waren- und sonstige Geschäftshäuser, Betriebsgebäude.

4.2 Sonderfälle

Es sind Berechnungsverfahren für folgende Sonderfälle angegeben:
a) Selten beheizte Räume
b) Räume mit sehr schwerer Bauart
c) Hallenbauten mit großen Raumhöhen
d) Gewächshäuser

4.3 Grundzüge des Berechnungsverfahrens für übliche Fälle

Als Norm-Wärmebedarf eines Raumes wird die Wärmeleistung bezeichnet, die dem Raum unter Norm-Witterungsbedingungen zugeführt werden muß, damit sich die geforderten thermischen Norm-Innenraumbedingungen einstellen.

Für die Berechnung wird stationärer Zustand, d. h. zeitliche Konstanz aller Berechnungsgrößen, vorausgesetzt. Es wird ferner angenommen, daß die Oberflächentemperatur der Umgrenzungsflächen zu beheizten Nachbarräumen der Lufttemperatur gleich sind und daß die Außenwände nur mit den inneren Raumumgrenzungsflächen im Strahlungsaustausch stehen.

Der Norm-Wärmebedarf ist unter diesen Voraussetzungen eine Gebäudeeigenschaft. Er kann mit hinreichender Genauigkeit der Auslegung üblicher Heizeinrichtungen zugrunde gelegt werden, auch wenn deren Wärmeübertragung an den Raum gewisse Abweichungen von den obigen Voraussetzungen ergibt. (Siehe Erläuterungen zu DIN 4701 Teil 2*), Tabelle 2.)

Die Aufstellung von Heizflächen mit nennenswertem Strahlungsanteil (z. B. Radiatoren, Plattenheizkörper) vor Glasflächen führt dagegen beispielsweise zu so erheblichen Abweichungen, daß die Auslegung der Heizeinrichtungen nicht nach dem Norm-Wärmebedarf vorgenommen werden kann. Mit Rücksicht auf den höheren Energieverbrauch sollten solche Anordnungen vermieden werden. Gegebenenfalls sind Hinweise für die Dimensionierung dem Schrifttum zu entnehmen [1].

Der Norm-Wärmebedarf eines Raumes setzt sich aus dem Norm-Transmissionswärmebedarf (Wärmeverluste durch Wärmeleitung über die Umschließungsflächen) und dem Norm-Lüftungswärmebedarf (Wärmebedarf für die Aufheizung eindringender Außenluft) zusammen.

Der Norm-Transmissionswärmebedarf muß für alle Teilflächen mit unterschiedlichen Wärmedurchgangskoeffizienten bzw. Temperaturdifferenzen getrennt berechnet werden. Dabei werden behaglichkeitsmindernde Einflüsse kalter Außenflächen und die Auswirkung der Sonneneinstrahlung durch Korrekturen für die Wärmedurchgangskoeffizienten berücksichtigt. (Siehe Erläuterungen zu DIN 4701 Teil 2*), Tabelle 2.)

Die Berechnung des Norm-Lüftungswärmebedarfs geht von einer vereinfachten Ermittlung der Luftmengen aus, die über die Fugenundichtheiten des Raumes unter bestimmten Bedingungen einströmen können. Sie berücksichtigt die wirksamen Druckdifferenzen am Gebäude für die bei Norm-Außentemperaturen anzusetzenden Windverhältnisse und die thermischen Drücke sowie die Widerstände in den durchströmten Fugen der Außen- und Innenbauteile des Gebäudes. Bei Räumen mit maschineller Lüftung wird der zusätzliche Lüftungswärmebedarf für die infolge Abluftüberschuß eindringende Außenluftmenge berücksichtigt.

4.3.1 Ausreichende Beheizung

Eine ausreichende Bemessung der Heizungsanlagen wird dadurch sichergestellt, daß der Berechnung des Norm-Wärmebedarfs angemessen niedrige Außentemperaturen und zugehörige Windgeschwindigkeiten sowie hinreichend sichere Stoffwerte für die Wärmeleitfähigkeit der Baustoffe zugrunde gelegt werden. Sie berücksichtigen bei porösen Materialien mittlere Baufeuchtigkeiten.

Von besonderer Bedeutung für die ausreichende Beheizung eines Raumes ist eine genügende Luftdichtigkeit der Außenbauteile. Es muß bauseits sichergestellt sein, daß die der Berechnung zugrunde gelegten Fugendurchlässigkeiten — auch unter Berücksichtigung der Einbaufugen zwischen Fenster bzw. Türen und der Baukonstruktion — in der Ausführung nicht überschritten werden. Bei den Fugendurchlaßkoeffizienten für Fenster wird nach den Beanspruchungsgruppen in DIN 18 055 unterschieden.

4.3.2 Gleichmäßige Beheizung

Ziel der Wärmebedarfsrechnung ist es, neben einer ausreichenden Beheizung auch eine hinreichend gleichmäßige Beheizung der Räume eines mit einer zentral geregelten Heizungsanlage oder -gruppe ausgerüsteten Gebäudes auf die der Berechnung zugrunde gelegten Temperaturen zu erreichen. Dies ist jedoch nur innerhalb gewisser Grenzen möglich.

Selbstverständliche Voraussetzung für das Erreichen der gewünschten Temperaturen ist, daß alle Räume des Gebäudes berechnungsgemäß beheizt werden. Die Temperaturen, die sich in den einzelnen Räumen im Beharrungszustand einstellen, ergeben sich aufgrund des Gleichgewichtes zwischen der Leistung der Heizflächen und den Wärmeverlusten der Räume.

Theoretische Untersuchungen haben gezeigt [2], daß auch bei Beachtung dieser Gegebenheiten eine zentrale Regelung für Gebäude oder Gebäudezonen nur deshalb eine ausreichende Temperaturgleichmäßigkeit ergibt, weil die thermische Kopplung der Räume untereinander über Innenwände, Decken bzw. Fußböden und durch Luftaustausch wesentlich hierzu beiträgt. Bei Räumen oder Gebäudeteilen mit schlechter thermischer Ankopplung an das übrige Gebäude (z. B. Anbauten o. ä.) ist daher die Frage einer sinnvollen Zonierung der Heizungsanlagen besonders sorgfältig zu prüfen.

Um den Nutzern der Heizungsanlagen in Wohngebäuden möglichst weitgehend die Möglichkeit einzuräumen, den Heizenergieverbrauch durch eingeschränkte Beheizung eines Teils der beheizbaren Räume zu senken, ist es zweckmäßig, die Heizflächen und gegebenenfalls einen Teil des Rohrnetzes der Räume so zu bemessen, daß eine ausreichende Beheizung auch dann erreicht wird, wenn angrenzende Räume (entsprechend DIN 4701 Teil 2, Tabelle 2) nur

---

*) Ausgabe März 1983

[1] Esdorn, H.; Kast, W., Schauß, H. und Zöllner, G.: Der Einfluß der Rückwandtemperatur auf die Leistung von Plattenheizkörpern.
wkt 24 (1972), Nr 9, S. 251–253

[2] Esdorn, H.: Einfluß der Bauweise und des Anlagensystems auf die Temperaturverteilung in Gebäuden mit zentral geregelten Heizungs- und Klimaanlagen.
VDI-Bericht Nr 162, VDI-Verlag Düsseldorf 1971

mit eingeschränkten Temperaturen betrieben werden. Die Heizflächen und gegebenenfalls ein Teil des Rohrnetzes ergeben sich dabei entsprechend größer. Der Frage einer gleichmäßigen Beheizung aller Räume des Gebäudes unter allen Betriebsbedingungen ist dabei besondere Aufmerksamkeit zu widmen (z. B. Einzelraumregelung).

Bei Erweiterung von zentral geregelten Heizungsanlagen, die nach früheren Ausgaben der DIN 4701 berechnet wurden, ist es empfehlenswert — wenn für die Erweiterung keine getrennte Regelzone vorgesehen wird —, den Erweiterungsteil nach der gleichen Ausgabe der Norm zu berechnen, nach der der Hauptteil bemessen wurde.

5 Berechnung des Norm-Wärmebedarfs für übliche Fälle

5.1 Aufbau der Berechnung

Der Norm-Wärmebedarf $\dot{Q}_N$ setzt sich aus dem Norm-Transmissionswärmebedarf $\dot{Q}_T$ und dem Norm-Lüftungswärmebedarf $\dot{Q}_L$ zusammen:

$$\dot{Q}_N = \dot{Q}_T + \dot{Q}_L \qquad (1)$$

5.2 Temperaturen

5.2.1 Norm-Außentemperatur

Der Berechnung des Norm-Wärmebedarfs wird für die Außentemperatur eines Ortes der niedrigste Zweitagesmittelwert zugrunde gelegt, der im Zeitraum von 1951 bis 1970 zehnmal erreicht oder unterschritten wurde. Diese Außentemperaturen ϑ_a' sind für alle Orte mit mehr als 20 000 Einwohnern und für solche mit einer Wetterstation, deren Daten mit ausgewertet wurden, in DIN 4701 Teil 2*), Tabelle 1, aufgeführt. Die Isothermenkarte in DIN 4701 Teil 2*), Bild 1, dient lediglich zur Orientierung bei Orten, die selbst in der Tabelle nicht enthalten sind.

Für die kurze Andauer der Norm-Witterungsbedingungen wird ein Absinken der Innentemperatur um 1 K als tragbar angesehen. Damit wird die einzusetzende Rechengröße für die Norm-Außentemperatur von der Speicherfähigkeit des Gebäudes abhängig. Man berücksichtigt dieses durch eine Außentemperatur-Korrektur $\Delta \vartheta_a$ [3]):

$$\vartheta_a = \vartheta_a' + \Delta \vartheta_a \qquad (2)$$

Hierin bedeutet:
ϑ_a Norm-Außentemperatur

Die Außentemperatur-Korrektur $\Delta \vartheta_a$ ergibt sich, abhängig von der Schwere der Bauart, zu:

Leichte Bauart: $\Delta \vartheta_a = 0$ K
Schwere Bauart: $\Delta \vartheta_a = 2$ K
Sehr schwere Bauart: $\Delta \vartheta_a = 4$ K

Den genannten Bauarten liegt folgende bauphysikalische Zuordnung zugrunde:

Leichte Bauart [4]): $\dfrac{m}{\sum A_a} < 600$ kg/m² (3)

Schwere Bauart: $600 \leq \dfrac{m}{\sum A_a} \leq 1400$ kg/m² (4)

Sehr schwere Bauart: $\dfrac{m}{\sum A_a} > 1400$ kg/m² (5)

Hierin bedeuten:
m Speichermasse des Raumes
$\sum A_a$ Summe aller Außenflächen des Raumes (Fenster und Außenwände)

Die Außentemperatur-Korrektur wird einheitlich für das gesamte Gebäude festgelegt.

Die außenflächenbezogene Speichermasse wird deshalb nur für den ungünstigsten Raum mit maximal 2 Außenwänden ermittelt (niedrigster Wert) [5]):

$$m = \sum (0{,}5 \cdot m_{Stahl} + 2{,}5 \cdot m_{Holz} + m_{Rest})_a \\ + 0{,}5 \cdot \sum (0{,}5 \cdot m_{Stahl} + 2{,}5 \cdot m_{Holz} + m_{Rest})_i \qquad (6)$$

Hierin bedeuten:
m Masse des Bauteils
Indizes:
... Stahl Bauteile aus Stahl
... Holz Bauteile aus Holz
... Rest Bauteile aus sonstigen Baustoffen
... a Massen der Außenflächen
... i Massen der Innenflächen

Die Zuordnung des Gebäudes zu der gewählten Bauartengruppe muß nicht im Rahmen der Wärmebedarfsrechnung nachgewiesen werden, da sie in der überwiegenden Zahl der Fälle nach Erfahrung hinreichend sicher abgeschätzt werden kann.

5.2.2 Norm-Innentemperatur

Als Norm-Innentemperatur wird eine „empfundene Temperatur" eingesetzt, die sowohl die Lufttemperatur als auch die mittlere Umgebungsflächentemperatur berücksichtigt. Die Norm-Innentemperaturen sind in DIN 4701 Teil 2*), Tabelle 2, für Räume unterschiedlicher Nutzung festgelegt.

5.3 Norm-Transmissionswärmebedarf

Der Norm-Transmissionswärmebedarf ist die Summe der Wärmeströme, die der Raum durch Wärmeleitung über Wände, Fenster, Türen, Decken, Fußboden abgibt:

$$\dot{Q}_T = \sum_j A_j \cdot \dot{q}_j \qquad (7)$$

Hierin bedeuten:
A_j Fläche des Bauteils j
$\dot{q}_j$ Wärmestromdichte des Bauteils j

Für Bauteile, die an die Außenluft oder an Nachbarräume grenzen, ergibt sich:

$$\dot{q} = k_N \cdot \Delta \vartheta \qquad (8)$$

Hierin bedeuten:
k_N Norm-Wärmedurchgangskoeffizient
$\Delta \vartheta$ Temperaturdifferenz

---

*) Ausgabe März 1983

[3]) Esdorn, H. und Wentzlaff, G.: Neuvorschläge zum Entwurf DIN 4701 „Regeln für die Berechnung des Wärmebedarfs von Gebäuden". Teil II: Zum Einfluß der Gebäudespeicherfähigkeit auf die Norm-Außentemperatur. HLH 32 (1981), Nr 10, S. 394 – 401

[4]) Bei Räumen mit $\dfrac{m}{\sum A_a} < 600$ kg/m² und mittlerem Wärmedurchgangskoeffizienten der Außenflächen (Wände und Fenster) von $k_{W+F} \leq 0{,}8 \; \dfrac{W}{m^2 \cdot K}$ kann ohne diesen gesonderten Nachweis eine Außentemperaturkorrektur von $\Delta \vartheta_a = 2$ K angesetzt werden (siehe Erläuterungen).

[5]) Der rechnerische Nachweis für die Außentemperaturkorrektur (z. B. bei Serienbauten) auch mit Hilfe instationärer Berechnungsmethoden geführt werden, die den Wärmeaustausch im Raum einschließlich der langwelligen Strahlung, den Lüftungswärmebedarf und schichtweise die Wärmekapazitäten berücksichtigen. Dabei gelten entsprechend der in Fußnote 3 genannten Veröffentlichung folgende Voraussetzungen:

a) Auswertung nach dem der Normrechnung zugrunde liegenden Verfahren (siehe genannte Veröffentlichung).
b) Sprungtemperatur nach Tabelle 2 dieser Veröffentlichung.
c) $\Delta t_{i\,zul} = 1{,}0$ für Räume mit einer bzw. zwei Außenflächen.
d) Δt_{aN} nach Tabelle 6 dieser Veröffentlichung.

5.3.1 Norm-Wärmedurchgangskoeffizient

Für den Wärmedurchgangswiderstand R_k eines Bauteils gilt:

$$R_k = R_i + \sum_j R_{\lambda j} + R_a = \frac{1}{\alpha_i} + \sum_j \frac{d_j}{\lambda_j} + \frac{1}{\alpha_a} \quad (9)$$

Hierin bedeuten:
R_i innerer Wärmeübergangswiderstand
R_a äußerer Wärmeübergangswiderstand
$R_{\lambda j}$ Wärmeleitwiderstand (auch: Wärmedurchlaßwiderstand) der Schicht j
α_i innerer Wärmeübergangskoeffizient
α_a äußerer Wärmeübergangskoeffizient
d_j Dicke der Bauteilschicht j
λ_j Wärmeleitfähigkeit der Schicht j

Den Wärmedurchgangskoeffizienten k erhält man aus:

$$k = \frac{1}{R_k} \quad (10)$$

An den Wärmedurchgangskoeffizienten sind bei Außenbauteilen Korrekturen zum Ausgleich der behaglichkeitsmindernden niedrigen Oberflächentemperaturen [6] und bei Fenstern außerdem solche zum Ausgleich der Sonneneinstrahlung [7] anzubringen. Mit diesen Korrekturen ergibt sich der Norm-Wärmedurchgangskoeffizient k_N zu:

$$k_N = k + \Delta k_A + \Delta k_S \quad (11)$$

Hierin bedeuten:
Δk_A Außenflächenkorrektur für Wärmedurchgangskoeffizienten
Δk_S Sonnenkorrektur für Wärmedurchgangskoeffizienten
Die Außenflächenkorrektur Δk_A ist, abhängig vom Wärmedurchgangskoeffizienten der Außenfläche nach DIN 4701 Teil 2*), Tabelle 3, zu ermitteln.

Die Sonnenkorrektur berücksichtigt den Wärmegewinn durch diffuse Strahlung (bedeckter Himmel). Sie ist daher immer negativ und unabhängig von der Himmelsrichtungsorientierung (siehe DIN 4701 Teil 2*), Tabelle 4). Für Fenster mit Klarglas (Gesamtenergiedurchlaßgrad $g_v = 0.85$) ergibt sich:

$$\Delta k_S = -0.3 \text{ W/(m}^2 \cdot \text{K)} \quad (12)$$

Für Spezialverglasungen mit stark abweichendem Gesamtenergiedurchlaßgrad g_v gilt:

$$\Delta k_S = -0.35 \cdot g_v \text{ in W/(m}^2 \cdot \text{K)} \quad (13)$$

5.3.2 Außenbauteile

Die Wärmestromdichte $\dot{q}$ in Gleichung (8) ist für Außenbauteile zu ermitteln nach:

$$\dot{q} = k_N \cdot (\vartheta_i - \vartheta_a) \quad (14)$$

5.3.3 Innenbauteile

Für Innenbauteile ergibt sich die Wärmestromdichte $\dot{q}$ zu:

$$\dot{q} = k \cdot (\vartheta_i - \vartheta_i') \quad (15)$$

Hierin bedeutet:
ϑ_i' Norm-Innentemperatur im Nachbarraum

5.3.4 Erdreichberührte Bauteile [8]

Bei Bauteilen, die mit dem Erdreich in Berührung stehen, tritt ein Wärmeverlust nicht nur über das Erdreich an die Außenluft, sondern auch an das Grundwasser auf. Bei der Bestimmung des ersten Anteils ist jedoch wegen der großen Wärmespeicherfähigkeit des Bodens nicht die für kurze Kälteperioden gültige Norm-Außentemperatur einzusetzen, sondern eine mittlere Außentemperatur über eine längere Kälteperiode. Der Wärmeleitwiderstand durch das Erdreich bis zur Außenluft ist von der Größe der Bodenfläche und ihrem Seitenverhältnis sowie von der Tiefe bis zum Grundwasser abhängig.

Der Wärmeverlust an das Grundwasser wird vereinfachend nach dem üblichen Ansatz für planparallele Platten berechnet. Als Temperaturdifferenz ist die Differenz zwischen Innentemperatur und der mittleren Grundwassertemperatur einzusetzen. Der Wärmedurchgangswiderstand vom Raum bis zum Grundwasser setzt sich aus dem inneren Wärmeübergangswiderstand und den Wärmeleitwiderständen des Bauteils und des Erdreichs zusammen.

Für alle erdreichberührten Flächen (vertikale und horizontale) errechnet sich die Wärmestromdichte $\dot{q}$ aus:

$$\dot{q} = \frac{\vartheta_i - \vartheta_{AL}}{R_{AL}} + \frac{\vartheta_i - \vartheta_{GW}}{R_{GW}} \quad (16)$$

mit:

$$R_{AL} = R_i + R_{\lambda B} + R_{\lambda A} + R_a \quad (17)$$

$$R_{GW} = R_i + R_{\lambda B} + R_{\lambda E} \quad (18)$$

$$R_{\lambda E} = \frac{T}{\lambda_E} \quad (19)$$

Hierin bedeuten:
ϑ_{AL} mittlere Außentemperatur über eine längere Kälteperiode
ϑ_{GW} mittlere Grundwassertemperatur
R_{AL} äquivalenter Wärmedurchgangswiderstand Raum-Außenluft
R_{GW} äquivalenter Wärmedurchgangswiderstand Raum-Grundwasser
$R_{\lambda B}$ Wärmeleitwiderstand des Bauteils
$R_{\lambda A}$ äquivalenter Wärmeleitwiderstand des Erdreichs zur Außenluft (nach DIN 4701 Teil 2*), Bild 2)
$R_{\lambda E}$ Wärmeleitwiderstand des Erdreichs zum Grundwasser
R_i innerer Wärmeübergangswiderstand (nach DIN 4701 Teil 2*), Tabelle 16)
R_a äußerer Wärmeübergangswiderstand (nach DIN 4701 Teil 2*), Tabelle 16)
λ_E Wärmeleitfähigkeit des Erdreichs
T Tiefe bis zum Grundwasser (nach DIN 4701 Teil 2*), Bild 2)

In der Regel kann von folgenden Zahlenwerten ausgegangen werden:

$\vartheta_{AL} = \vartheta_a + 15$ in °C
$\vartheta_{GW} = +10$ °C
$\lambda_E = 1,2$ W/(m·K)

Für die Bestimmung des Wärmeleitwiderstandes $R_{\lambda A}$ nach DIN 4701 Teil 2*), Bild 2, wird dabei stets die gesamte Bodenfläche eingesetzt; als Tiefe bis zum Grundwasser T gilt ebenfalls — auch bei höherreichenden vertikalen Flächen — das auf die Bodenfläche bezogene Maß nach DIN 4701 Teil 2*), Bild 2.

---
*) Ausgabe März 1983
[6] Esdorn, H. und Schmidt, P.: Zum Außenflächenzuschlag bei der Wärmebedarfsberechnung. HLH 31 (1980), Nr 5, S. 163–171
[7] Esdorn, H. und Wentzlaff, G.: Neuvorschläge zum Entwurf DIN 4701 „Regeln für die Berechnung des Wärmebedarfs von Gebäuden". Teil I: Zur Berücksichtigung der Sonnenstrahlung bei der Wärmebedarfsberechnung. HLH 32 (1981), Nr 9, S. 349–357
[8] Krischer, O.: Die Wärmeaufnahme der Grundflächen nicht unterkellerter Räume (Kühlkeller, Gewächshäuser und dergleichen). Ges. Ing. 57 (1939), Nr 39, S. 513–521

Sind die Bodenflächen wärmegedämmt, die vertikalen Flächen dagegen nicht, so ist für die Wärmeleitwiderstand $R_{\lambda A}$ der vertikalen an das Erdreich grenzenden Flächen nur 50 % des Wertes $R_{\lambda A}$ nach DIN 4701 Teil 2*), Bild 2 (Parameter wie vor), einzusetzen.

Bei einzelnen beheizten Kellerräumen sind zur Bestimmung von $R_{\lambda A}$ anstelle der Gebäudemaße l und b nach DIN 4701 Teil 2*), Bild 2, die entsprechenden Maße des Fußbodens des Kellerraumes einzusetzen. Bei zusammenhängenden Kellerräumen, die keinen rechteckigen Grundriß haben, ist ein flächengleiches Rechteck anzusetzen, dessen eine Seite der größten Länge im tatsächlichen Grundriß entspricht.

5.3.5 Krischer-Wert D

Der Krischer-Wert D ist ein Kennwert für die mittlere Oberflächentemperatur aller Umschließungsflächen eines Raumes, für ihn gilt:

$$D = \frac{\dot{Q}_T}{A_{ges}(\vartheta_i - \vartheta_a)} \quad (20)$$

Hierin bedeutet:

A_{ges} Summe aller Innen- und Außenflächen des Raumes

Der Krischer-Wert D wird zur Ermittlung der rechnerischen Raumlufttemperatur bei gegebener Norm-Innentemperatur benötigt (siehe Erläuterungen zu DIN 4701 Teil 2*), Tabelle 2, Seite 27).

5.4 Norm-Lüftungswärmebedarf

Für den Norm-Lüftungswärmebedarf $\dot{Q}_L$ gilt:

$$\dot{Q}_L = \dot{Q}_{FL} + \Delta \dot{Q}_{RLT} \quad (21)$$

bzw.

$$\dot{Q}_L = \dot{Q}_{L\,min} \quad (22)$$

Hierin bedeuten:

$\dot{Q}_{FL}$ Lüftungswärmebedarf für freie Lüftung nach Gleichung (26) oder (27)

$\Delta \dot{Q}_{RLT}$ zusätzlicher Lüftungswärmebedarf für nachströmende Luft infolge maschineller Abluftanlagen nach Gleichung (30)

$\dot{Q}_{L\,min}$ Mindestwert des Norm-Lüftungswärmebedarfs nach Gleichung (28)

5.4.1 Lüftungswärmebedarf bei freier Lüftung [9] [10]

5.4.1.1 Grundlagen

Gebäude üblicher Bauart sind in begrenztem Rahmen luftdurchlässig. Die eindringende Außenluft muß auf Raumlufttemperatur (näherungsweise Norm-Innentemperatur) erwärmt werden.

Für diesen Wärmebedarf, den Lüftungswärmebedarf, gilt allgemein:

$$\dot{Q}_{FL} = \dot{V} c \varrho (\vartheta_i - \vartheta_a) \quad (23)$$

Hierin bedeuten:

$\dot{V}$ Luftvolumenstrom

c spez. Wärmekapazität

ϱ Dichte

Für die Luftströmung durch Fugen kann angesetzt werden:

$$\dot{V} = \sum (a \cdot l) \cdot (p_a - p_i)^n \quad (24)$$

Hierin bedeuten:

a Fugendurchlaßkoeffizient

l Fugenlänge

p_a Druck, außen

p_i Druck, innen

Bei Fugen in Bauteilen kann der Exponent n für die Druckdifferenz mit hinreichender Genauigkeit mit $2/3$ eingesetzt werden.

Die Druckdifferenz $(p_a - p_i)$ kann durch Wind- und Auftriebskräfte entstehen. Für niedrige Gebäude (Höhe < 10 m) sind dabei die Auftriebskräfte vernachlässigbar.

a) **Winddrücke**

Durch Windanströmung eines Gebäudes entstehen auf den angeströmten Fassaden im allgemeinen Überdrücke, auf den nicht angeströmten Seiten Unterdrücke, die von der Windgeschwindigkeit, von der Gebäudeform und von den Anströmverhältnissen abhängig sind. Entsprechend strömt ohne Auftriebseinflüsse nur auf den angeblasenen Seiten Außenluft ein und hat einen Lüftungswärmebedarf zur Folge, während sie auf den anderen Seiten als erwärmte Innenluft wieder ausströmt. Mit der Höhe über dem Erdboden nehmen die Windgeschwindigkeit und entsprechend die äußeren Winddrücke zu.

b) **Auftriebsdrücke**

Infolge der Dichteunterschiede zwischen der kalten Außenluft und der warmen Innenluft ergeben sich in durchgehenden vertikalen Schächten hoher Gebäude (z. B. Aufzugsschächte, Treppenhäuser) thermische Differenzdrücke gegenüber der Außenluft, die der Höhe der Schächte und dem Dichteunterschied — entsprechend dem Temperaturunterschied — proportional sind. Ohne Windeinflüsse wirkt sich dieses bei etwa gleichmäßiger Verteilung der Gebäudeundichtigkeiten über die Höhe so aus, daß im Winter im unteren Teil der Gebäude gegenüber außen Unterdruck herrscht und im oberen Teil Überdruck. Entsprechend strömt unten über alle Fassaden kalte Außenluft ein, oben dagegen strömt sie als erwärmte Innenluft wieder aus. Ein Lüftungswärmebedarf entsteht ohne Windeinfluß demnach nur im unteren Gebäudeteil, und zwar auf allen Fassaden.

c) **Überlagerte Wirkung von Wind und Auftrieb**

Bei gleichzeitiger Wirkung von Wind- und Auftriebseinflüssen läßt sich die Durchströmung eines Gebäudes nur mit aufwendigen Rechenprogrammen beschreiben, da die Innendrücke in komplizierter Weise von der Verteilung aller äußeren und inneren Strömungswiderstände des Gebäudes abhängen. Mit einem für die Zwecke dieser Norm vertretbaren Aufwand läßt sich nur der Lüftungswärmebedarf für einige Grenzfälle ermitteln, aus denen jeweils der ungünstigste für den Normwärmebedarf zugrunde gelegt werden muß.

Es hängt z. B. von der Windgeschwindigkeit ab, ob auf der angeblasenen Seite eines hohen Gebäudes oben Luft infolge des äußeren Windüberdruckes einströmt oder ob dort infolge des inneren thermischen Überdruckes Luft austritt. Ebenso kann man nicht allgemein sagen, ob im unteren Teil eines hohen Gebäudes auf den nicht vom Wind angeströmten Seiten Luft aufgrund des äußeren Windunterdruckes ausströmt oder ob der innere thermische Unterdruck überwiegt und damit auch dort — und nicht nur auf den angeströmten Fassaden — Außenluft einströmt.

Man unterscheidet zweckmäßig (siehe DIN 4701 Teil 2*), Bild 3) zwischen Gebäuden vom Schachttyp (ohne innere Unterteilung) und solchen vom Geschoßtyp (mit luftdichten Geschoßtrennflächen).

Schachttyp und Geschoßtyp unterliegen gleichzeitig Wind- und Auftriebswirkungen. Der für die Durchströmung

---

*) Ausgabe März 1983

[9] Krischer, O. und Beck, H.: Die Durchlüftung von Räumen durch Windangriff und der Wärmebedarf für die Lüftung. VDI-Berichte, Band 18, 1957

[10] Esdorn, H. und Brinkmann, W.: Der Lüftungswärmebedarf von Gebäuden unter Wind- und Auftriebseinflüssen. Ges. Ing. 99 (1978), Heft 4, S. 81–94 und S. 103–105

wesentliche Parameter ist jedoch nur das Verhältnis der Durchlässigkeiten $\sum (a \cdot l)_A$ der angeströmten zu den Durchlässigkeiten $\sum (a \cdot l)_N$ der nicht angeströmten Fassaden, den man relativ einfach bestimmten Grundrißtypen (siehe DIN 4701 Teil 2*), Bild 4) zuordnen kann, die den bisherigen (siehe DIN 4701, Ausgabe Januar 1959) Häuserarten „Einzelhaus" und „Reihenhaus" entsprechen:

Grundrißtyp I (Einzelhaustyp) $\quad \dfrac{\sum (a \cdot l)_A}{\sum (a \cdot l)_N} = \dfrac{1}{3}$

Grundrißtyp II (Reihenhaustyp) $\quad \dfrac{\sum (a \cdot l)_A}{\sum (a \cdot l)_N} = 1$

Schachttyp-Gebäude stellen im unteren Gebäudeteil immer den ungünstigsten Grenzfall dar.

Geschoßtyp-Gebäude unterliegen nur Windeinflüssen. Sie haben demnach im oberen Gebäudeteil immer einen größeren Lüftungswärmebedarf als Schachttyp-Gebäude und stellen hier den ungünstigsten Grenzfall dar.

5.4.1.2 Berechnungsansätze

Man setzt in den Gleichungen (23) und (24):

$$c \cdot \varrho \cdot (p_a - p_i)^{2/3} = H_h = \varepsilon_h \cdot H \quad (25)$$

mit

H_h Hauskenngröße in der Höhe h
H Hauskenngröße für Windeinfluß bezogen auf 10 m Höhe
ε_h Höhenkorrekturfaktor für Wind- und Auftriebseinflüsse in der Höhe h

Für den Lüftungswärmebedarf der beschriebenen Grenzfälle erhält man damit:

Für Schachttyp-Gebäude (Gültigkeitsbereich: $\varepsilon_{SN} \geq 0$):

$$\dot{Q}_{FLS} = [\varepsilon_{SA} \cdot \sum (a \cdot l)_A + \varepsilon_{SN} \cdot \sum (a \cdot l)_N] \\ \cdot H \cdot r \cdot (\vartheta_i - \vartheta_a) \quad (26)$$

Für Geschoßtyp-Gebäude:

$$\dot{Q}_{FLG} = \varepsilon_{GA} \cdot \sum (a \cdot l)_A \cdot H \cdot r \cdot (\vartheta_i - \vartheta_a) \quad (27)$$

Hierin bedeuten:

H Hauskenngröße (nach DIN 4701 Teil 2*), Tabelle 10)
ε Höhenkorrekturfaktor (nach DIN 4701 Teil 2*), Tabellen 11, 12)
a Fugendurchlaßkoeffizient (nach DIN 4701 Teil 2*), Tabelle 9)
l Fugenlänge
ϑ_i Norm-Innentemperatur[11]
ϑ_a Norm-Außentemperatur[11]
r Raumkennzahl (nach DIN 4701 Teil 2*), Tabelle 13)

Indizes
S   Schachttyp-Gebäude
G   Geschoßtyp-Gebäude
A   angeströmt (Wind)
N   nicht angeströmt (Wind)

Der größere der beiden Grenzwerte nach Gleichung (26) oder (27) gilt als Lüftungswärmebedarf $\dot{Q}_{FL}$ bei freier Lüftung.

5.4.1.3 Luftdurchlässigkeit des Bauwerks

Die maßgeblichen Luftdurchlässigkeiten liegen in den Schließfugen der zu öffnenden Fenster und Türen sowie in den Einbaufugen zwischen Fensterrahmen und Wandkonstruktion bzw. zwischen einzelnen Außenwandelementen, insbesondere bei vorgefertigten Bauteilen.

Die Durchlässigkeit $\sum (a \cdot l)_A$ ist jeweils für den ungünstigsten Fall der Windanströmung einzusetzen und zwar:

bei Eckräumen:
Für die beiden aneinanderstoßenden Außenflächen mit den größten Durchlässigkeiten

bei eingebauten Räumen mit gegenüberliegenden Außenwänden:
Beim Geschoßtyp-Gebäude für die Wand mit der größten Durchlässigkeit.
Beim Schachttyp-Gebäude ist die Wand mit der größeren Durchlässigkeit für die angeströmte Seite einzusetzen und die andere für die nicht angeströmte Seite.

In DIN 4701 Teil 2*), Tabelle 9, sind die Fugendurchlaßkoeffizienten für Türen, Fenster und sonstige Bauteile angegeben.

5.4.1.4 Hauskenngröße

Die Hauskenngröße ist abhängig von der Windgeschwindigkeit. Diese wird von der geographischen Lage des Gebäudes und von seiner Lage in der Umgebung bestimmt (Rechenwerte siehe DIN 4701 Teil 2*), Tabelle 10).

Hinsichtlich der Windstärke unterscheidet man **windschwache** und **windstarke** Gegenden. Die windstarke Gegend umfaßt das Gebiet von der Küste etwa bis zum Rand der Mittelgebirge. Das Gebiet südlich davon gilt für niedrige Lagen als windschwache Gegend. Von bestimmten Höhenlagen an, die zu den Alpen hin ansteigen, sind auch diese Regionen als windstark anzusehen (siehe Isothermen-Karte DIN 4701 Teil 2*), Bild 1 und Tabelle 10). Bei der Lage eines Hauses ist zu bedenken, daß nahe über dem Erdboden oder dicht über eng beieinander stehenden gleich hohen Gebäuden die Windgeschwindigkeit geringer ist als in größerer Höhe. Erst in einer gewissen Höhe über dem Erdboden oder über den Gebäuden herrscht Wind in voller Stärke.

Es werden unterschieden:

Normale Lage
für Häuser in dicht besiedelten Gebieten (Stadtkerngebiete) und in Gebieten mit aufgelockerter Bebauung.

Freie Lage
für Häuser auf Inseln, unmittelbar an der Küste, an großen Binnenseen, auf BergGipfeln und in freien Kammlagen.

Der Einfluß des Haustyps auf die Durchströmung und damit auf die Hauskenngröße ergibt sich aus der Winddruckverteilung am Gebäude (Überdruck auf den angeblasenen, Unterdruck auf den nicht angeblasenen Flächen) und aus der Verteilung der Durchlässigkeiten $\sum (a \cdot l)$ auf die angeblasenen und die nicht angeblasenen Flächen. Je größer die Durchlässigkeit $\sum (a \cdot l)_N$ der nicht angeblasenen Flächen im Verhältnis zu den angeblasenen $\sum (a \cdot l)_A$ ist, desto niedriger stellt sich in einem Haus den Innenwiderstände der Innendruck p_i ein, d. h. um so größer wird nach Gleichung (24) das einströmende Luftvolumen auf der angeblasenen Seite.

Grundsätzlich unterschiedlich verhalten sich in dieser Beziehung Einzelhäuser und Reihenhäuser. In einem Einzelhaus (siehe DIN 4701 Teil 2*), Bild 4) kann die Luft bei senkrechter Anströmung einer Seite auf drei Seiten des Gebäudes wieder abströmen. Der Innendruck liegt daher in der Nähe des Unterdruckes auf den nicht angeblasenen Flächen. Die Druckdifferenz zwischen innen und außen an den angeblasenen Flächen und damit der auf $\sum (a \cdot l)_A$ bezogene Luftvolumenstrom erreicht maximale Werte.

Bei einem Reihenhaus (siehe DIN 4701 Teil 2*), Bild 4) steht unter gleichen Anströmbedingungen nur **eine** Abströmfläche zur Verfügung.

---

*) Ausgabe März 1983

[11] Im Hinblick auf die begrenzte Genauigkeit des Norm-Lüftungswärmebedarfs werden hier vereinfachend die Normtemperaturen anstelle der Lufttemperaturen eingesetzt.

Der Innendruck stellt sich entsprechend höher ein, und das durchströmende Luftvolumen wird geringer.

Als Häuser vom Grundrißtyp I (Einzelhaustyp) gelten solche, bei denen Luft über zwei oder mehr Außenflächen abströmen kann.

Beispiel für Grundrißtyp I:
Allseitig freistehende Häuser nach DIN 4701 Teil 2*), Bild 4a (Ausnahmen siehe Grundrißtyp II)
dreiseitig freistehende Häuser nach DIN 4701 Teil 2*), Bild 4 b und 4 c (Eckreihenhäuser) bzw. Hausteile.

Als Häuser vom Grundrißtyp II (Reihenhaustyp) gelten solche, die durch Trennwände so unterteilt sind, daß Luft im wesentlichen nur über eine Außenfläche abströmen kann.

Beispiel für Grundrißtyp II:
Eingebaute Reihenhäuser nach DIN 4701 Teil 2*), Bild 4 d.
Eingebaute Wohnungen in Wohnblöcken nach DIN 4701 Teil 2*), Bild 4 e.
Allseitig freistehende Häuser mit einem Seitenverhältnis über 5 nach DIN 4701 Teil 2*), Bild 4 f.
Allseitig oder dreiseitig freistehende Häuser mit zwei Außenflächen ohne nennenswerte Durchlässigkeiten nach DIN 4701 Teil 2*), Bild 4 g und 4 h.

5.4.1.5 Höhenkorrekturfaktor

Die Höhenkorrekturfaktoren ε berücksichtigen die Zunahme der Windgeschwindigkeit mit der Höhe und die thermischen Druckwirkungen. Sie sind von der Höhe des betrachteten Raumes über dem Erdboden, vom Gebäudetyp nach DIN 4701 Teil 2*), Bild 3 (Schachttyp-Gebäude, Geschoßtyp-Gebäude) sowie vom Grundrißtyp (Einzelhaustyp: I, Reihenhaustyp: II) abhängig.

Im allgemeinen läßt sich aus den Werten ε_{SA}, ε_{SN} und ε_{GA} unter Berücksichtigung der Durchlässigkeiten $\sum(a \cdot l)_A$ und $\sum(a \cdot l)_N$ schon ohne Rechnung erkennen, ob Gleichung (26) oder Gleichung (27) den höheren Lüftungswärmebedarf ergibt. Anderenfalls müssen beide Gleichungen ausgewertet und danach der Maximalwert ausgewählt werden.

Für Gebäudehöhen bis 10 m werden keine Auftriebseinflüsse berücksichtigt. Ebenso wird in diesem Höhenbereich konstant die Windgeschwindigkeit in 10 m Höhe vorausgesetzt. Für Gebäude bis 10 m Höhe gilt daher $\varepsilon_{GA} = \varepsilon_{SA} = 1,0$ und $\varepsilon_{SN} = 0$.

Die Tabellen 11 und 12 nach DIN 4701 Teil 2*) enthalten die Höhenkorrekturfaktoren für die genannten Varianten.

5.4.1.6 Raumkennzahl

Die Raumkennzahl r ist ein Reduktionsfaktor, der die Verminderung der Gebäudedurchströmung durch Innenwiderstände (Innenwände mit Türen) berücksichtigt. Er ist – ähnlich wie die Hauskenngröße für das gesamte Gebäude – von dem Verhältnis der Durchlässigkeiten der angeströmten Außenflächen $\sum(a \cdot l)_A$ zu denen der Innentüren und eventuell Fenster auf den nicht angeblasenen Gebäudeseiten $\sum(a \cdot l)_N$ für den betrachteten Raum abhängig, durch die die Luft abströmen kann. Je geringer die Durchlässigkeit der Abströmwege im Verhältnis zu der der Einströmwege ist, desto niedriger wird die Raumkennzahl.

Wegen der großen Schwankungsbreite der Durchlässigkeiten genügt es, die Raumkennzahl grob zu staffeln.

Für den häufigsten Fall, daß die Luft nur über Innentüren abströmt, ist in DIN 4701 Teil 2*), Tabelle 13, die Raumkennzahl r in Abhängigkeit von Anzahl und Güte der Innentüren und von der auch für den übrigen Rechnungsgang (Gleichung (26) oder (27)) erforderlichen Größe $\sum(a \cdot l)_A$ in Stufen ($r = 0,7$ bzw. $r = 0,9$) angegeben. Für Räume ohne Innentüren zwischen An- und Abströmseite (z. B. Säle, Großraumbüros; durchgehende Wohnräume, Flure über Haustiefe) gilt $r = 1,0$.

5.4.1.7 Temperaturdifferenz

Für Räume, bei denen ein Einströmen der Luft direkt von außen angenommen wird, ist die gleiche Temperaturdifferenz einzusetzen wie bei der Berechnung des Transmissionswärmebedarfs von Außenflächen, für innenliegende Sanitärräume nach Maßgabe der Einströmverhältnisse (siehe Abschnitt 5.4.3).

5.4.1.8 Mindestwert des Norm-Lüftungswärmebedarfs

Für Daueraufenthaltsräume (Wohnräume, Schlafräume, Büros u. ä.) muß ein aus hygienischen Gründen erforderlicher Mindestwert für die Lufterneuerung vorausgesetzt werden. Man geht dabei für den Mindestluftvolumenstrom zweckmäßig von einem bestimmten Vielfachen des Raumvolumens aus (Mindestluftwechsel).

Für den Mindestwert des Norm-Lüftungswärmebedarfs gilt:

$$\dot{Q}_{L\,min} = \beta_{min} \cdot V_R \cdot c \, \varrho \, (\vartheta_i - \vartheta_a) \qquad (28)$$

Hierin bedeuten:
β_{min} Mindestluftwechsel
V_R Raumvolumen
c spez. Wärmekapazität der Luft
ϱ Dichte der Luft

Bei Daueraufenthaltsräumen ergibt sich unter der Annahme eines 0,5fachen stündlichen Raumluftwechsels für den Mindestwert des Norm-Lüftungswärmebedarfs:

$$\dot{Q}_{L\,min} = 0,17 \cdot V_R \, (\vartheta_i - \vartheta_a) \text{ in W} \qquad (29)$$

mit
V_R in m³,
$\vartheta_i - \vartheta_a$ in K

Bei anderen Räumen und bei Räumen, deren Raumhöhe 3 m wesentlich übersteigt, ist ein angemessener Luftwechsel festzulegen.

Für Räume in Gebäuden unter 10 m Höhe in windschwacher Gegend und normaler Lage liefert Gleichung (29) unter folgenden Voraussetzungen in der Regel höhere Werte für den Norm-Lüftungswärmebedarf als Gleichung (26) bzw. (27): Raumtiefe > 3 m, Fenster nur in einer Außenwand, keine Außentüren, Fenster mit normaler Fugenlänge ($\sum(a \cdot l)_A / V_R < 0,17/(H \cdot r)$).

5.4.2 Lüftungswärmebedarf bei maschineller Lüftung

Bei maschineller Lüftung werden die Druckverhältnisse im Gebäude und damit die durch die Undichtigkeiten eindringenden Außenluftmengen durch die raumlufttechnischen Anlagen beeinflußt.

Hierbei sind Anlagen mit und ohne Abluftüberschuß zu unterscheiden.

5.4.2.1 Anlagen ohne Abluftüberschuß

Die erreichbaren Überdrücke bei Zuluftüberschuß sind gegenüber den auftretenden Wind- oder Auftriebsdrücken in der Regel gering. Aus diesem Grunde wird bei solchen Anlagen der Lüftungswärmebedarf in gleicher Weise ermittelt wie bei freier Lüftung (Abschnitt 5.4.1); d. h. es gilt $\Delta \dot{Q}_{RLT} = 0$.

5.4.2.2 Anlagen mit Abluftüberschuß

Hier wird außer dem Lüftungswärmebedarf bei freier Lüftung (Abschnitt 5.4.1) der Wärmebedarf berücksichtigt, der für das Aufheizen der aus der Umgebung nachströmenden Luft erforderlich ist.

Es gilt:

$$\Delta \dot{Q}_{RLT} = (\dot{V}_{AB} - \dot{V}_{ZU}) \cdot c \, \varrho \, (\vartheta_i - \vartheta_U) \text{ in W} \qquad (30)$$

Hierin bedeuten:
$\Delta \dot{Q}_{RLT}$ zusätzlicher Lüftungswärmebedarf für nachströmende Luft infolge maschineller Abluftanlagen

---

*) Ausgabe März 1983

c spezifische Wärmekapazität der Luft in J/(kg·K) ($c \approx 1000$)
$\dot{V}_{AB}$ Abluftvolumenstrom in m³/s
$\dot{V}_{ZU}$ Zuluftvolumenstrom in m³/s
ϑ_U mittlere Temperatur der nachströmenden Umgebungsluft
ϱ Dichte der Luft in kg/m³ (20 °C: $\varrho = 1{,}2$ kg/m³)

5.4.3 Innenliegende Sanitärräume

Innenliegende Bäder und Toiletten nach DIN 18017 Teil 1 und Teil 3 werden stets mit Einrichtungen zur freien Lüftung oder mit maschinellen Lüftungsanlagen versehen.

Sind für diese Räume Einrichtungen zur freien Lüftung vorhanden, ist für die Ermittlung des Wärmebedarfs ein vierfacher stündlicher Raumluftwechsel [12] zugrunde zu legen.

Damit ergibt sich für den Norm-Lüftungswärmebedarf:

$$\dot{Q}_L = \dot{Q}_{FL} = 1{,}36 \cdot V_R \, (\vartheta_i - \vartheta_U) \text{ in W} \qquad (31)$$

Hierin bedeuten:
V_R Raumvolumen in m³
$\vartheta_i - \vartheta_U$ Temperaturdifferenz in K

Die Temperatur ϑ_U der nachströmenden Umgebungsluft wird nach den Einströmverhältnissen festgelegt:
für Räume mit besonderem Zuluftschacht [13] $\vartheta_U = +10\,°C$,
für Räume ohne Zuluftschacht [14] nach Maßgabe der Räume, aus denen die Luft einströmt.

5.5 Norm-Gebäudewärmebedarf

Der Transmissionsanteil des Norm-Gebäudewärmebedarfs [15] ergibt sich als Summe der Werte des Norm-Transmissionswärmebedarfs aller Räume. Der Lüftungswärmeanteil ist dagegen geringer als die Summe der Werte des Norm-Lüftungswärmebedarfs aller Räume, weil dieser für jeden Raum unter der Voraussetzung der jeweils ungünstigsten Verhältnisse (z. B. Windrichtung) ermittelt wird. Innerhalb eines Gebäudes tritt der maximale Lüftungswärmebedarf jedoch zum gleichen Zeitpunkt nur für einen Teil der Räume auf.

Der Norm-Gebäude-Wärmebedarf $\dot{Q}_{N,Geb}$ ergibt sich danach aus:

$$\dot{Q}_{N,Geb} = \sum_j \dot{Q}_{T,j} + \zeta \cdot \sum_j \dot{Q}_{L,j} \qquad (32)$$

Hierin bedeuten:
$\dot{Q}_{T,j}$ Norm-Transmissionswärmebedarf des Raumes j
$\dot{Q}_{L,j}$ Norm-Lüftungswärmebedarf des Raumes j
ζ gleichzeitig wirksamer Lüftungswärmeanteil

Der gleichzeitig wirksame Lüftungswärmeanteil ζ ist DIN 4701 Teil 2 *), Tabelle 14, zu entnehmen.

5.6 Durchführung der Berechnung

5.6.1 Unterlagen für die Berechnung

Zur Berechnung des Norm-Wärmebedarfs müssen vom Bauplaner folgende Unterlagen zur Verfügung gestellt werden:

Lageplan
Aus diesem müssen die Nordrichtung sowie die Möglichkeiten des Windzutrittes zu erkennen sein. Zusätzlich müssen also Angaben über die Höhe der Nachbargebäude und über andere Einflüsse auf die Hauskenngröße vorliegen (siehe Abschnitt 5.4.1.4).

Grundrisse und Ansichten (mindestens im Maßstab 1 : 100)
In diesen müssen die Baumaße einschließlich der Fenster- und Türmaße (größte Rohbaumaße) eingetragen sein.

Schnitte
Aus diesen müssen die lichten Raumhöhen, die Geschoßhöhen von Fußbodenoberfläche zu Fußbodenoberfläche und die Höhen der Fensterbrüstungen, Fenster und Türen zu ersehen sein.

Baubeschreibung
Für alle Bauteile sind Angaben über ihre Wärmedurchgangs- bzw. Wärmeleitwiderstände (ersatzweise über deren Aufbau, Baustoffe und Schichtdicken) sowie über die die Wärmeleitwiderstände beeinflussenden Eigenschaften nach DIN 4108 Teil 4 erforderlich.

Zur Beschreibung der Fenster gehören Angaben über die Art der Verglasung, das Material der Fensterrahmen und die Länge sowie die Durchlaßkoeffizienten der Fensterfugen bzw. Güteklassen der Fenster nach DIN 18055.

Für nicht zu öffnende Fensterteile und Fertigbauteile müssen Angaben über deren Fugenlängen und Dichtheit („mit" oder „ohne garantierte Dichtheit") vorhanden sein.

Bei Türen müssen Angaben über das Material des Türblattes und den Verglasungsanteil sowie solche zur Luftdurchlässigkeit vorliegen. Bei Außentüren sind dieses die gleichen Angaben wie bei Fenstern.

Bei Innentüren genügt die Angabe eventuell vorhandener Schwellen oder sonstiger Dichtungsvorrichtungen.

Für einige vom Heizungsplaner zu benennende Räume ist zur Ermittlung der außenflächenbezogenen Speichermasse die Dichte aller Bauteile anzugeben.

Nutzung der Räume
Für jeden Raum muß die beabsichtigte Nutzung angegeben werden, soweit diese nicht bereits aus den Grundrißzeichnungen ersichtlich ist.

5.6.2 Berechnungsgang

Zur Berechnung des Norm-Wärmebedarfs eines Raumes dient das in Anhang A beigegebene Formblatt. Bei Verwendung von EDV-Anlagen sind die Ausdrucke analog zu gestalten, wobei der Rechengang schrittweise nachvollziehbar sein muß.

Zur Kennzeichnung der einzelnen Bauteile sind die folgenden Abkürzungen zu verwenden:

AF Außenfenster
AT Außentür
AW Außenwand
DA Dach
DE Decke
FB Fußboden
IF Innenfenster
IT Innentür
IW Innenwand

Bei den Abmessungen der Bauteile sind als Länge und Breite die lichten Rohbaumaße, als Höhen der Wände die Geschoßhöhen und als Abmessungen der Fenster und Türen die Maueröffnungsmaße einzusetzen. Für die Berechnung sind Temperaturen und Wärmeströme ohne Stellen nach dem Komma, Flächen, Fugendurchlaßkoeffizienten und Durchlässigkeiten mit 1 Stelle nach dem Komma sowie Längen und Wärmedurchgangskoeffizienten mit 2 Stellen nach dem Komma einzusetzen.

---

*) Ausgabe März 1983
[12] In Anlehnung an DIN 18017 Teil 3
[13] Siehe DIN 18017 Teil 1, Ausgabe August 1970, Bild 5
[14] Siehe DIN 18017 Teil 1, Ausgabe August 1970, Bild 1
[15] Esdorn, H. und Schmidt, P.: Neuvorschläge zum Entwurf DIN 4701 „Regeln für die Berechnung des Wärmebedarfs von Gebäuden".
Teil III: Zum Zusammenhang zwischen dem Norm-Wärmebedarf der Räume und dem Gebäudewärmebedarf für die Auslegung der Wärmeversorgung.
HLH 32 (1981), Nr 11, S. 427 – 428

Die Zwischenergebnisse werden bei Handrechnung gerundet, bei Rechnung mittels programmierbarer Rechner je nach Möglichkeit der Maschine gerundet oder abgeschnitten angegeben. Die Rechnung wird jedoch mit der vollen Genauigkeit des Rechenmittels fortgeführt. Dadurch harmonieren Zwischenrechenergebnisse unter Umständen nicht genau miteinander.

Auf einige Besonderheiten des Formblattes sei hingewiesen:
Bei der Flächenberechnung werden alle abzuziehenden Flächen (z. B. Fenster) vor der umgebenden Fläche (z. B. Außenwand) berechnet und in Spalte 7 durch ein Minuszeichen gekennzeichnet. Von letzterer sind dann schematisch alle so markierten Flächen abzuziehen.

Bei der Berechnung der Fugenlängen wird entweder in den Spalten 12 und 13 die Anzahl der waagerechten bzw. senkrechten Fugen angegeben, aus denen mit den Flächenabmessungen die Fugenlänge berechnet werden kann, oder die Fugenlänge wird direkt in Spalte 14 eingetragen.

Die Spalte 17 dient der Kennzeichnung angeströmter (A) oder nicht angeströmter (N) Durchlässigkeiten. Dieses kann im allgemeinen erst nach der Ermittlung aller Durchlässigkeiten des Raumes und nach der Festlegung der ungünstigsten Windrichtung erfolgen. Die Durchlässigkeiten werden dann getrennt nach angeströmten und nicht angeströmten Bauteilen aufsummiert.

5.6.3 Beispiel einer Wärmebedarfsrechnung für ein Gebäude mit einer Höhe unter 10 m

Für ein Reihenhaus in Berlin ist der Norm-Wärmebedarf der Räume 01 (Hobbyraum) und 13 (Schlafzimmer) zu ermitteln.

Bild 1 gibt den Lageplan wieder, die Bilder 2 bis 5 zeigen den Schnitt und die Grundrisse.

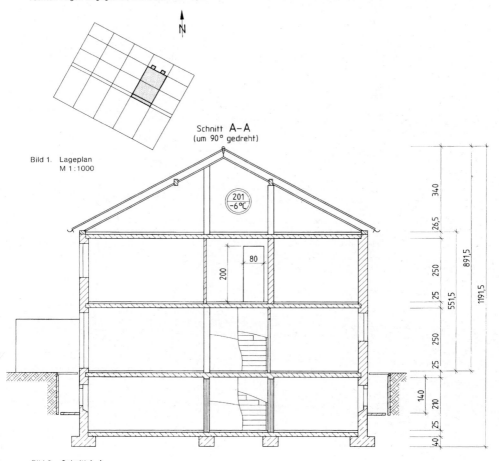

Bild 1. Lageplan
M 1 : 1000

Bild 2. Schnitt A–A
M 1 : 100

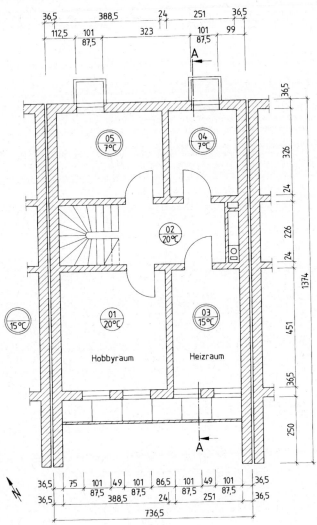

Bild 3. Kellergeschoß
M 1:100

DIN 4701 Teil 1 Seite 13

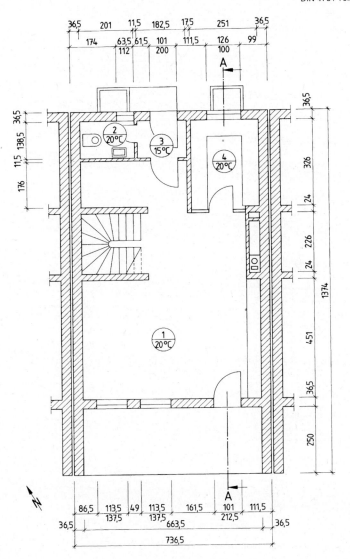

Bild 4. Erdgeschoß
M 1 : 100

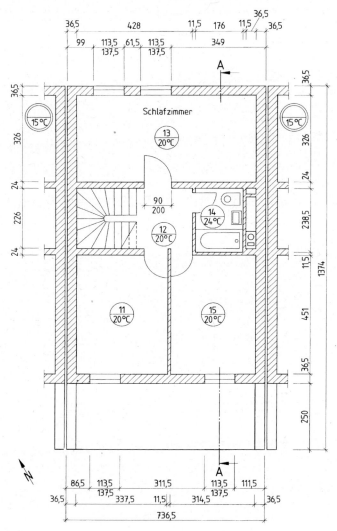

Bild 5. Obergeschoß

DIN 4701 Teil 1 Seite 15

Tabelle 1. **Ermittlung der Wärmedurchgangskoeffizienten und der außenflächenbezogenen Speichermasse**

Bauteil	Baustoff	d m	ϱ kg/m³	$d \cdot \varrho$ kg/m²	λ W/m·K	R_λ m²·K/W	k W/(m²·K)
außen innen 20 365 15 Außenwand KG (Lichtschacht), EG u. OG	Innenputz (Kalkmörtel) Vollziegel (nach DIN 105) Außenputz (Kalkzementmörtel)	0,015 0,365 0,020 0,400	1800 1600 1800 647	27 584 36	0,87 0,68 0,87	0,017 0,537 0,023 $R_\mathrm{i} = 0,13$ $R_\mathrm{a} = 0,04$ 0,747	1,34
15 365 365 15 20 Haus-Trennwand	Innenputz (Kalkmörtel) Vollziegel (nach DIN 105) Mineralfaserplatte nach DIN 18165 (Wärmeleitfähigkeitsgruppe 035) Vollziegel (nach DIN 105) Innenputz (Kalkmörtel)	0,015 0,365 0,020 0,365 0,015 0,780	1800 1600 30 1600 1800 1223	27 584 1 584 27	0,87 0,68 0,035 0,68 0,87	0,017 0,537 0,571 0,537 0,017 $R_\mathrm{i} = 0,13$ $R_\mathrm{i} = 0,13$ 1,939	0,52
15 240 5 25 Innenwand Bad	Innenputz (Kalkmörtel) Kalksandstein (nach DIN 106) Feuchtigkeitssperre Zementmörtel Fliesen	0,015 0,240 — 0,025 0,005 0,285	1800 1600 — 2000 2000 471	27 384 — 50 10	0,87 0,79 — 1,40 1,00	0,017 0,304 — 0,018 0,005 $R_\mathrm{i} = 0,13$ $R_\mathrm{i} = 0,13$ 0,604	1,66
außen innen 200 365 15 2 20 Außenwand KG	Innenputz (Kalkmörtel) Vollziegel (nach DIN 105) Außenputz (Zementmörtel) Bitumen Kies	0,015 0,365 0,020 0,002 0,200 0,602	1800 1600 2000 1100 1800 1013	27 584 40 2 360	0,87 0,68 1,40 0,17 0,70	0,017 0,537 0,014 0,012 0,286 $R_{\lambda \mathrm{B}} = 0,866$	—

223

Tabelle 1. (Fortsetzung)

Bauteil	Baustoff	d m	ϱ kg/m³	$d \cdot \varrho$ kg/m²	λ W/m·K	R_λ m²·K/W	k W/(m²·K)
Innenwand Treppenhaus, Heizraum	Innenputz (Kalkmörtel)	0,015	1800	27	0,87	0,017	
	Vollziegel (nach DIN 105)	0,240	1600	384	0,68	0,353	
	Innenputz (Kalkmörtel)	0,015	1800	27	0,87	0,017	
						$R_i = 0,13$	
						$R_i = 0,13$	
		0,270		438		0,647	1,55
Geschoßdecke	Spannteppich	0,010	700	7	0,081*)	0,123	
	Zementestrich	0,045	2000	90	1,40	0,032	
	Mineralfaser	0,030	300	9	0,040	0,750	
	Normalbeton (nach DIN 1045)	0,150	2400	360	2,1	0,071	
	Deckenputz (Kalkmörtel)	0,015	1800	27	0,87	0,017	
						$R_i = 0,17$	
						$R_i = 0,17$	
		0,250		493		1,333	0,75
Kellerfußboden	Spannteppich	0,010	700	7	0,081*)	0,123	
	Zementestrich	0,045	2000	90	1,40	0,032	
	PUR Hartschaum (Wärmeleitfähigkeitsgruppe 035)	0,040	30	1	0,035	1,143	
	Feuchtigkeitssperre	–	–	–	–	–	
	Normalbeton (nach DIN 1045)	0,150	2400	360	2,1	0,071	
	Kies	0,200	1800	360	0,70	0,286	
		0,445		818		$R_{\lambda B} = 1,655$	–
Decke zum Dachraum	Holzspanplatte (nach DIN 68761)	0,020	700	14	0,13	0,154	
	Mineralfaser	0,080	300	24	0,040	2,000	
	Normalbeton (nach DIN 1045)	0,150	2400	360	2,1	0,071	
	Deckenputz (Kalkmörtel)	0,015	1800	27	0,87	0,017	
						$R_i = 0,13$	
						$R_i = 0,13$	
		0,265		425		2,502	0,40

*) Annahme

Das Gebäude steht in einer geschlossenen Bebauung, d. h. in normaler Lage.

Für den Dachraum gelten folgende Wärmedurchgangswiderstände; die Rechenwerte für ϑ_i' ergeben sich aus DIN 4701 Teil 2*), Tabelle 7, wobei die Dachaußenfläche als dicht zu betrachten ist:

Wärmedurchgangswiderstand
nach außen $\qquad R_{ka} = 0{,}4 \text{ m}^2 \cdot \text{K/W}$

Wärmedurchgangswiderstand
zu beheizten Räumen $\qquad R_{kb} = 1{,}6 \text{ m}^2 \cdot \text{K/W}$

Außenflächenbezogene Speichermasse für Raum 13 (Schlafzimmer) nach Gleichung (6):

$$m = \sum (m_{Rest})_a + 0{,}5 \cdot \sum (2{,}5 \cdot m_{Holz} + m_{Rest})_i$$
$$+ (A \cdot d \cdot \varrho)_{AW} + (A \cdot d \cdot \varrho)_{AF} +$$
$$+ 0{,}5 \{(A \cdot d \cdot \varrho)_{IW1} + (A \cdot d \cdot \varrho)_{IW2}^{***}\} +$$
$$+ 2{,}5 \cdot (A \cdot d \cdot \varrho)_{Holz,IT} +$$
$$+ (A \cdot d \cdot \varrho)_{IW3} + (A \cdot d \cdot \varrho)_{De}^{***} +$$
$$+ 2{,}5 \cdot (A \cdot d \cdot \varrho)_{Holz,De} + (A \cdot d \cdot \varrho)_{FB}\}$$

Mit
IW 1: Haus-Trennwände
IW 2: Innenwand Treppenhaus
IW 3: Innenwand Bad

Nach Tabelle 1 des Beispiels:

$(A \cdot d \cdot \varrho)_{AW}$
$= [(7{,}365 - 2 \cdot 0{,}365) \cdot 2{,}765 -$
$\quad - 2 \cdot (1{,}135 \cdot 1{,}375)] \quad \cdot 647$
$= \quad [15{,}22] \qquad \cdot 647 = \quad 9847$

$(A \cdot d \cdot \varrho)_{AF} = 0{,}0^{**})$

$(A \cdot d \cdot \varrho)_{IW1} = 2 \cdot 3{,}26 \cdot 2{,}765 \cdot 1223$
$= \qquad 18{,}03 \cdot 1223 \qquad = 22051$

$(A \cdot d \cdot \varrho)_{IW2}$
$= [(4{,}28 + 0{,}115) \cdot 2{,}765 -$
$\quad - (0{,}9 \cdot 2{,}0)] \qquad \cdot 438$
$= \qquad [10{,}35] \qquad \cdot 438 = \quad 4533$

$(A \cdot d \cdot \varrho)_{Holz,IT} = 0{,}0^{**})$

$(A \cdot d \cdot \varrho)_{IW3} = (1{,}76 + 0{,}115 + 0{,}365) \cdot 2{,}765 \cdot 471$
$\qquad = \qquad 6{,}19 \qquad \cdot 471 = \quad 2916$

$(A \cdot d \cdot \varrho)_{De}^{***} = [7{,}365 - (2 \cdot 0{,}365)] \cdot 3{,}26 \quad \cdot 425$
$\qquad = \qquad 21{,}63 \qquad \cdot 425 = \quad 9193$

$(A \cdot d \cdot \varrho)_{Holz,De} = \quad 21{,}63 \qquad \cdot 14 = \quad 303$

$(A \cdot d \cdot \varrho)_{FB} = \qquad 21{,}63 \qquad \cdot 493 = 10664$

$m = 9847 + 0{,}5 \cdot (22051 +$
$\quad + 4533 + 2916 + 8890 +$
$\quad + 2{,}5 \cdot 303 + 10664) \qquad\qquad = 35056$

$A_A = 15{,}22 + 2 \cdot (1{,}135 \cdot 1{,}375)$
$\quad = 15{,}22 + 3{,}12 \qquad\qquad\qquad = 18{,}3$

$\dfrac{m}{A_a} = \dfrac{35056}{18{,}3} = 1916 \text{ kg/m}^2$

Außentemperatur nach DIN 4701 Teil 2*), Tabelle 1:
$\vartheta_a' = -14\,°C$ (windschwach)

Außentemperatur-Korrektur nach Gleichung (5):
$\Delta \vartheta_a = 4 \text{ K}$

Norm-Außentemperatur nach Gleichung (2):
$\vartheta_a = -14 + 4 = -10\,°C$

Grundrißtyp nach DIN 4701 Teil 2*), Bild 4: Grundrißtyp II (Reihenhaustyp)

Hauskenngröße nach DIN 4701 Teil 2*), Tabelle 10:
$H = 0{,}52 \text{ WhPa}^{2/3}/(\text{m}^3 \cdot \text{K})$

Höhenkorrekturfaktoren nach DIN 4701 Teil 2*), Tabelle 12:
$\varepsilon_{SA} = 1{,}0$
$\varepsilon_{SN} = 0{,}0$
$\varepsilon_{GA} = 1{,}0$

Raumkennzahlen r nach DIN 4701 Teil 2*), Tabelle 13:

Raum 01
Eine Innentür normal, ohne Schwelle, Fenster öffenbar, Beanspruchungsgruppe A nach DIN 4701 Teil 2*) Tabelle 9

Fugendurchlaß-
koeffizient $\quad a \quad = 0{,}6 \text{ m}^3/(\text{m} \cdot \text{h} \cdot \text{Pa}^{2/3})$
Fugenlänge $\quad l \quad = 2 \cdot [2 \cdot (1{,}01 + 0{,}875)] = 7{,}54 \text{ m}$
$\qquad \sum (a \cdot l)_A = 4{,}5 \text{ m}^3/(\text{h} \cdot \text{Pa}^{2/3})$
Raumkennzahl $\quad r \quad = 0{,}9$

Raum 13 Schlafzimmer
Eine Tür normal, ohne Schwelle

Fugendurchlaß-
koeffizient $\quad a \quad = 0{,}6 \text{ m}^3/(\text{m} \cdot \text{h} \cdot \text{Pa}^{2/3})$
Fugenlänge $\quad l \quad = 2 \cdot [2 \cdot (1{,}14 + 1{,}38)] = 10{,}08 \text{ m}$
$\qquad \sum (a \cdot l)_A = 6{,}0 \text{ m}^3/(\text{h} \cdot \text{Pa}^{2/3})$
Raumkennzahl $\quad r \quad = 0{,}9$

Die Ermittlung der Wärmedurchgangskoeffizienten für die verschiedenen Bauteile ist in der Tabelle 1 wiedergegeben. Die Norm-Innentemperaturen nach DIN 4701 Teil 2*) Tabelle 5 bis 7 sind in den Plänen, Bild 2 bis 5, eingetragen.

Erdreichberührte Bauteile:
Für die erdreichberührten Bauteile des Hobbyraumes 01 ist zur Ermittlung des äquivalenten Wärmeleitwiderstandes $R_{\lambda A}$ des Erdreichs zur Außenluft als wärmeabgebende Grundfläche die der Räume 01 bis 03 aller 5 Reihenhäuser zu berücksichtigen:

$A_{Boden} = (0{,}365 + 4{,}51 + 0{,}24 + 2{,}26 + 0{,}24) \cdot 7{,}365 \cdot 5$
$\qquad\quad = 7{,}615 \cdot 7{,}365 \cdot 5 = 280{,}4 \text{ m}^2$

$l/b = \dfrac{7{,}365 \cdot 5}{7{,}615} = 4{,}8$

Gegeben: Tiefe bis zum Grundwasser $T = 2$ m
Nach DIN 4701 Teil 2*), Gleichung (9) bzw. Bild 2:
$R_{\lambda A} = 2{,}6 \text{ m}^2 \cdot \text{K/W}$

Für die nicht-wärmegedämmten vertikalen Bauteile ist davon nur 50% einzusetzen. Es ergibt sich
für den Fußboden (siehe Gleichung (17), (18), (19) und Tabelle 1):

$R_{AL} = R_i + R_{\lambda B} + R_{\lambda A} + R_a$
$\quad\quad = 0{,}13 + 1{,}655 + 2{,}6 + 0{,}04 = 4{,}425 \text{ m}^2 \cdot \text{K/W}$
$k_{AL} = 0{,}23 \text{ W}/(\text{m}^2 \cdot \text{K})$
$R_{GW} = R_i + R_{\lambda B} + R_{\lambda E}$
$\quad\quad = 0{,}13 + 1{,}655 + 2/1{,}2 = 3{,}452 \text{ m}^2 \cdot \text{K/W}$

für die Wände:
$R_{AL} = R_i + R_{\lambda B} + 0{,}5 \cdot R_{\lambda A} + R_a$
$\quad\quad = 0{,}13 + 0{,}866 + (0{,}5 \cdot 2{,}6) + 0{,}04 = 2{,}336 \text{ m}^2 \cdot \text{K/W}$
$k_{AL} = 0{,}43 \text{ W}/(\text{m}^2 \cdot \text{K})$
$R_{GW} = R_i + R_{\lambda B} + R_{\lambda E}$
$\quad\quad = 0{,}13 + 0{,}866 + 2/1{,}2 = 2{,}663 \text{ m}^2 \cdot \text{K/W}$

für die Fenster (im gesamten Haus):
Isolierverglasung mit 12 mm Scheibenabstand nach DIN 4108 Teil 4, Rahmenmaterialgruppe 1
$k = 2{,}6 \text{ W}/(\text{m}^2 \cdot \text{K})$

Außenflächenkorrektur nach DIN 4701 Teil 2*), Tabelle 3
$\Delta k_A = +0{,}2 \text{ W}/(\text{m}^2 \cdot \text{K})$

---

*) Ausgabe März 1983
**) Türen und Fenster wurden bei der Berechnung der Massen wegen der geringen Massen dieser Bauteile nicht berücksichtigt, die entsprechenden Flächen wurden von den Wandflächen abgezogen.
***) Ohne Tür bzw. Holzspanplatte

Sonnenkorrektur nach Gleichung (12)
$\Delta k_s = -0{,}3 \, W/(m^2 \cdot K)$
Norm-Wärmedurchgangskoeffizient
$k_N = 2{,}6 + 0{,}2 - 0{,}3 = 2{,}5 \, W/(m^2 \cdot K)$
Fugendurchlaßkoeffizient nach DIN 4701 Teil 2*), Tabelle 9
Für Beanspruchungsgruppe A nach DIN 18 055:
$a = 0{,}6 \, m^3/(m \cdot h \cdot Pa^{2/3})$
für die Außenwand:
$k = 1{,}34 \, W/(m^2 \cdot K)$
Außenflächenkorrektur nach DIN 4701 Teil 2*), Tabelle 3
$\Delta k_A = 0{,}0 \, W/(m^2 \cdot K)$
$k_N = 1{,}34 + 0{,}0 = 1{,}34 \, W/(m^2 \cdot K)$
Raum 01 (Hobbyraum)
Lüftungswärmebedarf
$\dot{Q}_L = \dot{Q}_{FL} + \Delta \dot{Q}_{RLT}$
bzw.
$\dot{Q}_L = \dot{Q}_{L\,min}$
Es sind $\varepsilon_{SN} = 0$, $\varepsilon_{SA} = \varepsilon_{GA} = 1{,}0$
Nach Gleichung (27)
$\dot{Q}_{FL} = \dot{Q}_{FLG}$
$\dot{Q}_{FL} = \varepsilon_{GA} \cdot \sum (a \cdot l)_A \cdot H \cdot r \cdot (\vartheta_i - \vartheta_a)$
$\quad = 1{,}0 \cdot 4{,}5 \cdot 0{,}52 \cdot 0{,}9 \cdot 30 = 63 \, W$
$\Delta \dot{Q}_{RLT} = 0{,}0 \, W$
$\dot{Q}_{L\,min} = \beta_{min} \cdot V_R \cdot c \cdot \varrho \, (\vartheta_i - \vartheta_a)$
$\dot{Q}_{L\,min} = 0{,}17 \cdot V_R (\vartheta_i - \vartheta_a)$
$\quad = 0{,}17 \cdot 36{,}8 \cdot [20 - (-10)]$
$\quad = 0{,}17 \cdot 36{,}8 \cdot 30 = 188 \, W$
$\dot{Q}_{L\,min} > \dot{Q}_{FL} + \Delta \dot{Q}_{RLT}$

Norm-Lüftungswärmebedarf
$\dot{Q}_L = 188 \, W$
Norm-Transmissionswärmebedarf:
$\dot{Q}_T = \sum_i A_i \cdot \dot{q}_i$
Krischer-Wert D:
$D = \dfrac{\dot{Q}_T}{A_{ges} \cdot (\vartheta_i - \vartheta_a)} = \dfrac{568}{70{,}3 \cdot [20 - (-10)]}$
$\quad = 0{,}27 \, W/(m^2 \cdot K)$
Anteiliger Lüftungswärmebedarf:
$\dot{Q}_L / \dot{Q}_T = 188/568 = 0{,}33$
Raum 13 (Schlafzimmer)
Rechengänge siehe Raum 01
$\dot{Q}_{L\,min} = 0{,}17 \cdot 54{,}1 \cdot 30 = 276 \, W$
$\dot{Q}_{FL} = 1{,}0 \cdot 6 \cdot 0{,}52 \cdot 0{,}9 \cdot 30 = 84 \, W$
$\Delta \dot{Q}_{RLT} = 0{,}0 \, W$
$\dot{Q}_L = 276 \, W$
$D = \dfrac{1103}{92{,}7 \cdot [20 - (-10)]} = 0{,}40 \, W/(m^2 \cdot K)$
$\dot{Q}_L / \dot{Q}_T = 276/1103 = 0{,}25$

Der Berechnungsgang ist für die Räume 01 und 13 in den Formblättern nach Tabelle 2 und 3 wiedergegeben.

---

*) Ausgabe März 1983

DIN 4701 Teil 1 Seite 19

Tabelle 2. **Formblatt Beispielrechnung Raumnummer: 01**
Berechnung des Norm-Wärmebedarfs nach DIN 4701

Projekt/Auftrag/Kommission: Datum: Seite: **1**
Bauvorhaben: **Beispielrechnung DIN 4701**
Raumnummer: **01**   Raumbezeichnung: **Hobbyraum**

Norm-Innentemperatur:	ϑ_i =	20 °C	Hauskenngröße:	H =	0,52	$\frac{W \cdot h \cdot Pa^{2/3}}{m^3 \cdot K}$
Norm-Außentemperatur:	ϑ_a =	–10 °C	Anzahl der Innentüren:	n_T =	1	
Raumvolumen:	V_R =	36,8 m³	Höhe über Erdboden:	h =	–1,18 m	
Gesamt-Raumumschließungsfläche:	A_{ges} =	70,3 m²	Höhenkorrekturfaktor (angeströmt):	ε_{SA} =	1,0	
Temperatur der nachströmenden Umgebungsluft:	ϑ_U =	– °C	Höhenkorrekturfaktor (nicht angeströmt):	ε_{SN} =	0,0	
Abluftüberschuß:	$\Delta\dot{V}$ =	– m³/s	Höhenkorrekturfaktor (angeströmt):	ε_{GA} =	1,0	

1	2	3	4	5	6	7	8	9	10	11	12	13	14	15	16	17
			Flächenberechnung					Transmissions-Wärmebedarf			Luftdurchlässigkeit					
Kurzbezeichnung	Himmelsrichtung	Anzahl	Breite	Höhe bzw. Länge	Fläche	Fläche abziehen? (–)	in Rechnung gestellte Fläche	Norm-Wärmedurch-gangskoeffizient	Temperaturdifferenz	Transmissions-Wärme-bedarf des Bauteils	Anzahl waagerechter Fugen	Anzahl senkrechter Fugen	Fugenlänge	Fugendurchlaßkoeffizient	Durchlässigkeit des Bauteils	an- oder nicht angeströmt (A/N)
–	–	n	b	h	A	–	A'	k_N	$\Delta\vartheta$	$\dot{Q}_T$	n_w	n_s	l	$a \cdot$	$a \cdot l$	–
–	–	–	m	m	m²	–	m²	$\frac{W}{m^2 \cdot K}$	K	W	–	–	m	$\frac{m^3}{m \cdot h \cdot Pa^{2/3}}$	$\frac{m^3}{h \cdot Pa^{2/3}}$	–
AF	SW	2	0,88	1,01	0,9	–	1,8	2,50	30	135	2	2	7,54	0,6	4,5	A
AW	SW	1	3,89	1,65	6,4		4,6	1,34	30	185						
AW	SW	1	3,89	0,70	2,7		2,7	0,43 [1]	15	17						
							2,7	0,38 [2]	10	10						
FB		1	3,89	4,51	17,5		17,5	0,23 [3]	15	60						
							17,5	0,29 [4]	10	51						
IW	SO	1	4,51	2,35	10,6		10,6	1,55	5	82						
IW	NW	1	4,51	2,35	10,6		10,6	0,52	5	28						
										568						

[1] $1/R_{AL,\,Wand}$
[2] $1/R_{GW,\,Wand}$
[3] $1/R_{AL,\,Fußboden}$
[4] $1/R_{GW,\,Fußboden}$

angeströmte Durchlässigkeiten:	$\sum(a \cdot l)_A$ =	4,5 $\frac{m^3}{h \cdot Pa^{2/3}}$	Norm-Lüftungswärmebedarf:	$\dot{Q}_L$ =	188 W
nicht angeströmte Durchlässigkeiten:	$\sum(a \cdot l)_N$ =	– $\frac{m^3}{h \cdot Pa^{2/3}}$	Norm-Transmissionswärmebedarf:	$\dot{Q}_T$ =	568 W
Raumkennzahl:	r =	0,9	Krischer-Wert:	D =	0,27 $\frac{W}{m^2 \cdot K}$
Lüftungswärmebedarf durch freie Lüftung:	$\dot{Q}_{LFL}$ =	63 W	anteiliger Lüftungswärmebedarf:	$\dot{Q}_L / \dot{Q}_T$ =	0,33
Lüftungswärmebedarf durch RLT-Anlagen:	$\Delta\dot{Q}_{RLT}$ =	– W	Norm-Wärmebedarf:	$\dot{Q}_N$ =	756 W
Mindest-Lüftungswärmebedarf:	$\dot{Q}_{L\,min}$ =	188 W			

227

Tabelle 3. Formblatt Beispielrechnung Raumnummer: 13
Berechnung des Norm-Wärmebedarfs nach DIN 4701

Projekt/Auftrag/Kommission:		Datum:	Seite: 2
Bauvorhaben: **Beispielrechnung DIN 4701**			
Raumnummer: **13**	Raumbezeichnung: **Schlafzimmer**		

Norm-Innentemperatur: ϑ_i = **20** °C	Hauskenngröße: H = **0,52** $\frac{W \cdot h \cdot Pa^{2/3}}{m^3 \cdot K}$
Norm-Außentemperatur: ϑ_a = **−10** °C	Anzahl der Innentüren: n_T = **1**
Raumvolumen: V_R = **54,1** m³	Höhe über Erdboden: h = **4,00** m
Gesamt-Raumumschließungsfläche: A_{ges} = **92,7** m²	Höhenkorrekturfaktor (angeströmt): ε_{SA} = **1,0**
Temperatur der nachströmenden Umgebungsluft: ϑ_U = **−** °C	Höhenkorrekturfaktor (nicht angeströmt): ε_{SN} = **0,0**
Abluftüberschuß: $\Delta \dot V$ = **−** m³/s	Höhenkorrekturfaktor (angeströmt): ε_{GA} = **1,0**

1	2	3	4	5	6	7	8	9	10	11	12	13	14	15	16	17
			\multicolumn{5}{c}{Flächenberechnung}			\multicolumn{2}{c}{Transmissions-Wärmebedarf}			\multicolumn{3}{c}{Luftdurchlässigkeit}	
Kurzbezeichnung	Himmelsrichtung	Anzahl	Breite	Höhe bzw. Länge	Fläche	Fläche abziehen? (−)	in Rechnung gestellte Fläche	Norm-Wärmedurch-gangskoeffizient	Temperaturdifferenz	Transmissions-Wärmebedarf des Bauteils	Anzahl waagerechter Fugen	Anzahl senkrechter Fugen	Fugenlänge	Fugendurchlaßkoeffizient	Durchlässigkeit des Bauteils	an- oder nicht angeströmt (A/N)
−	−	n	b	h	A	−	A'	k_N	$\Delta\vartheta$	$\dot Q_T$	n_w	n_s	l	a	$a \cdot l$	
−	−	−	m	m	m²	−	m²	$\frac{W}{m^2 \cdot K}$	K	W	−	−	m	$\frac{m^3}{m \cdot h \cdot Pa^{2/3}}$	$\frac{m^3}{h \cdot Pa^{2/3}}$	−
AF	NO	2	1,14	1,38	1,6	−	3,2	2,50	30	240	2	2	10,08	0,6	6,0	A
AW	NO	1	6,64	2,77	18,4		15,2	1,34	30	611						
FB		1	1,83	1,39	2,5		2,5	0,75	5	9						
DE		1	6,64	3,26	21,7		21,7	0,40	26	226						
IW		2	3,26	2,77	9,0		18,1	0,52	5	47						
IW		1	1,76 *)	2,77	4,9		4,9	1,55	−4	−30						
										1103						

*) Der Wandanteil des Installationsschachtes bleibt unberücksichtigt (mit 20 °C angenommen).

angeströmte Durchlässigkeiten:	$\sum(a \cdot l)_A$ =	**6,0** $\frac{m^3}{h \cdot Pa^{2/3}}$	Norm-Lüftungswärmebedarf:	$\dot Q_L$	=	**276** W
nicht angeströmte Durchlässigkeiten:	$\sum(a \cdot l)_N$ =	**−** $\frac{m^3}{h \cdot Pa^{2/3}}$	Norm-Transmissionswärmebedarf:	$\dot Q_T$	=	**1103** W
Raumkennzahl:	r =	**0,9**	Krischer-Wert:	D	=	**0,39** $\frac{W}{m^2 \cdot K}$
Lüftungswärmebedarf durch freie Lüftung:	$\dot Q_{LFL}$ =	**84** W	anteiliger Lüftungswärmebedarf:	$\dot Q_L/\dot Q_T$	=	**0,25**
Lüftungswärmebedarf durch RLT-Anlagen:	$\Delta \dot Q_{RLT}$ =	**−** W	Norm-Wärmebedarf:	$\dot Q_N$	=	**1379** W
Mindest-Lüftungswärmebedarf:	$\dot Q_{L\,min}$ =	**276** W				

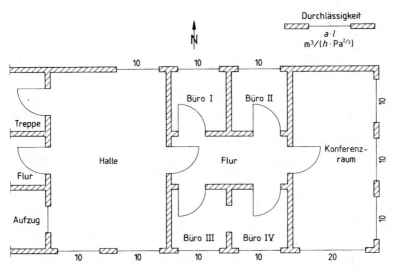

Bild 6. Schematisierter Grundriß eines Verwaltungsgebäudes

5.6.4 Zur Berechnung des Norm-Lüftungswärmebedarfs bei Gebäuden über 10 m Höhe

Standort: Berlin, normale Lage

5.6.4.1 Festlegung des ungünstigsten Windangriffs

Bei der Berechnung des Norm-Lüftungswärmebedarfs ist für jeden Raum von der jeweils ungünstigsten Windrichtung auszugehen. Bei Räumen mit einer Außenwand (Büros I bis IV in Bild 6) ist dieses unproblematisch. Bei Eckräumen (Konferenzraum in Bild 6) können beide Fassaden gleichzeitig durch Wind beaufschlagt sein, so daß auch in diesem Fall alle Durchlässigkeiten der Außenwände zu berücksichtigen sind.

Mit der Halle in Bild 6 ist hingegen ein Fall gezeigt, bei dem nur eine der beiden Außenwände gleichzeitig angeströmt sein kann. In diesem Fall ist die ungünstigste Windanströmung vorauszusetzen, d. h. es wird die Fassade mit der größeren Durchlässigkeit (hier die Südwand) berücksichtigt. Hätte der Konferenzraum Durchlässigkeiten auch in der Nordwand, so wäre diese zusammen mit der Ostwand einzusetzen, wenn ihre Durchlässigkeiten größer wären als die der Südwand. Im Flur tritt kein Lüftungswärmebedarf auf.

Die ungünstigste Windrichtung kann raumweise immer anhand der Verteilung der Durchlässigkeiten $(a \cdot l)$ festgestellt werden.

5.6.4.2 Festlegung der Raumkennzahlen

Die Raumkennzahl eines Raumes ergibt sich nach DIN 4701 Teil 2 *), Tabelle 13, abhängig von der Dichtigkeit der Innentüren, von deren Anzahl und der Durchlässigkeit der Außenflächen. Für normale Innentüren ohne Schwelle erhält man mit den in Bild 6 angegebenen Durchlässigkeiten folgende Verhältnisse: Für die Büros I bis IV gilt $r = 0,9$. Für den Konferenzraum beträgt die Durchlässigkeit der Fassaden $(a \cdot l) = 50 \, m^3/(h \cdot Pa^{2/3})$. Man erhält also $r = 0,7$. Die Raumkennzahl der Halle beträgt $r = 1,0$, weil hier zwischen angeströmter und nicht angeströmter Fassade keine Innenwiderstände liegen.

5.6.4.3 Festlegung der Höhenkorrekturfaktoren

Es wird von einem Hochhaus in windschwacher Gegend und normaler Lage ausgegangen, das in jeder Etage einen Grundriß entsprechend Bild 6 hat. Nach DIN 4701 Teil 2 *), Bild 4, handelt es sich bei diesem um den Grundrißtyp I (Einzelhaustyp). Die Hauskenngröße beträgt nach DIN 4701 Teil 2 *), Tabelle 10, also $H = 0,72 \, W \cdot h \cdot Pa^{2/3}/(m^3 \cdot K)$. Die in jedem Geschoß zu berücksichtigenden Höhenkorrekturfaktoren nach DIN 4701 Teil 2 *), Tabelle 11, hängen auch von der Gebäudehöhe ab. Für diese ist die Summe der Geschoßhöhen der beheizten Geschosse über Erdboden einzusetzen.

Liegt in allen Geschossen der gleiche Grundriß vor, so werden die Räume des Grundrisses gemeinhin nur einmal berechnet. Bei der Berechnung des Norm-Lüftungswärmebedarfs empfiehlt es sich dabei, zunächst mit $\varepsilon = 1,0$ zu rechnen. In jedem Geschoß ergibt sich dann ein Höhenkorrekturfaktor, mit dem der Lüftungswärmebedarf jedes Raumes zu multiplizieren ist. Diese Methode kann für alle Räume, die nur angeströmte Durchlässigkeiten aufweisen, uneingeschränkt angewendet werden. Der in jedem Geschoß zu berücksichtigende Höhenkorrekturfaktor ergibt sich aus DIN 4701 Teil 2 *), Tabelle 11, wobei der größere Wert aus ε_{GA} und ε_{SA} einzusetzen ist.

6 Berechnung des Wärmedurchgangswiderstandes

Die Gleichungen für die Berechnung des Transmissionswärmebedarfs setzen eindimensionalen Wärmestrom voraus. Abweichungen von dieser Annahme in den Randzonen der Bauteile (z. B. Raumecken, Fensterlaibungen) sind im Rahmen der Genauigkeit der übrigen Rechnung vernachlässigbar.

---

*) Ausgabe März 1983

6.1 Bauteile mit hintereinanderliegenden Schichten

Bei einem Bauteil, das aus mehreren in Richtung des Wärmestromes hintereinanderliegenden Schichten besteht, ist der Wärmedurchgangswiderstand R_k die Summe der Wärmeleitwiderstände aller Schichten R_λ (nach DIN 4108 Teil 4) und der Wärmeübergangswiderstände innen R_i und außen R_a (nach DIN 4701 Teil 2*), Tabelle 16.
Es gilt die Gleichung (9):

$$R_k = R_i + \sum R_\lambda + R_a \qquad (33)$$

6.2 Bauteile mit nebeneinanderliegenden Elementen

Bei Bauteilen mit nebeneinanderliegenden Elementen aus unterschiedlichen Baustoffen darf bei den üblichen Bauweisen mit eindimensionaler Wärmeströmung gerechnet werden, solange das Verhältnis der Wärmeleitwiderstände der einzelnen Elemente nicht größer ist als 5 (siehe Abschnitt 6.3). Der Wärmestrom durch derartige Bauteile ergibt sich dann additiv aus den Teilströmen durch die einzelnen Elemente. Somit läßt sich ein auf die Gesamtfläche bezogener mittlerer Wärmedurchgangswiderstand wie folgt errechnen:

$$R_{k,m} = \frac{\sum A}{\sum \left(\dfrac{A}{R_k}\right)} \qquad (34)$$

6.3 Wärmebrücken

Der zusätzliche Wärmestrom durch eine Wärmebrücke infolge zweidimensionaler Wärmeströmung ist im Rahmen der Wärmebedarfsberechnung nur in Ausnahmefällen zu berücksichtigen. Dieses gilt sowohl für geometrisch bedingte Wärmebrücken mit erhöhtem Wärmestrom, z. B. in Raumecken oder an Fensterlaibungen, als auch für Wärmebrücken, die durch Einbau von Trägern oder Bewehrungen in Wänden entstehen. Derartige Wärmebrücken sind nach DIN 4108 Teil 2 so zu dämmen, daß an der inneren Oberfläche keine wesentlich niedrigeren Temperaturen auftreten als an der ungestörten Wandfläche. Damit erübrigt sich im Rahmen der sonstigen Genauigkeit der Wärmebedarfsberechnung die Bestimmung von zusätzlichen Wärmeströmen durch Wärmebrücken. Bei durchgehenden Wärmebrücken ohne zusätzliche Wärmedämmung ist die Berechnung sehr aufwendig. Deshalb werden hier nur für zwei häufiger auftretende Anordnungen Näherungsformeln angegeben.

6.3.1 I-Träger bündig in einer Außenwand

Zu dem in üblicher Weise nach Gleichung (7) berechneten Wärmestrom durch die homogene Wand tritt der Wärmestrom durch den Träger:

$$\Delta \dot{Q} = \frac{A_{St}}{R_k}(\vartheta_i - \vartheta_a) \qquad (35)$$

mit $\quad R_k = R_i \cdot \dfrac{s}{b} + R_\lambda + R_a \cdot \dfrac{s}{b} \qquad (36)$

$$R_\lambda = \frac{d}{\lambda} \qquad (37)$$

Hierin bedeuten:
A_{St} Stegfläche des Trägers (Dicke s · Länge)
R_k äquivalenter Wärmedurchgangswiderstand des Trägers
λ Wärmeleitfähigkeit des Trägerwerkstoffes
Maßbezeichnungen siehe DIN 4701 Teil 2*), Bild 5.

6.3.2 Bauelement mit allseitig geschlossener metallischer Ummantelung

Zu dem in üblicher Weise nach Gleichung (7) berechneten Wärmestrom durch die Füllung tritt ein Wärmestrom durch die Ummantelung.

$$\Delta \dot{Q} = \frac{U \cdot \delta}{R_U}(\vartheta_i - \vartheta_a) \qquad (38)$$

mit $\quad U = 2(b + l) \qquad (39)$

$\quad R_U = \sqrt{R_i \cdot R_{\lambda U}} + R_{\lambda U} + \sqrt{R_a \cdot R_{\lambda U}} \qquad (40)$

$$R_{\lambda U} = \frac{d}{\lambda_U} \qquad (41)$$

Hierin bedeutet:
λ_U Wärmeleitfähigkeitskoeffizient der Ummantelung
Maßbezeichnungen siehe DIN 4701 Teil 2*), Bild 6.

7 Hinweise für die Berechnung des Wärmebedarfs in Sonderfällen

In den hier zu behandelnden Sonderfällen der Wärmebedarfsberechnung können nur Berechnungsrichtlinien gegeben werden, da die verschiedenen Einflußgrößen in ihrer Bedeutung variieren können und von Fall zu Fall berücksichtigt werden müssen. Zu den genannten Einflüssen zählen instationäre Wärmebewegungen z. B. bei Anheizvorgängen, starke Temperaturschichtungen z. B. in hohen Räumen, besondere Strahlungsverhältnisse im Raum u. a. Die Berechnung solcher Sonderfälle ist in diesem Abschnitt soweit wie möglich auf ihre physikalischen Grundlagen zurückgeführt, doch sollte der planende Ingenieur die Anwendungsgrenzen von Fall zu Fall sorgfältig prüfen. Der so ermittelte Wärmebedarf wird nicht als **Norm**-Wärmebedarf bezeichnet.

7.1 Wärmebedarf selten beheizter Räume

Bei der Berechnung des Wärmebedarfs selten beheizter Räume muß unterschieden werden zwischen speichernden und nichtspeichernden Bauteilen. Während die Wärmeverluste der letzteren mit Hilfe der Gleichungen für den Beharrungszustand berechnet werden können, gehen bei speichernden Bauteilen Anheizvorgänge und damit die entsprechenden Materialeigenschaften neben der Anheizdauer in das Rechenergebnis ein. Man berechnet daher den Wärmebedarf nach dem Ansatz [16]

$$\dot{Q} = \dot{Q}_F + \dot{Q}_W + \dot{Q}_L \qquad (42)$$

Hierin bedeuten:
$\dot{Q}_F$ Wärmebedarf für Fenster und andere nichtspeichernde Bauteile nach Gleichung (7)
$\dot{Q}_W$ Wärmebedarf zum Aufheizen speichernder Bauteile nach Gleichung (43)
$\dot{Q}_L$ Lüftungswärmebedarf nach Gleichung (21) oder (22)
Für den Aufheiz-Wärmebedarf $\dot{Q}_W$ ist die **gesamte** innere Oberfläche des Raumes, soweit sie aus wärmespeicherndem Material besteht, also ausschließlich des Fußbodens, etwaiger Säulen usw., maßgebend.

Es gilt:

$$\dot{Q}_W = \sum \frac{A_W}{R_Z} \cdot (\vartheta_i - \vartheta_o) \qquad (43)$$

Hierin bedeuten:
A_W Oberfläche des wärmespeichernden Bauteils
R_Z von der Aufheizdauer Z abhängiger mittlerer Aufheizwiderstand
ϑ_i Innentemperatur nach der Aufheizdauer
ϑ_o Innentemperatur vor dem Aufheizen

---

*) Ausgabe März 1983
[16] Krischer, O. und Kast, W.: Zur Frage des Wärmebedarfs beim Anheizen selten beheizter Gebäude. Ges.-Ing. 78 (1957), Nr 21/22, S. 321–325

In DIN 4701 Teil 2 *), Bild 7, sind die Werte R_Z für verschiedene Wärmeeindringkoeffizienten $\sqrt{\lambda \cdot c \cdot \varrho}$ in Abhängigkeit von der Aufheizdauer angegeben.

Sind die speicherfähigen Bauteile innen mit einer Wärmedämmschicht versehen, so wird deren mittlerer Aufheizwiderstand $R_{Z\,Dä}$ wie folgt berechnet:

$$R_{Z\,Dä} = R_Z + R_{\lambda\,Dä} \qquad (44)$$

Hierin bedeutet:

$R_{\lambda\,Dä}$ Wärmeleitwiderstand der Wärmedämmschicht

Für periodisch betriebene Kirchenheizungen wird in der Regel $\vartheta_0 = 5\,°C$ zugrunde gelegt. Für ϑ_i gelten die Angaben in DIN 4701 Teil 2 *), Tabelle 2.

7.2 Wärmebedarf bei sehr schwerer Bauart

Der Wärmebedarf für Räume mit sehr schwerer Bauart (Bunker über und unter der Erde, unterirdische Räume, geschlossene Tiefgaragen usw.) wird in gleicher Weise wie für übliche Fälle berechnet.

Aufgrund der großen Wärmespeicherfähigkeit derartiger Räume kann davon ausgegangen werden, daß auch bei unterbrochenem Heizbetrieb der Wärmebedarf über 24 Stunden etwa der gleiche bleibt wie bei durchgehender Beheizung. Die Heizflächen und die Wärmeversorgungsanlage müssen bei einem zeitweise unterbrochenen Heizbetrieb zur Deckung des Transmissionswärmeverluste näherungsweise für einen Leistungsanteil von $\dfrac{24}{Z_B} \cdot \dot{Q}_T$ ausgelegt werden, wenn Z_B die Betriebsdauer in Stunden und $\dot{Q}_T$ den Transmissionswärmebedarf nach Gleichung (7) bedeuten.

Für die Berechnung des Lüftungswärmebedarfs gelten die Gleichungen (21) oder (22). Für die Auslegung der Heizflächen und der Wärmeversorgungsanlage ist zu prüfen, ob der Lüftungswärmeverlust nur während der Betriebszeit oder dauernd auftritt. Entsprechend ist jeweils die erforderliche Gesamtleistung zu ermitteln.

7.3 Wärmebedarf von Hallen und ähnlichen Räumen

Die Wärmebedarfsrechnung weicht hier in zwei Punkten von den üblichen Fällen ab. Erstens fehlen bei solchen Räumen weitgehend die erwärmten Innenflächen, die mit den Außenwänden und Fenstern im Strahlungsaustausch stehen. Zweitens ist zu berücksichtigen, daß bei den meisten hier verwendeten Heizverfahren die Lufttemperatur mit der Höhe stark zunimmt.

Bei Heizsystemen mit überwiegend konvektiver Wärmeabgabe (Luftheizung, Konvektoren) wird der innere Wärmeübergangswiderstand an den Außenwänden und -fenstern infolge des verminderten Strahlungsaustausches größer als im üblichen Fall, so daß auch die Wärmedurchgangswiderstände entsprechend größer anzusetzen sind.

Wird der Raum überwiegend durch Strahlung geheizt (Deckenstrahler, Strahlplatten), so kann die Minderung des Strahlungsaustausches zwischen Innenflächen und Außenbauteilen, je nach der geometrischen Anordnung von Strahlungsflächen und Außenbauteilen zueinander, ausgeglichen oder auch überkompensiert werden. Es ist dann ein innerer Wärmeübergangswiderstand abzuschätzen.

Die Grenzwerte der inneren Wärmeübergangswiderstände und der damit bestimmten Wärmedurchgangswiderstände von Stahlfenstern mit einfacher Verglasung sind in DIN 4701 Teil 2 *), Tabelle 17, angegeben.

Die für den Wärmeverlust maßgebende Lufttemperatur in halber Raumhöhe ist wegen der erwärmten Höhenabhängigkeit höher anzusetzen als die Temperatur in der Aufenthaltszone, und zwar je nach Raumhöhe, Innentemperatur und Heizsystem um 1 bis 4 K.

Der Wärmeverlust an das Erdreich ist in üblicher Weise nach Abschnitt 5.3.4 zu berechnen.

Der Lüftungswärmebedarf wird nach den Gleichungen (26) oder (27) berechnet, soweit damit eine ausreichende Lufterneuerung sichergestellt ist. Häufig ist doch die Luft in Hallen jedoch besonderen Belastungen unterworfen, so daß die freie Fugenlüftung für die erforderliche Lufterneuerung nicht ausreicht. In diesen Fällen ist entweder ein Mindestaußenluftstrom oder ein Mindestaußenluftwechsel der Berechnung des Lüftungswärmebedarfs zugrunde zu legen, der dann nach den Gleichungen (23) oder (28) zu ermitteln ist. Hierbei sind die erforderlichen Außenluftvolumenströme bzw. die zugrunde zu legenden Luftwechsel nach der zu erwartenden Luftverschlechterung zu bestimmen bzw. nach Erfahrung festzulegen.

Eine zuverlässige Berechnung des Wärmebedarfs ist nur für Hallen mit geschlossenen Toren durchführbar. Der Einfluß möglicherweise geöffneter Tore ist anhand der zu erwartenden Winddruckdifferenzen und der sonstigen Randbedingungen gesondert abzuschätzen und entsprechend zu berücksichtigen.

7.4 Wärmebedarf von Gewächshäusern

Die Berechnung des Wärmebedarfs für Gewächshäuser unterscheidet sich von der in üblichen Fällen dadurch, daß der Lüftungswärmebedarf auf die Glasflächen bezogen wird und daß wegen der anderen Wärmeaustauschverhältnisse die inneren Wärmeübergangswiderstände niedriger liegen.

Der Wärmeverlust an das Erdreich wird wegen seines kleinen Anteils im allgemeinen nicht in Rechnung gestellt.

7.4.1 Transmissionswärmebedarf

Der Transmissionswärmebedarf wird analog Gleichung (7) bestimmt:

$$\dot{Q}_T = \dot{Q}_{T\,Glas} + \dot{Q}_{T\,Rest} \qquad (45)$$

Hierin bedeuten:

$\dot{Q}_{T\,Glas}$ Transmissionswärmebedarf der transparenten Flächen

$\dot{Q}_{T\,Rest}$ Transmissionswärmebedarf aller übrigen Flächen

$$\dot{Q}_{T\,Glas} = \frac{A_{Glas}}{R_{k\,Glas}} \cdot (\vartheta_i - \vartheta_a) \qquad (46)$$

mit $\quad R_{k\,Glas} = R_{i\,Glas} + R_{\lambda\,Glas} + R_{a\,Glas} \qquad (47)$

Hierin bedeuten:

A_{Glas} transparente Flächen (einschließlich Tragkonstruktion)

$R_{i\,Glas}$ innerer Wärmeübergangswiderstand an den transparenten Flächen nach DIN 4701 Teil 2 *), Tabelle 18

$R_{\lambda\,Glas}$ Wärmeleitwiderstand der transparenten Flächen nach DIN 4701 Teil 2 *), Tabelle 19

$R_{a\,Glas}$ äußerer Wärmeübergangswiderstand an den transparenten Flächen (0,04 m² · K/W)

7.4.2 Lüftungswärmebedarf

Abweichend von den üblichen Fällen wird der Ansatz für den Lüftungswärmebedarf von Gewächshäusern analog dem Transmissionswärmebedarf geschrieben:

$$\dot{Q}_L = \left(\frac{A}{R_L}\right)_{Glas} \cdot (\vartheta_i - \vartheta_a) \qquad (48)$$

Hierin bedeuten:

A_{Glas} Transparente Fläche (einschließlich Tragkonstruktion)

$R_{L\,Glas}$ Äquivalenter Wärmedurchgangswiderstand für Fugenlüftung nach DIN 4701 Teil 2 *), Tabelle 20

---

*) Ausgabe März 1983

7.5 Das instationäre thermische Verhalten von Räumen unterschiedlicher Schwere

Das Anheiz- und Abkühlverhalten von Räumen ist in komplexer Weise von den thermischen Stoffwerten der umgebenden Bauteile und deren Schichtung abhängig. Räume sehr unterschiedlicher (insbesondere unterschiedlich schwerer) Bauweise sollten daher nicht an die gleiche Regelgruppe angeschlossen werden, wenn die Heizungsanlage mit erheblichen Unterbrechungen betrieben werden soll.

7.6 Temperaturen unbeheizter Nebenräume

Die Temperaturen unbeheizter Nebenräume sind in DIN 4701 Teil 2 *), Tabelle 5, 6 und 7, für einige wesentliche Fälle angegeben:

Allgemein ergibt sich die Temperatur aus:

$$\vartheta_{uR} = \frac{\sum (k \cdot A \cdot \vartheta)_i + \sum (k \cdot A \cdot \vartheta)_a + 0{,}36 \cdot V_R \cdot \beta \cdot \vartheta_a}{\sum (k \cdot A)_i + \sum (k \cdot A)_a + 0{,}36 \cdot V_R \cdot \beta} \text{ in °C} \quad (49)$$

Hierin bedeuten:

ϑ_i	Norm-Innentemperaturen der angrenzenden beheizten Räume	in °C
ϑ_a	Norm-Außentemperatur	in °C
ϑ_{uR}	Temperatur des unbeheizten Raumes	in °C
V_R	Raumvolumen	in m³
β	Luftwechsel	in 1/h
A	Fläche	in m²
	Wärmedurchgangskoeffizient	in W/(m²·K)
Index a	Bauteile, mit denen der unbeheizte Raum an die Außenluft grenzt	
Index i	Bauteile, mit denen der unbeheizte Raum an beheizte grenzt	

*) Ausgabe März 1983

DIN 4701 Teil 1 Seite 25

Anhang A
Berechnung des Norm-Wärmebedarfs nach DIN 4701

Projekt/Auftrag/Kommission:	Datum:	Seite:
Bauvorhaben:		
Raumnummer: Raumbezeichnung:		

Norm-Innentemperatur:	$\vartheta_i =$	°C	Hauskenngröße:	$H =$	$\frac{W \cdot h \cdot Pa^{2/3}}{m^3 \cdot K}$
Norm-Außentemperatur:	$\vartheta_a =$	°C	Anzahl der Innentüren:	$n_T =$	
Raumvolumen:	$V_R =$	m³	Höhe über Erdboden:	$h =$	m
Gesamt-Raumumschließungsfläche:	$A_{ges} =$	m²	Höhenkorrekturfaktor (angeströmt):	$\varepsilon_{SA} =$	
Temperatur der nachströmenden Umgebungsluft:	$\vartheta_U =$	°C	Höhenkorrekturfaktor (nicht angeströmt):	$\varepsilon_{SN} =$	
Abluftüberschuß:	$\Delta \dot V =$	m³/s	Höhenkorrekturfaktor (angeströmt):	$\varepsilon_{GA} =$	

1	2	3	4	5	6	7	8	9	10	11	12	13	14	15	16	17
			Flächenberechnung					Transmissions-Wärmebedarf			Luftdurchlässigkeit					
Kurzbezeichnung	Himmelsrichtung	Anzahl	Breite	Höhe bzw. Länge	Fläche	Fläche abziehen? (−)	in Rechnung gestellte Fläche	Norm-Wärmedurchgangskoeffizient	Temperaturdifferenz	Transmissions-Wärmebedarf des Bauteils	Anzahl waagerechter Fugen	Anzahl senkrechter Fugen	Fugenlänge	Fugendurchlaßkoeffizient	Durchlässigkeit des Bauteils	an- oder nicht angeströmt (A/N)
−	−	n	b	h	A	−	A'	k_N	$\Delta \vartheta$	$\dot Q_T$	n_w	n_s	l	a	$a \cdot l$	−
−	−	−	m	m	m²	−	m²	$\frac{W}{m^2 \cdot K}$	K	W	−	−	m	$\frac{m^3}{m \cdot h \cdot Pa^{2/3}}$	$\frac{m^3}{h \cdot Pa^{2/3}}$	−

angeströmte Durchlässigkeiten:	$\sum (a \cdot l)_A =$	$\frac{m^3}{h \cdot Pa^{2/3}}$	Norm-Lüftungswärmebedarf:	$\dot Q_L =$	W
nicht angeströmte Durchlässigkeiten:	$\sum (a \cdot l)_N =$	$\frac{m^3}{h \cdot Pa^{2/3}}$	Norm-Transmissions-Wärmebedarf:	$\dot Q_T =$	W
Raumkennzahl:	$r =$		Krischer-Wert:	$D =$	$\frac{W}{m^2 \cdot K}$
Lüftungswärmebedarf durch freie Lüftung:	$\dot Q_{LFL} =$	W	anteiliger Lüftungswärmebedarf:	$\dot Q_L / \dot Q_T =$	
Lüftungswärmebedarf durch RLT-Anlagen:	$\Delta \dot Q_{RLT} =$	W	Norm-Wärmebedarf:	$\dot Q_N =$	W
Mindest-Lüftungswärmebedarf:	$\dot Q_{L\,min} =$	W			

233

Zitierte Normen

DIN	105	Mauerziegel; Vollziegel und Lochziegel
DIN	4108 Teil 4	Wärmeschutz im Hochbau; Wärme- und feuchteschutztechnische Kennwerte
DIN	4701 Teil 2	Regeln für die Berechnung des Wärmebedarfs von Gebäuden; Tabellen, Bilder, Algorithmen
DIN	18017 Teil 1	Lüftung von Bädern und Spülaborten ohne Außenfenster, durch Schächte und Kanäle, ohne Motorkraft; Einzelschachtanlagen
DIN	18017 Teil 3	Lüftung von Bädern und Spülaborten ohne Außenfenster, mit Ventilatoren
DIN	18022	Küche, Bad, WC, Hausarbeitsraum; Planungsgrundlagen für den Wohnungsbau
DIN	18055	Fenster; Fugendurchlässigkeit und Schlagregendichtheit und mechanische Beanspruchung, Anforderungen und Prüfung
DIN	18165 Teil 1	Faserdämmstoffe für das Bauwesen; Dämmstoffe für die Wärmedämmung

Weitere Normen und andere Unterlagen

DIN	105 Teil 2	Mauerziegel; Leichtziegel
DIN	105 Teil 3	Mauerziegel; Hochfeste Ziegel und Klinker
DIN	105 Teil 4	Mauerziegel; Keramikklinker
DIN	106 Teil 1	Kalksandsteine; Vollsteine, Lochsteine, Hohlblocksteine
DIN	272	Magnesiaestriche (Estriche aus Magnesiamörtel)
DIN	398	Hüttensteine; Vollsteine, Lochsteine, Hohlblocksteine
DIN	1045	Beton- und Stahlbetonbau; Bemessung und Ausführung
DIN	1052 Teil 1	Holzbauwerke; Berechnung und Ausführung
DIN	1053 Teil 1	Mauerwerk; Berechnung und Ausführung
DIN	1101	Holzwolle-Leichtbauplatten; Maße, Anforderungen, Prüfung
DIN	1301 Teil 1	Einheiten; Einheitennamen, Einheitenzeichen
DIN	1946 Teil 4	Raumlufttechnische Anlagen (VDI-Lüftungsregeln); Raumlufttechnische Anlagen in Krankenhäusern
DIN	4108 Teil 1	Wärmeschutz im Hochbau; Größen und Einheiten
DIN	4108 Teil 2	Wärmeschutz im Hochbau; Wärmedämmung und Wärmespeicherung; Anforderungen und Hinweise für Planung und Ausführung
DIN	4108 Teil 3	Wärmeschutz im Hochbau; Klimabedingter Feuchteschutz; Anforderungen und Hinweise für Planung und Ausführung
DIN	4108 Teil 5	Wärmeschutz im Hochbau; Berechnungsverfahren
DIN	4158	Zwischenbauteile aus Beton für Stahlbeton- und Spannbetondecken
DIN	4159	Ziegel für Decken und Wandtafeln, statisch mitwirkend
DIN	4160	Ziegel für Decken, statisch nicht mitwirkend
DIN	4165	Gasbeton-Blocksteine
DIN	4703 Teil 1	Wärmeleistung von Raumheizkörpern; Gliederheizkörper
DIN	4703 Teil 2	Wärmeleistung von Raumheizkörpern; Plattenheizkörper aus Stahl
DIN	4703 Teil 3	Wärmeleistung von Raumheizkörpern; Allgemeines, Umrechnung
DIN	4704 Teil 1	Prüfung von Raumheizkörpern; Prüfregeln
DIN	4704 Teil 2	Prüfung von Raumheizkörpern; Offene Prüfkabine
DIN	4704 Teil 3	Prüfung von Raumheizkörpern; Geschlossener Prüfraum
DIN	18151	Hohlblocksteine aus Leichtbeton
DIN	18152	Vollsteine und Vollblöcke aus Leichtbeton
DIN	18153	Hohlblocksteine aus Beton
DIN	18159 Teil 1	Schaumkunststoffe als Ortschäume im Bauwesen; Polyurethan-Ortschaum für die Wärme- und Kältedämmung; Anwendung, Eigenschaften, Ausführung, Prüfung
DIN	18159 Teil 2	Schaumkunststoffe als Ortschäume im Bauwesen; Harnstoff-Formaldehydharz-Ortschaum für die Wärmedämmung, Anwendung, Eigenschaften, Ausführung, Prüfung
DIN	18161 Teil 1	Korkerzeugnisse als Dämmstoffe für das Bauwesen; Dämmstoffe für die Wärmedämmung
DIN	18162	Wandbauplatten aus Leichtbeton, unbewehrt
DIN	18164 Teil 1	Schaumkunststoffe als Dämmstoffe für das Bauwesen; Dämmstoffe für die Wärmedämmung
DIN	18180	Gipskartonplatten; Arten, Anforderungen, Prüfung
DIN	68750	Holzfaserplatten; Poröse und harte Holzfaserplatten, Gütebedingungen
DIN	68761 Teil 1	Spanplatten; Flachpreßplatten für allgemeine Zwecke; FPY-Platte
DIN	68764 Teil 1	Spanplatten; Strangpreßplatten für das Bauwesen; Begriffe, Eigenschaften, Prüfung, Überwachung
VDI-Richtlinie 2067		Wirtschaftlichkeit von Wärmeverbrauchsanlagen

Frühere Ausgaben

DIN 4701: 1929, 08.44, 07.47, 01.59

Änderungen

Gegenüber DIN 4701/01.59 wurden folgende Änderungen vorgenommen:
Norm aufgeteilt in Teil 1 — Grundlagen der Berechnung — und Teil 2 — Tabellen, Bilder, Algorithmen.
Weitere Änderungen siehe Seite 1 und Erläuterungen.

Erläuterungen

Zu DIN 4701 Teil 1, Abschnitt 5.2.1

Das Absinken der Innentemperatur eines Raumes bei Abfall der Außentemperatur zu Beginn einer Kälteperiode ist von dem Verhältnis der gesamten thermischen Speicherfähigkeit des Raumes zu dem momentanen Wärmeverlust abhängig. Bei üblichen Bauarten ist die mögliche Variation der Speicherfähigkeit wesentlich größer als die des Wärmeverlustes, wesentlich gekennzeichnet durch den mittleren Wärmedurchgangskoeffizienten.
Bei dem Kriterium der „außenflächenbezogenen Speichermasse" liegt ein mittlerer Wärmedurchgangskoeffizient k_{W+F} von $1,6 \text{ W/m}^2 \cdot \text{K}$ zugrunde.
Bei Bauten mit wesentlich niedrigeren Werten k_{W+F} ergeben sich deshalb speziell für sehr leichte Bauarten zu ungünstige Werte m/Σ_{A_a}.
In diesen Fällen kann deshalb mit einem geeigneten instationären Rechenverfahren ein gesonderter Nachweis geführt werden (siehe Fußnote 5).
Für den Wärmeverbrauch ist die Speicherfähigkeit der Bauten von untergeordneter Bedeutung, so daß bei der Berechnung des jährlichen Wärmeverbrauches nach Gleichungen, die den Norm-Wärmebedarf ohne Eliminierung der Norm-Temperaturdifferenz als Grundlage haben, solche Korrekturen angebracht werden müssen, daß die Außentemperaturkorrektur ohne Einfluß auf das Ergebnis ist.

Zu DIN 4701 Teil 1, Abschnitt 5.4.1.8

In Abschnitt 5.4.1.8 ist in Gleichung (29) ein 0,5facher stündlicher Mindestluftwechsel für Daueraufenthaltsräume zugrunde gelegt. Dabei ist die sensible Wärmeabgabe der Personen nicht mit berücksichtigt. Sie entspricht z. B. bei einer Fläche je Person von 10 m^2 und einer Temperaturdifferenz von 34 °C zwischen außen und innen etwa einem zusätzlichen Luftwechsel von 0,5 l/h. Effektiv ist also während der Besetzung ein höherer Luftwechsel als 0,7 l/h leistungsmäßig gedeckt.

Zu DIN 4701 Teil 2, Tabelle 1

Die Tabelle 1 enthält die Außentemperaturen in Stufungen von 2 K für alle Orte mit mehr als 20 000 Einwohnern sowie für alle Orte mit Wetterstationen, deren Beobachtungen bei der Festlegung der Außentemperaturen berücksichtigt wurden. Gewählt wurde als tiefste Außentemperatur nach eingehenden Vergleichsfeststellungen des Deutschen Wetterdienstes der niedrigste Zweitagesmittelwert, der in den Jahren 1951 bis 1970 zehnmal erreicht oder unterschritten wurde. Temperaturen über −10 °C, die im norddeutschen Küstengebiet und vereinzelt in West- und Süddeutschland auftreten, blieben unberücksichtigt. Als obere Grenze der Außentemperatur gilt also −10 °C.
Die in der Karte dargestellten Isothermen gelten nach den Interpolationsregeln der Meteorologie für Bereiche gleicher ganzer Gradzahl (z. B. −12 °C-Isotherme für Bereiche

mit −12,0 bis −12,9 °C). Die Felder zwischen den Isothermen stellen daher nicht — wie in der Ausgabe 1959 dieser Norm — bestimmte „Klimazonen" mit fest zuzuordnender Temperatur dar. Die Isothermenkarte kann daher nur als Hilfsmittel zum Auffinden von Orten mit ähnlicher klimatischer Lage dienen, die in der Tabelle 1 verzeichnet sind.
Kleine Inseln höherer oder niedrigerer Temperatur sind aus Darstellungsgründen in die Karte nicht eingetragen. Es können sich daher Unterschiede zwischen den Werten der Isothermenkarte und der Tabelle ergeben. Die Tabellenwerte gelten als verbindlich.

Zu DIN 4701 Teil 2, Tabelle 2

Die für die Wärmebedarfsberechnung zugrunde zu legenden Norm-Innentemperaturen sind Rechenwerte, die sowohl die Lufttemperatur als auch die mittlere Temperatur der umgebenden Flächen berücksichtigen. Sie stellen im wärmephysiologischen Sinne „empfundene Temperaturen" dar. Je niedriger die mittlere Oberflächentemperatur eines Raumes ist, desto höher muß mit Rücksicht auf die erhöhte Wärmeabstrahlung der Rauminsassen die Lufttemperatur sein.
Da die verwendeten Beziehungen für die Berechnung des Wärmebedarfs physikalisch so aufgebaut sind, daß als Innentemperatur eine Temperatur nahe der Lufttemperatur eingesetzt werden müßte, ergibt sich bei Verwendung der — niedrigeren — Norm-Innentemperaturen ein etwas zu geringer Wärmebedarf. Wollte man dieses vermeiden, müßte man auf dem Iterationswege zunächst die — vom Wärmebedarf abhängige — erforderliche Innenlufttemperatur des Raumes (und der Nebenräume!) errechnen und damit endgültig den Wärmebedarf ermitteln. Dieses Verfahren ist außerordentlich umständlich, nicht zuletzt deshalb, da korrekterweise dann auch Wärmeströme zwischen benachbarten Räumen gleicher empfundener Temperatur (Norm-Innentemperatur), jedoch geringfügig unterschiedlicher Lufttemperatur gerechnet werden müßten. Es ist daher zweckmäßig und im Rahmen der übrigen Genauigkeit zulässig, stattdessen mit den — zu niedrigen — Norm-Innentemperaturen zu rechnen und eine Erhöhung des Wärmebedarfs durch Korrekturen vorzunehmen, wo dieses erforderlich ist.
Dieses erfolgt durch die Außenflächenkorrektur Δk_A für den Wärmedurchgangskoeffizienten von Außenflächen. Sie ist von dessen Wert abhängig.
Die dadurch erforderliche Erhöhung der Lufttemperatur und die damit möglicherweise verbundene Verminderung der Wärmeabgabe der Heizflächen sind in gewissem Umfang vom Heizungssystem, insbesondere vom Anteil der durch Strahlung abgegebenen Wärme, abhängig. Diese Zusammenhänge, die die Auslegung der Heizanlagen betreffen, werden in DIN 4701 Teil 3 (z. Z. in Bearbeitung) behandelt. Bis zu seinem Erscheinen wird die Auslegung der Heizflächen verfahrensmäßig wie bisher vorgenommen.

Die Lufttemperatur in einem Raum hängt bei gegebenen Norm-Innentemperaturen in sehr komplexer Weise vom Krischer-Wert D des Raumes, vom anteiligen Lüftungswärmebedarf und vom Heizsystem ab. Sie ist mit einem strahlungsgeschützten Thermometer zu messen. Die mit einem ungeschützten Thermometer gemessene Temperatur ist darüber hinaus — wegen der von Ort zu Ort verschiedenen Zu- und Abstrahlung — von der Meßstelle im Raum abhängig. Die Norm-Innentemperatur ist als Rechenwert gar nicht meßbar. Es ist daher durch Temperaturmessungen allein nicht möglich, die Richtigkeit der Wärmebedarfsberechnung zu überprüfen. Der Nachweis über die Einhaltung dieser Norm kann nur rechnerisch erfolgen.

Bei der Annahme teilweise eingeschränkt beheizter Nachbarräume erhöht sich der Raumwärmebedarf gegenüber dem Normwärmebedarf u. U. erheblich [17]).

Der Umfang dieser Erhöhung ist von dem Verhältnis der Wärmeströme nach den Nachbarräumen zu denen nach außen abhängig.

Die in dem vorangestellten Text zu Tabelle 2 in DIN 4701 Teil 2 genannten Vereinbarungen mit dem Auftraggeber müssen daher bezüglich der teilweise eingeschränkt beheizten Nachbarräume für jeden betroffenen Raum eindeutige Vorgaben enthalten.

Ohne diese ist die Vergleichbarkeit der Rechenergebnisse nicht mehr gegeben.

Der Rechenansatz nach DIN 4701 Teil 2, Tabelle 2, ergibt Höchstwerte für den Raumwärmebedarf, da das Erreichen der angenommenen reduzierten Temperaturen in den Nachbarräumen wiederum von deren Wärmebilanz abhängig ist.

Voraussetzung für die einwandfreie Funktion so ausgelegter Heizungsanlagen sind Heizsysteme mit selbsttätiger Raumtemperaturregelung.

Zu DIN 4701 Teil 2, Tabellen 5 bis 7

Die Rechenwerte für die Temperatur in Nachbarräumen, die nicht von der zu berechnenden Anlage beheizt werden, sind in den Tabellen 5 bis 7 aufgeführt. In Tabelle 5 sind bei den nicht beheizten Nachbarräumen vorgebaute Treppenhäuser neu aufgenommen.

Bei Nachbarräumen, die üblicherweise beheizt sind, aber nicht von der zu berechnenden Anlage versorgt werden, ist einheitlich eine Temperatur von +15 °C angesetzt, da dieser Wert wegen der guten thermischen Kopplung über die Innenflächen auch bei teil- oder zeitweiser Beheizung kaum unterschritten wird.

Die Temperaturen in nicht beheizten, dreiseitig eingebauten Treppenhäusern sind in Tabelle 6, abhängig von der Gebäudehöhe, von der Geschoßlage und von den Wärmedurchgangsverhältnissen nach beheizten Räumen und nach außen angegeben. Die Höhenabhängigkeit ergibt sich durch Lufteinströmung über die Eingangstür, die mit der Gebäudehöhe zunimmt. Die Leckluft wird auf dem Weg in die höheren Geschosse zunehmend erwärmt.

Die Temperaturen für Dachräume sind von den Wärmedurchgangswiderständen der Dachflächen, von denen der Trennflächen zu den beheizten Räumen und vom Luftwechsel abhängig angegeben. Sie sind in der Tabelle 7 aufgeführt.

Zu DIN 4701 Teil 2, Tabelle 10

Der Berechnung der Hauskenngrößen wurden Tagesmittelwerte der Windgeschwindigkeit zugrunde gelegt, die in dem Zeitraum von 1951 bis 1970 an den jeweiligen Orten einmal im Jahr an den beiden kältesten Tagen beobachtet wurden. Es wird unterschieden zwischen „windschwachen Gegenden", denen eine Windgeschwindigkeit von 2 m/s als gerundeter Rechenwert zugrunde gelegt wird, und „windstarken Gegenden", bei denen dieser Wert 4 m/s beträgt. Wie die Isothermenkarte ausweist, gilt als „windstark" das gesamte Gebiet von Norddeutschland bis zum Rande der Mittelgebirge. Weiter nach Süden verschieben sich die „windstarken" Bereiche in zu den Alpen hin ansteigende Höhenlagen. Die Windzonenzuordnung in der Isothermenkarte beziehen sich auf NN mit Ausnahme des Alpengebietes. Dort sind die Höhen auf die jeweiligen Talsohlen bezogen, da hier dieser Bezug meteorologisch sinnvoller ist.

Die obengenannten auf den meteorologischen Ermittlungen beruhenden Werte für die Windgeschwindigkeiten sind für Gebäude mit „normaler Lage" zugrunde gelegt. Dabei ist man davon ausgegangen, daß die zugehörigen Wetterstationen normal gelegen sind. Für „freie Lage" sind die in den Hauskenngrößen berücksichtigten Windgeschwindigkeiten um 2 m/s höher angesetzt.

---

[17]) Esdorn, H. und Bendel, H. P.: Zur Heizflächenauslegung bei eingeschränkter Beheizung der Nachbarräume, HLH 33 (1982), Nr 12.

Entwurf August 1995

	Regeln für die Berechnung der Heizlast von Gebäuden Teil 1: Grundlagen der Berechnung	DIN 4701-1

ICS 91.140.10

Rules for calculating the heat load of buildings —
Part 1: Basic rules for calculation

Einsprüche bis 30. Nov 1995

Anwendungswarnvermerk
auf der letzten Seiten beachten!

Vorgesehen als
Ersatz für Ausgabe 1983-03

Beginn der Gültigkeit

Diese Norm gilt ab ...*)

Ab ....*) müssen Heizlastberechnungen bei Bezugnahme auf DIN 4701 nach der vorliegenden Norm durchgeführt werden.

	Inhalt	Seite
	Vorwort	2
1	Anwendungsbereich	3
2	Formelzeichen	3
3	Übersicht über die Berechnungsverfahren und ihre Grundlagen	5
3.1	Übliche Fälle	6
3.2	Sonderfälle	6
3.3	Grundzüge des Berechnungsverfahrens für übliche Fälle	6
3.3.1	Allgemeines	6
3.3.2	Ausreichende Beheizung	7
3.3.3	Gleichmäßige Beheizung	7
4	Berechnung der Norm-Heizlast für übliche Fälle	8
4.1	Aufbau der Berechnung	8
4.2	Temperaturen	8
4.2.1	Norm-Außentemperatur	8
4.2.2	Norm-Innentemperatur	8
4.2.3	Temperatur unbeheizter Nebenräume	8
4.3	Norm-Transmissionsheizlast	9
4.3.1	Norm-Wärmedurchgangskoeffizient	9
4.3.2	Außenbauteile	10
4.3.3	Innenbauteile	10
4.3.4	Erdberührte Bauteile	10
4.3.4.1	Grundlagen	10
4.3.4.2	Vollbeheizte Kellergeschosse	12
4.3.4.3	Heizlast einzelner Räume	16

*) Wird bei Herausgabe als Norm festgelegt

Fortsetzung Seite 2 bis 56

Normenausschuß Heiz- und Raumlufttechnik (NHRS) im DIN Deutsches Institut für Normung e.V.

Seite 2
E DIN 4701-1 : 1995-08

4.4	Norm-Lüftungsheizlast	17
4.4.1	Lüftungsheizlast bei freier Lüftung	17
4.4.1.1	Grundlagen	17
4.4.1.2	Berechnungsansätze	19
4.4.1.3	Luftdurchlässigkeit des Bauwerks	20
4.4.1.4	Hauskenngröße	20
4.4.1.5	Höhenkorrekturfaktor	22
4.4.1.6	Raumkennzahl	22
4.4.1.7	Temperaturdifferenz	23
4.4.1.8	Mindestwert der Norm-Lüftungsheizlast	23
4.4.2	Lüftungsheizlast bei maschineller Lüftung	23
4.4.2.1	Anlagen ohne Abluftüberschuß	24
4.4.2.2	Anlagen mit Abluftüberschuß	24
4.4.3	Innenliegende Sanitärräume	24
4.5	Norm-Gebäudeheizlast	25
4.6	Durchführung der Berechnung	25
4.6.1	Unterlagen für die Berechnung	25
4.6.2	Berechnungsgang	26
4.6.3	Beispiel einer Heizlastberechnung für ein Gebäude mit einer Höhe unter 10 m	27
4.6.4	Zur Berechnung der Norm-Lüftungsheizlast bei Gebäuden über 10 m Höhe	40
4.6.4.1	Festlegung des ungünstigsten Windangriffs	40
4.6.4.2	Festlegung der Raumkennzahlen	41
4.6.4.3	Festlegung der Höhenkorrekturfaktoren	41
5	Berechnung des Wärmedurchgangswiderstandes	41
5.1	Bauteile mit hintereinanderliegenden Schichten	41
5.2	Bauteile mit nebeneinanderliegenden Elementen	41
5.3	Wärmebrücken	42
5.3.1	I-Träger bündig in einer Außenwand	42
5.3.2	Bauelement mit allseitig geschlossener metallischer Ummantelung	43
6	Hinweise für die Berechnung der Heizlast in besonderen Fällen	43
6.1	Heizlast selten beheizter Räume	43
6.2	Heizlast bei sehr schwerer Bauart	44
6.3	Heizlast von Hallen und ähnlichen Räumen	45
6.3.1	Transmissionsheizlast	45
6.3.2	Lüftungsheizlast	45
6.3.3	Norm-Heizlast	47
6.4	Heizlast von Gewächshäusern	47
6.4.1	Transmissionsheizlast	47
6.4.2	Lüftungsheizlast	47
6.5	Das instationäre thermische Verhalten von Räumen unterschiedlicher Schwere	48

Anhang A (normativ) Formblatt zur Berechnung der Norm-Heizlast 49
Anhang B (informativ) Erläuterungen 50
Anhang C (informativ) Literaturhinweise 53

Vorwort

Das in der Ausgabe März 1983 enthaltene Rechenverfahren für die Wärmebedarfsberechnung (jetzt: Heizlastberechnung) wurde im wesentlichen beibehalten. Neben vereinzelten Klarstellungen und formalen Änderungen wurden folgende inhaltlichen Modifikationen vorgenommen:

Die in der Ausgabe März 1983 eingeführte Norm-Außentemperaturkorrektur, mit der die spitzenlastmindernde Wirkung der Wärmespeicherfähigkeit berücksichtigt wurde, ist aus folgenden Gründen wieder entfallen: Der seinerzeit wesentliche negative Einfluß höherer Auslegungsleistungen auf den Jahresnutzungsgrad von Heizkesseln ist durch den hohen Stand der Kesselentwicklung nicht mehr gegeben. Außerdem hat die Erfahrung gezeigt, daß das Berechnungsverfahren in der Ausgabe März 1983 praktisch keine Sicherheitsreserven mehr enthält. Da die - heizlastmindernde - Außentemperaturkorrektur außerdem den Berechnungsaufwand deutlich erhöhte, erscheint dieser aus heutiger Sicht nicht mehr angemessen.

Der Berechnungsgang für die Heizlast erdberührter Bauteile wurde dem neuesten Stand der Erkenntnisse angepaßt. Er ermöglicht jetzt auch eine vergleichsweise genaue Ermittlung der Heizlast für teilweise beheizte Keller.

Weitere Ergänzungen betreffen die Heizlastermittlung von Industriehallen.

DIN 4701 "Regeln für die Berechnung der Heizlast von Gebäuden" besteht aus:

Teil 1	"Grundlagen der Berechnung"
Teil 2	"Tabellen, Bilder, Algorithmen"
Teil 3	"Auslegung der Raumheizeinrichtungen"

Änderungen:

Gegenüber der Ausgabe März 1983 wurden folgende Änderungen vorgenommen:

a) Norm-Außentemperaturkorrektur wurde gestrichen.
b) Berechnungsgang für erdberührte Bauteile wurde überarbeitet.
c) Berechnungsgang für Hallen und ähnliche Räume wurde ergänzt.
d) Mindestluftwechsel für Dachgeschosse wurde ergänzt.

1 Anwendungsbereich

Diese Norm gilt für Räume in durchgehend und voll bzw. teilweise eingeschränkt beheizten Gebäuden. Als vollbeheizt sind dabei solche Häuser anzusehen, bei denen mit Ausnahme weniger Nebenräume alle Räume mit üblicher Temperatur beheizt werden. Als teilweise eingeschränkt beheizt sind dabei solche Häuser anzusehen, bei denen in Nachbarräumen niedrigere Temperaturen auftreten können.

Heiztechnische Anlagen, die entsprechend der nach dieser Norm ermittelten Heizlast ausgelegt sind, können bei milderen Witterungsbedingungen, als sie der Normberechnung zugrunde liegen, auch dann eine befriedigende Beheizung ermöglichen, wenn sie zeitweise (z. B. nachts) mit gewissen Einschränkungen oder Unterbrechungen betrieben werden.

Für selten beheizte Gebäude ist unter den Sonderfällen ein Berechnungsverfahren angegeben.

Wird in Ausnahmefällen bei Heizungsprojekten von den Angaben in dieser Norm abgewichen, so muß dies zwischen dem Auftraggeber und dem Auftragnehmer besonders vereinbart werden.

Seite 4
E DIN 4701-1 : 1995-08

2 Formelzeichen

Formelzeichen	Benennung	Einheit
A	Fläche	m^2
a	Fugendurchlaßkoeffizient	$m^3/(m \cdot h \cdot Pa^{2/3})$
b	Breite	m
c	spezifische Wärmekapazität	$J/(kg \cdot K)$
d	Dicke	m
H	Hauskenngröße	$W \cdot h \cdot Pa^{2/3}/(m^3 \cdot K)$
h	Höhe	m
h_G	Geschoßhöhe	m
h_{GW}	Grundwassertiefe	m
h_{KG}	Tiefe der Kellersohle	m
k	Wärmedurchgangskoeffizient	$W/(m^2 \cdot K)$
k_N	Norm-Wärmedurchgangskoeffizient	$W/(m^2 \cdot K)$
l	Länge	m
p	Luftdruck	Pa
$\dot{Q}$	Wärmestrom	W
$\dot{Q}_{FL}$	Lüftungsheizlast für freie Lüftung	W
$\dot{Q}_L$	Norm-Lüftungsheizlast	W
$\dot{Q}_{L\,min}$	Mindestlüftungsheizlast	W
$\dot{Q}_N$	Norm-Heizlast	W
$\dot{Q}_{N,Geb}$	Norm-Gebäudeheizlast	W
$\dot{Q}_T$	Norm-Transmissionsheizlast	W
$\dot{q}$	Wärmestromdichte	W/m^2
$R_k = 1/k$	Wärmedurchgangswiderstand	$m^2 \cdot K/W$
$R_a = 1/\alpha_a$	äußerer Wärmeübergangswiderstand	$m^2 \cdot K/W$
$R_i = 1/\alpha_i$	innerer Wärmeübergangswiderstand	$m^2 \cdot K/W$
(fortgesetzt)		

(abgeschlossen)

Formel-zeichen	Benennung	Einheit
R_L	äquivalenter Wärmedurchgangswiderstand für Fugenlüftung	$m^2 \cdot K/W$
R_Z	Aufheizwiderstand	$m^2 \cdot K/W$
R_λ	Wärmeleitwiderstand (auch Wärmedurchlaßwiderstand)	$m^2 \cdot K/W$
r	Raumkennzahl	-
ϑ	Temperatur	°C
ϑ_a	Norm-Außentemperatur	°C
ϑ_i	Norm-Innentemperatur	°C
ϑ_i'	Temperatur im Nachbarraum	°C
$\dot{V}$	Volumenstrom	m^3/s
V_R	Raumvolumen	m^3
α_a	äußerer Wärmeübergangskoeffizient	$W/(m^2 \cdot K)$
α_i	innerer Wärmeübergangskoeffizient	$W/(m^2 \cdot K)$
β	Luftwechsel	$m^3/(h \cdot m^3)$
Δk_A	Außenflächenkorrektur für Wärmedurchgangskoeffizient	$W/(m^2 \cdot K)$
Δk_S	Sonnenkorrektur für Wärmedurchgangskoeffizient	$W/(m^2 \cdot K)$
$\Delta \dot{Q}_{RLT}$	zusätzliche Lüftungsheizlast für nachströmende Luft infolge maschineller Abluftanlagen	W
$\Delta \vartheta$	Temperaturdifferenz	K
ζ	gleichzeitig wirksamer Lüftungswärmeanteil	-
ϵ	Höhenkorrektur	-
λ	Wärmeleitfähigkeit	$W/(m \cdot K)$
ρ	Dichte	kg/m^3

3 Übersicht über die Berechnungsverfahren und ihre Grundlagen

Es wird unterschieden zwischen dem Berechnungsverfahren für übliche Fälle und denen für Sonderfälle.

3.1 Übliche Fälle

Das Verfahren für übliche Fälle ist auf die überwiegende Mehrzahl aller in der Praxis vorkommenden Gebäude anwendbar. Als Beispiele seien genannt: Wohngebäude, Büro- und Verwaltungsgebäude, Schulen, Bibliotheken, Krankenhäuser, Pflegeheime, Aufenthaltsgebäude in Justizvollzugsanstalten, Gebäude des Gaststättengewerbes, Waren- und sonstige Geschäftshäuser, Betriebsgebäude.

3.2 Sonderfälle

Es sind Berechnungsverfahren für folgende Sonderfälle angegeben:

a) Selten beheizte Räume
b) Räume mit sehr schwerer Bauart
c) Hallenbauten mit großen Raumhöhen
d) Gewächshäuser.

3.3 Grundzüge des Berechnungsverfahrens für übliche Fälle

3.3.1 Allgemeines

Als Norm-Heizlast eines Raumes wird die Wärmeleistung bezeichnet, die dem Raum unter Norm-Witterungsbedingungen zugeführt werden muß, damit sich die geforderten thermischen Norm-Innenraumbedingungen einstellen.

Für die Berechnung wird stationärer Zustand, d. h. zeitliche Konstanz aller Berechnungsgrößen, vorausgesetzt. Es wird ferner angenommen, daß die Oberflächentemperatur der Umgrenzungsflächen zu beheizten Nachbarräumen der Lufttemperatur gleich sind und daß die Außenwände nur mit den inneren Raumumgrenzungsflächen im Strahlungsaustausch stehen.

Die Norm-Heizlast ist unter diesen Voraussetzungen eine Gebäudeeigenschaft. Sie kann mit hinreichender Genauigkeit der Auslegung üblicher Heizeinrichtungen zugrunde gelegt werden, auch wenn deren Wärmeübertragung an den Raum gewisse Abweichungen von den obigen Voraussetzungen ergibt. (Siehe Erläuterungen zu Tabelle 2 von E DIN 4701-2:1995-08)

Die Norm-Heizlast eines Raumes setzt sich aus der Norm-Transmissionsheizlast (Wärmestrom durch Wärmeleitung über die Umschließungsflächen) und der Norm-Lüftungsheizlast (Wärmestrom für die Aufheizung eindringender Außenluft bzw. Luft kälterer Nachbarräume) zusammen.

Die Norm-Transmissionsheizlast muß für alle Teilflächen mit unterschiedlichen Wärmedurchgangskoeffizienten bzw. Temperaturdifferenzen getrennt berechnet werden. Dabei werden behaglichkeitsmindernde Einflüsse kalter Außenflächen und die Auswirkung der Sonneneinstrahlung durch Korrekturen für die Wärmedurchgangskoeffizienten berücksichtigt. (Siehe Erläuterungen zu Tabelle 2 von E DIN 4701-2: 1995-08)

Die Berechnung der Norm-Lüftungsheizlast geht von einer vereinfachten Ermittlung der Luftmengen aus, die über die Fugenundichtheiten des Raumes unter bestimmten Bedingungen einströmen können. Sie berücksichtigt die wirksamen Druckdifferenzen am Gebäude für die bei Norm-Außentemperaturen anzusetzenden Windverhältnisse und die thermischen Drücke sowie die Widerstände in den durchströmten Fugen der Außen- und Innenbauteile des Gebäudes. Als Mindestwert für die Norm-Lüftungsheizlast wird der Wert bei einem 0,5fachen Raumluftwechsel zugrunde gelegt. Bei

Räumen mit maschineller Lüftung wird die zusätzliche Lüftungsheizlast für die infolge Abluftüberschuß eindringende Außenluftmenge berücksichtigt.

3.3.2 Ausreichende Beheizung

Eine ausreichende Bemessung der Heizanlagen wird dadurch sichergestellt, daß der Berechnung der Norm-Heizlast eine angemessen niedrige Außentemperatur und zugehörige Windgeschwindigkeit sowie hinreichend sichere Stoffwerte für die Wärmeleitfähigkeit der Baustoffe zugrunde gelegt werden. Sie berücksichtigen bei porösen Materialien mittlere Baufeuchtigkeiten.

Von besonderer Bedeutung für die ausreichende Beheizung eines Raumes ist eine genügende Luftdichtigkeit der Außenbauteile. Es muß bauseits sichergestellt sein, daß die der Berechnung zugrunde gelegten Fugendurchlässigkeiten - auch unter Berücksichtigung der Einbaufugen zwischen Fenstern bzw. Türen und der Baukonstruktion - in der Ausführung nicht überschritten werden. Bei den Fugendurchlaßkoeffizienten für Fenster wird nach den Beanspruchungsgruppen in DIN 18 055 unterschieden.

3.3.3 Gleichmäßige Beheizung

Ziel der Heizlastberechnung ist es, neben einer ausreichenden Beheizung auch eine hinreichend gleichmäßige Beheizung der Räume eines mit einer zentral geregelten Heizanlage oder -gruppe ausgerüsteten Gebäudes auf die der Berechnung zugrunde gelegten Temperaturen zu erreichen. Dies ist jedoch nur innerhalb gewisser Grenzen möglich.

Selbstverständliche Voraussetzung für das Erreichen der gewünschten Temperaturen ist, daß alle Räume des Gebäudes berechnungsgemäß beheizt werden. Die Temperaturen, die sich in den einzelnen Räumen im Beharrungszustand einstellen, ergeben sich aufgrund des Gleichgewichtes zwischen der Leistung der Heizflächen und den Wärmeverlusten der Räume.

Theoretische Untersuchungen haben gezeigt, daß auch bei Beachtung dieser Gegebenheiten eine zentrale Regelung für Gebäude oder Gebäudezonen nur deshalb eine ausreichende Temperaturgleichmäßigkeit ergibt, weil die thermische Kopplung der Räume untereinander über Innenwände, Decken bzw. Fußböden und durch Luftaustausch wesentlich hierzu beiträgt [1]. Bei Räumen oder Gebäudeteilen mit schlechter thermischer Ankopplung an das übrige Gebäude (z. B. Anbauten o.ä.) ist daher die Frage einer sinnvollen Zonierung der Heizanlagen besonders sorgfältig zu prüfen.

Um den Nutzern der Heizanlagen in Wohngebäuden möglichst weitgehend die Möglichkeit einzuräumen, den Heizenergieverbrauch durch eingeschränkte Beheizung eines Teils der beheizbaren Räume zu senken, ist es zweckmäßig, die Heizflächen und gegebenenfalls einen Teil des Rohrnetzes der Räume so zu bemessen, daß eine ausreichende Beheizung auch dann erreicht wird, wenn angrenzende Räume (nach Tabelle 2 von E DIN 4701-2:1995-08) nur mit eingeschränkten Temperaturen betrieben werden. Die Heizflächen und gegebenenfalls ein Teil des Rohrnetzes ergeben sich dabei entsprechend größer. Der Frage einer gleichmäßigen Beheizung aller Räume des Gebäudes unter allen Betriebsbedingungen ist dabei besondere Aufmerksamkeit zu widmen (z. B. Einzelraumregelung).

Bei Erweiterung von zentral geregelten Heizanlagen, die nach früheren Ausgaben von DIN 4701 berechnet wurden, ist es empfehlenswert - wenn für die Erweiterung keine getrennte Regelzone vorgesehen wird -, den Erweiterungsteil nach der gleichen Ausgabe der Norm zu berechnen, nach der der Hauptteil bemessen wurde.

Seite 8
E DIN 4701-1 : 1995-08

4 Berechnung der Norm-Heizlast für übliche Fälle

4.1 Aufbau der Berechnung

Die Norm-Heizlast $\dot{Q}_N$ setzt sich aus der Norm-Transmissionsheizlast $\dot{Q}_T$ und der Norm-Lüftungsheizlast $\dot{Q}_L$ zusammen:

$$\dot{Q}_N = \dot{Q}_T + \dot{Q}_L \tag{1}$$

4.2 Temperaturen

4.2.1 Norm-Außentemperatur

Der Berechnung der Norm-Heizlast wird für die Außentemperatur eines Ortes der niedrigste Zweitagesmittelwert zugrunde gelegt, der im Zeitraum von 20-Jahren zehnmal erreicht oder unterschritten wurde. Diese Norm-Außentemperaturen ϑ_a sind für alle Orte mit mehr als 20 000 Einwohnern und für solche mit einer Wetterstation, deren Daten mit ausgewertet wurden, in Tabelle 1 von E DIN 4701-2:1995-08 aufgeführt. Die Isothermenkarte in Bild 1 von E DIN 4701-2:1995-08 dient lediglich zur Orientierung bei Orten, die selbst in der Tabelle nicht enthalten sind.

4.2.2 Norm-Innentemperatur

Als Norm-Innentemperatur wird eine "empfundene Temperatur" eingesetzt, die sowohl die Lufttemperatur als auch die mittlere Umgebungsflächentemperatur berücksichtigt. Die Norm-Innentemperaturen für Räume unterschiedlicher Nutzung sind in Tabelle 2 von E DIN 4701-2:1995-08 festgelegt.

4.2.3 Temperatur unbeheizter Nebenräume

Die Temperaturen unbeheizter Nebenräume sind in Tabelle 5, 6 und 7 von E DIN 4701-2:1995-08 für einige wesentliche Fälle angegeben:

Allgemein ergibt sich die Temperatur aus:

$$\vartheta_{uR} = \frac{\sum(k \cdot A \cdot \vartheta)_i + \sum(k \cdot A \cdot \vartheta)_a + 0{,}36 \cdot V_R \cdot \beta \cdot \vartheta_a}{\sum(k \cdot A)_i + \sum(k \cdot A)_a + 0{,}36 \cdot V_R \cdot \beta} \text{ in °C} \tag{2}$$

Hierin bedeuten:

ϑ_i	Norm-Innentemperaturen der angrenzenden beheizten Räume	in °C
ϑ_a	Norm-Außentemperatur	in °C
ϑ_{uR}	Temperatur des unbeheizten Raumes	in °C
V_R	Raumvolumen	in m³
β	Luftwechsel	in m³/(m³·h)
A	Fläche	in m²
k	Wärmedurchgangskoeffizient	in W/(m²·K)

Index a Bauteile, mit denen der unbeheizte Raum an die Außenluft grenzt.
Index i Bauteile, mit denen der unbeheizte Raum an beheizte Räume grenzt.

4.3 Norm-Transmissionsheizlast

Die Norm-Transmissionsheizlast ist die Summe der Wärmeströme, die der Raum durch Wärmeleitung über Wände, Fenster, Türen, Decken, Fußboden abgibt:

$$\dot{Q}_T = \sum_j A_j \cdot \dot{q}_j \qquad (3)$$

Hierin bedeuten:

A_j Fläche des Bauteils j

$\dot{q}_j$ Wärmestromdichte des Bauteils j

Für die Bauteile, die an die Außenluft oder an Nachbarräume grenzen, ergibt sich:

$$\dot{q} = k_N \cdot \Delta\vartheta \qquad (4)$$

Hierin bedeuten:

k_N Norm-Wärmedurchgangskoeffizient

$\Delta\vartheta$ Temperaturdifferenz

4.3.1 Norm-Wärmedurchgangskoeffizient

Für den Wärmedurchgangswiderstand R_k eines Bauteils gilt:

$$R_k = R_i + \sum_j R_{\lambda j} + R_a = \frac{1}{\alpha_i} + \sum_j \frac{d_j}{\lambda_j} + \frac{1}{\alpha_a} \qquad (5)$$

Hierin bedeuten:

R_i innerer Wärmeübergangswiderstand
R_a äußerer Wärmeübergangswiderstand
$R_{\lambda j}$ Wärmeleitwiderstand (auch: Wärmedurchlaßwiderstand) der Schicht j
α_i innerer Wärmeübergangskoeffizient
α_a äußerer Wärmeübergangskoeffizient
d_j Dicke der Bauteilschicht j
λ_j Wärmeleitfähigkeit der Schicht j

Den Wärmedurchgangskoeffizienten k erhält man aus:

$$k = \frac{1}{R_k} \qquad (6)$$

An den Wärmedurchgangskoeffizienten sind bei Außenbauteilen Korrekturen zum Ausgleich der behaglichkeitsmindernden niedrigen Oberflächentemperaturen [2] und bei Fenstern außerdem solche zum Ausgleich der Sonneneinstrahlung anzubringen [3]. Mit diesen Korrekturen ergibt sich der Norm-Wärmedurchgangskoeffizient k_N[1]) zu:

$$k_N = k + \Delta k_A + \Delta k_S \qquad (7)$$

Hierin bedeuten:

Δk_A Außenflächenkorrektur für Wärmedurchgangskoeffizienten

Δk_S Sonnenkorrektur für Wärmedurchgangskoeffizienten

Die Außenflächenkorrektur Δk_A ist, abhängig vom Wärmedurchgangskoeffizienten der Außenfläche, nach Tabelle 3 von E DIN 4701-2:1995-08 zu ermitteln.

Die Sonnenkorrektur berücksichtigt den Wärmegewinn durch diffuse Strahlung (bedeckter Himmel). Sie ist daher immer negativ und abhängig vom Gesamtenergiedurchlaßgrad der Verglasung, nicht jedoch von der Himmelsrichtungsorientierung des Fensters. Sie ist nach Tabelle 4 von E DIN 4701-2:1995-08 zu entnehmen.

4.3.2 Außenbauteile

Die Wärmestromdichte $\dot{q}$ in Gleichung (9) ist für Außenbauteile zu ermitteln nach:

$$\dot{q} = k_N \cdot (\vartheta_i - \vartheta_a) \qquad (8)$$

4.3.3 Innenbauteile

Für Innenbauteile ergibt sich die Wärmestromdichte $\dot{q}$ zu:

$$\dot{q} = k \cdot (\vartheta_i - \vartheta_i') \qquad (9)$$

Hierin bedeutet:

ϑ_i' Norm-Innentemperatur im Nachbarraum.

4.3.4 Erdberührte Bauteile [4]

4.3.4.1 Grundlagen

Bei erdberührten Bauteilen tritt ein Wärmeverlust über das Erdreich sowohl an die Außenluft als auch an das Grundwasser auf. Im Gegensatz zu den direkt

---

[1]) Für nachgewiesenen Wärmedurchgangskoeffizienten kann k_N unterschritten werden

außenluftberührten Bauteilen kann hier zur Berechnung der Wärmeströme der übliche eindimensionale Ansatz nicht verwendet werden. Weiterhin ist aufgrund der hohen thermischen Speicherfähigkeit des umgebenden Erdreiches die Außentemperatur nicht mit dem üblichen Normwert anzusetzen, sondern mit einem Mittelwert über einen längeren Zeitraum, der für Deutschland - ortsunabhängig - mit 0 °C anzunehmen ist.

Entscheidende geometrische Einflußgrößen für den Wärmeverlust an das Grundwasser sind die Grundfläche des Gebäudes und der Abstand des Kellerbodens bis zum Grundwasser, für die Wärmeverluste an die Außenluft der Umfang des Gebäudes und die Grundwassertiefe.

Weitere Einflußgrößen sind die Form des Gebäudes, die Wärmeleitfähigkeit des Erdreiches und der Wärmeleitwiderstand evtl. vorhandener Dämmschichten.

Je nach Grundwassertiefe h_{GW} und Tiefe der Kellersohle h_{KG} sind 4 verschiedene Fälle bei der Berechnung zu unterscheiden (siehe Bild 1).

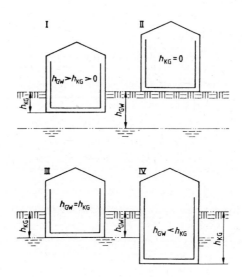

h_{GW} Grundwassertiefe
h_{KG} Tiefe der Kellersohle

Bild 1: 4 Fälle des Wärmeverlustes an das Erdreich

Seite 12
E DIN 4701-1 : 1995-08

4.3.4.2 Vollbeheizte Kellergeschosse

Die Heizlast von Räumen über die erdberührten Bauteile beträgt:

$$\dot{Q}_E = \dot{Q}_{AL} + \dot{Q}_{GW} \qquad (10)$$

Hierin bedeuten:

$\dot{Q}_{AL}$ Wärmeverlust an die Außenluft

$\dot{Q}_{GW}$ Wärmeverlust an das Grundwasser

Wärmeverlust an die Außenluft

Für im Erdreich stehende Gebäude (Bild 1: I, III, IV) gilt:

$$\dot{Q}_{AL} = k_{äq,AL,n} \cdot U \cdot h_{AL,n} \cdot (\vartheta_i - \vartheta_{AL}) \qquad (11)$$

Hierin bedeuten:

$k_{äq,AL,n}$ äquivalenter Wärmedurchgangskoeffizient für den Wärmeverlust an die Außenluft für die Fälle I, III und IV nach Bild 1

U Gebäudeumfang

$h_{AL,n}$ Höhe der Außenluft-Einflußzone für die Fälle I, III und IV nach Bild 1

ϑ_i Norm-Innentemperatur

ϑ_{AL} mittlere Außentemperatur ($\vartheta_{AL} = 0\ °C$)

Für den äquivalenten Wärmedurchgangskoeffizienten gilt:

$$k_{äq,AL,n} = \frac{1}{\dfrac{h_{AL,n}}{f_{AL} \cdot \lambda_E} + \left(\sum\limits_j \dfrac{d_j}{\lambda_j}\right)_W + R_i} \qquad (12)$$

Hierin bedeuten:

f_{AL} Außenluft-Geometriefaktor für den Wärmestrom an die Außenluft (nach Bild 2 von E DIN 4701-2:1995-08)

$\left(\sum\limits_j \dfrac{d_j}{\lambda_j}\right)_W$ Wärmeleitwiderstand der erdberührten Seitenwände

R_i Innerer Wärmeübergangswiderstand nach Tabelle 16 von E DIN 4701-2:1995-08

λ_E Wärmeleitfähigkeit des Erdreichs nach Tabelle 17 von E DIN 4701-2:1995-08

Die Höhe der Außenluft-Einflußzone beträgt:

für $h_{KG} < h_{GW}$ (Bild 1:I)

$h_{AL} = h_{KG}$

für $h_{KG} \geq h_{GW}$ (Bild 1:III und IV)

$h_{AL} = h_{GW}$

Hierin bedeuten (siehe Bild 1):

h_{KG} Tiefe der Kellersohle

h_{GW} Grundwassertiefe

Für auf dem Erdreich stehende Gebäude (Bild 1:II) gilt:

$$\dot{Q}_{AL} = k_{äq,AL,II} \cdot U \cdot b_{AL} \, (\vartheta_i - \vartheta_{AL}) \tag{13}$$

Hierin bedeuten:

$k_{äq,AL,II}$ äquivalenter Wärmedurchgangskoeffizient für den Wärmeverlust für den Fall II nach Bild 1

b_{AL} Breite der Außenluft-Einflußzone

Für den äquivalenten Wärmedurchgangskoeffizienten gilt hier:

$$k_{äq,AL,II} = \cfrac{1}{\cfrac{b_{AL}}{f_{AL} \cdot \lambda_E} + \left(\sum_j \cfrac{d_j}{\lambda_j}\right)_B + R_i} \tag{14}$$

Für b_{AL} gilt:

b_{AL} = niedrigster Zahlenwert von h_{GW} oder $\cfrac{A_B}{U}$ (15)

Hierin bedeuten:

A_B Grundfläche des Gebäudes

$\left(\sum_j \cfrac{d_j}{\lambda_j}\right)_B$ Wärmeleitwiderstand des Kellerbodens

Seite 14
E DIN 4701-1 : 1995-08

Wärmestrom an das Grundwasser

Bei im oder auf dem Erdreich stehenden Gebäuden (Bild 1: I und II) berechnet sich der Wärmestrom an das Grundwasser wie folgt:

$$\dot{Q}_{GW} = k_{äq,GW} \cdot A_B \cdot (\vartheta_i - \vartheta_{GW}) \tag{16}$$

Hierin bedeuten:

$k_{äq,GW}$ äquivalenter Wärmedurchgangskoeffizient für den Wärmestrom an das Grundwasser

A_B Bodenfläche des Gebäudes

ϑ_{GW} Grundwassertemperatur

Die Grundwassertemperatur ϑ_{GW} entspricht im allgemeinen der jahresmittleren Außenlufttemperatur. Sie kann mit $\vartheta_{GW} \approx 9 \,°C$ eingesetzt werden.

Für den äquivalenten Wärmedurchgangskoeffizienten gilt:

$$k_{äq,GW} = \frac{1}{\dfrac{(h_{GW} - h_{KG})}{f_{GW} \cdot \lambda_E} + \left(\sum_j \dfrac{d_j}{\lambda_j}\right)_B + R_i} \tag{17}$$

Hierin bedeuten:

f_{GW} Grundwasser-Geometriefaktor für den Wärmestrom an das Grundwasser nach Bild 3 von E DIN 4701-2:1995-08

$\left(\sum_j \dfrac{d_j}{\lambda_j}\right)_B$ Wärmeleitwiderstand des Kellerbodens

R_i innerer Wärmeübergangswiderstand nach Tabelle 16 von E DIN 4701-2:1995-08

Bei Gebäuden mit grundwasserberührten Bauteilen (Bild 1: III und IV) teilt sich der Wärmestrom an das Grundwasser auf in einen direkten Wärmestrom über diese Bauteile und einen indirekten, über das Erdreich fließenden Wärmestrom durch die trockenen Bauteile:

$$\dot{Q}_{GW} = \dot{Q}_{GW,naß} + \dot{Q}_{GW,trocken} \tag{18}$$

Hierin bedeuten:

$\dot{Q}_{GW,naß}$ direkter Wärmestrom über die grundwasserberührten Bauteile

$\dot{Q}_{GW,trocken}$ indirekter Wärmestrom über die trockenen Bauteile

Der direkte Wärmestrom über die grundwasserberührten Bauteile wird nach dem üblichen, für außenluftberührte Bauteile benutzten, eindimensionalen Ansatz berechnet (siehe Bild 2).

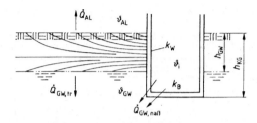

Bild 2: Im Grundwasser stehendes Gebäude ($h_{KG} \geq h_{GW}$)

Es gilt:

$$\dot{Q}_{GW,naB} = [k_B \cdot A_B + k_W \cdot U \cdot (h_{KG} - h_{GW})] \cdot (\vartheta_i - \vartheta_{GW}) \qquad (19)$$

Hierin bedeuten:

k_B Wärmedurchgangskoeffizient des Kellerbodens

k_W Wärmedurchgangskoeffizient der Seitenwände

Es gelten für den Kellerfußboden:

$$k_B = \cfrac{1}{\left(\sum\limits_j \cfrac{d_j}{\lambda_j}\right)_B + R_i} \qquad (20)$$

und für die Wände:

$$k_W = \cfrac{1}{\left(\sum\limits_j \cfrac{d_j}{\lambda_j}\right)_W + R_i} \qquad (21)$$

Hierin bedeuten:

$\left(\sum\limits_j \cfrac{d_j}{\lambda_j}\right)_{B/W}$ Wärmeleitwiderstand der Bauteile Boden bzw. Wände

R_i innerer Wärmeübergangskoeffizient nach Tabelle 16 von E DIN 4701-2:1995-08

Über die nicht grundwasserberührten trockenen Bauteile fließt neben einem Wärmestrom an die Außenluft (nach Gleichung (11)) ein weiterer Wärmestrom an das Grundwasser (siehe Bild 2). Diese Wärmeströme stehen aus Symmetriegründen untereinander im Verhältnis der jeweiligen Temperaturdifferenzen Innen-Außen bzw. Innen-Grundwasser, und es gilt der gleiche äquivalente Wärmedurchgangskoeffizient.

Damit ergibt sich:

$$\dot{Q}_{GW,trocken} = k_{äq,AL,n} \cdot U \cdot h_{GW} \cdot (\vartheta_i - \vartheta_{GW}) \qquad (22)$$

$$h_{AL,n} = h_{GW} \quad \text{(siehe Bild 1: III und IV)}$$

4.3.4.3 Heizlast einzelner Räume

Ist ein Kellergeschoß in mehrere Einzelräume unterteilt, wird mit den oben beschriebenen Gleichungen gerechnet, wobei näherungsweise von einer Proportionalität des Wärmestroms an das Grundwasser zur Bodenfläche des Raumes und des Wärmestroms an die Außenluft zur erdberührten Fassadenbreite des Raumes ausgegangen wird.

Wärmestrom an die Außenluft

Für im Erdreich stehende Gebäude (Bild 1: I, III, IV) gilt:

$$\dot{Q}_{AL} = k_{äq,AL,n} \cdot b \cdot h_{AL,n} \cdot (\vartheta_i - \vartheta_{AL}) \qquad (23)$$

Hierin bedeutet:

b   erdberührte Außenwandbreite einschließlich halber Grenzwanddicke

Bei auf dem Erdreich stehenden Gebäuden (Bild 1:I und II) gilt:

$$\dot{Q}_{AL} = k_{äq,AL,II} \cdot b \cdot b_{AL} \cdot (\vartheta_i - \vartheta_{AL}) \qquad (24)$$

Wärmestrom an das Grundwasser

Bei Räumen mit erdberührten (nicht grundwasserberührten Räumen (Bild 1: I und II) gilt:

$$\dot{Q}_{GW} = k_{äq,GW} \cdot A_{B,Raum} \cdot (\vartheta_i - \vartheta_{GW}) \qquad (25)$$

Hierin bedeutet:

$A_{B,Raum}$ Bodenfläche des Raumes

Bei Räumen mit grundwasserberührten Bauteilen (Bild 1: III und IV) gilt:

$$\dot{Q}_{GW} = \dot{Q}_{GW,naß} + \dot{Q}_{GW,trocken} \qquad (26)$$

$$= [k_B \cdot A_{B,Raum} + k_W \cdot b \cdot (h_{KG} - h_{GW})$$

$$+ k_{äq,AL,n} \cdot b \cdot h_{GW}] \cdot (\vartheta_i - \vartheta_{GW})$$

$$h_{AL,n} = h_{GW} \quad \text{(siehe Bild 1: III und IV)}$$

Werden nur einzelne Räume eines unterteilten Kellergeschosses beheizt, gelten die vorstehenden Gleichungen (23) bis (26) unverändert.

4.4 Norm-Lüftungsheizlast

Für die Norm-Lüftungsheizlast $\dot{Q}_L$ gilt:

$$\dot{Q}_L = \dot{Q}_{FL} + \Delta\dot{Q}_{RLT} \tag{27}$$

bzw.

$$\dot{Q}_L = \dot{Q}_{L\,min} \tag{28}$$

Hierin bedeuten:

$\dot{Q}_{FL}$ Lüftungsheizlast für freie Lüftung nach Gleichung (32) oder (33)

$\Delta\dot{Q}_{RLT}$ zusätzliche Lüftungsheizlast für nachströmende Luft infolge maschineller Abluftanlagen nach Gleichung (32)

$\dot{Q}_{L\,min}$ Mindestwert der Norm-Lüftungsheizlast nach Gleichung (34).

4.4.1 Lüftungsheizlast bei freier Lüftung

4.4.1.1 Grundlagen

Gebäude üblicher Bauart sind in begrenztem Rahmen luftdurchlässig [5], [6]. Die eindringende Außenluft muß auf Raumlufttemperatur (näherungsweise Norm-Innentemperatur) erwärmt werden.

Für diese Heizlast, die Lüftungsheizlast, gilt allgemein:

$$\dot{Q}_{FL} = \dot{V} \cdot c \cdot \rho \cdot (\vartheta_i - \vartheta_a) \tag{29}$$

Hierin bedeuten:

$\dot{V}$ Luftvolumenstrom

c spezifische Wärmekapazität der Luft

ρ Dichte der Luft

Für die Luftströmung durch Fugen kann angesetzt werden:

$$\dot{V} = \sum(a \cdot l) \cdot (p_a - p_i)^n. \tag{30}$$

Hierin bedeuten:

a   Fugendurchlaßkoeffizient
l   Fugenlänge
p_a Luftdruck, außen
p_i Luftdruck, innen.
n   Exponent für die Druckdifferenz

Bei Fugen in Bauteilen kann der Exponent n für die Druckdifferenz mit hinreichender Genauigkeit mit 2/3 eingesetzt werden.

Die Druckdifferenz ($p_a - p_i$) kann durch Wind- und Auftriebskräfte entstehen. Für niedrige Gebäude (Höhe < 10 m) sind dabei die Auftriebskräfte vernachlässigbar.

a) **Winddrücke**

Durch Windanströmung eines Gebäudes entstehen auf den angeströmten Fassaden im allgemeinen Überdrücke, auf den nicht angeströmten Seiten Unterdrücke, die von der Windgeschwindigkeit, von der Gebäudeform und von den Anströmverhältnissen abhängig sind. Entsprechend strömt ohne Auftriebseinflüsse nur auf den angeblasenen Seiten Außenluft ein und hat eine Lüftungsheizlast zur Folge, während sie auf den anderen Seiten als erwärmte Innenluft wieder ausströmt. Mit der Höhe über dem Erdboden nehmen die Windgeschwindigkeit und entsprechend die äußeren Winddrücke zu.

b) **Auftriebsdrücke**

Infolge der Dichteunterschiede zwischen der kalten Außenluft und der warmen Innenluft ergeben sich in durchgehenden vertikalen Schächten hoher Gebäude (z. B. Aufzugsschächte, Treppenhäuser) thermische Differenzdrücke gegenüber der Außenluft, die der Höhe der Schächte und dem Dichteunterschied - entsprechend dem Temperaturunterschied - proportional sind. Ohne Windeinflüsse wirkt sich dieses bei etwa gleichmäßiger Verteilung der Gebäudeundichtigkeiten über die Höhe so aus, daß im Winter im unteren Teil der Gebäude gegenüber außen Unterdruck herrscht und im oberen Teil Überdruck. Entsprechend strömt unten über alle Fassaden kalte Außenluft ein, oben dagegen strömt sie als erwärmte Innenluft wieder aus. Eine Lüftungsheizlast entsteht ohne Windeinfluß demnach nur im unteren Gebäudeteil, und zwar auf allen Fassaden.

c) **Überlagerte Wirkung von Wind und Auftrieb**

Bei gleichzeitiger Wirkung von Wind- und Auftriebseinflüssen läßt sich die Durchströmung eines Gebäudes nur mit aufwendigen Rechenprogrammen beschreiben, da die Innendrücke in komplizierter Weise von der Verteilung aller äußeren und inneren Strömungswiderstände des Gebäudes abhängen. Mit einem für die Zwecke dieser Norm vertretbaren Aufwand läßt sich nur die Lüftungsheizlast für einige Grenzfälle ermitteln, aus denen jeweils der ungünstigste für die Norm-Heizlast zugrunde gelegt werden muß.

Es hängt z. B. von der Windgeschwindigkeit ab, ob auf der angeblasenen Seite eines hohen Gebäudes oben Luft infolge des äußeren Windüberdruckes einströmt oder ob dort infolge des inneren thermischen Überdruckes Luft austritt. Ebenso kann man nicht allgemein sagen, ob im unteren Teil eines hohen Gebäudes auf den vom Wind angeströmten Seiten Luft aufgrund des äußeren Windunterdruckes ausströmt oder ob der innere thermische Unterdruck überwiegt und damit auch dort - und nicht nur auf den angeströmten Fassaden - Außenluft einströmt.

Seite 19
E DIN 4701-1 : 1995-08

Man unterscheidet zweckmäßig (siehe Bild 4 von E DIN 4701-2:1995-08) zwischen Gebäuden vom Schachttyp (ohne innere Unterteilung) und solchen vom Geschoßtyp (mit luftdichten Geschoßtrennflächen). Beides sind theoretische Grenzfälle. Reale Gebäude liegen bezüglich ihrer Durchströmungscharakteristik immer zwischen diesen Grenzfällen.

Schachttyp-Gebäude unterliegen gleichzeitig Wind- und Auftriebswirkungen. Der für die Durchströmung wesentliche Parameter ist jedoch nur das Verhältnis der Durchlässigkeiten $\sum(a \cdot l)_A$ der angeströmten zu den Durchlässigkeiten $\sum(a \cdot l)_N$ der nicht angeströmten Fassaden, den man relativ einfach bestimmten Grundrißtypen (siehe Bild 5 von E DIN 4701-2:1995-08) zuordnen kann.

Grundrißtyp I (Einzelhaustyp) $\quad \dfrac{\sum(a \cdot l)_A}{\sum(a \cdot l)_N} = \dfrac{1}{3}$

Grundrißtyp II (Reihenhaustyp) $\quad \dfrac{\sum(a \cdot l)_A}{\sum(a \cdot l)_N} = 1$

Schachttyp-Gebäude stellen im unteren Gebäudeteil immer den ungünstigsten Grenzfall dar.

Geschoßtyp-Gebäude unterliegen nur Windeinflüssen. Sie haben demnach im oberen Gebäudeteil immer eine größere Lüftungsheizlast als Schachttyp-Gebäude und stellen hier den ungünstigsten Grenzfall dar.

4.4.1.2 Berechnungsansätze

Man setzt in den Gleichungen (23) und (24):

$$c \cdot \rho \cdot (p_a - p_i)^{2/3} = H_h = \epsilon_h \cdot H. \tag{31}$$

Hierin bedeuten:

H_h Hauskenngröße in der Höhe h
H Hauskenngröße für Windeinfluß bezogen auf 10 m Höhe
ϵ_h Höhenkorrekturfaktor für Wind- und Auftriebseinflüsse in der Höhe h

Für die Lüftungsheizlast der beschriebenen Grenzfälle erhält man damit:

Für Schachttyp-Gebäude (Gültigkeitsbereich: $\epsilon_{SN} \geq 0$):

$$\dot{Q}_{FLS} = [\epsilon_{SA} \cdot \sum(a \cdot l)_A + \epsilon_{SN} \cdot \sum(a \cdot l)_N] \tag{32}$$
$$\cdot H \cdot r \cdot (\vartheta_i - \vartheta_a).$$

Für Geschoßtyp-Gebäude:

$$\dot{Q}_{FLG} = \epsilon_{GA} \cdot \sum(a \cdot l)_A \cdot H \cdot r \cdot (\vartheta_i - \vartheta_a). \tag{33}$$

Hierin bedeuten:

H Hauskenngröße (nach Tabelle 10 von E DIN 4701-2:1995-08)
ϵ Höhenkorrekturfaktor (nach Tabellen 11, 12 von E DIN 4701-2:1995-08)
a Fugendurchlaßkoeffizient (nach Tabelle 9 von E DIN 4701-2:1995-08)
l Fugenlänge

Seite 20
E DIN 4701-1 : 1995-08

ϑ_i Norm-Innentemperatur[2])
ϑ_a Norm-Außentemperatur (siehe [7])
r Raumkennzahl (nach Tabelle 13 von E DIN 4701-2:1995-08)

Indizes

S Schachttyp-Gebäude
G Geschoßtyp-Gebäude
A angeströmt (Wind)
N nicht angeströmt (Wind).

Der größere der beiden Grenzwerte nach Gleichung (26) oder (27) gilt als Lüftungsheizlast $\dot{Q}_{FL}$ bei freier Lüftung.

4.4.1.3 Luftdurchlässigkeit des Bauwerks

Die maßgeblichen Luftdurchlässigkeiten liegen in den Schließfugen der zu öffnenden Fenster und Türen sowie in den Einbaufugen zwischen Fensterrahmen und Wandkonstruktion bzw. zwischen einzelnen Außenwandelementen, insbesondere bei vorgefertigten Bauteilen.

Die Durchlässigkeit $\sum(a \cdot l)_A$ ist jeweils für den ungünstigsten Fall der Windanströmung einzusetzen und zwar:

bei Eckräumen:

Für die beiden aneinanderstoßenden Außenflächen mit den größten Durchlässigkeiten

bei eingebauten Räumen mit gegenüberliegenden Außenwänden:

Beim Geschoßtyp-Gebäude für die Wand mit der größten Durchlässigkeit.

Beim Schachttyp-Gebäude ist die Wand mit der größeren Durchlässigkeit für die angeströmte Seite einzusetzen und die andere für die nicht angeströmte Seite.

In Tabelle 9 von E DIN 4701-2:1995-08 sind die Fugendurchlaßkoeffizienten für Türen, Fenster und sonstige Bauteile angegeben.

4.4.1.4 Hauskenngröße

Die Hauskenngröße ist abhängig von der Windgeschwindigkeit. Diese wird von der geographischen Lage des Gebäudes und von seiner Lage in der Umgebung bestimmt (Rechenwerte siehe Tabelle 10 von E DIN 4701-2:1995-08).

---

[2]) Im Hinblick auf die begrenzte Genauigkeit der Norm-Lüftungsheizlast werden hier vereinfachend die Norm-Innentemperaturen anstelle der Lufttemperaturen eingesetzt.

Hinsichtlich der Windstärke unterscheidet man windschwache und windstarke Gegenden. Die windstarke Gegend umfaßt das Gebiet von der Küste bis zum Rand der Mittelgebirge. Das Gebiet südlich davon gilt für niedrige Lagen als windschwache Gegend. Von bestimmten Höhenlagen an, die zu den Alpen hin ansteigen, sind auch diese Regionen als windstark anzusehen (siehe Isothermen-Karte Bild 1 und Tabelle 1 von E DIN 4701-2:1995-08).

Bei der Lage eines Hauses ist zu bedenken, daß nahe über dem Erdboden oder dicht über eng beieinander stehenden gleich hohen Gebäuden die Windgeschwindigkeit geringer ist als in größerer Höhe. Erst in einer gewissen Höhe über dem Erdboden oder über den Gebäuden herrscht Wind in voller Stärke.

Es werden unterschieden:

Normale Lage

für Häuser in dicht besiedelten Gebieten (Stadtkerngebiete) und in Gebieten mit aufgelockerter Bebauung.

Freie Lage

für Häuser auf Inseln, unmittelbar an der Küste, an großen Binnenseen, auf Berggipfeln und in freien Kammlagen.

Der Einfluß des Haustyps auf die Durchströmung und damit auf die Hauskenngröße ergibt sich aus der Winddruckverteilung am Gebäude (Überdruck auf den angeblasenen, Unterdruck auf den nicht angeblasenen Flächen) und aus der Verteilung der Durchlässigkeiten $\sum(a \cdot l)$ auf die angeblasenen und die nicht angeblasenen Flächen. Je größer die Durchlässigkeit $\sum(a \cdot l)_N$ der nicht angeblasenen Flächen im Verhältnis zu der der angeblasenen $\sum(a \cdot l)_A$ ist, desto niedriger stellt sich in einem Haus ohne Innenwiderstände der Innendruck p_i ein, d. h. um so größer wird nach Gleichung (24) das einströmende Luftvolumen auf der angeblasenen Seite.

Grundsätzlich unterschiedlich verhalten sich i dieser Beziehung Einzelhäuser und Reihenhäuser. In einem Einzelhaus (siehe Bild 5 von E DIN 4701-2:1995-08) kann die Luft bei senkrechter Anströmung einer Seite auf drei Seiten des Gebäudes wieder abströmen. Der Innendruck liegt daher in der Nähe des Unterdruckes auf den nicht angeblasenen Flächen. Die Druckdifferenz zwischen innen und außen an den angeblasenen Flächen und damit der auf $\sum(a \cdot l)_A$ bezogene Luftvolumenstrom erreicht maximale Werte.

Bei einem Reihenhaus (siehe Bild 5 von E DIN 4701-2:1995-08) steht unter gleichen Anströmbedingungen nur eine Abströmfläche zur Verfügung. Der Innendruck stellt sich entsprechend höher ein, und das durchströmende Luftvolumen wird geringer.

Als Häuser vom Grundrißtyp I (Einzelhaustyp) gelten solche, bei denen Luft über zwei oder mehr Außenflächen abströmen kann.

Beispiel für Grundrißtyp I:

Allseitig freistehende Häuser nach Bild 5 a von E DIN 4701-2:1995-08
(Ausnahmen siehe Grundrißtyp II)
dreiseitig freistehende Häuser nach Bild 5 b und 5 c nach E DIN 4701-2:1995-08
(Eckreihenhäuser) bzw. Hausteile.

Als Häuser vom Grundrißtyp II (Reihenhaustyp) gelten solche, die durch Trennwände so unterteilt sind, daß Luft im wesentlichen nur über eine Außenfläche abströmen kann.

Seite 22
E DIN 4701-1 : 1995-08

Beispiel für Grundrißtyp II:

Eingebaute Reihenhäuser nach Bild 5 d von E DIN 4701-2:1995-08

Eingebaute Wohnungen in Wohnblöcken nach Bild 5 e von E DIN 4701-2:1995-08

Allseitig freistehende Häuser mit einem Seitenverhältnis über 5 nach Bild 5 f von E DIN 4701-2:1995-08

Allseitig oder dreiseitig freistehende Häuser mit zwei Außenflächen ohne nennenswerte Durchlässigkeiten nach Bild 5 g und 5 h von E DIN 4701-2:1995-08

4.4.1.5 Höhenkorrekturfaktor

Die Höhenkorrekturfaktoren berücksichtigen die Zunahme der Windgeschwindigkeit mit der Höhe und die thermischen Druckwirkungen. Sie sind von der Höhe des betrachteten Raumes über dem Erdboden, vom Gebäudetyp nach Bild 4 und 5 von E DIN 4701-2:1995-08 (Schachttyp-Gebäude, Geschoßtyp-Gebäude) sowie vom Grundrißtyp (Einzelhaustyp:I, Reihenhaustyp: II) abhängig.

Im allgemeinen läßt sich aus den Werten ϵ_{SA}, ϵ_{SN} und ϵ_{GA} unter Berücksichtigung der Durchlässigkeiten $\sum(a \cdot l)_A$ und $\sum(a \cdot l)_N$ schon ohne Rechnung erkennen, ob Gleichung (32) oder Gleichung (33) die höhere Lüftungsheizlast ergibt. Anderenfalls müssen beide Gleichungen ausgewertet und danach der Maximalwert ausgewählt werden.

Für Gebäudehöhen bis 10 m werden keine Auftriebseinflüsse berücksichtigt. Ebenso wird in diesem Höhenbereich konstant die Windgeschwindigkeit in 10 m Höhe vorausgesetzt. Für Gebäude bis 10 m Höhe gilt daher $\epsilon_{GA} = \epsilon_{SA} = 1,0$ und $\epsilon_{SN} = 0$.

Die Tabellen 11 und 12 von E DIN 4701-2:1995-08 enthalten die Höhenkorrekturfaktoren für die genannten Varianten.

4.4.1.6 Raumkennzahl

Die Raumkennzahl r ist ein Reduktionsfaktor, der die Verminderung der Gebäudedurchströmung durch Innenwiderstände (Innenwände mit Türen) berücksichtigt. Er ist - ähnlich wie die Hauskenngröße für das gesamte Gebäude - von dem Verhältnis der Durchlässigkeiten der angeströmten Außenflächen $\sum(a \cdot l)_A$ zu denen der Innentüren und eventueller Fenster auf den nicht angeblasenen Gebäudeseiten $\sum(a \cdot l)_N$ für den betrachteten Raum abhängig, durch die die Luft abströmen kann. Je geringer die Durchlässigkeit der Abströmwege im Verhältnis zu der der Einströmwege ist, desto niedriger wird die Raumkennzahl.

Wegen der großen Schwankungsbreite der Durchlässigkeiten genügt es, die Raumkennzahl grob zu staffeln.

Für den häufigsten Fall, daß die Luft nur über Innentüren abströmt, ist in Tabelle 13 von E DIN 4701-2:1995-08 die Raumkennzahl r in Abhängigkeit von Anzahl und Güte der Innentüren und von der auch für den übrigen Rechnungsgang (Gleichung (32) oder (33)) erforderlichen Größe $\sum(a \cdot l)_A$ in Stufen (r = 0,7 bzw. r = 0,9) angegeben. Für Räume ohne Innentüren zwischen An- und Abströmseite (z. B. Säle, Großraumbüros; durchgehende Wohnräume, Flure über Haustiefe) gilt $r = 1,0$.

Seite 23
E DIN 4701-1 : 1995-08

4.4.1.7 Temperaturdifferenz

Für Räume, bei denen ein Einströmen der Luft direkt von außen angenommen wird, ist die gleiche Temperaturdifferenz einzusetzen wie bei der Berechnung der Transmissionsheizlast von Außenflächen, für innenliegende Sanitärräume nach Maßgabe der Einströmverhältnisse (siehe 4.4.3).

4.4.1.8 Mindestwert der Norm-Lüftungsheizlast

Für Daueraufenthaltsräume (Wohnräume, Schlafräume, Büros u.ä.) muß ein aus hygienischen Gründen erforderlicher Mindestwert für die Lufterneuerung vorausgesetzt werden. Man geht dabei für den Mindestluftvolumenstrom zweckmäßig von einem bestimmten Vielfachen des Raumvolumens aus (Mindestluftwechsel).

Für den Mindestwert der Norm-Lüftungsheizlast gilt:

$$\dot{Q}_{L\,min} = \beta_{min} \cdot V_R \cdot c \cdot \rho \cdot (\vartheta_i - \vartheta_a) \qquad (34)$$

Hierin bedeuten:

β_{min} Mindestluftwechsel
V_R Raumvolumen
c spez. Wärmekapazität der Luft
ρ Dichte der Luft

Bei Daueraufenthaltsräumen ergibt sich unter der Annahme eines 0,5fachen stündlichen Raumluftwechsels für den Mindestwert der Norm-Lüftungsheizlast:

$$\dot{Q}_{L\,min} = 0,17 \cdot V_R \cdot (\vartheta_i - \vartheta_a) \qquad \text{in W} \qquad (35)$$

mit

V_R in m³
$\vartheta_i - \vartheta_a$ in K

Bei anderen Räumen und bei Räumen, deren Raumhöhe 3 m wesentlich übersteigt, ist ein angemessener Luftwechsel festzulegen.

Bei ausgebauten Dachgeschossen treten häufig ausführungsbedingt Undichtheiten auf. Um für derartige Räume dieser Unsicherheit Rechnung zu tragen, wird β_{min} in Gleichung (34) zu 1,5 m³/(h·m³) festgelegt.

Für Räume in Gebäuden unter 10 m Höhe in windschwacher Gegend und normaler Lage liefert Gleichung (35) unter folgenden Voraussetzungen in der Regel höhere Werte für die Norm-Lüftungsheizlast als Gleichung (32) bzw. (33):

Raumtiefe > 3 m, Fenster nur in einer Außenwand, keine Außentüren, Fenster mit normaler Fugenlänge ($\sum(a \cdot l)_A/V_R < 0,17/(H \cdot r)$).

4.4.2 Lüftungsheizlast bei maschineller Lüftung

Bei maschineller Lüftung werden die Druckverhältnisse im Gebäude und damit die durch die Undichtigkeiten eindringenden Außenluftmengen durch die raumlufttechnischen Anlagen beeinflußt.

Hierbei sind Anlagen mit und ohne Abluftüberschuß zu unterscheiden.

Seite 24
E DIN 4701-1 : 1995-08

4.4.2.1 Anlagen ohne Abluftüberschuß

Die erreichbaren Überdrücke bei Zuluftüberschuß sind gegenüber den auftretenden Wind- oder Auftriebsdrücken in der Regel gering. Aus diesem Grunde wird bei solchen Anlagen die Lüftungsheizlast in gleicher Weise ermittelt wie bei freier Lüftung (siehe 4.4.1); d. h. es gilt

$\Delta \dot{Q}_{RLT} = 0.$

4.4.2.2 Anlagen mit Abluftüberschuß

Hier wird außer der Lüftungsheizlast bei freier Lüftung (siehe 4.4.1) die Heizlast berücksichtigt, die für das Aufheizen der aus der Umgebung nachströmenden Luft erforderlich ist.

Es gilt:

$$\Delta \dot{Q}_{RLT} = (\dot{V}_{AB} - \dot{V}_{ZU}) \cdot c \cdot \dot{\rho} \cdot (\vartheta_i - \vartheta_U) \quad \text{in W} \qquad (36)$$

Hierin bedeuten:

$\Delta \dot{Q}_{RLT}$ zusätzliche Lüftungsheizlast für nachströmende Luft infolge maschineller Abluftanlagen

c spezifische Wärmekapazität der Luft ($c \approx 1000$ J/kg · K)

$\dot{V}_{AB}$ Abluftvolumenstrom in m³/s

$\dot{V}_{ZU}$ Zuluftvolumenstrom in m³/s

ϑ_U mittlere Temperatur der nachströmenden Umgebungsluft

ρ Dichte der Luft in kg/m³ (bei 20 °C: $\rho = 1,2$ kg/m³).

4.4.3 Innenliegende Sanitärräume

Innenliegende Bäder und Toiletten nach DIN 18017-1 und DIN 18017-3 werden stets mit Einrichtungen zur freien Lüftung oder mit maschinellen Lüftungsanlagen versehen.

Sind für diese Räume Einrichtungen zur freien Lüftung vorhanden, ist für die Ermittlung der Heizlast ein vierfacher stündlicher Raumluftwechsel [3] zugrunde zu legen.

Damit ergibt sich für die Norm-Lüftungsheizlast:

$$\dot{Q}_L = \dot{Q}_{FL} = 1{,}36 \cdot V_R \cdot (\vartheta_i - \vartheta_U) \quad \text{in W} \qquad (37)$$

Hierin bedeuten:

V_R Raumvolumen in m³
$\vartheta_i - \vartheta_U$ Temperaturdifferenz in K

---

[3] In Anlehnung an DIN 18 017-3

Die Temperatur ϑ_U der nachströmenden Umgebungsluft wird nach den Einströmverhältnissen festgelegt: für Räume mit besonderem Zuluftschacht*) ϑ_U = +10 °C, für Räume ohne Zuluftschacht ⁵) nach Maßgabe der Räume, aus denen die Luft einströmt.

4.5 Norm-Gebäudeheizlast

Der Transmissionsanteil der Norm-Gebäudeheizlast [8] ergibt sich als Summe der Werte der Norm-Transmissionsheizlast aller Räume. Der Lüftungswärmeanteil ist dagegen geringer als die Summe der Werte der Norm-Lüftungsheizlast aller Räume, weil dieser für jeden Raum unter der Voraussetzung der jeweils ungünstigsten Verhältnisse (z. B. Windrichtung) ermittelt wird. Innerhalb eines Gebäudes tritt die maximale Lüftungsheizlast jedoch zum gleichen Zeitpunkt nur für einen Teil der Räume auf.

Die Norm-Gebäudeheizlast $\dot{Q}_{N,Geb}$ ergibt sich danach aus:

$$\dot{Q}_{N,Geb} = \sum_j \dot{Q}_{T,j} + \zeta \cdot \sum_j \dot{Q}_{L,j} \qquad (38)$$

Hierin bedeuten:

$\dot{Q}_{T,j}$ Norm-Transmissionsheizlast des Raumes j

$\dot{Q}_{L,j}$ Norm-Lüftungsheizlast des Raumes j

ζ gleichzeitig wirksamer Lüftungswärmeanteil

Der gleichzeitig wirksame Lüftungswärmeanteil ist Tabelle 14 von E DIN 4701-2:1995-08 zu entnehmen.

4.6 Durchführung der Berechnung

4.6.1 Unterlagen für die Berechnung

Zur Berechnung der Norm-Heizlast müssen vom Bauplaner folgende Unterlagen zur Verfügung gestellt werden:

Lageplan

Aus diesem müssen die Nordrichtung sowie die Möglichkeiten des Windzutrittes zu erkennen sein. Zusätzlich müssen Angaben über die Höhe der Nachbargebäude und über andere Einflüsse auf die Hauskenngröße vorliegen (siehe 4.4.1.4).

Grundrisse und Ansichten (mindestens im Maßstab 1 :100)

In diesen müssen die Baumaße einschließlich der Fenster- und Türmaße (größte Rohbaumaße) eingetragen sein.

---

*) Siehe DIN 18 017-1:1970-08, Bild 5
⁵) Siehe DIN 18 017-1:1970-08, Bild 1

Schnitte

Aus diesen müssen die lichten Raumhöhen, die Geschoßhöhen von Fußbodenoberfläche zu Fußbodenoberfläche und die Höhen der Fensterbrüstungen, Fenster und Türen zu ersehen sein.

Baubeschreibung

Für alle Bauteile sind Angaben über ihre Wärmedurchgangs- bzw. Wärmeleitwiderstände (ersatzweise über deren Aufbau, Baustoffe und Schichtdicken) sowie über die die Wärmeleitwiderstände beeinflussenden Eigenschaften nach DIN 4108-4 erforderlich.

Zur Beschreibung der Fenster gehören Angaben über die Art der Verglasung, das Material der Fensterrahmen und die Länge sowie die Durchlaßkoeffizienten der Fensterfugen bzw. Güteklassen der Fenster nach DIN 18 055.

Für nicht zu öffnende Fensterteile und Fertigbauteile müssen Angaben über deren Fugenlängen und Dichtheit ("mit" oder "ohne garantierte Dichtheit") vorhanden sein.

Bei Türen müssen Angaben über das Material des Türblattes und den Verglasungsanteil sowie zur Luftdurchlässigkeit vorliegen. Bei Außentüren sind dies die gleichen Angaben wie bei Fenstern.

Bei Innentüren genügt die Angabe eventuell vorhandener Schwellen oder sonstiger Dichtungsvorrichtungen.

Nutzung der Räume

Für jeden Raum muß die beabsichtigte Nutzung angegeben werden, soweit diese nicht bereits aus den Grundrißzeichnungen ersichtlich ist.

4.6.2 Berechnungsgang

Zur Berechnung der Norm-Heizlast eines Raumes dient das in Anhang A angegebene Formblatt. Bei Verwendung von EDV-Anlagen sind die Ausdrucke analog zu gestalten, wobei der Rechengang schrittweise nachvollziehbar sein muß.

Zur Kennzeichnung der einzelnen Bauteile sind die folgenden Abkürzungen zu verwenden:

AF Außenfenster
AT Außentür
AW Außenwand
DA Dach
DE Decke
FB Fußboden
IF Innenfenster
IT Innentür
IW Innenwand

Bei den Abmessungen der Bauteile sind als Länge und Breite die lichten Rohbaumaße, als Höhen der Wände die Geschoßhöhen und als Abmessungen der Fenster und Türen die Maueröffnungsmaße einzusetzen. Für die Berechnung sind die Werte der Temperaturen und Wärmeströme ohne Stellen nach dem Komma, die Werte der Flächen, Fugendurchlaßkoeffizienten und Durchlässigkeiten mit einer Stelle nach dem Komma

Seite 27
E DIN 4701-1 : 1995-08

sowie die der Längen und Wärmedurchgangskoeffizienten mit zwei Stellen nach dem Komma einzusetzen.

Die Zwischenergebnisse werden bei Handrechnung gerundet, bei Rechnung mittels programmierbarer Rechner je nach Möglichkeit der Maschine gerundet oder abgeschnitten angegeben. Die Rechnung wird jedoch mit der vollen Genauigkeit des Rechenmittels fortgeführt. Dadurch harmonieren Zwischenrechenergebnisse unter Umständen nicht genau miteinander.

Auf einige Besonderheiten des Formblattes sei hingewiesen:

Bei der Flächenberechnung werden alle abzuziehenden Flächen (z. B. Fenster) vor der umgebenden Fläche (z. B. Außenwand) berechnet und in Spalte 7 durch ein Minuszeichen gekennzeichnet. Von letzterer sind dann schematisch alle so markierten Flächen abzuziehen.

Bei der Berechnung der Fugenlängen wird entweder in den Spalten 12 und 13 die Anzahl der waagerechten bzw. senkrechten Fugen angegeben, aus denen mit den Flächenabmessungen die Fugenlänge berechnet werden kann, oder die Fugenlänge wird direkt in Spalte 14 eingetragen.

Die Spalte 17 dient der Kennzeichnung angeströmter (A) oder nicht angeströmter (N) Durchlässigkeiten. Dieses kann im allgemeinen erst nach der Ermittlung aller Durchlässigkeiten des Raumes und nach der Festlegung der ungünstigsten Windrichtung erfolgen. Die Durchlässigkeiten werden dann getrennt nach angeströmten und nicht angeströmten Bauteilen aufsummiert.

4.6.3 Beispiel einer Heizlastberechnung für ein Gebäude mit einer Höhe unter 10 m

Für ein Reihenhaus in Berlin ist die Norm-Heizlast der Räume 01 (Hobbyraum) und 13 (Schlafzimmer) zu ermitteln.

Bild 3 gibt den Lageplan wieder, die Bilder 4 bis 7 zeigen den Schnitt und die Grundrisse.

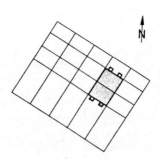

Bild 3: Lageplan
M 1 : 1000

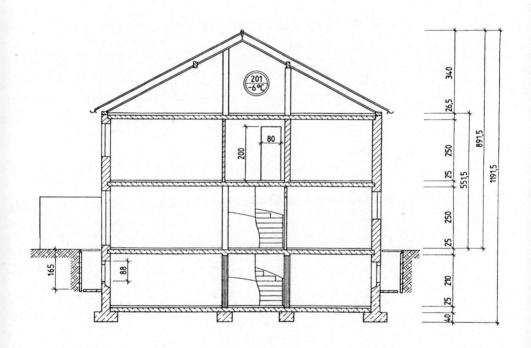

Bild 4: Schnitt A-A
M 1 : 100

Seite 29
E DIN 4701-1 : 1995-08

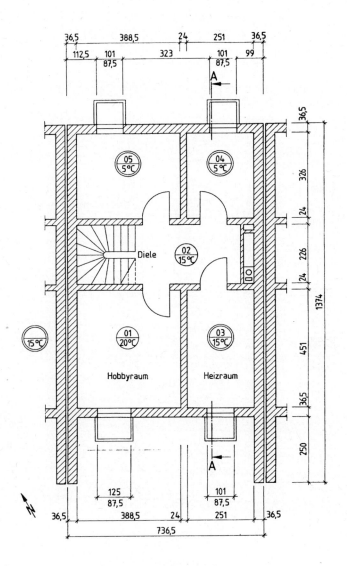

Bild 5: Kellergeschoß
M 1 : 100

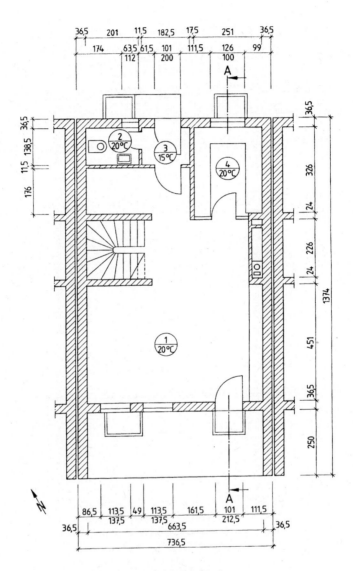

Bild 6: Erdgeschoß
M 1 : 100

Seite 31
E DIN 4701-1 : 1995-08

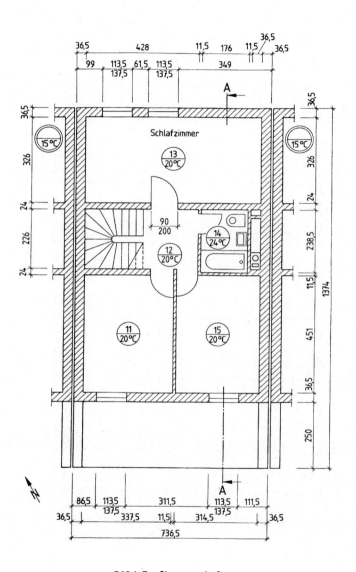

Bild 7: Obergeschoß

Seite 32
E DIN 4701-1:1995-08

Tabelle 1: Ermittlung der Wärmedurchgangskoeffizienten

Bauteil	Nr.	Baustoff	d m	λ W/(m·K)	R$_\lambda$ m²·K/W	k W/(m²·k)
außen innen 20 365 15 30 Außenwand EG und OG	1	Innenputz (Kalkmörtel) Vollziegel (nach DIN 105) Hartschaum Außenputz (Kalkzement- mörtel)	0,015 0,365 0,030 0,020 0,430	0,87 0,68 0,035 0,87	0,017 0,537 1,428 0,023 R$_i$=0,13 R$_a$=0,04 2,175	0,46
15 365 365 15 20 Haus-Trennwand	2	Innenputz (Kalkmörtel) Vollziegel (nach DIN 105) Mineralfaserplatte nach DIN 18 165 (Wärmeleit- fähigkeitsgruppe 035) Vollziegel (nach DIN 105) Innenputz (Kalkmörtel)	0,015 0,365 0,020 0,365 0,015 0,780	0,87 0,68 0,035 0,68 0,87	0,017 0,537 0,571 0,537 0,017 R$_i$=0,13 R$_i$=0,13 1,939	0,52
15 240 5 25 Innenwand Bad	3	Innenputz (Kalkmörtel) Kalksandstein (nach DIN 106) Feuchtigkeitssperre Zementmörtel Fliesen	0,015 0,240 - 0,025 0,005 0,285	0,87 0,79 - 1,40 1,00	0,017 0,304 - 0,018 0,005 R$_i$=0,13 R$_i$=0,13 0,604	1,66
außen innen 200 365 15 20 40 Außenwand KG	4	Innenputz (Kalkmörtel) Vollziegel (nach DIN 105) Hartschaum Außenputz (Zementmörtel) Bitumen Kies	0,015 0,365 0,040 0,020 0,002 0,200 0,642	0,87 0,68 0,035 1,40 0,17	0,017 0,537 1,143 0,014 0,012 R$_{\lambda B}$=1,723	-

fortgesetzt

Seite 33
E DIN 4701-1:1995-08

Tabelle 1 (abgeschlossen)

Bauteil	Nr.	Baustoff	d m	λ W/(m·K)	R_λ m²·K/W	k W/(m²·k)
Innenwand Treppenhaus · Heizraum 15⏐240⏐15	5	Innenputz (Kalkmörtel) Vollziegel (nach DIN 105) Innenputz (Kalkmörtel)	0,015 0,240 0,015 0,270	0,87 0,68 0,87	0,017 0,353 0,017 R_i=0,13 R_a=0,13 0,647	1,55
Geschoßdecke	6	Spannteppich Zementestrich Mineralfaser Normalbeton (nach DIN 1045) Deckenputz (Kalkmörtel)	0,010 0,045 0,030 0,150 0,015 0,250	0,81*) 1,40 0,040 2,1 0,87	0,123 0,032 0,750 0,071 0,017 R_i=0,13 R_i=0,13 1,333	0,75
Kellerfußboden	7	Spannteppich Zementestrich PUR Hartschaum (Wärmeleit- fähigkeitsgruppe 035) Feuchtigkeitssperre Normalbeton (nach DIN 1045) Kies	0,010 0,045 0,040 - 0,150 0,200 0,445	0,081*) 1,40 0,035 - 2,1	0,123 0,032 1,143 - 0,071 $R_{\lambda B}$=1,369	-
Decke zum Dachraum	8	Holzspanplatte (nach DIN 68 761) Mineralfaser Normalbeton (nach DIN 1045) Deckenputz (Kalkmörtel)	0,020 0,080 0,150 0,015 0,265	0,13 0,040 2,1 0,87	0,154 2,000 0,071 0,017 R_i=0,13 R_i=0,13 2,502	0,40
Dachhaut	9	Holzbretter PUR Hartschaum weil später Dachausbau vorgesehen	0,020 0,060 0,080	0,13 0,040	0,154 1,500 R_i=0,13 R_i=0,04 1,671	

*) Annahme

269

Seite 34
E DIN 4701-1 : 1995-08

Das Gebäude steht in einer geschlossenen Bebauung, d. h. in normaler Lage.

Für den Dachraum gelten folgende Wärmedurchgangswiderstände (die Werte für ϑ_i' ergeben sich aus Tabelle 7 von E DIN 4701-2:1995-08, wobei die Dachaußenfläche als dicht zu betrachten ist:

Wärmedurchgangswiderstand nach außen
(siehe Tabelle 1 Nr. 9) $\qquad R_{ka} = 1,671\ m^2 \cdot K/W$

Wärmedurchgangswiderstand nach innen
(siehe Tabelle 1 Nr. 8) $\qquad R_{kb} = 2,502\ m^2 \cdot K/W$

Norm-Außentemperatur nach Tabelle 1 von E DIN 4701-2:1995-08

$$\vartheta_a = -14\ °C\ \text{(windschwach)}$$
$$\vartheta_i = -6\ °C$$

Grundrißtyp nach Bild 6 von E DIN 4701-2:1995-08: Grundrißtyp II (Reihenhaustyp)

Hauskenngröße nach Bild 10 von E DIN 4701-2.1995-08

$$H = 0,52\ W \cdot h \cdot Pa^{2/3}/(m^3 \cdot K)$$

Höhenkorrekturfaktoren nach Tabelle 12 von E DIN 4701-2:1995-08

$$\epsilon_{SA} = 1,0$$
$$\epsilon_{SN} = 0,0$$
$$\epsilon_{GA} = 1,0$$

Raumkennzahlen r nach Tabelle 13 von E DIN 4701-2:1995-08

Raum 01

Eine Innentür normal, ohne Schwelle, Fenster öffenbar, Beanspruchungsgruppe A nach Tabelle 9 von E DIN 4701-2:1995-08

Fugendurchlaßkoeffizient a $\qquad = 0,6\ m^3/(m \cdot h \cdot Pa^{2/3})$

Fugenlänge l $\qquad = 2 \cdot [2 \cdot (1,01 + 0,875)] = 7,54\ m$

$\qquad\qquad \sum(a \cdot l)_A = 4,5\ m^3/(h \cdot Pa^{2/3})$

Raumkennzahl r $\qquad = 0,9$

Raum 13 Schlafzimmer

Eine Tür normal, ohne Schwelle

Fugendurchlaßkoeffizient a $\qquad = 0,6\ m^3/(m \cdot h \cdot Pa^{2/3})$

Fugenlänge l $\qquad = 2 \cdot [2 \cdot (1,14 + 1,38)] = 10,08\ m$

$\qquad\qquad \sum(a \cdot l)_A = 6,0\ m^3/(h \cdot Pa^{2/3})$

Raumkennzahl r $\qquad = 0,9$

Seite 35
E DIN 4701-1 : 1995-08

Die Ermittlung der Wärmedurchgangskoeffizienten für die verschiedenen Bauteile ist in der Tabelle 1 wiedergegeben. Die Norm-Innentemperaturen nach Tabelle 4 bis 7 von E DIN 4701-2:1995-08 sind in den Plänen, Bild 4 bis 7, eingetragen.

Erdberührte Bauteile:

Für die Ermittlung der äquivalenten k-Werte ist zunächst vom vollbeheizten Fall auszugehen. Dabei sind die geometrischen Daten aller 5 zusammenhängenden Reihenhäuser zugrunde zu legen:

$$A_{Boden} = (0{,}365 + 4{,}51 + 0{,}24 + 2{,}26 + 0{,}24 + 3{,}26 + 0{,}365) \cdot 7{,}365 \cdot 5$$

$$= 11{,}24 \cdot 7{,}365 \cdot 5 \quad = 413{,}9 \text{ m}^2$$

$$U = 2 \cdot (5 \cdot 7{,}365 + 11{,}24) = 96{,}13 \text{ m}$$

$$A/U = 4{,}31 \text{ m}$$

Als Kellertiefe wird

$$h_{KG} = 2{,}6 \text{ m angesetzt.}$$

Die Grundwassertiefe ist mit

$$h_{GW} = 5{,}0 \text{ m gegeben,}$$

die Wärmeleitfähigkeit der umgebenden Erdschicht beträgt für Sand/Kies

$$\lambda_E = 2{,}0 \text{ W/(m·K)} \quad \text{(siehe Tabelle 17 von E DIN 4701-2:1995-08)}$$

Nach Bild 2 bzw. 3.2.1, Gleichung (3.9 b) von E DIN 4701-2:1995-08 folgt für den Geometrieeinflußfaktor:

$$f_{AL} = 2{,}26$$

Damit ergibt sich für den äquivalenten k-Wert:

$$k_{äq,AL} = \cfrac{1}{\cfrac{h_{KG}}{f_{AL} \cdot \lambda_E} + \sum_j \cfrac{d_j}{\lambda_j} + R_i}$$

$$= \cfrac{1}{\cfrac{2{,}6}{2{,}26 \cdot 2{,}0} + 1{,}723 + 0{,}13} = \cfrac{1}{0{,}575 + 1{,}723 + 0{,}13}$$

$$= 0{,}41 \text{ W/(m}^2\text{·K)}$$

Seite 36
E DIN 4701-1 : 1995-08

Für den Grundwasser-Geometriefaktor erfolgt die Rechnung analog:

Nach Bild 3 bzw. Gleichung (3.10) von E DIN 4701-2:1995-08 entnimmt man:

$$f_{GW} = 1,21$$

Unter Berücksichtigung des Wärmeleitwiderstandes des Kellerfußbodens ergibt sich mit den Materialdaten nach Tabelle 1, Bauteil Nr. 7 nach dieser Norm sowie mit R_i nach Tabelle 16 von E DIN 4701-2:1995-08 für einen Wärmestrom von oben nach unten:

$$k_{äq,GW} = \frac{1}{\frac{(h_{GW} - h_{KG})}{f_{GW} \cdot \lambda_E} + \left(\sum_j \frac{d_j}{\lambda_j} + R_i \right)}$$

$$= \frac{1}{\frac{(5,0 - 2,6)}{1,21 \cdot 2,0} + (1,369 + 0,17)}$$

$$= 0,39 \ W/(m^2 \cdot K).$$

Im vollbeheizten Fall nach Gleichung (11) ergibt sich:

$$\dot{Q}_{AL} = k_{äq,AL} \cdot U \cdot h_{KG} (\vartheta_i - \vartheta_{AL})$$

$$= 0,41 \cdot 96,13 \cdot 2,6 \cdot (20 - 0)$$

$$= 2050 \ W \approx 2,05 \ kW$$

und nach Gleichung (15)

$$\dot{Q}_{GW} = k_{äq,GW} \cdot A_B \cdot (\vartheta_i - \vartheta_{GW})$$

$$= 0,39 \cdot 413,9 \cdot (20 - 9)$$

$$= 1776 \ W \approx 1,8 \ kW$$

Berechnung der beheizten Teilräume nach Gleichung (21) und (23):

Dabei werden im Gegensatz zur sonstigen Vorgehensweise in dieser Norm sowohl beim anteiligen Außenwand-Wärmestrom als auch beim Grundwasser-Wärmestrom über den Boden die Bruttomaße bis zur Mitte der inneren Grenzwände eingesetzt.

Seite 37
E DIN 4701-1 : 1995-08

Das wird begründet

a) durch die Notwendigkeit, daß die Summe der Teilwärmeströme über alle Kellerräume rechnerisch den Gesamtwärmestrom ergeben muß,

b) durch die Rippenwirkung der Wände, die den dortigen Wärmestrom im Gegensatz zur sonstigen Fläche eher erhöht.

Ein Abzug für kleine Fenster (Fläche < 10 % der Außenwand) erfolgt nicht.

Somit erhält man - unter Berücksichtigung des Abzugs von an den jeweiligen Lichtschacht grenzenden Flächen:

$$\dot{Q}_{AL} = k_{äq,AL} \cdot [b \cdot h_{KG} - A_{Lichtschacht}] \cdot (\vartheta_i - \vartheta_{AL})$$

$$\dot{Q}_{GW} = k_{äq,GW} \cdot A_B \cdot (\vartheta_i - \vartheta_{GW})$$

1. Hobbyraum

$$\dot{Q}_{AL,Hobby} = 0,41 \cdot [(3,885 + 0,365 + 0,12) \cdot 2,6 - (1,26 \cdot 1,65)] \cdot (20 - 0)$$

$$= 0,41 \cdot 9,28 \cdot 20 = 76 \text{ W}$$

$$\dot{Q}_{GW,Hobby} = 0,39 \cdot (4,37 \cdot 4,63) \cdot (20 - 9)$$

$$= 87 \text{ W}$$

2. Heizraum

$$\dot{Q}_{AL,Heiz} = 0,78 \cdot [(2,51 + 0,12 + 0,365)\ 2,6 - (1,01 \cdot 1,65)] \cdot (15 - 0)$$

$$= 72 \text{ W}$$

$$\dot{Q}_{GW,Heiz} = 0,39 \cdot (2,995 \cdot 4,63) \cdot (15 - 9)$$

$$= 32 \text{ W}$$

3. Diele

$$\dot{Q}_{AL,Diele} = 0 \quad (b = 0)$$

$$\dot{Q}_{GW,Diele} = 0,39 \cdot (7,365 \cdot 2,5) \cdot (15 - 9)$$

$$= 43 \text{ W}$$

Die Berechnungsergebnisse für den Hobbyraum sind im Formblatt in den mit ERD markierten Zeilen zusammengestellt.

Seite 38
E DIN 4701-1:1995-08

Tabelle 2: Beispielrechnung Raumnummer: 01
Berechnung der Norm-Heizlast nach DIN 4701

Projekt/Auftrag/Kommission:	Datum:	Seite: 1

Bauvorhaben: **Beispielrechnung DIN 4701**

Raumnummer : 01   Raumbezeichnung: **Hobbyraum**

Norm-Innentemperatur:	ϑ_i	= 20 °C	Anzahl der Innentüren:	n_T	= 1
Norm-Außentemperatur:	ϑ_a	= -14 °C	Höhe über Erdboden:	h	= -1,18 m
Raumvolumen:	V_R	= 36,8 m³	Höhenkorrekturfaktor angeströmt:	ϵ_{SA}	= 1,0
Temperatur der nachströmenden Umgebungsluft:	ϑ_U	= - °C	Höhenkorrekturfaktor (nicht angeströmt):	ϵ_{SN}	= 0,0
Abluftüberschuß:	$\Delta\dot{V}$	= - m³/s	Höhenkorrekturfaktor (angeströmt):	ϵ_{GA}	= 1,0
Hauskenngröße:	H	= 0,52 $\frac{W \cdot h \cdot Pa^{2/3}}{m^3 \cdot K}$			

1	2	3	4	5	6	7	8	9	10	11	12	13	14	15	16	17
			Flächenberechnung					Transmissions-Heizlast					Luftdurchlässigkeit			
-	-	n	b	h	A	-	A'	k_N	$\Delta\vartheta$	$\dot{Q}_T$	n_W	n_S	l	a	a·l	
-	-	-	m	m	m²	-	m²	$\frac{W}{m^2 \cdot K}$	K	W	-	-	m	$\frac{m^3}{m \cdot h \cdot Pa^{2/3}}$	$\frac{m^3}{h \cdot Pa^{2/3}}$	-
AF	SW	1	1,26	0,88	1,11	-	1,11	2,5	34	94	2	2	4,28	0,6	2,57	A
AW	SW	1	1,26	1,65	2,08	-	0,97	1,34	44	44						
AW	ERD	1	4,37	2,6	11,36		9,28	0,41[1)	20	76						
FB	ERD	1	4,37	4,63	20,23		20,23	0,39[2)	11	87						
IW	SO	1	4,51	2,35	10,6		10,6	1,55	5	82						
IW	NW	1	4,51	2,35	10,6		10,6	0,52	5	28						
IT	NO	1	0,80	2,0	1,6	-	1,6	2,0	5	16						
IW	NO	1	3,89	2,35	9,14	1,6	7,54	1,55	5	58						
										485						

[1) $k_{\text{äq}GW}$

[2) $k_{\text{äq,AL}}$

angeströmte Durchlässigkeiten:	$\Sigma(a \cdot l)_A$ =	2,57 $\frac{m^3}{h \cdot Pa^{2/3}}$	
nicht angeströmte Durchlässigkeiten:	$\Sigma(a \cdot l)_N$ =	- $\frac{m^3}{h \cdot Pa^{2/3}}$	

Raumkennzahl: r = 0,9
Lüftungsheizlast durch freie Lüftung: Q_{FL} = 41 W
Lüftungsheizlast durch RLT-Anlagen: ΔQ_{RLT} = - W
Mindest-Lüftungsheizlast: Q_{Lmin} = 210 W
Norm-Lüftungsheizlast: Q_L = 210 W
Norm-Transmissions-Heizlast: Q_T = 485 W
anteilige Lüftungsheizlast: Q_L/Q_T = 0,43
Norm-Heizlast: Q_N = 695 W

Seite 39
E DIN 4701-1:1995-08

Tabelle 3: Beispielrechnung Raumnummer: 13
Berechnung der Norm-Heizlast nach DIN 4701

Projekt/Auftrag/Kommission: Datum: Seite: 2

Bauvorhaben: **Beispielrechnung DIN 4701**

Raumnummer : 13   Raumbezeichnung: **Schlafzimmer**

Norm-Innentemperatur:	ϑ_i = 20 °C	Anzahl der Innentüren: n_T = 1
Norm-Außentemperatur:	ϑ_a = -14 °C	Höhe über Erdboden: h = 4,0 m
Raumvolumen:	V_R = 54,1 m³	Höhenkorrekturfaktor (angeströmt): ε_{SA} = 1,0
Temperatur der nachströmenden Umgebungsluft:	ϑ_U = - °C	Höhenkorrekturfaktor (nicht angeströmt): ε_{SN} = 0,0
Abluftüberschuß:	ΔV = - m³/s	Höhenkorrekturfaktor (angeströmt): ε_{GA} = 1,0
Hauskenngröße:	H = 0,52 $\frac{W \cdot h \cdot Pa^{2/3}}{m^3 \cdot K}$	

1	2	3	4	5	6	7	8	9	10	11	12	13	14	15	16	17
				Flächenberechnung				Transmissions-Heizlast					Luftdurchlässigkeit			
-	-	n	b	h	A	-	A'	k_N	$\Delta\vartheta$	$\dot{Q}_T$	n_W	n_S	l	a	a·l	
-	-	-	m	m	m²	-	m²	$\frac{W}{m^2 \cdot K}$	K	W	-	-	m	$\frac{m^3}{m \cdot h \cdot Pa^{2/3}}$	$\frac{m^3}{h \cdot Pa^{2/3}}$	-
AF	NO	2	1,14	1,38	1,6	-	3,2	2,50	34	272	2	2	10,08	0,6	6,0	A
AW	NO	1	6,64	2,77	18,4		15,2	0,46	34	238						
FB		1	1,83	1,39	2,5		2,5	0,75	5	9						
DE		1	6,84	3,26	21,7		21,7	0,40	26	226						
IW		2	3,26	2,77	9,0		18,1	0,52	5	47						
IW		1	1,76[1]	2,77	4,9		4,9	1,55	-4	-30						
										762						

[1]) Der Wandanteil des Installationsschachtes bleibt unberücksichtigt (mit 20 °C angenommen)

angeströmte Durchlässigkeiten:	$\Sigma(a \cdot l)_A$ = 6,0 $\frac{m^3}{h \cdot Pa^{2/3}}$	Raumkennzahl:	r = 0,9
		Lüftungsheizlast durch freie Lüftung:	Q_{FL} = 95 W
		Lüftungsheizlast durch RLT-Anlagen:	$\Delta\dot{Q}_{RLT}$ = - W
		Mindest-Lüftungsheizlast:	Q_{Lmin} = 308 W
		Norm-Lüftungsheizlast:	Q_L = 308 W
nicht angeströmte Durchlässigkeiten:	$\Sigma(a \cdot l)_N$ = - $\frac{m^3}{h \cdot Pa^{2/3}}$	Norm-Transmissions-Heizlast:	Q_T = 762 W
		anteilige Lüftungsheizlast:	Q_L/Q_T = 0,40 W
		Norm-Heizlast:	Q_N = 1070 W

4.6.4 Zur Berechnung der Norm-Lüftungsheizlast bei Gebäuden über 10 m Höhe

Standort: Berlin, normale Lage

4.6.4.1 Festlegung des ungünstigsten Windangriffs

Bei der Berechnung der Norm-Lüftungsheizlast ist für jeden Raum von der jeweils ungünstigsten Windrichtung auszugehen. Bei Räumen mit einer Außenwand (Büros I bis IV in Bild 8) ist dies unproblematisch. Bei Eckräumen (Konferenzraum in Bild 8) können beide Fassaden gleichzeitig durch Wind beaufschlagt sein, so daß auch in diesem Fall alle Durchlässigkeiten der Außenwände zu berücksichtigen sind.

Mit der Halle in Bild 8 ist hingegen ein Fall gezeigt, bei dem nur eine der beiden Außenwände gleichzeitig angeströmt sein kann. In diesem Fall ist die ungünstigste Windanströmung vorauszusetzen, d. h. es wird die Fassade mit der größeren Durchlässigkeit (hier die Südwand) berücksichtigt. Hätte der Konferenzraum Durchlässigkeiten auch in der Nordwand, so wäre diese zusammen mit der Ostwand einzusetzen, wenn ihre Durchlässigkeiten größer wären als die der Südwand. Im Flur tritt keine Lüftungsheizlast auf.

Die ungünstigste Windrichtung kann raumweise immer anhand der Verteilung der Durchlässigkeiten ($a \cdot l$) festgestellt werden.

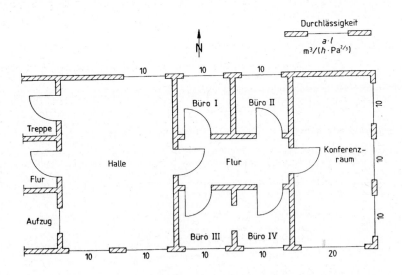

Bild 8: Schematisierter Grundriß eines Verwaltungsgebäudes

Seite 41
E DIN 4701-1 : 1995-08

4.6.4.2 Festlegung der Raumkennzahlen

Die Raumkennzahl eines Raumes ergibt sich nach Tabelle 13 von
E DIN 4701-2:1995-08, abhängig von der Dichtigkeit der Innentüren, von deren
Anzahl und den Durchlässigkeiten der Außenflächen. Für normale Innentüren ohne
Schwelle erhält man mit den in Tabelle 13 angegebenen Durchlässigkeiten folgende
Verhältnisse:

Für die Büros I bis IV gilt r = 0,9. Für den Konferenzraum beträgt die Durchlässigkeit der Fassaden $\Sigma(a \cdot l)$ = 50 m³/(h · Pa$^{2/3}$). Man erhält also r = 0,7. Die
Raumkennzahl der Halle beträgt r = 1,0, weil hier zwischen angeströmter und
nicht angeströmter Fassade keine Innenwiderstände liegen.

4.6.4.3 Festlegung der Höhenkorrekturfaktoren

Es wird von einem Hochhaus in windschwacher Gegend und normaler Lage ausgegangen, das in jeder Etage einen Grundriß nach Bild 8 hat. Nach Bild 5 von
E DIN 4701-2:1995-08 handelt es sich bei diesem um den Grundrißtyp I (Einzelhaustyp). Die Hauskenngröße beträgt nach Tabelle 10 von E DIN 4701-2:1995-08
also H = 0,72 W·h·Pa$^{2/3}$/(m³·K). Die in jedem Geschoß zu berücksichtigenden Höhenkorrekturfaktoren nach Tabelle 11 von E DIN 4701-2:1995-08 hängen auch von
der Gebäudehöhe ab. Für diese ist die Summe der Geschoßhöhen der beheizten Geschosse über Erdboden einzusetzen.

Liegt in allen Geschossen der gleiche Grundriß vor, so werden die Räume des
Grundrisses gemeinhin nur einmal berechnet. Bei der Berechnung der Norm-Lüftungsheizlast empfiehlt es sich dabei, zunächst mit ϵ = 1,0 zu rechnen.
In jedem Geschoß ergibt sich dann ein Höhenkorrekturfaktor, mit dem die Lüftungsheizlast jedes Raumes zu multiplizieren ist. Dieses Verfahren kann für alle
Räume, die nur angeströmte Durchlässigkeiten aufweisen, uneingeschränkt angewendet werden. Der in jedem Geschoß zu berücksichtigende Höhenkorrekturfaktor ergibt sich aus Tabelle 11 von E DIN 4701-2:1995-08, wobei der größere Wert aus
ϵ_{GA} und ϵ_{SA} einzusetzen ist.

5 Berechnung des Wärmedurchgangswiderstandes

Die Gleichungen für die Berechnung der Transmissionsheizlast setzen eindimensionalen Wärmestrom voraus. Abweichungen von dieser Annahme in den Randzonen der
Bauteile (z. B. Raumecken, Fensterlaibungen) sind im Rahmen der Genauigkeit der
übrigen Rechnung vernachlässigbar.

5.1 Bauteile mit hintereinanderliegenden Schichten

Bei einem Bauteil, das aus mehreren in Richtung des Wärmestromes hintereinanderliegenden Schichten besteht, ist der Wärmedurchgangswiderstand R_k die Summe der
Wärmeleitwiderstände aller Schichten $R\lambda$ (nach DIN 4108-4) und der Wärmeübergangswiderstände innen R_i und außen R_a (nach Tabelle 16 von
E DIN 4701-2:1995-08)

Es gilt die Gleichung (5):

$$R_k = R_i + \Sigma R\lambda + R_a \qquad (39)$$

5.2 Bauteile mit nebeneinanderliegenden Elementen

Bei Bauteilen mit nebeneinanderliegenden Elementen aus unterschiedlichen Baustoffen darf bei den üblichen Bauweisen mit eindimensionaler Wärmeströmung gerechnet werden, solange das Verhältnis der Wärmeleitwiderstände der einzelnen Elemente nicht größer ist als 5 (siehe Abschnitt 5.3). Der Wärmestrom durch derartige Bauteile ergibt sich dann additiv aus den Teilströmen durch die einzelnen Elemente. Somit läßt sich ein auf die Gesamtfläche bezogener mittlerer Wärmedurchgangswiderstand wie folgt errechnen:

$$R_{k,m} = \frac{\sum A}{\sum \left(\dfrac{A}{R_k} \right)} \qquad (40)$$

5.3 Wärmebrücken

Der zusätzliche Wärmestrom durch eine Wärmebrücke infolge zweidimensionaler Wärmeströmung ist im Rahmen der Heizlastberechnung nur in Ausnahmefällen zu berücksichtigen. Dieses gilt sowohl für geometrisch bedingte Wärmebrücken mit erhöhtem Wärmestrom, z. B. in Raumecken oder an Fensterlaibungen, als auch für Wärmebrücken, die durch Einbau von Trägern oder Bewehrungen in Wänden entstehen. Derartige Wärmebrücken sind nach DIN 4108-2 so zu dämmen, daß an der inneren Oberfläche keine wesentlich niedrigeren Temperaturen auftreten als an der ungestörten Wandfläche. Damit erübrigt sich im Rahmen der sonstigen Genauigkeit der Heizlastberechnung die Bestimmung von zusätzlichen Wärmeströmen durch Wärmebrücken. Bei durchgehenden Wärmebrücken ohne zusätzliche Wärmedämmung ist die Berechnung sehr aufwendig. Deshalb werden hier nur für zwei häufiger auftretende Anordnungen Näherungsgleichungen angegeben.

5.3.1 I-Träger bündig in einer Außenwand

Zu dem in üblicher Weise nach Gleichung (3) bzw. Gleichung (8) berechneten Wärmestrom durch die homogene Wand tritt der Wärmestrom durch den Träger (siehe Bild 6 von E DIN 4701-2:1995-08):

$$\Delta\dot{Q} = \frac{A_{St}}{R_k} (\vartheta_i - \vartheta_a) \qquad (41)$$

mit

$$R_k = R_i \cdot \frac{s}{b} + R_\lambda + R_a \cdot \frac{s}{b} \qquad (42)$$

$$R_\lambda = \frac{d}{\lambda} \qquad (43)$$

Hierin bedeuten:

A_{St} Stegfläche des Trägers (Dicke s · Länge)
R_k äquivalenter Wärmedurchgangswiderstand des Trägers
λ Wärmeleitfähigkeit des Trägerwerkstoffes.

Seite 43
E DIN 4701-1 : 1995-08

5.3.2 Bauelement mit allseitig geschlossener metallischer Ummantelung

Zu dem in üblicher Weise nach Gleichung (3) bzw. Gleichung (8) berechneten Wärmestrom durch die Füllung tritt ein Wärmestrom durch die Ummantelung.

$$\Delta \dot{Q} = \frac{U \cdot d}{R_U} (\vartheta_i - \vartheta_a) \qquad (44)$$

mit
$$U = 2(b + 1) \qquad (45)$$

$$R_U = \sqrt{R_i \cdot R_{\lambda U}} + R_{\lambda U} + \sqrt{R_a \cdot R_{\lambda U}} \qquad (46)$$

$$R_{\lambda U} = \frac{d}{\lambda_U} \qquad (47)$$

Hierin bedeutet:

λ_U Wärmeleitfähigkeitskoeffizient der Ummantelung

Maßbezeichnungen siehe Bild 7 von E DIN 4701-2:1995-08

6 Hinweise für die Berechnung der Heizlast in besonderern Fällen

In den hier zu behandelnden Sonderfällen der Heizlastberechnung können nur Berechnungsrichtlinien gegeben werden, da die verschiedenen Einflußgrößen in ihrer Bedeutung variieren können und von Fall zu Fall berücksichtigt werden müssen. Zu den genannten Einflüssen zählen instationäre Wärmebewegungen z. B. bei Anheizvorgängen, starke Temperaturschichtungen z. B. in hohen Räumen, besondere Strahlungsverhältnisse im Raum u.a. Die Berechnung solcher Sonderfälle ist in diesem Abschnitt soweit wie möglich auf ihre physikalischen Grundlagen zurückgeführt, doch sollte der planende Ingenieur die Anwendungsgrenzen von Fall zu Fall sorgfältig prüfen. Die so ermittelte Heizlast wird nicht als Norm-Heizlast bezeichnet.

6.1 Heizlast selten beheizter Räume

Bei der Berechnung der Heizlast selten beheizter Räume muß unterschieden werden zwischen speichernden und nichtspeichernden Bauteilen. Während die Wärmeverluste der letzteren mit Hilfe der Gleichungen für den Beharrungszustand berechnet werden können, gehen bei speichernden Bauteilen Anheizvorgänge und damit die entsprechenden Materialeigenschaften neben der Anheizdauer in das Rechenergebnis ein. Man berechnet daher die Heizlast nach dem Ansatz [9]

$$\dot{Q} = \dot{Q}_F + \dot{Q}_W + \dot{Q}_L \qquad (48)$$

Hierin bedeuten:

$\dot{Q}_F$ Heizlast für Fenster und andere nichtspeichernde Bauteile nach Gleichung (3)

$\dot{Q}_W$ Heizlast zum Aufheizen speichernder Bauteile nach Gleichung (49)

$\dot{Q}_L$ Lüftungsheizlast nach Gleichung (27) oder (28).

Für die Aufheiz-Heizlast $\dot{Q}_W$ ist die gesamte innere Oberfläche des Raumes, soweit sie aus wärmespeicherndem Material besteht, also einschließlich des Fußbodens, etwaiger Säulen usw., maßgebend.

Es gilt:

$$\dot{Q}_W = \sum \frac{A_W}{R_Z} \cdot (\vartheta_i - \vartheta_0) \qquad (49)$$

Hierin bedeuten:

A_W Oberfläche des wärmespeichernden Bauteils

R_Z von der Aufheizdauer Z abhängiger mittlerer Aufheizwiderstand

ϑ_i Innentemperatur nach der Aufheizdauer

ϑ_0 Innentemperatur vor dem Aufheizen

In Bild 8 von E DIN 4701-2:1995-08 sind die Werte R_Z für verschiedene Wärmeeindringkoeffizienten $\sqrt{\lambda \cdot c \cdot \rho}$ in Abhängigkeit von der Aufheizdauer angegeben.

Sind die speicherfähigen Bauteile innen mit einer Wärmedämmschicht versehen, so wird deren mittlerer Aufheizwiderstand $R_{ZDä}$ wie folgt berechnet:

$$R_{ZDä} = R_Z + R_{\lambda Dä} \qquad (50)$$

Hierin bedeutet:

$R_{\lambda Dä}$ Wärmeleitwiderstand der Wärmedämmschicht.

Für periodisch betriebene Kirchenheizungen wird in der Regel ϑ_0 = 5 °C zugrunde gelegt. Für ϑ_i gelten die Angaben in Tabelle 2 von E DIN 4701-2:1995-08

6.2 Heizlast bei sehr schwerer Bauart

Die Heizlast für Räume mit sehr schwerer Bauart (Bunker über und unter der Erde, unterirdische Räume, geschlossene Tiefgaragen usw.) wird in gleicher Weise wie für übliche Fälle berechnet.

Aufgrund der großen Wärmespeicherfähigkeit derartiger Räume kann davon ausgegangen werden, daß auch bei unterbrochenem Heizbetrieb die Heizlast über 24 Stunden etwa die gleiche bleibt wie bei durchgehender Beheizung. Die Heizflächen und die Wärmeversorgungsanlage müssen bei einem zeitweise unterbrochenen Heizbetrieb zur Deckung der Transmissionswärmeverluste näherungsweise für einen

Leistungsanteil von $\frac{24}{Z_B} \cdot \dot{Q}_T$

ausgelegt werden, wenn Z_B die Betriebsdauer in Stunden und $\dot{Q}_T$ die Norm-Transmissionsheizlast nach Gleichung (3) bedeuten.

Für die Berechnung der Lüftungsheizlast gelten die Gleichungen (27) oder (28). Für die Auslegung der Heizflächen und der Wärmeversorgungsanlage ist zu prüfen, ob der Lüftungswärmeverlust nur während der Betriebszeit oder dauernd auftritt. Entsprechend ist jeweils die erforderliche Gesamtleistung zu ermitteln.

6.3 Heizlast von Hallen und ähnlichen Räumen

Die Heizlastberechnung weicht hier in mehreren Punkten von den üblichen Fällen ab:

- durch das Fehlen der Innenwände reduziert sich der Strahlungswärmestrom zu den Fenstern und Außenwänden

- die Lufttemperatur nimmt mit der Raumhöhe stark zu

- die mittlere Umgebungstemperatur ist deutlich niedriger als die Norm-Innentemperatur.

6.3.1 Transmissionsheizlast

Bei Heizsystemen mit überwiegend konvektiver Wärmeabgabe (Luftheizung, Konvektoren) wird der innere Wärmeübergangswiderstand an den Außenwänden und -fenstern infolge des verminderten Strahlungswärmeaustausches größer als im üblichen Fall, so daß auch die Wärmedurchgangswiderstände entsprechend größer anzusetzen sind.

Wird der Raum überwiegend durch Strahlung geheizt (Deckenstrahler, Strahlplatten), so kann die Minderung des Strahlungsaustausches zwischen Innenflächen und Außenbauteilen, je nach der geometrischen Anordnung von Strahlungsheizflächen zueinander, ausgeglichen oder auch überkompensiert werden. Es ist dann ein innerer Wärmeübergangswiderstand abzuschätzen.

Die Grenzwerte der inneren Wärmeübergangswiderstände und der damit bestimmten Wärmedurchgangswiderstände von Stahlfenstern mit einfacher Verglasung sind in DIN 4701-2:1995-08, Tabelle 18, angegeben.

Die für den Wärmeverlust maßgebende Temperatur in halber Raumhöhe ϑ_i ist wegen der erwähnten Höhenabhängigkeit höher anzusetzen als die Temperatur in der Aufenthaltszone ϑ_{AZ} und zwar je nach Raumhöhe, Innentemperatur und Heizsystem um $\Delta\vartheta_h$ = 1...4 K. Es gilt

$$\vartheta_i = \vartheta_{AZ} + \Delta\vartheta_h \qquad (51)$$

Für die Temperatur in der Aufenthaltszone ϑ_{AZ} sind die Werte der Norm-Innentemperatur ϑ_i nach Tabelle 2 von E DIN 4701-2:1995-08 zu verwenden.

Die Temperaturkorrektur für lichte Raumhöhen beträgt:

> 5 ... 10 m $\Delta\vartheta_h$ = 2 K
> 10 ... 18 m $\Delta\vartheta_h$ = 3 K
> 18 m $\Delta\vartheta_h$ = 4 K

Diese Temperaturkorrektur ist ein Mittelwert und gilt deshalb für alle Bauteile (z. B. für die Raumdecke ebenso wie für den Fußboden).

Der Wärmeverlust erdberührter Flächen ist in üblicher Weise nach 4.3.4 zu berechnen.

6.3.2 Lüftungsheizlast

Die Lüftungsheizlast wird nach Gleichung (27) bis (36) berechnet, soweit damit eine ausreichende Lufterneuerung sichergestellt ist. Häufig ist die Luft in Hallen jedoch besonderen Belastungen unterworfen, so daß die freie Fugenlüftung für

Seite 46
E DIN 4701-1 : 1995-08

die erforderliche Lufterneuerung nicht ausreicht. In diesen Fällen ist entweder ein Mindestaußenluftstrom oder ein Mindestaußenluftwechsel der Berechnung der Lüftungsheizlast zugrunde zu legen, die dann nach den Gleichungen (29) oder (34) zu ermitteln ist. Hierbei sind die erforderlichen Außenvolumenströme bzw. die zugrunde zu legenden Luftwechsel nach der zu erwartenden Luftverschlechterung zu bestimmen bzw. nach Erfahrung festzulegen.

Zur Berechnung der Lüftungsheizlast nach Gleichung (27) bis (36) sind

- die Fugendurchlaßkoeffizienten nach Tabelle 9 von E DIN 4701-2:1995-08 oder nach Herstellerangaben zu verwenden. Wenn keine Werte für die Fugendurchlaßkoeffizienten zur Verfügung stehen, wird als Näherungsansatz für den Fugendurchlaßkoeffizienten empfohlen: [10], [11]:

$$a = 2 \cdot s \cdot (1 - z_u \cdot c_u) \text{ in } m^3/(m \cdot h \cdot Pa^{2/3}) \quad (52)$$

hierin bedeuten:

s   Spalthöhe der Fuge in mm
z_u Anzahl der Umlenkungen
c_u Widerstandbeiwert, für die einzelne 90°-Umlenkung gilt $c_u = 0,1$

- die Hauskenngrößen und Höhenkorrekturfaktoren sind Tabellen 10 bis 12 von E DIN 4701-2:1995-08 zu entnehmen.

Wenn für Hallen ohne Zwischenwände die Verteilung der Durchlässigkeiten ($\Sigma a l$) zuverlässig bekannt ist, kann die Hauskenngröße nach folgender Beziehung genauer ermittelt werden.

$$H = 0,269 \left[1 - \frac{\left(\frac{(A_A)}{(A_N)}\right)^{2/3} - 0,3}{\frac{(A_A)^{2/3}}{(A_N)} + 1} \right]^{2/3} \cdot w^{4/3}$$

Hierin bedeuten:

w   Windgeschwindigkeit (siehe Tabelle 10 von E DIN 4701-2:1995-08)
$A = \Sigma a \cdot l$ Durchlässigkeitsfläche

Indizes:

A angeströmt
N nicht angeströmt.

Eine zuverlässige Berechnung der Heizlast ist nur für Hallen mit geschlossenen Toren durchführbar. Der Einfluß möglicherweise geöffneter Tore ist anhand der zu erwartenden Winddruckdifferenzen und der sonstigen Randbedingungen gesondert abzuschätzen und entsprechend zu berücksichtigen.

Seite 47
E DIN 4701-1 : 1995-08

6.3.3 Norm-Heizlast

Zur Berechnung der Norm-Gebäudeheizlast von freistehenden Hallen ohne innere Unterteilung durch raumhohe Wände ist als gleichzeitig wirksamer Lüftungsanteil $\zeta = 1$ zu setzen.

Ansonsten gelten die Werte nach Tabelle 14 von E DIN 4701-2:1995-08

6.4 Heizlast von Gewächshäusern

Die Berechnung der Heizlast für Gewächshäuser unterscheidet sich von der in üblichen Fällen dadurch, daß die Lüftungsheizlast auf die Glasflächen bezogen wird und daß wegen der anderen Wärmeaustauschverhältnisse die inneren Wärmeübergangswiderstände niedriger liegen.

Der Wärmeverlust an das Erdreich wird wegen seines kleinen Anteils im allgemeinen nicht in Rechnung gestellt.

6.4.1 Transmissionsheizlast

Die Transmissionsheizlast wird analog Gleichung (3) bestimmt:

$$\dot{Q}_T = \dot{Q}_{T\,Glas} + \dot{Q}_{T\,Rest} \qquad (53)$$

Hierin bedeuten:

$\dot{Q}_{T\,Glas}$ Transmissionswärmebedarf der transparenten Flächen

$\dot{Q}_{T\,Rest}$ Transmissionswärmebedarf aller übrigen Flächen

$$\dot{Q}_{T\,Glas} = \frac{A_{Glas}}{R_{k\,Glas}} \cdot (\vartheta_i - \vartheta_a) \qquad (54)$$

mit $\qquad R_{kGlas} = R_{i\,Glas} + R_{\lambda\,Glas} + R_{a\,Glas} \qquad (55)$

Hierin bedeuten:

A_{Glas} transparente Flächen (einschließlich Tragkonstruktion)

$R_{i\,Glas}$ innerer Wärmeübergangswiderstand an den transparenten Flächen nach Tabelle 19 von E DIN 4701-2:1995-08

$R_{\lambda Glas}$ Wärmeleitwiderstand der transparenten Flächen nach Tabelle 20 von E DIN 4701-2:1995-08

R_{aGlas} äußerer Wärmeübergangswiderstand an den transparenten Flächen (0,04 m²·K/W)

6.4.2 Lüftungsheizlast

Abweichend von den üblichen Fällen wird der Ansatz für die Lüftungsheizlast von Gewächshäusern analog der Transmissionsheizlast geschrieben:

Seite 48
E DIN 4701-1 : 1995-08

$$\dot{Q}_L = \frac{A_{Glas}}{R_{L\,Glas}} \cdot (\vartheta_i - \vartheta_a) \qquad (56)$$

Hierin bedeuten:

A_{Glas} Transparente Fläche (einschließlich Tragkonstruktion)

$R_{L\,Glas}$ Äquivalenter Wärmedurchgangswiderstand für Fugenlüftung nach Tabelle 21 von E DIN 4701-2:1995-08

6.5 Das instationäre thermische Verhalten von Räumen unterschiedlicher Schwere

Das Anheiz- und Abkühlverhalten von Räumen ist in komplexer Weise von den thermischen Stoffwerten der umgebenden Bauteile und deren Schichtung abhängig. Räume sehr unterschiedlicher (insbesondere unterschiedlich schwerer) Bauweise sollten daher nicht an die gleiche Regelgruppe angeschlossen werden, wenn die Heizungsanlage mit erheblichen Unterbrechungen betrieben werden soll.

Seite 49
E DIN 4701-1:1995-08

Anhang A (normativ)

Formblatt zur Berechnung der Norm-Heizlast nach DIN 4701

Projekt/Auftrag/Kommission:	Datum:	Seite:
Bauvorhaben:		
Raumnummer : Raumbezeichnung:		

Norm-Innentemperatur:	ϑ_i =	°C	Anzahl der Innentüren:	n_T =	
Norm-Außentemperatur:	ϑ_a =	°C	Höhe über Erdboden:	h =	m
Raumvolumen:	V_R =	m³	Höhenkorrekturfaktor angeströmt:	ϵ_{SA} =	
Temperatur der nachströmenden Umgebungsluft:	ϑ_U =	°C	Höhenkorrekturfaktor (nicht angeströmt):	ϵ_{SN} =	
Abluftüberschuß:	$\Delta\dot{V}$ =	m³/s	Höhenkorrekturfaktor (angeströmt):	ϵ_{GA} =	
Hauskenngröße:	H =	$\dfrac{W \cdot h \cdot Pa^{2/3}}{m^3 \cdot K}$			

1	2	3	4	5	6	7	8	9	10	11	12	13	14	15	16	17
				Flächenberechnung				Transmissions-Heizlast					Luftdurchlässigkeit			
-	-	n	b	h	A	-	A'	k_N	$\Delta\vartheta$	$\dot{Q}_T$	n_w	n_s	l	a	a·l	
-	-	-	m	m	m²	-	m²	$\dfrac{W}{m^2 \cdot K}$	K	W	-	-	m	$\dfrac{m^3}{m \cdot h \cdot Pa^{2/3}}$	$\dfrac{m^3}{h \cdot Pa^{2/3}}$	-

angeströmte Durchlässigkeiten:	$\Sigma(a \cdot l)_A$ =	$\dfrac{m^3}{h \cdot Pa^{2/3}}$	
nicht angeströmte Durchlässigkeiten:	$\Sigma(a \cdot l)_N$ =	$\dfrac{m^3}{h \cdot Pa^{2/3}}$	

Raumkennzahl:	r =	
Lüftungsheizlast durch freie Lüftung:	$\dot{Q}_{FL}$ =	W
Lüftungsheizlast durch RLT-Anlagen:	$\Delta\dot{Q}_{RLT}$ =	W
Mindest-Lüftungsheizlast:	$\dot{Q}_{Lmin}$ =	W
Norm-Lüftungsheizlast:	$\dot{Q}_L$ =	W
Norm-Transmissions-Heizlast:	$\dot{Q}_T$ =	W
anteilige Lüftungsheizlast:	$\dot{Q}_L / \dot{Q}_T$ =	W
Norm-Heizlast:	$\dot{Q}_N$ =	W

Seite 50
E DIN 4701-1 : 1995-08

Anhang B (informativ)

Erläuterungen

Zu Abschnitt 4.4.1.8

In Abschnitt 4.4.1.8 ist in Gleichung (29) ein 0,5facher stündlicher Mindestluftwechsel für Daueraufenthaltsräume zugrunde gelegt. Dabei ist die sensible Wärmeabgabe der Personen nicht mit berücksichtigt. Sie entspricht z. B. bei einer Fläche je Person von 10 m² und einer Temperaturdifferenz von 34 K zwischen außen und innen etwa einem zusätzlichen Luftwechsel von 0,2 $m^3/(m^3 \cdot h)$. Effektiv ist also während der Besetzung ein höherer Luftwechsel als 0,5 $m^3/(m^3 \cdot h)$ leistungsmäßig gedeckt (hier etwa 0,7).

Zu E DIN 4701-2:1995-08 Tabelle 1

Die Tabelle 1 enthält die Norm-Außentemperaturen in Stufungen von 2 K für alle Orte mit mehr als 20 000 Einwohnern sowie für alle Orte mit Wetterstationen, deren Beobachtungen bei der Festlegung der Außentemperaturen berücksichtigt wurden.

Gewählt wurde als tiefste Außentemperatur nach eingehenden Vergleichsfeststellungen des Deutschen Wetterdienstes der niedrigste Zweitagesmittelwert, der in den Jahren 1951 bis 1970 zehnmal erreicht oder unterschritten wurde. Temperaturen über -10 °C, die im norddeutschen Küstengebiet und vereinzelt in West- und Süddeutschland auftreten, blieben unberücksichtigt. Als obere Grenze der Außentemperatur gilt also -10 °C.

Die in der Karte dargestellten Isothermen gelten nach den Interpolationsregeln der Meteorologie für Bereiche gleicher ganzer Gradzahl (z. B. -12 °C-Isotherme für Bereiche mit -12,0 bis -12,9 °C). Die Felder zwischen den Isothermen stellen daher nicht - wie in DIN 4701:1959-01 - bestimmte "Klimazonen" mit fest zuzuordnender Temperatur dar. Die Isothermenkarte kann daher nur als Hilfsmittel zum Auffinden von Orten mit ähnlicher klimatischer Lage dienen, die in der Tabelle 1 verzeichnet sind.

Kleine Inseln höherer oder niedrigerer Temperatur sind aus Darstellungsgründen in die Karte nicht eingetragen. Es können sich daher Unterschiede zwischen den Werten der Isothermenkarte und der Tabelle ergeben. Die Tabellenwerte gelten als verbindlich.

Zu E DIN 4701-2:1995-08 Tabelle 2

Die für die Heizlastberechnung zugrunde zu legenden Norm-Innentemperaturen sind Rechenwerte, die sowohl die Lufttemperatur als auch die mittlere Temperatur der umgebenden Flächen berücksichtigen. Sie stellen im wärmephysiologischen Sinne "empfundene Temperaturen" dar. Je niedriger die mittlere Oberflächentemperatur eines Raumes ist, desto höher muß mit Rücksicht auf die erhöhte Wärmeabstrahlung der Rauminsassen die Lufttemperatur sein.

Da die verwendeten Beziehungen für die Berechnung der Heizlast physikalisch so aufgebaut sind, daß als Innentemperatur eine Temperatur nahe der Lufttemperatur eingesetzt werden müßte, ergibt sich bei Verwendung der - niedrigeren - Norm-Innentemperaturen eine etwas zu geringe Heizlast. Wollte man dieses vermeiden, müßte man auf dem Iterationswege zunächst die - von der Heizlast abhängige

- erforderliche Innenlufttemperatur des Raumes (und der Nebenräume!) errechnen und damit endgültig die Heizlast ermitteln. Dieses Verfahren ist außerordentlich umständlich, nicht zuletzt deshalb, da korrekterweise dann auch Wärmeströme zwischen benachbarten Räumen gleicher empfundener Temperatur (Norm-Innentemperatur), jedoch geringfügig unterschiedlicher Lufttemperatur gerechnet werden müßten. Es ist daher zweckmäßig und im Rahmen der übrigen Genauigkeit zulässig, stattdessen mit den - zu niedrigen - Norm-Innentemperaturen zu rechnen und eine Erhöhung der Heizlast durch Korrekturen vorzunehmen, wo dieses erforderlich ist.

Dieses erfolgt durch die Außenflächenkorrektur Δk_A für den Wärmedurchgangskoeffizienten von Außenflächen. Sie ist von dessen Wert abhängig.

Die dadurch erforderliche Erhöhung der Lufttemperatur und die damit möglicherweise verbundene Verminderung der Wärmeabgabe der Heizflächen sind in gewissem Umfang vom Heizsystem, insbesondere vom Anteil der durch Strahlung abgegebenen Wärme, abhängig. Diese Zusammenhänge, die die Auslegung der Heizanlagen betreffen, werden in DIN 4701-3 behandelt.

Die Lufttemperatur in einem Raum hängt bei gegebenen Norm-Innentemperaturen in sehr komplexer Weise von den inneren Oberflächentemperaturen des Raumes, von der anteiligen Lüftungsheizlast und vom Heizsystem ab. Sie ist mit einem strahlungsgeschützten Thermometer zu messen. Die mit einem ungeschützten Thermometer gemessene Temperatur ist darüber hinaus - wegen der von Ort zu Ort verschiedenen Zu- und Abstrahlung - von der Meßstelle im Raum abhängig. Die Norm-Innentemperatur ist als Rechenwert nicht meßbar. Es ist daher durch Temperaturmessungen allein nicht möglich, die Richtigkeit der Heizlastberechnung zu überprüfen. Der Nachweis über die Einhaltung dieser Norm kann nur rechnerisch erfolgen.

Bei der Annahme teilweise eingeschränkt beheizter Nachbarräume erhöht sich die Raumheizlast gegenüber der Normheizlast u. U. erheblich [12].

Der Umfang dieser Erhöhung ist von dem Verhältnis der Wärmeströme nach den Nachbarräumen zu denen nach außen abhängig.

Die in dem vorangestellten Text zu Tabelle 2 in E DIN 4701-2:1995-08 genannten Vereinbarungen mit dem Auftraggeber müssen daher bezüglich der teilweise eingeschränkt beheizt anzunehmenden Nachbarräume für jeden betroffenen Raum eindeutige Vorgaben enthalten.

Ohne diese ist die Vergleichbarkeit der Rechenergebnisse nicht mehr gegeben.

Der Rechenansatz nach E DIN 4701-2:1995-08, Tabelle 2, ergibt Höchstwerte für die Raumheizlast, da das Erreichen der angenommenen reduzierten Temperaturen in den Nachbarräumen wiederum von deren Wärmebilanz abhängig ist.

Voraussetzung für die einwandfreie Funktion so ausgelegter Heizanlagen sind Heizsysteme mit selbsttätiger Raumtemperaturregelung.

Zu E DIN 4701-2:1995-08, Tabellen 5 bis 7

Die Rechenwerte für die Temperatur in Nachbarräumen, die nicht von der zu berechnenden Anlage beheizt werden, sind in den Tabellen 5 bis 7 aufgeführt.

Bei Nachbarräumen, die üblicherweise beheizt sind, aber nicht von der zu berechnenden Anlage versorgt werden, ist einheitlich eine Temperatur von +15 °C angesetzt, da dieser Wert wegen der guten thermischen Kopplung über die Innenflächen auch bei teil- oder zeitweiser Beheizung kaum unterschritten wird.

Die Temperaturen in nicht beheizten, dreiseitig eingebauten Treppenhäusern sind in Tabelle 6, abhängig von der Gebäudehöhe, von der Geschoßlage und von den Wärmedurchgangsverhältnissen nach beheizten Räumen und nach außen angegeben. Die Höhenabhängigkeit ergibt sich durch Lufteinströmung über die Eingangstür, die mit der Gebäudehöhe zunimmt. Diese Luft wird auf dem Weg in die höheren Geschosse zunehmend erwärmt.

Die Temperaturen für Dachräume sind von den Wärmedurchgangswiderständen der Dachflächen, von denen der Trennflächen zu den beheizten Räumen und vom Luftwechsel abhängig angegeben. Sie sind in der Tabelle 7 aufgeführt.

Zu E DIN 4701-2:1995-08, Tabelle 10

Der Berechnung der Hauskenngrößen wurden Tagesmittelwerte der Windgeschwindigkeit zugrunde gelegt, die in einem Zeitraum von 20 Jahren an den jeweiligen Orten einmal im Jahr an den beiden kältesten Tagen beobachtet wurden. Es wird unterschieden zwischen "windschwachen Gegenden", denen eine Windgeschwindigkeit von 2 m/s als gerundeter Rechenwert zugrunde gelegt wird, und "windstarken Gegenden", bei denen dieser Wert 4 m/s beträgt. Wie die Isothermenkarte ausweist, gilt als "windstark" das gesamte Gebiet von Norddeutschland bis zum Rande der Mittelgebirge. Weiter nach Süden verschieben sich die "windstarken" Bereiche in zu den Alpen hin ansteigende Höhenlagen. Die Höhenangaben für die Windzonenzuordnung in der Isothermenkarte beziehen sich auf NN mit Ausnahme des Alpengebietes. Dort sind die Höhen auf die jeweiligen Talsohlen bezogen, da hier dieser Bezug meteorologisch sinnvoller ist.

Die obengenannten auf den meteorologischen Ermittlungen beruhenden Werte für die Windgeschwindigkeiten sind für Gebäude mit "normaler Lage" zugrunde gelegt. Dabei ist man davon ausgegangen, daß die zugehörigen Wetterstationen normal gelegen sind. Für "freie Lage" sind die in den Hauskenngrößen berücksichtigten Windgeschwindigkeiten um 2 m/s höher angesetzt.

Anhang C (informativ)

Literaturhinweise

DIN 105-1	Mauerziegel; Vollziegel und Hochlochziegel (1989)
DIN 105-2	Mauerziegel; Leichthochlochziegel (1989)
DIN 105-3	Mauerziegel; Hochfeste Ziegel und hochfeste Klinker
DIN 105-4	Mauerziegel; Keramikklinker
DIN 106-1	Kalksandsteine; Vollsteine, Lochsteine, Blocksteine, Hohlblocksteine
DIN 272	Prüfung von Magnesiaestriche
DIN 398	Hüttensteine; Vollsteine, Lochsteine, Hohlblocksteine
DIN 1045	Beton- und Stahlbetonbau; Bemessung und Ausführung
DIN 1052-1	Holzbauwerke; Berechnung und Ausführung
DIN 1053-1	Mauerwerk; Rezeptmauerwerk; Berechnung und Ausführung
DIN 1101	Holzwolle-Leichtbauplatten und Mehrschicht-Leichtbauplatten als Dämmstoff für das Bauwesen; Anforderungen, Prüfung
DIN 1301-1	Einheiten; Einheitennamen, Einheitenzeichen
DIN 1946-4	Raumlufttechnik; Raumlufttechnische Anlagen in Krankenhäusern (VDI-Lüftungsregeln)
DIN 4108	Wärmeschutz im Hochbau; Inhaltsverzeichnisse; Stichwortverzeichnisse
DIN 4108-1	Wärmeschutz im Hochbau; Größen und Einheiten
DIN 4108-2	Wärmeschutz im Hochbau; Wärmedämmung und Wärmespeicherung; Anforderungen und Hinweise für Planung und Ausführung
DIN 4108-3	Wärmeschutz im Hochbau; Klimabedingter Feuchteschutz; Anforderungen und Hinweise für Planung und Ausführung
DIN 4108-4	Wärmeschutz im Hochbau; Wärme- und feuchteschutztechnische Kennwerte
DIN 4108-5	Wärmeschutz im Hochbau; Berechnungsverfahren
DIN 4158	Zwischenbauteile aus Beton für Stahlbeton- und Spannbetondecken
DIN 4159	Ziegel für Decken und Wandtafeln, statisch mitwirkend
DIN 4160	Ziegel für Decken, statisch nicht mitwirkend
DIN 4165	Gasbeton-Blocksteine und Gasbeton-Plansteine

E DIN 4701-2	Regeln für die Berechnung der Heizlast von Gebäuden Teil 2: Tabellen, Bilder, Algorithmen
DIN 4701-3	Regeln für die Berechnung des Wärmebedarfs von Gebäuden; Auslegung der Raumheizeinrichtungen
DIN 4703-1	Raumheizkörper; Masse; Norm-Wärmeleistungen
DIN 4703-3	Raumheizkörper; Begriffe, Grenzabmaße
DIN 4703-3/A 1	Raumheizkörper; Begriffe, Grenzabmaße, Umrechnungen, Einbauhinweise; Änderung A 1
DIN 4704-1	Prüfung von Raumheizkörpern; Prüfregeln
DIN 4704-2	Prüfung von Raumheizkörpern; Offene Prüfkabine
DIN 4704-3	Prüfung von Raumheizkörpern; Geschlossener Prüfraum
DIN 18 017-1: 1987-02	Lüftung von Bädern und Toilettenräumen ohne Außenfenster; ohne Ventilatoren; Einzelschachtanlagen
DIN 18 017-3: 1990-08	Lüftung von Bädern und Toilettenräumen ohne Außenfenster, mit Ventilatoren
DIN 18 022	Küchen, Bäder und WC's, im Wohnungsbau; Planungsgrundlagen
DIN 18 055	Fenster; Fugendurchlässigkeit, Schlagregendichtheit und mechanische Beanspruchung, Anforderungen und Prüfung
DIN 18 151	Hohlblocksteine aus Leichtbeton
DIN 18 152	Vollsteine und Vollblöcke aus Leichtbeton
DIN 18 153	Mauersteine aus Beton (Normalbeton)
DIN 18 159-1	Schaumkunststoffe als Ortschäume im Bauwesen; Polyurethan-Ortschaum für die Wärme- und Kältedämmung; Anwendung, Eigenschaften, Ausführung, Prüfung
DIN 18 159-2	Schaumkunststoffe als Ortschäume im Bauwesen; Harnstoff-Formaldehydharz-Ortschaum für die Wärmedämmung, Anwendung, Eigenschaften, Ausführung, Prüfung
DiN 18 161-1	Korkerzeugnisse als Dämmstoffe für das Bauwesen; Dämmstoffe für die Wärmedämmung
DIN 18 162	Wandbauplatten aus Leichtbeton, unbewehrt
DIN 18 164-1	Schaumkunststoffe als Dämmstoffe für das Bauwesen; Dämmstoffe für die Wärmedämmung
DIN 18 165-1	Faserdämmstoffe für das Bauwesen; Dämmstoffe für die Wärmedämmung
DIN 18 180	Gipskartonplatten; Arten, Anforderungen, Prüfung
DIN 68 750	Holzfaserplatten; Poröse und harte Holzfaserplatten, Gütebedingungen

DIN 68 761-1	Spanplatten; Flachpreßplatten für allgemeine Zwecke; FPY-Platte
DIN 68 764-1	Spanplatten; Strangpreßplatten für das Bauwesen; Begriffe, Eigenschaften, Prüfung, Überwachung
VDI 2067 Blatt 1 bis 7	Berechnung der Kosten von Wärmeversorgungsanlagen

[1] Esdorn, H.: Einfluß der Bauweise und des Anlagensystems auf die Temperaturverteilung in Gebäuden mit zentral geregelten Heizungs- und Klimaanlagen.
VDI-Bericht Nr 162, VDI-Verlag Düsseldorf 1971

[2] Esdorn, H. und Schmidt, P.: Zum Außenflächenzuschlag bei der Wärmebedarfsberechnung. HLH 31 (1980), Nr 5, S. 163 - 171

[3] Esdorn, H. und Wentzlaff, G.: Neuvorschläge zum Entwurf DIN 4701-1 "Regeln für die Berechnung des Wärmebedarfs von Gebäuden".
Zur Berücksichtigung der Sonnenstrahlung bei der Wärmebedarfsberechnung.
HLH 32 (1981), Nr. 9, S. 349-357

[4] Heynert, P.: Die Wärmeverluste von Gebäuden an das Erdreich. Dissertation, TU Berlin 1990.
Mügge, G.: Der Wärmeverlust erdberührter Bauteile HLH 44 (1993), S. 617/18.

[5] Krischer, O. und Beck, H.: Die Durchlüftung von Räumen durch Windangriff und der Wärmebedarf für die Lüftung.
VDI-Berichte, Band 18, 1957

[6] Esdorn, H. und Brinkmann, W.: Der Lüftungswärmebedarf von Gebäuden unter Wind- und Auftriebseinflüssen.
Ges. Ing. 99 (1978), Heft 4, S. 81 - 94 und S. 103 - 105

[7] Esdorn, H. und Schmidt, P.: Neuvorschläge zum Entwurf DIN 4701 "Regeln für die Berechnung des Wärmebedarfs von Gebäuden".
Teil III: Zum Zusammenhang zwischen dem Norm-Wärmebedarf der Räume und dem Gebäudewärmebedarf für die Auslegung der Wärmeversorgung.
HLH 32 (1981), Nr 11, S. 427 - 428

[8] Esdorn, H. und Schmidt, P.: Neuvorschläge zum Entwurf DIN 4701 "Regeln für die Berechnung des Wärmebedarfs von Gebäuden".
Teil III: Zum Zusammenhang zwischen dem Norm-Wärmebedarf der Räume und dem Gebäudewärmebedarf für die Auslegung der Wärmeversorgung.
HLH 32 (1981), Nr 11, S. 427 - 428

[9] Krischer, O. und Kast, W.: Zur Frage des Wärmebedarfs beim Anheizen selten beheizter Gebäude. Ges.-Ing. 78 (1957), Nr 21/22, S. 321 - 325

[10] Esdorn, H.; Rheinländer, J.: Zur rechnerischen Ermittlung von Fugendurchlaßkoeffizienten und Druckexponenten für Bauteilfugen; HLH 29 (1978); Nr. 3, S. 104

[11] Dietze, L.: Freie Lüftung von Industriegebäuden - Berlin: Verlag für Bauwesen 1987, S. 90 ff

[12] Esdorn, H. und Bendel, H. P.: Zur Heizflächenauslegung bei eingeschränkter Beheizung der Nachbarräume, HLH 33 (1982), Nr. 12

Seite 56
E DIN 4701-1 : 1995-08

Anwendungswarnvermerk

Dieser Norm-Entwurf wird der Öffentlichkeit zur Prüfung und Stellungnahme vorgelegt.

Weil die beabsichtigte Norm von der vorliegenden Fassung abweichen kann, ist die Anwendung dieses Entwurfs besonders zu vereinbaren.

Stellungnahmen werden erbeten an den Normenausschuß Heiz- und Raumlufttechnik (NHRS) im DIN, 10772 Berlin.

DK 697.12/.14 : 536.68 März 1983

Regeln für die Berechnung des Wärmebedarfs von Gebäuden
Tabellen, Bilder, Algorithmen

DIN 4701
Teil 2

Rules for calculating the heat requirement of buildings;
Tables, Pictures, Algorithms

Mit DIN 4701 T 1/03.83
Ersatz für DIN 4701/01.59

Zur Verbesserung der Handhabung von DIN 4701 wurde die Norm aufgeteilt in
DIN 4701 Teil 1   Regeln für die Berechnung des Wärmebedarfs von Gebäuden; Grundlagen der Berechnung
und
DIN 4701 Teil 2   Regeln für die Berechnung des Wärmebedarfs von Gebäuden; Tabellen, Bilder, Algorithmen

Die Norm enthält Tabellen für Außentemperaturen, Norm-Innentemperaturen sowie Rechenwerte für Temperaturen in Nachbarräumen, in nicht beheizten eingebauten Treppenräumen, Dachräumen; Wärmedurchgangskoeffizienten für Türen, Fugendurchlässigkeiten von Bauteilen, Hauskenngrößen und Höhenkorrekturen usw., Bilder sowie vorhandene Algorithmen der Tabellen und Diagramme, die zur Berechnung des Wärmebedarfs nach DIN 4701 Teil 1 erforderlich sind. Die Tabellen mit den Wärmeleitfähigkeiten bzw. Wärmedurchgangskoeffizienten (außer für Türen) sind nicht mehr in DIN 4701 enthalten. Sie sind DIN 4108 Teil 4 zu entnehmen.

Inhalt

Seite
1 Tabellen
Tabelle 1. Außentemperaturen ϑ_a' und Zuordnung zu „windstarker Gegend" (W) für Städte mit mehr als 20 000 Einwohnern 2
Tabelle 2. Norm-Innentemperaturen ϑ_i für beheizte Räume 5
Tabelle 3. Außenflächen-Korrekturen Δk_A für den Wärmedurchgangskoeffizienten von Außenflächen 7
Tabelle 4. Sonnenkorrekturen Δk_S für den Wärmedurchgangskoeffizienten transparenter Außenflächen 7
Tabelle 5. Rechenwerte für die Temperaturen ϑ_i' in Nachbarräumen 7
Tabelle 6. Rechenwerte für die Temperaturen ϑ_i' in nicht beheizten eingebauten Treppenräumen mit einer Außenwand 8
Tabelle 7. Rechenwerte für die Temperaturen ϑ_i' in nicht beheizten angrenzenden Dachräumen und in der Luftschicht belüfteter Flachdächer 9
Tabelle 8. Wärmedurchgangskoeffizienten k für Außen- und Innentüren 9
Tabelle 9. Rechenwerte für die Fugendurchlässigkeit von Bauteilen 10
Tabelle 10. Hauskenngröße H 10
Tabelle 11. Hauskenngröße H und Höhenkorrekturfaktoren ε_{GA}, ε_{SA}, ε_{SN} für Grundrißtyp I (Einzelhaustyp) 11
Tabelle 12. Hauskenngröße H und Höhenkorrekturfaktoren ε_{GA}, ε_{SA}, ε_{SN} für Grundrißtyp II (Reihenhaustyp) 13
Tabelle 13. Raumkennzahlen r 15

Seite
Tabelle 14. Gleichzeitig wirksame Lüftungswärmeanteile ζ 15
Tabelle 15. Äquivalente Wärmeleitwiderstände R_λ ruhender Luftschichten 15
Tabelle 16. Wärmeübergangswiderstände R_i, R_a 15
Tabelle 17. Grenzwerte der inneren Wärmeübergangswiderstände R_i und der Wärmedurchgangswiderstände R einfach verglaster Stahlfenster in Hallen 16
Tabelle 18. Innere Wärmeübergangswiderstände R_{iGlas} an den transparenten Flächen von Gewächshäusern 16
Tabelle 19. Wärmeleitwiderstände $R_{\lambda Glas}$ der transparenten Flächen von Gewächshäusern .. 16
Tabelle 20. Äquivalenter Wärmedurchlaßwiderstand R_L für Fugenlüftung von Gewächshäusern ... 16
Tabelle 21. Konstanten für Gleichung (9) 21

2 Bilder
Bild 1. Isothermenkarte 17
Bild 2. Äquivalenter Wärmeleitwiderstand $R_{\lambda A}$ des Erdreichs zur Außenluft 18
Bild 3. Gebäudetypen 18
Bild 4. Grundrißtypen 18
Bild 5. I-Träger bündig in einer Außenwand 19
Bild 6. Bauelement mit allseitig geschlossener Ummantelung 19
Bild 7. Mittlerer Aufheizwiderstand R_Z 19
Bild 8. Thermische Kopplung zwischen Treppenhäusern und übrigem Gebäude 19

3 Algorithmen
3.1 Algorithmen für Tabellen 20
3.2 Algorithmen für Diagramme 21

Fortsetzung Seite 2 bis 22

Normenausschuß Heiz- und Raumlufttechnik (NHR) im DIN Deutsches Institut für Normung e.V.

1 Tabellen

Tabelle 1. **Außentemperaturen** ϑ_a' [1]) **und Zuordnung zu „windstarker Gegend" (W)** [2]) **für Städte mit mehr als 20 000 Einwohnern** [3]) (tiefstes Zweitagesmittel der Lufttemperatur, das 10mal in 20 Jahren erreicht oder unterschritten wird)

Für Orte, die hier nicht enthalten sind, ist als Außentemperatur der Wert des nächstgelegenen in der Tabelle aufgeführten Ortes ähnlicher klimatischer Lage anzusetzen.
Eine Hilfe hierfür bietet die Isothermenkarte nach Bild 1 (siehe Erläuterungen zu DIN 4701 Teil 1), die auch Angaben über windstarke Gegenden enthält (siehe Erläuterungen zu DIN 4701 Teil 1).

Post-leitzahl	Stadt	Außentemperatur °C	Post-leitzahl	Stadt	Außentemperatur °C
7701	Aach, Hegau	−14	4800	Brackwede	−12
5100	Aachen	−12	3300	Braunschweig	−14 W
7080	Aalen, Württ.	−16 W	2800	Bremen	−12 W
4730	Ahlen, Westf.	−12 W	2850	Bremerhaven	−10 W
2070	Ahrensburg	−12 W	2140	Bremervörde	−12 W
5110	Alsdorf, Rheinl.	−12 W	5790	Brilon	−14 W
5990	Altena, Westf.	−12 W	7520	Bruchsal	−12
6508	Alzey	−12	5040	Brühl, Rheinl.	−10
8450	Amberg, Oberpf.	−16	6967	Buchen, Odenw.	−14 W
5470	Andernach	−12	8602	Burghaslach	−16
8800	Ansbach, Mittelfr.	−16			
5770	Arnsberg	−12 W	4620	Castrop-Rauxel	−10
8750	Aschaffenburg	−12	3100	Celle	−12 W
8900	Augsburg	−14	3392	Clausthal-Zellerfeld	−14 W
7960	Aulendorf, Württ.	−16 W	8630	Coburg	−14
			4420	Coesfeld	−10 W
7150	Backnang	−12	7180	Crailsheim	−16
7570	Baden-Baden	−12	2190	Cuxhaven	−10 W
7847	Badenweiler	−14			
8600	Bamberg	−16	8060	Dachau	−16
8580	Bayreuth	−16	6100	Darmstadt	−12
4720	Beckum, Westf.	−12 W	4354	Datteln	−12 W
6124	Beerfelden, Odenw.	−14 W	2870	Delmenhorst	−12 W
5060	Bensberg	−12	4930	Detmold	−12
6140	Bensheim (Bensheim-Auerbach)	−10	5509	Deuselbach	−12 W
			6340	Dillenburg	−12
8240	Berchtesgaden	−16	8880	Dillingen, Donau	−16
5070	Bergisch-Gladbach	−12	4220	Dinslaken	−10 W
6748	Bergzabern, Bad	−12	4270	Dorsten	−10 W
1000	Berlin	−14	4600	Dortmund	−12
5550	Bernkastel-Kues	−10	6602	Dudweiler, Saar	−12
6631	Berus	−12 W	4060	Dülken	−10 W
7950	Biberach, Riß	−16	4408	Dülmen	−12 W
3560	Biedenkopf	−12	5160	Düren	−12
4800	Bielefeld	−12	4000	Düsseldorf	−10 W
6530	Bingen, Rhein	−12	4100	Duisburg	−10 W
6588	Birkenfeld, Nahe	−14 W			
5581	Blankenrath	−14 W	7470	Ebingen (Albstadt)	−18 W
4290	Bocholt	−10 W	2330	Eckernförde	−10 W
4630	Bochum	−10	2908	Edewechterdamm (Friesoythe)	−12 W
4713	Bockum-Hövel	−12 W			
7030	Böblingen	−14	3352	Einbeck	−16
5300	Bonn	−10	7090	Ellwangen, Jagst	−16
5300	Bonn-Bad Godesberg	−10	2200	Elmshorn	−12 W
5300	Bonn-Beuel	−10	5153	Elsdorf, Rheinl.	−12
2972	Borkum	−10 W	2970	Emden	−10 W
8801	Bottenweiler, Post Zumhaus (Wörnitz)	−16	5427	Ems, Bad	−12
			4407	Emsdetten	−12 W
4250	Bottrop	−10 W	5250	Engelskirchen	−10

[1]) In den Kerngebieten großer Städte liegen die Außentemperaturen etwas höher als in den Randgebieten, auf die sich die aufgeführten Außentemperaturen beziehen. Eine allgemeine Berücksichtigung dieser Verhältnisse ist wegen der vielfältigen Unsicherheitsfaktoren (Flußläufe, Plätze; keine sichere Abgrenzung gegen Außenbezirke) nicht möglich. Es kann jedoch in Städten mit über 100 000 Einwohner bei dichter Bebauung eine besondere Vereinbarung getroffen werden, nach der in Bereichen mit Geschoßflächenzahlen ≥ 1,8 die Außentemperatur bis zu 2 K höher als nach dieser Norm angesetzt werden kann, sofern das Gebäude seine Umgebung nicht wesentlich überragt.

[2]) Windstarke Gegend: W, windschwache Gegend: keine Angabe

[3]) Kleinere Orte mit Wetterstationen, deren Datenmaterial berücksichtigt wurde, sind mit aufgeführt.

Tabelle 1. (Fortsetzung)

Postleitzahl	Stadt	Außentemperatur °C
5828	Ennepetal	−12
8520	Erlangen	−16
3440	Eschwege	−14
5180	Eschweiler, Rheinl.	−12
4300	Essen	−10
7300	Esslingen am Neckar	−14
7505	Ettlingen	−12
5350	Euskirchen	−12
2420	Eutin	−10 W
8411	Falkenstein, Oberpf. (Großer Falkenstein)	−18 W
7821	Feldberg, Schwarzwald	−18 W
6384	Feldberg (kleiner), Taunus	−16 W
7012	Fellbach, Württ.	−12
8591	Fichtelberg, Oberfr.	−16 W
2390	Flensburg	−10 W
7831	Forchheim, Breisgau	−12
8550	Forchheim, Oberfr.	−16
6710	Frankenthal, Pfalz	−12
6000	Frankfurt/Main	−12
5020	Frechen	−10
7800	Freiburg i. Br.	−12
8050	Freising	−16
7290	Freudenstadt	−16 W
7990	Friedrichshafen	−12
5300	Friesdorf (Post Bad Godesberg)	−10
8080	Fürstenfeldbruck	−16
8510	Fürth, Bay.	−16
6400	Fulda	−14
8100	Garmisch-Partenkirchen	−18
2054	Geesthacht	−12 W
7340	Geislingen, Steige	−16
6460	Gelnhausen	−12
4650	Gelsenkirchen	−10
6970	Gerlachsheim (Lauda-Königshofen, Baden)	−14
5820	Gevelsberg	−12
6300	Gießen	−12
3170	Gifhorn	−14 W
3579	Gilserberg	−14
4390	Gladbeck, Westf.	−10 W
2208	Glückstadt	−10 W
7320	Göppingen	−14
8551	Gössweinstein	−16
3400	Göttingen	−16
3380	Goslar	−14
4402	Greven, Westf.	−12 W
4048	Grevenbroich	−10 W
4432	Gronau, Westf.	−10 W
7162	Gschwend b. Gaildorf	−16
4830	Gütersloh	−12 W
5270	Gummersbach	−12
5800	Hagen	−12
2000	Hamburg	−12 W
3250	Hameln	−12
4700	Hamm, Westf.	−12 W
6450	Hanau	−12
3000	Hannover	−14 W
3388	Harzburg, Bad-	−14
4320	Hattingen, Ruhr	−12
3579	Hauptschwenda (Neukirchen, Knüllgeb.)	−14 W
2240	Heide, Holst.	−10 W

Postleitzahl	Stadt	Außentemperatur °C
6900	Heidelberg	−10
7920	Heidenheim, Brenz	−16
7100	Heilbronn, Neckar	−12
5628	Heiligenhaus b. Velbert	−12
3330	Helmstedt	−14 W
5870	Hemer	−12
6424	Herchenhain	−14 W
4900	Herford	−12
3443	Herleshausen	−14
4690	Herne	−10
7506	Herrenalb, Bad	−14
6430	Hersfeld, Bad	−14
	Herstein	−12
4352	Herten, Westf.	−10 W
4010	Hilden	−10
3200	Hildesheim	−14 W
5231	Hilgenroth, Westerw.	−12
7821	Höchenschwand	−16 W
8204	Höllenstein (Post Degerndorf am Inn) (Großbrannenburg)	−18
8670	Hof, Saale	−18 W
8729	Hofheim, Unterfr.	−14
5850	Hohenlimburg	−12
8126	Hohenpeissenberg	−16 W
3450	Holzminden	−12
4100	Homberg, Niederrh.	−10 W
6380	Homburg, Bad	−12
6650	Homburg, Saar	−12
5142	Hückelhoven	−10
5030	Hürth	−10
2250	Husum, Nordsee	−10 W
4530	Ibbenbüren	−12 W
6580	Idar-Oberstein	−12
8070	Ingolstadt, Donau	−16
5860	Iserlohn	−12
2210	Itzehoe	−12 W
8756	Kahl am Main	−12
6750	Kaiserslautern	−12
4618	Kamen, Westf.	−12
4132	Kamp-Lintfort	−10 W
8859	Karlshuld	−16
7500	Karlsruhe	−12
3500	Kassel	−12
8950	Kaufbeuren	−16
8960	Kempten, Allgäu	−16
2300	Kiel	−10 W
7312	Kirchheim, Teck	−16
8730	Kissingen, Bad	−14
4190	Kleve, Niederrhein	−10 W
7209	Klippeneck (Denkingen, Württ.)	−16 W
5400	Koblenz	−12
5000	Köln	−10
6240	Königstein, Taunus	−12
8112	Kohlgrub, Bad	−16 W
7750	Konstanz	−12
7014	Kornwestheim	−12
4150	Krefeld	−10 W
6550	Kreuznach, Bad	−12
8640	Kronach	−16
7118	Künzelsau	−14
8650	Kulmbach	−16

Tabelle 1. (Fortsetzung)

Postleitzahl	Stadt	Außentemperatur °C
7630	Lahr, Schwarzwald	−12
6840	Lampertheim, Hessen	−12
6740	Landau, Pfalz	−12
8300	Landshut, Bay.	−16
6070	Langen, Hessen	−12
4018	Langenfeld, Rheinl.	−10
3012	Langenhagen, Han.	−14 W
2941	Langeoog	−10 W
2950	Leer, Ostfriesland	−10 W
3160	Lehrte	−14 W
4920	Lemgo	−12
4540	Lengerich, Westf.	−12
7250	Leonberg, Württ.	−12
5868	Letmathe	−12
5090	Leverkusen	−10
8990	Lindau, Bodensee	−12
4450	Lingen, Ems	−10 W
4780	Lippstadt	−12 W
2282	List auf Sylt	−10 W
7850	Lörrach	−12
5023	Lövenich b. Frechen	−10
6223	Lorch, Rheingau	−12
7140	Ludwigsburg, Württ.	−12
6700	Ludwigshafen am Rhein	−12
2400	Lübeck	−10 W
5880	Lüdenscheid	−12 W
2120	Lüneburg	−12 W
4670	Lünen	−12 W
6500	Mainz	−12
6800	Mannheim	−12
3550	Marburg, Lahn	−12
4370	Marl	−10 W
7758	Meersburg, Bodensee	−12
8940	Memmingen	−16
5750	Menden, Sauerland	−12
7801	Mengen, Baden	−14
7256	Merklingen Kr. Leonberg (Weil der Stadt)	−16 W
8354	Metten, Niederbay.	−18
4020	Mettmann	−12
4950	Minden, Westf.	−12
8961	Mittelberg b. Oy	−18 W
8102	Mittenwald	−16 W
4050	Mönchengladbach	−10
4130	Moers	−10 W
4019	Monheim, Rheinl.	−10
4330	Mühlheim, Ruhr	−10
8000	München	−16
7420	Münsingen, Württ.	−16 W
4400	Münster, Westf.	−12 W
6350	Nauheim, Bad	−14
5760	Neheim-Hüsten	−12
6078	Neu-Isenburg	−12
4133	Neukirchen-Vluyn	−10 W
2161	Neuland, Kr. Stade (Neuland-Waterneversdorf)	−10 W
2350	Neumünster	−12 W
6680	Neunkirchen, Saar	−12
4040	Neuss	−10 W
6730	Neustadt, Weinstraße	−10
7910	Neu-Ulm	−14
5450	Neuwied	−12
5620	Neviges	−12
3070	Nienburg, Weser	−12 W
8860	Nördlingen	−16
2890	Nordenham	−10 W
2982	Norderney	−10 W
4460	Nordhorn	−10 W
5489	Nürburg	−14 W
8500	Nürnberg	−16
7440	Nürtingen	−14
8203	Oberaudorf	−18
4200	Oberhausen, Rheinland	−10 W
7801	Oberrotweil	−12
8980	Oberstdorf	−20
6370	Oberursel, Taunus	−12
8474	Oberviechtach	−16
7110	Öhringen	−14
4353	Oer-Erkenschwick	−10 W
6050	Offenbach, Main	−12
7600	Offenburg	−12
2900	Oldenburg, Oldb.	−10 W
5090	Opladen	−10
4500	Osnabrück	−12 W
4790	Paderborn	−12
8433	Parsberg, Oberfr.	−16
8390	Passau	−14
3150	Peine	−14 W
7530	Pforzheim	−12
2080	Pinneberg	−12 W
6780	Pirmasens	−12
5970	Plettenberg	−12
8561	Pommelsbrunn	−14
5000	Porz	−10
8080	Puch (Post Fürstenfeldbruck)	−16
2224	Quickborn Post Burg (Dithmarschen)	−12 W
5608	Radevormwald	−12
7550	Rastatt	−12
4030	Ratingen	−10 W
7980	Ravensburg	−14
4350	Recklinghausen	−10 W
8400	Regensburg	−16
5630	Remscheid	−12
2370	Rendsburg	−10 W
7410	Reutlingen	−16
4440	Rheine	−12 W
4100	Rheinhausen, Niederrh.	−10 W
4100	Rheinkamp	−10 W
4050	Rheydt	−10
5038	Rodenkirchen	−10
5101	Rötgen, Eifel	−12 W
8200	Rosenheim, Oberbay.	−16
8803	Rothenburg ob der Tauber	−14
6090	Rüsselsheim	−12
6600	Saarbrücken	−12
6630	Saarlouis	−12
3320	Salzgitter	−14 W
7822	St. Blasien	−16 W
6670	St. Ingbert	−12
2380	Schleswig	−10 W
7298	Schömberg Kr. Freudenstadt (Loßburg)	−14 W

296

Tabelle 1. (Fortsetzung)

Postleitzahl	Stadt	Außentemperatur °C
7294	Schopfloch	−16 W
7060	Schorndorf, Württ.	−16
6479	Schotten, Hess.	−12
8540	Schwabach, Mittelfr.	−16
7070	Schwäbisch Gmünd	−16
7170	Schwäbisch Hall	−16
8720	Schweinfurt	−14
5830	Schwelm	−12
7220	Schwenningen, Neckar	−16 W
5840	Schwerte, Ruhr	−12
2360	Segeberg, Bad	−10 W
8672	Selb	−18 W
5200	Siegburg	−12
5900	Siegen	−12
5210	Sieglar	−10
7480	Sigmaringen	−14 W
7032	Sindelfingen	−14
7700	Singen, Hohentwiel	−14
4770	Soest, Westf.	−12 W
5650	Solingen	−12
3040	Soltau	−12 W
6720	Speyer	−12
2160	Stade	−10 W
8729	Steinbach bei Eltmann	−14
5190	Stolberg, Rheinl.	−12
8440	Straubing	−18
7000	Stuttgart	−12
6603	Sulzbach, Saar	−12
8170	Tölz, Bad	−18
5500	Trier	−10
7400	Tübingen	−16
7200	Tuttlingen	−16 W
5132	Übach-Palenberg	−12
3110	Uelzen	−14 W
7900	Ulm, Donau	−14
4750	Unna	−12 W
5620	Velbert	−12
6806	Viernheim	−12
4060	Viersen	−10 W
7730	Villingen, Schwarzwald	−16 W
6620	Völklingen, Saar	−12
4223	Voerde, Niederrh.	−10 W
7050	Waiblingen	−12
3544	Waldeck, Hess.	−14 W
4100	Walsum	−10 W
4355	Waltrop	−12 W
4680	Wanne-Eickel	−10
8090	Wasserburg a. Inn	−16
	Wasserkuppe	−16 W
4640	Wattenscheid	−10
2000	Wedel, Holstein	−10 W
8480	Weiden, Oberpf.	−16
6290	Weilburg	−12
6940	Weinheim, Bergstraße	−10
8832	Weissenburg in Bay.	−16
8501	Wendelstein, Mittelfr.	−20 W
5980	Werdohl	−12
5678	Wermelskirchen	−12
4712	Werne a. d. Lippe	−12 W
6980	Wertheim	−14
4230	Wesel	−10 W
5047	Wesseling, Rheinl.	−10

Postleitzahl	Stadt	Außentemperatur °C
6330	Wetzlar	−12
6200	Wiesbaden	−10
7547	Wildbad	−14
2940	Wilhelmshaven	−10 W
3542	Willingen, Upland	−14 W
5810	Witten	−12
3430	Witzenhausen	−14
3340	Wolfenbüttel	−14 W
3180	Wolfsburg	−14 W
6520	Worms	−12
5603	Wülfrath	−12
5102	Würselen	−12
8700	Würzburg	−12
5600	Wuppertal	−12
8100	Zugspitze	−24 W
6660	Zweibrücken	−12

Tabelle 2. **Norm-Innentemperaturen ϑ_i [1]) für beheizte Räume**

Der Berechnung des Norm-Wärmebedarfs sind, soweit vom Auftraggeber nicht ausdrücklich andere Werte gefordert werden, die nachfolgend aufgeführten Norm-Innentemperaturen zugrunde zu legen. Bei Wohnhäusern ist zwischen Auftraggeber und Auftragnehmer jeweils zu vereinbaren, ob die Heizungsanlage für volle Beheizung aller beheizbaren Räume oder für eine teilweise eingeschränkte Beheizung dieser Räume auszulegen ist. Bei voller Beheizung sind die Heizflächen nach lfd. Nr 1.1, bei teilweise eingeschränkter Beheizung nach lfd. Nr 1.2 zu bemessen. Für die Berechnung des Norm-Gebäudewärmebedarfs, der für die Dimensionierung der Wärmeversorgung maßgeblich ist, sind stets die Norm-Innentemperaturen nach lfd. Nr 1.1 bzw. analoge vereinbarte Temperaturen zugrunde zu legen.

Lfd. Nr	Raumart	Norm-Innentemperatur °C
1	**Wohnhäuser**	
1.1	**vollbeheizte Gebäude**	
	Wohn- und Schlafräume	+20
	Küchen	+20
	Bäder	+24
	Aborte	+20
	geheizte Nebenräume (Vorräume, Flure) [2])	+15
	Treppenräume	+10
1.2	**teilweise eingeschränkt beheizte Gebäude** [3])	
	a) jeweils zu berechnender Raum wie lfd. Nr 1.1	
	b) jeweils an den zu berechnenden Raum angrenzende Räume nach Tabelle 5	

[1]) Für Räume mit Anlagen, die in den Anwendungsbereich von DIN 1946 Teil 4 fallen, gelten die dortigen Festlegungen.
[2]) Innenliegende Flure in Geschoßwohnungen werden in der Regel nicht beheizt.
[3]) Für die Ermittlung der Raumheizleistung bei teilweise eingeschränkt beheizten Nachbarräumen kann auch die Benutzung anderer (siehe Erläuterungen zu Tabelle 2) anerkannter Rechensätze vereinbart werden.

Tabelle 2. (Fortsetzung)

Lfd. Nr	Raumart	Norm-Innen-temperatur °C
2	**Verwaltungsgebäude**	
	Büroräume, Sitzungszimmer, Ausstellungsräume, Schalterhallen und dgl., Haupttreppenräume	+20
	Aborte	+15
	Nebenräume und Nebentreppenräume wie unter 1.	
3	**Geschäftshäuser**	
	Verkaufsräume und Läden allgemein, Haupttreppenhäuser	+20
	Lebensmittelverkauf	+18
	Lager allgemein	+18
	Käselager	+12
	Wurstlager, Fleischwarenverarbeitung und Verkauf	+15
	Aborte, Nebenräume und Nebentreppenräume wie unter 2.	
4	**Hotels und Gaststätten**	
	Hotelzimmer	+20
	Bäder	+24
	Hotelhalle, Sitzungszimmer, Festsäle, Haupttreppenhäuser	+20
	Aborte, Nebenräume und Nebentreppenräume wie unter 1.	
5	**Unterrichtsgebäude**	
	Unterrichtsräume allgemein, sowie Lehrerzimmer, Bibliotheken, Verwaltungsräume, Pausenhalle und Aula als Mehrzweckräume, Kindergärten	+20
	Lehrküchen	+18
	Werkräume je nach körperlicher Beanspruchung	+15 bis 20
	Bade- und Duschräume	+24
	Arzt- und Untersuchungszimmer	+24
	Turnhallen	+20
	Gymnastikräume	+20
	Aborte, Nebenräume und Treppenräume wie unter 2.	
6	**Theater und Konzerträume**	
	einschließlich Vorräumen	+20
	Aborte, Nebenräume und Treppenräume wie unter 1.	
7	**Kirchen** [4]	
	Kirchenraum allgemein	+15
	bei Kirchen mit schutzwürdigen Gegenständen	nach Vereinbarung
	Aborte, Nebenräume und Treppenräume wie unter 2.	

Tabelle 2. (Fortsetzung)

Lfd. Nr	Raumart	Norm-Innen-temperatur °C
8	**Krankenhäuser** [5]	
	Operations-, Vorbereitungs- und Anaesthesieräume, Räume für Frühgeborene	+25
	alle übrigen Räume	+22
9	**Fertigungs- und Werkstatträume**	
	allgemein, mindestens	+15
	bei sitzender Beschäftigung	+20
10	**Kasernen**	
	Unterkunftsräume alle sonstigen Räume wie unter 5.	+20
11	**Schwimmbäder**	
	Hallen (mindestens jedoch 2 K über Wassertemperatur)	+28
	sonstige Baderäume (Duschräume)	+24
	Umkleideräume, Nebenräume und Treppenräume	+22
12	**Justizvollzugsanstalten**	
	Unterkunftsräume alle sonstigen Räume wie unter 5.	+20
13	**Ausstellungshallen**	
	nach Angabe des Auftraggebers, jedoch mindestens	+15
14	**Museen und Galerien**	
	allgemein	+20
15	**Bahnhöfe**	
	Empfangs-, Schalter- und Abfertigungsräume in geschlossener Bauart sowie Aufenthaltsräume ohne Bewirtschaftung	+15
16	**Flughäfen**	
	Empfangs-, Abfertigungs- und Warteräume	+20
17	frostfrei zu haltende Räume	+ 5

[4] Häufig wird eine Mindesttemperatur von 5 °C dauernd gehalten.

[5] Siehe auch DIN 1946 Teil 4, Raumlufttechnische Anlagen in Krankenhäusern.

Bei allen übrigen Gebäudearten sind die der Rechnung zugrundezulegenden Temperaturen mit dem Auftraggeber zu vereinbaren.

Tabelle 3. Außenflächen-Korrekturen Δk_A für den Wärmedurchgangskoeffizienten von Außenflächen

Wärmedurchgangskoeffizient der Außenflächen nach DIN 4108 Teil 4 $W/(m^2 \cdot K)$	0,0 bis 1,5	1,6 bis 2,5	2,6 bis 3,1	3,2 bis 3,5
Außenflächen-Korrektur $\Delta k_A \; W/(m^2 \cdot K)$	0,0	0,1	0,2	0,3

Tabelle 4. Sonnenkorrekturen Δk_S für den Wärmedurchgangskoeffizienten transparenter Außenflächen

Verglasungsart	Sonnenkorrektur Δk_S $W/(m^2 \cdot K)$
Klarglas (Normalglas)	$-0,3$
Spezialglas (Sonderglas)	$-0,35 \cdot g_F$

g_F = Gesamtenergiedurchlaßgrad nach DIN 4108 Teil 2

Tabelle 5. Rechenwerte für die Temperaturen ϑ_i' in Nachbarräumen

Räume	Norm-Außentemperatur °C				
	≥ -10	-12	-14	-16	≤ -18
Angrenzende Räume in teilweise eingeschränkt beheizten Wohngebäuden					
Wohn- und Schlafräume	+15	+15	+15	+15	+15
Übrige Räume wie Tabelle 2 lfd. Nr 1.1 oder nach Vereinbarung mit dem Auftraggeber					
Nicht beheizte Nachbarräume [1]					
Ohne Gebäude-Eingangstüren, auch Kellerräume	+7	+6	+5	+4	+3
Mit Gebäude-Eingangstüren (z.B. Vorflure, Windfänge, eingebaute Garagen)	+4	+3	+2	+1	0
Vorgebaute Treppenräume [2]	-5	-7	-9	-10	-11
Fremdbeheizte Nachbarräume	+15	+15	+15	+15	+15
Heizräume	+15	+15	+15	+15	+15

[1] Die Tabellenwerte gelten für den Fall, daß die Nachbarräume vorwiegend an die Außenluft grenzen. Anderenfalls sind die Temperaturen nach DIN 4701 Teil 1, Ausgabe März 1983, Abschnitt 7.6, zu berechnen bzw. anzunehmen.
[2] Eingebaute Treppenräume siehe Tabelle 6.

Tabelle 6. **Rechenwerte für die Temperaturen ϑ_i' in nicht beheizten eingebauten Treppenräumen mit einer Außenwand**

Thermische Kopplung an das Gebäude	Gebäude Höhe [4] m	Geschoß	Norm-Außentemperatur °C				
			≥ -10	-12	-14	-16	≤ -18
normal [1] [3]	bis 20	EG und KG	+ 6	+ 5	+ 4	+ 3	+ 2
		1. OG	+11	+10	+ 9	+ 9	+ 8
		2. OG	+12	+11	+11	+10	+10
		3. und 4. OG	+12	+12	+11	+11	+10
		5. bis 7. OG	+13	+12	+12	+11	+11
	über 20	EG und KG	+ 1	− 1	− 2	− 3	− 4
		1. OG	+ 6	+ 5	+ 4	+ 3	+ 2
		2. OG	+ 9	+ 8	+ 7	+ 6	+ 5
		3. und 4. OG	+10	+10	+ 9	+ 8	+ 7
		5. bis 7. OG	+11	+11	+10	+10	+ 9
		über 7. OG	+12	+12	+11	+11	+10
schlecht [2] [3]	bis 20	EG und KG	+ 4	+ 3	+ 1	0	− 1
		1. OG	+ 7	+ 6	+ 5	+ 4	+ 3
		2. OG	+ 8	+ 7	+ 6	+ 5	+ 4
		3. und 4. OG	+ 8	+ 7	+ 6	+ 6	+ 5
		5. bis 7. OG	+ 8	+ 7	+ 6	+ 6	+ 5
	über 20	EG und KG	− 1	− 2	− 4	− 5	− 6
		1. OG	+ 3	+ 2	+ 1	0	− 1
		2. OG	+ 6	+ 5	+ 4	+ 3	+ 2
		3. und 4. OG	+ 7	+ 6	+ 5	+ 4	+ 3
		5. bis 7. OG	+ 7	+ 7	+ 6	+ 5	+ 4
		über 7. OG	+ 8	+ 7	+ 6	+ 6	+ 5

[1] Annahme: $\dfrac{\sum (k \cdot A)_b}{\sum (k \cdot A)_a} = 3{,}0$ (z. B. Schmalseite Einfachfenster 2 m² je Geschoß, siehe Bild 8 b)

[2] Annahme: $\dfrac{\sum (k \cdot A)_b}{\sum (k \cdot A)_a} = 1{,}5$ (z. B. Schmalseite Einfachfenster über ganze Fläche, siehe Bild 8 c)

[3] Die Zuordnung zu den Fällen „normal" und „schlecht" ist üblicherweise an Hand von Bild 8 (a, b, c) abzuschätzen. Ein rechnerischer Nachweis gehört nicht zur Berechnung des Normwärmebedarfs.

[4] Zwischen den Werten für die verschiedenen Höhenbereiche kann bei Gebäuden nahe der Bereichsgrenze interpoliert werden.

In den Fußnoten bedeuten:

k äquivalenter Wärmedurchgangskoeffizient (einschließlich Lüftungswärmeverlust)

A Fläche

Index a: nach außen

Index b: zu beheizten Räumen

Tabelle 7. Rechenwerte für die Temperaturen ϑ_i' in nicht beheizten angrenzenden Dachräumen und in der Luftschicht belüfteter Flachdächer

Räume			Norm-Außentemperatur °C				
			≥ -10	-12	-14	-16	≤ -18
Geschlossene Dachräume [1])							
Dach-außenfläche	Wärmedurchgangswiderstand R_k m² · K/W						
	nach außen	zu beheizten Räumen					
undicht [2])	0,2	0,8	-6	-8	-10	-12	-13
		1,6	-8	-10	-12	-14	-15
	0,4	0,8	-4	-6	-7	-9	-11
		1,6	-7	-9	-10	-12	-14
dicht [3])	0,2	0,8	-6	-8	-9	-11	-13
		1,6	-8	-10	-11	-13	-15
	0,4	0,8	-3	-4	-6	-7	-9
		1,6	-6	-8	-9	-11	-13
	0,8	0,8	$+1$	0	-1	-3	-4
		1,6	-3	-5	-6	-8	-9
	1,6	0,8	$+5$	$+4$	$+3$	$+2$	$+1$
		1,6	0	-1	-2	-4	-5
Luftschicht belüfteter Flachdächer [4])			-7	-9	-11	-13	-15

[1]) Die Tabelle wurde für mittlere Dachraumhöhen von 1 bis 2 m und Flächenverhältnisse A_a (nach außen) zu A_b (zum beheizten Raum) $A_a/A_b = 1,5$ berechnet.
  Der allgemeine Zusammenhang ist in DIN 4701 Teil 1, Ausgabe März 1983, Abschnitt 7.6, dargelegt.
[2]) Rechnerischer stündlicher Luftwechsel $\beta = 2,5$ m³/(h · m³)
[3]) Rechnerischer stündlicher Luftwechsel $\beta = 0,5$ m³/(h · m³)
[4]) Der Wärmeleitwiderstand ist vom Innenraum bis zur Luftschicht zu rechnen. Der äußere Wärmeübergangswiderstand ist mit $R_a = 0,08$ m² K/W anzusetzen.

Tabelle 8. Wärmedurchgangskoeffizienten k für Außen- und Innentüren

Türen	k W/(m² · K)
Außentüren [1])	
Holz, Kunststoff	3,5
Metall, wärmegedämmt	4,0
Metall, ungedämmt	5,5
Innentüren	2,0

[1]) Bei einem Glasanteil von mehr als 50% gelten die Werte für Fenster

Tabelle 9. Rechenwerte für die Fugendurchlässigkeit von Bauteilen [1] [6]

Nr	Bezeichnung			Gütemerkmale	Fugendurchlässigkeit [2]	
					Fugendurchlaßkoeffizient a $m^3/(m \cdot h \cdot Pa^{2/3})$	$a \cdot l$
1	Fenster	zu öffnen		Beanspruchungsgruppen B, C, D [4]	0,3	–
2				Beanspruchungsgruppe A	0,6	–
3		nicht zu öffnen		normal	0,1	–
4	Türen	Außentüren	Dreh- und Schiebetüren	sehr dicht, mit umlaufendem dichtem Anschlag	1	–
5				normal, mit Schwelle oder unterer Dichtleiste	2	–
6			Pendeltüren	normal	20	–
7			Karuselltüren	normal	30	–
8		Innentüren		dicht, mit Schwelle	3	–
9				normal, ohne Schwelle	9	–
10	Außenwandelemente	durchgehende Fugen zwischen Fertigteilelementen [3]		sehr dicht (mit garantierter Dichtheit)	0,1	–
11				ohne garantierte Dichtheit	1	–
12	Rolläden und Außenjalousien	Rollmechanik von außen zugänglich		normal	–	0,2
13		Rollmechanik von innen zugänglich		normal	–	4
14	Permanentlüfter (geschlossen)			sehr dicht	4 [5]	–
15				normal	7 [5]	–

[1] Die Funktions- und Gütemerkmale sind vom Auftraggeber anzugeben. Niedrigere Fugendurchlässigkeiten als nach Tabelle 9 dürfen nur dann eingesetzt werden, wenn diese unter Berücksichtigung der Einbauundichtigkeiten bauseits für einen ausreichenden Zeitraum sichergestellt werden.
[2] In den angegebenen Werten sind die Durchlässigkeiten evtl. Einbaufugen mit berücksichtigt.
[3] Bei Rahmenbauweisen sind Fugen beiderseits der Stützen und der Riegel vorauszusetzen.
[4] Nach DIN 18055.
[5] Die Werte beziehen sich auf 1 m Schieberlänge und 100 mm Gesamthöhe.
[6] Grundlagen für weitere Bauteile: Esdorn, H., Rheinländer, J.: Zur rechnerischen Ermittlung von Fugendurchlaßkoeffizienten und Druckexponenten für Bauteilfugen. HLH 29 (1978), Nr 3, S

Tabelle 10. Hauskenngröße H

Gegend	Lage des Gebäudes	Hauskenngröße H $W \cdot h \cdot Pa^{2/3}/(m^3 \cdot K)$		Zugrunde liegende Windgeschwindigkeiten
		Grundrißtyp I [1]	Grundrißtyp II [2]	m/s
Windschwache Gegend	normale Lage	0,72	0,52	2
	freie Lage	1,8	1,3	4
Windstarke Gegend	normale Lage	1,8	1,3	4
	freie Lage	3,1	2,2	6

[1] Einzelhaustyp nach Bild 4a bis 4c
[2] Reihenhaustyp nach Bild 4d bis 4h

Tabelle 11. **Hauskenngrößen** H **und Höhenkorrekturfaktoren** ε_{GA}, ε_{SA}, ε_{SN} **Grundrißtyp I (Einzelhaustyp)**

Gegend	Lage	Hauskenngröße $\dfrac{H}{W \cdot h \cdot Pa^{2/3} / (m^3 \cdot K)}$	Gebäudehöhe [1])[2]) m	ε	Höhe h über Erdboden m																				
					0	5	10	15	20	25	30	35	40	45	50	55	60	65	70	75	80	85	90	95	100
normal		0,72	100	ε_{GA}																					
				ε_{SA}	9,4	8,8	8,1	7,5	6,8	6,1	5,4	4,5	3,7	2,6	1,3										
				ε_{SN}	9,1	8,5	7,8	7,0	6,2	5,4	4,5	3,5	2,4	0,7											
			80	ε_{SA}	8,2	7,5	6,7	6,0	5,3	4,5	3,6	2,6	1,3												
				ε_{SN}	7,8	7,1	6,4	5,6	4,7	3,7	2,5	1,0		0											
			60	ε_{SA}	6,8	6,0	5,2	4,4	3,5	2,5	1,2														
				ε_{SN}	6,5	5,7	4,8	3,8	2,7	1,3		0													
			40	ε_{SA}	5,3	4,4	3,4	2,4	1,1		0														
				ε_{SN}	4,9	4,0	2,9	1,6		0															
			20	ε_{SA}	3,5	2,4	0,9		0																
				ε_{SN}	3,0	1,8		0																	
			10	ε_{SA}		1,0																			
				ε_{SN}		0																			
windschwach	frei	1,8	100	ε_{SA}	3,9	3,6	3,4	3,2	3,1	2,9	2,7	2,5	2,3	2,0	1,8	1,5	1,2	0,8	0,3	0					
				ε_{SN}	3,4	3,2	2,9	2,5	2,2	1,8	1,4	0,9	0,1												
			80	ε_{SA}	3,4	3,2	2,9	2,7	2,5	2,3	2,1	1,9	1,6	1,3	1,0	0,6	0								
				ε_{SN}	2,9	2,6	2,3	1,9	1,5	1,1	0,4		0												
			60	ε_{SA}	2,9	2,6	2,3	2,1	1,9	1,7	1,4	1,1	0,8	0,3	0										
				ε_{SN}	2,4	2,0	1,7	1,2	0,7		0														
			40	ε_{SA}	2,4	2,0	1,7	1,5	1,2	0,9	0,5		0												
				ε_{SN}	1,7	1,4	0,9	0,1		0															
			20	ε_{SA}	1,7	1,3	0,9	0,6	0																
				ε_{SN}	1,0	0,4		0																	
			10	ε_{SA}		1,0																			
				ε_{SN}		0																			

[1]) Als Gebäudehöhe gilt die Summe der Geschoßhöhen der beheizten Geschosse über Erdboden.
[2]) Die Gebäudehöhe 10 m kann bei Wohngebäuden generell für alle Häuser mit maximal 4 beheizten Geschossen über Erdboden eingesetzt werden.

Tabelle 11. (Fortsetzung)

Gegend	Lage	Hauskenn-größe H $W \cdot h \cdot Pa^{2/3}$ $(m^3 \cdot K)$	Gebäude-höhe[1])[2]) m	ε	Höhe h über Erdboden m																		
					0	5	10	15	20	25	30	35	40	45	50	55	60	65	70	75	80	85	90	95	100
	normal	1,8	100	ε_{GA}		1,0																				2,8
				ε_{SA}	3,9	3,6	3,4	3,2	3,1	2,9	2,7	2,5	2,3	2,0	1,8	1,5	1,2	0,8	0,3						
			80	ε_{SA}	3,4	3,2	2,9	2,5	2,2	1,8	1,4	0,9	0,1												
				ε_{SN}															0						
			60	ε_{SA}	3,4	3,2	2,9	2,7	2,5	2,3	2,1	1,9	1,6	1,3	1,0	0,6									
				ε_{SN}	2,9	2,6	2,3	1,9	1,5	1,1	0,4						0								
			40	ε_{SA}	2,9	2,6	2,3	2,1	1,9	1,7	1,4	1,1	0,8	0,3											
				ε_{SN}	2,4	2,0	1,7	1,2	0,7					0											
			20	ε_{SA}	2,4	2,0	1,7	1,5	1,2	0	0,5		0												
				ε_{SN}	1,7	1,4	0,9	0,1			0														
			10	ε_{SA}	1,7	1,3	0,9	0,6	0																
				ε_{SN}		0,4		0																	
	frei	3,1		ε_{SA}		1,0																			
				ε_{SN}		0																			
wind-stark			100	ε_{SA}	2,4	2,3		2,1			2,0		1,9		1,8		1,7	1,6	1,5		1,4	1,3	1,2	1,1	1,0
				ε_{SN}	1,8	1,6	1,4	1,2	0,9	0,6	0,2							0							
			80	ε_{SA}	2,2	2,0		1,9		1,8		1,7		1,6		1,5	1,4	1,3	1,2	1,1	1,1				
				ε_{SN}	1,5	1,3	1,1	0,9	0,5						0										
			60	ε_{SA}	1,9	1,8		1,6		1,5		1,4		1,3	1,2		1,1								
				ε_{SN}	1,2	1,0	0,8	0,4					0												
			40	ε_{SA}	1,7	1,5		1,3		1,2		1,1													
				ε_{SN}	0,9	0,6	0,3			0															
			20	ε_{SA}	1,4	1,2	1,0	1,0	0,9																
				ε_{SN}	0,4				0																
			10	ε_{SA}		1,0																			
				ε_{SN}		0																			

[1]) Als Gebäudehöhe gilt die Summe der Geschoßhöhen der beheizten Geschosse über Erdboden.
[2]) Die Gebäudehöhe 10 m kann bei Wohngebäuden generell für alle Häuser mit maximal 4 beheizten Geschossen über Erdboden eingesetzt werden.

DIN 4701 Teil 2 Seite 13

Tabelle 12. **Hauskenngröße H und Höhenkorrekturfaktoren ε_{GA}, ε_{SA}, ε_{SN} für Grundrißtyp II (Reihenhaustyp)**

Gegend	Lage	Hauskenngröße H $\frac{W \cdot h \cdot Pa^{2/3}}{(m^3 \cdot K)}$	Gebäudehöhe [1]²) m	ε	Höhe h über Erdboden m																				
					0	5	10	15	20	25	30	35	40	45	50	55	60	65	70	75	80	85	90	95	100
normal	normal	0,52	100	ε_{GA}	1,0																				
				ε_{SA}	12,9	12,0	11,0	10,2	9,2	8,2	7,2	6,0	4,7	3,2	2,0	1,2									
				ε_{SN}	12,5	11,6	10,6	9,5	8,4	7,3	6,0	4,5	2,8												
			80	ε_{SA}	11,2	10,2	9,1	8,2	7,1	6,0	4,7	3,2	1,2												
				ε_{SN}	10,7	9,7	8,7	7,5	6,2	4,8	3,2	0,8													
			60	ε_{SA}	9,3	8,2	7,0	5,9	4,7	3,2	1,2														
				ε_{SN}	8,8	7,7	6,5	5,1	3,5	1,4	0														
			40	ε_{SA}	7,2	6,0	4,6	3,1	1,0																
				ε_{SN}	6,7	5,3	3,8	1,9		0															
			20	ε_{SA}	4,8	3,1	0,8		0																
				ε_{SN}	4,1	2,2		0																	
			10	ε_{SA}		1,0																			
				ε_{SN}		0																			
wind-schwach	frei	1,3	100	ε_{SA}	5,1	4,7	4,3	4,1	3,8	3,6	3,3	3,0	2,6	2,3	1,9	1,4	0,9	0							
				ε_{SN}	4,4	4,0	3,6	3,1	2,5	1,9	1,2	0,2					0								
			80	ε_{SA}	4,4	4,0	3,6	3,4	3,1	2,8	2,5	2,1	1,7	1,3	0,7					0					
				ε_{SN}	3,7	3,3	2,8	2,2	1,6	0,8						0									
			60	ε_{SA}	3,8	3,3	2,9	2,6	2,3	1,9	1,5	1,0	0,4						0						
				ε_{SN}	3,0	2,5	1,9	1,2							0										
			40	ε_{SA}	3,0	2,5	2,0	1,7	1,3	0,8							0								
				ε_{SN}	2,1	1,5	0,7				0														
			20	ε_{SA}	2,2	1,6	0,9	0,3	0																
				ε_{SN}	1,0		0																		
			10	ε_{SA}		1,0																			
				ε_{SN}		0																			

¹) Als Gebäudehöhe gilt die Summe der Geschoßhöhen der beheizten Geschosse über Erdboden.
²) Die Gebäudehöhe 10 m kann bei Wohngebäuden generell für alle Häuser mit maximal 4 beheizten Geschossen über Erdboden eingesetzt werden.

Seite 14   DIN 4701 Teil 2

Tabelle 12. (Fortsetzung)

Gegend	Lage	Hauskenngröße $\frac{H}{W \cdot h \cdot Pa^{2/3}}$ $(m^3 \cdot K)$	Gebäudehöhe[1])[2]) m	ε	\multicolumn{21}{c}{Höhe h über Erdboden m}
					0	5	10	15	20	25	30	35	40	45	50	55	60	65	70	75	80	85	90	95	100
normal		1,3	100	ε_{GA}	5,1	4,7	4,3	4,1	3,8	3,6	3,3	3,0	2,6	2,3	1,9					2,4	2,5	2,6	2,7	2,7	2,8
			80	ε_{SA}	4,4	4,0	3,6	3,1	2,5	1,9	1,2	0,2													
				ε_{SN}	4,4	4,0	3,6	3,4	3,1	2,8	2,5	2,1	1,7	1,3	0,7						0				
			60	ε_{SA}	3,7	3,3	2,8	2,2	1,6	0,8							0								
				ε_{SN}	3,8	3,3	2,9	2,6	2,3	1,9	1,5	1,0	0,4			0									
			40	ε_{SA}	3,0	2,5	1,9	1,2				0													
				ε_{SN}	3,0	2,5	2,0	1,7	1,3	0,8	0														
			20	ε_{SA}	2,1	1,5	0,7	0,3	0																
				ε_{SN}	2,2	1,6	0,9	0,3	0																
			10	ε_{SA}	1,0	1,0																			
				ε_{SN}	1,0	0																			
wind-stark	frei	2,2	100	ε_{SA}	2,8	2,6	2,4		2,3		2,2		2,1	2,0	1,9	1,8	1,7	1,6	1,4	1,3	1,1	1,0	0,8	0,6	0,3
			80	ε_{SA}	1,8	1,6	1,3	0,8	0,1			1,8	1,7	1,6	1,5	1,4	1,3	1,2	1,0	0,8	0,6				
				ε_{SN}	2,5	2,3	2,1		2,0		1,9	1,8					0								
			60	ε_{SA}	1,5	1,2	0,8	0,1					1,4	1,3	1,1	1,0	0,9								
				ε_{SN}	2,2	2,0	1,7			1,6		1,5									0				
			40	ε_{SA}	1,1	0,7	0,1				0														
				ε_{SN}	1,9	1,6	1,3			1,2		1,1	0,9												
			20	ε_{SA}	0,6				0																
				ε_{SN}	1,6	1,3	0,9																		
			10	ε_{SA}	1,0	1,0																			
				ε_{SN}	1,0	0	0																		

[1]) Als Gebäudehöhe gilt die Summe der Geschoßhöhen der beheizten Geschosse über Erdboden.
[2]) Die Gebäudehöhe 10 m kann bei Wohngebäuden generell für alle Häuser mit maximal 4 beheizten Geschossen über Erdboden eingesetzt werden.

DIN 4701 Teil 2 Seite 15

Tabelle 13. Raumkennzahlen r

Innentüren		Durchlässig-keiten der Fassaden $\sum(a \cdot l)$	Raum-kennzahl
Güte	Anzahl [1])	$m^3/(h \cdot Pa^{2/3})$	r
normal, ohne Schwelle	1	≤ 30	0,9
		> 30	0,7
	2	≤ 60	0,9
		> 60	0,7
	3	≤ 90	0,9
		> 90	0,7
dicht, mit Schwelle	1	≤ 10	0,9
		> 10	0,7
	2	≤ 20	0,9
		> 20	0,7
	3	≤ 30	0,9
		> 30	0,7

[1]) Für Räume ohne Innentüren zwischen An- und Abströmseite (z. B. Säle, Großraumbüros u. ä.) gilt $r = 1,0$.

[2]) a Fugendurchlaßkoeffizient
l Fugenlänge

[3]) A angeblasen
N nicht angeblasen
Es werden jeweils die Werte $\sum(a \cdot l)$ eingesetzt, die der Berechnung von $\dot{Q}_{FL}$ zugrunde gelegt werden:
Geschoßtyp-Gebäude: $\sum(a \cdot l) = \sum(a \cdot l)_A$
Schachttyp-Gebäude:
$\varepsilon_{SN} > 0: \sum(a \cdot l) = \sum(a \cdot l)_A + \sum(a \cdot l)_N$
$\varepsilon_{SN} = 0: \sum(a \cdot l) = \sum(a \cdot l)_A$

Tabelle 14. Gleichzeitig wirksame Lüftungswärme-anteile ζ

Windverhältnisse	ζ	
	Gebäudehöhe H m	
	≤ 10	> 10
windschwache Gegend, normale Lage	0,5	0,7
alle übrigen Fälle	0,5	0,5

Tabelle 15. Äquivalente Wärmeleitwiderstände R_λ ruhender Luftschichten

Lage der Luftschicht und Richtung des Wärmestromes	Dicke der Luftschicht d mm	R_λ $m^2 \cdot K/W$
Luftschicht, senkrecht	10	0,140
	20	0,160
	50	0,180
	100	0,170
	150	0,160
Luftschicht, waagerecht		
Wärmestrom von unten nach oben	10	0,140
	20	0,150
	> 50	0,160
Wärmestrom von oben nach unten	10	0,150
	20	0,180
	> 50	0,210

Tabelle 16. Wärmeübergangswiderstände R_i, R_a

	R_i $m^2 \cdot K/W$	R_a $m^2 \cdot K/W$
auf der Innenseite geschlossener Räume bei natürlicher Luftbewegung an Wandflächen und Fenster	0,130	
Fußboden und Decken bei einem Wärmestrom von unten nach oben	0,130	–
bei einem Wärmestrom von oben nach unten	0,170	–
an der Außenseite von Gebäuden bei mittlerer Windgeschwindigkeit	–	0,040
In durchlüfteten Hohlräumen bei vorgehängten Fassaden oder in Flachdächern (der Wärmeleitwiderstand der vorgehängten Fassade oder der oberen Dachkonstruktion wird nicht zusätzlich berücksichtigt)	–	0,090

Tabelle 17. Grenzwerte der inneren Wärmeübergangswiderstände R_i und der Wärmedurchgangswiderstände R_k einfach verglaster Stahlfenster in Hallen

	R_i m²·K/W	R_k m²·K/W
Hallen ohne Innenwände und Geschosse, wenn die lichte Höhe größer ist als die Raumtiefe	0,21 bis 0,12	0,21 bis 0,14
Hallen mit Innenwänden und Hallen mit lichten Höhen kleiner als die Raumtiefe	0,17 bis 0,12	0,19 bis 0,16

Tabelle 18. Innere Wärmeübergangswiderstände $R_{i\,Glas}$ an den transparenten Flächen von Gewächshäusern

Heizungssystem	$R_{i\,Glas}$ m²·K/W
Heizrohre im Dachraum	0,09
Heizrohre an der Stehwand	0,09
Heizrohre unter den Tischen	0,10
Heizrohre auf dem Boden	0,12
Deckenluftheizer	0,09
Strahlluftheizung	0,10
Konvektoren	0,09
gemischtes Heizungssystem (Rohre und Luftheizung)	0,10

Tabelle 19. Wärmeleitwiderstände $R_{\lambda\,Glas}$ der transparenten Flächen von Gewächshäusern

Bedachung	$R_{\lambda\,Glas}$ m²·K/W
Einfachglas	0,01
Kunststoffplatten, gewellt, GFK 1 mm (auf Ansichtsfläche bezogen)	0,01
Doppelverglasung in Stahlrahmen	
Abstand 15 mm	0,14
Abstand 12 mm	0,11
Abstand 6 mm	0,09
Kunststoffdoppelplatten, selbsttragend (ohne Stahlrahmen) *)	
Abstand 12 mm	0,15
Abstand 5 mm	0,08
Doppelfolie, Abstand = 10 mm	0,10
Einfachfolie 0,2 mm (PVC, PE)	0,01

*) Wärmebrücken müssen getrennt berechnet werden.

Tabelle 20. Äquivalenter Wärmedurchgangswiderstand R_L für Fugenlüftung von Gewächshäusern

Bedachung	R_L m²·K/W
eingeschobene Scheiben	0,5
verkittete Scheiben	1,0
Foliengewächshaus	2,0
Kittlose Verglasung in Metallrahmen mit Dichtstreifen abgedeckt	1,0

2 Bilder

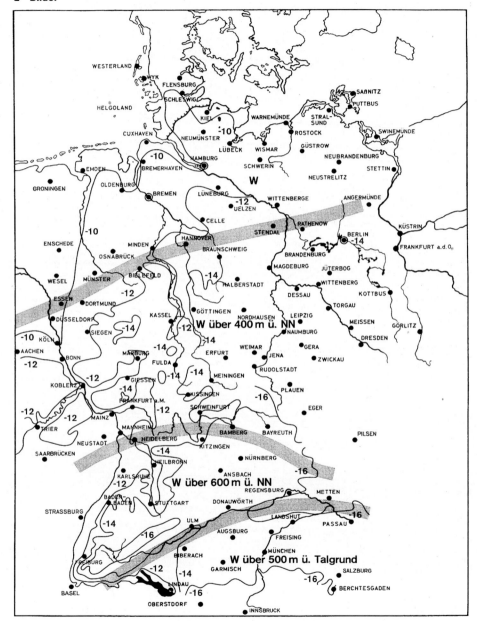

Bild 1. Isothermenkarte
Tiefstes Zweitagesmittel der Lufttemperatur in °C (10mal in 20 Jahren), Zeitraum: 1951 bis 1970
Aufgestellt vom Deutschen Wetterdienst, Zentralamt Offenbach/Main

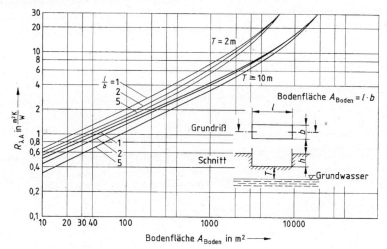

Bild 2. Äquivalenter Wärmeleitwiderstand $R_{\lambda A}$ des Erdreichs zur Außenluft

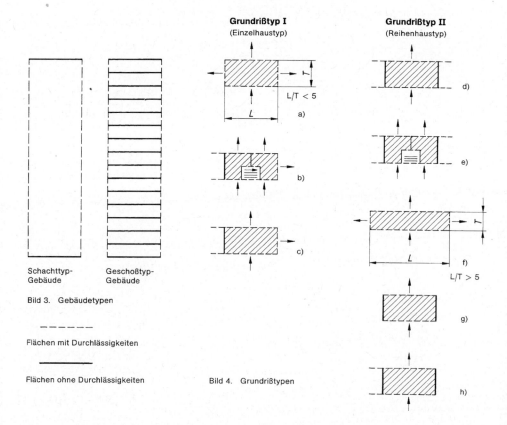

Bild 3. Gebäudetypen

Bild 4. Grundrißtypen

DIN 4701 Teil 2 Seite 19

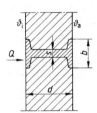

Bild 5. I-Träger bündig in einer Außenwand

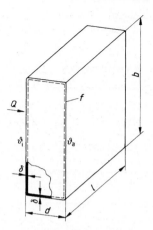

Bild 6. Bauelement mit allseitig geschlossener Ummantelung

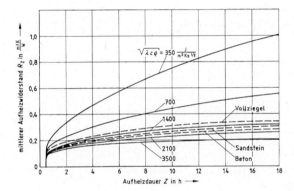

λ = Wärmeleitfähigkeit
ϱ = Dichte
c = spezifische Wärmekapazität

Bild 7. Mittlerer Aufheizwiderstand R_Z

Anmerkung: Die Anwendung des Diagramms ist auf folgende Höchstwerte Z_{max} der Aufheizdauer in Abhängigkeit von der Wanddicke d beschränkt:

Wanddicke d	m	0,1	0,2	0,4	0,5
maximale Aufheizdauer Z_{max}	h	1	3	12	30

beheiztes Geschoß

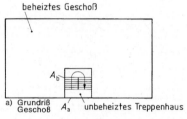

a) Grundriß Geschoß A_a unbeheiztes Treppenhaus

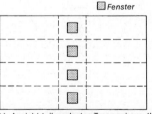

b) Ansicht teilverglastes Treppenhaus, thermische Kopplung an das Gebäude „normal"

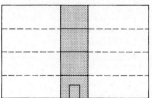

c) Ansicht vollverglastes Treppenhaus, thermische Kopplung an das Gebäude „schlecht"

Bild 8. Thermische Kopplung zwischen Treppenhäusern und übrigem Gebäude

311

3 Algorithmen

Nachfolgend sind, soweit vorhanden, die Algorithmen zur Berechnung der Werte für die vorstehenden Tabellen und Diagramme angegeben.

3.1 Algorithmen für Tabellen

Mit den vorliegenden Algorithmen erhält man die exakten Tabellenwerte im allgemeinen nur, wenn die Ergebnisse auf die in den jeweiligen Tabellen vorgegebene Stellenzahl gerundet werden (⁴/₅-Rundung).

3.1.1 Außenflächen-Korrekturen (Tabelle 3)

Die Außenflächen-Korrekturen Δk_A erhält man aus (Rundung auf 1 Stelle nach dem Komma):

$$\Delta k_A = 0{,}01848 \cdot k^{2{,}258} \tag{1}$$

mit

Δk_A Außenflächen-Korrektur in W/(m²·K)
k Wärmedurchgangskoeffizient in W/(m²·K)

3.1.2 Temperaturen in Nachbarräumen (Tabelle 5)

Die Temperatur ϑ_i' für nicht beheizte Nachbarräume ergibt sich aus:

$$\vartheta_i' = C + \frac{\vartheta_a'}{2} \tag{2}$$

mit

ϑ_i' Temperatur in °C
C Konstante
$\quad C = 12$ für Räume ohne Außentüren, auch Kellerräume
$\quad C = 9$ für Räume mit Außentüren
ϑ_a' berichtigte Außentemperatur in °C

Die berichtigte Außentemperatur ϑ_a' ist zu ermitteln aus:

$$\vartheta_a' = \min(-10, \max(-18, \vartheta_a))\,^{1)} \tag{3}$$

mit

ϑ_a Norm-Außentemperatur in °C

Die Temperatur ϑ_i' in vorgebauten Treppenräumen erhält man aus:

$$\vartheta_i' = \vartheta_a' + 5 \tag{4}$$

mit

ϑ_i' Temperatur in °C
ϑ_a' berichtigte Außentemperatur nach Gleichung (3)

3.1.3 Temperaturen in Dachräumen (Tabelle 7)

Die Temperaturen ϑ_i' in unbeheizten Dachräumen ergeben sich aus (Rundung auf 0 Stellen nach dem Komma):

$$\vartheta_i' = \vartheta_a' + \frac{20 - \vartheta_a'}{1 + 1{,}5 \cdot \dfrac{R_B}{R_A} + 0{,}54 \cdot \beta_a \cdot R_B} \tag{5}$$

mit

ϑ_i' Temperatur in °C
ϑ_a' berichtigte Außentemperatur nach Gleichung (3)
R_A Wärmedurchgangswiderstand der Dachaußenfläche in (m²·K)/W
R_B Wärmedurchgangswiderstand der Decke zum Dachraum in (m²·K)/W
β_a Außenluftwechsel in 1/h

Die Temperatur ϑ_i' in belüfteten Flachdächern erhält man aus:

$$\vartheta_i' = \vartheta_a' + 3 \tag{6}$$

mit

ϑ_i' Temperatur in °C
ϑ_a' berichtigte Außentemperatur nach Gleichung (3)

---

[1]) Die Funktion max (a, b) liefert das Maximum aus a und b, also a für $a \geq b$ und b für $a < b$.
Die Funktion min (a, b) liefert das Minimum aus a und b, also a für $a \leq b$ und b für $a > b$.

3.1.4 Höhenkorrekturfaktoren (Tabellen 11 und 12)

Die Höhenkorrekturfaktoren ε_{GA} für die angeströmte Fassade von Geschoßtypgebäuden erhält man in allen Fällen aus (Rundung auf 1 Stelle nach dem Komma):

$$\varepsilon_{GA} = \max\left[1, \left(\frac{h}{10}\right)^{4/9}\right] \quad (7)$$

mit
ε_{GA} Höhenkorrekturfaktor
h Höhe über Erdboden in m

Die Höhenkorrekturfaktoren ε_{SA} und ε_{SN} für die angeströmte oder nicht angeströmte Fassade von Schachttypgebäuden ergibt sich aus (Rundung auf 1 Stelle nach dem Komma):

$$\varepsilon_S = \left[\frac{\max\left\{0, C_1 \cdot v_0^2 \cdot \max\left[10, h\right]^{2/3} - C_3 - C_4 \cdot H - 1{,}548 \cdot h\right\}}{C_2 \cdot v_0^2}\right]^{2/3} \quad (8)$$

mit
ε_S Höhenkorrekturfaktor
h Höhe über Erdboden in m
C_1 Konstante
    $C_1 = 0{,}1465$ für angeströmte Fassade (ε_{SA})
    $C_1 = -0{,}04395$ für nicht angeströmte Fassade (ε_{SN})
C_2 Konstante
    $C_2 = 0{,}6605$ für Grundrißtyp I
    $C_2 = 0{,}4012$ für Grundrißtyp II
v_0 Windgeschwindigkeit in m/s nach Tabelle 10
C_3, C_4 Konstanten nach Tabelle 21
H Gebäudehöhe in m ($H > 10$ m)

Tabelle 21. **Konstanten für Gleichung (8)**

Grundrißtyp	Windgeschwindigkeit v_0 m/s	Konstanten C_3	C_4
I	2	−0,1904	−0,7334
I	4	0,8517	−0,7123
I	6	−1,061	−0,6316
II	2	0,4254	−0,7198
II	4	3,271	−0,6544
II	6	6,349	−0,4971

3.2 Algorithmen für Diagramme

3.2.1 Äquivalenter Wärmeleitwiderstand des Erdreichs (Bild 2)

Den äquivalenten Wärmeleitwiderstand des Erdreichs $R_{\lambda A}$ erhält man mit genügender Näherung aus:

$$R_{\lambda A} = 0{,}24 \cdot \left[A_{\text{Boden}} \cdot T^{-0{,}44} \cdot \left(\frac{l}{b}\right)^{-0{,}36}\right]^{0{,}5} \quad (9)$$

mit
$R_{\lambda A}$ Wärmeleitwiderstand in m$^2 \cdot$ K/W
A_{Boden} Bodenfläche in m^2
T Grundwassertiefe in m
l Länge der Bodenfläche in m
b Breite der Bodenfläche in m

3.2.2 Aufheizwiderstand (Bild 7)

Der Aufheizwiderstand R_Z ergibt sich aus:

$$R_Z = 0{,}13 + 67{,}7 \cdot \frac{\sqrt{(Z - 0{,}5)}}{\sqrt{\lambda \cdot c \cdot \varrho}} \quad (10)$$

mit
R_Z Aufheizwiderstand in (m$^2 \cdot$ K)/W
Z Aufheizzeit in h ($Z > 0{,}5$ h)
$\sqrt{\lambda \cdot c \cdot \varrho}$ Wärmeeindringkoeffizient in J/(m$^2 \cdot$ K $\cdot$ s$^{1/2}$)

Zitierte Normen

DIN	1946 Teil 4	Raumlufttechnische Anlagen (VDI-Lüftungsregeln); Raumlufttechnische Anlagen in Krankenhäusern
DIN	4108 Teil 1	Wärmeschutz im Hochbau; Größen und Einheiten
DIN	4108 Teil 2	Wärmeschutz im Hochbau; Wärmedämmung und Wärmespeicherung; Anforderungen und Hinweise für Planung und Ausführung
DIN	4108 Teil 4	Wärmeschutz im Hochbau; Wärme- und feuchteschutztechnische Kennwerte
DIN	4701 Teil 1	Regeln für die Berechnung des Wärmebedarfs von Gebäuden; Grundlagen der Berechnung
DIN	18055	Fenster; Fugendurchlässigkeit, Schlagregendichtheit und mechanische Beanspruchung, Anforderungen und Prüfung

Frühere Ausgaben

DIN 4701: 1929, 08.44, 07.47, 01.59

Änderungen

Gegenüber DIN 4701/01.59 wurden folgende Änderungen vorgenommen:
Norm aufgeteilt in Teil 1 – Grundlagen der Berechnung – und Teil 2 – Tabellen, Bilder, Algorithmen.
Weitere Änderungen waren wegen der Forderungen zur Energieeinsparung erforderlich, siehe Erläuterungen zu DIN 4701 Teil 1.

Erläuterungen

Siehe DIN 4701 Teil 1

Internationale Patentklassifikation

G 01 N 25/20
G 01 K 17/00

Entwurf **August 1995**

	Regeln für die Berechnung der Heizlast von Gebäuden Teil 2: Tabellen, Bilder, Algorithmen	**DIN** **4701-2**

ICS 91.140.10

Rules for calculating the heat load of buildings —
Part 2: Tables, Pictures, Algorithms

Einsprüche bis 30. Nov 1995

Anwendungswarnvermerk
auf der letzten Seiten beachten!

Vorgesehen als
Ersatz für Ausgabe 1983-03;
Ersatz für
Entwurf DIN 4701-2/A1:1991-10

Inhalt   Seite

Vorwort 3

1 Anwendungsbereich 3

2 Tabellen

Tabelle 1: Norm-Außentemperaturen ϑ_a und Zuordnung zu "windstarker Gegend" (W) für Städte mit mehr als 20000 Einwohnern 4

Tabelle 2: Norm-Innentemperaturen ϑ_i für beheizte Räume 16

Tabelle 3: Außenflächenkorrekturen Δk_A für den Wärmedurchgangskoeffizienten von Außenflächen 20

Tabelle 4: Sonnenkorrekturen Δk_S für den Wärmedurchgangskoeffizienten transparenter Außenflächen 20

Tabelle 5: Rechenwerte für die Temperaturen $\vartheta_i{}'$ in Nachbarräumen 21

Tabelle 6: Rechenwerte für die Temperaturen $\vartheta_i{}'$ in nicht beheizten eingebauten Treppenräumen mit einer Außenwand 22

Tabelle 7: Rechenwerte für die Temperaturen $\vartheta_i{}'$ in nicht beheizten angrenzenden Dachräumen und in der Luftschicht belüfteter Flachdächer 23

Tabelle 8: Wärmedurchgangskoeffizienten k für Außen- und Innentüren 24

Tabelle 9: Rechenwerte für die Fugendurchlässigkeit von Bauteilen.... 25

Tabelle 10: Hauskenngröße H 26

Tabelle 11: Hauskenngröße H und Höhenkorrekturfaktoren ϵ_{GA}, ϵ_{SA}, ϵ_{SN} für Grundrißtyp I (Einzelhaustyp)................... 27

Fortsetzung Seite 2 bis 45

Normenausschuß Heiz- und Raumlufttechnik (NHRS) im DIN Deutsches Institut für Normung e.V.

Tabelle 12: Hauskenngröße H und Höhenkorrekturfaktoren ϵ_{GA}, ϵ_{SA}, ϵ_{SN} für Grundrißtyp 11 (Reihenhaustyp) 29

Tabelle 13: Raumkennzahlen r 31

Tabelle 14: Gleichzeitig wirksame Lüftungswärmeanteile ζ 32

Tabelle 15: Äquivalente Wärmeleitwiderstände R_λ ruhender Luftschichten 32

Tabelle 16: Wärmeübergangswiderstände R_i, R_a 33

Tabelle 17: Wärmeleitfähigkeitswert λ für Erdreich 33

Tabelle 18: Grenzwerte der inneren Wärmeübergangswiderstände R_i und der Wärmedurchgangswiderstände R_k einfach verglaster Stahlfenster in Hallen 33

Tabelle 19: Innere Wärmeübergangswiderstände $R_{i\ Glas}$ an den transparenten Flächen von Gewächshäusern 34

Tabelle 20: Wärmeleitwiderstände $R_{\lambda\ Glas}$ der transparenten Flächen von Gewächshäusern 34

Tabelle 21: Äquivalenter Wärmedurchlaßwiderstand R_L für Fugenlüftung von Gewächshäusern 35

Tabelle 22: Konstanten für Gleichung (8) 43

3 Bilder

Bild 1: Isothermenkarte 36
Bild 2: Geometrieeinflußfaktor f_{AL} für den Wärmestrom an die Außenluft in Abhängigkeit von der Grundwassertiefe 37
Bild 3: Geometrieeinflußfaktor f_{GW} für den Wärmestrom an das Grundwasser 38
Bild 4: Gebäudetypen 39
Bild 5: Grundrißtypen 39
Bild 6: I-Träger bündig in einer Außenwand 40
Bild 7: Bauelement mit allseitig geschlossener Ummantelung 40
Bild 8: Mittlerer Aufheizwiderstand R_Z 40
Bild 9: Thermische Kopplung zwischen Treppenhäusern und übrigem Gebäude 40

4 Algorithmen 41

4.1 Algorithmen für Tabellen 41
4.2 Algorithmen für Diagramme 43

Anhang A (informativ) Literaturhinweise 45

Seite 3
E DIN 4701-2 : 1995-08

Vorwort

Die Norm enthält Tabellen für Norm-Außentemperaturen, Norm-Innentemperaturen sowie Rechenwerte für Temperaturen in Nachbarräumen, in nicht beheizten eingebauten Treppenräumen, Dachräumen; Wärmedurchgangskoeffizienten für Türen, Fugendurchlässigkeiten von Bauteilen, Hauskenngrößen und Höhenkorrekturen usw., Bilder sowie vorhandene Algorithmen der Tabellen und Diagramme, die zur Berechnung der Heizlast nach E DIN 4701-1 erforderlich sind.

Die Tabellen mit den Wärmeleitfähigkeiten bzw. Wärmedurchgangskoeffizienten (außer für Türen) sind nicht in vorliegender Norm enthalten. Sie sind DIN 4108-4 zu entnehmen.

DIN 4701 "Regeln für die Berechnung der Heizlast von Gebäuden" besteht aus:

Teil 1   "Grundlagen der Berechnung"
Teil 2   "Tabellen, Bilder, Algorithmen"
Teil 3   "Auslegung der Raumheizeinrichtungen"

Änderungen

Gegenüber der Ausgabe März 1983 wurden folgende Änderungen vorgenommen:

a) Tabelle 1   erweitert
b) Tabelle 2   Temperatur für Duschräume in Schwimmbädern und Bäder in Wohnungen herabgesetzt
c) Tabelle 9   erweitert
d) Tabellen und Bilder für Heizlast erdreichberührter Bauteile verändert

1 Anwendungsbereich

Diese Norm gilt für Räume in durchgehend und voll bzw. teilweise eingeschränkt beheizten Gebäuden. Sie gilt zusammen mit E DIN 4701-1 und enthält die für die Berechnung nach Teil 1 von E DIN 4701 erforderlichen Rechenwerte.

2 Tabellen

Tabelle 1: Norm-Außentemperaturen ϑ_a und Zuordnung zu "Windstarker Gegend" (W) für Städte mit mehr als 20 000 Einwohnern (tiefstes Zweitagesmittel der Lufttemperatur, das 10mal in 20 Jahren erreicht oder unterschritten wird)

Städte mit mehr als 20 000 Einwohnern[3])	Norm-Außentemperatur ϑ_a[1])[2]) °C
Aach, Hegau	-14
Aachen	-12
Aalen, Württ.	-16W
Ahlen, Westf.	-12W
Ahrensburg	-12W
Alsdorf, Rheinl.	-12W
Altena, Westf.	-12W
Altenburg	-14
Alzey	-12
Amberg, Oberpf.	-16
Andernach	-12
Anklam	-12W
Annaberg-Buchholz	-16W
Ansbach, Mittelfr.	-16
Apolda	-14
Arnsberg	-12W
Arnstadt	-14
Aschaffenburg	-12
Aschersleben	-14

Anmerkung:

Für Orte, die hier nicht enthalten sind, ist als Außentemperatur der Wert des nächstgelegenen in der Tabelle aufgeführten Ortes ähnlicher klimatischer Lage anzusetzen.

Eine Hilfe hierfür bietet die Isothermenkarte nach Bild 1 (siehe Erläuterungen zu E DIN 4701-1), die auch Angaben über windstarke Gegenden enthält.

[1]) In den Kerngebieten großer Städte liegen die Außentemperaturen etwas höher als in den Randgebieten, auf die sich die aufgeführten Außentemperaturen beziehen. Eine allgemeine Berücksichtigung dieser Verhältnisse ist wegen der vielfältigen Unsicherheitsfaktoren (Flußläufe, Plätze; keine sichere Abgrenzung gegen Außenbezirke) nicht möglich. Es kann jedoch in Städten über 100 000 Einwohner bei dichter Bebauung eine besondere Vereinbarung getroffen werden, nach der in Bereichen mit Geschoßflächenzahlen $\geq 1{,}8$ die Außentemperaturen bis zu 2 K höher als nach dieser Norm angesetzt werden kann, sofern das Gebäude seine Umgebung nicht wesentlich überragt.

[2]) Windstarke Gegend: W, windschwache Gegend: keine Angabe

[3]) Kleinere Orte mit Wetterstationen, deren Datenmaterial berücksichtigt wurde, sind mit aufgeführt.

(fortgesetzt)

Tabelle 1 (fortgesetzt)

Städte mit mehr als 20 000 Einwohnern[3])	Norm-Außentemperatur $\vartheta_a{}^1){}^2)$ °C
Aue	-16
Auerbach/Vogtl.	-16
Augsburg	-14
Aulendorf, Württ.	-16W
Backnang	-12
Baden-Baden	-12
Badenweiler	-14
Bamberg	-16
Bautzen	-16
Bayreuth	-16
Beckum, Westf.	-12W
Beerfelden, Odenw.	-14W
Bensberg	-12
Bensheim (Bensheim-Auerbach)	-10
Berchtesgaden	-16
Bergen/Rügen	-10W
Bergisch-Gladbach	-12
Bergzabern, Bad	-12
Berlin	-14
Bernau b. Berlin	-14
Bernburg/Saale	-14
Bernkastel-Kues	-10
Berus	-12W
Biberach, Riß	-16
Biedenkopf	-12
Bielefeld	-12
Bingen, Rhein	-12
Birkenfeld, Nahe	-14W
Bitterfeld	-14
Blankenburg/Harz	-14
Blankenrath	-14W
Bocholt	-10W
Bochum	-10
Bockum-Hövel	-12W
Böblingen	-14
Bonn	-10
Bonn-Bad Godesberg	-10
Bonn-Beuel	-10
Borkum	-10W
Borna	-14
Bottenweiler, Post Zumhaus (Wörnitz)	-16
Bottrop	-10W
Brackwede	-12
Brandenburg/Havel	-14
Braunschweig	-14W
Bremen	-12W
[1]), [2]) und [3]) siehe Seite 4	
(fortgesetzt)	

Tabelle 1 (fortgesetzt)

Städte mit mehr als 20 000 Einwohnern[3]	Norm-Außen-temperatur ϑ_a [1)2)] °C
Bremerhaven	-10W
Bremervörde	-12W
Brilon	-14W
Brocken	-16W
Bruchsal	-12
Brühl, Rheinl.	-10
Buchen, Odenw.	-14W
Burg b. Magdeburg	-14
Burghaslach	-16
Castrop-Rauxel	-10
Celle	-12W
Chemnitz	-14
Clausthal-Zellerfeld	-14W
Coburg	-14
Coesfeld	-10W
Coswig	-14
Cottbus	-16
Crailsheim	-16
Crimmitschau	-14
Cuxhaven	-10W
Dachau	-16
Darmstadt	-12
Datteln	-12W
Delitzsch	-14
Delmenhorst	-12W
Dessau	-14
Detmold	-12
Deuselbach	-12W
Dillenburg	-12
Dillingen, Donau	-16
Dinslaken	-10W
Döbeln	-14
Dorsten	-10W
Dortmund	-12
Dresden	-14
Dudweiler, Saar	-12
Dülken	-10W
Dülmen	-12W
Düren	-12
Düsseldorf	-10W
Duisburg	-10W
Eberswalde-Finow	-14
Ebingen (Albstadt)	-10W
Eckernförde	-10W
Edewechterdamm (Friesoythe)	-12W

[1]), [2]) und [3]) siehe Seite 4

(fortgesetzt)

Tabelle 1 (fortgesetzt)

Städte mit mehr als 20 000 Einwohnern[3]	Norm-Außentemperatur ϑ_a[1][2] °C
Eilenburg	-14
Einbeck	-16
Eisenach	-16
Eisenhüttenstadt	-16
Eisleben	-14
Ellwangen, Jagst	-16
Elmshorn	-12W
Elsdorf, Rheinl.	-12
Emden	-10W
Ems, Bad	-12
Emsdetten	-12W
Engelskirchen	-10
Ennepetal	-12
Erfurt	-14
Erlangen	-16
Eschwege	-14
Eschweiler, Rheinl.	-12
Essen	-10
Esslingen am Neckar	-14
Ettlingen	-12
Euskirchen	-12
Eutin	-10W
Falkensee	-14
Falkenstein	
Großer Falkenstein	-18W
Feldberg, Schwarzwald	-18W
Feldberg(kleiner), Taunus	-16W
Fellbach, Württ.	-12
Fichtelberg, Oberfr.	-16W
Fichtelberg	-18W
Finsterwalde	-16
Flensburg	-10W
Forchheim, Breisgau	-12
Forchheim, Oberfr.	-16
Forst/Lausitz	-16
Frankenthal, Pfalz	-12
Frankfurt/Main	-12
Frankfurt/Oder	-16
Frechen	-10
Freiberg	-16
Freiburg i. Br.	-12
Freising	-16
Freital	-14
Freudenstadt	-16W
Friedrichshafen	-12
Friesdorf (Post Bad Godesberg)	-10
Fürstenfeldbruck	-16
Fürstenwalde/Spree	-14

[1], [2] und [3] siehe Seite 4

(fortgesetzt

Tabelle 1 (fortgesetzt)

Städte mit mehr als 20 000 Einwohnern[3])	Norm-Außen-temperatur $\vartheta_a{}^{1)2)}$ °C
Fürth, Bay.	-16
Fulda	-14
Garmisch-Partenkirchen	-18
Geesthacht	-12W
Geislingen, Steige	-16
Gelnhausen	-12
Gelsenkirchen	-10
Gera	-14
Gerlachsheim (Lauda-Königshofen, Baden)	-14
Gevelsberg	-12
Gießen	-12
Gifhorn	-14W
Gilserberg	-14
Gladbeck, Westf.	-10W
Glauchau	-14
Glückstadt	-10W
Göppingen	-14
Görlitz	-16
Gössweinstein	-16
Gotha	-14
Göttingen	-16
Goslar	-14
Greifswald	-12W
Greiz	-16
Greven, Westf.	-12W
Grevenbroich	-10W
Gronau, Westf.	-10W
Großenhain	-16
Gschwend b. Gaildorf	-16
Guben	-16
Gummersbach	-12
Güstrow	-12W
Gütersloh	-12W
Hagen	-12
Halberstadt	-14
Haldensleben	-14
Halle/Kröllwitz	-14
Hamburg	-12W
Hameln	-12
Hamm, Westf.	-12W
Hanau	-12
Hannover	-14W
Harzburg, Bad-	-14
Hattingen, Ruhr	-12
Hauptschwenda (Neukirchen, Knüllgeb.)	-14W

[1]), [2]) und [3]) siehe Seite 4

(fortgesetzt)

Tabelle 1 (fortgesetzt)

Städte mit mehr als 20 000 Einwohnern[3]	Norm-Außen-temperatur ϑ_a[1])[2]) °C
Heide, Holst.	-10W
Heidelberg	-10
Heidenau	-14
Heidenheim, Brenz	-16
Heilbronn, Neckar	-12
Heiligenhaus b. Velbert	-12
Helmstedt	-14W
Hemer	-12
Hennigsdorf b. Berlin	-14
Herchenhain	-14W
Herford	-12
Herleshausen	-14
Herne	-10
Herrenalb, Bad	-14
Hersfeld, Bad	-14
Herstein	-12
Herten, Westf.	-10W
Hettstedt	-14
Hilden	-10
Hildesheim	-14W
Hilgenroth, Westerw.	-12
Höchenschwand	-16W
Höllenstein (Post Degerndorf am Inn) (Großbrannenburg)	-18
Hof, Saale	-18W
Hofheim, Unterfr.	-14
Hohenlimburg	-12
Hohenpeissenberg	-16W
Holzminden	-12
Homberg, Niederrh.	-10W
Homburg, Bad	-12
Homburg, Saar	-12
Hoyerswerda	-16
Hückelhoven	-10
Hürth	-10
Husum, Nordsee	-10W
Ibbenbüren	-12W
Idar-Oberstein	-12
Ilmenau	-16W
Ingolstadt, Donau	-16
Inselsberg	-16W
Iserlohn	-12
Itzehoe	-12W
Jena	-14
Kahl am Main	-12
Kaiserslautern	-12

[1]), [2]) und [3]) siehe Seite 4

(fortgesetzt)

E DIN 4701-2 : 1995-08

Tabelle 1 (fortgesetzt)

Städte mit mehr als 20 000 Einwohnern[3])	Norm-Außen-temperatur $\vartheta_a{}^1){}^2)$ °C
Kamen, Westf.	−12
Kamenz	−16
Kamp-Lintford	−10W
Karlshuld	−16
Karlsruhe	−12
Kassel	−12
Kaufbeuren	−16
Kempten, Allgäu	−16
Kiel	−10W
Kirchheim, Teck	−16
Kissingen, Bad	−14
Kleve, Niederrhein	−10W
Klippeneck (Denkingen, Württ.)	−16W
Koblenz	−12
Kohlgrub, Bad	−16W
Köln	−10
Königstein, Taunus	−12
Königs Wusterhausen	−14
Konstanz	−12
Kornwestheim	−12
Köthen/Anhalt	−14
Krefeld	−10W
Kreuznach, Bad	−12
Kronach	−16
Kulmbach	−16
Künzelsau	−14
Lahr, Schwarzwald	−12
Lampertheim, Hessen	−12
Landau, Pfalz	−12
Landshut, Bay.	−16
Langen, Hessen	−12
Langenfeld, Rheinl.	−10
Langenhagen, Han.	−14W
Langeoog	−10W
Lauchhammer	−16
Leer, Ostfriesland	−10W
Lehrte	−14W
Leipzig	−14
Lemgo	−12
Lengerich, Westf.	−12
Leonberg, Württ.	−12
Letmathe	−12
Leverkusen	−10
Limbach-Oberfrohna	−14
Lindau, Bodensee	−12
Lingen, Ems	−10W
Lippstadt	−12W
List auf Sylt	−10W

[1]), [2]) und [3]) siehe Seite 4

(fortgesetzt)

Tabelle 1 (fortgesetzt)

Städte mit mehr als 20 000 Einwohnern³)	Norm-Außen-temperatur ϑ_a¹)²) °C
Löbau	-16
Lörrach	-12
Lövenich b. Frechen	-10
Lorch, Rheingau	-12
Lübbenau/Spreewald	-16
Lübeck	-10W
Luckenwalde	-14
Lüdenscheid	-12W
Ludwigsburg, Württ.	-12
Ludwigsfelde	-14
Ludwigshafen am Rhein	-12
Lüneburg	-12W
Lünen	-12W
Mainz	-12
Magdeburg	-14
Mannheim	-12
Marburg, Lahn	-12
Markkleeberg	-14
Marl	-10W
Meerane	-14
Meersburg, Bodensee	-12
Meiningen	-16W
Meißen	-14
Memmingen	-16
Menden, Sauerland	-12
Mengen, Baden	-14
Merklingen Kr. Leonberg (Weil der Stadt)	-16W
Merseburg/Saale	-14
Metten, Niederbay.	-18
Mettmann	-12
Minden, Westf.	-12
Mittelberg b. Oy	-18W
Mittenwald	-16W
Mittweida	-14
Mönchengladbach	-10
Moers	-10W
Monheim, Rheinl.	-10
Mühlhausen	-14
Mühlheim, Ruhr	-10
München	-16
Münsingen, Württ.	-16W
Münster, Westf.	-12W
Nauheim, Bad	-14
Naumburg	-14
Neheim-Hüsten	-12
Neubrandenburg	-14W

¹), ²) und ³) siehe Seite 4

(fortgesetzt)

E DIN 4701-2 : 1995-08

Tabelle 1 (fortgesetzt)

Städte mit mehr als 20 000 Einwohnern³⁾	Norm-Außen-temperatur ϑ_a¹⁾²⁾ °C
Neu-Isenburg	-12
Neukirchen-Vluyn	-10W
Neuland, Kr.Stade (Neuland-Waterneversdorf)	-10W
Neumünster	-12W
Neunkirchen, Saar	-12
Neuruppin	-14W
Neuss	-10W
Neustadt, Weinstraße	-10
Neustrelitz	-14W
Neu-Ulm	-14
Neuwied	-12
Neviges	-12
Nienburg, Weser	-12W
Nordenham	-10W
Norderney	-10W
Nordhausen	-14
Nordhorn	-10
Nördlingen	-16
Nürburg	-14W
Nürnberg	-16
Nürtingen	-14
Oberaudorf	-18
Oberhausen, Rheinland	-10W
Oberrotweil	-12
Oberstdorf	-20
Oberursel, Taunus	-12
Oberviechtach	-16
Oberwiesenthal	-18W
Öhringen	-14
Oer-Erkenschwick	-10W
Offenbach, Main	-12
Offenburg	-12
Oldenburg, Oldb.	-10W
Opladen	-10
Oranienburg	-14
Oschatz	-14
Osnabrück	-12W
Paderborn	-12
Parchim	-14W
Parsberg, Oberfr.	-16
Passau	-14
Peine	-14W
Pforzheim	-12
Pinneberg	-12W
Pirmasens	-12
Pirna	-14

¹⁾, ²⁾ und ³⁾ siehe Seite 4

(fortgesetzt)

Tabelle 1 (fortgesetzt)

Städte mit mehr als 20 000 Einwohnern[3])	Norm-Außen-temperatur ϑ_a[1])[2]) °C
Plauen	-16
Plettenberg	-12
Pommelsbrunn	-14
Porz	-10
Potsdam	-14
Prenzlau	-14W
Puch (Post Fürstenfeldbr.)	-16
Quedlinburg	-14
Quickborn Post Burg (Dithmarschen)	-12W
Radebeul	-14
Radevormwald	-12
Rastatt	-12
Rathenow	-14
Ratingen	-10W
Ravensburg	-14
Recklinghausen	-10W
Regensburg	-16
Reichenbach/Vogtl.	-16
Remscheid	-12
Rendsburg	-10W
Reutlingen	-16
Rheine	-12W
Rheinhausen, Niederrh.	-10W
Rheinkamp	-10W
Rheydt	-10
Riesa	-16
Rodenkirchen	-10
Rötgen, Eifel	-12W
Rosenheim, Oberbay.	-16
Rostock	-10W
Rothenburg ob der Tauber	-14
Rudolstadt	-14
Rüsselsheim	-12
Saalfeld/Saale	-14
Saarbrücken	-12
Saarlouis	-12
Salzgitter	-14W
Salzungen, Bad	-16
Salzwedel	-14W
Sangerhausen	-14
St. Blasien	-16W
St. Ingbert	-12
Schleswig	-10W
Schneeberg	-16W
Schömberg Kr.Freuden-stadt (Loßburg)	-14W

[1]), [2]) und [3]) siehe Seite 4

(fortgesetzt)

E DIN 4701-2 : 1995-08

Tabelle 1 (fortgesetzt)

Städte mit mehr als 20 000 Einwohnern[3]	Norm-Außentemperatur ϑ_a[1][2] °C
Schönebeck/Elbe	-14
Schopfloch	-16W
Schorndorf, Württ.	-16
Schotten, Hess.	-12
Schwabach, Mittelfr.	-16
Schwäbisch Gmünd	-16
Schwäbisch Hall	-16
Schwarzenberg/Erzgeb.	-16W
Schwedt/Oder	-16W
Schweinfurt	-14
Schwelm	-12
Schwenningen, Neckar	-16W
Schwerin	-12W
Schwerte, Ruhr	-12
Segeberg, Bad	-10W
Selb	-18W
Senftenberg	-16
Siegburg	-12
Siegen	-12
Sieglar	-10
Sigmaringen	-14W
Sindelfingen	-14
Singen, Hohentwiel	-14
Soest, Westf.	-12W
Solingen	-12
Soltau	-12W
Sömmerda	-14
Sondershausen	-14
Sonneberg	-16
Speyer	-12
Spremberg	-16
Stade	-10W
Staßfurt	-14
Steinbach bei Eltmann	-14
Stendal	-14W
Stolberg, Rheinl.	-12
Stralsund	-10W
Straubing	-18
Strausberg	-14
Stuttgart	-12
Suhl	-16W
Sulzbach, Saar	-12
Tölz, Bad	-18
Torgau	-16
Trier	-10
Tübingen	-16
Tuttlingen	-16W

[1], [2] und [3] siehe Seite 4

(fortgesetzt)

Tabelle 1 (fortgesetzt)

Städte mit mehr als 20 000 Einwohnern[3])	Norm-Außen-temperatur $\vartheta_a{}^1)^2)$ °C
Übach-Palenberg	−12
Uelzen	−14W
Ulm, Donau	−14
Unna	−12W
Velbert	−12
Viernheim	−12
Viersen	−10W
Villingen, Schwarzwald	−16W
Völklingen, Saar	−12
Voerde, Niederrh.	−10W
Waiblingen	−12
Waldeck, Hess.	−14W
Walsum	−10W
Waltrop	−12W
Wanne-Eickel	−10
Waren	−12W
Wasserburg a. Inn	−16
Wasserkuppe	−16W
Wattenscheid	−10
Wedel, Holstein	−10W
Weiden, Oberpf.	−16
Weilburg	−12
Weimar	−14
Weinheim, Bergstraße	−10
Weissenburg in Bay.	−16
Weißenfels	−14
Weißwasser	−16
Wendelstein	−20W
Werdau	−16
Werdohl	−12
Wermelskirchen	−12
Werne a. d. Lippe	−12W
Wernigerode	−16
Wertheim	−14
Wesel	−10W
Wesseling, Rheinl.	−10
Wetzlar	−12
Wiesbaden	−10
Wildbad	−14
Wilhelmshaven	−10W
Willingen, Upland	−14W
Wismar	−10W
Witten	−12
Wittenberg	−14
Wittenberge	−14W

[1]), [2]) und [3]) siehe Seite 4

(fortgesetzt)

Seite 16
E DIN 4701-2 : 1995-08

Tabelle 1 (abgeschlossen)

Städte mit mehr als 20 000 Einwohnern[3])	Norm-Außentemperatur ϑ_a[1])[2]) °C
Witzenhausen	-14
Wolfen	-14
Wolfenbüttel	-14W
Wolfsburg	-14W
Worms	-12
Wülfrath	-12
Wuppertal	-12
Würselen	-12
Würzburg	-12
Wurzen	-14
Zeitz	-14
Zerbst	-14
Zittau	-16
Zugspitze	-24W
Zweibrücken	-12
Zwickau	-14

[1]), [2]) und [3]) siehe Seite 4

Tabelle 2: Norm-Innentemperaturen ϑ_i für beheizte Räume

Nr.	Raumart	Norm-Innentemperatur ϑ_i[1]) °C
1	Wohnhäuser	
1.1	vollbeheizte Gebäude	
	Wohn- und Schlafräume	20
	Küchen	20
	Bäder	22
	Aborte	20
	Nebenräume (Vorräume, Flure)[2])	15
	Treppenräume	10

[1]) Für Räume mit Anlagen, die in den Anwendungsbereich von DIN 1946-4 fallen, gelten die dortigen Festlegungen.

[2]) Innenliegende Flure in Geschoßwohnungen werden in der Regel nicht beheizt.

[3]) Für die Ermittlung der Raumheizlast bei teilweise eingeschränkt beheizten Nachbarräumen kann auch die Benutzung anderer (siehe Erläuterungen zu Tabelle 2) anerkannter Rechenansätze vereinbart werden.

(fortgesetzt)

Tabelle 2 (fortgesetzt)

Nr.	Raumart	Norm-Innentemperatur $\vartheta_i{}^1)$ °C
1.2	**teilweise eingeschränkt beheizte Gebäude**[3]) a) jeweils zu berechnender Raum wie Nr. 1.1 b) an Wohn- und Schlafräume sowie Bäder angrenzende Räume	15
2	**Verwaltungsgebäude** Büroräume, Sitzungszimmer, Ausstellungsräume, Schalterhallen und dgl., Haupttreppenräume Aborte Nebenräume und Nebentreppenräume wie unter 1.	20 15
3	**Geschäftshäuser** Verkaufsräume und Läden allgemein, Haupttreppenhäuser Lebensmittelverkauf Lager allgemein Käselager Wurstlager, Fleischwarenverarbeitung und Verkauf Aborte, Nebenräume und Nebentreppenräume wie unter 2.	20 18 18 12 15
4	**Hotels und Gaststätten** Hotelzimmer Bäder Hotelhalle, Sitzungszimmer, Festsäle, Haupttreppenhäuser Aborte, Nebenräume und Nebentreppenräume wie unter 1.	20 22 20
5	**Unterrichtsgebäude** Unterrichtsräume allgemein sowie Lehrerzimmer, Bibliotheken, Verwaltungsräume, Pausenhalle und Aula als Mehrzweckräume, Kindergärten Lehrküchen Werkräume je nach körperlicher Beanspruchung Bade- und Duschräume Arzt- und Untersuchungszimmer Turnhallen Gymnastikräume Aborte, Nebenräume und Treppennebenräume wie unter 2.	20 18 15 bis 20 22 24 20 20

[1]) und [3]) siehe Seite 16

(fortgesetzt)

Tabelle 2 (fortgesetzt)

Nr.	Raumart	Norm-Innen-temperatur $\vartheta_i{}^1)$ °C
6	**Theater und Konzerträume** einschließlich Vorräumen	20
	Aborte, Nebenräume und Treppenräume wie unter 1.	
7	**Kirchen**⁴⁾	
	Kirchenraum allgemein	15
	bei Kirchen mit schutzwürdigen Gegenständen	nach Vereinbarung
	Aborte, Nebenräume und Treppenräume wie unter 2.	
8	**Krankenhäuser**⁵⁾	
	Operations-, Vorbereitungs- und Anaestesieräume, Räume für Frühgeborene	25
	alle übrigen Räume	22
9	**Fertigungs- und Werkstatträume**	
	allgemein, mindestens	15
	bei sitzender Beschäftigung	20
10	**Kasernen**	
	Unterkunftsräume	20
	alle sonstigen Räume wie unter 5.	
11	**Schwimmbäder**	
	Hallen (mindestens jedoch 2 K über Wassertemperatur)	28
	sonstige Baderäume (Duschräume)	22
	Umkleideräume, Nebenräume und Treppenräume	22

¹) siehe Seite 16
⁴) Häufig wird eine Mindesttemperatur von 5 °C dauernd gehalten
⁵) Siehe auch DIN 1946-4, Raumlufttechnische Anlagen in Krankenhäusern

(fortgesetzt)

Tabelle 2 (abgeschlossen)

Nr.	Raumart	Norm-Innen-temperatur ϑ_i [1]) °C
12	Justitzvollzugsanstalten	
	Unterkunftsräume	20
	alle sonstigen Räume wie unter 5.	
13	Ausstellungshallen	
	nach Angabe des Auftraggebers, jedoch mindestens	15
14	Museen und Galerien	
	allgemein	20
15	Bahnhöfe	
	Empfangs-, Schalter- und Abfertigungsräume in geschlossener Bauart sowie Aufenthaltsräume ohne Bewirtschaftung	15
16	Flughäfen	
	Empfangs-, Abfertigungs- und Warteräume	20
17	frostfrei zu haltende Räume	5

[1]) Siehe Seite 16

Bei allen übrigen Gebäudearten sind die der Rechnung zugrundezulegenden Temperaturen mit dem Auftraggeber zu vereinbaren.

Der Berechnung der Norm-Heizlast sind, soweit vom Auftraggeber nicht ausdrücklich andere Werte gefordert werden, die in dieser Tabelle aufgeführten Norm-Innentemperaturen zugrunde zu legen. Bei Wohnhäusern ist zwischen Auftraggeber und Auftragnehmer jeweils zu vereinbaren, ob die Heizungsanlage für volle Beheizung aller beheizbaren Räume oder für eine teilweise eingeschränkte Beheizung dieser Räume auszulegen ist. Bei voller Beheizung sind die Heizflächen nach Nr. 1.1, bei teilweise eingeschränkter Beheizung nach Nr 1.2 zu bemessen. Für die Berechnung der Norm-Gebäudeheizlast, die für die Dimensionierung der Wärmeversorgung maßgeblich ist, ist stets die Norm-Innentemperaturen nach Nr 1.1 bzw. analoge vereinbarte Temperaturen zugrunde zu legen.

Tabelle 3: Außenflächen-Korrekturen Δk_A für den Wärmedurchgangskoeffizienten von Außenflächen

Wärmedurchgangskoeffizient der Außenflächen nach DIN 4108-4 $W/(m^2 \cdot K)$	0,0 bis 1,5	1,6 bis 2,5	2,6 bis 3,1	3,2 bis 3,5
Außenflächen-Korrektur Δk_A $W/(m^2 \cdot K)$	0,0	0,1	0,2	0,3

Tabelle 4: Sonnenkorrekturen Δk_S für den Wärmedurchgangskoeffizienten transparenter Außenflächen

Verglasungsart	Sonnenkorrektur Δk_S
Klarglas	$-0,3$
Spezialglas (Sonderglas)	$-0,35\ g$
Transparente Wärmedämmung Lichtstreuende Verglasung	
Transparente Wärmedämmung vor Außenwand	$-0,25\ g_W$

Es bedeutet:

g Gesamtenergiedurchlaßgrad der Verglasung nach DIN 4108-2

g_W Gesamtenergiedurchlaßgrad der transparenten Wärmedämmung
 $g_W = 0,6$ für Kapillarstruktur
 $g_W = 0,45$ für Aerogelgranulat

$$\Delta k_S = -0,35 \cdot g \cdot \frac{1}{1 + \frac{R_{AW} + R_i}{R_{TWD} + R_a}}$$

$$R_{TWD} = \frac{s}{\lambda_{TWD}}$$

Die realen Wärmeleitfähigkeiten der transparenten Wärmedämmung sind den Prüfunterlagen der Hersteller bzw. dem Bundesanzeiger zu entnehmen, soweit sie noch nicht in DIN 4108 Eingang gefunden haben.

Seite 21
E DIN 4701-2 : 1995-08

Tabelle 5: Rechenwerte für die Temperaturen ϑ_i' in Nachbarräumen

Räume		ϑ_i bei Norm-Außentemperatur ϑ_a in °C				
		≥ -10	-12	-14	-16	≤ -18
Nicht beheizte Nachbarräume[1])	Ohne Gebäude-Eingangstüren, auch Kellerräume	7	6	5	4	3
	Mit Gebäude-Eingangstüren (z. B. Vorflure, Windfänge, eingebaute Garagen)	4	3	2	1	0
	Vorgebaute Treppenräume[2])	-5	-7	-9	-10	-11
Fremdbeheizte[3]) Nachbarräume		15	15	15	15	15
Heizräume		15	15	15	15	15

[1]) Die Tabellenwerte gelten für den Fall, daß die Nachbarräume vorwiegend an die Außenluft angrenzen. Anderenfalls sind die Temperaturen nach 4.2.3 von E DIN 4701-1:1995-08 zu berechnen bzw. anzunehmen.

[2]) Eingebaute Treppenräume siehe Tabelle 6.

[3]) durch eine andere Heizanlage beheizt.

Tabelle 6: Rechenwerte für die Temperaturen ϑ_i' in nicht beheizten eingebauten Treppenräumen mit einer Außenwand

Thermische Kopplung an das Gebäude	Gebäudehöhe [4]) m	Geschoß	ϑ_i bei Norm-Außentemperaturen ϑ_a in °C				
			$\geq$ -10	-12	-14	-16	$\leq$ -18
normal[1][3])	bis 20	EG und KG	+ 6	+ 5	+ 4	+ 3	+ 2
		1. OG	+11	+10	+ 9	+ 9	+ 8
		2. OG	+12	+11	+11	+10	+10
		3. und 4. OG	+12	+12	+11	+11	+10
		5. bis 7. OG	+13	+12	+12	+11	+11
	über 20	EG und KG	+ 1	- 1	- 2	- 3	- 4
		1. OG	+ 6	+ 5	+ 4	+ 3	+ 2
		2. OG	+ 9	+ 8	+ 7	+ 6	+ 5
		3. und 4. OG	+10	+10	+ 9	+ 8	+ 7
		5. bis 7. OG	+11	+11	+10	+10	+ 9
		über 7. OG	+12	+12	+11	+11	+10
schlecht[2][3])	bis 20	EG und KG	+ 4	+ 3	+ 1	0	- 1
		1. OG	+ 7	+ 6	+ 5	+ 4	+ 3
		2. OG	+ 8	+ 7	+ 6	+ 5	+ 4
		3. und 4. OG	+ 8	+ 7	+ 6	+ 6	+ 5
		5. bis 7. OG	+ 8	+ 7	+ 6	+ 6	+ 5
	über 20	EG und KG	- 1	- 2	- 4	- 5	- 6
		1. OG	+ 3	+ 2	+ 1	0	- 1
		2. OG	+ 6	+ 5	+ 4	+ 3	+ 2
		3. und 4. OG	+ 7	+ 6	+ 5	+ 4	+ 3
		5. bis 7. OG	+ 7	+ 7	+ 6	+ 5	+ 4
		über 7. OG	+ 8	+ 7	+ 6	+ 6	+ 5

[1]) Annahme: $\dfrac{\sum(k \cdot A)_b}{\sum(k \cdot A)_a} = 3{,}0$ (z. B. Schmalseite Einfachfenster 2 m² je Geschoß, siehe Bild 9b)

[2]) Annahme: $\dfrac{\sum(k \cdot A)_b}{\sum(k \cdot A)_a} = 1{,}5$ (z. B. Schmalseite Einfachfenster über ganze Fläche, siehe Bild 9c)

[3]) Die Zuordnung zu den Fällen "normal" und "schlecht" ist üblicherweise an Hand von Bild 9 (a, b, c) abzuschätzen. Ein rechnerischer Nachweis gehört nicht zur Berechnung der Norm-Heizlast.

[4]) Zwischen den Werten für die verschienenen Höhenbereiche kann bei Gebäuden nahe der Bereichsgrenze interpoliert werden.

In den Fußnoten bedeuten:

k äquivalenter Wärmedurchgangskoeffizient (einschließlich Lüftungswärmeverlust)

A Fläche

Index a: nach außen

Index b: zu beheizten Räumen

Tabelle 7: Rechenwerte für die Temperaturen ϑ_i' in nicht beheizten angrenzenden Dachräumen und in der Luftschicht belüfteter Flachdächer

Dach-außen-fläche	Geschlossene Dachräume[1]		ϑ_i bei Norm-Außentemperaturen ϑ_a °C				
	Wärmedurchgangswiderstand R_k $m^2 \cdot K/W$						
	nach außen	zu beheizten Räumen	≥ -10	-12	-14	-16	≤ -18
undicht[2]	0,2	0,8	-6	-8	-10	-12	-13
		1,6	-8	-10	-12	-14	-15
		2,4	-9	-11	-13	-15	-17
	0,4	0,8	-4	-6	-7	-9	-11
		1,6	-7	-9	-10	-12	-14
		2,4	-9	-11	-12	-14	-16
dicht[3]	0,2	0,8	-6	-8	-9	-11	-13
		1,6	-8	-10	-11	-13	-15
		2,4	-9	-11	-12	-14	-16
	0,4	0,8	-3	-4	-6	-7	-9
		1,6	-6	-8	-9	-11	-13
		2,4	-8	-11	-12	-14	-16
	0,8	0,8	+1	0	-1	-3	-4
		1,6	-3	-5	-6	-8	-9
		2,4	-6	-9	-10	-12	-13
	1,6	0,8	+5	+4	+3	+2	+1
		1,6	0	-1	-2	-4	-5
		2,4	-4	-5	-6	-9	-10
Luftschicht belüfteter Flachdächer[*]			-7	-9	-11	-13	-15

[1]) Die Tabelle wurde für mittlere Dachraumhöhen von 1 bis 2 m und Flächenverhältnisse A_a (nach außen) zu A_b (zum beheizten Raum) $A_a/A_b = 1,5$ berechnet.
Der allgemeine Zusammenhang ist in 4.2.3 von E DIN 4701-1:1995-08 dargelegt.

[2]) Rechnerischer stündlicher Luftwechsel $\beta = 2,5 \, m^3/(h \cdot m^3)$.

[3]) Rechnerischer stündlicher Luftwechsel $\beta = 0,5 \, m^3/(h \cdot m^3)$.

[*]) Der Wärmeleitwiderstand ist vom Innenraum bis zur Luftschicht zu rechnen. Der äußere Wärmeübergangswiderstand ist mit $R_a = 0,08 \, m^2K/W$ anzusetzen.

Seite 24
E DIN 4701-2 : 1995-08

Tabelle 8: Wärmedurchgangskoeffizienten k für Außen- und Innentüren

Türen	k W/(m²·K)
Außentüren[1]) Holz, Kunststoff Metall, wärmegedämmt Metall, ungedämmt	 3,5 4,0 5,5
Innentüren	2,0
[1]) Bei einem Glasanteil von mehr als 50 % gelten die Werte für Fenster	

Seite 25
E DIN 4701-2 : 1995-08

Tabelle 9: Rechenwerte für die Fugendurchlässigkeit von Bauteilen

Nr	Benennung	Bauteile [1][6]		Gütemerkmale	Fugendurchlässigkeit[7]	
					Fugendurchlaß-koeffizient a $m^3/(m \cdot h \cdot Pa^{2/3})$	a · l
1	Fenster	zu öffnen		Beanspruchungsgruppen B,C,D[4]	0,3	-
2				Beanspruchung A	0,6	-
3		nicht zu öffnen		normal	0,1	-
4	Türen	Außentüren	Dreh- und Schiebetüren	sehr dicht, mit umlaufendem dichten Anschlag	1	-
5				normal, mit Schwelle oder unterer Dichtleiste	2	-
6			Pendeltüren	normal	20	-
7			Karusselltüren	normal	30	-
8		Innentüren		dicht, mit Schwelle	3	-
9				normal, ohne Schwelle	9	-
10	Außenwand	durchgehende Fugen zwischen Fertigteilelementen[3]		sehr dicht (mit garantierter Dichtheit)	0,1	-
11				ohne garantierte Dichtheit	1	-
12	Rolläden und Außenjalousien	Rollmechanik von außen zugänglich		normal	-	0,2
13		Rollmechanik von innen zugänglich		normal	-	4
14	Permanent-lüfter (geschlossen)			sehr dicht	4[5]	-
15				normal	7[5]	-
16	Rolltore	Tor mit sichergestellter hochwertiger Dichtung			1[8]	$\Sigma \frac{a \cdot l}{A}$
17		Tor ohne sichergestellte Dichtung			60[8]	

[1]) Die Funktions- und Gütemerkmale sind vom Auftraggeber anzugeben. Niedrigere Fugendurchlässigkeiten als nach Tabelle 9 dürfen nur dann eingesetzt werden, wenn diese unter Berücksichtigung der Einbau- undichtigkeiten bauseits für einen ausreichenden Zeitraum sichergestellt werden.

[2]) In den angegebenen Werten sind die Durchlässigkeiten evtl. Einbaufugen mit berücksichtigt.

[3]) Bei Rahmenbauweisen sind Fugen beiderseits der Stützen und der Riegel vorauszusetzen.

[4]) Nach DIN 18 055.

[5]) Die Werte beziehen sich auf 1 m Schieberlänge und 100 mm Gesamthöhe.

[6]) Grundlagen für weitere Bauteile: [1]

[7]) Zahlenwerte a mit der Einheit $m^3/(m \cdot h \cdot daPa^{2/3})$ können mit dem gleichen Faktor umgerechnet werden, wie die Zahlenwerte mit der Einheit $m^3/[m \cdot h \cdot (kp/m^2)^{2/3}]$.

[8]) Die Werte sind auf 1 m^2 Torfläche A bezogen: $\Sigma \frac{a \cdot l}{A}$ in $\frac{m^3}{m^2 \cdot h \cdot Pa^{2/3}}$
Zur Bestimmung von $\Sigma a \cdot l$ sind sie mit der Torfläche zu multiplizieren.

Tabelle 10: Hauskenngröße H

Gegend	Lage des Gebäudes	Hauskenngröße H $W \cdot h \cdot Pa^{2/3}/(m^3 \cdot K)$		Zugrunde liegende Windgeschwindigkeiten w m/s
		Grundriß-typ I[1])	Grundriß-typ II[2])	
Windschwache Gegend	normale Lage	0,72	0,52	2
	freie Lage	1,8	1,3	4
Windstarke Gegend	normale Lage	1,8	1,3	4
	freie Lage	3,1	2,2	6

[1]) Einzelhaustyp nach Bild 5 a bis 5 c
[2]) Reihenhaustyp nach Bild 5 d bis 5 h

Seite 27
E DIN 4701-2 : 1995-08

Tabelle 11: Hauskenngrößen H und Höhenkorrekturfaktoren ε_{GA}, ε_{SA}, ε_{SN} Grundrißtyp I (Einzelhaustyp)

Gegend	Lage	Hauskenngröße H $\frac{W\cdot h\cdot Pa^{2/3}}{m^3\cdot K}$	Gebäudehöhe [1]) [2]) h_G m	ε [3])	\multicolumn{21}{c}{Höhe h über Erdboden m}																				
					0	5	10	15	20	25	30	35	40	45	50	55	60	65	70	75	80	85	90	95	100
				ε_{GA}	1,0			1,2	1,4	1,5	1,6	1,7	1,9	2,0		2,1	2,2	2,3	2,4		2,5	2,6		2,7	2,8
			100	ε_{SA}	9,4	8,8	8,1	7,5	6,8	6,1	5,4	4,5	3,7	2,6	1,3										
				ε_{SN}	9,1	8,5	7,8	7,0	6,2	5,4	4,5	3,5	2,4	0,7											
			80	ε_{SA}	8,2	7,5	6,7	6,0	5,3	4,5	3,6	2,6	1,3												
				ε_{SN}	7,8	7,1	6,4	5,6	4,7	3,7	2,5	1,0													
	normal	0,72	60	ε_{SA}	6,8	6,0	5,2	4,4	3,5	2,5	1,2														
				ε_{SN}	6,5	5,7	4,8	3,8	2,7	1,3	0														
			40	ε_{SA}	5,3	4,4	3,4	2,4	1,1	0															
				ε_{SN}	4,9	4,0	2,9	1,6	0																
			20	ε_{SA}	3,5	2,4	0,9	0																	
				ε_{SN}	3,0	1,8	0																		
windschwach			10	ε_{SA}		1,0	0																		
				ε_{SN}		0																			
			100	ε_{SA}	3,9	3,6	3,4	3,2	3,1	2,9	2,7	2,5	2,3	2,0	1,8	1,5	1,2	0,8	0,3	0					
				ε_{SN}	3,4	3,2	2,9	2,5	2,2	1,8	1,4	0,9	0,1							0					
			80	ε_{SA}	3,4	3,2	2,9	2,7	2,5	2,3	2,1	1,9	1,6	1,3	1,0	0,6			0						
				ε_{SN}	2,9	2,6	2,3	1,9	1,5	1,1	0,4					0									
	frei	1,8	60	ε_{SA}	2,9	2,6	2,3	2,1	1,9	1,7	1,4	1,1	0,8	0,3								0			
				ε_{SN}	2,4	2,0	1,7	1,2	0,7					0											
			40	ε_{SA}	2,4	2,0	1,7	1,5	1,2	0,9	0,5	0													
				ε_{SN}	1,7	1,4	0,9	0,1			0														
			20	ε_{SA}	1,7	1,3	0,9	0,6	0																
				ε_{SN}	1,0	0,4	0																		
			10	ε_{SA}		1,0	0																		
				ε_{SN}		0																			

[1]) Als Gebäudehöhe gilt die Summe der Geschoßhöhen der beheizten Geschosse über Erdboden.
[2]) Die Gebäudehöhe 10 m kann bei Wohngebäuden generell für alle Häuser mit maximal 4 beheizten Geschossen über Erdboden eingesetzt werden.
[3]) Zwischenwerte sind zu interpolieren.

(fortgesetzt)

Seite 28
E DIN 4701-2 : 1995-08

Tabelle 11 (abgeschlossen)

Gegend	Lage	Hauskenngröße H [W·h·Pa^(2/3) / m³·K]	Gebäudehöhe¹)²) hG [m]	ε³)	h=0	h=5	h=10	h=15	h=20	h=25	h=30	h=35	h=40	h=45	h=50	h=55	h=60	h=65	h=70	h=75	h=80	h=85	h=90	h=95	h=100
normal	normal	1,8		ε_{GA}		1,0	1,2	1,4	1,5	1,6	1,7	1,9	2,0	2,1	2,2	2,3	2,4	2,5	2,6	2,7	2,8				
			100	ε_{SA}	3,9	3,6	3,4	3,2	3,1	2,9	2,7	2,5	2,3	2,0	1,8	1,5	1,2	0,8	0,3	0					
			80	ε_{SA}	3,4	3,2	2,9	2,7	2,5	2,3	2,1	1,9	1,6	1,3	1,0	0,6	0								
			80	ε_{SN}	3,4	3,2	2,9	2,5	2,2	1,8	1,4	0,9	0,1	0											
			60	ε_{SA}	2,9	2,6	2,3	2,1	1,9	1,7	1,4	1,1	0,8	0,3	0										
			60	ε_{SN}	2,9	2,6	2,3	1,9	1,5	1,1	0,4	0													
			40	ε_{SA}	2,4	2,0	1,7	1,5	1,2	0,9	0,5	0													
			40	ε_{SN}	2,4	2,0	1,7	1,2	0,7	0															
			20	ε_{SA}	1,7	1,4	0,9	0,1	0																
			20	ε_{SN}	1,7	1,3	0,9	0,6	0																
			10	ε_{SA}	1,0	0,4	0																		
			10	ε_{SN}	1,0	0																			
windstark	frei	3,1	100	ε_{SA}	2,4	2,3		2,1		2,0		1,9		1,7		1,6		1,5		1,4		1,3	1,2	1,1	1,0
			100	ε_{SN}	1,8	1,6	1,4	1,2	0,9	0,6	0,2	0													
			80	ε_{SA}	2,2	2,0	1,9			1,8		1,7		1,6		1,5		1,4	1,3	1,2	1,1				
			80	ε_{SN}	1,5	1,3	1,1	0,9	0,5	0															
			60	ε_{SA}	1,9	1,8		1,6		1,5		1,4		1,3		1,2									
			60	ε_{SN}	1,2	1,0	0,8	0,4	0																
			40	ε_{SA}	1,7	1,5		1,3		1,2		1,1													
			40	ε_{SN}	0,9	0,6	0,3	0																	
			20	ε_{SA}	1,4	1,2	1,0		0,9																
			20	ε_{SN}	0,4	0																			
			10	ε_{SA}		1,0																			
			10	ε_{SN}		0																			

Höhe h über Erdboden [m]

[1] Als Gebäudehöhe gilt die Summe der Geschoßhöhen der beheizten Geschosse über Erdboden.
[2] Die Gebäudehöhe 10 m kann bei Wohngebäuden generell für alle Häuser mit maximal 4 beheizten Geschossen über Erdboden eingesetzt werden.
[3] siehe Seite 27

Seite 29
E DIN 4701-2 : 1995-08

Tabelle 12: Hauskenngrößen H und Höhenkorrekturfaktoren ε_{GA}, ε_{SA}, ε_{SN} Grundrißtyp II (Reihenhaustyp)

Gegend	Lage	Hauskenn-größe H W·h·Pa$^{2/3}$ / m^3·K	Gebäude-höhe [1)2)] h_g m	ε [3)]	Höhe h über Erdboden m																	
					0	5	10	15	20	25	30	35	40	45	50	55	60	65	70	75	80	85	90	95	100
normal		0,52	100	ε_{GA}	1,0																				
				ε_{SA}		12,9	12,0	11,0	10,2	9,2	8,2	7,2	6,0	4,7	3,2	2,0	2,1	2,2	2,3	2,4	2,5	2,6	2,7	2,8
				ε_{SN}		12,5	11,6	10,6	9,5	8,4	7,3	6,0	4,5	2,8	1,2						0			
			80	ε_{SA}		11,2	10,2	9,1	8,2	7,1	6,0	4,7	3,2	1,2					0					
				ε_{SN}		10,7	9,7	8,7	7,5	6,2	4,8	3,2	0,8					0						
			60	ε_{SA}		9,3	8,2	7,0	5,9	4,7	3,2	1,2			0									
				ε_{SN}		8,8	7,7	6,5	5,1	3,5	1,4			0										
			40	ε_{SA}		7,2	6,0	4,6	3,1	1,0			0											
				ε_{SN}		6,7	5,3	3,8	1,9		0													
			20	ε_{SA}		4,8	3,1	0,8		0														
				ε_{SN}		4,1	2,2		0															
			10	ε_{SA}		1,0																		
				ε_{SN}		0																		
windschwach	frei	1,3	100	ε_{SA}		5,1	4,7	4,1	3,8	3,6	3,3	3,0	2,6	2,3	1,9	1,4	0,9								
				ε_{SN}		4,4	4,0	3,1	2,5	1,9	1,2	0,2				0								
			80	ε_{SA}		4,4	4,0	3,4	3,1	2,8	2,5	2,1	1,7	1,3	0,7			0						
				ε_{SN}		3,7	3,3	2,2	1,6	0,8					0									
			60	ε_{SA}		3,8	3,3	2,6	2,3	1,9	1,5	1,0	0,4			0								
				ε_{SN}		3,0	2,5	1,9	1,2			0												
			40	ε_{SA}		3,0	2,5	1,7	1,3	0,8		0												
				ε_{SN}		2,1	1,5	0,7		0														
			20	ε_{SA}		2,2	1,6	0,9	0,3															
				ε_{SN}		1,0	0																	
			10	ε_{SA}		1,0																		
				ε_{SN}		0																		

[1)] Als Gebäudehöhe gilt die Summe der Geschoßhöhen der beheizten Geschosse über Erdboden.
[2)] Die Gebäudehöhe 10 m kann bei Wohngebäuden generell für alle Häuser mit maximal 4 beheizten Geschossen über Erdboden eingesetzt werden.
[3)] siehe Seite 27

(Fortgesetzt)

Seite 30
E DIN 4701-2 : 1995-08

Tabelle 12 (abgeschlossen)

Gegend	Lage	Hauskenn-größe H W·h·Pa^2/3 / m^3·K	Gebäude-höhe [1][2] hG m	ε [3]	\multicolumn{21}{c	}{Höhe h über Erdboden m}
					0	5	10	15	20	25	30	35	40	45	50	55	60	65	70	75	80	85	90	95	100
normal	normal	1,3	100	ε_{GA}	5,1	4,7	4,3	4,1	3,8	3,6	3,3	3,0	2,6	2,3	1,9	1,4	0,9	0							
			80	ε_{SA}	4,4	4,0	3,6	3,1	2,5	1,9	1,2	0,2	0												
				ε_{SN}	4,4	4,0	3,6	3,4	3,1	2,8	2,1	1,7	1,3	0,7	0										
			60	ε_{SA}	3,7	3,3	2,8	2,2	1,6	0,8	0														
				ε_{SN}	3,8	3,3	2,9	2,6	2,3	1,9	1,5	1,0	0,4	0											
			40	ε_{SA}	3,0	2,5	1,9	1,2	0																
				ε_{SN}	3,0	2,5	2,0	1,7	1,3	0,8	0														
			20	ε_{SA}	2,1	1,5	0,7	0																	
				ε_{SN}	2,2	1,6	0,9	0,3	0																
			10	ε_{SA}	1,0	0																			
				ε_{SN}	0																				
wind-stark	frei	2,2	100	ε_{SA}	2,8	2,6	2,4		2,3		2,2	2,2	2,1	2,0	1,9	1,8	1,7	1,6	1,4	1,3	1,1	1,0	0,8	0,6	0,3
				ε_{SN}	1,8	1,6	1,3	0,8	0,1	0															
			80	ε_{SA}	2,5	2,3	2,1		2,0		1,9	1,8	1,7	1,6	1,5	1,4	1,3	1,2	1,0	0,8	0,6				
				ε_{SN}	1,5	1,2	0,8	0,1	0																
			60	ε_{SA}	2,2	2,0	1,7			1,6		1,5	1,4	1,3	1,1	1,0	0,9	0							
				ε_{SN}	1,1	0,7	0,1	0																	
			40	ε_{SA}	1,9	1,6	1,3			1,2		1,1	0,9	0											
				ε_{SN}	0,6	0																			
			20	ε_{SA}	1,6	1,3		0,9																	
				ε_{SN}	1,0	0																			
			10	ε_{SA}																					
				ε_{SN}																					

[1] Als Gebäudehöhe gilt die Summe der Geschoßhöhen der beheizten Geschosse über Erdboden.
[2] Die Gebäudehöhe 10 m kann bei Wohngebäuden generell für alle Häuser mit maximal 4 beheizten Geschossen über Erdboden eingesetzt werden.
[3] siehe Seite 27.

Tabelle 13: Raumkennzahlen r

Innentüren		Durchlässig-keiten der Fassaden $\sum(a \cdot l)^{2)}$	Raum-[1]) kenn-zahl
Güte	Anzahl	$m^3/(h \cdot Pa^{2/3})$	$r^{1)}$
normal, ohne Schwelle	1	≤ 30 > 30	0,9 0,7
	2	≤ 60 > 60	0,9 0,7
	3	≤ 90 > 90	0,9 0,7
dicht, mit Schwelle	1	≤ 10 > 10	0,9 0,7
	2	≤ 20 > 20	0,9 0,7
	3	≤ 30 > 30	0,9 0,7

[1]) Für Räume ohne Innentüren zwischen An- und Abströmseite (z. B. Säle, Großraumbüros u. ä.) gilt r = 1,0.

[2]) a Fugendurchlaßkoeffizient
l Fugenlänge

Es werden jeweils die Werte $\sum(a \cdot l)$ eingesetzt, die der Berechnung von Q_{FL} zugrunde gelegt werden:

Geschoßtyp-Gebäude: $\sum(a \cdot l) = \sum(a \cdot l)_A$

Schachttyp-Gebäude: $\epsilon_{SN} > 0$: $\sum(a \cdot l) = \sum(a \cdot l)_A + \sum(a \cdot l)_N$

$\epsilon_{SN} = 0$: $\sum(a \cdot l) = \sum(a \cdot l)_A$

A angeblasen
N nicht angeblasen

Seite 32
E DIN 4701-2:1995-08

Tabelle 14: Gleichzeitig wirksame Lüftungswärmeanteile ζ

Windverhältnisse	$\zeta^1)$	
	Gebäudehöhe h_G m	
	≤ 10	> 10
windschwache Gegend, normale Lage	0,5	0,7
alle übrigen Fälle	0,5	0,5

[1]) Der Zahlenwert 0,5 wird auch für den Fall eingesetzt, daß für einzelne oder alle Räume eines Gebäudes die Mindestlüftungsheizlast als Norm-Heizlast ermittelt wurde.

Tabelle 15: Äquivalente Wärmeleitwiderstände R_λ ruhender Luftschichten

Lage der Luftschicht und Richtung des Wärmestromes	Dicke der Luftschicht d mm	R_λ m²·K/W
Luftschicht, senkrecht	10 20 50 100 150	0,140 0,160 0,180 0,170 0,160
Luftschicht, waagerecht Wärmestrom von unten nach oben	10 20 > 50	0,140 0,150 0,160
Wärmestrom von oben nach unten	10 20 > 50	0,150 0,180 0,210

Tabelle 16: Wärmeübergangswiderstände R_i, R_a

	R_i $m^2 \cdot K/W$	R_a $m^2 \cdot K/W$
Auf der Innenseite geschlossener Räume bei natürlicher Luftbewegung an Wandflächen und Fenster	0,130	-
Fußboden und Decken		
bei einem Wärmestrom von unten nach oben	0,130	-
bei einem Wärmestrom von oben nach unten	0,170	-
an der Außenseite von Gebäuden bei mittlerer Windgeschwindigkeit	-	0,040
in durchlüfteten Hohlräumen bei vorgehängten Fassaden oder in Flachdächern (der Wärmeleitwiderstand der vorgehängten Fassade oder der oberen Dachkonstruktion wird nicht zusätzlich berücksichtigt)	-	0,080

Tabelle 17: Wärmeleitfähigkeitswert λ für Erdreich

Erdart	Wärmeleitfähigkeit λ $W/(m \cdot K)$
Ton/Lehm	1,5
Sand/Kies	2,0
Felsen	3,5

Tabelle 18: Grenzwerte für innere Wärmeübergangswiderstände R_i und der Wärmedurchgangswiderstände R_k einfach verglaster Stahlfenster in Hallen

Hallentyp	R_i[1]) $m^2 \cdot K/W$	R_k[1]) $m^2 \cdot K/W$
Hallen ohne Innenwände und Geschosse, wenn die lichte Höhe größer ist als die Raumtiefe	0,21 bis 0,12	0,21 bis 0,14
Hallen mit Innenwänden und Hallen mit lichten Höhen kleiner als die Raumtiefe	0,17 bis 0,12	0,19 bis 0,16

[1]) Die höheren Werte sind dann einzusetzen, wenn die Strahlung warmer Innenflächen (z. B. Fußboden) auf die Außenflächen geringer ist.

Tabelle 19: Innere Wärmeübergangswiderstände R_i Glas an den transparenten Flächen von Gewächshäusern

Heizungssystem	R_i Glas $m^2 \cdot K/W$
Heizrohre auf dem Boden	0,12
übrige Heizsysteme	0,10

Tabelle 20: Wärmeleitwiderstände R_λ Glas der transparenten Flächen von Gewächshäusern

Bedachung	R_λ Glas $m^2 \cdot K/W$
Einfachglas	0,01
Kunststoffplatten, gewellt, GFK 1 mm (auf Ansichtsflächen bezogen)	0,01
Doppelverglasung in Stahlrahmen	
Abstand 15 mm	0,14
Abstand 12 mm	0,11
Abstand 6 mm	0,09
Kunststoffdoppelplatten, selbsttragend (ohne Stahlrahmen)[1]	
Abstand 12 mm	0,15
Abstand 5 mm	0,08
Doppelfolie, Abstand = 10 mm	0,10
Einfachfolie 0,2 mm (PVC, PE)	0,01

[1] Wärmebrücken müssen getrennt berechnet werden.

Tabelle 21: Äquivalenter Wärmedurchgangswiderstand R_L für Fugenlüftung von Gewächshäusern

Bedachung	R_L $m^2 \cdot K/W$
eingeschobene Scheiben	0,5
verkittete Scheiben	1,0
Foliengewächshaus	2,0
Kittlose Verglasung in Metallrahmen mit Dichtstreifen abgedeckt	1,0

4 Bilder

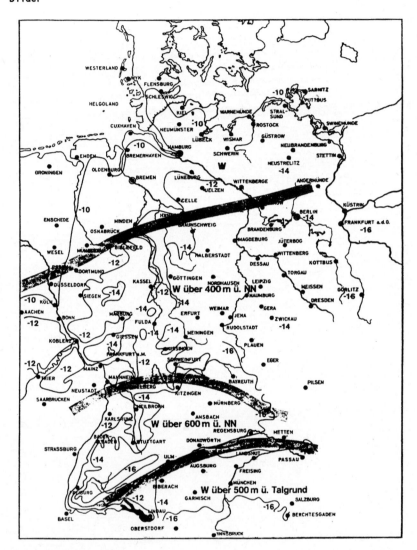

Bild 1: Isothermenkarte[1])
Tiefstes Zweitagesmittel der Lufttemperatur in °C (10 mal in 20 Jahren).
Aufgestellt vom Deutschen Wetterdienst, Zentralamt Offenbach/Main

[1]) Die Ermittlung der Isothermen für das Gebiet der Neuen Bundesländer war aus Daten- und Zeitmangel nicht möglich gewesen, da keine flächendeckenden Isothermen vorlagen, sondern nur Norm-Außentemperaturwerte für Einzelorte

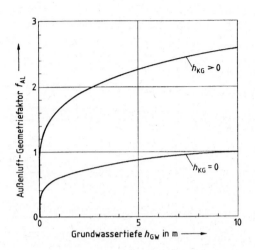

Grundwassertiefe h_{GW}[1]) in m ⟶

---

[1]) bei h_{GW} > 10 m sind die Werte für h_{GW} = 10 m einzusetzen

ANMERKUNG: Zur Berechnung von f_{AL} siehe auch Gleichung (3.9)

Bild 2: Außenluft-Geometriefaktor f_{AL} für den Wärmestrom an die Außenluft in Abhängigkeit von der Grundwassertiefe

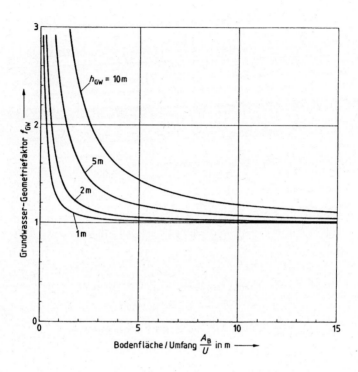

ANMERKUNG:

Zur Berechnung von f_{GW} siehe auch Gleichung (3.10)

Bild 3: Grundwasser-Geometriefaktor f_{GW} für den Wärmestrom an das Grundwasser

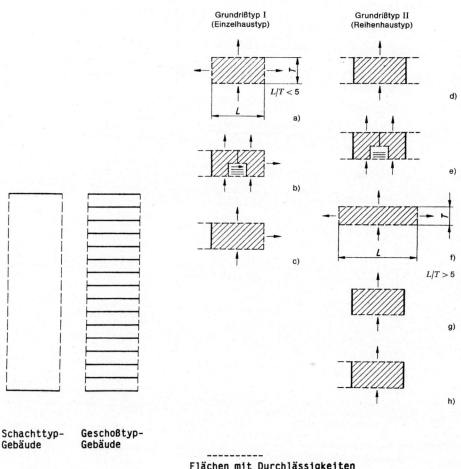

Bild 4: Gebäudetypen

Bild 5: Grundrißtypen

Seite 40
E DIN 4701-2 : 1995-08

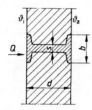

Bild 6: I-Träger bündig in einer Außenwand

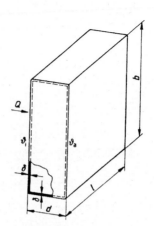

Bild 7: Bauelement mit allseitig geschlossener Ummantelung

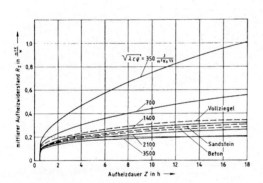

λ Wärmeleitfähigkeit
ρ Dichte
c spezifische Wärmekapazität

ANMERKUNG: Die Anwendung des Diagramms ist auf folgende Höchstwerte Z_{max} der Aufheizdauer in Abhängigkeit von der Wanddicke d beschränkt

Wanddicke d in mm	0,1	0,2	0,4	0,6
maximale Aufheizdauer Z_{max} in h	1	2	12	30

Bild 8: Mittlerer Aufheizwiderstand R_Z

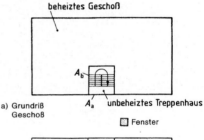

a) Grundriß Geschoß — unbeheiztes Treppenhaus

□ Fenster

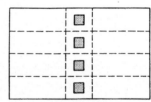

b) Ansicht teilverglastes Treppenhaus. Thermische Kopplung an das Gebäude "normal".

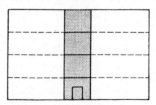

c) Ansicht vollverglastes Treppenhaus. Thermische Kopplung an das Gebäude "schlecht".

Bild 9: Thermische Kopplung zwischen Treppenhäusern und übrigem Gebäude

4 Algorithmen

Nachfolgend sind, soweit vorhanden, die Algorithmen zur Berechnung der Werte für die vorstehenden Tabellen und Diagramme angegeben.

4.1 Algorithmen für Tabellen

Mit den vorliegenden Algorithmen erhält man die exakten Tabellenwerte im allgemeinen nur, wenn die Ergebnisse auf die in den jeweiligen Tabellen vorgegebene Stellenzahl gerundet werden (4/5-Rundung).

4.1.1 Außenflächen-Korrekturen (nach Tabelle 3)

Die Außenflächen-Korrekturen Δk_A erhält man aus (Rundung auf 1 Stelle nach dem Komma):

$$\Delta k_A = 0{,}01848 \cdot k^{2,258} \tag{3.1}$$

mit

Δk_A Außenflächen-Korrektur in W/(m²·K)

k Wärmedurchgangskoeffizient in W/(m²·K).

4.1.2 Temperaturen in Nachbarräumen (Tabelle 5)

Die Temperatur ϑ_1' für nicht beheizte Nachbarräume ergibt sich aus:

$$\vartheta_1' = C + \frac{\vartheta_a'}{2} \tag{3.2}$$

mit

ϑ_1' Temperatur in °C

C   Konstante
C = 12 für Räume ohne Außentüren, auch Kellerräume
C = 9 für Räume mit Außentüren

ϑ_a' berichtigte Außentemperatur in °C.

Die berichtigte Außentemperatur ϑ_a' ist zu ermitteln aus:

$$\vartheta_a' = \min(-10, \max(-18, \vartheta_a))^{1)} \tag{3.3}$$

mit

ϑ_a Norm-Außentemperatur in °C.

Die Temperatur ϑ_1' in vorgebauten Treppenräumen erhält man aus:

$$\vartheta_1' = \vartheta_a' + 5 \tag{3.4}$$

mit

ϑ_1' Temperatur in °C

ϑ_a' berichtigte Außentemperatur nach Gleichung (3.3).

---

[1]) Die Funktion max (a, b) liefert das Maximum aus a und b, also a für a ≥ b und b für a < b.
Die Funktion min (a, b) liefert das Minimum aus a und b, also a für a ≤ b und b für a > b.

Seite 42
E DIN 4701-2 : 1995-08

4.1.3 Temperaturen in Dachräumen (siehe Tabelle 7)

Die Temperaturen ϑ_i' in unbeheizten Dachräumen ergeben sich aus (Rundung auf 0 Stellen nach dem Komma):

$$\vartheta_i' = \vartheta_a' + \frac{20 - \vartheta_a'}{1 + 1,5 \cdot \dfrac{R_B}{R_A} + 0,54 \cdot \beta_a \cdot R_B} \quad (3.5)$$

mit

ϑ_i' Temperatur in °C

ϑ_a' berichtigte Außentemperatur nach Gleichung (3.3)

R_A Wärmedurchgangswiderstand der Dachaußenfläche in m²·K/W

R_B Wärmedurchgangswiderstand der Decke zum Dachraum in m²·K/W

β_a Außenluftwechsel in 1/h.

Die Temperatur ϑ_i' in belüfteten Flachdächern erhält man aus:

$$\vartheta_i' = \vartheta_a' + 3 \quad (3.6)$$

mit

ϑ_i' Temperatur in °C

ϑ_a' berichtigte Außentemperatur nach Gleichung (3).

4.1.4 Höhenkorrekturfaktoren (nach Tabellen 11 und 12)

Die Höhenkorrekturfaktoren ϵ_{GA} für die angeströmte Fassade von Geschoßtypgebäuden erhält man in allen Fällen aus (Rundung auf 1 Stelle nach dem Komma):

$$\epsilon_{GA} = \max\left[1, \left(\frac{h}{10}\right)^{4/9}\right] \quad (3.7)$$

mit

ϵ_{GA} Höhenkorrekturfaktor

h   Höhe über Erdboden in m

Die Höhenkorrekturfaktoren ϵ_{SA} und ϵ_{SN} für die angeströmte oder nicht angeströmte Fassade von Schachttypgebäuden ergibt sich aus (Rundung auf 1 Stelle nach dem Komma):

$$\epsilon_S = \left[\frac{\max\{0,\ C_1 \cdot v_0^2 \cdot \max[10,\ h]^{2/3} - C_3 - C_4 \cdot h_G - 1,548 \cdot h\}}{C_2 \cdot v_0^2}\right]^{2/3} \quad (3.8)$$

mit

ϵ_S Höhenkorrekturfaktor

H   Höhe über Erdboden in m

C_1 Konstante
C_1 = 0,1465 für angeströmte Fassade (ϵ_{SA})
C_1 = 0,04395 für nicht angeströmte Fassade (ϵ_{SN})

C_2 Konstante
C_2 = 0,6605 für Grundrißtyp I
C_2 = 0,4012 für Grundrißtyp II

v_0 Windgeschwindigkeit in m/s nach Tabelle 10

C_3, C_4 Konstanten nach Tabelle 22

h_G Gebäudehöhe in m (h_G > 10 m).

Tabelle 22: Konstanten für Gleichung (8)

Grundrißtyp	Windgeschwindig-keit v_0 m/s	Konstanten	
		C_3	C_4
I	2	-0,1904	-0,7334
I	4	0,8517	-0,7123
I	6	-1,061	-0,6316
II	2	0,4254	-0,7198
II	4	3,271	-0,6544
II	6	6,349	-0,4971

4.2 Algorithmen für Diagramme

4.2.1 Geometrieeinflußfaktor f_{AL} für den Wärmestrom an die Außenluft in Abhängigkeit von der Grundwassertiefe (nach Bild 2)

$$f_{AL} = 0{,}5830 \cdot h_{GW}^{0,2345} \quad \text{für} \quad h_{KG} = 0 \qquad (3.9a)$$

$$f_{AL} = 1{,}6327 \cdot h_{GW}^{0,2024} \quad \text{für} \quad h_{KG} > 0 \qquad (3.9b)$$

mit

h_{GW} Grundwassertiefe in m,

h_{KG} Tiefe der Kellersohle in m.

4.2.2 Geometrieeinflußfaktor f_{GW} für den Wärmestrom an das Grundwasser (nach Bild 3)

$$f_{GW} = \left[0,1774 \cdot \left(\frac{U \cdot h_{GW}}{A} \right)^{1,2492} + 1 \right] \tag{3.10}$$

mit

U = Gebäudeumfang in m

h_{GW} = Grundwassertiefe in m

A = Bodenfläche in m²

4.2.3 Aufheizwiderstand (nach Bild 8)

Der Aufheizwiderstand R_Z ergibt sich aus:

$$R_Z = 0,13 + 67,7 \cdot \frac{\sqrt{(Z - 0,5)}}{\sqrt{\lambda \cdot c \cdot \rho}} \tag{3.11}$$

mit

R_Z Aufheizwiderstand in m² · K/W

Z   Aufheizzeit in h (Z > 0,5h)

$\sqrt{\lambda \cdot c \cdot \rho}$ Wärmeeindringkoeffizient in J/(m² · K · $s^{1/2}$)

Seite 45
E DIN 4701-2 : 1995-08

Anhang A (informativ) Literaturhinweise

DIN 1946-4	Raumlufttechnische Anlagen (VDI-Lüftungsregeln); Raumlufttechnische Anlagen in Krankenhäusern
DIN 4108-1	Wärmeschutz im Hochbau; Größen und Einheiten
DIN 4108-2	Wärmeschutz im Hochbau; Wärmedämmung und Wärmespeicherung; Anforderungen und Hinweise für Planung und Ausführung
DIN 4108-4	Wärmeschutz im Hochbau; Wärme- und feuchteschutztechnische Kennwerte
E DIN 4701-1	Regeln für die Berechnung der Heizlast von Gebäuden; Grundlagen der Berechnung
DIN 4701-3	Regeln für die Berechnung der Heizlast von Gebäuden; Auslegung der Raumheizeinrichtungen
DIN 18 055	Fenster; Fugendurchlässigkeit, Schlagregendichtheit und mechanische Beanspruchung, Anforderungen und Prüfung
[1]	Esdorn, H., Rheinländer, J.: Zur rechnerischen Ermittlung von Fugendurchlaßkoeffizienten und Druckexponenten für Bauteilfugen, HLH 29 (1978), Nr. 3, Seite 101

Anwendungswarnvermerk

Dieser Norm-Entwurf wird der Öffentlichkeit zur Prüfung und Stellungnahme vorgelegt.

Weil die beabsichtigte Norm von der vorliegenden Fassung abweichen kann, ist die Anwendung dieses Entwurfs besonders zu vereinbaren.

Stellungnahmen werden erbeten an den Normenausschuß Heiz- und Raumlufttechnik (NHRS) im DIN, 10772 Berlin.

DK 697.12/.14:536.68

August 1989

Regeln für die Berechnung des Wärmebedarfs von Gebäuden
Auslegung der Raumheizeinrichtungen

DIN 4701 Teil 3

Rules for calculating the heat requirement of buildings; Design of space heaters

1 Anwendungsbereich

Diese Norm gilt für die Auslegung der Raumheizeinrichtungen von Wohnungen und Gebäuden, deren Wärmebedarf nach DIN 4701 Teil 1 und Teil 2 zu ermitteln ist. Sie gilt nicht für dezentrale Speicherheizsysteme.

2 Auslegung der Raumheizeinrichtungen

2.1 Auslegungs-Wärmeleistung

Grundlage für die Leistungsbemessung der Raumheizeinrichtung ist der nach DIN 4701 Teil 1 und Teil 2 bestimmte Norm-Wärmebedarf $\dot{Q}_N$ des Raumes. Um verschiedene Einflüsse zu berücksichtigen, die durch Abweichung der Norm-Innentemperatur von der geringfügig heizsystemabhängigen Bezugstemperatur für die Heizflächenleistung und durch geringfügige Abweichungen zwischen Planung und Bausausführung auftreten können (siehe Erläuterungen), wird hierauf ein Zuschlag gemacht. Für die Auslegungsleistung ergibt sich damit:

$$\dot{Q}_H = (1 + x)\,\dot{Q}_N \qquad (1)$$

Hierin bedeuten:
$\dot{Q}_H$ Auslegungs-Wärmeleistung der Raumheizeinrichtung
$\dot{Q}_N$ Norm-Wärmebedarf des Raumes nach DIN 4701 Teil 1 und Teil 2 einschließlich der Berücksichtigung eventueller Leistungserhöhungen für teilweise eingeschränkte Beheizung
x Auslegungszuschlag

Der Auslegungszuschlag beträgt:

$$x = 0{,}15 \qquad (2)$$

Der Auslegungszuschlag wird reduziert oder entfällt völlig, wenn von der Wärmeversorgungsanlage her die Heizmitteltemperaturen bei extremen Leistungsanforderungen soweit gesteigert werden können, daß mit einer zeitweiligen Anhebung über die Auslegungstemperaturen (siehe Abschnitt 2.2) hinaus eine Leistungssteigerung um den Faktor 1,15 möglich ist.

2.2 Auslegungstemperaturen

2.2.1 Rauminnentemperatur

Als Auslegungsrechenwert für die Rauminnentemperatur gilt:

$$\vartheta_{iR} = \vartheta_i \qquad (3)$$

Hierin bedeuten:
ϑ_{iR} Rauminnentemperatur
ϑ_i Norm-Innentemperatur nach DIN 4701 Teil 1 und Teil 2

Je nach Art der Raumheizeinrichtung und nach den jeweils gegebenen Anordnungs- und Betriebsbedingungen im Raum können geringfügige Abweichungen zwischen diesem Rechenwert für die Rauminnentemperatur und den jeweiligen Bezugstemperaturen bei der Leistungsprüfung bzw. -berechnung von Raumheizflächen bzw. Wärmeaustauschern auftreten. Diese sind in dem Faktor $(1 + x)$ nach Gleichung (1) berücksichtigt (siehe Erläuterungen).

2.2.2 Heizmitteltemperaturen

Für die leistungsbestimmenden Heizmitteltemperaturen dürfen maximal solche Werte eingesetzt werden, die unter Berücksichtigung aller Betriebseinflüsse wie Schaltdifferenzen von Reglern, Wärmeverluste der Zuleitungen u.a. mehr am Eintritt in den Raum im zeitlichen Mittel dauernd gehalten werden können.

Diese Temperatur ist bei Warmwasserheizsystemen die Vorlauftemperatur am Heizkörper, bei Dampfheizsystemen die dem Druck in der Heizfläche entsprechende Sättigungstemperatur und bei Luftheizsystemen die Zulufttemperatur beim Eintritt in den Raum.

2.3 Auslegungsrechnung

Für die Auslegung von Raumheizeinrichtungen gilt nach DIN 4703 Teil 1 und Teil 3 (örtliche Heizflächen) und DIN 4725 Teil 3*) (Fußbodenheizflächen):

$$\dot{Q}_{HN} = \dot{Q}_H \left[\frac{\Delta\vartheta_N}{\Delta\vartheta}\right]^n \qquad (4)$$

Hierin bedeuten:
$\dot{Q}_{HN}$ Norm-Wärmeleistung der Heizfläche
n Exponent nach DIN 4704 Teil 1 (Prüfbericht A) bzw. DIN 4703 Teil 3
$\Delta\vartheta_N$ Norm-Übertemperatur bzw. Bezugs-Übertemperatur bei sonstigen Heizflächen

Für die Auslegungs-Übertemperatur $\Delta\vartheta$ gilt je nach Heizmittel:

a) bei Wasser: $\Delta\vartheta = \dfrac{\vartheta_V - \vartheta_R}{\ln\dfrac{\vartheta_V - \vartheta_{iR}}{\vartheta_R - \vartheta_{iR}}} \qquad (5)$

Hierin bedeuten:
ϑ_V Auslegungs-Vorlauftemperatur
ϑ_R Auslegungs-Rücklauftemperatur

Für $\dfrac{\vartheta_R - \vartheta_{iR}}{\vartheta_V - \vartheta_{iR}} \geq 0{,}7$ kann für $\Delta\vartheta$ vereinfachend gesetzt werden:

$$\Delta\vartheta = \frac{\vartheta_V + \vartheta_R}{2} - \vartheta_{iR} \qquad (6)$$

b) bei Dampf: $\Delta\vartheta = \vartheta_D - \vartheta_{iR} \qquad (7)$

Hierin bedeutet:
ϑ_D Dampftemperatur

Für die Auslegung von Luftheizsystemen gilt:

$$\dot{Q}_H = \dot{V}_{ZU}\,\varrho_L\,c_{pL}\,(\vartheta_{ZU} - \vartheta_{iR}) \qquad (8)$$

Hierin bedeuten:
$\dot{V}_{ZU}$ Zuluftvolumenstrom
ϱ_L Dichte der Luft
c_{pL} Spezifische Wärmekapazität der Luft
ϑ_{ZU} Zulufttemperatur

mit

$\varrho_L \cdot c_{pL} = 1200$ J/m^{3}K

---
*) Z.Z. Entwurf

Fortsetzung Seite 2

Normenausschuß Heiz- und Raumlufttechnik (NHRS) im DIN Deutsches Institut für Normung e.V.

3 Auslegung sonstiger Anlagenteile

Bei der Auslegung sonstiger Anlagenteile (Heizkessel, Rohrnetze, Pumpen) werden die nach Abschnitt 2.1 festgelegten Zuschläge nicht berücksichtigt.

Zitierte Normen

DIN 4701 Teil 1	Regeln für die Berechnung des Wärmebedarfs von Gebäuden; Grundlagen der Berechnung
DIN 4701 Teil 2	Regeln für die Berechnung des Wärmebedarfs von Gebäuden; Tabellen, Bilder, Algorithmen
DIN 4703 Teil 1	Raumheizkörper; Maße, Norm-Wärmeleistungen
DIN 4703 Teil 3	Raumheizkörper; Begriffe, Grenzabmaße, Umrechnungen, Einbauhinweise
DIN 4704 Teil 1	Prüfung von Raumheizkörpern; Prüfregeln
DIN 4725 Teil 3	(z. Z. Entwurf) Warmwasser-Fußbodenheizung; Heizleistung und Auslegung

Weitere Normen und andere Unterlagen

Normen der Reihe
DIN 4704   Prüfung von Raumheizkörpern

[1]   Kast, W. u. H. Klan; Energieeinsparung durch infrarotreflektierende Tapeten; GI 105 (1984) 1, 1/9
[2]   Esdorn, H. u. P. Schmidt; Einfluß des Heizsystems auf den Wärmebedarf; VDI-Bericht Nr. 317 (1979), S. 65 f.
[3]   Schmidt, P.; Untersuchung zum Einfluß des Heizsystems und zum Außenflächenzuschlag bei der Wärmebedarfsberechnung; Dissertation, Technische Universität Berlin, 1980
[4]   Esdorn, H. u. P. Schmidt; Zur Ermittlung der Raumlufttemperatur bei vorgegebener Norm-Innentemperatur; Heizung Lüftung Haustechnik 31 (1980), Nr. 7, 235/243.
[5]   Kast, W. u. H. Klan; Energieverbrauch und Behaglichkeit bei verschiedenen Heizflächen; HLH 36 (1985) Nr. 12, S. 600/602

Erläuterungen

Aufgrund der komplexen Zusammenhänge beim Wärmeaustausch im Raum sowie zwischen Raum und Rauminsassen entsprechen sich die Norm-Innentemperatur und die bei der Prüfung und Auslegungsrechnung verwendete Bezugstemperatur nur mit einer gewissen Bandbreite. Auch die Betriebsbedingungen gehen hier mit ein.

Bei einem weitgehend konvektiv wirksamen Heizsystem unterscheiden sich der wirkliche und der Norm-Wärmebedarf beispielsweise nur geringfügig. Hier wäre die Lufttemperatur, die je nach Krischer-Wert D mehr oder weniger über der Norm-Innentemperatur liegt, die geeigneteste Bezugstemperatur.

Bei Fußboden- oder Deckenheizungen dagegen ergibt sich unter gleichen Bedingungen in der Regel real ein höherer als der Norm-Wärmebedarf. Die Lufttemperatur kann dabei für gleiche Behaglichkeitsempfindung unter Umständen sogar unter der Norm-Innentemperatur liegen. Der anteilige Lüftungswärmebedarf und der Krischer-Wert D stellen hier die wesentlichen Einflußgrößen [1], [2], [3], [4] und [5] dar.

In beiden genannten Fällen kann ein Zuschlag auf den Norm-Wärmebedarf erforderlich sein, wenn die Norm-Innentemperatur als Bezugstemperatur für die Heizflächenleistung benutzt wird. Der erforderliche Rechenaufwand zur korrekten Berücksichtigung aller Einflußgrößen ist unangemessen groß. Aus diesem Grunde wird zur Ermittlung der Auslegungsleistung unabhängig vom Heizsystem ein Zuschlag von 15 % auf den Norm-Wärmebedarf gemacht, der den genannten Einflüssen Rechnung trägt und außerdem einen gewissen Sicherheitsbetrag zum Ausgleich von geringfügigen Planungsabweichungen und Mängeln in der Bauausführung, im Betrieb, in der Heizmittelversorgung u. a. m. enthält. Wenn diese Zuschlagspanne von 15 % auch durch eine entsprechende Anhebung der Heizmitteltemperatur ganz oder teilweise abgedeckt werden kann, entfällt der Auslegungszuschlag x ganz oder teilweise.

Internationale Patentklassifikation

E 04 B 1/74
F 24 D
F 28 F

Sachgebiet 4

Wärmeschutz

Dokument	Seite
DIN 4108 Bbl 2	365
DIN 4108-1	413
DIN 4108-2	417
E DIN 4108-2	429
DIN 4108-3	449
E DIN 4108-3/A1	458
DIN V 4108-4	460
DIN 4108-5	495
DIN V 4108-7	511

August 1998

| | Wärmeschutz und Energie-Einsparung in Gebäuden
Wärmebrücken
Planungs- und Ausführungsbeispiele | **Beiblatt 2**
zu
DIN 4108 |

ICS 91.120.10

Deskriptoren: Gebäude, Wärmeschutz, Energieeinsparung, Wärmebrücke, Planungsbeispiele, Ausführungsbeispiele

Thermal insulation and energy economy in buildings – Thermal bridges – Examples for planning and performance

Isolation thermique et économie d'énergie en bâtiments immeuble – Pontes thermiques – Exemples pour la conception et l'éxecution

---

Dieses Beiblatt enthält Informationen zu den Normen der Reihe DIN 4108 sowie der Reihe DIN EN ISO 10211, jedoch keine zusätzlich genormten Festlegungen.

Inhalt

Seite

Vorwort 1
1 Anwendungsbereich 2
2 **Planungsbeispiele** 2
3 **Ausführungsbeispiele** 2
3.1 Gliederung und Darstellungstechnik 2
3.2 Außenbauteile 2
3.3 Hinweise zu Bauteilanschlüssen 2
3.4 Abweichende Ausführungen 3
Anhang A Übersichtmatrizes 5
Anhang B Beispiele für Ausführungsarten von Anschlußdetails 9
Anhang C Literaturhinweise 48

Vorwort

Die Bedeutung energiesparender Maßnahmen, insbesondere auf dem Gebiet der Gebäudeheizung, steht in engem Zusammenhang mit der Lösung von Umweltproblemen und ist ein vorrangiges gesellschaftliches Anliegen.

Eine wesentliche Voraussetzung zur Einsparung von Heizenergie ist die Verbesserung des Wärmeschutzes der Außenbauteile. Dabei ist zu beachten, daß der Wärmedämmschutz der Außenbauteile nicht nur von den Wärmedurchlaßwiderständen (R) bzw. von den Wärmedurchgangskoeffizienten (U) der einzelnen Außenbauteile abhängt, sondern auch von der Ausbildung der Anschlußbereiche zwischen den einzelnen Bauteilen. Dieses Phänomen wird mit zunehmender Verbesserung des Wärmeschutzes bedeutsamer:

Aus energetischer Sicht sind Wärmebrücken zu beachten, da ihr Anteil am Transmissionswärmeverlust eines Gebäudes erheblich sein kann.

Fortsetzung Seite 2 bis 48

Normenausschuß Bauwesen (NABau) im DIN Deutsches Institut für Normung e. V.

Aus Gründen der Behaglichkeit ist es wünschenswert, möglichst gleichmäßige innere Oberflächentemperaturen zu erhalten. Wärmebrücken sind dabei die Schwachstellen, da sich an ihnen die tiefsten raumseitigen Oberflächentemperaturen einstellen.

Tauwasserbildung setzt überall dort ein, wo die örtliche Oberflächentemperatur die Taupunkttemperatur des jeweiligen Wasserdampfdruckes unterschreitet. Tauwasserschäden treten deshalb zuerst im Bereich von Wärmebrücken auf. Schimmelpilzbildung kann bereits bei Luftfeuchten erfolgen, die noch keine Tauwasserbildung zur Folge haben. Je nach Oberflächenmaterial kann bei relativen Luftfeuchten über etwa 80 %, bezogen auf die dazugehörige Oberflächentemperatur, auf dem Wege der Kapillarkondensation Feuchte aufgenommen werden und bei entsprechender Dauer zur Schimmelpilzbildung führen (siehe auch [15]).

1 Anwendungsbereich

Dieses Beiblatt enthält Planungs- und Ausführungsbeispiele zur Verminderung von Wärmebrückenwirkungen. Das Beiblatt stellt Wärmebrückendetails aus dem Hochbau dar, jedoch keine Konstruktionsbeispiele für Gebäude mit einer Innentemperatur unter 19 °C.

Bemessungswerte der Wärmebrückenverlustkoeffizienten und die Werte von Mindest-Oberflächentemperaturen können Wärmebrückenkatalogen (siehe z. B. [1] bis [7]) entnommen oder nach E DIN EN ISO 10211-2 (siehe auch [13], [14] und [16]) berechnet werden.

2 Planungsbeispiele

Allgemeine Planungsbeispiele zur Reduzierung von Wärmebrücken sind:

– Vermeidung stark gegliederter Baukörper;

– wärmetechnische Trennung auskragender Bauteile (Balkonplatten, Attiken, Tragkonsolen usw.) vom angrenzenden Baukörper;

– Durchgehende Dämmstoffebene, z. B. Wärmedämmverbundsystem auf einer Außenwand, Kelleraußenwand mit Außenwanddämmung.

3 Ausführungsbeispiele

3.1 Gliederung und Darstellungstechnik

Die in diesem Beiblatt aufgeführten Beispiele betreffen Ausführungsarten von Anschlußausbildungen. Die Anschlußausbildungen sind als Übersichtsmatrix in den Bildern der Tabellen A.1 bis A.3 als Piktogramme dargestellt. Zur Erleichterung der Auffindbarkeit der einzelnen Details sind darin die Bildnummern der Anschlüsse eingetragen. Anschlußdetails, die nicht in diesem Beiblatt aufgeführt sind, deren Ausführung aber grundsätzlich ähnlich ist, werden in dieser Matrix gekennzeichnet.

3.2 Außenbauteile

Die betrachteten Außenbauteile stellen derzeit übliche Konstruktionen dar. Da die verwendeten Materialien unterschiedliche Wärmeleitfähigkeiten aufweisen und geringe Abweichungen der Schichtdicken möglich sind, werden keine Angaben zu den Wärmedurchgangskoeffizienten gemacht. Die dargestellten Maße sind Ungefährangaben, die im Einzelfall variiert werden können. Die in den Bildern B.1 bis B.6 angegebene Dämmschichtdicke im Bereich der Bodenplatte mit $d = 60$ mm gilt nur für den Kantenbereich (Abstand von der Kante ≤ 5 m). Bei größeren Abständen von der Kante wird der Wärmedurchgangskoeffizient der Bodenplatte nach der entsprechenden Norm zur Wärmeübertragung über das Erdreich berechnet [17] und daraus die erforderliche Dämmschichtdicke ermittelt.

3.3 Hinweise zu Bauteilanschlüssen

Anhang B gibt Beispiele für Ausführungsarten verschiedener Bauteilanschlüsse.

Balkonplatten werden im vorliegendem Beiblatt nur als wärmetechnisch getrennte Konstruktionen behandelt. Andere Ausführungen unterschreiten in vielen Fällen die Mindestanforderungen nach DIN 4108-2.

Bei den Fensteranschlußdetails sind Abdichtungen, Befestigungen, Unterfütterungen für Trittfestigkeit im Bereich der Fenstertüren usw. nicht detailliert dargestellt.

3.4 Abweichende Ausführungen

Bei Einhaltung des dargestellten Konstruktionsprinzips und der Wärmedurchgangskoeffizienten der Außenbauteile gelten andere Ausführungen als gleichwertig.

Weitere bauliche Anforderungen, die an die Konstruktionen gestellt werden, sind in den vorliegenden Beispielen nicht aufgeführt.

Tabelle 1: Erläuterung des Schlüssels zum Auffinden der Anschlußausbildungen

lfd Nr.	Kurzbezeichnung	Anschlußausbildung	
		Bauteil	Anschlußbauteil
1	A1	Bodenplatte	ausgedämmtes Mauerwerk
1	A2	Bodenplatte	außengedämmtes Mauerwerk
1	M1	Bodenplatte	monolithisches Mauerwerk
1	M2	Bodenplatte	monolithisches Mauerwerk
1	S1	Bodenplatte	außengedämmter Stahlbeton
1	S2	Bodenplatte	außengedämmter Stahlbeton
2	A1	Kellerdecke	außengedämmtes Mauerwerk
2	A2	Kellerdecke	außengedämmtes Mauerwerk
2	H1	Kellerdecke	Holzbauart
2	H2	Kellerdecke	Holzbauart
2	H3	Kellerdecke	Holzbauart
2	K1	Kellerdecke	kerngedämmtes Mauerwerk
2	K2	Kellerdecke	kerngedämmtes Mauerwerk
2	K3	Kellerdecke	kerngedämmtes Mauerwerk
2	M1	Kellerdecke	monolithisches Mauerwerk
2	M2	Kellerdecke	monolithisches Mauerwerk
2	M3	Kellerdecke	monolithisches Mauerwerk
3	A	Fensterbrüstung	außengedämmtes Mauerwerk
3	H	Fensterbrüstung	Holzbauart
3	K	Fensterbrüstung	kerngedämmtes Mauerwerk
3	M	Fensterbrüstung	monolithisches Mauerwerk
4	A	Fensterlaibung	außengedämmtes Mauerwerk
4	H	Fensterlaibung	Holzbauart
4	K	Fensterlaibung	kerngedämmtes Mauerwerk
4	M	Fensterlaibung	monolithisches Mauerwerk

(fortgesetzt)

Tabelle 1 (abgeschlossen)

lfd Nr.	Kurzbezeichnung	Anschlußausbildung Bauteil	Anschlußbauteil
5	A	Fenstersturz	außengedämmtes Mauerwerk
5	H	Fenstersturz	Holzbauart
5	K	Fenstersturz	kerngedämmtes Mauerwerk
5	M	Fenstersturz	monolithisches Mauerwerk
6	A	Rolladenkasten	außengedämmtes Mauerwerk
6	K	Rolladenkasten	kerngedämmtes Mauerwerk
6	M	Rolladenkasten	monolithisches Mauerwerk
7	A1	Terrasse	außengedämmtes Mauerwerk
7	A2	Terrasse	außengedämmtes Mauerwerk
7	M1	Terrasse	monolithisches Mauerwerk
7	M2	Terrasse	monolithisches Mauerwerk
8	A	Balkonplatte	außengedämmtes Mauerwerk
9	H	Geschoßdecke	Holzbauart
9	K	Geschoßdecke	kerngedämmtes Mauerwerk
9	M1	Geschoßdecke	monolithisches Mauerwerk
9	M2	Geschoßdecke	monolithisches Mauerwerk
10	K	Pfettendach	kerngedämmtes Mauerwerk
10	M	Pfettendach	monolithisches Mauerwerk
11	K	Sparrendach	kerngedämmtes Mauerwerk
11	M	Sparrendach	monolithisches Mauerwerk
12	K	Ortgang	kerngedämmtes Mauerwerk
12	M	Ortgang	monolithisches Mauerwerk
14	K	Pfettendach, ausgebaut	kerngedämmtes Mauerwerk
14	M	Pfettendach, ausgebaut	monolithisches Mauerwerk
16	K	Sparrendach, ausgebaut	kerngedämmtes Mauerwerk
16	M	Sparrendach, ausgebaut	monolithisches Mauerwerk
18	M	Flachdach	monolithisches Mauerwerk
18	A	Flachdach	außengedämmtes Mauerwerk
18	K	Flachdach	kerngedämmtes Mauerwerk
19	DZ	Dachfenster	-
20	DZ	Gaubenanschluß	-
21	IW	Dach	Innenwand

Anhang A
Übersichtsmatrizes

Tabelle A.1: Übersicht 1

Art des Anschlusses / Regelquerschnitt	M	A	K	S	H
	Bild				
1	Bild B.1 und Bild B.2	Bild B.3 und Bild B.4	-	Bild B.5 und Bild B.6	-
2	Bild B.7 bis Bild B.9	Bild B.10 und Bild B.11	Bild B.12 bis Bild B.14		Bild B.15 bis Bild B.17
3	Bild B.18	Bild B.19	Bild B.20		Bild B.21
4	Bild B.22	Bild B.23	Bild B.24		Bild B.25
5	Bild B.26	Bild B.27	Bild B.28		Bild B.29
6	Bild B.30	Bild B.31	Bild B.32		-
7	Bild B.33 und Bild B.34	Bild B.35 und Bild B.36			-
8	Bild B.37				-

(fortgesetzt)

Tabelle A.1 (abgeschlossen)

Art des Anschlusses / Regelquerschnitt		M	A	K	S	H
		Bild				
9		Bild B.38 und Bild B.39	Bild B.40	Bild B.41		Bild B.42
10		Bild B.43	Bild B.44			–
11		Bild B.45	Bild B.46			–

Tabelle A.2: Übersicht 2

		M	A	K	S	H
Ortgang						
12		Bild B.47	Bild B.48			-
13						-
Pfettendach						
14		Bild B.49	Bild B.50			-
15						-
Sparrendach						
16		Bild B.51	Bild B.52			-
17						-
Attika-Anschluß						
18		Bild B.53	Bild B.54	Bild B.55		-

Tabelle A.3: Übersicht

Art des Anschlusses / Regelquerschnitt	DZ	DA
19	Bild B.56	
20	Bild B.57	
21	Bild B.58	

Seite 9
DIN 4108 Bbl 2 : 1998-08

Anhang B

Beispiele für Ausführungsarten von Anschlußdetails

Die für die Anschlußausbildungen maßgeblichen Materialien mit den zugrundegelegten Wärmeleitfähigkeiten sind in Tabelle B.1 dargestellt.

Tabelle B.1: Zeichenerklärung für die dargestellten Materialien

Nummer des Bildelements	Zeichnerische Abbildung	Material	Wärmeleitfähigkeit λ_R W/(m·K)
1		Wärmedämmung	0,04[1])
2			< 0,21
3		Mauerwerk	0,21 < λ_R < 1,0
4			> 1,0
5		Stahlbeton	-
6		Estrich	-
7		Gipskartonplatte	-
8		Spanplatte	-
-		Holz	-
-		unbewehrter Beton	-
-		Putz	-
-		Erdreich	-

[1]) Den Maßangaben liegt eine Wärmeleitfähigkeit von λ_R = 0,04 W/(m·K) zugrunde.

In den nachfolgenden Bildern B.1 bis B.58 sind alle Maße in Millimetern angegeben. Nach den Bildtiteln sind die "laufende Nummer/Kurzbezeichnung" in Klammern angegeben.

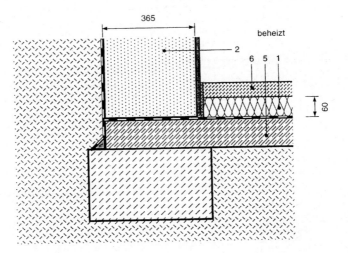

Bild B.1: Bodenplatte – monolithisches Mauerwerk (1/M1)

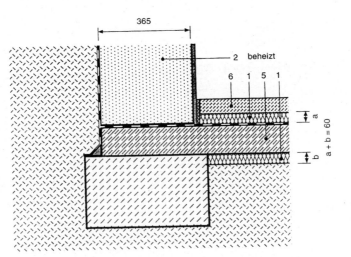

Bild B.2: Bodenplatte – monolithisches Mauerwerk (1/M2)

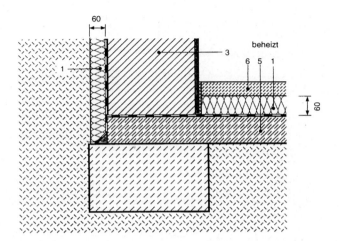

Bild B.3: Bodenplatte – außengedämmtes Mauerwerk (1/A1)

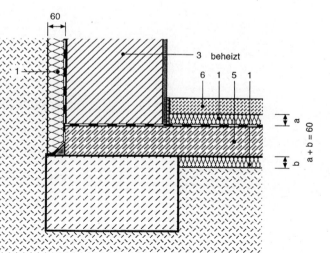

Bild B.4: Bodenplatte – außengedämmtes Mauerwerk (1/A2)

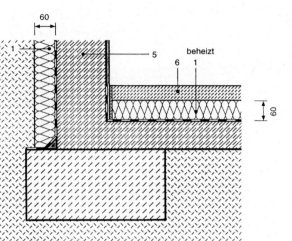

Bild B.5: Bodenplatte – außengedämmter Stahlbeton (1/S1)

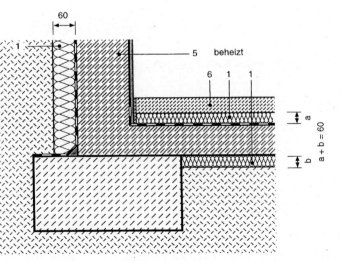

Bild B.6: Bodenplatte – außengedämmter Stahlbeton (1/S2)

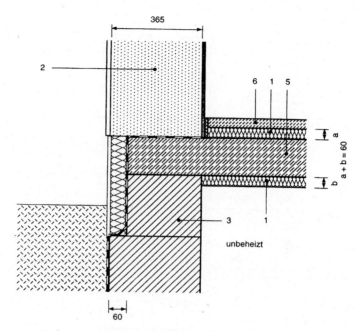

Bild B.7: Kellerdecke – monolithisches Mauerwerk (2/M1)

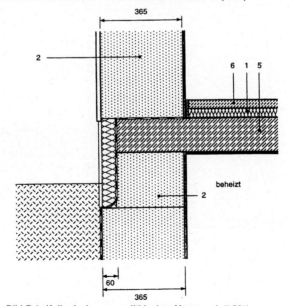

Bild B.8: Kellerdecke – monolithisches Mauerwerk (2/M2)

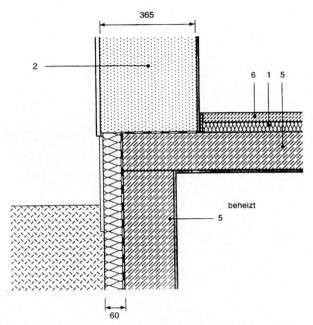

Bild B.9: Kellerdecke – monolithisches Mauerwerk (2/M3)

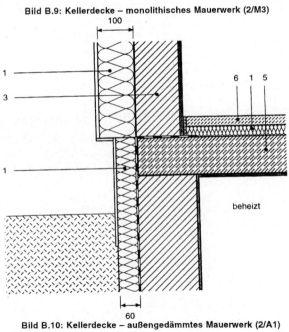

Bild B.10: Kellerdecke – außengedämmtes Mauerwerk (2/A1)

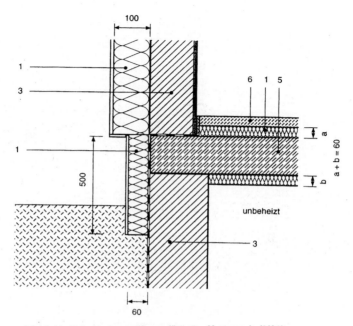

Bild B.11: Kellerdecke – außengedämmtes Mauerwerk (2/A2)

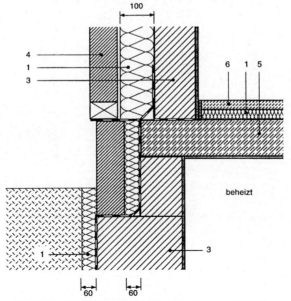

Bild B.12: Kellerdecke – kerngedämmtes Mauerwerk (2/K1)

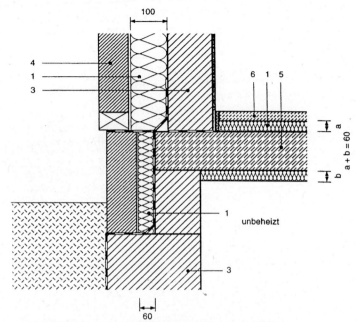

Bild B.13: Kellerdecke – kerngedämmtes Mauerwerk (2/K2)

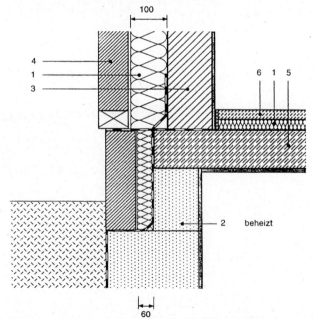

Bild B.14: Kellerdecke – kerngedämmtes Mauerwerk (2/K3)

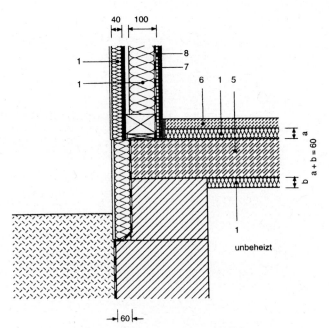

Bild B.15: Kellerdecke – Holzbauart (2/H1)

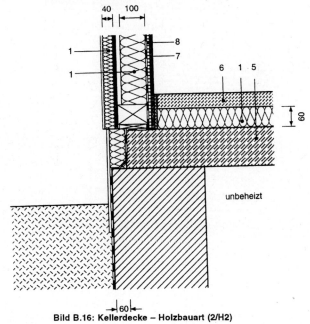

Bild B.16: Kellerdecke – Holzbauart (2/H2)

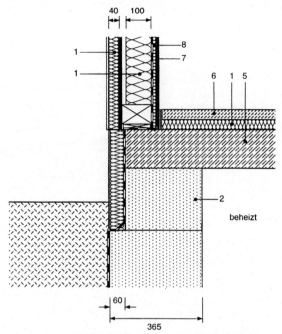

Bild B.17: Kellerdecke – Holzbauart (2/H3)

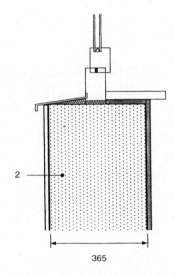

Bild B.18: Fensterbrüstung – monolithisches Mauerwerk (3/M)

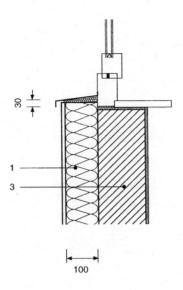

Bild B.19: Fensterbrüstung – außengedämmtes Mauerwerk (3/A)

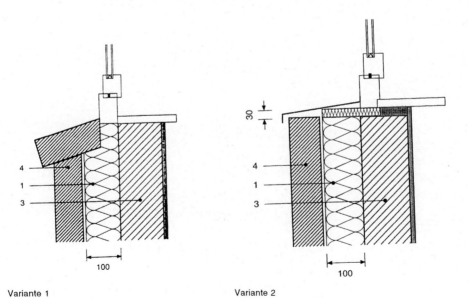

Variante 1　　　　　　　　　　Variante 2

Bild B.20: Fensterbrüstung – kerngedämmtes Mauerwerk (3/K)

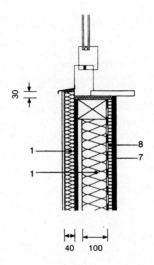

Bild B.21: Fensterbrüstung – Holzbauart (3/H)

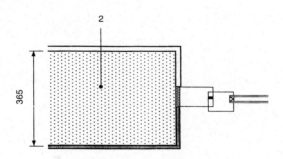

Bild B.22: Fensterlaibung – monolithisches Mauerwerk (4/M)

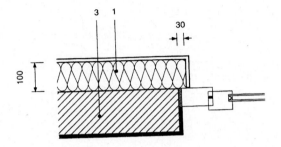

Bild B.23: Fensterlaibung – außengedämmtes Mauerwerk (4/A)

Variante 1

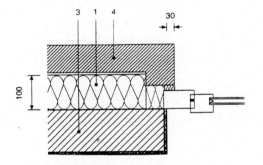

Variante 2

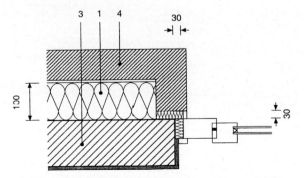

Bild B.24: Fensterlaibung – kerngedämmtes Mauerwerk (4/K)

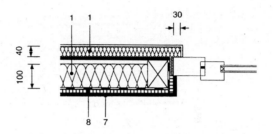

Bild B.25: Fensterlaibung – Holzbauart (4/H)

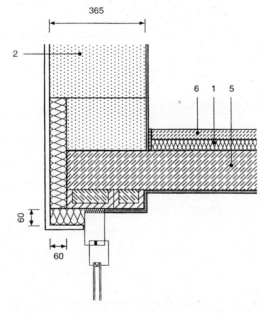

Bild B.26: Fenstersturz – monolithisches Mauerwerk (5/M)

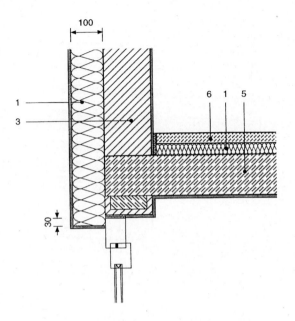

Bild B.27: Fenstersturz – außengedämmtes Mauerwerk (5/A)

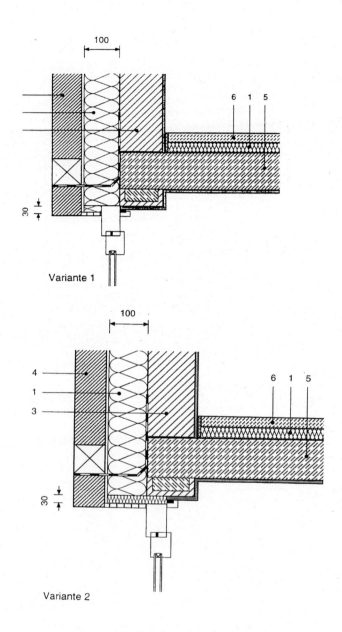

Bild B.28: Fragsturz – kerngedämmtes Mauerwerk (5/K)

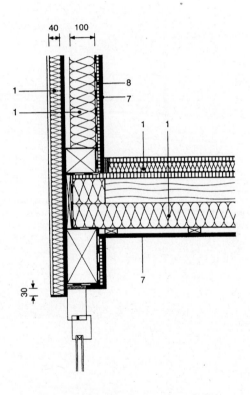

Bild B.29: Fenstersturz – Holzbauart (5/H)

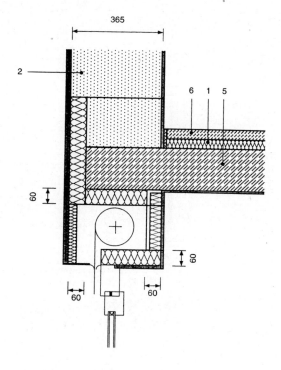

Bild B.30: Rolladenkästen – monolithisches Mauerwerk (6/M)

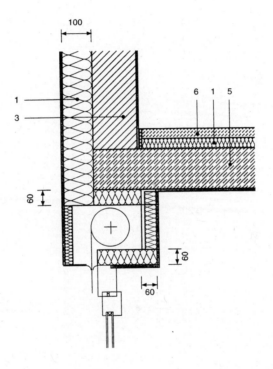

Bild B.31: Rolladenkästen – außengedämmtes Mauerwerk (6/A)

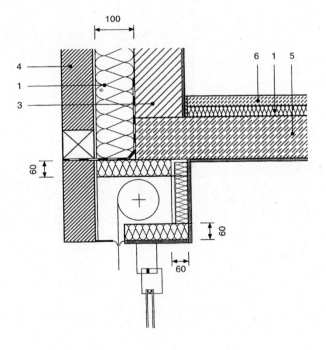

Bild B.32: Rolladenkasten – kerngedämmtes Mauerwerk (6/K)

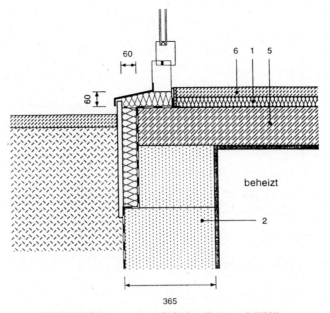

Bild B.33: Terrasse – monolithisches Mauerwerk (7/M1)

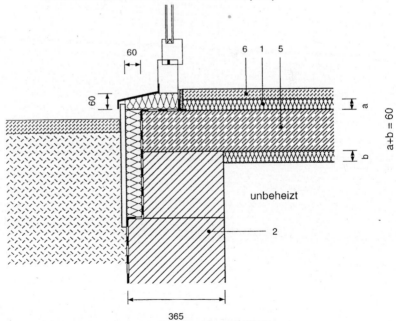

Bild B.34: Terrasse – monolithisches Mauerwerk (7/M2)

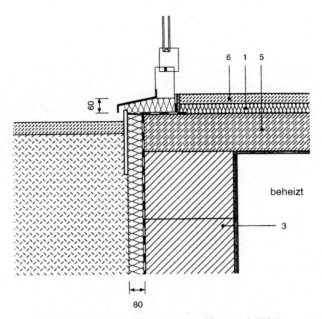

Bild B.35: Terrasse – außengedämmtes Mauerwerk (7/A1)

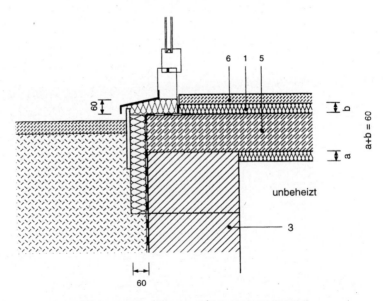

Bild B.36: Terrasse – außengedämmtes Mauerwerk (7/A2)

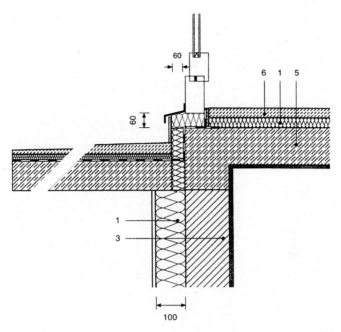

Bild B.37: Balkonplatte – außengedämmtes Mauerwerk (8/A)

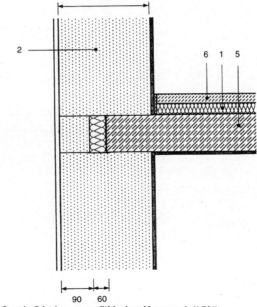

Bild B.38: Geschoßdecke – monolithisches Mauerwerk (9/M1)

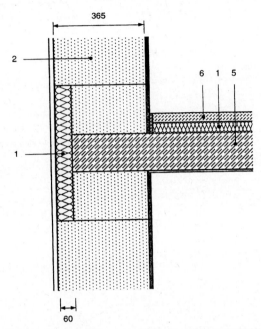

Bild B.39: Geschoßdecke – monolithisches Mauerwerk (9/M2)

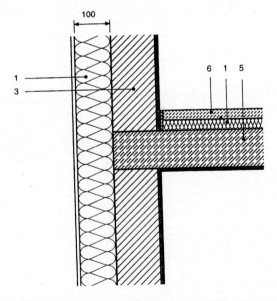

Bild B.40: Geschoßdecke – außengedämmtes Mauerwerk (9/A)

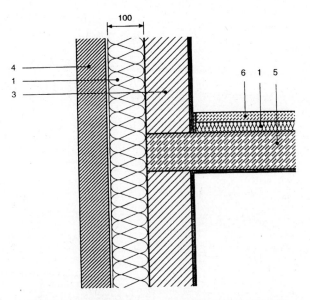

Bild B.41: Geschoßdecke – kerngedämmtes Mauerwerk (9/K)

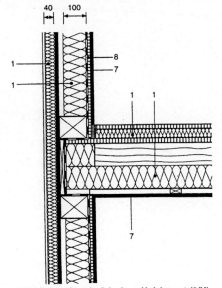

Bild B.42: Geschoßdecke – Holzbauart (9/H)

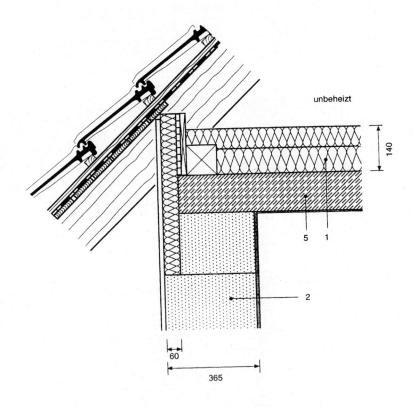

Bild B.43: Pfettendach – monolithisches Mauerwerk (10/M)

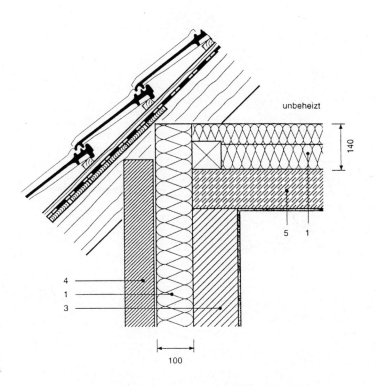

Bild B.44: Pfettendach – kerngedämmtes Mauerwerk (10/K)

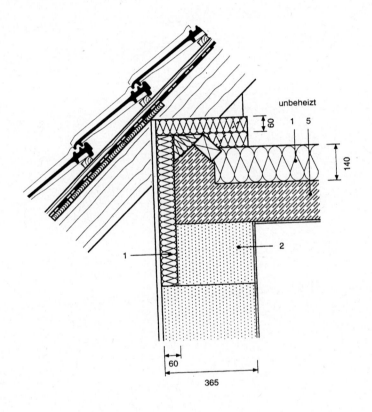

Bild B.45: Sparrendach – monolithisches Mauerwerk (11/M)

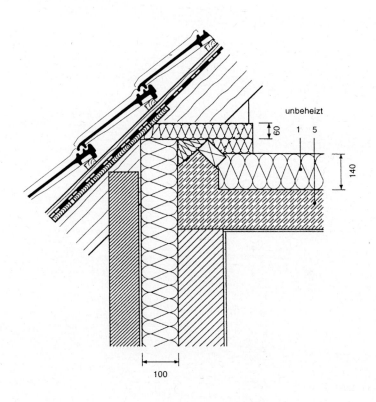

Bild B.46: Sparrendach – kerngedämmtes Mauerwerk (11/K)

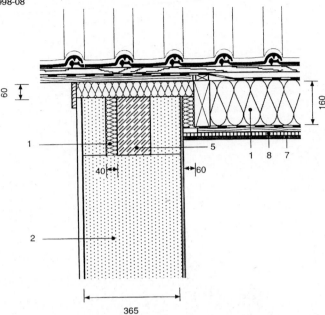

Bild B.47: Ortgang – monolithisches Mauerwerk (12/M)

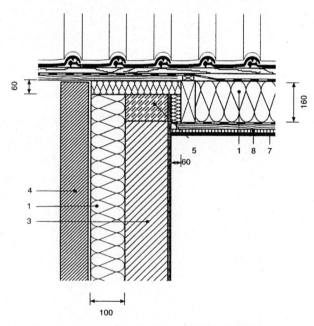

Bild B.48: Ortgang – kerngedämmtes Mauerwerk (12/K)

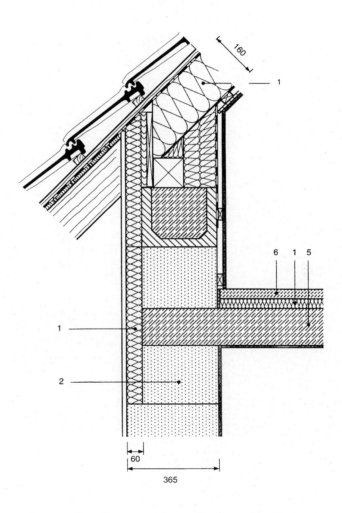

Bild B.49: Pfettendach – monolithisches Mauerwerk (14/M)

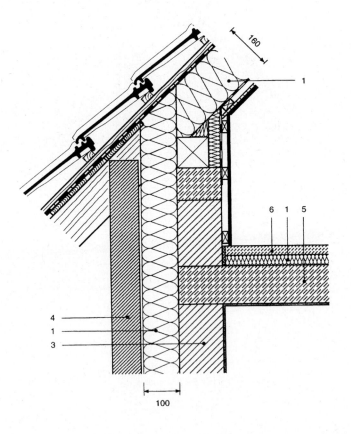

Bild B.50: Pfettendach – kerngedämmtes Mauerwerk (14/K)

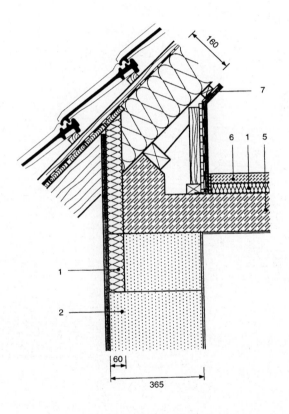

Bild B.51: Sparrendach – monolithisches Mauerwerk (16/M)

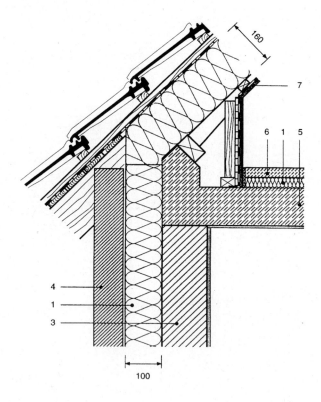

Bild B.52: Sparrendach – Mauerwerk, kerngedämmt (16/K)

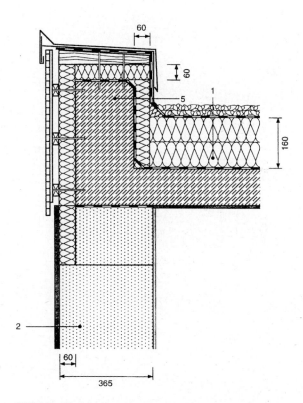

Bild B.53: Flachdach – monolithisches Mauerwerk (18/M)

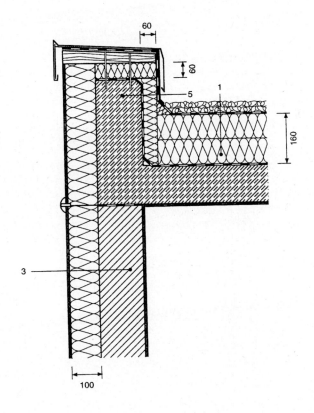

Bild B.54: Flachdach – außengedämmtes Mauerwerk (18/A)

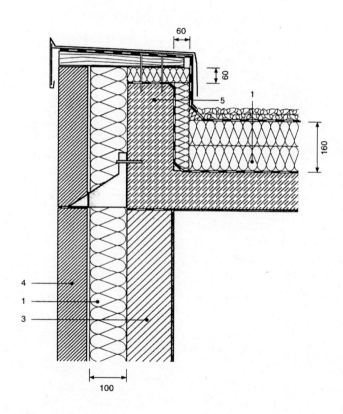

Bild B.55: Flachdach – kerngedämmtes Mauerwerk (18/K)

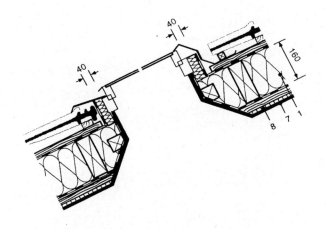

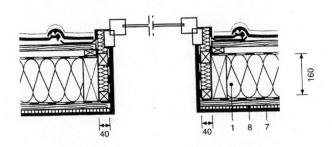

Bild B.56: Dachfenster (19/DZ)

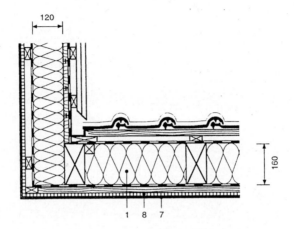

Bild B.57: Gaubenanschluß (20/DZ)

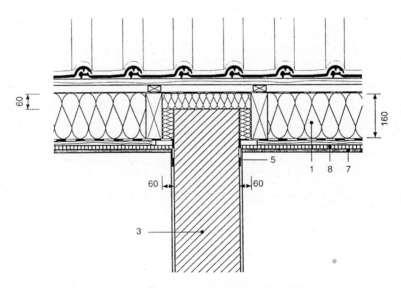

Bild B.58: Dach – Innenwand-Anschluß (21/IW)

Anhang C
Literaturhinweise

1 Brunnner, C. U. und Nänni, J.: Wärmebrückenkatalog, Neubaudetails, SIA-Dokumentation 99, Zürich 1985;

2 Mainka, G. W. und Paschen, H.: Wärmebrückenkatalog, Teubner-Verlag, Stuttgart (1986);

3 Brunner, C. U. und Nänni, J.: Wärmebrückenkatalog 2, Verbesserte Neubaudetails, SIA-Dokumentation D 078, Zürich;

4 Brunner, C. U. und Nänni, J.: Wärmebrückenkatalog 3, Altbaudetails, SIA-Dokumentation D 0107, Zürich 1993;

5 Hauser, G. und Stiegel, H.: Wärmebrückenatlas für den Mauerwerksbau, Bauverlag Wiesbaden 1990, 3. durchgesehene Auflage 1997;

6 Hauser, G. und Stiegel, H.: Wärmebrücken-Atlas für den Holzbau, Bauverlag Wiesbaden 1992;

7 Hauser, G.; Schulze, H; Stiegel, H.: Anschlußdetails von Niedrigenergiehäusern, Fraunhofer IRB Verlag 1996.

8 DIN 4108-2
Wärmeschutz im Hochbau – Wärmedämmung und Wärmespeicherung – Anforderungen und Hinweise für Planung und Ausführung

9 DIN 4108-3
Wärmeschutz im Hochbau – Klimabedingter Feuchteschutz

10 DIN V 4108-4
Wärmeschutz und Energie-Einsparung in Gebäuden – Teil 4: Wärme- und feuchtschutztechnische Kennwerte

11 DIN V 4108-6
Wärmeschutz im Hochbau – Berechnung des Jahresheizwärmebedarfs von Gebäuden

12 DIN V 4108-7
Wärmeschutz im Hochbau – Teil 7: Luftdichtheit von Bauteilen und Anschlüssen – Planungs- und Ausführungsempfehlungen sowie -beispiele

13 DIN ISO 10211-1
Wärmebrücken im Hochbau – Wärmeströme und Oberflächentemperaturen – Teil 1: Allgemeine Berechnungsverfahren (ISO 10211-1 : 1995); Deutsche Fassung EN ISO 10211-1 : 1995

14 E DIN ISO 10211-2
Wärmebrücken im Hochbau – Wärmeströme und Oberflächentemperaturen – Teil 2: Berechnungsverfahren für linienförmige Wärmebrücken (ISO 10211-2 : 1995); Deutsche Fassung prEN ISO 10211-2 : 1995

15 E DIN EN ISO 13788
Bauteile – Berechnung der Oberflächentemperatur zur Vermeidung kritischer Oberflächenfeuchte und Berechnung der Tauwasserbildung im Bauteilinneren (ISO/DIS 13788 : 1997); Deutsche Fassung prEN ISO 13788 : 1997

16 E DIN EN ISO 14683
Wärmebrücken im Hochbau – Längebezogener Wärmeduchgangskoeffizient – Vereinfachte Berechnungsverfahren und Rechenwerte (ISO/DIS 14683 : 1995); Deutsche Fassung prEN ISO 14683 (1995)

17 prEN ISO 13370
Wärmetechnisches Verhalten von Gebäuden – Wärmeübertragung über das Erdreich (ISO/FDIS 13370 : 1998)

DK 699.86 : 624.9 : 389.16 : 53.081   August 1981

Wärmeschutz im Hochbau
Größen und Einheiten

DIN 4108 Teil 1

Thermal insulation in buildings; quantities and units
Isolation thermique dans la construction immobilière; quantités et unités

Mit DIN 4108 Teil 2 bis Teil 5
Ersatz für DIN 4108

Diese Norm wurde im Fachbereich Einheitliche Technische Baubestimmungen des NABau ausgearbeitet.

Der Inhalt der Norm DIN 4108 ist wie folgt aufgeteilt:
DIN 4108 Teil 1   Wärmeschutz im Hochbau; Größen und Einheiten
DIN 4108 Teil 2   Wärmeschutz im Hochbau; Wärmedämmung und Wärmespeicherung; Anforderungen und Hinweise für Planung und Ausführung
DIN 4108 Teil 3   Wärmeschutz im Hochbau; Klimabedingter Feuchteschutz; Anforderungen und Hinweise für Planung und Ausführung
DIN 4108 Teil 4   Wärmeschutz im Hochbau; Wärme- und feuchteschutztechnische Kennwerte
DIN 4108 Teil 5   Wärmeschutz im Hochbau; Berechnungsverfahren

1 Geltungsbereich

Diese Norm enthält die in DIN 4108 Teil 1 bis Teil 5 zu verwendenden Größen und Einheiten. Die Einheiten gehen auf die SI-Einheiten zurück (siehe DIN 1301 Teil 1 und Teil 2).

Hinweis:
In DIN 4108 Teil 2 bis Teil 5 werden verschiedene Größen für eine übersichtlichere Anwendung zusätzlich mit Indizes versehen. Die Bedeutung der Indizes ist jeweils in den vorgenannten Normen erläutert.

2 Größen und Einheiten

Tabelle 1. **Allgemeine Größen**

Bedeutung	Formelzeichen	zu verwendende SI-Einheiten in DIN 4108 Teil 1 bis Teil 5	Bemerkung siehe
Dicke	s	m	
Fläche	A	m^2	
Volumen	V	m^3	
Masse	m	kg	DIN 1305
Dichte	ϱ	kg/m^3	DIN 1306 [1]
Zeit	t	h, s	

[1]) Siehe dort auch Rohdichte und Schüttdichte.

Fortsetzung Seite 2 bis 4

Normenausschuß Bauwesen (NABau) im DIN Deutsches Institut für Normung e. V.

Tabelle 2. Wärmeschutztechnische Größen

Bedeutung		Formel-zeichen	zu verwendende SI-Einheiten in DIN 4108 Teil 1 bis Teil 5	Bemerkung siehe
Temperatur		ϑ, T	°C, K	DIN 1345
Temperaturdifferenz		$\Delta\vartheta, \Delta T$	K	DIN 1345
Wärmemenge		Q	W · s [1])	DIN 1341 DIN 1345
Wärmestrom		$\Phi, \dot{Q}$	W	DIN 1341
Transmissionswärmestrom(-verlust)		$\dot{Q}_T$	W	DIN 4108 Teil 2
Wärmestromdichte		q	W/m^2	DIN 1341
Wärmeleitfähigkeit		λ	W/(m · K)	DIN 1341 DIN 52 612 Teil 1
Rechenwert der Wärmeleitfähigkeit		λ_R	W/(m · K)	DIN 52 612 Teil 2
Wärmedurchlaßkoeffizient		Λ	W/(m^2 · K)	DIN 52 611 Teil 1
Wärmedurchlaßwiderstand (Wärmeleitwiderstand)		$1/\Lambda$ (R_λ)	m^2 · K/W	DIN 52 611 Teil 1
Wärmeübergangskoeffizient		α	W/(m^2 · K)	DIN 1341
Wärmeübergangs-widerstand	innen	$1/\alpha_i$ (R_i)	m^2 · K/W	DIN 1341
	außen	$1/\alpha_a$ (R_a)		
Wärmedurchgangskoeffizient		k	W/(m^2 · K)	DIN 1341
Wärmedurchgangswiderstand		$1/k$ (R_k)	m^2 · K/W	DIN 1341
spezifische Wärmekapazität		c	J/(kg · K)	DIN 1345
Fugendurchlaßkoeffizient		a	m^3/(h · m · da Pa$^{2/3}$)	DIN 18 055 (z. Z. noch Entwurf)
Gesamtenergiedurchlaßgrad		g	1 [2])	DIN 67 507
Abminderungsfaktor einer Sonnenschutzvorrichtung		z	1 [2])	DIN 4108 Teil 2

[1]) 1 W · s = 1 J = 1 N · m
[2]) 1 steht für das Verhältnis zweier gleicher Einheiten.

Tabelle 3. **Feuchteschutztechnische Größen**

Bedeutung	Formelzeichen	zu verwendende SI-Einheiten in DIN 4108 Teil 1 bis Teil 5	Bemerkung siehe
Partialdruck des Wasserdampfes (Wasserdampfteildruck)	p	Pa (N/m²)	DIN 1314
Sättigungsdruck des Wasserdampfes (Wasserdampfsättigungsdruck)	p_s	Pa (N/m²)	DIN 1314
relative Luftfeuchte	φ	1 [1])	
massebezogener Feuchtegehalt fester Stoffe	u_m	1 [1])	DIN 52612 Teil 1
volumenbezogener Feuchtegehalt fester Stoffe	u_v	1 [1])	DIN 52612 Teil 1
Diffusionskoeffizient	D	m²/h	DIN 52615 Teil 1
Wasserdampf-Diffusionsstrom	I	kg/h	DIN 52615 Teil 1
Wasserdampf-Diffusionsstromdichte	i	kg/(m² · h)	DIN 52615 Teil 1
Wasserdampf-Diffusionsdurchlaßkoeffizient	Δ	kg/(m² · h · Pa)	DIN 52615 Teil 1
Wasserdampf-Diffusionsdurchlaßwiderstand	$1/\Delta$	m² · h · Pa/kg	DIN 52615 Teil 1
Wasserdampf-Diffusionsleitkoeffizient	δ	kg/(m · h · Pa)	DIN 52615 Teil 1
Wasserdampf-Diffusionswiderstandszahl	μ	1 [1])	DIN 52615 Teil 1
(wasserdampf-) diffusionsäquivalente Luftschichtdicke	s_d	m	
flächenbezogene Wassermasse	W	kg/m²	DIN 4108 Teil 3
Wasseraufnahmekoeffizient	w	kg/(m² · h^{1/2})	DIN 52617 (z. Z. noch Entwurf)
Gaskonstante des Wasserdampfes	R_D	J/(kg · K)	$R_D = 462$ J/(kg · K)

[1]) 1 steht für das Verhältnis zweier gleicher Einheiten.

415

Weitere Normen

DIN	1301 Teil 1	Einheiten; Einheitennamen, Einheitenzeichen
DIN	1301 Teil 2	Einheiten; Allgemein angewendete Teile und Vielfache
DIN	1305	Masse, Kraft, Gewichtskraft, Gewicht, Last; Begriffe
DIN	1306	Dichte; Begriffe
DIN	1314	Druck; Grundbegriffe, Einheiten
DIN	1341	Wärmeübertragung; Grundbegriffe, Einheiten, Kenngrößen
DIN	1345	Thermodynamik; Formelzeichen, Einheiten
DIN	4108 Teil 2	Wärmeschutz im Hochbau; Wärmedämmung und Wärmespeicherung; Anforderungen und Hinweise für Planung und Ausführung
DIN	4108 Teil 3	Wärmeschutz im Hochbau; Klimabedingter Feuchteschutz; Anforderungen und Hinweise für Planung und Ausführung
DIN 18055		(z. Z. noch Entwurf) Fenster; Fugendurchlässigkeit, Schlagregensicherheit und mechanische Beanspruchung; Anforderungen und Prüfung
DIN 52611 Teil 1		Wärmeschutztechnische Prüfungen; Bestimmung des Wärmedurchlaßwiderstands von Wänden und Decken; Prüfung im Laboratorium
DIN 52612 Teil 1		Wärmeschutztechnische Prüfungen; Bestimmung der Wärmeleitfähigkeit mit dem Plattengerät; Durchführung und Auswertung
DIN 52612 Teil 2		Wärmeschutztechnische Prüfungen; Bestimmung der Wärmeleitfähigkeit mit dem Plattengerät; Weiterbehandlung der Meßwerte für die Anwendung im Bauwesen
DIN 52615 Teil 1		Wärmeschutztechnische Prüfungen; Bestimmung der Wasserdampfdurchlässigkeit von Bau- und Dämmstoffen; Versuchsdurchführung und Versuchsauswertung
DIN 52617		(z. Z. noch Entwurf) Bestimmung der kapillaren Wasseraufnahme von Baustoffen und Beschichtungen; Versuchsdurchführung und Versuchsauswertung
DIN 67507		Lichttransmissionsgrade; Strahlungstransmissionsgrade und Gesamtenergiedurchlaßgrade von Verglasungen

Erläuterungen

Diese Norm ist zusammen mit DIN 4108 Teil 2 bis Teil 5 Ersatz für die Norm DIN 4108 „Wärmeschutz im Hochbau", Ausgabe August 1969, die einer vollständigen Überarbeitung unterzogen wurde. Hierbei fanden auch Berücksichtigung:
„Ergänzende Bestimmungen zu DIN 4108", Wärmeschutz im Hochbau (Ausgabe August 1969), Fassung Oktober 1974, DIN 4108 Beiblatt Wärmeschutz im Hochbau; Erläuterungen und Beispiele für einen erhöhten Wärmeschutz, Ausgabe November 1975
sowie verschiedene, von den Baubehörden bekanntgegebene Ergänzungserlasse.
Durch die neue Aufgliederung in fünf Teile, die auch aufgrund des wesentlich erweiterten Inhalts der Norm zweckmäßig geworden war, wird es zukünftig vor allem ermöglicht, daß einzelne, abgegrenzte Sachgebiete des Wärmeschutzes, wie z. B. die wärme- und feuchteschutztechnischen Kennwerte, von Fall zu Fall dem neuesten Stand der Technik angepaßt werden können, ohne jedesmal eine aufwendige Neuausgabe der gesamten Norm vornehmen zu müssen.

DK 699.86 : 624.9 : 536.2August 1981

Wärmeschutz im Hochbau
Wärmedämmung und Wärmespeicherung; Anforderungen und
Hinweise für Planung und Ausführung

**DIN
4108**
Teil 2

Thermal insulation in buildings; thermal insulation and heat storage; requirements and directions for design and construction

Isolation thermique dans la construction immobilière; isolation thermique et accumulation de chaleur; exigences et directions pour le calcul et l'exécution

Mit DIN 4108 Teil 1 und
Teil 3 bis Teil 5
Ersatz für DIN 4108

Maße in mm

Diese Norm wurde im Fachbereich Einheitliche Technische Baubestimmungen des NABau ausgearbeitet. Sie ist den obersten Bauaufsichtsbehörden vom Institut für Bautechnik, Berlin, zur bauaufsichtlichen Einführung empfohlen worden.

Der Inhalt der Norm DIN 4108 ist wie folgt aufgeteilt:

DIN 4108 Teil 1	Wärmeschutz im Hochbau; Größen und Einheiten
DIN 4108 Teil 2	Wärmeschutz im Hochbau; Wärmedämmung und Wärmespeicherung; Anforderungen und Hinweise für Planung und Ausführung
DIN 4108 Teil 3	Wärmeschutz im Hochbau; Klimabedingter Feuchteschutz; Anforderungen und Hinweise für Planung und Ausführung
DIN 4108 Teil 4	Wärmeschutz im Hochbau; Wärme- und feuchteschutztechnische Kennwerte
DIN 4108 Teil 5	Wärmeschutz im Hochbau; Berechnungsverfahren

Inhalt

Seite

1 Geltungsbereich 2

2 Mitgeltende Normen 2

3 Zweck des Wärmeschutzes 2

4 Grundlagen des Wärmeschutzes 2
4.1 Allgemeines 2
4.2 Wärmeschutz im Winter 2
4.2.1 Wärmeschutzmaßnahmen bei der Planung von Gebäuden 2
4.2.2 Wärmedurchlaßwiderstand und Wärmedurchgangskoeffizient der Bauteile 3
4.2.3 Tauwasserschutz und Schlagregenschutz 3
4.2.4 Luftdurchlässigkeit der Bauteile, insbesondere der Außenbauteile (Fenster, Fenstertüren und Außentüren) 3
4.3 Wärmeschutz im Sommer 3
4.3.1 Allgemeines 3
4.3.2 Wärmeschutzmaßnahmen bei der Planung von Gebäuden 3
4.3.3 Energiedurchlässigkeit der transparenten Außenbauteile 3
4.3.4 Natürliche Lüftung 6
4.3.5 Wärmespeicherfähigkeit der Bauteile 6
4.3.6 Wärmeleiteigenschaften der nichttransparenten Außenbauteile bei instationären Randbedingungen 6

5 Anforderungen an den Wärmeschutz im Winter; Anforderungen an den Mindestwärmeschutz von Einzelbauteilen 6

Seite

5.1 Mindestwerte der Wärmedurchlaßwiderstände $1/\Lambda$ und Maximalwerte der Wärmedurchgangskoeffizienten k nichttransparenter Bauteile 6
5.2 Erläuterungen zu Tabelle 1 6
5.2.1 Wände 6
5.2.2 Außenschale bei belüfteten Bauteilen 6
5.2.3 Fußböden (zu Tabelle 1, Zeilen 4, 5, 7 und 8.1) ... 7
5.2.4 Berechnung des Wärmedurchlaßwiderstandes bei Bauteilen mit Abdichtungen 7
5.2.5 Nicht ausgebaute Dachräume 7
5.2.6 Berechnung des Wärmedurchlaßwiderstandes $1/\Lambda$ des Rippenbereichs neben belüfteten Gefachbereichen 7
5.3 Erläuterungen zu Tabelle 2 (Beispiele für die Anwendung der Tabelle 2) 7
5.4 Wärmebrücken 8
5.5 Fenster, Fenstertüren und Außentüren 8

6 Wärmeschutz im Winter; Energiesparender Wärmeschutz von Gebäuden 8
6.1 Begrenzung der Transmissionswärmeverluste . . . 8
6.2 Begrenzung der Wärmeverluste infolge Undichtheiten 8
6.2.1 Außenbauteile 8
6.2.2 Fenster, Fenstertüren und Außentüren 8

7 Empfehlungen für den Wärmeschutz im Sommer (Gebäude, für die raumlufttechnische Anlagen nicht erforderlich sind) 8

Fortsetzung Seite 2 bis 11

Normenausschuß Bauwesen (NABau) im DIN Deutsches Institut für Normung e. V.

1 Geltungsbereich

Diese Norm enthält Anforderungen an die Wärmedämmung und Wärmespeicherung sowie wärmeschutztechnische Hinweise für Planung und Ausführung von Aufenthaltsräumen in Hochbauten, die ihrer Bestimmung nach auf normale Innentemperaturen ($\geq 19\,°C$) beheizt werden.

Nebenräume, die zu Aufenthaltsräumen gehören, werden wie Aufenthaltsräume behandelt.

Diese Norm enthält zahlenmäßige Festlegungen der Anforderungen an den Mindestwärmeschutz.

Anmerkung: Zahlenmäßige Festlegungen der Anforderungen für den energiesparenden Wärmeschutz sind Gegenstand der „Verordnung über einen energiesparenden Wärmeschutz bei Gebäuden (Wärmeschutzverordnung — WärmeschutzV)".

Die Wärmeschutzverordnung hat einen erweiterten Anwendungsbereich.

2 Mitgeltende Normen

DIN 1053 Teil 1	Mauerwerk; Berechnung und Ausführung
DIN 4108 Teil 1	Wärmeschutz im Hochbau; Größen und Einheiten
DIN 4108 Teil 3	Wärmeschutz im Hochbau; Klimabedingter Feuchteschutz; Anforderungen und Hinweise für Planung und Ausführung
DIN 4108 Teil 4	Wärmeschutz im Hochbau; Wärme- und feuchteschutztechnische Kennwerte
DIN 4108 Teil 5	Wärmeschutz im Hochbau; Berechnungsverfahren
DIN 18055	(z. Z. noch Entwurf) Fenster; Fugendurchlässigkeit, Schlagregensicherheit und mechanische Beanspruchung; Anforderungen und Prüfung
DIN 67507	Lichttransmissionsgrade, Strahlungstransmissionsgrade und Gesamtenergiedurchlaßgrade von Verglasungen

3 Zweck des Wärmeschutzes

Der Wärmeschutz im Hochbau umfaßt insbesondere alle Maßnahmen zur Verringerung der Wärmeübertragung durch die Umfassungsflächen eines Gebäudes und durch die Trennflächen von Räumen unterschiedlicher Temperaturen.

Der Wärmeschutz hat bei Gebäuden Bedeutung für
- die Gesundheit der Bewohner durch ein hygienisches Raumklima
- den Schutz der Baukonstruktion vor klimabedingten Feuchteeinwirkungen und deren Folgeschäden
- einen geringeren Energieverbrauch bei der Heizung und Kühlung
- die Herstellungs- und Bewirtschaftungskosten

Durch Mindestanforderungen an den Wärmeschutz der Bauteile im Winter nach Abschnitt 5 in Verbindung mit DIN 4108 Teil 3 soll ein hygienisches Raumklima sowie ein dauerhafter Schutz der Baukonstruktion vor klimabedingten Feuchteeinwirkungen gesichert werden. Hierbei wird vorausgesetzt, daß die Räume entsprechend ihrer Nutzung ausreichend beheizt und belüftet werden.

Durch Anforderungen an die wärmeübertragende Umfassungsfläche der Gebäude (vergleiche Wärmeschutzverordnung) soll ein geringer Energieverbrauch bei der Heizung erreicht werden. Hierbei sollte im Einzelfall geprüft werden, ob über diese Anforderungen hinausgehende Maßnahmen wirtschaftlich zweckmäßig sind.

Durch Empfehlungen für den baulichen Wärmeschutz der Bauteile im Sommer nach Abschnitt 7 soll eine zu hohe Erwärmung der Aufenthaltsräume infolge sommerlicher Wärmeeinwirkung vermieden werden.

4 Grundlagen des Wärmeschutzes
4.1 Allgemeines

Der Wärmeschutz eines Raumes ist abhängig von
- dem Wärmedurchlaßwiderstand bzw. den Wärmedurchgangskoeffizienten der umschließenden Bauteile (Wände, Decken, Fenster, Türen) und deren Anteil an der wärmeübertragenden Umfassungsfläche
- der Anordnung der einzelnen Schichten bei mehrschichtigen Bauteilen sowie der Wärmespeicherfähigkeit der Bauteile (Tauwasserbildung, sommerlicher Wärmeschutz, instationärer Heizbetrieb)
- der Energiedurchlässigkeit, Größe und Orientierung der Fenster unter Berücksichtigung von Sonnenschutzmaßnahmen
- der Luftdurchlässigkeit von Bauteilen (Fugen, Spalten), vor allem der Umfassungsbauteile
- der Lüftung.

4.2 Wärmeschutz im Winter

4.2.1 Wärmeschutzmaßnahmen bei der Planung von Gebäuden

4.2.1.1 Der Wärmeverbrauch eines Gebäudes kann durch die Wahl seiner Lage (Verminderung des Windangriffs infolge benachbarter Bebauung, Baumpflanzungen), Orientierung der Fenster zur Ausnutzung winterlicher Sonneneinstrahlung) erheblich vermindert werden.

Bei der Gebäudeform und -gliederung ist zu beachten, daß jede Vergrößerung der Außenflächen im Verhältnis zum beheizten Gebäudevolumen den spezifischen Wärmeverbrauch eines Hauses erhöht; daher haben z. B. stark gegliederte Baukörper einen vergleichsweise höheren Wärmeverbrauch als nicht gegliederte. Doppelhäuser und Reihenhäuser weisen je Hauseinheit bei gleicher Größe und Ausführung einen geringeren Wärmeverbrauch als frei stehende Einzelhäuser auf.

4.2.1.2 Der Energieverbrauch für die Beheizung eines Gebäudes und ein hygienisches Raumklima werden erheblich von der Wärmedämmung der raumumschließenden Bauteile, insbesondere der Außenbauteile, der Dichtheit der äußeren Umfassungsflächen sowie von der Gebäudeform und -gliederung beeinflußt.

4.2.1.3 Auch die Anordnung der Räume zueinander beeinflußt den Heizwärmeverbrauch. Räume mit etwa gleicher Raumtemperatur sollten möglichst aneinander grenzen oder übereinander liegen. Räume, die über mehrere Geschosse reichen, sind schwer auf eine gleichmäßige Temperatur zu beheizen und können einen erhöhten Wärmeverbrauch verursachen.

4.2.1.4 Zur Verminderung des Wärmeverbrauchs ist es zweckmäßig, bei Gebäudeeingängen Windfänge vorzusehen. Sie müssen so groß sein, daß die innere Tür geschlossen werden kann, bevor die Außentür geöffnet wird.

4.2.1.5 Eine Vergrößerung der Fensterflächen kann zu einem Ansteigen des Wärmeverbrauchs führen. Bei nach Süden (Südosten/Südwesten) orientierten Fensterflächen können infolge Sonneneinstrahlung die Wärmeverluste erheblich vermindert oder sogar Wärmegewinne erzielt werden.

4.2.1.6 Geschlossene, möglichst dichtschließende Fensterläden und Rolläden vermindern den Wärmedurchgang durch Fenster erheblich.

4.2.1.7 Rohrleitungen für die Wasserversorgung, Wasserentsorgung und Heizung sowie Schornsteine sollten nicht in Außenwänden liegen. Bei Schornsteinen vermindert dies den Heizwärmeverbrauch und die Gefahr einer Versottung. Bei Wasser- und Heizleitungen verringert sich die Gefahr des Einfrierens.

4.2.1.8 Bei ausgebauten Dachräumen mit Abseitenwänden sollte die Wärmedämmung der Dachschräge u. a. auch zum Schutz der Heiz- und Wasserleitungen bis zum Dachfuß hinabgeführt werden.

4.2.2 Wärmedurchlaßwiderstand und Wärmedurchgangskoeffizient der Bauteile

Der Wärmedurchlaßwiderstand $1/\Lambda$ (auch als Wärmeleitwiderstand R_λ bezeichnet) eines Bauteiles dient der Beurteilung der Wärmedämmung. Der Wärmedurchgangskoeffizient k dient der Beurteilung des Transmissionswärmeverlustes durch Bauteile, Bauteilkombinationen oder die gesamte Gebäudeumfassungsfläche.

Die Berechnung des Wärmedurchlaßwiderstandes $1/\Lambda$ und des Wärmedurchgangskoeffizienten k erfolgt nach DIN 4108 Teil 5.

Für einschichtige sowie — in Richtung des Wärmestroms geschichtete — mehrschichtige Bauteile wird der Wärmedurchlaßwiderstand $1/\Lambda$ aus den Dicken der Baustoffschichten s in m und den Rechenwerten der Wärmeleitfähigkeit λ_R in W/(m · K) berechnet zu:

$$\frac{1}{\Lambda} = \frac{s_1}{\lambda_{R1}} + \frac{s_2}{\lambda_{R2}} + \frac{s_3}{\lambda_{R3}} + \ldots + \frac{s_n}{\lambda_{Rn}} \text{ in m}^2 \cdot \text{K/W} \quad (1)$$

Der Wärmedurchgangskoeffizient k wird aus dem Wärmedurchlaßwiderstand unter Berücksichtigung der Wärmeübergangswiderstände wie folgt berechnet:

$$k = \frac{1}{\frac{1}{\alpha_i} + \frac{1}{\Lambda} + \frac{1}{\alpha_a}} \text{ in W/(m}^2 \cdot \text{K)} \quad (2)$$

Die Wärmeübergangswiderstände $1/\alpha_i$ und $1/\alpha_a$ (auch als R_i und R_a bezeichnet) und die Rechenwerte der Wärmeleitfähigkeit λ_R sind DIN 4108 Teil 4 zu entnehmen.

Für die Beurteilung des Transmissionswärmeverlustes durch Fenster und Verglasungen wird nur der Wärmedurchgangskoeffizient k_F bzw. k_V verwendet (siehe DIN 4108 Teil 4, Ausgabe August 1981, Tabelle 3).

4.2.3 Tauwasserschutz und Schlagregenschutz

Der Wärmeschutz darf durch Tauwasserbildung und Regeneinwirkung nicht unzulässig vermindert werden. Anforderungen sowie Beispiele für Bauteilausführungen und Maßnahmen, die diesen Anforderungen genügen, enthält DIN 4108 Teil 3.

4.2.4 Luftdurchlässigkeit der Bauteile, insbesondere der Außenbauteile (Fenster, Fenstertüren und Außentüren)

Durch undichte Anschlußfugen von Fenstern und Türen sowie durch sonstige Fugen insbesondere bei Außenbauteilen treten infolge Luftaustausches Wärmeverluste auf. Eine Abdichtung dieser Fugen ist deshalb erforderlich. Die Fugendurchlässigkeit zwischen Flügeln und Rahmen bei Fenstern und Fenstertüren wird durch den Fugendurchlaßkoeffizienten a nach DIN 18055 (z. Z. noch Entwurf) gekennzeichnet.

Auf ausreichenden Luftwechsel ist aus Gründen der Hygiene, der Begrenzung der Luftfeuchte sowie gegebenenfalls der Zuführung von Verbrennungsluft [1]) zu achten.

---
[1]) Die entsprechenden bauaufsichtlichen Vorschriften (z. B. Feuerungsverordnung) sind zu beachten.

4.3 Wärmeschutz im Sommer

4.3.1 Allgemeines

Bei Gebäuden mit Wohnungen oder Einzelbüros und Gebäuden mit vergleichbaren Nutzungen sind im Regelfall raumlufttechnische Anlagen bei ausreichenden baulichen und planerischen Maßnahmen entbehrlich. Nur in besonderen Fällen (z. B. große interne Wärmequellen, große Menschenansammlungen, besondere Nutzungen) können raumlufttechnische Anlagen notwendig sein.

4.3.2 Wärmeschutzmaßnahmen bei der Planung von Gebäuden

Der sommerliche Wärmeschutz ist abhängig von der Energiedurchlässigkeit der transparenten Außenbauteile (Fenster und feste Verglasungen einschließlich des Sonnenschutzes), ihrem Anteil an der Fläche der Außenbauteile, ihrer Orientierung nach der Himmelsrichtung, der Lüftung in den Räumen, der Wärmespeicherfähigkeit insbesondere der innenliegenden Bauteile sowie von den Wärmeleiteigenschaften der nichttransparenten Außenbauteile bei instationären Randbedingungen (tageszeitlicher Temperaturgang und Sonneneinstrahlung).

4.3.2.1 Große Fensterflächen ohne Sonnenschutzmaßnahmen und zu geringe Anteile insbesondere innenliegender wärmespeichernder Bauteile können eine zu hohe Erwärmung der Räume und Gebäude zur Folge haben.

Eine dunkle Farbgebung der Außenbauteile kann zu höheren Temperaturen an der Außenoberfläche als eine helle führen.

4.3.2.2 Ein wirksamer Sonnenschutz der transparenten Außenbauteile kann durch die bauliche Gestaltung (z. B. auskragende Dächer, Balkone) oder mit Hilfe außen- oder innenliegender Sonnenschutzvorrichtungen (z. B. Fensterläden, Rollläden, Jalousien, Markisen) und Sonnenschutzgläsern erreicht werden. Automatisch bediente Sonnenschutzvorrichtungen können sich besonders günstig auswirken.

In Abhängigkeit von der Sonnenschutzmaßnahme ist aber darauf zu achten, daß die Innenraumbeleuchtung mit Tageslicht nicht unzulässig herabgesetzt wird (siehe auch DIN 5034 Teil 1 (z. Z. noch Entwurf)).

Bei der Orientierung der transparenten Außenbauteile zur Himmelsrichtung ist eine Süd- oder Nord-Orientierung der Gebäudefassaden mit Fenstern günstiger als eine Ost- bzw. West-Lage.

Eckräume mit nach zwei oder mehr Richtungen orientierten Fensterflächen, insbesondere Südost- oder Südwest-Orientierungen, sind im allgemeinen ungünstiger als mit einseitig orientierten Fensterflächen.

4.3.3 Energiedurchlässigkeit der transparenten Außenbauteile

Die Energiedurchlässigkeit der transparenten Außenbauteile wird von der Glasart und zusätzlichen Sonnenschutzmaßnahmen bestimmt. Sie wird durch den Gesamtenergiedurchlaßgrad g_F aus Verglasung einschließlich gegebenenfalls vorhandener Sonnenschutzvorrichtungen gekennzeichnet.

Der Gesamtenergiedurchlaßgrad g_F beschreibt denjenigen Anteil der Sonnenenergie, der — bezogen auf die Außenstrahlung — unter vorgegebenen Randbedingungen nach DIN 67507 durch das transparente Bauteil unter Berücksichtigung des Sonnenschutzes in den Raum gelangt (siehe Abschnitt 7).

Anmerkung: Bezieht man die durch das Fenster dem Raum zugeführte Energie auf die Verhältnisse bei einem einfach verglasten Fenster mit 3 mm Glasdicke, dann erhält man den Durchlaßfaktor b (siehe VDI-Richtlinie 2078

Tabelle 1. Mindestwerte der Wärmedurchlaßwiderstände $1/\Lambda$ und Maximalwerte der Wärmedurchgangskoeffizienten k von Bauteilen (mit Ausnahme leichter Bauteile nach Tabelle 2)

Spalte		1	2			3		
Zeile		Bauteile	Wärmedurchlaßwiderstand $1/\Lambda$ $m^2 \cdot K/W$			Wärmedurchgangskoeffizient k $W/(m^2 \cdot K)$		
			2.1 im Mittel	2.2 an der ungünstigsten Stelle		3.1 im Mittel	3.2 an der ungünstigsten Stelle	
1	1.1	Außenwände[1]) allgemein	0,55					
	1.2	für kleinflächige Einzelbauteile (z. B. Pfeiler) bei Gebäuden mit einer Höhe des Erdgeschoßfußbodens (1. Nutzgeschoß) ≤ 500 m über NN	0,47			1,39; 1,32²)	1,56; 1,47²)	
2	2.1	Wohnungstrennwände³) und Wände zwischen fremden Arbeitsräumen in nicht zentralbeheizten Gebäuden	0,25			1,96		
	2.2	in zentralbeheizten Gebäuden⁴)	0,07			3,03		
3		Treppenraumwände⁵)	0,25			1,96		
4	4.1	Wohnungstrenndecken³) und Decken zwischen fremden Arbeitsräumen⁶)⁷) allgemein	0,35			1,64⁸); 1,45⁹)		
	4.2	in zentralbeheizten Bürogebäuden⁴)	0,17			2,33⁸); 1,96⁹)		
5	5.1	Unterer Abschluß nicht unterkellerter Aufenthaltsräume⁶) unmittelbar an das Erdreich grenzend	0,90			0,93		
	5.2	über einen nicht belüfteten Hohlraum an das Erdreich grenzend				0,81		
6		Decken unter nicht ausgebauten Dachräumen⁶)¹⁰)	0,90	0,45		0,90	1,52	
7		Kellerdecken⁶)¹¹)	0,90	0,45		0,81	1,27	
8	8.1	Decken, die Aufenthaltsräume gegen die Außenluft abgrenzen⁶) nach unten¹²)	1,75	1,30		0,51; 0,50²)	0,66; 0,65²)	
	8.2	nach oben¹³)¹⁴)	1,10	0,80		0,79	1,03	

¹) bis ¹⁴) siehe Seite 5

Fußnoten zu Tabelle 1

1) Die Zeile 1 gilt auch für Wände, die Aufenthaltsräume gegen Bodenräume, Durchfahrten, offene Hausflure, Garagen (auch beheizte) oder dergleichen abschließen oder an das Erdreich angrenzen. Zeile 1 gilt nicht für Abseitenwände, wenn die Dachschräge bis zum Dachfuß gedämmt ist (siehe Abschnitt 4.2.1.8).
2) Dieser Wert gilt für Bauteile mit hinterlüfteter Außenhaut.
3) Wohnungstrennwände und -trenndecken sind Bauteile, die Wohnungen voneinander oder von fremden Arbeitsräumen trennen.
4) Als zentralbeheizt im Sinne dieser Norm gelten Gebäude, deren Räume an eine gemeinsame Heizzentrale angeschlossen sind, von der ihnen die Wärme mittels Wasser, Dampf oder Luft unmittelbar zugeführt wird.
5) Die Zeile 3 gilt auch für Wände, die Aufenthaltsräume von fremden, dauernd unbeheizten Räumen trennen, wie abgeschlossenen Hausfluren, Kellerräumen, Ställen, Lagerräumen usw. Die Anforderung nach Zeile 3 gilt nur für geschlossene, eingebaute Treppenräume; sonst gilt Zeile 1.
6) Bei schwimmenden Estrichen ist für den rechnerischen Nachweis der Wärmedämmung die Dicke der Dämmschicht im belasteten Zustand anzusetzen.
Bei Fußboden- oder Deckenheizungen müssen die Mindestanforderungen an den Wärmedurchlaßwiderstand durch die Deckenkonstruktion unter- bzw. oberhalb der Ebenen der Heizfläche (Unter- bzw. Oberkante Heizrohr) eingehalten werden. Es wird empfohlen, die Wärmedurchlaßwiderstände $1/\Lambda$ über diese Mindestanforderungen hinaus zu erhöhen.
7) Die Zeile 4 gilt auch für Decken unter Räumen zwischen gedämmten Dachschrägen und Abseitenwänden bei ausgebauten Dachräumen.
8) Für Wärmestromverlauf von unten nach oben
9) Für Wärmestromverlauf von oben nach unten
10) Die Zeile 6 gilt auch für Decken, die unter einem belüfteten Raum liegen, der nur bekriechbar oder noch niedriger ist, sowie für Decken unter belüfteten Räumen zwischen Dachschrägen und Abseitenwänden bei ausgebauten Dachräumen (bezüglich der erforderlichen Belüftung siehe DIN 4108 Teil 3.
11) Die Zeile 7 gilt auch für Decken, die Aufenthaltsräume gegen abgeschlossene, unbeheizte Hausflure o. ä. abschließen.
12) Die Zeile 8.1 gilt auch für Decken, die Aufenthaltsräume gegen Garagen (auch beheizte), Durchfahrten (auch verschließbare) und belüftete Kriechkeller abgrenzen.
13) Siehe auch DIN 18 530 (Vornorm).
14) Zum Beispiel Dächer und Decken unter Terrassen.

„Berechnung der Kühllast klimatisierter Räume (VDI-Kühllastregeln)". Zwischen den Kennwerten g und b besteht näherungsweise die Beziehung $g = 0,87 \, b$.

4.3.4 Natürliche Lüftung

Das sommerliche Raumklima wird durch eine länger andauernde Lüftung der Räume insbesondere während der Nacht- oder frühen Morgenstunden verbessert.
Entsprechende Voraussetzungen (z. B. öffenbare Fenster, einfache Lüftungseinrichtungen) sind daher vorzusehen.

4.3.5 Wärmespeicherfähigkeit der Bauteile

Die Erwärmung der Räume eines Gebäudes infolge Sonneneinstrahlung und interner Wärmequellen (z. B. Beleuchtung, Personen) ist um so geringer, je speicherfähiger (schwerer) die Bauteile, insbesondere die Innenbauteile, sind.
Wenn die Bauteile mit wärmedämmenden Schichten auf der Raumseite abgedeckt werden, wird die Wirksamkeit der Wärmespeicherfähigkeit verringert oder aufgehoben.

4.3.6 Wärmeleiteigenschaften der nichttransparenten Außenbauteile bei instationären Randbedingungen

Um ungünstige Einflüsse aus der Wärmeleitung der nichttransparenten Außenbauteile bei instationären Randbedingungen zu vermeiden, muß für diese Bauteile eine ausreichende Wärmedämmung vorgesehen und gegebenenfalls eine sachgerechte Schichtenfolge gewählt werden. Außenliegende Wärmedämmschichten und innenliegende speicherfähige Schichten wirken sich in der Regel günstig aus.

5 Anforderungen an den Wärmeschutz im Winter; Anforderungen an den Mindestwärmeschutz von Einzelbauteilen

5.1 Mindestwerte der Wärmedurchlaßwiderstände $1/\Lambda$ und Maximalwerte der Wärmedurchgangskoeffizienten k nichttransparenter Bauteile

Die Mindestanforderungen, die bei Räumen nach Abschnitt 1 an Einzelbauteile gestellt werden, sind in Tabelle 1 angegeben.
Zusätzliche Anforderungen für Außenwände, Decken unter nicht ausgebauten Dachräumen und Dächer mit einer flächenbezogenen Gesamtmasse unter 300 kg/m² (leichte Bauteile) enthält Tabelle 2. Diese Anforderungen gelten nicht für den Bereich von Wärmebrücken. Sie gelten bei Holzbauteilen (z. B. Tafelbauart) für den Gefachbereich.
Die Anforderungen nach Tabelle 2 gelten auch als erfüllt, wenn im Gefachbereich des Bauteils der Wärmedurchlaßwiderstand $\geq 1,75 \, m^2 \cdot K/W$ bzw. der Wärmedurchgangskoeffizient $\leq 0,52 \, W/(m^2 \cdot K)$ (Bauteile mit nicht hinterlüfteter Außenhaut) oder $\leq 0,51 \, W/(m^2 \cdot K)$ (Bauteile mit hinterlüfteter Außenhaut) beträgt.
Nichttransparente Ausfachungen von Fensterwänden, die weniger als 50 % der gesamten Ausfachung betragen, müssen mindestens die Anforderungen der Tabelle 1 erfüllen; andernfalls gelten die Anforderungen der Tabelle 2.
Die Rahmen mit nichttransparenten Ausfachungen müssen mindestens der Rahmenmaterialgruppe 2.2 nach DIN 4108 Teil 4, Ausgabe August 1981, Tabelle 3 entsprechen. Hierbei ist DIN 4108 Teil 5, Ausgabe August 1981, Abschnitt 3.3 zu beachten.
Berechnungsbeispiele für die Anwendung von Tabelle 2 sind in Abschnitt 5.3 aufgeführt.

[2]) Anforderungen an Rohrleitungen von Heizungs- und Brauchwasseranlagen in Außenbauteilen werden nach der Heizungsanlagen-Verordnung (HeizAnlV) gestellt.

Tabelle 2. **Mindestwerte der Wärmedurchlaßwiderstände $1/\Lambda$ und Maximalwerte der Wärmedurchgangskoeffizienten k für Außenwände, Decken unter nicht ausgebauten Dachräumen und Dächer mit einer flächenbezogenen Gesamtmasse unter 300 kg/m² (leichte Bauteile)**

Flächenbezogene Masse der raumseitigen Bauteilschichten [1])[2]) kg/m²	Wärmedurchlaßwiderstand des Bauteils $1/\Lambda$ [1])[2]) m² · K/W	Wärmedurchgangskoeffizient des Bauteils k [1])[2]) W/(m² · K)	
		Bauteile mit nicht hinterlüfteter Außenhaut	Bauteile mit hinterlüfteter Außenhaut
0	1,75	0,52	0,51
20	1,40	0,64	0,62
50	1,10	0,79	0,76
100	0,80	1,03	0,99
150	0,65	1,22	1,16
200	0,60	1,30	1,23
300	0,55	1,39	1,32

[1]) Als flächenbezogene Masse sind in Rechnung zu stellen:
— bei Bauteilen mit Dämmschicht die Masse derjenigen Schichten, die zwischen der raumseitigen Bauteiloberfläche und der Dämmschicht angeordnet sind. Als Dämmschicht gilt hier eine Schicht mit $\lambda_R \leq 0,1 \, W/(m \cdot K)$ und $1/\Lambda \geq 0,25 \, m^2 \cdot K/W$ (vergleiche auch Beispiel A in Abschnitt 5.3),
— bei Bauteilen ohne Dämmschicht (z. B. Mauerwerk) die Gesamtmasse des Bauteils.

Werden die Anforderungen nach Tabelle 2 bereits von einer oder mehreren Schichten des Bauteils — und zwar unabhängig von ihrer Lage — z. B. bei Vernachlässigung der Masse und des Wärmedurchlaßwiderstandes einer Dämmschicht) erfüllt, so braucht kein weiterer Nachweis geführt zu werden (vergleiche auch Beispiel B in Abschnitt 5.3).
Holz und Holzwerkstoffe dürfen näherungsweise mit dem 2fachen Wert ihrer Masse in Rechnung gestellt werden.

[2]) Zwischenwerte dürfen geradlinig interpoliert werden.

5.2 Erläuterungen zu Tabelle 1
5.2.1 Wände

Der Mindestwärmeschutz muß an jeder Stelle vorhanden sein. Hierzu gehören u. a. auch Nischen unter Fenstern, Fensterbrüstungen von Fensterelementen, Fensterstürze, Rollkästen einschließlich Rollkastendeckel, Wandbereiche auf der Außenseite von Heizkörpern und Rohrkanäle insbesondere für ausnahmsweise in Außenwänden angeordnete wasserführende Leitungen.
Wenn Heizungs- und Warmwasserrohre in Außenwänden angeordnet werden, ist auf der raumabgewandten Seite der Rohre eine erhöhte Wärmedämmung gegenüber den Werten nach Tabelle 1, Zeile 1, in der Regel erforderlich [2]) (siehe auch Abschnitt 4.2.1.7).

5.2.2 Außenschale bei belüfteten Bauteilen

Der Wärmedurchlaßwiderstand der Außenschale und der Luftschicht von belüfteten Bauteilen (Querschnitt der Zu-

und Abluftöffnung siehe DIN 4108 Teil 3) wird bei der Berechnung der vorhandenen Wärmedämmung nicht in Ansatz gebracht.

Wegen der Berücksichtigung der Wärmedämmung der belüfteten Luftschicht von mehrschaligem Mauerwerk nach DIN 1053 Teil 1 siehe DIN 4108 Teil 4. Hierbei darf die Wärmedämmung der Luftschicht und der Außenschale mitgerechnet werden.

5.2.3 Fußböden (zu Tabelle 1, Zeilen 4, 5, 7 und 8.1)
Ein befriedigender Schutz gegen Wärmeableitung [3]) (ausreichende Fußwärme) soll sichergestellt werden.

5.2.4 Berechnung des Wärmedurchlaßwiderstandes bei Bauteilen mit Abdichtungen
Bei der Berechnung des Wärmedurchlaßwiderstandes $1/\Lambda$ werden nur die Schichten innenseits der Bauwerksabdichtung bzw. der Dachhaut berücksichtigt.

5.2.5 Nicht ausgebaute Dachräume
Bei Gebäuden mit nicht ausgebauten Dachräumen, bei denen die oberste Geschoßdecke mindestens einen Wärmeschutz nach Tabelle 1, Zeile 6, oder nach Tabelle 2 erhält, ist zur Erfüllung der Mindestanforderungen ein Wärmeschutz der Dächer nicht erforderlich.

5.2.6 Berechnung des Wärmedurchgangswiderstandes $1/k$ bzw. Wärmedurchlaßwiderstandes $1/\Lambda$ des Rippenbereichs neben belüfteten Gefachbereichen
Bei Querschnitten mit belüfteten Gefachbereichen sind für die Berechnung von $1/k$ bzw. $1/\Lambda$ im Rippenbereich die in Bild 1 in Abhängigkeit von der Anordnung der Dämmschicht eingetragenen Bereiche zu berücksichtigen (siehe auch DIN 4108 Teil 4, Ausgabe August 1981, Tabelle 5, Zeilen 2 und 6 mit Fußnote 5).

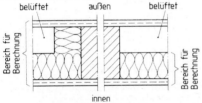

Bild 1. Berechnung des Rippenbereichs neben belüfteten Gefachbereichen

5.3 Erläuterungen zu Tabelle 2 (Beispiele für die Anwendung der Tabelle 2 [4])
Beispiel A: Wand in Holztafelbauart

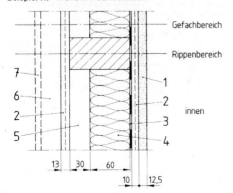

1 Gipskarton-Bauplatte,
   $\varrho = 900\,\text{kg/m}^3$,
   $\lambda_R = 0{,}21\,\text{W/(m}\cdot\text{K)}$
2 Spanplatte,
   $\varrho = 700\,\text{kg/m}^3$,
   $\lambda_R = 0{,}13\,\text{W/(m}\cdot\text{K)}$
3 Dampfsperre (wird nicht berücksichtigt)
4 Mineralischer Faserdämmstoff, $\lambda_R = 0{,}040\,\text{W/(m}\cdot\text{K)}$
5 Stehende Luft, $1/\Lambda = 0{,}17\,\text{m}^2\cdot\text{K/W}$
6 Belüfteter Hohlraum
7 Wetterschutz (Bekleidung)

Bild 2. Wand in Holztafelbauart

Flächenbezogene Masse der raumseitigen Bauteilschichten 1 und 2:

$0{,}0125 \cdot 900 + 0{,}01 \cdot 700 \cdot 2 = 25\,\text{kg/m}^2$

Erforderlicher Wärmedurchlaßwiderstand im Gefachbereich (aus Tabelle 2 durch Interpolation):

erf $1/\Lambda = 1{,}35\,\text{m}^2\cdot\text{K/W}$

Vorhandener Wärmedurchlaßwiderstand im Gefachbereich:

vorh $1/\Lambda = 0{,}0125/0{,}21 + 0{,}01/0{,}13 + 0{,}06/0{,}040$
$+ 0{,}17 + 0{,}013/0{,}13$
$= 1{,}91\,\text{m}^2\cdot\text{K/W} >$ erf $1/\Lambda$

Ergebnis:
Die Anforderungen der Tabelle 2 sind eingehalten.

Beispiel B: Leichtbeton mit zusätzlicher Innendämmung

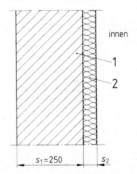

1 Leichtbeton (siehe DIN 4108 Teil 4, Ausgabe August 1981, Tabelle 1, Zeile 2.4.2.1),
   $\varrho = 600\,\text{kg/m}^3$,
   $\lambda_R = 0{,}18\,\text{W/(m}\cdot\text{K)}$
2 Raumseitige Dämmschicht

Bild 3. Wand aus Leichtbeton mit zusätzlicher Innendämmung

---

[3]) Siehe hierzu auch DIN 52614
[4]) Weitere Anwendungsbeispiele siehe z. B. G. Hauser, K. Gertis: „Der sommerliche Wärmeschutz von Gebäuden (Normungsvorschlag)" Ki Klima + Kälte-Ingenieur, Heft 2/80, Seite 71–82

Es wird zunächst geprüft, ob die Anforderung nach Tabelle 2 bereits von der außenliegenden Schicht 1 erfüllt wird:

Flächenbezogene Masse der Schicht 1:

$0{,}25 \cdot 600 = 150 \, \text{kg/m}^2$

Erforderlicher Wärmedurchlaßwiderstand für Schicht 1 (aus Tabelle 2):

$\text{erf} \, 1/\Lambda_1 = 0{,}65 \, \text{m}^2 \cdot \text{K/W}$

Vorhandener Wärmedurchlaßwiderstand der Schicht 1:

$\text{vorh} \, 1/\Lambda_1 = 0{,}25/0{,}18 = 1{,}39 \, \text{m}^2 \cdot \text{K/W} > \text{erf} \, 1/\Lambda_1$

Ergebnis:
Die Anforderungen der Tabelle 2 werden bereits durch die Schicht 1 allein erfüllt. Ein Nachweis für das gesamte Bauteil braucht also nicht mehr geführt zu werden (vgl. Tabelle 2, Fußnote 1).

5.4 Wärmebrücken

Für den Bereich der Wärmebrücken sind die Anforderungen der Tabelle 1 einzuhalten, wobei teilweise für die „ungünstigste Stelle" geringere Anforderungen angegeben werden [5]).

Ecken von Außenbauteilen mit gleichartigem Aufbau sind nicht als Wärmebrücken zu behandeln. Bei anderen Ecken von Außenbauteilen ist der Wärmeschutz durch konstruktive Maßnahmen zu verbessern [6]).

Für übliche Verbindungsmittel, wie z. B. Nägel, Schrauben, Drahtanker, sowie für Mörtelfugen von Mauerwerk nach DIN 1053 braucht kein Nachweis der Wärmebrückenwirkung geführt zu werden.

5.5 Fenster, Fenstertüren und Außentüren

Außenliegende Fenster und Fenstertüren von beheizten Räumen sind mindestens mit Isolier- oder Doppelverglasung auszuführen.

Anmerkung: Anforderungen an den Wärmedurchgangskoeffizienten von Fenstern, Fenstertüren und außenliegenden Türen sind in der Wärmeschutzverordnung geregelt.

6 Wärmeschutz im Winter; Energiesparender Wärmeschutz von Gebäuden

6.1 Begrenzung der Transmissionswärmeverluste

6.1.1 Um Energie zu sparen, kann der Transmissionswärmeverlust $\dot{Q}_T$ der wärmeübertragenden Umfassungsfläche A eines Gebäudes wie folgt begrenzt werden:

$$\dot{Q}_T = A \cdot k_m \cdot \Delta \vartheta \qquad (3)$$

Hierbei bedeutet $\Delta \vartheta$ die mittlere Temperaturdifferenz zwischen Innen- und Außenluft.

Die Transmissionswärmeverluste sind gemäß Gleichung (3) den mittleren Wärmedurchgangskoeffizienten k_m verhältnisgleich. Daher werden für einen energiesparenden Wärmeschutz Anforderungen an die Größe des mittleren Wärmedurchgangskoeffizienten k_m in Abhängigkeit vom Verhältnis der wärmeübertragenden Umfassungsfläche (A) zu dem von dieser Fläche umschlossenen Volumen (V) gestellt [7]).

Der Bereich eines erhöhten Wärmeschutzes wird durch die Kurve der maximalen mittleren Wärmedurchgangskoeffizienten $k_{m,\text{max}}$ (A/V) nach oben abgegrenzt (siehe Bild 4).

6.1.2 Die Begrenzung der Transmissionswärmeverluste kann auch über Anforderungen (z. B. Wärmedurchgangskoeffizienten) an einzelne Bauteile oder Bauteilkombinationen erfolgen [8]).

6.2 Begrenzung der Wärmeverluste infolge Undichtheiten

6.2.1 Außenbauteile

6.2.1.1 Bei Fugen in der wärmeübertragenden Umfassungsfläche des Gebäudes, insbesondere auch bei durchgehenden Fugen zwischen Fertigteilen oder zwischen Ausfachungen und dem Tragwerk, ist dafür Sorge zu tragen, daß diese Fugen entsprechend dem Stand der Technik dauerhaft und luftundurchlässig abgedichtet sind (siehe auch DIN 18540 Teil 1 bis Teil 3).

Aus einzelnen Teilen zusammengesetzte Bauteile oder Bauteilschichten (z. B. Holzschalungen) müssen im allgemeinen zusätzlich abgedichtet werden.

6.2.1.2 Der Eindichtung der Fenster in die Außenwand ist besondere Aufmerksamkeit zu schenken. Die Fugen müssen entsprechend dem Stand der Technik dauerhaft und luftundurchlässig abgedichtet sein.

6.2.2 Fenster, Fenstertüren und Außentüren

Die Lüftungswärmeverluste infolge Fugendurchlässigkeit zwischen Flügeln und Rahmen bei Fenstern, Fenstertüren und Außentüren können durch Anforderungen an den Fugendurchlaßkoeffizienten a nach DIN 18055 (z. Z. noch Entwurf) begrenzt werden [9]).

Anmerkung: Anforderungen an den Fugendurchlaßkoeffizienten a werden in der Wärmeschutzverordnung gestellt.

7 Empfehlungen für den Wärmeschutz im Sommer (Gebäude, für die raumlufttechnische Anlagen nicht erforderlich sind)

Für den Wärmeschutz im Sommer von Gebäuden ohne raumlufttechnische Anlagen wird empfohlen, die in Tabelle 3 angegebenen Werte einzuhalten [10]).

---

[5]) Zur Berechnung von Wärmebrücken vergleiche auch DIN 4108 Teil 5.

[6]) Geeignete konstruktive Maßnahmen zur Minderung von Wärmebrückeneinwirkungen sollen in gesonderten Veröffentlichungen erläutert werden.

[7]) Siehe Anmerkung über die Wärmeschutzverordnung in Abschnitt 1.

[8]) Vergleiche auch bauteilbezogene Anforderungen nach der Wärmeschutzverordnung.

[9]) Bezüglich der Konstruktionsmerkmale sowie des Nachweises der Fugendurchlaßkoeffizienten a von Fenstern und Fenstertüren siehe DIN 4108 Teil 4.

[10]) Durch diese Empfehlung soll verhindert werden, daß bei einer Folge heißer Sommertage die Innentemperaturen in einzelnen Räumen über die Außentemperaturen ansteigen.

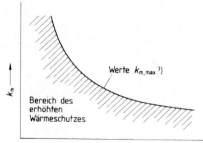

Bild 4. Qualitativer Verlauf des maximalen mittleren Wärmedurchgangskoeffizienten $k_{m,\text{max}}$ in Abhängigkeit vom Wert Umfassungsfläche/Volumen (A/V) des Bauwerkes (Bereichsgrenze)

DIN 4108 Teil 2 Seite 9

Tabelle 3. Empfohlene Höchstwerte ($g_F \cdot f$) in Abhängigkeit von den natürlichen Lüftungsmöglichkeiten und der Innenbauart

Spalte	1	2	3
Zeile	Innenbauart	Empfohlene Höchstwerte ($g_F \cdot f$) [1]	
		Erhöhte natürliche Belüftung nicht vorhanden [2]	Erhöhte natürliche Belüftung vorhanden [3]
1	leicht [4]	0,12	0,17
2	schwer [4]	0,14	0,25

Hierin bedeuten:
g_F Gesamtenergiedurchlaßgrad gemäß Gleichung (4)
f Fensterflächenanteil, bezogen auf die Fenster enthaltende Außenwandfläche (lichte Rohbaumaße):

$$f = \frac{A_F}{A_W + A_F}$$

Bei Dachfenstern ist der Fensterflächenanteil auf die direkt besonnte Dach- bzw. Dachdeckenfläche zu beziehen. Fußnote 1 ist nicht anzuwenden.
In den Höchstwerten ($g_F \cdot f$) ist der Rahmenanteil an der Fensterfläche mit 30 % berücksichtigt.

[1] Bei nach Norden orientierten Räumen oder solchen, bei denen eine ganztägige Beschattung (z. B. durch Verbauung) vorliegt, dürfen die angegebenen ($g_F \cdot f$)-Werte um 0,25 erhöht werden.
Als Nord-Orientierung gilt ein Winkelbereich, der bis zu etwa 22,5° von der Nord-Richtung abweicht.

[2] Fenster werden nachts oder in den frühen Morgenstunden nie geöffnet (z. B. häufig bei Bürogebäuden und Schulen).

[3] Erhöhte natürliche Belüftung (mindestens etwa 2 Stunden), insbesondere während der Nacht- oder in den frühen Morgenstunden. Dies ist bei zu öffnenden Fenstern in der Regel gegeben (z. B. bei Wohngebäuden).

[4] Zur Unterscheidung in leichte und schwere Innenbauart wird raumweise der Quotient aus der Masse der raumumschließenden Innenbauteile sowie gegebenenfalls anderer Innenbauteile und der Außenwandfläche ($A_W + A_I$), die die Fenster enthält, ermittelt.
Für einen Quotienten > 600 kg/m² liegt eine schwere Innenbauart vor. Für die Holzbauweise ergibt sich in der Regel leichte Innenbauart.
Die Massen der Innenbauteile werden wie folgt berücksichtigt:
— Bei Innenbauteilen ohne Wärmedämmschicht wird die Masse zur Hälfte angerechnet.
— Bei Innenbauteilen mit Wärmedämmschicht darf die Masse derjenigen Schichten angerechnet werden, die zwischen der raumseitigen Bauteiloberfläche und der Dämmschicht angeordnet sind, jedoch höchstens die Hälfte der Gesamtmasse. Als Dämmschicht gilt hier eine Schicht mit $\lambda_R \leq 0,1$ W/(m · K) und $1/\Lambda \geq 0,25$ m² · K/W.
— Bei Innenbauteilen mit Holz oder Holzwerkstoffen dürfen die Schichten aus Holz oder Holzwerkstoffen näherungsweise mit dem 2fachen Wert ihrer Masse angesetzt werden.

Tabelle 4. Gesamtenergiedurchlaßgrade g von Verglasungen

Zeile	Verglasung	g
1.1	Doppelverglasung aus Klarglas	0,8
1.2	Dreifachverglasung aus Klarglas	0,7
2	Glasbausteine	0,6
3	Mehrfachverglasung mit Sondergläsern (Wärmeschutzglas, Sonnenschutzglas) [1]	0,2 bis 0,8

[1] Die Gesamtenergiedurchlaßgrade g von Sondergläsern können aufgrund von Einfärbung bzw. Oberflächenbehandlung der Glasscheiben sehr unterschiedlich sein. Im Einzelfall ist der Nachweis gemäß DIN 67 507 zu führen.
Ohne Nachweis darf nur der ungünstigere Grenzwert angewendet werden.

Tabelle 5. Abminderungsfaktoren z von Sonnenschutzvorrichtungen [1] in Verbindung mit Verglasungen

Zeile	Sonnenschutzvorrichtung	z
1	fehlende Sonnenschutzvorrichtung	1,0
2	innenliegend und zwischen den Scheiben liegend	
2.1	Gewebe bzw. Folien [2]	0,4 bis 0,7
2.2	Jalousien	0,5
3	außenliegend	
3.1	Jalousien, drehbare Lamellen, hinterlüftet	0,25
3.2	Jalousien, Rolläden, Fensterläden, feststehende oder drehbare Lamellen	0,3
3.3	Vordächer, Loggien [3]	0,3
3.4	Markisen, oben und seitlich ventiliert [3]	0,4
3.5	Markisen, allgemein [3]	0,5

[1] Die Sonnenschutzvorrichtung muß fest installiert sein (z. B. Lamellenstores). Übliche dekorative Vorhänge gelten nicht als Sonnenschutzvorrichtung.

[2] Die Abminderungsfaktoren z können aufgrund der Gewebestruktur, der Farbe und der Reflexionseigenschaften sehr unterschiedlich sein. Im Einzelfall ist der Nachweis in Anlehnung an DIN 67 507 zu führen. Ohne Nachweis darf nur der ungünstigere Grenzwert angewendet werden.

[3] siehe Seite 10

425

Tabelle 5. (Fortsetzung)

[3]) Dabei muß näherungsweise sichergestellt sein, daß keine direkte Besonnung des Fensters erfolgt. Dies ist der Fall, wenn
- bei Südorientierung der Abdeckwinkel $\beta \geq 50°$ ist
- bei Ost- und Westorientierung entweder der Abdeckwinkel $\beta \geq 85°$ oder $\gamma \geq 115°$ ist.

Zu den jeweiligen Orientierungen gehören Winkelbereiche von $\pm 22,5°$. Bei Zwischenorientierungen ist der Abdeckwinkel $\beta \geq 80°$ erforderlich.

Vertikalschnitt durch Fassade

Süd

Horizontalschnitt durch Fassade

West — Ost

Durch Einhaltung der Anforderungen nach Abschnitt 5.1, Tabellen 1 und 2, wird ein ausreichender sommerlicher Wärmeschutz der nichttransparenten Bauteile erreicht.

Für die transparenten Bauteile werden in Tabelle 3 in Abhängigkeit von der Innenbauart, den Lüftungsmöglichkeiten im Sommer sowie der Gebäude- oder Raumorientierung raumweise Werte, die nicht überschritten werden sollen, für das Produkt aus Gesamtenergiedurchlaßgrad g_F und Fensterflächenanteil f empfohlen.

Für die näherungsweise Ermittlung des Gesamtenergiedurchlaßgrades g_F [11]) in Abhängigkeit von der Verglasung und zusätzlichen Sonnenschutzvorrichtungen gilt:

$$g_F = g \cdot z \qquad (4)$$

[11]) Siehe auch Abschnitt 4.3.3.

Hierin bedeuten:
g Gesamtenergiedurchlaßgrad der Verglasung nach DIN 67 507
z Abminderungsfaktor für Sonnenschutzvorrichtungen; bei mehreren, hintereinandergeschalteten Sonnenschutzvorrichtungen das Produkt aus den einzelnen Abminderungsfaktoren $(z_1 \cdot z_2 \cdot \ldots \cdot z_n)$

Die Werte für g können aus Tabelle 4 und für z aus Tabelle 5 entnommen werden.

Für Räume mit natürlicher Belüftung nach Tabelle 3, Spalte 3, kann für schwere Innenbauart (Tabelle 3, Zeile 2) bei einem Fensterflächenanteil $f \leq 0,31$ oder einem Gesamtenergiedurchlaßgrad $g_F \leq 0,36$ und für leichte Innenbauart (Tabelle 3, Zeile 1) bei $f \leq 0,21$ oder $g_F \leq 0,24$ auf die Ermittlung verzichtet werden.

Weitere Normen

DIN 5034 Teil 1 (z. Z. noch Entwurf) Tageslicht in Innenräumen; Leitsätze
DIN 18 530 (Vornorm) Massive Deckenkonstruktionen für Dächer; Richtlinien für Planung und Ausführung
DIN 18 540 Teil 1 Abdichten von Außenwandfugen im Hochbau mit Fugendichtungsmassen; Konstruktive Ausbildung der Fugen
DIN 18 540 Teil 2 Abdichten von Außenwandfugen im Hochbau mit Fugendichtungsmassen; Fugendichtungsmassen, Anforderungen und Prüfung
DIN 18 540 Teil 3 Abdichten von Außenwandfugen im Hochbau mit Fugendichtungsmassen; Baustoffe, Verarbeiten von Fugendichtungsmassen
DIN 52 614 Wärmeschutztechnische Prüfungen; Bestimmung der Wärmeableitung von Fußböden

Erläuterungen

Diese Norm ist zusammen mit DIN 4108 Teil 1 bis Teil 3 und Teil 5 Ersatz für die Norm DIN 4108 „Wärmeschutz im Hochbau", Ausgabe August 1969, die einer vollständigen Überarbeitung unterzogen wurde. Hierbei fanden auch Berücksichtigung: „Ergänzende Bestimmungen zu DIN 4108", Wärmeschutz im Hochbau (Ausgabe August 1969), Fassung Oktober 1974, DIN 4108 Beiblatt Wärmeschutz im Hochbau; Erläuterungen und Beispiele für einen erhöhten Wärmeschutz, Ausgabe November 1975
sowie verschiedene, von den Baubehörden bekanntgegebene Ergänzungserlasse.

Durch die neue Aufgliederung in fünf Teile, die auch aufgrund des wesentlich erweiterten Inhalts der Norm zweckmäßig geworden war, wird es zukünftig vor allem ermöglicht, daß einzelne, abgegrenzte Sachgebiete des Wärmeschutzes, wie z. B. die wärme- und feuchteschutztechnischen Kennwerte, von Fall zu Fall dem neuesten Stand der Technik angepaßt werden können, ohne jedesmal eine aufwendige Neuausgabe der gesamten Norm vornehmen zu müssen.

Betreff: DIN 4108 Teil 2, August 1981
„Wärmeschutz im Hochbau; Wärmedämmung und Wärmespeicherung; Anforderungen und Hinweise für Planung und Ausführung",

DIN 4108 Teil 4, August 1981
„Wärmeschutz im Hochbau; Wärme- und feuchteschutztechnische Kennwerte".

„Es wird darauf hingewiesen, daß diese Norm nicht in Verbindung mit der Wärmeschutzverordnung in der Fassung vom 11. August 1977 angewendet werden darf.
Die Novellierung der Wärmeschutzverordnung befindet sich in der Vorbereitung; in der novellierten Fassung der Verordnung wird auf diese Norm Bezug genommen".

Entwurf November 1995

	Wärmeschutz im Hochbau Teil 2: Wärmedämmung und Wärmespeicherung Anforderungen und Hinweise für Planung und Ausführung	DIN 4108-2

Einsprüche bis 29. Feb 1996

ICS 91.120.10

Anwendungswarnvermerk
auf der letzten Seite beachten!

Thermal insulation in buidlings – Part 2: Thermal insulation and heat storage, requirements and directions for design and construction

Vorgesehen als Ersatz für
Ausgabe 1981-08

Isolation thermique dans la construction immobilière –
Partie 2: Isolation thermique et accumulation
de chaleur, exigences et directions pour le
calcul et l'exècution

Inhalt

Seite

Vorwort		3
1	Anwendungsbereich	4
2	Normative Verweisungen	4
3	Grundlagen des Wärmeschutzes	5
3.1	Allgemeines	5
3.2	Wärmeschutz im Winter	5
3.2.1	Wärmeschutztechnische Maßnahmen bei der Planung von Gebäuden	5
3.2.2	Wärmedurchlaßwiderstand und Wärmedurchgangskoeffizient der Bauteile	6
3.2.3	Tauwasserschutz und Schlagregenschutz	6
3.2.4	Luftdichtheit der Bauteile, insbesondere der Außenbauteile (Fenster, Fenstertüren und Außentüren)	6
3.3	Wärmeschutz im Sommer	7
3.3.1	Allgemeines	7
3.3.2	Wärmeschutztechnische Maßnahmen bei der Planung von Gebäuden	7
3.3.3	Energiedurchlässigkeit der transparenten Außenbauteile	7
3.3.4	Natürliche Lüftung	8
3.3.5	Wärmespeicherfähigkeit der Bauteile	8
3.3.6	Wärmeleiteigenschaften der nichttransparenten Außenbauteile bei instationären Randbedingungen	8
4	Anforderungen an den Wärmeschutz im Winter; Anforderungen an den Mindestwärmeschutz von Einzelbauteilen	8
4.1	Mindestwerte der Wärmedurchlaßwiderstände R und Maximalwerte der Wärmedurchgangskoeffizienten k [2]) nichttransparenter Bauteile	8
4.2	Erläuterungen zu Tabelle 1	12
4.2.1	Wände	12
4.2.2	Außenschale bei belüfteten Bauteilen	12
4.2.3	Fußböden (zu Tabelle 1, Zeilen 4, 5, 7 und 8.1)	12
4.2.4	Berechnung des Wärmedurchlaßwiderstandes bei Bauteilen mit Abdichtungen	12
4.2.5	Nicht ausgebaute Dachräume	12

Fortsetzung Seite 2 bis 20

Normenausschuß Bauwesen (NABau) im DIN Deutsches Institut für Normung e.V.

4.3	Erläuterungen zu Tabelle 2 (Beispiele für die Anwendung der Tabelle 2) [3]	13
4.4	Wärmebrücken	14
4.5	Fenster, Fenstertüren und Außentüren	15
5	**Wärmeschutz im Winter; Energiesparender Wärmeschutz von Gebäuden**	15
5.1	Begrenzung der Transmissionswärmeverluste	15
5.2	Begrenzung der Wärmeverluste infolge Undichtheit	16
5.2.1	Außenbauteile	16
5.2.2	Fenster, Fenstertüren und Außentüren	16
6	**Empfehlungen für den Wärmeschutz im Sommer (Gebäude, für die raumlufttechnische Anlagen nicht erforderlich sind)**	16

Anhang A (informativ)
Literaturhinweise 20

Vorwort

Die überarbeitung der Deutschen Norm DIN 4108-2 : 1981-08 erfolgt im Zusammenhang mit der Verordnung über einen energiesparenden Wärmeschutz bei Gebäuden (Wärmeschutzverordnung – Wärmeschutz V) vom 16. August 1994, die am 1. Januar 1995 in Kraft getreten ist [1].

Die Normreihe DIN 4108 besteht aus:

DIN 4108 Beiblatt 1
Wärmeschutz im Hochbau – Inhaltsverzeichnisse; Stichwortverzeichnisse

DIN 4108-1
Wärmeschutz im Hochbau – Teil 1: Größen und Einheiten

DIN 4108-2
Wärmeschutz im Hochbau – Teil 2: Wärmedämmung und Wärmespeicherung – Anforderungen und Hinweise für Planung und Ausführung

DIN 4108-3
Wärmeschutz im Hochbau – Teil 3: Klimabedingter Feuchteschutz – Anforderungen und Hinweise für Planung und Ausführung

DIN 4108-4
Wärmeschutz im Hochbau – Teil 4: Wärme- und feuchteschutztechnische Kennwerte

DIN 4108-5
Wärmeschutz im Hochbau – Teil 5: Berechnungsverfahren

DIN V 4106-6
Wärmeschutz im Hochbau – Teil 6: Berechnung des Jahresheizwärmebedarfs von Gebäuden

Der Wärmeschutz im Hochbau umfaßt insbesondere alle Maßnahmen zur Verringerung der Wärmeübertragung durch die Umfassungsflächen eines Gebäudes und durch die Trennflächen von Räumen unterschiedlicher Temperaturen.

Der Wärmeschutz hat bei Gebäuden Bedeutung für

- die Gesundheit der Bewohner durch ein hygienisches Raumklima,
- den Schutz der Baukonstruktion vor klimabedingten Feuchteeinwirkungen und deren Folgeschäden,
- einen geringeren Energieverbrauch bei der Heizung und Kühlung,
- die Herstellungs- und Bewirtschaftungskosten.

Durch Mindestanforderungen an den Wärmeschutz der Bauteile im Winter nach Abschnitt 4 in Verbindung mit DIN 4108-3 soll ein hygienisches Raumklima sowie ein dauerhafter Schutz der Baukonstruktion gegen klimabedingte Feuchteeinwirkungen gewährleistet werden. Hierbei wird vorausgesetzt, daß die Räume entsprechend ihrer Nutzung ausreichend beheizt und belüftet werden.
Durch Anforderungen an die wärmeübertragende Umfassungsfläche der Gebäude (vergleiche Wärmeschutzverordnung) soll ein geringer Energieverbrauch bei der Heizung erreicht werden. Hierbei sollte im Einzelfall geprüft werden, ob über diese Anforderungen hinausgehende Maßnahmen wirtschaftlich zweckmäßig sind.

Durch Empfehlungen für den baulichen Wärmeschutz der Bauteile im Sommer nach Abschnitt 7 soll eine zu hohe Erwärmung der Aufenthaltsräume infolge sommerlicher Wärmeeinwirkung vermieden werden.

Änderungen

Gegenüber der Ausgabe August 1981 wurden folgende Änderungen vorgenommen:

a) Berücksichtigung von Wärmedämmsystemen als Umkehrdach unter Verwendung von Polystyrol-Extruderschäumen nach DIN 18164-1

Berücksichtigung von Perimeterdämmung (außenliegende Wärmedämmung erdberührender Gebäudeflächen ohne Lastabtragung) unter Verwendung von Polystyrol-Extruderschäumen nach DIN 18164 Teil 1 oder Schaumglas nach DIN 18174

b) Redaktionelle Überarbeitung

1 Anwendungsbereich

Diese Norm legt die Anforderungen an die Wärmedämmung und Wärmespeicherung sowie wärmeschutztechnische Hinweise für die Planung und Ausführung von Aufenthaltsräumen in Hochbauten, die ihrer Bestimmung nach auf normale Innentemperaturen ($\geq$ 19 °C) beheizt werden, fest.

Nebenräume, die zu Aufenthaltsräumen gehören, werden wie Aufenthaltsräume behandelt.

Diese Norm enthält zahlenmäßige Festlegungen der Anforderungen an den Mindestwärmeschutz.

ANMERKUNG: Zahlenmäßige Festlegungen der Anforderungen an den energiesparenden Wärmeschutz sind Gegenstand der "Verordnung über einen energiesparenden Wärmeschutz bei Gebäuden (Wärmeschutzverordnung, Wärmeschutz V)" [1].

Die Wärmeschutzverordnung hat einen erweiterten Anwendungsbereich.

2 Normative Verweisungen

Diese Norm enthält durch datierte oder undatierte Verweisungen Festlegungen aus anderen Publikationen. Diese normativen Verweisungen sind an den jeweiligen Stellen im Text zitiert, und die Publikationen sind nachstehend aufgeführt. Bei datierten Verweisungen gehören spätere Änderungen oder Überarbeitungen dieser Publikationen nur zu dieser Norm, falls sie durch Änderung oder Überarbeitung eingearbeitet sind. Bei undatierten Verweisungen gilt die letzte Ausgabe der in Bezug genommenen Publikation.

DIN 1053-1
Mauerwerk – Teil 1: Rezepturmauerwerk – Berechnung und Ausführung

DIN 4108-1
Wärmeschutz im Hochbau – Teil 1: Größen und Einheiten

DIN 4108-3
Wärmeschutz im Hochbau – Teil 3: Klimabedingter Feuchteschutz – Anforderungen und Hinweise für Planung und Ausführung

DIN 4108-4
Wärmeschutz im Hochbau – Teil 4: Wärme- und feuchteschutztechnische Kennwerte

DIN 4108-5
Wärmeschutz im Hochbau – Teil 5: Berechnungsverfahren

DIN V 4108-6
Wärmeschutz im Hochbau – Teil 6: Berechnung des Jahresheizwärmebedarfs von Gebäuden

DIN 5034-1
Tageslicht in Innenräumen – Teil 1: Allgemeine Anforderungen

DIN 18055
Fenster – Fugendurchlässigkeit, Schlagregensicherheit und mechanische Beanspruchung - Anforderungen und Prüfung

DIN 18164
Schaumkunststoffe als Dämmstoffe für das Bauwesen – Dämmstoffe für die Wärmedämmung

DIN 18174
Schaumglas als Dämmstoff für das Bauwesen – Dämmstoffe für die Wärmedämmung

DIN 18530
Massive Deckenkonstruktionen für Dächer – Planung und Ausführung

DIN 18540-1
Abdichten von Außenwandfugen im Hochbau mit Fugendichtstoffen – Teil 1: Konstruktive Ausbildung der Fugen

DIN 52614
Wärmeschutztechnische Prüfungen – Bestimmung der Wärmeableitung von Fußböden

DIN 67507
Lichttransmissionsgrade, Strahlungstransmissionsgrade und Gesamtenergiedurchlaßgrade von Verglasungen

DIN EN ISO 6946-1
Bauteile – Wärmedurchlaßwiderstand und Wärmedurchgangskoeffizient – Teil 1: Berechnungsverfahren (ISO 6946-1 : 1995)

DIN EN ISO 7345
Wärmeschutz – Physikalische Größen und Definitionen

3 Grundlagen des Wärmeschutzes

3.1 Allgemeines

Der Wärmeschutz eines Raumes ist abhängig von

– dem Wärmedurchlaßwiderstand bzw. dem Wärmedurchgangskoeffizienten der umschließenden Bauteile (Wände, Decken, Fenster, Türen) und dem Anteil an der wärmeübertragenden Umfassungsfläche);

– der Anordnung der einzelnen Schichten bei mehrseitigen Bauteilen sowie der Wärmespeicherfähigkeit der Bauteile (Tauwasserbildung, sommerlicher Wärmeschutz, instationärer Heizbetrieb);

– der Energiedurchlässigkeit, Größe und Orientierung der Fenster unter Berücksichtigung von Sonnenschutzmaßnahmen;

– der Luftdurchlässigkeit von Bauteilen (Fugen, Spalten), vor allem der Umfassungsbauteile;

– der Lüftung.

3.2 Wärmeschutz im Winter

3.2.1 Wärmeschutztechnische Maßnahmen bei der Planung von Gebäuden

3.2.1.1 Der Wärmeverbrauch eines Gebäudes kann durch die Wahl seiner Lage (Verminderung des Windangriffs infolge benachbarter Bebauung, Baumpflanzungen; Orientierung der Fenster zur Ausnutzung winterlicher Sonneneinstrahlung) erheblich vermindert werden.

Bei der Gebäudeform und -gliederung ist zu beachten, daß jede Vergrößerung der Außenflächen im Verhältnis zum beheizten Gebäudevolumen den spezifischen Wärmeverbrauch eines Hauses erhöht; daher haben z. B. stark gegliederte Baukörper einen vergleichsweise höheren Wärmeverbrauch als nicht gegliederte. Doppelhäuser und Reihenhäuser weisen je Hauseinheit bei gleicher Größe und Ausführung einen geringeren Wärmeverbrauch als freistehende Einzelhäuser auf.

3.2.1.2 Der Energieverbrauch für die Beheizung eines Gebäudes und ein hygienisches Raumklima werden erheblich von der Wärmedämmung der raumumschließenden Bauteile, insbesondere der Außenbauteile, der Luftdichtheit der äußeren Umfassungsflächen sowie von der Gebäudeform und -gliederung beeinflußt.

3.2.1.3 Auch die Anordnung der Räume zueinander beeinflußt den Heizwärmeverbrauch. Räume mit etwa gleicher Raumtemperatur sollten möglichst aneinander grenzen oder übereinander liegen. Räume, die über mehrere Geschosse reichen, sind schwer auf eine gleichmäßige Temperatur zu beheizen und können einen erhöhten Wärmeverbrauch verursachen.

3.2.1.4 Zur Verminderung des Wärmeverbrauchs ist es zweckmäßig, bei Gebäudeeingängen Windfänge vorzusehen. Sie müssen so groß sein, daß die innere Tür geschlossen werden kann, bevor die Außentür geöffnet wird.

3.2.1.5 Eine Vergrößerung der Fensterfläche kann zu einem Ansteigen des Wärmeverbrauchs führen. Bei nach Süden, auch Südosten oder Südwesten orientierten Fensterflächen können infolge Sonneneinstrahlung die Wärmeverluste erheblich vermindert oder sogar Wärmegewinne erzielt werden.

3.2.1.6 Geschlossene, möglichst dichtschließende Fensterläden und Rolläden vermindern den Wärmedurchgang durch Fenster erheblich.

3.2.1.7 Rohrleitungen für die Wasserversorgung, Wasserentsorgung und Heizung sowie Schornsteine sollten nicht in Außenwänden liegen. Bei Schornsteinen vermindert dies den Heizwärmeverbrauch und erhöht die Gefahr einer Versottung. Bei Wasser- und Heizleitungen erhöht sich die Gefahr des Einfrierens.

3.2.1.8 Bei ausgebauten Dachräumen mit Abseitenwänden sollte die Wärmedämmung der Dachschräge u. a. auch zum Schutz der Heiz- und Wasserleitungen bis zum Dachfuß hinabgeführt werden.

3.2.2 Wärmedurchlaßwiderstand und Wärmedurchgangskoeffizient der Bauteile

Die Bestimmung des Wärmedurchlaßwiderstandes und des Wärmedurchgangskoeffizienten erfolgt nach DIN EN ISO 6946-1.

3.2.3 Tauwasserschutz und Schlagregenschutz

Der Wärmeschutz darf durch Tauwasserbildung und Regeneinwirkung nicht unzulässig vermindert werden. Anforderungen sowie Beispiele für Bauteilausführungen und Maßnahmen, die diesen Anforderungen genügen, enthält DIN 4108-3.

3.2.4 Luftdichtheit der Bauteile, insbesondere der Außenbauteile (Fenster, Fenstertüren und Außentüren)

Durch undichte Anschlußfugen von Fenstern und Türen sowie durch sonstige Fugen insbesondere bei Außenbauteilen treten infolge Luftaustausches Wärmeverluste auf. Eine Abdichtung dieser Fugen ist deshalb erforderlich.

Die Fugendurchlässigkeit zwischen Flügeln und Rahmen bei Fenstern und Fenstertüren wird durch den Fugendurchlaßkoeffizienten a nach DIN 18055 gekennzeichnet.

Auf ausreichenden Luftwechsel ist aus Gründen der Hygiene, der Begrenzung der Luftfeuchte sowie gegebenenfalls der Zuführung von Verbrennungsluft [1] zu achten.

---

[1] Die entsprechenden bauaufsichtlichen Vorschriften (z. B. Feuerstättenverordnung) sind zu beachten.

3.3 Wärmeschutz im Sommer

3.3.1 Allgemeines

Bei Gebäuden mit Wohnung oder Einzelbüros und Gebäuden mit vergleichbaren Nutzungen sind im Regelfall raumlufttechnische Anlagen bei ausreichenden baulichen und planerischen Maßnahmen entbehrlich. Nur in besonderen Fällen (z. B. große interne Wärmequellen, große Menschenansammlungen, insbesondere Nutzungen) können raumlufttechnische Anlagen notwendig sein.

3.3.2 Wärmeschutztechnische Maßnahmen bei der Planung von Gebäuden

Der sommerliche Wärmeschutz ist abhängig von der Energiedurchlässigkeit der transparenten Außenbauteile (Fenster und feste Verglasungen einschließlich des Sonnenschutzes), ihrem Anteil an der Fläche der Außenbauteile, ihrer Orientierung nach der Himmelsrichtung, ihrer Neigung bei Fenstern in Dachflächen, der Lüftung in den Räumen, der Wärmespeicherfähigkeit insbesondere der innenliegenden Bauteile sowie von den Wärmeleiteigenschaften der nichttransparenten Außenbauteile bei instationären Randbedingungen (tageszeitlicher Temperaturgang und Sonnenbestrahlung).

3.3.2.1 Große Fensterflächen ohne Sonnenschutzmaßnahmen und zu geringe Anteile insbesondere innenliegender wärmespeichernder Bauteile können eine zu hohe Erwärmung der Räume und Gebäude zur Folge haben.

Eine dunkle Farbgebung der Außenbauteile kann zu höheren Temperaturen an der Außenoberfläche als eine helle führen.

3.3.2.2 Ein wirksamer Sonnenschutz der transparenten Außenbauteile kann durch die bauliche Gestaltung (z. B. auskragende Dächer, Balkone) oder mit Hilfe außen- oder innenliegender Sonnenschutzvorrichtungen (z. B. Fensterläden, Rolläden, Jalousien, Markisen) und Sonnenschutzgläsern erreicht werden. Automatisch bediente Sonnenschutzvorrichtungen können sich besonders günstig auswirken.

Im Abhängigkeit von der Sonnenschutzmaßnahme ist aber darauf zu achten, daß die Innenraumbeleuchtung mit Tageslicht nicht unzulässig herabgesetzt wird (siehe auch DIN 5034-1).

Bei der Orientierung der transparenten Außenbauteile zur Himmelsrichtung ist eine Süd- oder Nord-Orientierung der Gebäudefassaden mit Fenstern günstiger als eine Ost- bzw. West-Lage.

Eckräume mit nach zwei oder mehr Richtungen orientierten Fensterflächen, insbesondere Südost- oder Südwest-Orientierungen, sind im allgemeinen ungünstiger als mit einseitig orientierten Fensterflächen.

3.3.3 Energiedurchlässigkeit der transparenten Außenbauteile

Die Energiedurchlässigkeit der transparenten Außenbauteile wird von der Glasart und zusätzlichen Sonnenschutzmaßnahmen bestimmt. Sie wird durch den Gesamtenergiedurchlaßgrad g_F aus Verglasung einschließlich gegebenenfalls vorhandener Sonnenschutzvorrichtungen gekennzeichnet.

Der Gesamtenergiedurchlaßgrad g_F beschreibt denjenigen Anteil der Sonnenenergie, der - bezogen auf die Außenstrahlung - unter vorgegebenen Randbedingungen nach DIN 67507 - durch das transparente Bauteil unter Berücksichtigung des Sonnenschutzes in den Raum gelangt (siehe Abschnitt 6).

> ANMERKUNG: Bezieht man die durch das Fenster dem Raum zugeführte Energie auf die Verhältnisse bei einem einfach verglasten Fenster mit 3 mm Glasdicke, dann erhält man den Durchlaßfaktor b (siehe VDI-Richtlinie 2078 [2]).

Zwischen den Kennwerten g und b besteht näherungsweise die Beziehung $g = 0,87\ b$.

3.3.4 Natürliche Lüftung

3.3.4 Natürliche Lüftung

Das sommerliche Raumklima wird durch eine länger andauerende Lüftung der Räume insbesondere während der Nacht- oder frühen Morgenstunden verbessert.

Entsprechende Voraussetzungen (z. B. öffenbare Fenster, einfache Lüftungseinrichtungen) sind daher vorzusehen.

3.3.5 Wärmespeicherfähigkeit der Bauteile

Die Erwärmung der Räume eines Gebäudes infolge Sonneneinstrahlung und interner Wärmequellen (z. B. Beleuchtung, Personen) ist um so geringer, je speicherfähiger (schwerer) die Bauteile, insbesondere die Innenbauteile, sind.

Wenn die Bauteile mit wärmedämmenden Schichten auf der Raumseite abgedeckt werden, wird die Wirksamkeit der Wärmespeicherfähigkeit verringert oder aufgehoben.

3.3.6 Wärmeleiteigenschaften der nichttransparenten Außenbauteile bei instationären Randbedingungen

Um ungünstige Einflüsse aus der Wärmeleitung der nichttransparenten Außenbauteile bei instationären Randbedingungen zu vermeiden, muß für diese Bauteile eine ausreichende Wärmedämmung vorgesehen und gegebenenfalls eine sachgerechte Schichtenfolge gewählt werden. Außenliegende Wärmedämmschichten und innenliegende speicherfähige Schichten wirken sich in der Regel günstig aus.

4 Anforderungen an den Wärmeschutz im Winter; Anforderungen an den Mindestwärmeschutz von Einzelbauteilen

4.1 Mindestwerte der Wärmedurchlaßwiderstände R und Maximalwerte der Wärmedurchgangskoeffizienten k [2]) nichttransparenter Bauteile

Die Mindestanforderungen, die bei Räumen nach Abschnitt 1 an Einzelbauteile gestellt werden, sind in Tabelle 1 angegeben.

---

[2]) k nach dieser Norm entspricht U nach E DIN EN 27345.

Seite 9
E DIN 4108-2 : 1995

Tabelle 1: Mindestwerte der Wärmedurchlaßwiderstände R und Maximalwerte der Wärmedurchgangskoeffizienten k von Bauteilen (mit Ausnahme leichter Bauteile nach Tabelle 2)

Spalte		1	2		3	
			Wärmedurchlaßwiderstand R		Wärmedurchgangskoeffizient k	
						an der ungünstigsten Stelle
Zeile		Bauteile	im Mittel	an der ungünstigsten Stelle	im Mittel	
			$(m^2 \cdot K)/W$		$W/(m^2 \cdot K)$	
			2.1	2.2	3.1	3.2
1	1.1	Außenwände[1]) allgemein	0,65		1,39; 1,32[2])	
	1.2	für kleinflächige Einzelbauteile (z. B. Pfeiler) bei Gebäuden mit einer Höhe des Erdgeschoßfußbodens (1. Nutzgeschoß ≤ 500 mm über NN)	0,47		1,56; 1,47[2])	
2	2.1	Wohnungstrennwände[3]) und Wände zwischen fremden Arbeitsräumen in nicht zentralbeheizten Gebäuden	0,25		1,96	
	2.2	in zentralbeheizten Gebäuden[4])	0,07		3,03	
3		Treppenraumwände[5])	0,25		1,96	
4	4.1	Wohnungstrenndecken[3]) und Decken zwischen fremden Arbeitsräumen[6])[7]) allgemein	0,35		1,64[8]); 1,45[9])	
	4.2	in zentralbeheizten Bürogebäuden[4])	0,17		2,33[8]); 1,96[9])	
5	5.1	Unter Abschluß nicht unterkellerter Aufenthaltsräume[6]) unmittelbar an das Erdreich grenzend	0,90		0,93	
	5.2	über einen nicht belüfteten Hohlraum an das Erdreich grenzend			0,81	
6		Decken unter nicht ausgebauten Dachräumen[6])[10])	0,90	0,45	0,90	1,52
7		Kellerdecken[6])[11])	0,90	0,45	0,81	1,27
8	8.1	Decken, die Aufenthalteräume gegen die Außenluft abgrenzen[6]) nach unten[12])	1,75	1,30	0,51;0,50[2])	00,66;0,6 5[2])
	8.2	nach oben[13])[14])[15])	1,10	0,80	0,79	1,03

[1]) bis [15]) siehe Seite 9

[1)] Die Zeile 1 gilt auch für Wände, die Aufenthaltsräume gegen Bodenräume, Durchfahrten, offene Hausflure, Garagen (auch beheizte) oder dergleichen abschließen oder an das Erdreich angrenzen. Zeile 1 gilt nicht für Abseitenwände, wenn die Dachschräge bis zum Dachfuß gedämmt ist (siehe 3.2.1.8):

[2)] Dieser Wert gilt für Bauteile mit hinterlüfteter Außenhaut.

[3)] Wohnungstrennwände und -trenndecken sind Bauteile, die Wohnungen voneinander oder von fremden Arbeitsräumen trennen.

[4)] Als zentralbeheizt im Sinne dieser Norm gelten Gebäude, deren Räume an eine gemeinsame Heizzentrale angeschlossen sind, von der ihnen die Wärme mittels Wasser, Dampf oder Luft unmittelbar zugeführt wird.

[5)] Die Zeile 3 gilt auch für Wände, die Aufenthaltsräume von fremden, dauernd unbeheizten Räumen trennen, wie abgeschlossenen Hausfluren, Kellerräumen, Ställen, Lagerräumen usw. Die Anforderung nach Zeile 3 gilt nur für geschlossene, eingebaute Treppenräume; sonst gilt Zeile 1.

[6)] Bei schwimmenden Estrichen ist für den rechnerischen Nachweis der Wärmedämmung die Dicke der Dämmschicht im belasteten Zustand anzusetzen. Bei Fußboden- oder Deckenheizungen müssen die Mindestanforderungen an den Wärmedurchlaßwiderstand durch die Deckenkonstruktion unter- bzw. oberhalb der Ebenen der Heizfläche (Unter- bzw. Oberkante Heizrohr) eingehalten werden, Es wird empfohlen, die Wärmedurchlaßwiderstände R [16)] über diese Mindestanforderungen hinaus zu erhöhen.

[7)] Die Zeile 4 gilt auch für Decken unter Räumen zwischen gedämmten Dachschrägen und Abseitenwänden bei ausgebauten Dachräumen.

[8)] Für Wärmestromverlauf von unten nach oben

[9)] Für Wärmestromverlauf von oben nach unten

[10)] Die Zeile 6 gilt auch für Decken, die unter einem belüfteten Raum liegen, der nur bekriechbar oder noch niedriger ist sowie für Decken unter belüfteten Räumen zwischen Dachschrägen und Abseitenwänden bei ausgebauten Dachräumen (bezüglich der erforderlichen Belüftung siehe DIN 4108-3).

[11)] Die Zeile 7 gilt auch für Decken, die Aufenthaltsräume gegen abgeschlossene, unbeheizte Hausflure o. ä. abschließen.

[12)] Die Zeile 8.1 gilt auch für Decken. Die Aufenthaltsräume gegen Garagen (auch beheizte), Durchfahrten (auch verschließbare) und belüftete Kriechkeller abgrenzen.

[13)] Siehe auch DIN 18530.

[14)] Zum Beispiel Dächer und Decken unter Terassen.

[15)] Für Umkehrdächer nach 4.2.4 ist der Mindestwert des Wärmedurchlaßwiderstandes R um 10 % zu erhöhen.

[16)] Formelzeichen nach E DIN EN 27345.

Zusätzliche Anforderungen für Außenwände, Decken unter nicht ausgebauten Dachräumen und Dächer mit einer flächenbezogenen Gesamtmasse unter 300 kg/m² (leichte Bauteile) enthält Tabelle 2. Die Anforderungen gelten nicht für den Bereich von Wärmebrücken. Sie gelten bei Holzbauteilen (z. B. Tafelbauart) für den Gefachbereich.

Die Anforderungen nach Tabelle 2 gelten auch als erfüllt, wenn im Gefachbereich des Bauteils der Wärmedurchlaßwiderstand $R \geq 1{,}75$ (m² · K)/W bzw. der Wärmedurchgangskoeffizient $k^{2)} \leq 0{,}52$ W/(m² · K) (Bauteile mit nicht hinterlüfteter Außenhaut) oder $k^{2)} \leq 0{,}51$ W/(m² · K) (Bauteile mit hinterlüfteter Außenhaut) beträgt.

Nichttransparente Ausfachungen von Fensterwänden, die weniger als 50 % der gesamten Ausfachung betragen, müssen mindestens die Anforderungen der Tabelle 1 erfüllen, anderenfalls gelten die Anforderungen der Tabelle 2.

Die Rahmen mit nichttransparenten Ausfachungen müssen mindestens der Rahmenmaterialgruppe 2.2 nach DIN 4108-4, entsprechen. Hierbei ist DIN 4108-5 zu beachten.

Berechnungsbeispiele für die Anwendung von Tabelle 2 sind in 4.3 aufgeführt.

Tabelle 2: Mindestwerte der Wärmedurchlaßwiderstände R und Maximalwerte der Wärmedurchgangskoeffizienten $k^{2)}$ für Außenwände, Decken unter nicht ausgebauten Dachräumen und Dächer mit einer flächenbezogenen Gesamtmasse unter 300 kg/m² (leichte Bauteile)

Flächenbezogene Masse der raumseitigen Bauteilschichten [1)2)] kg/m²	Wärmedurchlaßwiderstand der Bauteils R [1)2)] (m² · K)/W	Wärmedurchgangskoeffizent des Bauteils $k^{1)2)3)}$ W/(m² · K)	
		Bauteile mit nicht hinterlüfteter Außenhaut	Bauteile mit hinterlüfteter Außenhaut
0	1,75	0,52	0,51
20	1,40	0,64	0,62
50	1,10	0,79	0,76
100	0,80	1,03	0,99
150	0,65	1,22	1,16
200	0,60	1,30	1,23
300	0,55	1,39	1,32

[1)] Als flächenbezogene Masse sind in Rechnung zu stellen:

-bei Bauteilen mit Dämmschicht die Masse derjenigen Schichten, die zwischen der raumseitigen Bauteiloberfläche und der Dämmschicht angeordnet sind. Als Dämmschicht gilt hier eine Schicht mit $\lambda_R \leq 0{,}1$ W/(m · K) und $R \geq 0{,}25$ (m² · K)/W (vergleiche auch Beispiel A in 4.3),

-bei Bauteilen ohne Dämmschicht (z. B. Mauerwerk) die Gesamtmasse des Bauteils.

Werden die Anforderungen nach Tabelle 2 bereits von einer oder mehreren Schichten des Bauteils - und zwar unabhängig von ihrer Lage - (z. B. bei Vernachlässigung der Masse und des Wärmedurchlaßwiderstandes einer Dämmschicht) erfüllt, so braucht kein weiterer Nachweis geführt zu werden (vergleiche auch Beispiel B in 4.3).

Holz und Holzwerkstoffe dürfen näherungsweise mit dem 2fachen Wert ihrer Masse in die Berechnung einbezogen werden.

[2)] Zwischenwerte dürfen geradlinig interpoliert werden.

[3)] U nach E DIN EN 27345.

[2)] k nach dieser Norm entspricht U nach E DIN EN 27345.

4.2 Erläuterungen zu Tabelle 1

4.2.1 Wände

Der Mindestwärmeschutz muß an jeder Stelle vorhanden sein. Hierzu gehören u. a. auch Nischen unter Fenstern, Brüstungen von Fensterelementen, Fensterstürze, Rollkästen einschließlich Rollkastendeckel, Wandbereiche auf der Außenseite von Heizkörpern und Rohrkanäle insbesondere für ausnahmsweise in Außenwänden angeordnete wasserführende Leitungen.

Wenn Heizungs- und Warmwasserrohre in Außenwänden angeordnet werden, ist auf der raumabgewandten Seite der Rohre eine verstärkte Wärmedämmung gegenüber den Werten nach Tabelle 1, Zeile 1, in der Regel erforderlich[3]) (siehe auch 3.2.1.7).

4.2.2 Außenschale bei belüfteten Bauteilen

Der Wärmedurchlaßwiderstand der Außenschale und der Luftschicht von belüfteten Bauteilen (Querschnitt der Zu- und Abluftöffnung siehe DIN 4108-4 wird bei der Berechnung der vorhandenen Wärmedämmung nicht in Ansatz gebracht.

Bezüglich Berücksichtigung der Wärmedämmung der belüfteten Luftschicht von mehrschaligem Mauerwerk nach DIN 1053-1 siehe DIN 4108-4. Hierbei darf die Wärmedämmung der Luftschicht und der Außenschale mitgerechnet werden.

4.2.3 Fußböden (zu Tabelle 1, Zeilen 4, 5, 7 und 8.1)

Ein befriedigender Schutz gegen Wärmeableitung[4]) (ausreichende Fußwärme) soll sichergestellt werden.

4.2.4 Berechnung des Wärmedurchlaßwiderstandes bei Bauteilen mit Abdichtungen

Bei der Berechnung des Wärmedurchlaßwiderstandes R werden nur die Schichten innenseits der Bauwerksabdichtung bzw. der Dachhaut berücksichtigt.

Ausgenommen sind folgende Konstruktionen:[5])

Wärmedämmsysteme als Umkehrdach unter Verwendung von Dämmstoffen aus Polystyrol-Extruderschaum nach DIN 18164-1 und DIN 4108-4, die mit einer Kiesschicht oder mit einem Betonplattenbelag (z. B. Gehwegplatten) in Kiesbettung oder auf Abstandshaltern abgedeckt sind, und Wärmedämmsysteme als Perimeterdämmung (außenliegende Wärmedämmung erdberührender Gebäudeflächen) ohne lastabtragende Funktion unter Verwendung von Dämmstoffen aus Polystyrol-Extruderschaum nach DIN 18164-1 und DIN 4108-4 oder aus Schaumglas nach DIN 18174 und DIN 4108-4, wenn die Permeterdämmung nicht ständig im Grundwasser liegt.

4.2.5 Nicht ausgebaute Dachräume

Bei Gebäuden mit nicht ausgebauten Dachräumen, bei denen die oberste Geschoßdecke mindestens einen Wärmeschutz nach Tabelle 1, Zeile 6, oder nach Tabelle 2 erhält, ist zur Erfüllung der Mindestanforderungen ein Wärmeschutz der Dächer nicht erforderlich.

---

[3]) Anforderungen an Rohrleitungen von Heizungs- und Brauchwasseranlagen in Außenbauteilen werden nach der Heizungsanlagen-Verordnung (HeizAnlV) gestellt.

[4]) Siehe hierzu auch DIN 52614.

[5]) Für andere Konstruktionen, Dämmstoffe bzw. Anwendungen ist der Nachweis der Verwendbarkeit z. B. durch eine bauaufsichtliche Zulassung zu erbringen.

4.3 Erläuterungen zu Tabelle 2 (Beispiele für die Anwendung der Tabelle 2) [2]

BEISPIEL A:
Wand in Holztafelbauart

((Gefachbereich, Rippenbereich, innen))

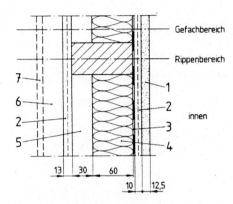

Bild 1: Wand in Holztafelbauart

1 Gipskarton-Bauplatte
  ϱ = 900 kg/m³
  λ_R = 0,21 W/(m·K)

2 Spanplatte,
  ϱ = 700 kg/m³
  λ_R = 0,13 W/(m·K)

3 Dampfsperre (wird nicht berücksichtigt)
4 Mineralischer Faserdämmstoff, λ_R = 0,040 W/(m·K)
5 Stehende Luft, R = 0,17 (m²·K)/W
6 Belüfteter Hohlraum
7 Wetterschutz (Bekleidung)

Flächenbezogene Masse der raumseitigen Bauteilschichten 1 und 2:

  $0,0125 \times 900 + 0,01 \times 700 \times 2 = 25$ kg/m²

Erforderlicher Wärmedurchlaßwiderstand im Gefachbereich (aus Tabelle 2 durch Interpolation):

  erf R = 1,35 (m²·K)/W

Vorhandener Wärmedurchlaßwiderstand im Gefachbereich:

  vorh R = 0,0125/0,21 + 0,01/0,13 + 0,06/0,040 + 0,17 + 0,013/0,13
  = 1,91 (m²·K)/W > erf R

Ergebnis:
  Die Anforderungen der Tabelle 2 sind eingehalten.

BEISPIEL B:
Leichtbeton mit zusätzlicher Innendämmung

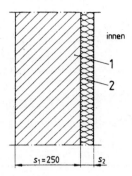

Bild 2: Wand aus Leichtbeton mit zusätzlicher Innendämmung

1 Leichtbeton (siehe DIN 4108-4, Tabelle 1, Zeile 2.4.2.1)
ϱ = 600 kg/m³
λ_R = 0,18 W/(m·K)

2 Raumseitige Dämmschicht

Es wird zunächst geprüft, ob die Anforderung nach Tabelle 2 bereits von der außenliegenden Schicht 1 erfüllt wird:

Flächenbezogene Masse der Schicht 1:

0,25 × 600 = 150 kg/(m²·K)/W

Erforderlicher Wärmedurchlaßwiderstand für Schicht 1 (aus Tabelle 2):

erf R = 0,65 m²·K/W

Vorhandener Wärmedurchlaßwiderstand der Schicht 1:

vorh R = 0,25/0,18 = 1,39 (m²·K)/W > erf R

Ergebnis:

Die Anforderungen der Tabelle 2 werden bereits durch die Schicht 1 allein erfüllt. Ein Nachweis für das gesamte Bauteil braucht also nicht mehr geführt zu werden (vgl. Tabelle 2)[2].

4.4 Wärmebrücken

Für den Bereich der Wärmebrücken sind die Anforderungen der Tabelle 1 einzuhalten, wobei teilweise für die "ungünstige Stelle" geringere Anforderungen angegebenen werden[6].

Ecken von Außenbauteilen mit gleichartigem Aufbau sind nicht als Wärmebrücken zu behandeln. Bei anderen Ecken von Außenbauteilen ist der Wärmeschutz durch konstruktive Maßnahmen zu verbessern[7].

Für übliche Verbindungsmittel, wie z. B. Nägel, Schrauben, Drahtanker, sowie für Mörtelfugen von Mauerwerk nach DIN 1053-1 braucht kein Nachweis der Wärmebrückenwirkung geführt zu werden.

---

[6] Zur Berechnung von Wärmebrücken vergleiche auch DIN 4108-5.

[7] Geeignete konstruktive Maßnahmen zur Minderung von Wärmebrückeneinwirkungen sollen in gesonderten Veröffentlichungen erläutert werden.

4.5 Fenster, Fenstertüren und Außentüren

Außenliegende Fenster und Fenstertüren von beheizten Räumen sind mindestens mit Isolier- oder Doppelverglasung auszuführen.

ANMERKUNG: Anforderungen an dem Wärmedurchgangskoeffizienten von Fenstern, Fenstertüren und außenliegenden Türen sind in der Wärmeschutzverordnung geregelt.

5 Wärmeschutz im Winter; Energiesparender Wärmeschutz von Gebäuden

5.1 Begrenzung der Transmissionswärmeverluste

5.1.1 Um Energie zu sparen, kann der Transmissionswärmeverlust Q_r der wärmeübertragenden Umfassungsfläche A eines Gebäudes wie folgt begrenzt werden:

$$\dot{Q}_r = A \cdot k_m \cdot \Delta\theta$$

Dabei ist Δ_v die mittlere Temperaturdifferenz zwischen Innen- und Außenluft.

((Bereich des erhöhten Wärmeschutzes, Werte $k_{m,max}$ [8])))

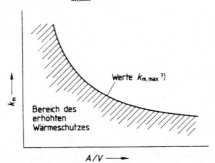

Bild 3: Qualitativer Verlauf des maximalen mittleren Wärmedurchgangskoeffizienten $k_{m,\,max}$ in Abhängigkeit vom Wert Umfassungsfläche/Volumen (A/V) des Bauwerkes (Bereichsgrenze)

Die Transmissionswärmeverluste sind nach Gleichung (1) den mittleren Wärmedurchgangskoeffizienten k_m [2] verhältnisgleich. Daher werden für einen energiesparenden Wärmeschutz Anforderungen an die Größe des mittleren Wärmedurchgangskoeffizienten k_m in Abhängigkeit vom Verhältnis der wärmeübertragenden umfassungsfläche A zu dem von dieser Fläche umschlossenen Volumen (V) gestellt [8].

Der Bereich eines erhöhten Wärmeschutzes wird durch die Kurve der maximalen mittleren Wärmedurchgangskoeffizienten $k_{m,max}$ (A/V) nach oben abgegrenzt (siehe Bild 3).

5.1.2 Die Begrenzung der Transmissionswärmeverluste kann auch über Anforderungen (z. B. Wärmedurchgangskoeffizienten) an einzelne Bauteile oder Bauteilkombinationen erfolgen [9].

---

[2] Siehe Seite 7
[8] Siehe Anmerkung über die Wäremeschutzverordnung in Abschnitt 1
[9] Vergleiche auch bauteilbezogene Anforderungen nach der Wärmeschutzverordnung.

5.2 Begrenzung der Wärmeverluste infolge Undichtheiten

5.2.1 Außenbauteile

5.2.1.1 Bei Fugen in der wärmeübertragenden Umfassungsfläche des Gebäudes, insbesondere auch bei durchgehenden Fugen zwischen Fertigteilen oder zwischen Ausfachungen und dem Tragwerk, ist dafür Sorge zu tragen, daß diese Fugen entsprechend dem Stand der Technik dauerhaft und luftundurchlässig abgedichtet sind (siehe auch DIN 18540-1 bis 18540-3).

Aus einzelnen Teilen zusammengesetzte Bauteile oder Bauteilschichten (z. B. Holzschalungen) müssen im allgemeinen zusätzlich abgedichtet werden.

5.2.1.2 Der Eindichtung der Fenster in die Außenwand ist besondere Aufmerksamkeit zu schenken. Die Fugen müssen entsprechend dem Stand der Technik dauerhaft und luftundurchlässig abgedichtet sein.

5.2.2 Fenster, Fenstertüren und Außentüren

Die Lüftungswärmeverluste infolge Fugendurchlässigkeit zwischen Flügeln und Rahmen bei Fenstern, Fenstertüren und Außentüren können durch Anforderungen an den Fugendurchlaßkoeffizienten a nach DIN 18055 begrenzt werden[10].

ANMERKUNG: Anforderungen an den Fugendurchlaßkoeffizienten a werden in der Wärmeschutzverordnung gestellt.

6 Empfehlungen für den Wärmeschutz im Sommer (Gebäude, für die raumlufttechnische Anlagen nicht erforderlich sind)

Für den Wärmeschutz in Gebäuden ohne raumlufttechnische Anlagen im Sommer wird empfohlen, die in Tabelle 3 angegebenen Werte einzuhalten[11]

---

[10] Bezüglich der Konstruktionsmerkmale sowie des Nachweises der Fugendurchlaßkoeffizienten a von Fenstern und Fenstertüren siehe DIN 4108-4.

[11] Durch diese Empfehlung soll verhindert werden, daß bei einer Folge heißer Sommertage die Innentemperaturen in einzelnen Räumen über die Außentemperaturen ansteigen.

Tabelle 3: Empfohlene Höchstwerte ($g_F \times f$) in Abhängigkeit von den natürlichen Lüftungsmöglichkeiten und der Innenbauart

Spalte	1	2	3
Zeile	Innenbauart	Empfohlene Höchstwerte: ($g_F \times f$ [1])	
		Erhöhte natürliche Belüftung nicht vorhanden[2])	Erhöhte natürliche Belüftung vorhanden[3])
1	leicht[4])	0,12	0,17
2	schwer[4])	0,14	0,25

Dabei ist:

g_F der Gesamtenergiedurchlaßgrad nach Gleichung (2)

f der Fensterflächenanteil, bezogen auf die Fenster enthaltende Außenwandfläche (lichte Rohbaumaße);

$$f = \frac{A_F}{A_W + A_F}$$

[1]) Bei nach Norden orientierten Räumen oder solchen, bei denen eine ganztägige Verschattung (z. B. durch Bebauung) vorliegt, dürfen die angegebenen ($g_F \times f$)-Werte um 0,25 erhöht werden.
Als Nord-Orientierung gilt ein Winkelbereich, der bis zu etwa 22,5° von der Nord-Richtung abweicht.
Bei Dachfenstern ist der Fensterflächenanteil auf die direkt besonnte Dach- bzw. Dachdeckenfläche zu beziehen, ist Fußnote 1 nicht anzuwenden.
In den Höchstwerten ($g_F \times f$) ist der Rahmenanteil an der Fensterfläche mit 30 % berücksichtigt.

[2]) Fenster werden nachts oder in den frühen Morgenstunden nicht geöffnet (z. B. häufig bei Bürogebäuden und Schulen).

[3]) Erhöhte natürliche Belüftung (mindestens etwa 2 h), insbesondere während der Nacht- oder in den frühen Morgenstunden. Dies ist bei zu öffnenden Fenstern in der Regel gegeben (z. B. bei Wohngebäuden).

[4]) Zur Unterscheidung leichter und schwerer Innenbauart wird raumweise der Quotient aus der Masse der raumumschließenden Innenbauteile sowie gegebenenfalls anderer Innenbauteile und der Außenwandfläche ($A_W + A_F$), die Fenster enthält, ermittelt. Für einen solchen Quotienten, wenn er größer als 600 kg/m² ist, liegt eine schwere Innenbauart vor. Für die Holzbauweise ergibt sich in der Regel leichte Innenbauart.
Die Massen der Innenbauteile werden wie folgt berücksichtigt:

- Bei Innenbauteilen ohne Wärmedämmschicht wird die Masse zur Hälfte angerechnet.

- Bei Innenbauteilen mit Wärmedämmschicht darf die Masse derjenigen Schichten angerechnet werden, die zwischen der raumseitigen Bauteiloberfläche und der Dämmschicht angeordnet sind, jedoch höchstens die Hälfte der Gesamtmasse. Als Dämmschicht gilt hier eine Schicht mit $\lambda_R \leq 0,1$ W/(m · K) und $R \geq 0,25$ m² · K/W.
- Bei Innenbauteilen aus Holz oder Holzwerkstoffen dürfen die Schichten aus diesen Werkstoffen näherungsweise mit dem 2fachen Wert ihrer Masse angesetzt werden.

Tabelle 4: Gesamtenergiedurchlaßgrade g von Verglasungen

Zeile		Verglasung	Gesamtenergiedurchlaßgrad g [1]
1	1.1	Doppelverglasungen aus Klarglas	0,8
	1.2	Dreifachverglasung aus Klarglas	0,7
2		Glasbausteine	0,6
3		Mehrfachverglasung mit Sondergläsern (Wärmeschutzglas, Sonnenschutzglas)[2]	0,2 bis 0,8

[1] Gesamtenergiedurchlaßgrad nach DIN 67507.

[2] Die Gesamtenergiedurchlaßgrade g von Sondergläsern können aufgrund von Einfärbung bzw. Oberflächenbehandlung der Glasscheiben sehr unterschiedlich sein. Im Einzelfall ist der Nachweis gemäß DIN 67507 zu führen.

Ohne Nachweis darf nur der ungünstigere Grenzwert angewendet werden.

Tabelle 5: Abminderungsfaktoren z von Sonnenschutzvorrichtungen [1]) in Verbindung mit Verglasungen

Zeile	Sonnenschutzvorrichtung	z
1	Fehlende Sonnenschutzvorrichtung	1,0
2	Innenliegend und zwischen den Scheiben liegend	
2.1	Gewebe bzw. Folien[2])	0,4 bis 0,7
2.2	Jalousien	0,5
3	Außenliegend	
3.1	Jalousien, drehbare Lamellen, hinterlüftet	0,25
3.2	Jalousien, Rolläden, Fensterläden, feststehende oder drehbare Lamellen	0,3
3.3	Vordächer, Loggien[3])	0,3
3.4	Markisen, oben und seitlich ventiliert[3])	0,4
3.5	Markisen, allgemein[3])	0,5

[1]) Die Sonnenschutzvorrichtung muß fest installiert sein (z. B. Lamellenstores). Übliche dekorative Vorhänge gelten nicht als Sonnenschutzvorrichtung.

[2]) Die Abminderungsfaktoren z können aufgrund der Gewebestruktur, der Farbe und der Reflexionseigenschaften sehr unterschiedlich sein. Im Einzelfall ist der Nachweis in Anlehnung an DIN 67507 zu führen.

Ohne Nachweis darf nur der ungünstigere Grenzwert angewendet werden.

[3]) Dabei muß näherungsweise sichergestellt sind, daß keine direkte Besonnung des Fensters erfolgt. Die ist der Fall, wenn
- bei Südorientierung der Abdeckwinkel $\beta \geq 50°$ ist
- bei Ost- und Westorientierung entweder der Abdeckwinkel $\beta \geq 85°$ oder $\gamma \geq 115°$ ist.

Zu den jeweiligen Orientierungen gehören Winkelbereiche von $\pm 22,5°$. Bei Zwischenorientierungen ist der Abdeckwinkel $\beta \geq 80°$ erforderlich.

Vertikalschnitt
Süd

Horizontalschnitt durch Fassade

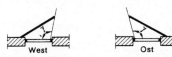

West   Ost

Durch Einhaltung der Anforderungen nach 4.1, Tabellen 1 und 2, wird ein ausreichender sommerlicher Wärmeschutz der nichttransparenten Bauteile erreicht.

Für die transparenten Bauteile werden in Tabelle 3 in Abhängigkeit von der Innenbauart, den Lüftungsmöglichkeiten im Sommer sowie der Gebäude- oder Raumorientierung raumweise Werte, die nicht überschritten werden sollen, für das Produkt aus Gesamtenergiedurchlaßgrad g_F und Fensterflächenanteil f empfohlen.

Für die näherungsweise Ermittlung des Gesamtenergiedurchlaßgrades g_F[12]) in Abhängigkeit von der Verglasung und zusätzlichen Sonnenschutzvorrichtungen gilt:

$$g_F = g \times z \qquad (2)$$

Hierin bedeuten:

g Gesamtenergiedurchlaßgrad der Verglasung nach DIN 67507

z Abminderungsfaktor für Sonnenschutzvorrichtungen; bei mehreren, hintereinandergeschalteten Sonnenschutzvorrichtungen das Produkt aus einzelnen Abminderungsfaktoren ($z_1 \times z_2 \times \ldots \times z_n$). Die Werte für g nach Tabelle 4 und für z nach Tabelle 5.

Für Räume mit natürlicher Belüftung nach Tabelle 3, Spalte 3, kann für schwere Innenbauart (Tabelle 3, Zeile 2) bei einen Fensterflächenanteil $f \leq 0,31$ oder einem Gesamtenergiedurchlaßgrad $g_F \leq 0,36$ und für leichte Innenbauart (Tabelle 3, Zeile 1) bei $f \leq 0,21$ oder $g_F \leq 0,24$ auf die Ermittlung verzichtet werden.

Anhang A (informativ)

Literaturhinweise

[1] BGBl I, 1994 Nr 55, Seiten 2121 bis 2132

[2] VDI-Richtlinie 2078:1994-10
Berechnung der Kühllast klimatisierter Räume (VDI-Kühllastregeln)

[3] G. Hauser, K. Gertis, Klima + Kälteingenieur, Heft 2/80, Seiten 71 bis 82

Dieser Norm-Entwurf wurde vom Arbeitsausschuß "Wärmeschutz" des NABau (Obmann Prof. Dr.-Ing. H. Ehm) ausgearbeitet. Er ist den obersten Bauaufsichtsbehörden vom Deutschen Institut für Bautechnik, Berlin, zur bauaufsichtlichen Einführung empfohlen worden.

Diese Norm ersetzt die Norm 4108-2 : 1981-08 "Wärmeschutz im Hochbau; Wärmedämmung und Wärmespeicherung; Anforderungen und Hinweise für Planung und Ausführung", die einer Überarbeitung unterzogen wurde.

Anwendungswarnvermerk

Dieser Norm-Entwurf wird der Öffentlichkeit zur Prüfung und Stellungnahme vorgelegt. Da die beabsichtigte Norm von der vorliegenden Fassung abweichen kann, ist die Anwendung dieses Entwurfs besonders zu vereinbaren.

Stellungnahmen werden erbeten an NABau im DIN Deutsches Institut für Normung e. V., Burggrafenstr. 6, 10787 Berlin.

---

[12]) Siehe auch 3.3.3.

DK 699.86 : 624.9 : 699.82/.83

August 1981

Wärmeschutz im Hochbau
Klimabedingter Feuchteschutz
Anforderungen und Hinweise für Planung und Ausführung

DIN 4108
Teil 3

Thermal insulation in buildings; protection against moisture subject to climate conditions; requirements and directions for design and construction

Isolation thermique dans la construction immobilière; protection contre l'humidité conditionnée par le climat; exigences et directions pour le calcul et l'exécution

Mit DIN 4108 Teil 1, Teil 2, Teil 4 und Teil 5 Ersatz für DIN 4108

Diese Norm wurde im Fachbereich Einheitliche Technische Baubestimmungen des NABau ausgearbeitet. Sie ist den obersten Bauaufsichtsbehörden vom Institut für Bautechnik, Berlin, zur bauaufsichtlichen Einführung empfohlen worden.

Der Inhalt der Norm DIN 4108 ist wie folgt aufgeteilt:

DIN 4108 Teil 1 Wärmeschutz im Hochbau; Größen und Einheiten

DIN 4108 Teil 2 Wärmeschutz im Hochbau; Wärmedämmung und Wärmespeicherung; Anforderungen und Hinweise für Planung und Ausführung

DIN 4108 Teil 3 Wärmeschutz im Hochbau; Klimabedingter Feuchteschutz; Anforderungen und Hinweise für Planung und Ausführung

DIN 4108 Teil 4 Wärmeschutz im Hochbau; Wärme- und feuchteschutztechnische Kennwerte

DIN 4108 Teil 5 Wärmeschutz im Hochbau; Berechnungsverfahren

Inhalt

	Seite
1 Geltungsbereich und Zweck	2
2 Mitgeltende Normen	2
3 Tauwasserschutz	2
3.1 Tauwasserbildung auf Oberflächen von Bauteilen	2
3.2 Tauwasserbildung im Innern von Bauteilen	2
3.2.1 Anforderungen	2
3.2.2 Angaben zur Berechnung der Tauwassermasse	2
3.2.3 Bauteile mit ausreichendem Wärmeschutz nach DIN 4108 Teil 2, für die kein rechnerischer Nachweis des Tauwasserausfalls infolge Dampfdiffusion unter den in Abschnitt 3.2.2.2 genannten Klimabedingungen erforderlich ist	3
3.2.3.1 Außenwände	3
3.2.3.2 Nicht belüftete Dächer	3
3.2.3.3 Belüftete Dächer	3
4 Schlagregenschutz von Wänden	5
4.1 Allgemeines	5
4.2 Beanspruchungsgruppen	5
4.3 Hinweise zur Erfüllung des Schlagregenschutzes	5
4.3.1 Außenwände	5
4.3.2 Fugen und Anschlüsse	5
4.3.3 Fenster	5
Anhang A: Regenkarte zur überschläglichen Ermittlung der durchschnittlichen Jahresniederschlagsmengen	8

Fortsetzung Seite 2 bis 9

Normenausschuß Bauwesen (NABau) im DIN Deutsches Institut für Normung e.V.

1 Geltungsbereich und Zweck

Diese Norm enthält
- Anforderungen an den Tauwasserschutz von Bauteilen für Aufenthaltsräume gemäß DIN 4108 Teil 2, Ausgabe August 1981, Abschnitt 1,
- Empfehlungen für den Schlagregenschutz von Wänden sowie
- feuchteschutztechnische Hinweise für Planung und Ausführung von Hochbauten.

Die Einwirkung von Tauwasser und Schlagregen auf Baukonstruktionen soll dadurch so begrenzt werden, daß Schäden (z. B. unzulässige Minderung des Wärmeschutzes, Schimmelpilzbildung, Korrosion) vermieden werden.

Die Ausführung von Abdichtungen ist nicht Gegenstand dieser Norm [1]).

Nebenräume, die zu Aufenthaltsräumen gehören, werden wie Aufenthaltsräume behandelt.

2 Mitgeltende Normen

DIN 4108 Teil 1   Wärmeschutz im Hochbau; Größen und Einheiten
DIN 4108 Teil 2   Wärmeschutz im Hochbau; Wärmedämmung und Wärmespeicherung; Anforderungen und Hinweise für Planung und Ausführung
DIN 4108 Teil 4   Wärmeschutz im Hochbau; Wärme- und feuchteschutztechnische Kennwerte
DIN 4108 Teil 5   Wärmeschutz im Hochbau; Berechnungsverfahren

3 Tauwasserschutz

3.1 Tauwasserbildung auf Oberflächen von Bauteilen

Bei Einhaltung der Mindestwerte des Wärmedurchlaßwiderstandes nach DIN 4108 Teil 2 werden bei Raumlufttemperaturen und relativen Luftfeuchten, wie sie sich in nicht klimatisierten Aufenthaltsräumen, z. B. Wohn- und Büroräumen, einschließlich häuslicher Küchen und Bäder, bei üblicher Nutzung und dementsprechender Heizung und Lüftung einstellen, Schäden durch Tauwasserbildung im allgemeinen vermieden. In Sonderfällen (z. B. dauernd hohe Raumluftfeuchte) ist der unter den jeweiligen raumklimatischen Bedingungen erforderliche Wärmedurchlaßwiderstand nach DIN 4108 Teil 5 rechnerisch zu ermitteln. Dabei sind eine Außentemperatur von −15 °C und ein raumseitiger Wärmeübergangswiderstand $1/\alpha_i = 0{,}17$ m² · K/W der Berechnung zugrunde zu legen, soweit nicht besondere Bedingungen, z. B. bei stark behindertem Wärmeübergang durch Möblierung, die Wahl eines größeren Wärmeübergangswiderstandes erfordern.

Im übrigen gelten die Wärmeübergangswiderstände nach DIN 4108 Teil 4.

3.2 Tauwasserbildung im Innern von Bauteilen
3.2.1 Anforderungen

Eine Tauwasserbildung in Bauteilen ist unschädlich, wenn durch Erhöhung des Feuchtegehaltes der Bau- und Dämmstoffe der Wärmeschutz und die Standsicherheit der Bauteile nicht gefährdet werden. Diese Voraussetzungen liegen vor, wenn folgende Bedingungen erfüllt sind:

a) Das während der Tauperiode im Innern des Bauteils anfallende Wasser muß während der Verdunstungsperiode wieder an die Umgebung abgegeben werden können.

b) Die Baustoffe, die mit dem Tauwasser in Berührung kommen, dürfen nicht geschädigt werden (z. B. durch Korrosion, Pilzbefall).

c) Bei Dach- und Wandkonstruktionen darf eine Tauwassermasse von insgesamt 1,0 kg/m² nicht überschritten werden.
Dies gilt nicht für die Bedingungen d) und e).

d) Tritt Tauwasser an Berührungsflächen von kapillar nicht wasseraufnahmefähigen Schichten auf, so darf zur Begrenzung des Ablaufens oder Abtropfens eine Tauwassermasse von 0,5 kg/m² nicht überschritten werden (z. B. Berührungsflächen von Faserdämmstoff- oder Luftschichten einerseits und Dampfsperr- oder Betonschichten andererseits).

e) Bei Holz ist eine Erhöhung des massebezogenen Feuchtegehaltes um mehr als 5 %, bei Holzwerkstoffen um mehr als 3 % unzulässig [2]) (Holzwolle-Leichtbauplatten nach DIN 1101 und Mehrschicht-Leichtbauplatten aus Schaumkunststoffen und Holzwolle nach DIN 1104 Teil 1 sind hiervon ausgenommen).

3.2.2 Angaben zur Berechnung der Tauwassermasse
3.2.2.1 Berechnung

Die Berechnung ist nach DIN 4108 Teil 5 durchzuführen, sofern das Bauteil nicht nach Abschnitt 3.2.3 ohne besonderen Nachweis die Anforderungen nach Abschnitt 3.2.1 erfüllt.

3.2.2.2 Klimabedingungen

In nicht klimatisierten Wohn- und Bürogebäuden sowie vergleichbar genutzten Gebäuden können der Berechnung folgende vereinfachte Annahmen zugrunde gelegt werden:

Tauperiode
Außenklima [3])   −10 °C, 80 % relative Luftfeuchte
Innenklima   20 °C, 50 % relative Luftfeuchte
Dauer   1440 Stunden (60 Tage)

Verdunstungsperiode
a) Wandbauteile und Decken unter nicht ausgebauten Dachräumen
Außenklima [3])   12 °C, 70 % relative Luftfeuchte
Innenklima   12 °C, 70 % relative Luftfeuchte
Klima im
Tauwasserbereich 12 °C, 100 % relative Luftfeuchte
Dauer   2160 Stunden (90 Tage)

---

[1]) Für Abdichtungen siehe DIN 18 195 Teil 2, Teil 4, Teil 5, Teil 6, Teil 9 und Teil 10 (z. Z. noch Entwürfe); sie enthalten teilweise die vorgesehenen Fassungen für die Neuausgaben von DIN 4031, DIN 4117 und DIN 4122).

[2]) Vergleiche auch DIN 68 800 Teil 2.

[3]) Gilt auch für nicht beheizte, belüftete Nebenräume, z. B. belüftete Dachräume, Garagen.

b) Dächer, die Aufenthaltsräume gegen die Außenluft abschließen

Außenklima	12 °C, 70 % relative Luftfeuchte
Temperatur der Dachoberfläche	20 °C
Innenklima	12 °C, 70 % relative Luftfeuchte
Klima im Tauwasserbereich	
Temperatur	Entsprechend dem Temperaturgefälle von außen nach innen
Relative Luftfeuchte	100 %
Dauer	2160 Stunden (90 Tage)

Vereinfachend dürfen bei diesen Dächern auch die Klimabedingungen für Wandbauteile nach Aufzählung a) zugrunde gelegt werden.

Bei schärferen Klimabedingungen (z. B. Schwimmbäder, klimatisierte Räume, extremes Außenklima) sind diese vereinfachten Annahmen nicht zulässig. Es sind dann das tatsächliche Raumklima und das Außenklima am Standort des Gebäudes mit deren zeitlichen Verlauf zu berücksichtigen (siehe hierzu DIN 4108 Teil 5, Ausgabe August 1981, Abschnitt 11.2.4).

3.2.2.3 Stoffkennwerte
Die Rechenwerte der Wärmeleitfähigkeit und die Richtwerte der Wasserdampf-Diffusionswiderstandszahlen sind DIN 4108 Teil 4 zu entnehmen. Es sind die für die Tauperiode ungünstigeren Werte auch für die Verdunstungsperiode anzuwenden.

3.2.2.4 Wärmeübergangswiderstände
Die Wärmeübergangswiderstände sind DIN 4108 Teil 4, Ausgabe August 1981, Tabelle 5 zu entnehmen.

3.2.3 Bauteile mit ausreichendem Wärmeschutz nach DIN 4108 Teil 2, für die kein rechnerischer Nachweis des Tauwasserausfalls infolge Dampfdiffusion unter den in Abschnitt 3.2.2.2 genannten Klimabedingungen erforderlich ist

3.2.3.1 Außenwände
3.2.3.1.1 Mauerwerk nach DIN 1053 Teil 1 aus künstlichen Steinen ohne zusätzliche Wärmedämmschicht als ein- oder zweischaliges Mauerwerk, verblendet oder verputzt oder mit angemörtelter oder angemauerter Bekleidung nach DIN 18 515 (Fugenanteil mindestens 5 %), sowie zweischaliges Mauerwerk mit Luftschicht nach DIN 1053 Teil 1, ohne oder mit zusätzlicher Wärmedämmschicht.

3.2.3.1.2 Mauerwerk nach DIN 1053 Teil 1 aus künstlichen Steinen mit außenseitig angebrachter Wärmedämmschicht und einem Außenputz mit mineralischen Bindemitteln nach DIN 18 550 Teil 1 und Teil 2 (z. Z. noch Entwürfe) oder einem Kunstharzputz [4]), wobei die diffusionsäquivalente Luftschichtdicke s_d der Putze $\leq 4{,}0$ m ist, oder mit hinterlüfteter [5]) Bekleidung.

3.2.3.1.3 Mauerwerk nach DIN 1053 Teil 1 aus künstlichen Steinen mit raumseitig angebrachter Wärmedämmschicht mit — einschließlich eines Innenputzes — $s_d \geq 0{,}5$ m und einem Außenputz oder mit hinterlüfteter [5]) Bekleidung.

3.2.3.1.4 Mauerwerk nach DIN 1053 Teil 1 aus künstlichen Steinen mit raumseitig angebrachten Holzwolle-Leichtbauplatten nach DIN 1101, verputzt oder bekleidet, außenseitig als Sichtmauerwerk (keine Klinker nach DIN 105) oder verputzt oder mit hinterlüfteter [5]) Bekleidung.

3.2.3.1.5 Wände aus gefügedichtem Leichtbeton nach DIN 4219 Teil 1 und Teil 2 ohne zusätzliche Wärmedämmschicht.

3.2.3.1.6 Wände aus bewehrtem Gasbeton nach DIN 4223 (z. Z. noch Entwurf) ohne zusätzliche Wärmedämmschicht mit einem Kunstharzputz [4]) mit $s_d \leq 4{,}0$ m oder mit hinterlüfteter [5]) Bekleidung oder mit hinterlüfteter [5]) Vorsatzschale.

3.2.3.1.7 Wände aus haufwerksporigem Leichtbeton nach DIN 4232, beidseitig verputzt oder außenseitig mit hinterlüfteter [5]) Bekleidung, ohne zusätzliche Wärmedämmschicht.

3.2.3.1.8 Wände aus Normalbeton nach DIN 1045 oder gefügedichtem Leichtbeton nach DIN 4219 Teil 1 und Teil 2 mit außenseitiger Wärmedämmschicht und einem Außenputz mit mineralischen Bindemitteln nach DIN 18 550 Teil 1 und Teil 2 (z. Z. noch Entwürfe) oder einem Kunstharzputz [4]) oder einer Bekleidung oder einer Vorsatzschale.

3.2.3.1.9 Wände in Holzbauart mit innenseitiger Dampfsperrschicht ($s_d \geq 10$ m), äußerer Beplankung aus Holz oder Holzwerkstoffen ($s_d \leq 10$ m) und hinterlüftetem [5]) Wetterschutz.

3.2.3.2 Nichtbelüftete Dächer
3.2.3.2.1 Dächer mit einer Dampfsperrschicht ($s_d \geq 100$ m) unter oder in der Wärmedämmschicht (an Ort aufgebrachte Klebemassen bleiben bei der Berechnung von s_d unberücksichtigt), wobei der Wärmedurchlaßwiderstand der Bauteilschichten unterhalb der Dampfsperrschicht höchstens 20 % des Gesamtwärmedurchlaßwiderstandes beträgt (bei Dächern mit nebeneinanderliegenden Bereichen unterschiedlicher Wärmedämmung ist der Gefachbereich zugrunde zu legen).

3.2.3.2.2 Einschalige Dächer aus Gasbeton nach DIN 4223 (z. Z. noch Entwurf) ohne Dampfsperrschicht an der Unterseite.

3.2.3.3 Belüftete Dächer
3.2.3.3.1 Dächer mit einem belüfteten Raum oberhalb der Wärmedämmung, die folgende Bedingungen erfüllen:
a) Bei Dächern mit einer Dachneigung $\geq 10°$ (siehe Bild 1) beträgt
— der freie Lüftungsquerschnitt der an jeweils zwei gegenüberliegenden Traufen angebrachten Öffnungen mindestens 2 ‰ der zugehörigen geneigten Dachfläche, mindestens jedoch 200 cm² je m Traufe.
— die Lüftungsöffnung am First mindestens 0,5 ‰ der gesamten geneigten Dachfläche
— der freie Lüftungsquerschnitt innerhalb des Dachbereiches über der Wärmedämmschicht im eingebauten Zustand mindestens 200 cm² ist senkrecht zur Strömungsrichtung und dessen freie Höhe mindestens 2 cm [6])

---
[4]) Eine Norm ist in Vorbereitung
[5]) Z. B. Hinterlüftung nach DIN 18 515, für Wände in Holzbauart zusätzlich nach DIN 68 800 Teil 2
[6]) Baustellenbedingte Ungenauigkeiten und Maßtoleranzen sind bei der Planung zu berücksichtigen.

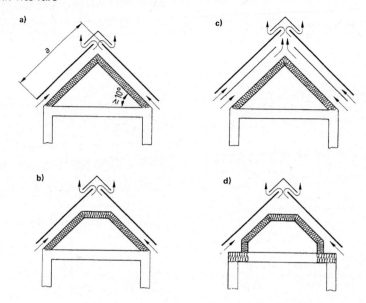

Bild 1. Beispiele für belüftete Dächer mit einer Dachneigung $\geq 10°$ (schematisiert)

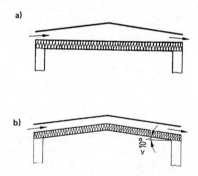

Bild 2. Beispiele für belüftete Dächer mit einer Dachneigung $< 10°$ (schematisiert)

- die diffusionsäquivalente Luftschichtdicke s_d der unterhalb des belüfteten Raumes angeordneten Bauteilschichten in Abhängigkeit von der Sparrenlänge a:

  $a \leq 10$ m : $s_d \geq 2$ m
  $a \leq 15$ m : $s_d \geq 5$ m
  $a > 15$ m : $s_d \geq 10$ m

b) Bei Dächern mit einer Neigung $< 10°$ (siehe Bild 2) beträgt
  - der freie Lüftungsquerschnitt der an mindestens zwei gegenüberliegenden Traufen angebrachten Öffnungen mindestens je 2 ⁰/₀₀ der gesamten Dachgrundrißfläche
  - die Höhe des freien Lüftungsquerschnitts innerhalb des Dachbereiches über der Wärmedämmschicht im eingebauten Zustand mindestens 5 cm [6])
  - die diffusionsäquivalente Luftschichtdicke s_d der unterhalb des belüfteten Raumes angeordneten Bauteilschichten mindestens 10 m.

---

[6]) Siehe Seite 3

c) Bei Dächern mit etwa vorhandenen Dampfsperrschichten ($s_d \geq 100$ m) sind diese so angeordnet, daß der Wärmedurchlaßwiderstand der Bauteilschichten unterhalb der Dampfsperrschicht höchstens 20% des Gesamtwärmedurchlaßwiderstandes beträgt (bei Dächern mit nebeneinanderliegenden Bereichen unterschiedlicher Wärmedämmung ist der Gefachbereich zugrunde zu legen).

d) Bei Dächern mit massiven Deckenkonstruktionen sowie bei geschichteten Dachkonstruktionen ist die Wärmedämmschicht als oberste Schicht unter dem belüfteten Raum angeordnet.

3.2.3.3.2 Dächer aus Gasbeton nach DIN 4223 (z. Z. noch Entwurf) ohne zusätzliche Wärmedämmschicht und ohne Dampfsperrschicht an der Unterseite.

4 Schlagregenschutz von Wänden

4.1 Allgemeines

Bei Beregnung kann Wasser in Außenbauteile durch Kapillarwirkung eindringen. Außerdem kann unter dem Einfluß des Staudruckes bei Windanströmung durch Spalten, Risse und fehlerhafte Stellen im Bereich der gesamten der Witterung ausgesetzten Flächen Wasser in oder durch die Konstruktion geleitet werden.

Maßnahmen zur Begrenzung der kapillaren Wasseraufnahme von Außenbauteilen können darin bestehen, daß der Regen an der Außenoberfläche des wärmedämmenden Bauteils durch eine wasserdichte oder mit Luftabstand vorgesetzte Schicht abgehalten wird oder, daß die Wasseraufnahme durch wasserabweisende oder wasserhemmende Putze an der Außenoberfläche oder durch Schichten im Innern der Konstruktion vermindert oder auf einen bestimmten Bereich (z. B. Vormauerschicht) beschränkt wird. Dabei darf aber die Wasserabgabe (Verdunstung) nicht unzulässig beeinträchtigt werden.

Nach Einstufung in die zugehörige Beanspruchungsgruppe nach Abschnitt 4.2 ist sicherzustellen, daß das Niederschlagswasser schnell und sicher wieder abgeleitet wird (z. B. durch Anordnung von Dachüberständen, Abdeckungen und Sperrschichten, Fensteranschläge).

4.2 Beanspruchungsgruppen

Die Beanspruchung von Gebäuden oder von einzelnen Gebäudeteilen durch Schlagregen wird durch die Beanspruchungsgruppen I, II oder III definiert. Bei der Wahl der Beanspruchungsgruppe sind die regionalen klimatischen Bedingungen (Regen, Wind), die örtliche Lage und die Gebäudeart zu berücksichtigen. Die Beanspruchungsgruppe ist daher im Einzelfall festzulegen. Hierzu dienen die folgende Hinweise:

Beanspruchungsgruppe I
Geringe Schlagregenbeanspruchung:
Im allgemeinen Gebiete mit Jahresniederschlagsmengen unter 600 mm sowie besonders windgeschützte Lagen auch in Gebieten mit größeren Niederschlagsmengen.

Beanspruchungsklasse II
Mittlere Schlagregenbeanspruchung:
Im allgemeinen Gebiete mit Jahresniederschlagsmengen von 600 bis 800 mm sowie windgeschützte Lagen auch in Gebieten mit größeren Niederschlagsmengen. Hochhäuser und Häuser in exponierter Lage in Gebieten, die auf Grund der regionalen Regen- und Windverhältnisse einer geringen Schlagregenbeanspruchung zuzuordnen wären.

Beanspruchungsgruppe III
Starke Schlagregenbeanspruchung:
Im allgemeinen Gebiete mit Jahresniederschlagsmengen über 800 mm sowie windreiche Gebiete auch mit geringeren Niederschlagsmengen (z. B. Küstengebiete, Mittel- und Hochgebirgslagen, Alpenvorland). Hochhäuser und Häuser in exponierter Lage in Gebieten, die auf Grund der regionalen Regen- und Windverhältnisse einer mittleren Schlagregenbeanspruchung zuzuordnen wären.

Anmerkung: Für die Ermittlung der Jahresniederschlagsmengen kann z. B. als Anhalt die im Anhang A enthaltene Regenkarte dienen.

4.3 Hinweise zur Erfüllung des Schlagregenschutzes

4.3.1 Außenwände

Beispiele für die Anwendung genormter Wandbauarten in Abhängigkeit von der Schlagregenbeanspruchung gibt Tabelle 1, die andere Bauausführungen entsprechend gesicherter praktischer Erfahrungen nicht ausschließt.

4.3.2 Fugen und Anschlüsse

Der Schlagregenschutz des Gebäudes muß auch im Bereich der Fugen und Anschlüsse sichergestellt sein.

Zur Erfüllung dieser Anforderungen können die Fugen und Anschlüsse entweder durch Fugendichtungsmassen (siehe DIN 18 540 Teil 1) oder durch konstruktive Maßnahmen gegen Schlagregen abgedichtet werden.

Empfehlungen für die Ausbildung von Fugen zwischen vorgefertigten Wandplatten in Abhängigkeit von der Schlagregenbeanspruchung gibt Tabelle 2.

Die Möglichkeit der Wartung von Fugen (einschließlich der Fugen von Anschlüssen) ist vorzusehen.

Für Wandbekleidungen wird auf DIN 18 515 und DIN 18 516 Teil 1 und Teil 2 (z. Z. noch Entwürfe) verwiesen.

Anmerkung: Zu konstruktiven Fugen siehe z. B. Cziesielski, E.: Konstruktion und Dichtung bei Außenwandfugen im Beton- und Leichtbetontafelbau; Bauingenieur-Praxis Heft 56 (1970), Verlag W. Ernst & Sohn, Berlin.
Zu Fensteranschlüssen siehe z. B. Forschungsbericht: Anschluß der Fenster zum Baukörper; Kurzberichte aus der Bauforschung, Ausgabe 18 (1977) Nr. 12 (Sonderdruck), Informationsverbundzentrum Raum und Bau, Stuttgart, der Fraunhofer-Gesellschaft.

4.3.3 Fenster

Die Schlagregensicherheit von Fenstern wird in DIN 18 055 (z. Z. noch Entwurf) *) geregelt.

---

*) Dieser Norm-Entwurf enthält die vorgesehene Fassung für die Folgeausgabe der zurückgezogenen DIN 18 055 Teil 2, Ausgabe August 1973.

Seite 6 DIN 4108 Teil 3

Tabelle 1. Beispiele für die Zuordnung von genormten Wandbauarten und Beanspruchungsgruppen

Spalte	1	2	3
Zeile	Beanspruchungsgruppe I geringe Schlagregenbeanspruchung	Beanspruchungsgruppe II mittlere Schlagregenbeanspruchung	Beanspruchungsgruppe III starke Schlagregenbeanspruchung
1	Mit Außenputz ohne besondere Anforderung an den Schlagregenschutz nach DIN 18 550 Teil 1 (z. Z. noch Entwurf) verputzte – Außenwände aus Mauerwerk, Wandbauplatten, Beton o. ä. – Holzwolle-Leichtbauplatten, ausgeführt nach DIN 1102 (mit Fugenbewehrung) – Mehrschicht-Leichtbauplatten, ausgeführt nach DIN 1104 Teil 2 (mit ganzflächiger Bewehrung)	Mit wasserhemmendem Außenputz nach DIN 18 550 Teil 1 (z. Z. noch Entwurf) oder einem Kunstharzputz*) verputzte – Außenwände aus Mauerwerk, Wandbauplatten, Beton o. ä. – Holzwolle-Leichtbauplatten, ausgeführt nach DIN 1102 (mit Fugenbewehrung) oder Mehrschicht-Leichtbauplatten mit zu verputzenden Holzwolleschichten der Dicken ≥ 15 mm, ausgeführt nach DIN 1104 Teil 2 (mit ganzflächiger Bewehrung) – Mehrschicht-Leichtbauplatten mit zu verputzenden Holzwolleschichten der Dicken < 15 mm, ausgeführt nach DIN 1104 Teil 2 (mit ganzflächiger Bewehrung) unter Verwendung von Werkmörtel nach DIN 18 557 (z. Z. noch Entwurf)	Mit wasserabweisendem Außenputz nach DIN 18 550 Teil 1 (z. Z. noch Entwurf) oder einem Kunstharzputz*) verputzte
2	Einschaliges Sichtmauerwerk nach DIN 1053 Teil 1, 31 cm dick [1])	Einschaliges Sichtmauerwerk nach DIN 1053 Teil 1, 37,5 cm dick [1])	Zweischaliges Verblendmauerwerk mit Luftschicht nach DIN 1053 Teil 1 [2]); Zweischaliges Verblendmauerwerk ohne Luftschicht nach DIN 1053 Teil 1 mit Vormauersteinen
3		Außenwände mit angemörtelten Bekleidungen nach DIN 18 515	Außenwände mit angemauerten Bekleidungen mit Unterputz nach DIN 18 515 und mit wasserabweisendem Fugenmörtel [3]); Außenwände mit angemörtelten Bekleidungen mit Unterputz nach DIN 18 515 und mit wasserabweisendem Fugenmörtel [3])
4			Außenwände mit gefügedichter Betonaußenschicht nach DIN 1045 und DIN 4219 Teil 1 und Teil 2

*) Eine Norm ist in Vorbereitung.
[1]) Übernimmt eine zusätzlich vorhandene Wärmedämmschicht den erforderlichen Wärmeschutz allein, so kann das Mauerwerk in die nächsthöhere Beanspruchungsgruppe eingeordnet werden.
[2]) Die Luftschicht muß nach DIN 1053 Teil 1 ausgebildet werden. Eine Verfüllung des Zwischenraumes als Kerndämmung darf nur nach hierfür vorgesehenen Normen durchgeführt werden oder bedarf eines besonderen Nachweises der Brauchbarkeit, z. B. durch allgemeine bauaufsichtliche Zulassung.
[3]) Wasserabweisende Fugenmörtel müssen einen Wasseraufnahmekoeffizienten $w \leq 0{,}5$ kg/(m² · h$^{1/2}$) aufweisen, ermittelt nach DIN 52 617 (z. Z. noch Entwurf).
[4]) Z. Z. noch Entwürfe, es gelten z. Z. die „Richtlinien für Fassadenbekleidungen mit und ohne Unterkonstruktion".
[5]) Durch konstruktive Maßnahmen (z. B. Abdichtung des Wandfußpunktes, Ablauföffnungen in der Vorsatzschale) ist dafür zu sorgen, daß die hinter der Vorsatzschale auftretende Feuchte von den Holzteilen ferngehalten und abgeleitet wird (über Ausführungsbeispiele ist ein Beiblatt zu DIN 68 800 Teil 2 in Vorbereitung).
[6]) Die Luftschicht muß mindestens 4 cm dick sein. Die Vorsatzschale ist unten und oben mit Lüftungsöffnungen zu versehen, die jeweils eine Fläche von mindestens 150 cm² auf etwa 20 m² Wandfläche haben. Bezüglich ausreichender Belüftung für den Tauwasserschutz siehe DIN 68 800 Teil 2.
Für den Nachweis des Wärmeschutzes und der Tauwasserbildung an der raumseitigen Oberfläche dürfen jedoch die Luftschicht und die Vorsatzschale nicht in Ansatz gebracht werden.

Tabelle 1. Fortsetzung

Spalte	1	2	3
Zeile	Beanspruchungsgruppe I geringe Schlagregenbeanspruchung	Beanspruchungsgruppe II mittlere Schlagregenbeanspruchung	Beanspruchungsgruppe III starke Schlagregenbeanspruchung
5			Wände mit hinterlüfteten Außenwandbekleidungen nach DIN 18 515 und mit Bekleidungen nach DIN 18 516 Teil 1 und Teil 2 4)
6		Außenwände in Holzbauart unter Beachtung von DIN 68 800 Teil 2 mit 11,5 cm dicker Mauerwerks-Vorsatzschale 5)	Außenwände in Holzbauart unter Beachtung von DIN 68 800 Teil 2 a) mit vorgesetzter Bekleidung nach DIN 18 516 Teil 1 und Teil 2 4) oder b) mit 11,5 cm dicker Mauerwerks-Vorsatzschale mit Luftschicht 5) 6)

4) 5) 6) Siehe Seite 6

Tabelle 2. Beispiele für die Zuordnung von Fugenabdichtungsarten und Beanspruchungsgruppen

Spalte	1	2	3	4
Zeile	Fugenart	Beanspruchungsgruppe I geringe Schlagregenbeanspruchung	Beanspruchungsgruppe II mittlere Schlagregenbeanspruchung	Beanspruchungsgruppe III starke Schlagregenbeanspruchung
1	Vertikalfugen			Konstruktive Fugenausbildung 1)
2				Fugen nach DIN 18 540 Teil 1 1)
3	Horizontalfugen	Offene, schwellenförmige Fugen, Schwellenhöhe $h \geq 60$ mm (siehe Bild 3)	Offene, schwellenförmige Fugen, Schwellenhöhe $h \geq 80$ mm (siehe Bild 3)	Offene, schwellenförmige Fugen, Schwellenhöhe $h \geq 100$ mm (siehe Bild 3)
4				Fugen nach DIN 18 540 Teil 1 mit zusätzlichen konstruktiven Maßnahmen, z. B. mit Schwelle $h \geq 50$ mm

1) Fugen nach DIN 18 540 Teil 1 dürfen nicht bei Bauten im Bergsenkungsgebiet verwendet werden. Bei Setzungsfugen ist die Verwendung nur dann zulässig, wenn die Verformungen bei der Bemessung der Fugenmaße berücksichtigt werden.

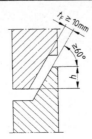

Bild 3. Schwellenhöhe h

Anhang A
Regenkarte zur überschläglichen Ermittlung der durchschnittlichen Jahresniederschlagsmengen

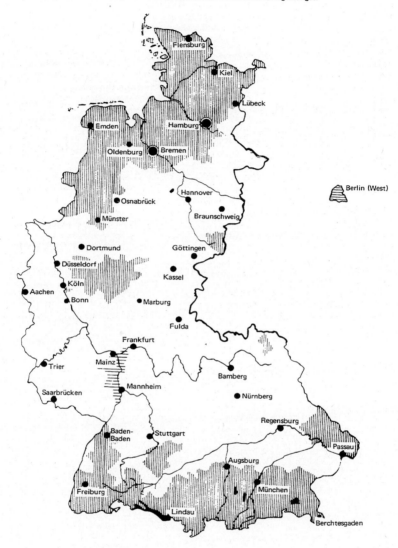

Bild A.1.

- Jahresniederschlag unter 600 mm
- Jahresniederschlag zwischen 600 und 800 mm
- Jahresniederschlag über 800 mm
  [im norddeutschen Küstengebiet (windreich) über 700 mm]

Weitere Normen und Unterlagen

DIN	105	Mauerziegel; Vollziegel und Lochziegel
DIN	1045	Beton- und Stahlbeton; Bemessung und Ausführung
DIN	1053 Teil 1	Mauerwerk; Berechnung und Ausführung
DIN	1101	Holzwolle-Leichtbauplatten; Maße, Anforderungen, Prüfung
DIN	1102	Holzwolle-Leichtbauplatten nach DIN 1101; Verarbeitung
DIN	1104 Teil 1	Mehrschicht-Leichtbauplatten aus Schaumkunststoffen und Holzwolle; Maße, Anforderungen, Prüfung
DIN	1104 Teil 2	Mehrschicht-Leichtbauplatten aus Schaumkunststoffen und Holzwolle; Verarbeitung
DIN	4031	Wasserdruckhaltende bituminöse Abdichtungen für Bauwerke; Richtlinien für Bemessung und Ausführung
DIN	4117	Abdichtung von Bauwerken gegen Bodenfeuchtigkeit; Richtlinien für die Ausführung
DIN	4122	Abdichtung von Bauwerken gegen nichtdrückendes Oberflächenwasser und Sickerwasser mit bituminösen Stoffen, Metallbändern und Kunststoff-Folien; Richtlinien
DIN	4219 Teil 1	Leichtbeton und Stahlleichtbeton mit geschlossenem Gefüge; Anforderungen an den Beton, Herstellung und Überwachung
DIN	4219 Teil 2	Leichtbeton und Stahlleichtbeton mit geschlossenem Gefüge; Bemessung und Ausführung
DIN	4223	(z. Z. noch Entwurf) Gasbeton; Bewehrte Bauteile
DIN	4232	Wände aus Leichtbeton mit haufwerksporigem Gefüge; Bemessung und Ausführung
DIN 18 055		(z. Z. noch Entwurf) Fenster; Fugendurchlässigkeit, Schlagregensicherheit und mechanische Beanspruchung, Anforderungen und Prüfung
DIN 18 195 Teil 2		(z. Z. noch Entwurf) Bauwerksabdichtungen; Stoffe
DIN 18 195 Teil 4		(z. Z. noch Entwurf) Bauwerksabdichtungen; Abdichtungen gegen Bodenfeuchtigkeit; Ausführung und Bemessung
DIN 18 195 Teil 5		(z. Z. noch Entwurf) Bauwerksabdichtungen; Abdichtungen gegen nichtdrückendes Wasser, Ausführung und Bemessung
DIN 18 195 Teil 6		(z. Z. noch Entwurf) Bauwerksabdichtungen; Abdichtungen gegen von außen drückendes Wasser, Ausführung und Bemessung
DIN 18 195 Teil 9		(z. Z. noch Entwurf) Bauwerksabdichtungen; Durchdringungen; Übergänge, Abschlüsse
DIN 18 195 Teil 10		(z. Z. noch Entwurf) Bauwerksabdichtungen; Schutzschichten und Schutzmaßnahmen
DIN 18 515		Fassadenbekleidungen aus Naturwerkstein, Betonwerkstein und keramischen Baustoffen; Richtlinien für die Ausführung
DIN 18 516 Teil 1		(z. Z. noch Entwurf) Außenwandbekleidungen; Bekleidung, Unterkonstruktion und Befestigung, Anforderungen
DIN 18 516 Teil 2		(z. Z. noch Entwurf) Außenwandbekleidungen; Prüfung der Befestigung von Außenwandbekleidungselementen auf die Unterkonstruktion
DIN 18 540 Teil 1		Abdichten von Außenwandfugen im Hochbau mit Fugendichtungsmassen; Konstruktive Ausbildung der Fugen
DIN 18 550 Teil 1		(z. Z. noch Entwurf) Putz; Begriffe und Anforderungen
DIN 18 550 Teil 2		(z. Z. noch Entwurf) Putze aus Mörteln mit mineralischen Bindemitteln; Ausführung
DIN 18 557		(z. Z. noch Entwurf) Werkmörtel; Herstellung, Überwachung und Lieferung
DIN 52 617		(z. Z. noch Entwurf) Bestimmung der kapillaren Wasseraufnahme von Baustoffen und Beschichtungen; Versuchsdurchführung und Versuchsauswertung
DIN 68 800 Teil 2		Holzschutz im Hochbau; Vorbeugende bauliche Maßnahmen

Richtlinien für Fassadenbekleidungen mit und ohne Unterkonstruktion, Ausgabe August 1975.

Erläuterungen

Diese Norm ist zusammen mit DIN 4108 Teil 1, Teil 2, Teil 4 und Teil 5 Ersatz für die Norm DIN 4108 „Wärmeschutz im Hochbau", Ausgabe August 1969, die einer vollständigen Überarbeitung unterzogen wurde. Hierbei fanden auch Berücksichtigung:

„Ergänzende Bestimmungen zu DIN 4108", Wärmeschutz im Hochbau (Ausgabe August 1969), Fassung Oktober 1974, DIN 4108 Beiblatt Wärmeschutz im Hochbau; Erläuterungen und Beispiele für einen erhöhten Wärmeschutz, Ausgabe November 1975
sowie verschiedene, von den Baubehörden bekanntgegebene Ergänzungserlasse.
Durch die neue Aufgliederung in fünf Teile, die auch aufgrund des wesentlich erweiterten Inhalts der Norm zweckmäßig geworden war, wird es zukünftig vor allem ermöglicht, daß einzelne, abgegrenzte Sachgebiete des Wärmeschutzes, wie z. B. die wärme- und feuchteschutztechnischen Kennwerte, von Fall zu Fall dem neuesten Stand der Technik angepaßt werden können, ohne jedesmal eine aufwendige Neuausgabe der gesamten Norm vornehmen zu müssen.

Entwurf **November 1995**

Wärmeschutz im Hochbau
Teil 3: Klimabedingter Feuchteschutz
Anforderungen und Hinweise für Planung und Ausführung
Änderung A1

DIN 4108-3/A1

Einsprüche bis 29. Feb 1996

ICS 91.120.10; 91.120.30

Vorgesehen als Änderung von
DIN 4108-3:1981-08

Thermal insulation in buildings - Part 3: Protection against moisture subject to climate conditions - Requirements and directions for design and construction; Amendment A1

Isolation thermique dans al construction immobilière - Partie 3: Protection contre l'humidité conditionnée par le climat - Exigence et directions pour le calcul et l'exécution; Modification A1

Anwendungswarnvermerk

Dieser Norm-Entwurf wird der Öffentlichkeit zur Prüfung und Stellungnahme vorgelegt.

Weil die beabsichtigte Norm von der vorliegenden Fassung abweichen kann, ist die Anwendung dieses Entwurfes besonders zu vereinbaren.

Stellungnahmen werden erbeten an den Normenausschuß Bauwesen (NABau) im DIN Deutsches Institut für Normung e. V., 10772 Berlin (Hausanschrift: Burggrafenstraße 6, 10787 Berlin).

Vorwort

Dieser Norm-Entwurf enthält Änderungen zu DIN 4108:1981-08, die in die vorgesehene Folgeausgabe der Norm aufgenommen werden sollen.

Dieser Entwurf der Änderung von DIN 4108-3 wurde vom NABau-Arbeitsausschuß "Wärmeschutz" (Obmann: Prof. Dr.-Ing. Ehm, Bonn) erarbeitet.

Folgende Änderung ist gegenüber DIN 4108-3 : 1981-08 vorgesehen:

1 Der Anhang A ist zu ersetzen durch:

ANMERKUNG: Die Karte in Anhang A ist durch das Zentralamt des Deutschen Wetterdienstes erstellt worden.

Fortsetzung Seite 2

Normenausschuß Bauwesen (NABau) im DIN Deutsches Institut für Normung e.V.

Seite 2
E DIN 4108-3/A1:1995-11

Anhang A (normativ)

Mittlere jährliche Niederschlagshöhe

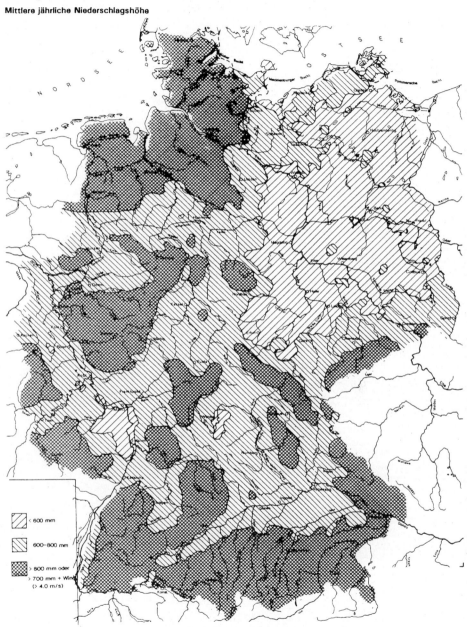

Bild A-1: Mittlere jährliche Niederschlagshöhe, in mm

	Oktober 1998
Wärmeschutz und Energie-Einsparung in Gebäuden	**Vornorm**
Teil 4: Wärme- und feuchteschutztechnische Kennwerte	**DIN V 4108-4**

ICS 91.120.10; 91.120.30

Ersatz für Ausgabe 1998-03

Deskriptoren: Gebäude, Wärmeschutz, Energie-Einsparung, Feuchteschutz, Kennwerte

Thermal insulation and energy economy in buildings –
Part 4: Characteristic values relating to thermal insulation and protection against moisture

Isolation thermique et économie d'énergie en bâtiments immeuble –
Partie 4: Valeurs caractéristiques pour l'isolation thermique et la protection contre l'humidité

Eine Vornorm ist das Ergebnis einer Normungsarbeit, das wegen bestimmter Vorbehalte zum Inhalt oder wegen des gegenüber einer Norm abweichenden Aufstellungsverfahrens vom DIN noch nicht als Norm herausgegeben wird. Zur vorliegenden Vornorm ist kein Entwurf veröffentlicht worden.

Inhalt

	Seite		Seite
Vorwort	1	3.5 Wärmeübergangswiderstände	27
1 Anwendungsbereich	2	3.6 Decken	29
2 Normative Verweisungen	3	3.7 Spezifische Wärmekapazität	30
3 Wärme- und feuchteschutztechnische Kennwerte	7	**Anhang A** (normativ) Ausgleichsfeuchtegehalte und Zuschlagswerte	
3.1 Baustoffe, Bauarten und Bauteile	7	von Baustoffen	31
3.2 Verglasungen, Fenster und Fenstertüren . . .	21		
3.3 Konstruktionsmerkmale von Fenstern und Fenstertüren	26	**Anhang B** (informativ) Gegenüberstellung bisheriger und genormter Symbole physikalischer Größen	34
3.4 Wärmedurchlaßwiderstand von Luftschichten	26	**Anhang C** (informativ) Literaturhinweise	35

Fortsetzung Seite 2 bis 35

Normenausschuß Bauwesen (NABau) im DIN Deutsches Institut für Normung e.V.

Vorwort

Die Herausgabe von DIN V 4108-4 erfolgt im Zusammenhang mit der Verordnung über einen energiesparenden Wärmeschutz bei Gebäuden (Wärmeschutzverordnung – Wärmeschutz V) vom 16. August 1994, die am 1. Januar 1995 in Kraft getreten ist [1], und ist ein Beitrag zur Normung im Rahmen von CEN (siehe Anhang C: E DIN EN 12524).

Die Normen der Reihe DIN 4108 bestehen aus:

DIN 4108 Beiblatt 1, DIN 4108 Beiblatt 2, DIN 4108-2[1)] bis DIN V 4108-4, DIN V 4108-6, DIN V 4108-7 (siehe Abschnitt 2 und Anhang C).

Änderungen

Gegenüber DIN 4108-4 : 1991-11 wurden folgende Änderungen vorgenommen.

a) Titel geändert.

b) Festlegung von Bemessungswerten der Wärmeleitfähigkeit λ_R und der Richtwerte der Wasserdampf-Diffusionswiderstandszahlen μ für Polystyrol-Partikelschaum und -Extruderschaum sowie für Extruderschaum außerhalb der Bauwerksabdichtung bzw. Dachhaut.

c) Aufnahme von λ- und μ-Werten für Holzfaserdämmplatten.

d) Aufnahme zusätzlicher Anforderungen an Schaumglas bei der Anwendung als Perimeterdämmung.

e) Aufnahme von λ- und μ-Werten für Hohlblöcke mit porigen Zuschlägen nach DIN 4226-2.

f) Aufnahme von λ- und μ-Werten für Lehm.

g) Erweiterung der Tabelle 2 zu kleinen U_V-Werten.

h) Übernahme der Bemessungswerte der Wärmeübergangswiderstände und der Wärmedurchlaßwiderstände von Luftschichten nach DIN EN ISO 6946.

Gegenüber der Ausgabe März 1998 wurden folgende Berichtigungen vorgenommen:

– Seite 13, Tabelle 1, Zeile 5.1, Rohdichte und Bemessungswert der Wärmeleitfähigkeit: Präzisierung der Zuordnung; Richtwert der Wasserdampf-Diffusionswiderstandszahl: berichtigt

– Seite 14, Tabelle 1, Zeile 5.2, Rohdichte, Bemessungswert der Wärmeleitfähigkeit, Richtwert der Wasserdampf-Diffusionswiderstandszahl: berichtigt

– Seite 16, Tabelle 1, Zeilen 5.7.1 und 5.7.2: Fußnote 15 zugeordnet

– Seite 17: Richtwert der Wasserdampf-Diffusionswiderstandszahl berichtigt

– Seite 19 und Seite 20: Fußnoten 3, 9, 11 und 17 berichtigt

– Seite 31, Tabelle A.3: Fußnote 1 berichtigt

– Seite 32, Tabelle A.3: Fußnote 2 berichtigt

Frühere Ausgaben

DIN 4108: 1952xx-07; DIN 4108: 1960-05; DIN 4108: 1969-08; DIN 4108-4: 1981-08; DIN 4108-4: 1985-12; DIN 4108-4: 1991-11; DIN V 4108-4: 1998-03

1 Anwendungsbereich

Diese Vornorm enthält wärmeschutztechnische Kennwerte, die für den rechnerischen Nachweis des Wärmeschutzes von Gebäuden und deren Bauteilen anzuwenden sind. Die Richtwerte der Wasserdampf-Diffusionswiderstandszahlen dienen zur näherungsweisen Beurteilung des Tauwasserschutzes nach DIN 4108-3.

Die in dieser Norm angegebenen Bemessungswerte der Wärmeleitfähigkeit λ_R berücksichtigen unter anderem Einflüsse der Temperatur, des praktischen Feuchtegehaltes[2)] und Schwankungen der Stoffeigenschaften.

[1)] DIN 4108-1 wird ersetzt durch DIN EN ISO 7345 und DIN EN ISO 9346.
[2)] Siehe hierzu Anhang A.

Die Bemessungswerte der Wärmeleitfähigkeit von Stoffen, die nicht in Tabelle 1 enthalten sind, werden nach Bauregelliste ermittelt oder in bauaufsichtlichen Zulassungen festgelegt.

Die in dieser Vornorm aufgeführten Werte der Wasserdampf-Diffusionswiderstandzahlen können erheblichen Schwankungen unterliegen. Es können die angegebenen Richtwerte oder die nach DIN EN 12086 oder E DIN EN ISO 12572 ermittelten Werte verwendet werden.

2 Normative Verweisungen

Diese Vornorm enthält durch datierte oder undatierte Verweisungen Festlegungen aus anderen Publikationen. Diese normativen Verweisungen sind an den jeweiligen Stellen im Text zitiert, und die Publikationen sind nachstehend aufgeführt. Bei datierten Verweisungen gehören spätere Änderungen oder Überarbeitungen dieser Publikationen nur zu dieser Vornorm, falls sie durch Änderung oder Überarbeitung eingearbeitet sind. Bei undatierten Verweisungen gilt die letzte Ausgabe der in Bezug genommenen Publikation.

DIN 105-1
Mauerziegel – Vollziegel und Hochlochziegel

DIN 105-2
Mauerziegel – Leichthochlochziegel

DIN 105-3
Mauerziegel – Hochfeste Ziegel und hochfeste Klinker

DIN 105-4
Mauerziegel – Keramikklinker

DIN 105-5
Mauerziegel – Leichtlanglochziegel und Leichtlangloch-Ziegelplatten

DIN 106-1
Kalksandsteine – Vollsteine, Lochsteine, Blocksteine, Hohlblocksteine

E DIN 106-1/A1
Kalksandsteine – Vollsteine, Lochsteine, Blocksteine, Hohlblocksteine, Änderung 1

DIN 106-2
Kalksandsteine – Vormauersteine und Verblender

DIN 398
Hüttensteine – Vollsteine, Lochsteine, Hohlblocksteine

DIN 1045
Beton und Stahlbeton – Bemessung und Ausführung

DIN 1053-1
Mauerwerk – Teil 1: Berechnung und Ausführung

DIN 1101
Holzwolle-Leichtbauplatten und Mehrschicht-Leichtbauplatten als Dämmstoffe für das Bauwesen – Anforderungen, Prüfung

DIN 4108-2
Wärmeschutz im Hochbau – Wärmedämmung und Wärmespeicherung – Anforderungen und Hinweise für Planung und Ausführung

DIN 4108-3
Wärmeschutz im Hochbau – Klimabedingter Feuchteschutz – Anforderungen und Hinweise für Planung und Ausführung

DIN V 4108-6
Wärmeschutz im Hochbau – Teil 6: Berechnung des Jahresheizwärmebedarfs von Gebäuden

DIN V 4108-7
Wärmeschutz im Hochbau – Teil 7: Luftdichtheit von Bauteilen und Anschlüssen – Planungs- und Ausführungsempfehlungen sowie -beispiele

DIN 4158
Zwischenbauteile aus Beton, für Stahlbeton- und Spannbetondecken

DIN 4159
Ziegel für Decken und Wandtafeln, statisch mitwirkend

DIN 4160
Ziegel für Decken, statisch nicht mitwirkend

DIN 4165
Porenbeton-Blocksteine und Porenbeton-Plansteine

DIN 4166
Porenbeton-Bauplatten und Porenbeton-Planbauplatten

DIN 4219-1
Leichtbeton und Stahlleichtbeton mit geschlossenem Gefüge – Anforderungen an den Beton, Herstellung und Überwachung

DIN 4219-2
Leichtbeton und Stahlleichtbeton mit geschlossenem Gefüge – Bemessung und Ausführung

DIN 4223
Bewehrte Dach- und Deckenplatten aus dampfgehärtetem Gas- und Schaumbeton – Richtlinien für Bemessung, Herstellung, Verwendung und Prüfung

DIN 4226-1
Zuschlag für Beton – Zuschlag mit dichtem Gefüge, Begriffe, Bezeichnung und Anforderungen

DIN 4226-2
Zuschlag für Beton – Zuschlag mit porigem Gefüge (Leichtzuschlag), Begriffe, Bezeichnung und Anforderungen

DIN 4232
Wände aus Leichtbeton mit haufwerksporigem Gefüge – Bemessung und Ausführung

DIN 4242
Glasbaustein-Wände – Ausführung und Bemessung

DIN 16729
Kunststoff-Dachbahnen und Kunststoff-Dichtungsbahnen aus Ethylencopolymerisat-Bitumen (ECB) – Anforderungen

DIN 16730
Kunststoff-Dachbahnen aus weichmacherhaltigem Polyvinylchlorid (PVC-P) nicht bitumenverträglich – Anforderungen

DIN 16731
Kunststoff-Dachbahnen aus Polyisobutylen (PIB), einseitig kaschiert – Anforderungen

DIN 18055
Fenster – Fugendurchlässigkeit, Schlagregendichtheit und mechanische Beanspruchung – Anforderungen und Prüfung

DIN 18151
Hohlblöcke aus Leichtbeton

DIN 18152
Vollsteine und Vollblöcke aus Leichtbeton

DIN 18153
Mauersteine aus Beton (Normalbeton)

DIN 18159-1
Schaumkunststoffe als Ortschäume im Bauwesen – Polyurethan-Ortschaum für Wärme- und Kältedämmung, Anwendung, Eigenschaften, Ausführung, Prüfung

DIN 18159-2
Schaumkunststoffe als Ortschäume im Bauwesen – Harnstoff-Formaldehydharz-Ortschaum für die Wärmedämmung – Anwendung, Eigenschaften, Ausführung, Prüfung

DIN 18161-1
Korkerzeugnisse als Dämmstoffe für das Bauwesen – Dämmstoffe für die Wärmedämmung

DIN 18162
Wandbauplatten aus Leichtbeton, unbewehrt

DIN 18163
Wandbauplatten aus Gips – Eigenschaften, Anforderungen, Prüfung

DIN 18164-1
Schaumkunststoffe als Dämmstoffe für das Bauwesen – Dämmstoffe für die Wärmedämmung

DIN 18164-2
Schaumkunststoffe als Dämmstoffe für das Bauwesen – Dämmstoffe für die Trittschalldämmung – Polystyrol-Partikelschaumstoffe

DIN 18165-1
Faserdämmstoffe für das Bauwesen – Dämmstoffe für die Wärmedämmung

DIN 18165-2
Faserdämmstoffe für das Bauwesen – Dämmstoffe für die Trittschalldämmung

DIN 18174
Schaumglas als Dämmstoff für das Bauwesen – Dämmstoffe für die Wärmedämmung

DIN 18175
Glasbausteine – Anforderungen, Prüfung

DIN 18180
Gipskartonplatten – Arten, Anforderungen, Prüfung

DIN 18550-3
Putz – Wärmedämmputzsysteme aus Mörtel mit mineralischen Bindemitteln und expandiertem Polystyrol (EPS) als Zuschlag

DIN 52128
Bitumendachbahnen mit Rohfilzeinlage – Begriff, Bezeichnung, Anforderungen

DIN 52129
Nackte Bitumenbahnen – Begriff, Bezeichnung, Anforderungen

DIN 52143
Glasvlies-Bitumendachbahnen – Begriffe, Bezeichnung, Anforderungen

DIN 68121-1
Holzprofile für Fenster und Fenstertüren – Maße, Qualitätsanforderungen

DIN 68705-2
Sperrholz – Teil 2: Sperrholz für allgemeine Zwecke

DIN 68705-3
Sperrholz – Teil 3: Bau-Furniersperrholz

DIN 68705-4
Sperrholz – Teil 4: Bau-Stabsperrholz, Bau-Stäbchensperrholz

DIN 68752
Bitumen-Holzfaserplatten – Gütebedingungen

DIN 68754-1
Harte und mittelharte Holzfaserplatten für das Bauwesen – Holzwerkstoffklasse

DIN 68755
Holzfaserdämmplatten für das Bauwesen – Begriffe, Anforderungen, Prüfung, Überwachung

DIN 68761-1
Spanplatten – Flachpreßplatten für allgemeine Zwecke – FPY-Platte

DIN 68761-4
Spanplatten – Flachpreßplatten für allgemeine Zwecke – FPO-Platte

DIN 68763
Spanplatten – Flachpreßplatten für das Bauwesen – Begriff, Anforderungen, Prüfung, Überwachung

DIN 68764-1
Spanplatten – Strangpreßplatten für das Bauwesen – Begriffe, Eigenschaften, Prüfung, Überwachung

DIN ENV 206
Beton – Herstellung, Verarbeitung und Gütenachweis

DIN EN 548
Elastische Bodenbeläge – Spezifikation für Linoleum mit und ohne Muster; Deutsche Fassung EN 548 : 1997

DIN EN 622-2
Faserplatten – Anforderungen – Teil 2: Anforderungen an harte Platten; Deutsche Fassung EN 622-2 : 1997

DIN EN 622-3
Faserplatten – Anforderungen – Teil 3: Anforderungen an mittelharte Platten; Deutsche Fassung EN 622-3 : 1997

DIN EN 622-4
Faserplatten – Anforderungen – Teil 4: Anforderungen an poröse Platten; Deutsche Fassung EN 622-4 : 1997

DIN EN 687
Elastische Bodenbeläge – Spezifikation für Linoleum mit und ohne Muster mit Korkmentrücken; Deutsche Fassung EN 687 : 1997

DIN EN 12086
Wärmedämmstoffe für das Bauwesen – Bestimmung der Wasserdampfdurchlässigkeit; Deutsche Fassung prEN 12086 : 1997

DIN EN 12088
Wärmeschutz für das Bauwesen – Bestimmung der Wasseraufnahme durch Diffusion; Deutsche Fassung EN 12088 : 1997

DIN EN ISO 6946
Bauteile – Wärmedurchlaßwiderstand und Wärmedurchgangskoeffizient – Berechnungsverfahren; (ISO 6946 : 1996); Deutsche Fassung EN ISO 6946 : 1996

DIN EN ISO 7345
Wärmeschutz – Physikalische Größen und Definitionen (ISO 7345 : 1987);
Deutsche Fassung EN ISO 7345 : 1995)

DIN EN ISO 9346
Wärmeschutz – Stofftransport – Physikalische Größen und Definitionen (ISO 9346 : 1987);
Deutsche Fassung EN ISO 9346 : 1996

E DIN EN ISO 12570
Baustoffe – Bestimmung des Feuchtegehaltes durch Trocknen bei erhöhter Temperatur
(ISO 12570 : 1996); Deutsche Fassung prEN ISO 12570 : 1996

E DIN EN ISO 12572
Baustoffe – Bestimmung der Wasserdampfdurchlässigkeit (ISO/DIS 12572 : 1997);
Deutsche Fassung prEN ISO 12572 : 1997

3 Wärme- und feuchteschutztechnische Kennwerte

3.1 Baustoffe, Bauarten und Bauteile

Tabelle 1: Bemessungswerte der Wärmeleitfähigkeit und Richtwerte der Wasserdampf-Diffusionswiderstandszahlen

Zeile	Stoff	Rohdichte[1)2)] ρ kg/m³	Bemessungswert der Wärmeleitfähigkeit[3)] λ_R W/(m·K)	Richtwert der Wasserdampf-Diffusionswiderstandszahl[4)] μ
1 Putze, Mörtel und Estriche				
1.1 Putze				
1.1.1	Putzmörtel aus Kalk, Kalkzement und hydraulischem Kalk	(1 800)	0,87	15/35
1.1.2	Putzmörtel aus Kalkgips, Gips, Anhydrit und Kalkanhydrit	(1 400)	0,70	10
1.1.3	Leichtputz	< 1 300	0,52	15/20
1.1.4	Leichtputz	≤ 1 000	0,36	
1.1.5	Leichtputz	≤ 700	0,21	
1.1.6	Gipsputz ohne Zuschlag	(1 200)	0,35	10
1.1.7	Wärmedämmputz nach DIN 18550-3 Wärmeleitfähigkeitsgruppe 060 070 080 090 100	(≥ 200)	0,060 0,070 0,080 0,090 0,100	5/20
1.1.8	Kunstharzputz	(1 100)	0,70	50/200
1.2 Mauermörtel nach DIN 1053-1				
1.2.1	Zementmörtel	(2 000)	1,4	15/35
1.2.2	Normalmörtel NM	(1 800)	1,0	15/35
1.2.3	Leichtmörtel LM 36	≤ 1 000	0,36	15/35
1.2.4	Leichtmörtel LM 21	≤ 700	0,21	15/35
1.3 Estriche				
1.3.1	Zement-Estrich	(2 000)	1,4	15/35
1.3.2	Anhydrit-Estrich	(2 100)	1,2	15/35
1.3.3	Magnesia-Estrich	1 400 2 300	0,47 0,70	
1.3.4	Gußasphalt	(2 300)	0,90	[5)]
[1)] bis [5)] siehe Seite 19				
		(fortgesetzt)		

Tabelle 1 (fortgesetzt)

Zeile	Stoff	Rohdichte[1)2)] ρ kg/m³	Bemessungswert der Wärmeleitfähig- keit[3)] λ_R W/(m·K)	Richtwert der Wasserdampf- Diffusionswider- standszahl[4)] μ
2	Beton-Bauteile			
2.1	Beton nach DIN ENV 206			
2.1.1	Leichtbeton	1 600 1 800 2 000	0,70 0,90 1,2	70/150
2.1.2	Normalbeton	2 200 2 400	1,6 2,1	
2.2	Leichtbeton und Stahlleichtbe- ton mit geschlossenem Gefüge nach DIN 4219-1 und DIN 4219-2, hergestellt unter Verwendung von Zuschlägen mit porigem Gefüge nach DIN 4226-2 ohne Quarzsand- zusatz[6)]	800 900 1 000 1 100 1 200 1 300 1 400 1 500 1 600 1 800 2 000	0,39 0,44 0,49 0,55 0,62 0,70 0,79 0,89 1,0 1,3 1,6	70/150
2.3	Dampfgehärteter Porenbeton nach DIN 4223	400 500 600 700 800	0,14 0,16 0,19 0,21 0,23	5/10
2.4	Leichtbeton mit haufwerksporigem Gefüge nach DIN 4232			
2.4.1	– mit nichtporigen Zuschlägen nach DIN 4226-1 z. B. Kies	1 600 1 800	0,81 1,1	3/10
		2 000	1,4	5/10
2.4.2	– mit porigen Zuschlägen nach DIN 4226-2, ohne Quarzsand- zusatz[6)]	600 700 800 1 000 1 200 1 400 1 600 1 800 2 000	0,22 0,26 0,28 0,36 0,46 0,57 0,75 0,92 1,2	5/15
2.4.2.1	– ausschließlich unter Verwen- dung von Naturbims	500 600 700 800 900 1 000 1 200	0,15 0,18 0,20 0,24 0,27 0,32 0,44	5/15

[1)] bis [4)] und [6)] siehe Seite 19

(fortgesetzt)

Tabelle 1 (fortgesetzt)

Zeile	Stoff	Rohdichte[1)2)] ρ kg/m³	Bemessungswert der Wärmeleitfähigkeit[3)] λ_R W/(m · K)	Richtwert der Wasserdampf-Diffusionswiderstandszahl[4)] μ
2.4.2.2	– ausschließlich unter Verwendung von Blähton	500 600 700 800 900 1 000 1 200	0,18 0,20 0,23 0,26 0,30 0,35 0,46	5/15
3 Bauplatten				
3.1	Porenbeton-Bauplatten und Porenbeton-Planbauplatten, unbewehrt, nach DIN 4166			
3.1.1	Porenbetonbauplatten (Ppl) mit normaler Fugendichte und Mauermörtel nach DIN 1053-1 verlegt	400 500 600 700 800	0,20 0,22 0,24 0,27 0,29	5/10
3.1.2	Porenbeton-Planbauplatten (Pppl), dünnfugig verlegt	350 400 450 500 550 600 650 700 800	0,14 0,15 0,16 0,17 0,18 0,20 0,21 0,23 0,27	5/10
3.2	Wandplatten aus Leichtbeton nach DIN 18162	800 900 1 000 1 200 1 400	0,29 0,32 0,37 0,47 0,58	5/10
3.3	Wandbauplatten aus Gips nach DIN 18163, auch mit Poren, Hohlräumen, Füllstoffen oder Zuschlägen	600 750 900 1 000 1 200	0,29 0,35 0,41 0,47 0,58	5/10
3.4	Gipskartonplatten nach DIN 18180	(900)	0,25	8
4 Mauerwerk, einschließlich Mörtelfugen				
4.1	Mauerwerk aus Mauerziegeln nach DIN 105-1 bis DIN 105-4			
4.1.1	Vollklinker, Hochlochklinker, Keramikklinker	1 800 2 000 2 200	0,81 0,96 1,2	50/100
4.1.2	Vollziegel, Hochlochziegel	1 200 1 400 1 600 1 800 2 000	0,50 0,58 0,68 0,81 0,96	5/10

[1)] bis [4)] siehe Seite 19

(fortgesetzt)

Tabelle 1 (fortgesetzt)

Zeile	Stoff	Rohdichte[1)2)] ρ kg/m³	Bemessungswert der Wärmeleitfähigkeit[3)] λ_R W/(m · K)	Richtwert der Wasserdampf-Diffusionswiderstandszahl[4)] μ
4.1.3	Leichthochlochziegel mit Lochung A und Lochung B nach DIN 105-2	700 800 900 1 000	0,36 0,39 0,42 0,45	5/10
4.1.4	Leichthochlochziegel W nach DIN 105-2	700 800 900 1 000	0,30 0,33 0,36 0,39	5/10
4.2	Mauerwerk aus Kalksandsteinen nach DIN 106-1, DIN 106-2 und aus Kalksand-Plansteinen nach E DIN 106-1/A1	1 000 1 200 1 400	0,50 0,56 0,70	5/10
		1 600 1 800 2 000 2 200	0,79 0,99 1,1 1,3	15/25
4.3	Mauerwerk aus Hüttensteinen nach DIN 398	1 000 1 200 1 400 1 600 1 800 2 000	0,47 0,52 0,58 0,64 0,70 0,76	70/100
4.4	Mauerwerk aus Porenbeton-Blocksteinen und Porenbeton-Plansteinen nach DIN 4165			
4.4.1	Porenbeton-Blocksteine (PB)	400 450 500 550 600 650 700 800	0,20 0,21 0,22 0,23 0,24 0,25 0,27 0,29	5/10
4.4.2	Porenbeton-Plansteine (PP)	350 400 450 500 550 600 650 700 800	0,14 0,15 0,16 0,17 0,18 0,20 0,21 0,23 0,27	5/10
4.5	Mauerwerk aus Betonsteinen			
4.5.1	Hohlblöcke aus Leichtbeton (Hbl) nach DIN 18151 mit porigen Zuschlägen nach DIN 4226-2 ohne Quarzsandzusatz[7)]			
[1)] bis [4)] und [7)] siehe Seite 19				

(fortgesetzt)

Tabelle 1 (fortgesetzt)

Zeile	Stoff	Rohdichte[1)2)] ρ kg/m³	Bemessungswert der Wärmeleitfähigkeit[3)] λ_R W/(m · K)	Richtwert der Wasserdampf-Diffusionswiderstandszahl[4)] μ
4.5.1.1	2 K Hbl, Breite $b \leq 240$ mm 3 K Hbl, Breite $b \leq 300$ mm 4 K Hbl, Breite $b \leq 365$ mm 5 K Hbl, Breite $b \leq 490$ mm 6 K Hbl, Breite $b \leq 490$ mm	500 600 700 800 900 1 000 1 200 1 400	0,29 0,32 0,35 0,39 0,44 0,49 0,60 0,73	5/10
4.5.1.2	2 K Hbl, Breite $b = 300$ mm 3 K Hbl, Breite $b = 365$ mm	500 600 700 800 900 1 000 1 200 1 400	0,29 0,34 0,39 0,46 0,55 0,64 0,76 0,90	5/10
4.5.2	Vollsteine und Vollblöcke aus Leichtbeton nach DIN 18152			
4.5.2.1	Vollsteine (V)	500 600 700 800 900 1 000 1 200 1 400	0,32 0,34 0,37 0,40 0,43 0,46 0,54 0,63	5/10
		1 600 1 800 2 000	0,74 0,87 0,99	10/15
4.5.2.2	Vollblöcke (Vbl) (außer Vollblöcken S-W aus Naturbims nach Zeile 4.5.2.3 und aus Blähton und Naturbims nach Zeile 4.5.2.4)	500 600 700 800 900 1 000 1 200 1 400	0,29 0,32 0,35 0,39 0,43 0,46 0,54 0,63	5/10
		1 600 1 800 2 000	0,74 0,87 0,99	10/15
4.5.2.3	Vollblöcke S-W aus Naturbims			
4.5.2.3.1	Länge $l \geq 490$ mm	500 600 700 800	0,20 0,22 0,25 0,28	5/10

[1)] bis [4)] siehe Seite 19

(fortgesetzt)

Tabelle 1 (fortgesetzt)

Zeile	Stoff	Rohdichte[1)2)] ρ kg/m³	Bemessungswert der Wärmeleitfähig- keit[3)] λ_R W/(m · K)	Richtwert der Wasserdampf- Diffusionswider- standszahl[4)] μ
4.5.2.3.2	Länge l : 240 mm $\leq l$ < 490 mm	500 600 700 800	0,22 0,24 0,28 0,31	5/10
4.5.2.4	Vollblöcke S-W aus Blähton oder aus einem Gemisch aus Blähton und Naturbims			
4.5.2.4.1	Länge $l \geq$ 490 mm	500 600 700 800	0,22 0,24 0,27 0,31	5/10
4.5.2.4.2	Länge l 240 mm $\leq l$ < 490 mm	500 600 700 800	0,24 0,26 0,30 0,34	5/10
4.5.3	Mauersteine aus Beton nach DIN 18153			
4.5.3.1	Hohlblöcke, Vollblöcke, Vollsteine, T-Hohlblöcke, Vormauersteine und Vormauerblöcke mit dichten Zuschlägen nach DIN 4226-1			
4.5.3.1.1	2 K Hbl, Breite $b \leq$ 240 mm 3 K Hbl, Breite $b \leq$ 300 mm 4 K Hbl, Breite $b \leq$ 365 mm	($\leq$ 1 800)	0,92[7)]	20/30
4.5.3.1.2	2 K Hbl, Breite $b \leq$ 300 mm 3 K Hbl, Breite $b \leq$ 365 mm	($\leq$ 1 800)	1,3[7)]	20/30
4.5.3.2	Hohlblöcke mit porigen Zuschlägen nach DIN 4226-2	$\leq$ 900 $\leq$ 1 200	0,65 0,85	5/15
5 Wärmedämmstoffe				

5.1	Holzwolle-Leichtbauplatten nach DIN 1101[8)]
	 Plattendicke $d \geq$ 25 mm
	
	 Wärmeleitfähigkeitsgruppe
	     065
	     070
	     075
	     080
	     085
	     090
	
	 Plattendicke d
	 15 mm $\leq d$ < 25 mm
		
		(360 bis 460)
		
		(460 bis 570)
			
			0,065
			 0,070
			 0,075
			 0,080
			 0,085
			 0,090
			
			 0,15
				2/5

[1)] bis [4)], [7)] und [8)] siehe Seite 19

(fortgesetzt)

Tabelle 1 (fortgesetzt)

Zeile	Stoff	Rohdichte[1)2)] ρ kg/m³	Bemessungswert der Wärmeleitfähigkeit[3)] λ_R W/(m·K)	Richtwert der Wasserdampf-Diffusionswiderstandszahl[4)] μ
5.2	Mehrschicht-Leichtbauplatten nach DIN 1101			
	Hartschaumschicht (Polystyrol-Partikelschaum) nach DIN 18164-1 Wärmeleitfähigkeitsgruppe[9)]			
	035		0,035	
	040		0,040	
		≥ 15		20/50
		≥ 20		30/70
		≥ 30		40/100
	Mineralfaserschicht nach DIN 18165-1 Wärmeleitfähigkeitsgruppe[10)]			
	040		0,040	
	045	(50 bis 250)	0,045	1
	Holzwolleschichten[11)] (Einzelschichten) Dicke d			
	10 mm ≤ d < 25 mm	(460 bis 650)	0,15	
	Dicke d ≥ 25 mm Wärmeleitfähigkeitsgruppe			
	065		0,065	
	070		0,070	
	075	(360 bis 460)	0,075	2/5
	080		0,080	
	085		0,085	
	090		0,090	
5.3	Schaumkunststoffe nach DIN 18159-1, an der Baustelle hergestellt			
5.3.1	Polyurethan(PUR)-Ortschaum nach DIN 18159-1 (Treibmittel CO_2) Wärmeleitfähigkeitsgruppe	(> 45)		30/100
	035		0,035	
	040		0,040	

[1)] bis [4)] siehe Seite 19 und [9)] bis [11)] siehe Seite 20

(fortgesetzt)

Seite 15
DIN V 4108-4 : 1998-10

Tabelle 1 (fortgesetzt)

Zeile	Stoff	Rohdichte[1)2)] ρ kg/m³	Bemessungswert der Wärmeleitfähigkeit[3)] λ_R W/(m · K)	Richtwert der Wasserdampf-Diffusionswiderstandszahl[4)] μ
5.3.2	Harnstoff-Formaldehyd(UF)-Ortschaum nach DIN 18159-2 Wärmeleitfähigkeitsgruppe 035 040	($\geq$ 10)	0,035 0,040	1/3
5.4	Korkdämmstoffe Korkplatten nach DIN 18161-1 Wärmeleitfähigkeitsgruppe 045 050 055	(80 bis 500)	0,045 0,050 0,055	5/10
5.5	Schaumkunststoffe nach DIN 18164-1[12)]			
5.5.1	Polystyrol(PS)-Hartschaum			
5.5.1.1	Polystyrol(PS)-Partikelschaum Wärmeleitfähigkeitsgruppe 035 040	$\geq$ 15 $\geq$ 20 $\geq$ 30	0,035 0,040	20/50 30/70 40/100
5.5.1.1.1	Polystyrol-Extruderschaum Wärmeleitfähigkeitsgruppe 030 035 040	($\geq$ 25)	0,030 0,035 0,040	80/250
5.5.1.1.2	Polystyrol-Extruderschaum außerhalb der Bauwerksabdichtung[13)] bzw. Dachhaut[14)] Wärmeleitfähigkeitsgruppe 030 035 040	($\geq$ 30)	0,030 0,035 0,040	80/250
5.5.2	Polyurethan(PUR)-Hartschaum Wärmeleitfähigkeitsgruppe 020[15)] 025 030 035 040	($\geq$ 30)	0,020 0,025 0,030 0,035 0,040	30/100

[1)] bis [4)] siehe Seite 19 sowie [12)] und [13)] bis [15)] siehe Seite 20

(fortgesetzt)

Tabelle 1 (fortgesetzt)

Zeile	Stoff	Rohdichte[1)2)] ρ kg/m³	Bemessungswert der Wärmeleitfähigkeit[3)] λ_R W/(m·K)	Richtwert der Wasserdampf-Diffusionswiderstandszahl[4)] μ
5.5.3	Phenolharz(PF)-Hartschaum Wärmeleitfähigkeitsgruppe 030 035 040 045	($\geq$ 30)	0,030 0,035 0,040 0,045	10/50
5.6	Mineralische und pflanzliche Faserdämmstoffe nach DIN 18165-1[16)] Wärmeleitfähigkeitsgruppe 035 040 045 050	(8 bis 500)	0,035 0,040 0,045 0,050	1
5.7	Schaumglas			
5.7.1	Schaumglas nach DIN 18174 Wärmeleitfähigkeitsgruppe 045 050 055 060	(100 bis 150)[1),5)]	0,045 0,050 0,055 0,060	[5)]
5.7.2	Schaumglas nach DIN 18174 außerhalb der Bauwerksabdichtungen Wärmeleitfähigkeitsgruppe 045 050 055	(110 bis 150)	0,045 0,050 0,055	[5)]
5.8	Holzfaserdämmplatten nach DIN 68755 Wärmeleitfähigkeitsgruppe 040 045 050 055 060 065 070	(120 bis 450)	0,040 0,045 0,050 0,055 0,060 0,065 0,070	5
6	Holz und Holzwerkstoffe[17)]			
6.1	Holz			
6.1.1	Fichte, Kiefer, Tanne	(600)	0,13	40
6.1.2	Buche, Eiche	(800)	0,20	
6.2	Holzwerkstoffe			
6.2.1	Sperrholz nach DIN 68705-2 bis DIN 68705-4	(800)	0,15	50/400

[1)] bis [5)] siehe Seite 19 sowie [16)] und [17)] siehe Seite 20

(fortgesetzt)

Tabelle 1 (fortgesetzt)

Zeile	Stoff	Rohdichte[1)2)] ρ kg/m^3	Bemessungswert der Wärmeleitfähigkeit[3)] λ_R W/(m·K)	Richtwert der Wasserdampf-Diffusionswiderstandszahl[4)] μ
6.2.2	Spanplatten			
6.2.2.1	Flachpreßplatten nach DIN 68761-1, DIN 68761-4 und DIN 68763	(700)	0,13	50/100
6.2.2.2	Strangpreßplatten nach DIN 68764-1 (Vollplatten ohne Beplankung)	(700)	0,17	20
6.2.3	Holzfaserplatten			
6.2.3.1	Harte Holzfaserplatten nach DIN EN 622-2, DIN EN 622-3 und DIN 68754-1	(1 000)	0,17	70
6.2.3.2	Poröse Holzfaserplatten nach DIN EN 622-4 und Bitumen-Holzfaserplatten nach DIN 68752	≤ 400	0,070	5
7	Beläge, Abdichtstoffe und Abdichtungsbahnen			
7.1	Fußbodenbeläge			
7.1.1	Linoleum nach DIN EN 548	(1 000)	0,17	–
7.1.2	Korklinoleum	(700)	0,081	–
7.1.3	Linoleum-Verbundbeläge nach DIN EN 687	(100)	0,12	–
7.1.4	Kunststoffbeläge z. B. PVC	(1 500)	0,23	–
7.2	Abdichtstoffe, Abdichtungsbahnen			
7.2.1	Asphaltmastix, Dicke $d \geq$ 7mm	(2 000)	0,70	[5)]
7.2.2	Bitumen	(1 100)	0,17	–
7.2.3	Dachbahnen, Dachabdichtungsbahnen			
7.2.3.1	Bitumendachbahnen nach DIN 52128	(1 200)	0,17	10 000/80 000
7.2.3.2	Nackte Bitumenbahnen nach DIN 52129	(1 200)	0,17	2 000/20 000
7.2.3.3	Glasvlies-Bitumendachbahnen nach DIN 52143	–	0,17	20 000/60 000
7.2.4	Kunststoff-Dachbahnen			
7.2.4.1	– nach DIN 16729 (ECB) 2,0 K 2,0	–	–	50 000/75 000 70 000/90 000
7.2.4.2	– nach DIN 16730 (PVC–P)	–	–	10 000/30 000
7.2.4.3	– nach DIN 16731 (PIB)	–	–	400 000/1 750 000

[1)] bis [5)] siehe Seite 19

(fortgesetzt)

Tabelle 1 (fortgesetzt)

Zeile	Stoff	Rohdichte[1)2)] ρ kg/m³	Bemessungswert der Wärmeleitfähigkeit[3)] λ_R W/(m·K)	Richtwert der Wasserdampf-Diffusionswiderstandszahl[4)] μ
7.2.5	Folien			
7.2.5.1	PVC-Folien Dicke $d \geq 0,1$ mm	–	–	20 000/50 000
7.2.5.2	Polyethylen-Folien Dicke $d \geq 0,1$ mm	–	–	100 000
7.2.5.3	PTFE-Folien Dicke $d \geq 0,05$ mm	–	–	10 000
7.2.5.4	PA-Folie Dicke $d \geq 0,05$ mm	–	–	50 000
7.2.5.5	PP-Folie Dicke $d \geq 0,05$ mm	–	–	1 000
7.2.5.6	Aluminium-Folien Dicke $d \geq 0,05$ mm	–	–	[5)]
7.2.5.7	Andere Metallfolien, Dicke $d \geq 0,1$ mm	–	–	[5)]
8 Sonstige gebräuchliche Stoffe[18)]				
8.1	lose Schüttungen[19)], abgedeckt			
8.1.1	– aus porigen Stoffen: Blähperlit Blähglimmer Korkschrot, expandiert Hüttenbims Blähton, Blähschiefer Bimskies Schaumlava	($\leq$ 100) ($\leq$ 100) ($\leq$ 200) ($\leq$ 600) ($\leq$ 400) ($\leq$ 1 000) $\leq$ 1 200 $\leq$ 1 500	0,060 0,070 0,055 0,13 0,16 0,19 0,22 0,27	–
8.1.2	– aus Polystyrolschaumstoff-Partikeln	(15)	0,050	–
8.1.3	– aus Sand, Kies, Splitt (trocken)	(1 800)	0,70	–
8.2	Fliesen	(2 000)	1,0	–
8.3	Glas	(2 500)	0,80	–
8.4	Natursteine			
8.4.1	Magmatische und metamorphe Gesteine (Granit, Basalt, Marmor)	(2 800)	3,5	10 000
8.4.2	Sedimentgesteine (Sandstein, Kalkstein, Schiefer)	(2 600)	2,3	40 bis 1 000
8.4.3	Vulkanische porige Natursteine	(1 600)	0,55	10

[1)] bis [5)] siehe Seite 19 sowie [18)] und [19)] siehe Seite 20

(fortgesetzt)

Tabelle 1 (fortgesetzt)

Zeile	Stoff	Rohdichte[1)2)] ρ kg/m³	Bemessungswert der Wärmeleitfähigkeit[3)] λ_R W/(m·K)	Richtwert der Wasserdampf-Diffusionswiderstandszahl[4)] μ
8.5	Lehme			
8.5.1	Massivlehm und Lehmformlinge	1 800 2 000	0,95 1,2	
8.5.2	Strohlehm	1 400 1 600	0,60 0,80	5/10
8.5.3	Leichtlehm	800 1 000 1 200	0,30 0,40 0,50	
8.5.4	Lehmwickel mit Stroh auf Holzstaken	–	0,50	
8.6	Böden, naturfeucht			
8.6.1	Sand und Kiessand	–	2,1	–
8.6.2	Bindige Böden	–	1,4	–
8.7	Keramik und Glasmosaik	(2 000)	1,2	100/300
8.8	Metalle			
8.8.1	Stahl	–	50	–
8.8.2	Legierter Stahl	–	15	–
8.8.3	Kupfer	–	380	–
8.8.4	Aluminium	–	200	–
8.8.5	Aluminium-Legierungen	–	160	–
8.8.6	Blei	–	35	–
8.9	Gummi			
8.9.1	Naturgummi	–	0,13	–
8.9.2	Synthese-Kautschuk	–	0,25	–

[1)] Die in Klammern angegebenen Werte der Rohdichte dienen nur zur Ermittlung der flächenbezogenen Masse, z. B. für den Nachweis des sommerlichen Wärmeschutzes.
[2)] Die bei den Steinen genannten Rohdichten entsprechen den Rohdichteklassen der zitierten Stoffnormen.
[3)] Die angegebenen Bemessungswerte der Wärmeleitfähigkeit λ_R von Mauerwerk dürfen bei Verwendung von Leichtmörtel nach DIN 1053-1 um 0,06 W/(m·K) verringert werden, jedoch dürfen die verringerten Werte bei Porenbeton-Blocksteinen nach Zeile 4.4 sowie bei Vollblöcken S-W aus Naturbims und aus Blähton oder aus einem Gemisch aus Blähton und Naturbims nach den Zeilen 4.5.2.3.1 und 4.5.2.4.1 die Werte der entsprechenden Zeilen 2.3 sowie 2.4.2.1 und 2.4.2.2 nicht unterschreiten.
[4)] Es ist jeweils der für die Baukonstruktion ungünstigere Wert einzusetzen. Bezüglich der Anwendung der μ-Werte siehe DIN 4108-3.
[5)] Praktisch dampfdicht; nach DIN EN 12086 oder E DIN EN ISO 12572: $s_d \geq 1\ 500$ m.
[6)] Bei Quarzsandzusatz erhöhen sich die Bemessungswerte der Wärmeleitfähigkeit um 20 %.
[7)] Die Bemessungswerte der Wärmeleitfähigkeit sind bei Hohlblöcken mit Quarzsandzusatz für 2 K Hbl um 20 % und für 3 K Hbl bis 6 K Hbl um 15 % zu erhöhen.
[8)] Platten der Dicke $d < 15$ mm dürfen wärmeschutztechnisch nicht berücksichtigt werden (siehe DIN 1101)

(fortgesetzt)

Tabelle 1 (abgeschlossen)

Zeile	Stoff	Rohdichte[1)2)] ρ kg/m³	Bemessungswert der Wärmeleitfähigkeit[3)] λ_R W/(m · K)	Richtwert der Wasserdampf-Diffusionswiderstandszahl[4)] μ

[9)] Bei Vereinbarung anderer Schaumkunststoffe nach DIN 18164-1 gelten die Werte der Zeile 5.5.

[10)] Bei Vereinbarung anderer Wärmeleitfähigkeitsgruppen gelten die Werte der Zeile 5.6.

[11)] Holzwolleschichten (Einzelschichten) mit Dicken d < 10 mm dürfen zur Berechnung des Wärmedurchlaßwiderstandes R nicht berücksichtigt werden (siehe DIN 1101). Bei Diffusionsberechnungen werden sie jedoch mit ihrer wasserdampfdiffusionsäquivalenten Luftschichtdicke s_d in Ansatz gebracht (Richtwert der Wasserdampf-Diffusionswiderstandszahl[4)] μ = 2/5).

[12)] Bei Trittschalldämmplatten aus Schaumkunststoffen werden bei sämtlichen Erzeugnissen der Wärmedurchlaßwiderstand R und die Wärmeleitfähigkeitsgruppe auf der Verpackung angegeben (siehe DIN 18164-2).

[13)] Zusätzliche Anforderungen gegenüber DIN 18164-1
Anwendungstyp WD oder WS bei Anwendung als Perimeterdämmung
– Die Dämmplatten müssen beidseitig je eine Schaumhaut haben;
– Druckfestigkeit bzw. Druckspannung bei 10 % Stauchung $\geq$ 0,30 N/mm²;
– Wasseraufnahme in der Prüfung nach DIN EN 12088 im Temperaturgefälle 50 °C zu 1 °C: unter 3,0 % Volumenanteil.

[14)] Zusätzliche Anforderungen gegenüber DIN 18164-1, Anwendungstyp WD oder WS bei Anwendung als Umkehrdach:
– Druckfestigkeit bzw. Druckspannung bei 10 % Stauchung $\geq$ 0,30 N/mm²;
– Wasseraufnahme in der Prüfung nach DIN EN 12088 im Temperaturgefälle 50 °C zu 1 °C: unter 3,0 % Volumenanteil.
Die Dämmplatten sind mit Kantenprofilierung (z. B. Stufenfalz) auszubilden.

[15)] Mit diffusionsdichten Deckschichten.

[16)] Bei Trittschalldämmung aus Faserdämmstoffen wird bei sämtlichen Erzeugnissen die Wärmeleitfähigkeitsgruppe auf der Verpackung angegeben (siehe DIN 18165-2).

[17)] Die angegebenen Bemessungswerte der Wärmeleitfähigkeit λ_R gelten für Holz quer zur Faser, für Holzwerkstoffe senkrecht zur Plattenebene. Für Holz in Faserrichtung sowie für Holzwerkstoffe in Plattenebene ist näherungsweise der 2,2fache Wert einzusetzen, wenn kein genauer Nachweis erfolgt.

[18)] Diese Stoffe sind hinsichtlich ihrer wärmeschutztechnischen Eigenschaften nicht genormt. Die angegebenen Wärmeleitfähigkeitswerte stellen obere Grenzwerte dar.

[19)] Die Dichte wird bei losen Schüttungen als Schüttdichte angegeben.

3.2 Verglasungen, Fenster und Fenstertüren

Tabelle 2: Rechenwerte der Wärmedurchgangskoeffizienten für Verglasungen U_V und für Fenster und Fenstertüren, einschließlich Rahmen U_F

Spalte	1	2	3	4	5	6	7
Zeile	Beschreibung der Verglasung	Verglasung[1] U_V W/(m² · K)	Fenster und Fenstertüren, einschließlich Rahmen U_F für Rahmenmaterialgruppe[2]				
			1	2.1	2.2	2.3	3[3]
1	Unter Verwendung von Normalglas						
1.1	Einfachverglasung	5,8	5,2				
1.2	Isolierglas mit Luftzwischenraum von 6 mm bis 8 mm	3,4	2,9	3,2	3,3	3,6	4,1
1.3	Isolierglas mit Luftzwischenraum über 8 mm bis 10 mm	3,2	2,8	3,0	3,2	3,4	4,0
1.4	Isolierglas mit Luftzwischenraum über 10 mm bis 16 mm	3,0	2,6	2,9	3,1	3,3	3,8
1.5	Isolierglas mit zweimal Luftzwischenraum von 6 mm bis 8 mm	2,4	2,2	2,5	2,6	2,9	3,4
1.6	Isolierglas mit zweimal Luftzwischenraum über 8 mm bis 10 mm	2,2	2,1	2,3	2,5	2,7	3,3
1.7	Isolierglas mit zweimal Luftzwischenraum über 10 mm bis 16 mm	2,1	2,0	2,3	2,4	2,7	3,2
1.8	Doppelverglasung mit 20 mm bis 100 mm Scheibenabstand	2,8	2,5	2,7	2,9	3,2	3,7
1.9	Doppelverglasung aus Einfachglas und Isolierglas (Luftzwischenraum 10 mm bis 16 mm) mit 20 mm bis 100 mm Scheibenabstand	2,0	1,9	2,2	2,4	2,6	3,1
1.10	Doppelverglasung aus zwei Isolierglaseinheiten (Luftzwischenraum 10 mm bis 16 mm) mit 20 mm bis 100 mm Scheibenabstand	1,4	1,5	1,8	1,9	2,2	2,7

[1] [2] und [3] siehe Seite 23

(fortgesetzt)

Tabelle 2 (fortgesetzt)

Spalte	1	2	3	4	5	6	7
Zeile	Beschreibung der Verglasung	Verglasung[1] U_V W/(m² · K)	Fenster und Fenstertüren, einschließlich Rahmen U_F für Rahmenmaterialgruppe[2]				
			1	2.1	2.2	2.3	3[3]
2 Unter Verwendung von Sondergläsern							
2.1		3,0	2,6	2,9	3,1	3,3	3,8
2.2		2,9	2,5	2,8	3,0	3,2	3,8
2.3		2,8	2,5	2,7	2,9	3,2	3,7
2.4		2,7	2,4	2,7	2,9	3,1	3,6
2.5		2,6	2,3	2,6	2,8	3,0	3,6
2.6		2,5	2,3	2,5	2,7	3,0	3,5
2.7		2,4	2,2	2,5	2,6	2,9	3,4
2.8		2,3	2,1	2,4	2,6	2,8	3,4
2.9		2,2	2,1	2,3	2,5	2,7	3,3
2.10		2,1	2,0	2,3	2,4	2,7	3,2
2.11		2,0	1,9	2,2	2,4	2,6	3,1
2.12	Die Wärmedurchgangskoeffizienten U_V für Sondergläser werden gesondert festgelegt.	1,9	1,8	2,1	2,3	2,5	3,1
2.13		1,8	1,8	2,0	2,2	2,5	3,0
2.14		1,7	1,7	2,0	2,2	2,4	2,9
2.15		1,6	1,6	1,9	2,1	2,3	2,9
2.16		1,5	1,6	1,8	2,0	2,3	2,8
2.17		1,4	1,5	1,8	1,9	2,2	2,7
2.18		1,3	1,4	1,7	1,9	2,1	2,7
2.19		1,2	1,4	1,6	1,8	2,0	2,6
2.20		1,1	1,3	1,6	1,7	2,0	2,5
2.21		1,0	1,2	1,5	1,7	1,9	2,4
2.22		0,9	1,2	1,5	1,7	1,9	2,4
2.23		0,8	1,2	1,4	1,6	1,9	2,3
2.24		0,7	1,1	1,3	1,5	1,8	2,2
2.25		0,6	1,0	1,3	1,5	1,8	2,2
2.26		0,5	1,0	1,2	1,4	1,7	2,1
3 Glasbaustein-Wand nach DIN 4242 mit Hohlglasbausteinen nach DIN 18175		–	–	–	–	–	3,5
[1] [2] und [3] siehe Seite 23							

(fortgesetzt)

Seite 23
DIN V 4108-4 : 1998-10

Tabelle 2 (abgeschlossen)

Spalte	1	2	3	4	5	6	7
Zeile	Beschreibung der Verglasung	Verglasung[1] U_V W/(m² · K)	Fenster und Fenstertüren, einschließlich Rahmen U_F für Rahmenmaterialgruppe[2]				
			1	2.1	2.2	2.3	3[3]

[1] Bei Fenstern mit einem Rahmenanteil von nicht mehr als 5 % (z. B. Schaufensteranlagen) kann für den Wärmedurchgangskoeffizienten U_F der Wärmedurchgangskoeffizient U_V der Verglasung gesetzt werden.

[2] Die Einstufung von Fensterrahmen in die Rahmenmaterialgruppen 1 bis 3 ist wie folgt vorzunehmen

Rahmenmaterialgruppe 1:
Rahmen aus Holz, Kunststoff und Holzkombinationen (z. B. Holzrahmen mit Aluminiumbekleidung) ohne besonderen Nachweis.

Rahmen aus beliebigen Profilen, wenn der Wärmedurchgangskoeffizient des Rahmens $U_R \leq 2{,}0$ W/(m² · K) aufgrund von Prüfzeugnissen nachgewiesen worden ist.

In die Rahmenmaterialgruppe 1 sind Profile für Kunststoff-Fenster nur dann einzuordnen, wenn die Profilausbildung vom Kunststoff bestimmt wird und eventuell vorhandene Metalleinlagen nur der Aussteifung dienen.

Rahmenmaterialgruppe 2.1:
Rahmen aus wärmegedämmten Metall- oder Betonprofilen, wenn der Wärmedurchgangskoeffizient des Rahmens mit 2,0 W/(m² · K) < $U_R \leq 2{,}8$ W/(m² · K) aufgrund von Prüfzeugnissen nachgewiesen worden ist.

Rahmenmaterialgruppe 2.2:
Rahmen aus wärmegedämmten Metall- oder Betonprofilen, wenn der Wärmedurchgangskoeffizient des Rahmens mit 2,8 W/(m² · K) < $U_R \leq 3{,}5$ W/(m² · K) aufgrund von Prüfzeugnissen nachgewiesen worden ist oder wenn die Profilkernzone die in Tabelle 3 angegebenen Merkmale aufweist.

Rahmenmaterialgruppe 2.3
Rahmen aus wärmegedämmten Metall- oder Betonprofilen, wenn der Wärmedurchgangskoeffizient des Rahmens mit 3,5 W/(m² · K) < $U_R \leq 4{,}5$ W/(m² · K) aufgrund von Prüfzeugnissen nachgewiesen worden ist oder wenn die Profilkernzone der Profile die in Tabelle 4 angegebenen Merkmale aufweist.

Rahmenmaterialgruppe 3:
Rahmen aus Beton, Stahl und Aluminium sowie wärmegedämmten Metallprofilen, die nicht in die Rahmenprofilgruppen 2.1 bis 2.3 eingestuft werden können, ohne besonderen Nachweis.

[3] Bei Verglasungen mit einem Rahmenanteil ≤ 15 % dürfen in der Rahmenmaterialgruppe 3 (Spalte 7, ausgenommen Zeile 1.1) die U_F-Werte um 0,5 W/(m² · K) herabgesetzt werden.

Tabelle 3: Merkmale der Profilkernzone

Anteil der Kunststoffverbindung an der Wärmedämmzone $\lambda \geq 0{,}17$ W/(m · K)		Abstand gegenüberliegender Stege a	Dicke der Dämmzone s
bei Verbindung der Innen- und Außenschale der Metallprofile mit Kunststoff	$b_1 + b_2 \leq 0{,}4 \cdot b$	≥ 7	≥ 12
	$b_1 + b_2 \leq 0{,}4 \cdot b$	≥ 9	≥ 12

Seite 25
DIN V 4108-4 : 1998-10

Tabelle 4: Merkmale der Profilkernzone

Anteil der Kunststoffverbindung der Dämmzone mit $\lambda \geq 0{,}17$ W/(m · K)	Abstand gegenüberliegender Stege a	Dicke der Dämmzone s	Dicke der Stifte	Abstand der Stifte
– bei Verbindung der Innen- und Außenschale der Metallprofile mit Kunststoff				
$b_1 + b_2 \leq 0{,}4 \cdot b$	≥ 3	≥ 10		
$b_1 + b_2 \leq 0{,}4 \cdot b$	≥ 5	≥ 10		
– bei Verbindung der Innen- und Außenschale der Metallprofile mit Stiften	≥ 5	≥ 10	≤ 3	≥ 200

Tabelle 5: Bemessungswerte der Gesamtenergiedurchlaßgrade für Verglasungen, wenn keine Einzelfestlegungen vorliegen

Verglasung	Gesamtenergiedurchlaßgrad g
Doppelverglasung	0,75
Wärmeschutzverglasung, doppelverglast, Klarglas mit nur einer infrarot-reflektierenden Schicht	0,50
Dreifachverglasung, unbeschichtet	0,65
Dreifachverglasung mit zwei infrarot-reflektierenden Schichten	0,40

3.3 Konstruktionsmerkmale von Fenstern und Fenstertüren

Tabelle 6: Konstruktionsmerkmale von Fenstern und Fenstertüren in Abhängigkeit vom Fugendurchlaßkoeffizienten a nach DIN 18055

Konstruktionsmerkmale	Fugendurchlaßkoeffizient[1] a $m^3/(h \cdot m \cdot daPa^{2/3})$
Holzfenster (auch Doppelfenster) mit Profilen nach DIN 68121-1 ohne Dichtung	$2{,}0 \geq a > 1{,}0$
Alle Fensterkonstruktionen (bei Holzfenstern mit Profilen nach DIN 68121-1) mit alterungsbeständiger, leicht auswechselbarer, weichfedernder Dichtung	$a \leq 1{,}0$
[1] Bezüglich eines ausreichenden Luftwechsels siehe DIN 4108-2	

3.4 Wärmedurchlaßwiderstand von Luftschichten

Wärmedurchlaßwiderstände von ruhenden Luftschichten, schwach belüfteten Luftschichten und stark belüfteten Luftschichten werden nach DIN EN ISO 6946 angegeben.

3.5 Wärmeübergangswiderstände

Tabelle 7: Bemessungswerte der Wärmeübergangswiderstände

Zeile	Bauteile[1]	Wärmeübergangswiderstand[2][3]	
		innen R_{si} (m² · K)/W	außen R_{se} (m² · K)/W
1	Außenwand (ausgenommen nach Zeile 2)	0,13	0,04
2	Außenwand mit hinterlüfteter Außenhaut, Abseitenwand zum nicht wärmegedämmten Dachraum	0,13	0,08
3	Wohnungstrennwand, Trennraumwand, Wand zwischen fremden Arbeitsräumen, Trennwand zu dauernd unbeheiztem Raum, Abseitenwand zum wärmegedämmten Dachraum	0,13	[4]
4	An das Erdreich grenzende Wand	0,13	0
5	Decke oder Dachschräge, die Aufenthaltsraum nach oben gegen die Außenluft abgrenzt (nicht belüftet)	0,13	0,04
6	Decke unter nicht ausgebautem Dachraum, unter Spitzboden oder unter belüftetem Raum (z. B. belüftete Dachschräge)	0,13	0,08
7	Wohnungstrenndecke und Decke zwischen fremden Arbeitsräumen		
7.1	Wärmestrom von unten nach oben	0,10	[4]
7.2	Wärmestrom von oben nach unten	0,17	[4]
8	Kellerdecke	0,17	
9	Decke, die einen Aufenthaltsraum nach unten gegen die Außenluft abgrenzt	0,17	0,04
10	Unterer Abschluß eines nicht unterkellerten Aufenthaltsraumes (an das Erdreich grenzend)	0,17	0

[1] Vereinfachend kann in allen Fällen mit R_{si} = 0,13 (m² · K)/W sowie, die Zeilen 4 bis 10 ausgenommen, mit R_{se} = 0,04 (m² · K)/W gerechnet werden.

[2] Für die Überprüfung eines Bauteils auf Tauwasserbildung auf Oberflächen siehe besondere Festlegung in DIN 4108-3.

[3] Zur Lage der Bauteile im Bauwerk siehe Bild 1.

[4] Bei innenliegendem Bauteil ist zu beiden Seiten mit demselben Wärmeübergangswiderstand zu rechnen.

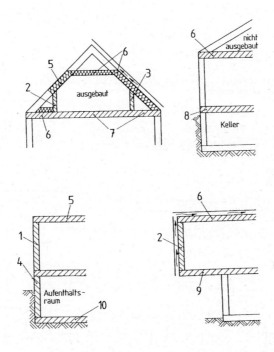

ANMERKUNG: Die Positionen entsprechen der Zeilennumerierung in Tabelle 7.

Bild 1: Lage und Ausbildung der Bauteile

3.6 Decken

Tabelle 8: Wärmedurchlaßwiderstände von Decken

Spalte	1	2	3	4
Zeile	Deckenart und Darstellung	Dicke s mm	Wärmedurchlaßwiderstand R ($m^2 \cdot K$)/W im Mittel	an der ungünstigsten Stelle
1	Stahlbetonrippen- und Stahlbetonbalkendecken nach DIN 1045 mit Zwischenbauteilen nach DIN 4158			
1.1	Stahlbetonrippendecke (ohne Aufbeton, ohne Putz)	120 140 160 180 200 220 250	0,20 0,21 0,22 0,23 0,24 0,25 0,26	0,06 0,07 0,08 0,09 0,10 0,11 0,12
1.2	Stahlbetonbalkendecke (ohne Aufbeton, ohne Putz)	120 140 160 180 200 220 240	0,16 0,18 0,20 0,22 0,24 0,26 0,28	0,06 0,07 0,08 0,09 0,10 0,11 0,12
2.1	Ziegel als Zwischenbauteile nach DIN 4160 ohne Querstege (ohne Aufbeton, ohne Putz)	115 140 165	0,15 0,16 0,18	0,06 0,07 0,08
2.2	Ziegel als Zwischenbauteile nach DIN 4160 mit Querstegen (ohne Aufbeton, ohne Putz)	190 225 240 265 290	0,24 0,26 0,28 0,30 0,32	0,09 0,10 0,11 0,12 0,13
3	Stahlsteindecken nach DIN 1045 aus Deckenziegeln nach DIN 4159			
3.1	Ziegel für teilvermörtelbare Stoßfugen nach DIN 4159	115 140 165 190 215 240 265 290	0,15 0,18 0,21 0,24 0,27 0,30 0,33 0,36	0,06 0,07 0,08 0,09 0,10 0,11 0,12 0,13
	(fortgesetzt)			

Seite 30
DIN V 4108-4 : 1998-10

Tabelle 8 (abgeschlossen)

Spalte	1	2	3	5
Zeile	Deckenart und Darstellung	Dicke s mm	Wärmedurchlaßwiderstand R ($m^2 \cdot K$)/W im Mittel	an der ungünstigsten Stelle
3.2	Ziegel für vollvermörtelbare Stoßfugen nach DIN 4159	115 140 165 190 215 240 265 290	0,13 0,16 0,19 0,22 0,25 0,28 0,31 0,34	0,06 0,07 0,08 0,09 0,10 0,11 0,12 0,13
4	Stahlbetonhohldielen nach DIN 1045			
	(ohne Aufbeton, ohne Putz)	65 80 100	0,13 0,14 0,15	0,03 0,04 0,05

3.7 Spezifische Wärmekapazität

Tabelle 9: Bemessungswerte der spezifischen Wärmekapazität verschiedener Stoffe

Zeile	Stoff	Spezifische Wärmekapazität[1] c J/(kg · K)
1	Anorganische Bau- und Dämmstoffe	1 000
2	Holz und Holzwerkstoffe, einschließlich Holzwolle-Leichtbauplatten	2 100
3	Pflanzliche Fasern und Textilfasern	1 300
4	Schaumkunststoffe und Kunststoffe	1 500
5	Metalle	
5.1	Aluminium	800
5.2	Sonstige Metalle	400
6	Luft ($\rho = 1{,}25$ kg/m^3)	1 000
7	Wasser	4 200
[1] Diese Werte sind für spezielle Berechnungen der Wärmeleitung von Bauteilen bei instationären Randbedingungen zu verwenden.		

489

Seite 31
DIN V 4108-4 : 1998-10

Anhang A (normativ)

Ausgleichsfeuchtegehalte und Zuschlagswerte von Baustoffen

Die Bemessungswerte der Wärmeleitfähigkeit λ_R in Tabelle 1 sind aufgrund der Ausgleichsfeuchtegehalte nach Tabelle A.1 und den Zuschlagswerten nach Tabelle A.2 und Tabelle A.3 festgelegt worden.

Tabelle A.1: Praktische Feuchtegehalte von Baustoffen

Zeile		Baustoffe	Massebezogener Feuchtegehalt[1)2)] u_m %
1		Ziegel	1
2		Kalksandstein	3
3	3.1	Beton mit geschlossenem Gefüge mit dichten Zuschlägen	2
	3.2	Beton mit geschlossenem Gefüge mit porigen Zuschlägen	13
4	4.1	Leichtbeton mit haufwerksporigem Gefüge mit dichten Zuschlägen nach DIN 4226-1	3
	4.2	Leichtbeton mit haufwerksporigem Gefüge mit porigen Zuschlägen nach DIN 4226-2	4,5
5		Porenbeton	6,5
6		Gips, Anhydrit	2
7		Gußasphalt, Asphaltmastix	0
8		Anorganische Stoffe in loser Schüttung; expandiertes Gesteinglas (z. B. Blähperlit)	1
9		Mineralische Faserdämmstoffe aus Glas-, Stein-, Hochofenschlacken-(Hütten)Fasern	1,5
10		Schaumglas	0
11		Holz, Sperrholz, Spanplatten, Holzfaserplatten, Schilfrohrplatten und -matten, organische Faserdämmstoffe	15
12		Holzwolle-Leichtbauplatten	13
13		Pflanzliche Faserdämmstoffe aus Seegras, Holz-, Torf- und Kokosfasern und sonstigen Fasern	15
14		Korkdämmstoffe	10
15		Schaumkunststoffe aus Polystyrol, Polyurethan (hart)	1

[1)] Unter Ausgleichsfeuchtegehalt wird der Feuchtegehalt verstanden, der bei der Untersuchung genügend ausgetrockneter Bauten, die zum dauernden Aufenthalt von Personen dienen, in 90 % aller Fälle nicht überschritten wird oder den Feuchtegehalt, der nach E DIN EN ISO 12570 bestimmt wurde.

[2)] Siehe auch DIN EN ISO 9346

Zuschlagswerte für die Weiterbehandlung der Meßwerte der Wärmeleitfähigkeit oder des Wärmedurchlaßwiderstandes für die Anwendung im Bauwesen sind in Tabelle A.2 und Tabelle A.3 angegeben.

Tabelle A.2: Massebezogene Zuschlagswerte für Mauerwerk-Konstruktionen zur Bestimmung der R_Z-Werte

Mauerwerk-Konstruktionen	Zuschlagswert Z
Mauerwerk aus Mauerziegeln nach DIN 105-1 bis DIN 105-5	0,10
Mauerwerk aus Kalksandsteinen nach DIN 106-1 und DIN 106-2	0,20
Mauerwerk aus Porenbeton-Blocksteinen nach DIN 4165	0,25
Mauerwerk aus Hohlblocksteinen nach DIN 18151	0,20
Mauerwerk aus Vollsteinen und Vollblöcken aus Leichtbeton nach DIN 18152	0,20

Tabelle A.3: Massebezogene Zuschlagswerte für Baustoffe zur Bestimmung der λ_Z-Werte

Zeile	Stoffe Bezeichnung	Zuschlagswert Z
1	Ziegel	0,10
2	Beton	
2.1	Beton mit geschlossenem oder haufwerksporigem Gefüge mit nichtporigen Zuschlägen nach DIN 4226-1 Kies	0,10
	Kalksandsteine, Hüttensteine	0,20
2.2	Beton mit geschlossenem Gefüge und mit porigen Zuschlägen nach DIN 4226-2	0,45
2.3	Beton mit haufwerksporigem Gefüge mit den porigen Zuschlägen Naturbims, Hüttenbims und Blähton	0,25
2.4	Beton mit haufwerksporigem Gefüge und mit porigen Zuschlägen aus: Schlacke Ziegelsplitt Blähschiefer, expandiert Gesteinsglas	0,25
3	Porenbeton, dampfgehärtet	0,25
4	Steinholz	0,60
5	Gips, Anhydrit	0,25
6	Asphalt, Bitumen	0,05
7	Anorganische Stoffe in loser Schüttung	
7.1	– expandiertes Gesteinsglas (z. B. Blähperlit)	0,20
7.1	– sonstige anorganische Stoffe	0,40
8	Mineralische Faserdämmstoffe	
8.1	– aus Glas-, Gesteins-, Schlackenfasern	0,05
8.2	– aus sonstigen Fasern, auch zementgebunden	0,20
9	Pflanzliche Faserdämmstoffe	
9.1	– aus Holzfasern, Torffasern, sonstigen Fasern	0,20
9.2	– aus Kokosfasern	0,10
10	Synthetische Faserdämmstoffe	0,20
11	Schaumglas	0,05
12	Holz, Sperrholz, Holzspanplatten, Holzfaserplatten	0,15
	(fortgesetzt)	

Tabelle A.3 (abgeschlossen)

Zeile	Stoffe		Zuschlagswert Z
	Bezeichnung		
14	Holzwolle-Leichtbauplatten	zementgebunden	0,10
		magnesitgebunden	0,05
15	Korkerzeugnisse		0,10
16	Holzfaserdämmplatten nach DIN 68755		0,10
17	Schaumkunststoffe[1]		
17.1	– aus Polystyrol-Hartschaum		0,05
17.2	– aus Harnstoff-Formaldehydharz(UF)-Ortschaum nach DIN 18159-2		0,10
17.3	– sonstige Schaumstoffe[2]		0,10

[1] Die Zuschlagswerte für Schaumkunststoffe aus Polystyrol-Extruderschaum und Polyurethan-Hartschaum mit bestimmten Treibmitteln sind in der Bauregelliste A angegeben.

[2] Für Schaumkunststoffe, deren Zellen ganz oder teilweise mit einem Gas gefüllt sind, dessen Wärmeleitfähigkeit kleiner ist als diejenige von Luft und die in dieser Tabelle nicht aufgeführt sind, ist der Zuschlag nicht bekannt.

Anhang B (informativ)

Tabelle B.1: Gegenüberstellung bisheriger und genormter Symbole physikalischer Größen

Symbol bisher	Physikalische Größe	Symbol	Geltende Norm
s	Dicke	d	DIN EN ISO 6946
A	Fläche	A	DIN EN ISO 7345
V	Volumen	V	
m	Masse	m	
ρ	(Roh)Dichte	ρ	
t	Zeit	t	
ϑ	Celsius-Temperatur	θ	
T	Thermodynamische Temperatur	T	
Q	Wärmemenge	Q	
$\dot{Q}$	Wärmestrom	Φ	
q	Wärmestromdichte	q	
λ	Wärmeleitfähigkeit	λ	
Λ	Wärmedurchlaßkoeffizient	Λ	
$1/\Lambda$	Wärmedurchlaßwiderstand	R	
α	Wärmeübergangskoeffizient	h	
$1/\alpha_i$	Wärmeübergangswiderstand, innen	R_{si}	DIN EN ISO 6946
$1/\alpha_a$	Wärmeübergangswiderstand, außen	R_{se}	
k	Wärmedurchgangskoeffizient	U	DIN EN ISO 7345
$1/k$	Wärmedurchgangswiderstand	R_T	DIN EN ISO 6946
p	Wasserdampfteildruck	p	DIN EN ISO 9346
ϕ	Relative Luftfeuchte	ϕ	
u_m	Massebezogener Feuchtegehalt	u	
u_V	Volumenbezogener Feuchtegehalt	ψ	
D	Diffusionskoeffizient/ Feuchtestrom	D	
I	Wasserdampf-Diffusionsstrom	G	
i	Wasserdampf-Diffusionsstromdichte	g	
Δ	Wasserdampf-Diffusionsdurchlaßkoeffizient	W	
$1/\Delta$	Wasserdampf-Diffusionsdurchlaßwiderstand	Z	
δ	Wasserdampfleitkoeffizient	δ	
μ	Wasserdampf-Diffusionswiderstandszahl	μ	
s_d	(wasserdampf-) diffusionsäquivalente Luftschichtdicke	s_d	

Anhang C (informativ)

Literaturhinweise

DIN 277-2
Grundflächen und Rauminhalte von Bauwerken im Hochbau – Gliederung der Nutzflächen, Funktionsflächen und Verkehrsflächen (Netto-Grundfläche)

DIN 4108-1
Wärmeschutz im Hochbau – Teil 1: Größen und Einheiten

E DIN 4108-2 : 1995-11
Wärmeschutz im Hochbau – Teil 2: Wärmedämmung und Wärmespeicherung – Anforderungen und Hinweise für Planung und Ausführung

E DIN 4108-3/A 1 : 1995-11
Wärmeschutz im Hochbau – Teil 3: Klimabedingter Feuchteschutz – Anforderungen und Hinweise für Planung und Ausführung; Änderung A 1

E DIN 4108-20 : 1995-07
Wärmeschutz im Hochbau – Teil 20: Thermisches Verhalten von Gebäuden – Sommerliche Raumtemperaturen bei Gebäuden ohne Anlagentechnik – Allgemeine Kriterien und Berechnungsalgorithmen (Vorschlag für eine Europäische Norm)

E DIN 4108-21 : 1995-11
Wärmeschutz im Hochbau – Teil 21: Außenwände von Gebäuden – Luftdurchlässigkeit – Prüfverfahren (Vorschlag für eine Europäische Norm)

prEN 12114 : 1995-09
Außenwände von Gebäuden – Luftdurchlässigkeit – Prüfverfahren

E DIN EN 12524
Baustoffe und -produkte – Wärmeschutztechnische Eigenschaften – Tabellierte Bemessungswerte; Deutsche Fassung prEN 12524 : 1996

E DIN EN 12664
Baustoffe – Bestimmung des Wärmedurchlaßwiderstandes nach dem Verfahren mit dem Plattengerät und dem Wärmestrommeßplatten-Gerät – Trockene und feuchte Produkte mit mittlerem und niedrigem Wärmedurchlaßwiderstand; Deutsche Fassung prEN 12664 : 1996

E DIN EN 12667
Baustoffe – Bestimmung des Wärmedurchlaßwiderstandes nach dem Verfahren mit dem Plattengerät und dem Wärmestrommeßplatten-Gerät – Produkte mit hohem und mittlerem Wärmedurchlaßwiderstand; Deutsche Fassung prEN 12667 : 1996

E DIN EN 12939
Baustoffe – Bestimmung des Wärmedurchlaßwiderstandes nach dem Verfahren mit dem Plattengerät und dem Wärmestrommeßplatten-Gerät – Dicke Produkte mit hohem und mittlerem Wärmedurchlaßwiderstand; Deutsche Fassung prEN 12939 : 1997

E DIN EN ISO 12571
Baustoffe – Hygroskopische Sorptionskurven – Bestimmungsverfahren (ISO/DIS 12571 : 1996); Deutsche Fassung prEN ISO 12571 : 1996

prEN ISO 13791 : 1995-06
Thermisches Verhalten von Gebäuden – Sommerliche Raumtemperaturen bei Gebäuden ohne Anlagentechnik – Allgemeine Kriterien und Berechnungsalgorithmen (ISO/DIS 13791 : 1995)

[1] Verordnung über einen energiesparenden Wärmeschutz bei Gebäuden (Wärmeschutzverordnung – Wärmeschutz V) vom 16.08.1994 BGBl I, 1994, Nr 55, Seiten 2121 bis 2132

DK 699.86 : 624.9 : 699.8.001.24

August 1981

Wärmeschutz im Hochbau
Berechnungsverfahren

DIN
4108
Teil 5

Thermal insulation in buildings; calculation methods
Isolation thermique dans la construction immobilière; méthodes de calcul

Mit DIN 4108 Teil 1 bis Teil 4
Ersatz für DIN 4108

Diese Norm wurde im Fachbereich Technische Baubestimmungen des NABau ausgearbeitet.

Der Inhalt der Norm DIN 4108 ist wie folgt aufgeteilt:
DIN 4108 Teil 1 Wärmeschutz im Hochbau; Größen und Einheiten
DIN 4108 Teil 2 Wärmeschutz im Hochbau; Wärmedämmung und Wärmespeicherung; Anforderungen und Hinweise für Planung und Ausführung
DIN 4108 Teil 3 Wärmeschutz im Hochbau; Klimabedingter Feuchteschutz; Anforderungen und Hinweise für Planung und Ausführung
DIN 4108 Teil 4 Wärmeschutz im Hochbau; Wärme- und feuchteschutztechnische Kennwerte
DIN 4108 Teil 5 Wärmeschutz im Hochbau; Berechnungsverfahren

Inhalt

	Seite
1 Zweck	1
2 Mitgeltende Normen	1
3 Berechnung des Wärmedurchlaßwiderstandes	2
3.1 Einschichtige Bauteile	2
3.2 Mehrschichtige Bauteile mit hintereinanderliegenden Schichten	2
3.3 Bauteile mit nebeneinanderliegenden Bereichen	2
4 Berechnung des Wärmedurchgangswiderstandes	2
5 Berechnung des Wärmedurchgangskoeffizienten	2
5.1 Ein- und mehrschichtige Bauteile	2
5.2 Bauteile mit nebeneinanderliegenden Bereichen	2
6 Berechnung des mittleren Wärmedurchgangskoeffizienten von Gebäuden und von Bauteilkombinationen (Außenwände)	2
7 Berechnung der Wärmestromdichte	2
8 Berechnung der Temperaturen	3
8.1 Temperatur der Innenoberfläche	3
8.2 Temperatur der Außenoberfläche	3
8.3 Temperatur der Trennflächen	3

	Seite
9 Wärmeschutztechnische Berechnungen zur Verhinderung von Tauwasserbildung an der Innenoberfläche von Bauteilen	3
10 Berechnung von Wärmebrücken	3
11 Diffusionsberechnungen	3
11.1 Diffusionsschutztechnische Größen	3
11.1.1 Wasserdampf-Diffusionsdurchlaßwiderstand	3
11.1.2 Wasserdampfdiffusionsäquivalente Luftschichtdicke	4
11.1.3 Wasserdampfteildruck	4
11.1.4 Wasserdampf-Diffusionsstromdichte	5
11.2 Berechnungsverfahren	5
11.2.1 Allgemeines	5
11.2.2 Berechnung des Tauwasserausfalls	5
11.2.3 Berechnung der Verdunstung	5
11.2.4 Berechnungsverfahren bei Sonderfällen	12
Anhang A: Anwendungsbeispiele	12
A.1 Beispiel 1: Außenwand	12
A.2 Beispiel 2: Flachdach	13

1 Zweck
Diese Norm dient zur Festlegung von Berechnungsverfahren, die für die in DIN 4108 Teil 2 und Teil 3 zu berechnenden Größen benötigt werden. Die zur Berechnung notwendigen Formelzeichen und Einheiten sind in DIN 4108 Teil 1, die wärmeschutztechnischen Rechenwerte und feuchteschutztechnischen Richtwerte in DIN 4108 Teil 4 zusammengestellt.

2 Mitgeltende Normen
DIN 4108 Teil 1 Wärmeschutz im Hochbau; Größen und Einheiten
DIN 4108 Teil 2 Wärmeschutz im Hochbau; Wärmedämmung und Wärmespeicherung; Anforderungen und Hinweise für Planung und Ausführung
DIN 4108 Teil 3 Wärmeschutz im Hochbau; Klimabedingter Feuchteschutz; Anforderungen und Hinweise für Planung und Ausführung
DIN 4108 Teil 4 Wärmeschutz im Hochbau; Wärme- und feuchteschutztechnische Kennwerte

Fortsetzung Seite 2 bis 16

Normenausschuß Bauwesen (NABau) im DIN Deutsches Institut für Normung e. V.

3 Berechnung des Wärmedurchlaßwiderstandes

3.1 Einschichtige Bauteile

Der Wärmedurchlaßwiderstand $1/\Lambda$ (auch als Wärmeleitwiderstand R_λ bezeichnet) wird aus der Dicke s des Bauteils und dem Rechenwert seiner Wärmeleitfähigkeit λ_R wie folgt berechnet:

$$\frac{1}{\Lambda} = \frac{s}{\lambda_R} \qquad (1)$$

$\dfrac{1}{\Lambda}$	s	λ_R
m² · K/W	m	W/(m · K)

3.2 Mehrschichtige Bauteile mit hintereinanderliegenden Schichten

Bei mehrschichtigen Bauteilen wird der Wärmedurchlaßwiderstand $1/\Lambda$ aus den Dicken $s_1, s_2, \ldots, s_n$ der einzelnen Baustoffschichten und den Rechenwerten ihrer Wärmeleitfähigkeit $\lambda_{R1}, \lambda_{R2}, \ldots, \lambda_{Rn}$ nach folgender Gleichung ermittelt:

$$\frac{1}{\Lambda} = \frac{s_1}{\lambda_{R1}} + \frac{s_2}{\lambda_{R2}} + \ldots + \frac{s_n}{\lambda_{Rn}} \qquad (2)$$

$\dfrac{1}{\Lambda}$	$s_1 \ldots s_n$	$\lambda_{R1} \ldots \lambda_{Rn}$
m² · K/W	m	W/(m · K)

3.3 Bauteile mit nebeneinanderliegenden Bereichen

Bei einem Bauteil, das aus mehreren, nebeneinanderliegenden Bereichen mit unterschiedlichen Wärmedurchlaßwiderständen besteht, muß — sofern kein genauerer Nachweis erfolgt — der mittlere Wärmedurchlaßwiderstand über die Wärmedurchgangskoeffizienten k der einzelnen Bereiche gemäß Gleichungen (5) und (6) ermittelt werden. Hierbei dürfen sich die Wärmedurchlaßwiderstände $1/\Lambda$ benachbarter Bereiche höchstens um den Faktor 5 unterscheiden.

4 Berechnung des Wärmedurchgangswiderstandes

Der Wärmedurchgangswiderstand $1/k$ eines Bauteils (auch als R_k bezeichnet) wird durch Hinzuzählen der Wärmeübergangswiderstände $1/\alpha_i$ und $1/\alpha_a$ (auch als R_i und R_a bezeichnet) zum Wärmedurchlaßwiderstand $1/\Lambda$ nach folgender Gleichung berechnet:

$$\frac{1}{k} = \frac{1}{\alpha_i} + \frac{1}{\Lambda} + \frac{1}{\alpha_a} \qquad (3)$$

$\dfrac{1}{k}$	$\dfrac{1}{\alpha_i}$	$\dfrac{1}{\Lambda}$	$\dfrac{1}{\alpha_a}$
m² · K/W	m² · K/W	m² · K/W	m² · K/W

5 Berechnung des Wärmedurchgangskoeffizienten

5.1 Ein- und mehrschichtige Bauteile

Der Wärmedurchgangskoeffizient k eines Bauteils ergibt sich durch Kehrwertbildung aus Gleichung (3) wie folgt:

$$k = \frac{1}{\dfrac{1}{\alpha_i} + \dfrac{1}{\Lambda} + \dfrac{1}{\alpha_a}} \qquad (4)$$

k	$\dfrac{1}{\alpha_i}$	$\dfrac{1}{\Lambda}$	$\dfrac{1}{\alpha_a}$
W/(m² · K)	m² · K/W	m² · K/W	m² · K/W

5.2 Bauteile mit nebeneinanderliegenden Bereichen

Der mittlere Wärmedurchgangskoeffizient k für ein Bauteil, das aus mehreren, nebeneinanderliegenden Bereichen mit verschiedenen Wärmedurchgangskoeffizienten $k_1, k_2, \ldots, k_n$ besteht, wird entsprechend ihren Flächenanteilen $A_1/A, A_2/A, \ldots, A_n/A$ nach folgender Gleichung berechnet:

$$k = k_1 \frac{A_1}{A} + k_2 \frac{A_2}{A} + \ldots + k_n \frac{A_n}{A}, \qquad (5)$$

k	$k_1 \ldots k_n$	$A_1 \ldots A_n$	A
W/(m² · K)	W/(m² · K)	m²	m²

wobei A die Summe der Flächenanteile $A_1 + A_2 + \ldots + A_n$ der Bauteilbereiche bedeutet.

Der mittlere Wärmedurchlaßwiderstand $1/\Lambda$ eines Bauteils mit nebeneinanderliegenden Bereichen ergibt sich mit k aus Gleichung (5) wie folgt:

$$\frac{1}{\Lambda} = \frac{1}{k} - \left(\frac{1}{\alpha_i} + \frac{1}{\alpha_a} \right) \qquad (6)$$

$\dfrac{1}{\Lambda}$	$\dfrac{1}{k}$	$\dfrac{1}{\alpha_i}$	$\dfrac{1}{\alpha_a}$
m² · K/W	m² · K/W	m² · K/W	m² · K/W

6 Berechnung des mittleren Wärmedurchgangskoeffizienten von Gebäuden und von Bauteilkombinationen (Außenwände)

Anmerkung: Die Festlegung von Verfahren zur Berechnung des mittleren Wärmedurchgangskoeffizienten (k_m) der wärmeübertragenden Umfassungsfläche (A) eines Gebäudes und des mittleren Wärmedurchgangskoeffizienten von Außenwänden ist Gegenstand der „Verordnung über einen energiesparenden Wärmeschutz bei Gebäuden (Wärmeschutzverordnung — WärmeschutzV)".

Es ist beabsichtigt, die Berechnungsverfahren der Wärmeschutzverordnung zu gegebener Zeit in vollem Wortlaut in einem Beiblatt zu DIN 4108 Teil 5 wiederzugeben.

7 Berechnung der Wärmestromdichte

Durch ein Außenbauteil, an dessen einer Seite Innenluft mit der Temperatur ϑ_{Li} und an dessen anderer Seite Außenluft mit der Temperatur ϑ_{La} angrenzt, fließt im Beharrungszustand ein Wärmestrom mit der Dichte q. Die Wärmestromdichte wird nach folgender Gleichung berechnet:

$$q = k \, (\vartheta_{Li} - \vartheta_{La}) \qquad (7)$$

q	k	ϑ_{Li}	ϑ_{La}
W/m²	W/(m² · K)	°C	°C

8 Berechnung der Temperaturen

8.1 Temperatur der Innenoberfläche

Die Temperatur ϑ_{Oi} der Bauteilinnenoberfläche wird nach folgender Gleichung ermittelt:

$$\vartheta_{Oi} = \vartheta_{Li} - \frac{1}{\alpha_i} q \qquad (8)$$

ϑ_{Oi}	ϑ_{Li}	$\frac{1}{\alpha_i}$	q
°C	°C	m² · K/W	W/m²

8.2 Temperatur der Außenoberfläche

Die Temperatur ϑ_{Oa} der Außenoberfläche eines Bauteils wird nach folgender Gleichung ermittelt:

$$\vartheta_{Oa} = \vartheta_{La} + \frac{1}{\alpha_a} q \qquad (9)$$

ϑ_{Oa}	ϑ_{La}	$\frac{1}{\alpha_a}$	q
°C	°C	m² · K/W	W/m²

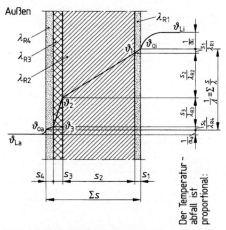

Bild 1. Temperaturverteilung über den Querschnitt eines mehrschichtigen Bauteils

8.3 Temperatur der Trennflächen

Die Temperaturen $\vartheta_1, \vartheta_2, \ldots, \vartheta_n$ nach jeweils der ersten, zweiten bzw. n-ten Schicht eines mehrschichtigen Bauteils (in Richtung des Wärmestroms gezählt) können wie folgt ermittelt werden (vergleiche auch Bild 1):

$$\vartheta_1 = \vartheta_{Oi} - \frac{1}{\Lambda_1} q \qquad (10)$$

$$\vartheta_2 = \vartheta_1 - \frac{1}{\Lambda_2} q \qquad (11)$$

$$\vartheta_n = \vartheta_{n-1} - \frac{1}{\Lambda_n} q \qquad (12)$$

$\vartheta_1 \ldots \vartheta_n$	$\vartheta_{Oi} \ldots \vartheta_{n-1}$	$\frac{1}{\Lambda_1} \ldots \frac{1}{\Lambda_n}$	q
°C	°C	m² · K/W	W/m²

Die Temperaturverteilungen in einem mehrschichtigen Bauteil in Abhängigkeit von den Schichtdicken und den Wärmeleitfähigkeiten veranschaulicht Bild 1.

9 Wärmeschutztechnische Berechnungen zur Verhinderung von Tauwasserbildung an der Innenoberfläche von Bauteilen

Der erforderliche Wärmedurchlaßwiderstand $1/\Lambda$ eines Bauteils zur Verhinderung von Tauwasserbildung an der Innenoberfläche wird nach folgender Gleichung ermittelt:

$$\frac{1}{\Lambda} = \frac{1}{\alpha_i} \cdot \frac{\vartheta_{Li} - \vartheta_{La}}{\vartheta_{Li} - \vartheta_s} - \left(\frac{1}{\alpha_i} + \frac{1}{\alpha_a} \right) \qquad (13)$$

$\frac{1}{\Lambda}$	$\frac{1}{\alpha_i}$	$\vartheta_{Li}, \vartheta_{La}, \vartheta_s$	$\frac{1}{\alpha_a}$
m² · K/W	m² · K/W	°C	m² · K/W

Der entsprechende Wärmedurchgangskoeffizient k ergibt sich zu:

$$k = \frac{\vartheta_{Li} - \vartheta_s}{\frac{1}{\alpha_i} (\vartheta_{Li} - \vartheta_{La})} \qquad (14)$$

k	$\frac{1}{\alpha_i}$	$\vartheta_{Li}, \vartheta_{La}, \vartheta_s$
W/(m² · K)	m² · K/W	°C

Die Taupunkttemperatur ϑ_s kann aus Tabelle 1 entnommen werden.

10 Berechnung von Wärmebrücken

Wärmebrücken, die dadurch entstehen, daß Bereiche mit unterschiedlichen Wärmedurchlaßwiderständen in einem Bauteil angeordnet werden, sind rechnerisch nach den Gleichungen (1) und (2) zu behandeln, sofern kein genauerer Nachweis erfolgt.

11 Diffusionsberechnungen

11.1 Diffusionsschutztechnische Größen

11.1.1 Wasserdampf-Diffusionsdurchlaßwiderstand

Der Wasserdampf-Diffusionsdurchlaßwiderstand $1/\Delta$ einer Baustoffschicht wird für eine Bezugstemperatur von 10 °C [1]) nach folgender Zahlenwertgleichung berechnet:

$$1/\Delta = 1{,}5 \cdot 10^6 \cdot \mu \cdot s \qquad (15)$$

$1/\Delta$	$R_D \cdot \frac{T}{D} \approx 1{,}5 \cdot 10^6$	μ	s
m² · h · Pa/kg	m · h · Pa/kg	—	m

[1]) Siehe Seite 5

Tabelle 1. Taupunkttemperatur ϑ_s der Luft in Abhängigkeit von Temperatur und relativer Feuchte der Luft

Lufttemperatur ϑ °C	Taupunkttemperatur ϑ_s [1]) in °C bei einer relativen Luftfeuchte von													
	30%	35%	40%	45%	50%	55%	60%	65%	70%	75%	80%	85%	90%	95%
30	10,5	12,9	14,9	16,8	18,4	20,0	21,4	22,7	23,9	25,1	26,2	27,2	28,2	29,1
29	9,7	12,0	14,0	15,9	17,5	19,0	20,4	21,7	23,0	24,1	25,2	26,2	27,2	28,1
28	8,8	11,1	13,1	15,0	16,6	18,1	19,5	20,8	22,0	23,2	24,2	25,2	26,2	27,1
27	8,0	10,2	12,2	14,1	15,7	17,2	18,6	19,9	21,1	22,2	23,3	24,3	25,2	26,1
26	7,1	9,4	11,4	13,2	14,8	16,3	17,6	18,9	20,1	21,2	22,3	23,3	24,2	25,1
25	6,2	8,5	10,5	12,2	13,9	15,3	16,7	18,0	19,1	20,3	21,3	22,3	23,2	24,1
24	5,4	7,6	9,6	11,3	12,9	14,4	15,8	17,0	18,2	19,3	20,3	21,3	22,3	23,1
23	4,5	6,7	8,7	10,4	12,0	13,5	14,8	16,1	17,2	18,3	19,4	20,3	21,3	22,2
22	3,6	5,9	7,8	9,5	11,1	12,5	13,9	15,1	16,3	17,4	18,4	19,4	20,3	21,2
21	2,8	5,0	6,9	8,6	10,2	11,6	12,9	14,2	15,3	16,4	17,4	18,4	19,3	20,2
20	1,9	4,1	6,0	7,7	9,3	10,7	12,0	13,2	14,4	15,4	16,4	17,4	18,3	19,2
19	1,0	3,2	5,1	6,8	8,3	9,8	11,1	12,3	13,4	14,5	15,5	16,4	17,3	18,2
18	0,2	2,3	4,2	5,9	7,4	8,8	10,1	11,3	12,5	13,5	14,5	15,4	16,3	17,2
17	−0,6	1,4	3,3	5,0	6,5	7,9	9,2	10,4	11,5	12,5	13,5	14,5	15,3	16,2
16	−1,4	0,5	2,4	4,1	5,6	7,0	8,2	9,4	10,5	11,6	12,6	13,5	14,4	15,2
15	−2,2	−0,3	1,5	3,2	4,7	6,1	7,3	8,5	9,6	10,6	11,6	12,5	13,4	14,2
14	−2,9	−1,0	0,6	2,3	3,7	5,1	6,4	7,5	8,6	9,6	10,6	11,5	12,4	13,2
13	−3,7	−1,9	−0,1	1,3	2,8	4,2	5,5	6,6	7,7	8,7	9,6	10,5	11,4	12,2
12	−4,5	−2,6	−1,0	0,4	1,9	3,2	4,5	5,7	6,7	7,7	8,7	9,6	10,4	11,2
11	−5,2	−3,4	−1,8	−0,4	1,0	2,3	3,5	4,7	5,8	6,7	7,7	8,6	9,4	10,2
10	−6,0	−4,2	−2,6	−1,2	0,1	1,4	2,6	3,7	4,8	5,8	6,7	7,6	8,4	9,2

[1]) Näherungsweise darf gradlinig interpoliert werden.

Sind mehrere Baustoffschichten hintereinander angeordnet, so wird der Wasserdampf-Diffusionsdurchlaßwiderstand $1/\Delta$ des Bauteils aus den Dicken $s_1, s_2, \ldots, s_n$ der einzelnen Baustoffschichten und ihrer Wasserdampf-Diffusionswiderstandszahlen $\mu_1, \mu_2, \ldots, \mu_n$ nach folgender Zahlenwertgleichung ermittelt:

$$1/\Delta = 1{,}5 \cdot 10^6 (\mu_1 \cdot s_1 + \mu_2 \cdot s_2 + \ldots + \mu_n \cdot s_n) \quad (16)$$

$1/\Delta$	$R_D \cdot \dfrac{T}{D} \approx 1{,}5 \cdot 10^6$	$\mu_1 \ldots \mu_n$	$s_1 \ldots s_n$
m² · h · Pa/kg	m · h · Pa/kg	—	m

11.1.2 Wasserdampfdiffusionsäquivalente Luftschichtdicke

Die diffusionsäquivalente Luftschichtdicke s_d einer Baustoffschicht wird aus ihrer Dicke s und der Wasserdampf-Diffusionswiderstandszahl μ des Baustoffes wie folgt berechnet:

$$s_d = \mu \cdot s \quad (17)$$

s_d	μ	s
m	—	m

11.1.3 Wasserdampfteildruck

Der Wasserdampfteildruck p wird aus der relativen Luftfeuchte φ und dem Wasserdampfsättigungsdruck p_s bei der Temperatur ϑ (siehe Tabelle 2 [2])) wie folgt berechnet:

$$p = \varphi \cdot p_s \quad (18)$$

p	φ	p_s
Pa	—	Pa

Die relative Luftfeuchte φ ist als Dezimalbruch in die Gleichung einzusetzen.

[2]) siehe Seite 5

11.1.4 Wasserdampf-Diffusionsstromdichte

Der Wasserdampf-Diffusionsstrom mit der Dichte i im Beharrungszustand, im folgenden nur noch Diffusionsstromdichte i genannt, wird nach folgender Gleichung berechnet:

$$i = \frac{p_i - p_a}{1/\Delta} \qquad (19)$$

i	p_i, p_a	$1/\Delta$
kg/(m² · h)	Pa	m² · h · Pa/kg

Gleichung (19) setzt einen Diffusionsstrom ohne Tauwasserausfall voraus.

11.2 Berechnungsverfahren

11.2.1 Allgemeines

Das Verfahren für die Ermittlung eines etwaigen Tauwasserausfalls nach Abschnitt 11.2.2 ist in Bild 2 schematisiert dargestellt.

11.2.2 Berechnung des Tauwasserausfalls

Durch ein Bauteil mit einem Wasserdampf-Diffusionsdurchlaßwiderstand $1/\Delta$, an dessen einer Seite Luft mit einem Wasserdampfteildruck p_i und an dessen anderer Seite Luft mit einem Wasserdampfteildruck p_a angrenzt, fließt ein Wasserdampf-Diffusionsstrom.

Wenn der Wasserdampfteildruck p im Innern eines Bauteils den Wasserdampfsättigungsdruck p_s erreicht, erfolgt Tauwasserausfall.

Die Berechnung erfolgt nach dem folgenden Verfahren [3]):
Auf der Abszisse werden in das Diagramm die im Maßstab der diffusionsäquivalenten Luftschichtdicken s_d dargestellten Baustoffschichten, auf der Ordinate der Wasserdampfteildruck p aufgetragen (vergleiche Bild 2).

In das Diagramm werden über dem Querschnitt des Bauteils der aufgrund der rechnerisch ermittelten Temperaturverteilung bestimmte Wasserdampfsättigungsdruck p_s (höchstmöglicher Wasserdampfdruck) und der vorhandene Wasserdampfteildruck eingetragen. Der Verlauf des Wasserdampfteildruckes im Bauteil ergibt sich im Diffusionsdiagramm als Verbindungsgerade der Drücke p_i und p_a an beiden Bauteiloberflächen. Würde die Gerade den Kurvenzug des Wasserdampfsättigungsdruckes schneiden, so sind statt der Geraden von den Drücken p_i und p_a die Tangenten an die Kurve des Sättigungsdruckes zu zeichnen, da der Wasserdampfteildruck nicht größer als der Sättigungsdruck sein kann (vergleiche Bild 3, Fälle b bis d). Die Berührungsstellen der Tangenten mit dem Kurvenzug des Wasserdampfsättigungsdruckes begrenzen den Bereich des Tauwasserausfalls im Bauteil (vergleiche Bild 3, Fall d). Berühren sich die Gerade und die Kurve des Wasserdampfsättigungsdruckes nicht, so fällt kein Tauwasser aus (vergleiche Bild 3, Fall a).

Die Größe der Tauwassermasse ergibt sich als Differenz zwischen den je Zeit- und Flächeneinheit eindiffundierenden und ausdiffundierenden Wasserdampfmassen (Differenz der Diffusionsstromdichten). Die Neigung der Tangenten ist ein Maß für die jeweilige Diffusionsstromdichte i (siehe Gleichung (19)).

Die in der Tauperiode in einem Außenbauteil ausfallende Tauwassermasse ergibt sich für die jeweiligen Fälle b bis d aus den in Bild 3 aufgeführten Gleichungen (20) bis (30).

11.2.3 Berechnung der Verdunstung

Nach einem vorhergehenden Tauwasserausfall im Außenbauteil wird in der Tauwasserebene bzw. in dem Tauwasserbereich Sättigungsdruck angenommen.

---

[1]) In Anlehnung an DIN 52612 Teil 2, die für den Rechenwert der Wärmeleitfähigkeit eine Bezugstemperatur von 10 °C vorschreibt. Dies ist für diffusionstechnische Berechnungen im Temperaturbereich von etwa -20 bis 30 °C ausreichend genau.

[2]) Der Wasserdampfsättigungsdruck p_s darf auch durch eine Formel angenähert werden, z. B.:

$$p_s = a \left(b + \frac{\vartheta}{100\,°C} \right)^n$$

p_s	a	b	n	ϑ
Pa	Pa	—	—	°C

Dabei bedeuten a, b und n Konstanten mit folgenden Zahlenwerten:

$0 \leq \vartheta \leq 30\,°C$: $a = 288{,}68$ Pa
$b = 1{,}098$
$n = 8{,}02$

$-20 \leq \vartheta < 0\,°C$: $a = 4{,}689$ Pa
$b = 1{,}486$
$n = 12{,}30$

[3]) Vergleiche auch Glaser, H.: Graphisches Verfahren zur Untersuchung von Diffusionsvorgängen. Kältetechnik 11 (1959), S. 345/349.

Tabelle 2. **Wasserdampfsättigungsdruck bei Temperaturen von 30,9 bis – 20,9 °C**

Temperatur °C	Wasserdampfsättigungsdruck Pa									
	,0	,1	,2	,3	,4	,5	,6	,7	,8	,9
30	4244	4269	4294	4319	4344	4369	4394	4419	4445	4469
29	4006	4030	4053	4077	4101	4124	4148	4172	4196	4219
28	3781	3803	3826	3848	3871	3894	3916	3939	3961	3984
27	3566	3588	3609	3631	3652	3674	3695	3717	3793	3759
26	3362	3382	3403	3423	3443	3463	3484	3504	3525	3544
25	3169	3188	3208	3227	3246	3266	3284	3304	3324	3343
24	2985	3003	3021	3040	3059	3077	3095	3114	3132	3151
23	2810	2827	2845	2863	2880	2897	2915	2932	2950	2968
22	2645	2661	2678	2695	2711	2727	2744	2761	2777	2794
21	2487	2504	2518	2535	2551	2566	2582	2598	2613	2629
20	2340	2354	2369	2384	2399	2413	2428	2443	2457	2473
19	2197	2212	2227	2241	2254	2268	2283	2297	2310	2324
18	2065	2079	2091	2105	2119	2132	2145	2158	2172	2185
17	1937	1950	1963	1976	1988	2001	2014	2027	2039	2052
16	1818	1830	1841	1854	1866	1878	1889	1901	1914	1926
15	1706	1717	1729	1739	1750	1762	1773	1784	1795	1806
14	1599	1610	1621	1631	1642	1653	1663	1674	1684	1695
13	1498	1508	1518	1528	1538	1548	1559	1569	1578	1588
12	1403	1413	1422	1431	1441	1451	1460	1470	1479	1488
11	1312	1321	1330	1340	1349	1358	1367	1375	1385	1394
10	1228	1237	1245	1254	1262	1270	1279	1287	1296	1304
9	1148	1156	1163	1171	1179	1187	1195	1203	1211	1218
8	1073	1081	1088	1096	1103	1110	1117	1125	1133	1140
7	1002	1008	1016	1023	1030	1038	1045	1052	1059	1066
6	935	942	949	955	961	968	975	982	988	995
5	872	878	884	890	896	902	907	913	919	925
4	813	819	825	831	837	843	849	854	861	866
3	759	765	770	776	781	787	793	798	803	808
2	705	710	716	721	727	732	737	743	748	753
1	657	662	667	672	677	682	687	691	696	700
0	611	616	621	626	630	635	640	645	648	653
– 0	611	605	600	595	592	587	582	577	572	567
– 1	562	557	552	547	543	538	534	531	527	522
– 2	517	514	509	505	501	496	492	489	484	480
– 3	476	472	468	464	461	456	452	448	444	440
– 4	437	433	430	426	423	419	415	412	408	405
– 5	401	398	395	391	388	385	382	379	375	372
– 6	368	365	362	359	356	353	350	347	343	340
– 7	337	336	333	330	327	324	321	318	315	312
– 8	310	306	304	301	298	296	294	291	288	286
– 9	284	281	279	276	274	272	269	267	264	262
– 10	260	258	255	253	251	249	246	244	242	239
– 11	237	235	233	231	229	228	226	224	221	219
– 12	217	215	213	211	209	208	206	204	202	200
– 13	198	197	195	193	191	190	188	186	184	182
– 14	181	180	178	177	175	173	172	170	168	167
– 15	165	164	162	161	159	158	157	155	153	152
– 16	150	149	148	146	145	144	142	141	139	138
– 17	137	136	135	133	132	131	129	128	127	126
– 18	125	124	123	122	121	120	118	117	116	115
– 19	114	113	112	111	110	109	107	106	105	104
– 20	103	102	101	100	99	98	97	96	95	94

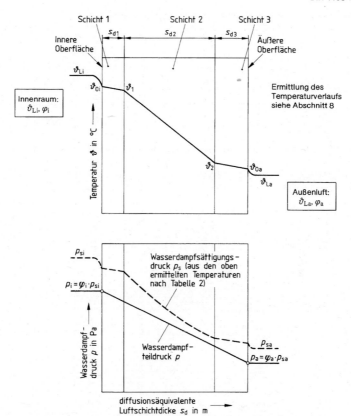

Bild 2. Schematisierte Darstellung des Verlaufs der Temperatur, des Wasserdampfsättigungs- und -teildrucks durch ein mehrschichtiges Bauteil zur Ermittlung etwaigen Tauwasserausfalls (in diesem Beispiel bleibt der Querschnitt tauwasserfrei)

Fall a: Wasserdampfdiffusion ohne Tauwasserausfall im Bauteil. Der Wasserdampfteildruck im Bauteil ist an jeder Stelle niedriger als der mögliche Wasserdampfsättigungsdruck.

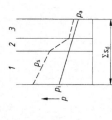

Fall b: Wasserdampfdiffusion mit Tauwasserausfall in einer Ebene des Bauteils (zwischen den Schichten 2 und 3).

Die Diffusionsstromdichte i_i vom Raum in das Bauteil bis zur Tauwasserebene ist:

$$i_i = \frac{p_i - p_{sw}}{1/\Delta_i} \quad (20)$$

Die Diffusionsstromdichte i_a von der Tauwasserebene zum Freien ist:

$$i_a = \frac{p_{sw} - p_a}{1/\Delta_a} \quad (21)$$

Die Tauwassermasse W_T, die während der Tauperiode in der Ebene ausfällt, berechnet sich wie folgt:

$$W_T = t_T \cdot (i_i - i_a) \quad (22)$$

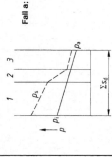

Fall c: Wasserdampfdiffusion mit Tauwasserausfall in zwei Ebenen des Bauteils (zwischen den Schichten 1 und 2 sowie zwischen den Schichten 3 und 4).

Die Diffusionsstromdichte i_i vom Raum in das Bauteil bis zur 1. Tauwasserebene ist:

$$i_i = \frac{p_i - p_{sw1}}{1/\Delta_i} \quad (23)$$

Die Diffusionsstromdichte i_z zwischen der 1. und 2. Tauwasserebene ist:

$$i_z = \frac{p_{sw1} - p_{sw2}}{1/\Delta_z} \quad (24)$$

Die Diffusionsstromdichte i_a von der 2. Tauwasserebene zum Freien ist:

$$i_a = \frac{p_{sw2} - p_a}{1/\Delta_a} \quad (25)$$

Die Tauwassermassen W_{T1} und W_{T2}, die während der Tauperiode in den Ebenen 1 und 2 ausfallen, berechnen sich wie folgt:

$$W_{T1} = t_T \cdot (i_i - i_z) \quad (26)$$

$$W_{T2} = t_T \cdot (i_z - i_a) \quad (27)$$

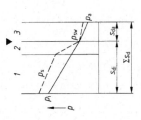

Fall d: Wasserdampfdiffusion mit Tauwasserausfall in einem Bereich im Innern des Bauteils.

Die Diffusionsstromdichte i_i vom Raum in das Bauteil bis zum Anfang des Tauwasserbereiches ist:

$$i_i = \frac{p_i - p_{sw1}}{1/\Delta_i} \quad (28)$$

Die Diffusionsstromdichte i_a vom Ende des Tauwasserbereiches zum Freien ist:

$$i_a = \frac{p_{sw2} - p_a}{1/\Delta_a} \quad (29)$$

Die Tauwassermasse W_T, die während der Tauperiode im Bereich ausfällt, berechnet sich wie folgt:

$$W_T = t_T \cdot (i_i - i_a) \quad (30)$$

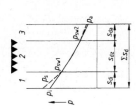

Im Regelfall werden bei nichtklimatisierten Räumen die vereinfachten Randbedingungen nach DIN 4108 Teil 3 der Berechnung zugrunde gelegt. In den Gleichungen (20) bis (30) bedeuten:

p_i Wasserdampfteildruck im Raum
p_a Wasserdampfteildruck im Freien
p_{sw} Wasserdampfsättigungsdruck
       bei Fall b: in der Tauwasserebene
       bei Fall c: in der 1. und 2. Tauwasserebene (p_{sw1}, p_{sw2})
       bei Fall d: am Anfang und am Ende des Tauwasserbereiches (p_{sw1}, p_{sw2})
$1/\Delta$ Wasserdampf-Diffusionsdurchlaßwiderstand der Baustoffschichten (nach den Gleichungen (15) und (17) proportional zu s_d)
       bei Fall b: zwischen der raumseitigen Bauteiloberfläche und der Tauwasserebene ($1/\Delta_i$)
                zwischen der Tauwasserebene und der außenseitigen Bauteiloberfläche ($1/\Delta_a$)
       bei Fall c: zwischen der raumseitigen Bauteiloberfläche und der 1. Tauwasserebene ($1/\Delta_1$)
                zwischen der 1. und 2. Tauwasserebene ($1/\Delta_2$)
                zwischen der 2. Tauwasserebene und der außenseitigen Bauteiloberfläche ($1/\Delta_a$)
       bei Fall d: zwischen der raumseitigen Bauteiloberfläche und dem Anfang des Tauwasserbereiches ($1/\Delta_i$)
                zwischen dem Ende des Tauwasserbereiches und der außenseitigen Bauteiloberfläche ($1/\Delta_a$)
t_T Dauer der Tauperiode

i_i, i_a, i_z	$p_i, p_a, p_{sw}, p_{sw1}, p_{sw2}$	$1/\Delta_i, 1/\Delta_a, 1/\Delta_z$	W_T, W_{T1}, W_{T2}	t_T
kg/(m² · h)	Pa	m² · h · Pa/kg	kg/m²	h

Bild 3. Schematisierte Diffusionsdiagramme und zugehörige Berechnungsgleichungen für Außenbauteile während der Tauperiode

Fall a: Kein Tauwasserausfall, da an keiner Stelle $p = p_s$ ist. Eine Untersuchung der Verdunstung erübrigt sich.

Fall b: Wasserdampfdiffusion während der Verdunstung nach Tauwasserausfall in einer Ebene des Bauteils.

Die Diffusionsstromdichte i_i von der Tauwasserebene zum Raum ist:

$$i_i = \frac{p_{sw} - p_i}{1/\Delta_i} \quad (31)$$

Die Diffusionsstromdichte i_a von der Tauwasserebene zum Freien ist:

$$i_a = \frac{p_{sw} - p_a}{1/\Delta_a} \quad (32)$$

Die verdunstende Wassermasse W_V, die während der Verdunstungsperiode aus dem Bauteil abgeführt werden kann, berechnet sich wie folgt:

$$W_V = t_V \cdot (i_i + i_a) \quad (33)$$

Fall c: Wasserdampfdiffusion während der Verdunstung nach Tauwasserausfall in zwei Ebenen des Bauteils [1]).

Die Diffusionsstromdichte i_i von der 1. Tauwasserebene p_{sw} zum Raum ist:

$$i_i = \frac{p_{sw} - p_i}{1/\Delta_i} \quad (34)$$

Die Diffusionsstromdichte i_a von der 2. Tauwasserebene p_{sw} zum Freien ist:

$$i_a = \frac{p_{sw} - p_a}{1/\Delta_a} \quad (35)$$

Die verdunstende Wassermasse W_V, die während der Verdunstungsperiode aus dem Bauteil abgeführt werden kann, berechnet sich wie folgt:

$$W_V = t_V \cdot (i_i + i_a) \quad (36)$$

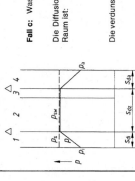

Fall d: Wasserdampfdiffusion während der Verdunstung nach Tauwasserausfall in einem Bereich im Innern des Bauteils.

Die Diffusionsstromdichte i_i von der Mitte des Tauwasserbereiches zum Raum ist:

$$i_i = \frac{p_{sw} - p_i}{1/\Delta_i + 0{,}5 \cdot 1/\Delta_z} \quad (37)$$

Die Diffusionsstromdichte i_a von der Mitte des Tauwasserbereiches zum Freien ist:

$$i_a = \frac{p_{sw} - p_a}{0{,}5 \cdot 1/\Delta_z + 1/\Delta_a} \quad (38)$$

Die verdunstende Wassermasse W_V, die während der Verdunstungsperiode aus dem Bauteil abgeführt werden kann, berechnet sich wie folgt:

$$W_V = t_V \cdot (i_i + i_a) \quad (39)$$

Die in Bild 4 dargestellten Fälle a bis d entsprechen den Fällen a bis d in Bild 3.
Im Regelfall werden bei nichtklimatisierten Räumen die vereinfachten Randbedingungen nach DIN 4108 Teil 3 der Berechnung zugrunde gelegt.
Die Bedeutung der in den Gleichungen (31) bis (39) verwendeten Größen ist in Bild 3 angegeben.

Zusätzlich bedeutet:

t_V Dauer der Verdunstungsperiode

W_V	t_V	i_i, i_a
kg/m²	h	kg/(m²·h)

¹) Reicht die Diffusionsstromdichte i_a für die vollständige Verdunstung der in der zweiten Ebene ausgefallenen Tauwassermasse nicht aus, z. B. bei Flachdächern mit praktisch dampfdichter Dachhaut, dann ist nach der vollständigen Verdunstung der in der ersten Ebene ausgefallenen Tauwassermasse eine Verdunstung zum Raum hin auch aus der zweiten Ebene in Rechnung zu stellen.

Es ergibt sich:

$$i_a = \frac{p_{sw} - p_i}{1/\Delta_i + 1/\Delta_z} \quad (35\,a)$$

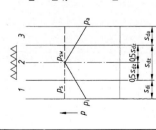

Bild 4. Schematisierte Diffusionsdiagramme und zugehörige Berechnungsgleichungen für Außenbauteile während der Verdunstungsperiode am Beispiel von Außenwänden mit den vereinfachten Randbedingungen nach DIN 4108 Teil 3

Die Ermittlung der durch Dampfdiffusion an die Raum- und Außenluft aus den Tauwasserebenen bzw. aus dem Tauwasserbereich abführbaren verdunstenden Wassermasse erfolgt analog zu dem in Abschnitt 11.2.2 beschriebenen Verfahren anhand von Diffusionsdiagrammen (vergleiche Bild 4, Fälle b bis d).
Tauwasserausfall während der Verdunstungsperiode ist rechnerisch nicht zu berücksichtigen.

11.2.4 Berechnungsverfahren bei Sonderfällen

Ist nach DIN 4108 Teil 3 die Auswirkung des tatsächlich gegebenen Raumklimas und des Außenklimas am Standort des Gebäudes auf den Tauwasserausfall und bei der Ermittlung der Tauwassermasse mit zu erfassen, so ist ein modifiziertes, auf diese Klimabedingungen abgestimmtes Rechenverfahren anzuwenden [4]).

---

[4]) Z. B. Jenisch, R.: Berechnung der Feuchtigkeitskondensation in Außenbauteilen und die Austrocknung, abhängig vom Außenklima. Ges. Ing. 92 (1971), H. 9, S. 257/262 und S. 299/307.

Anhang A
Anwendungsbeispiele

Nachfolgend wird am Beispiel einer Außenwand und eines Flachdaches die Untersuchung auf innere Tauwasserbildung und Verdunstung infolge von Wasserdampfdiffusion bei den Randbedingungen entsprechend DIN 4108 Teil 3 gezeigt. Feuchtigkeitstechnische Schutzschichten (z. B. Dampfsperren, Dachhaut u. a.) werden bei der Ermittlung der Temperaturverteilung nicht mitgerechnet.

A.1 Beispiel 1: Außenwand

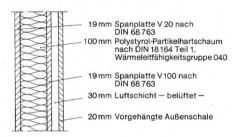

- 19 mm Spanplatte V 20 nach DIN 68 763
- 100 mm Polystyrol-Partikelhartschaum nach DIN 18164 Teil 1, Wärmeleitfähigkeitsgruppe 040
- 19 mm Spanplatte V 100 nach DIN 68 763
- 30 mm Luftschicht — belüftet —
- 20 mm Vorgehängte Außenschale

Bild A.1. Wandaufbau

Tabelle A.1. **Randbedingungen**

Periode	Raum-klima	Außen-klima
Tauperiode		
Lufttemperatur	20 °C	–10 °C
Relative Luftfeuchte	50 %	80 %
Wasserdampfsättigungsdruck	2340 Pa	260 Pa
Wasserdampfteildruck	1170 Pa	208 Pa
Verdunstungsperiode		
Lufttemperatur	12 °C	12 °C
Relative Luftfeuchte	70 %	70 %
Wasserdampfsättigungsdruck	1403 Pa	1403 Pa
Wasserdampfteildruck	982 Pa	982 Pa

Tabelle A.2. **Zusammenstellung der Rechengrößen für das Diffusionsdiagramm bei Tauwasserausfall**

Spalte	1	2	3	4	5	6	7	8
Nr	Schicht	s	μ	s_d	λ_R	$1/\alpha$, $1/\Lambda$	ϑ	p_s
—	—	m	—	m	W/(m·K)	m²·K/W	°C	Pa
—	Wärmeübergang innen	—	—	—	—	0,13	20,0	2340
1	Spanplatte V 20	0,019	50	0,95	0,13	0,15	18,7	2158
2	Polystyrol-Partikelhartschaum	0,10	20	2,00	0,04	2,50	17,2	1963
3	Spanplatte V 100	0,019	100	1,90	0,13	0,15	–7,7	318
4	Luftschicht — belüftet —	0,03	—	—	—	—	–9,2	279
5	Außenschale	0,02	—	—	—	—	—	—
—	Wärmeübergang außen	—	—	—	—	0,08	–10,0	260
				$\sum s_d =$	4,85	$1/k =$	3,01	

a) Tauperiode

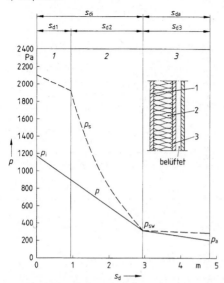

b) Verdunstungsperiode

Bei den Randbedingungen nach Tabelle A.1 sind die Lufttemperatur ϑ und damit auch der Sättigungsdruck p_s über den ganzen Wandquerschnitt konstant.

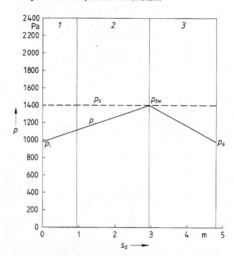

Tauwassermasse:

$1/\Delta_i = 1{,}5 \cdot 2{,}95 \cdot 10^6 = 4{,}43 \cdot 10^6 \; m^2 \cdot h \cdot Pa/kg$
$1/\Delta_a = 1{,}5 \cdot 1{,}9 \cdot 10^6 = 2{,}85 \cdot 10^6 \; m^2 \cdot h \cdot Pa/kg$
$p_i = 1170 \; Pa$
$p_{sw} = 318 \; Pa$
$p_a = 208 \; Pa$

Dauer der Tauperiode: $t_T = 1440 \; h$

$W_T = 1440 \left(\dfrac{1170 - 318}{4{,}43} - \dfrac{318 - 208}{2{,}85} \right) \cdot 10^{-6}$

$W_T = 0{,}221 \; kg/m^2$

Ergebnis:
Zulässige Tauwassermasse nach DIN 4108 Teil 3 (Erhöhung des massebezogenen Feuchtegehalts der Spanplatte um nicht mehr als 3 %):
zul $W_T = 0{,}03 \cdot 0{,}019 \cdot 700 = 0{,}399 \; kg/m^2 > W_T$

Verdunstende Wassermasse:

$1/\Delta_i = 1{,}5 \cdot 2{,}95 \cdot 10^6 = 4{,}43 \cdot 10^6 \; m^2 \cdot h \cdot Pa/kg$
$1/\Delta_a = 1{,}5 \cdot 1{,}9 \cdot 10^6 = 2{,}85 \cdot 10^6 \; m^2 \cdot h \cdot Pa/kg$
$p_i = p_a = 982 \; Pa$
$p_{sw} = 1403 \; Pa$

Dauer der Verdunstungsperiode: $t_V = 2160 \; h$

$W_V = 2160 \left(\dfrac{1403 - 982}{4{,}43} + \dfrac{1403 - 982}{2{,}85} \right) \cdot 10^{-6}$

$W_V = 0{,}524 \; kg/m^2 > W_T$

Ergebnis:
Die Tauwasserbildung ist im Sinne von DIN 4108 Teil 3 unschädlich, da
a) $W_T <$ zul W_T und
b) $W_V > W_T$.

Bild A.2. Diffusionsdiagramme für die Außenwand in der Tauperiode (a) und der Verdunstungsperiode (b)

A.2 Beispiel 2: Flachdach

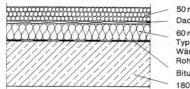

50 mm Kiesschüttung
Dachabdichtung
60 mm Polystyrol-Partikelschaumplatten Typ WD nach DIN 18164 Teil 1 Wärmeleitfähigkeitsgruppe 040 Rohdichte $\geq 20 \; kg/m^3$
Bitumendachbahn
180 mm Stahlbetonplattendecke

Bild A.3. Flachdachaufbau

Tabelle A.3. **Randbedingungen**

Periode	Raum-klima	Außen-klima
Tauperiode		
Lufttemperatur	20 °C	−10 °C
Relative Luftfeuchte	50 %	80 %
Wasserdampfsättigungsdruck	2340 Pa	260 Pa
Wasserdampfteildruck	1170 Pa	208 Pa
Verdunstungsperiode		
Lufttemperatur	12 °C	12 °C
Relative Luftfeuchte	70 %	70 %
Wasserdampfsättigungsdruck	1403 Pa	1403 Pa
Wasserdampfteildruck	982 Pa	982 Pa
Oberflächentemperatur des Daches	−	20 °C

Tabelle A.4. Zusammenstellung der Rechengrößen für das Diffusionsdiagramm bei Tauwasserausfall

Spalte	1	2	3	4	5	6	7	8
Nr	Schicht	s	μ	s_d	λ_R	$1/\alpha, 1/\Lambda$	ϑ	p_s
−	−	m	−	m	W/(m·K)	m²·K/W	°C	Pa
−	Wärmeübergang, innen	−	−	−	−	0,13	20,0	2340
							17,8	2039
1	Stahlbeton	0,18	70	13	2,10	0,09		
							16,3	1854
2	Bitumendachbahn	0,002	15 000	30	−	−		
							16,3	1854
3	Polystyrol-Partikelschaum Typ WD nach DIN 18164 Teil 1 Rohdichte ≥ 20 kg/m³	0,06	30	1,80	0,040	1,50		
							−9,3	276
4	Dachabdichtung	0,006	100 000	600	−	−		
							−9,3	276
−	Wärmeübergang, außen	−	−	−	−	0,04	−10,0	260
			$\sum s_d =$	644,8	$1/k =$	1,76		

Tabelle A.5. **Zusammenstellung der Rechengrößen für das Diffusionsdiagramm bei Verdunstung**

Spalte	1	2	3	4	5	6	7	8
Nr	Schicht	s	μ	s_d	λ_R	$1/\alpha$, $1/\Lambda$	ϑ	p_s
–	–	m	–	m	W/(m·K)	m²·K/W	°C	Pa
–	Wärmeübergang, innen	–	–	–	–	0,13	12,0	1403
1	Stahlbeton	0,18	70	13	2,10	0,09	12,6	1460
2	Bitumendachbahn	0,002	15 000	30	–	–	13,0	1498
3	Polystyrol-Partikelschaum Typ WD nach DIN 18 164 Teil 1 Rohdichte ≥ 20 kg/m³	0,06	30	1,80	0,04	1,50	13,0	1498
							20,0	2340
4	Dachabdichtung	0,006	100 000	600	–	–	20,0	2340
			$\sum s_d =$	644,8		$1/k =$	1,72	

Erläuterungen

Diese Norm ist zusammen mit DIN 4108 Teil 1 bis Teil 4 Ersatz für die Norm DIN 4108 „Wärmeschutz im Hochbau", Ausgabe August 1969, die einer vollständigen Überarbeitung unterzogen wurde. Hierbei fanden auch Berücksichtigung:
„Ergänzende Bestimmungen zu DIN 4108", Wärmeschutz im Hochbau (Ausgabe August 1969), Fassung Oktober 1974, DIN 4108 Beiblatt Wärmeschutz im Hochbau; Erläuterungen und Beispiele für einen erhöhten Wärmeschutz, Ausgabe November 1975
sowie verschiedene, von den Baubehörden bekanntgegebene Ergänzungserlasse.
Durch die neue Aufgliederung in fünf Teile, die auch aufgrund des wesentlich erweiterten Inhalts der Norm zweckmäßig geworden war, wird es zukünftig vor allem ermöglicht, daß einzelne, abgegrenzte Sachgebiete des Wärmeschutzes, wie z. B. die wärme- und feuchteschutztechnischen Kennwerte, von Fall zu Fall dem neuesten Stand der Technik angepaßt werden können, ohne jedesmal eine aufwendige Neuausgabe der gesamten Norm vornehmen zu müssen.

a) Tauperiode

b) Verdunstungsperiode

Erneuter Tauwasserausfall während der Verdunstungsperiode (Gerade $p_{sw} - p_i$) wird nicht berücksichtigt (siehe Abschnitt 11.2.3)

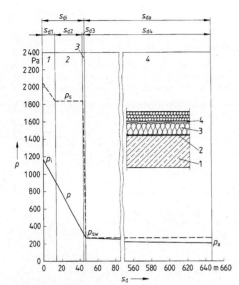
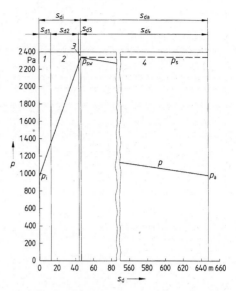

Tauwassermasse:

$1/\Delta_i = 1{,}5 \cdot 44{,}8 \cdot 10^6 = 67{,}2 \cdot 10^6 \, m^2 \cdot h \cdot Pa/kg$
$1/\Delta_a = 1{,}5 \cdot 600 \cdot 10^6 = 900 \cdot 10^6 \, m^2 \cdot h \cdot Pa/kg$
$p_i = 1170 \, Pa$
$p_{sw} = 276 \, Pa$
$p_a = 208 \, Pa$

Dauer der Tauperiode: $t_T = 1440 \, h$

$$W_T = 1440 \cdot \left(\frac{1170 - 276}{67{,}2} - \frac{276 - 208}{900} \right) \cdot 10^{-6}$$

$W_T = 0{,}019 \, kg/m^2$

Ergebnis:
Zulässige Wassermasse nach DIN 4108 Teil 3:
zul $W_T = 1{,}0 \, kg/m^2 > W_T$

Verdunstende Wassermasse:

$1/\Delta_i = 1{,}5 \cdot 44{,}8 \cdot 10^6 = 67{,}2 \cdot 10^6 \, m^2 \cdot h \cdot Pa/kg$
$1/\Delta_a = 1{,}5 \cdot 600 \cdot 10^6 = 900 \cdot 10^6 \, m^2 \cdot h \cdot Pa/kg$
$p_i = p_a = 982 \, Pa$
$p_{sw} = 2340 \, Pa$

Dauer der Verdunstungsperiode: $t_V = 2160 \, h$

$$W_V = 2160 \cdot \left(\frac{2340 - 982}{67{,}2} + \frac{2340 - 982}{900} \right) \cdot 10^{-6}$$

$W_V = 0{,}047 \, kg/m^2 > W_T$

Ergebnis:
Die Tauwasserbildung ist im Sinne von DIN 4108 Teil 3 unschädlich, da

a) $W_T <$ zul W_T und
b) $W_V > W_T$.

Bild A.4. Diffusionsdiagramme für das Flachdach in der Tauperiode (a) und der Verdunstungsperiode (b)

Weitere Normen

DIN 18164 Teil 1 Schaumkunststoffe als Dämmstoffe für das Bauwesen; Dämmstoffe für die Wärmedämmung
DIN 52612 Teil 2 Wärmeschutztechnische Prüfungen; Bestimmung der Wärmeleitfähigkeit mit dem Plattengerät, Weiterbehandlung der Meßwerte für die Anwendung im Bauwesen
DIN 68763 Spanplatten; Flachpreßplatten für das Bauwesen, Begriffe, Eigenschaften, Prüfung, Überwachung

November 1996

Wärmeschutz im Hochbau
Teil 7: Luftdichtheit von Bauteilen und Anschlüssen
Planungs- und Ausführungsempfehlungen sowie -beispiele

Vornorm

DIN V 4108-7

ICS 91.120.10

Deskriptoren: Hochbau, Wärmeschutz, Bauteil, Anschluß, Luftdichtheit

Thermal insulation of buildings – Part 7: Airtightness of building components and connections – Recommendations and examples for planning and performance

Isolation thermique dans la construction immobilière –
Partie 7: Etanchéité à l'air des composants de bâtiments et des raccords –
Recommendations et exemples pour la conception et la performance

Eine Vornorm ist das Ergebnis einer Normungsarbeit, das wegen bestimmter Vorbehalte zum Inhalt oder wegen des gegenüber einer Norm abweichenden Aufstellungsverfahrens vom DIN noch nicht als Norm herausgegeben wird. Zur vorliegenden Vornorm ist kein Entwurf veröffentlicht worden.

Inhalt

Seite

Vorwort 1
1 Anwendungsbereich 2
2 Normative Verweisungen 2
3 Begriffe 2
4 Allgemeine Hinweise 2
4.1 Materialien 2
4.2 Fugen 2
4.3 Ausführung 2
4.4 Nachweis der Luftdichtheit 2
5 Materialien für Luftdichtheitsschichten und Anschlüsse 3
5.1 Beispiele für Bauteile in der Fläche (Regelquerschnitt) 3

Seite

5.2 Beispiele für Fugen 3
5.3 Beispiele für Anschlüsse 3
6 Planungsempfehlungen 3
7 Prinzipskizzen für Überlappungen, Anschlüsse, Durchdringungen und Stöße (Beispiele) 4
7.1 Luftdichtheitsschicht aus Kunststoffolien und Bahnen 4
7.2 Luftdichtheitsschicht aus Holzwerkstoffen 5
7.3 Luftdichtheitsschicht aus Gipsfaserplatten und Gipskarton-Bauplatten 6
7.4 Bauteilfuge 7

Anhang A (informativ)   Literaturhinweise 8

Vorwort

Die Herausgabe von DIN V 4108-7 erfolgt im Zusammenhang mit der Verordnung über einen energiesparenden Wärmeschutz bei Gebäuden (Wärmeschutzverordnung – Wärmeschutz V) vom 16. August 1994, die am 1. Januar 1995 in Kraft getreten ist [1], und ist ein Beitrag zur Normung im Rahmen von CEN (siehe Anhang A : prEN 12114).

Die Normenreihe DIN 4108 besteht aus:

DIN 4108 Beiblatt 1, DIN 4108-1 bis DIN 4108-5, DIN V 4108-6, DIN V 4108-7, E DIN 4108-20 und E DIN 4108-21 (siehe auch Anhang A).

Fortsetzung Seite 2 bis 8

Normenausschuß Bauwesen (NABau) im DIN Deutsches Institut für Normung e.V.
Normenausschuß Heiz- und Raumlufttechnik (NHRS) im DIN

1 Anwendungsbereich

Diese Vornorm enthält Planungs- und Ausführungsempfehlungen sowie Ausführungsbeispiele, einschließlich geeigneter Materialien zur Einhaltung der Anforderungen nach Wärmeschutzverordnung und der Normenreihe DIN 4108.

Sie behandelt keine funktionsbedingten Fugen und Öffnungen in der wärmetauschenden Umfassungsfläche, z. B. Gurtdurchführungen bei Rolladenkästen sowie Briefkästen.

Diese Fugen und Öffnungen müssen entsprechend dem Stand der Technik dauerhaft abgedichtet sein.

> ANMERKUNG: Die Anforderungen an die Luftdichtheit außenliegender Fenster (auch Dachfenster) und Fenstertüren beheizter Räume sind in der Wärmeschutzverordnung über den Fugendurchlaßkoeffizienten a festgelegt.

2 Normative Verweisungen

Diese Norm enthält durch datierte oder undatierte Verweisungen Festlegungen aus anderen Publikationen. Diese normativen Verweisungen sind an den jeweiligen Stellen im Text zitiert, und die Publikationen sind nachstehend aufgeführt. Bei datierten Verweisungen gehören spätere Änderungen oder Überarbeitungen dieser Publikation nur zu dieser Norm, falls sie durch Änderung oder Überarbeitung eingearbeitet sind. Bei undatierten Verweisungen gilt die letzte Ausgabe der in Bezug genommenen Publikation.

DIN 1045 : 1988-07
Beton und Stahlbeton – Bemessung und Ausführung

DIN 4108 Beiblatt 1
Wärmeschutz im Hochbau – Inhaltsverzeichnisse; Stichwortverzeichnisse

DIN 4108-1
Wärmeschutz im Hochbau – Teil 1: Größen und Einheiten

DIN 4108-2 : 1981-08
Wärmeschutz im Hochbau – Teil 2: Wärmedämmung und Wärmespeicherung – Anforderungen und Hinweise für Planung und Ausführung

DIN 4108-3
Wärmeschutz im Hochbau – Teil 3: Klimabedingter Feuchteschutz – Anforderungen und Hinweise für Planung und Ausführung

DIN 4108-4 : 1991-11
Wärmeschutz im Hochbau – Teil 4: Wärme- und feuchteschutztechnische Kennwerte

DIN 4108-5
Wärmeschutz im Hochbau – Teil 5: Berechnungsverfahren

DIN V 4108-6
Wärmeschutz im Hochbau – Teil 6: Berechnung des Jahresheizwärmebedarfs von Gebäuden

E DIN 4108-20 : 1995-07
Wärmeschutz im Hochbau – Teil 20: Thermisches Verhalten von Gebäuden – Sommerliche Raumtemperaturen bei Gebäuden ohne Anlagentechnik – Allgemeine Kriterien und Berechnungsalgorithmen (Vorschlag für eine Europäische Norm)

E DIN 4108-21 : 1995-11
Wärmeschutz im Hochbau – Teil 21: Außenwände von Gebäuden – Luftdurchlässigkeit – Prüfverfahren (Vorschlag für eine Europäische Norm)

DIN 18540 : 1988-10
Abdichten von Außenwandfugen im Hochbau mit Fugendichtstoffen

ISO 9972 : 1996-08
Thermal insulation – Determination of building airthightness – Fan pressurization method

3 Begriffe

3.1 Luftdichtheitsschicht: Schicht, die die Strömung durch Bauteile hindurch verhindern soll.

3.2 Anschluß: Verbindung einer Luftdichtheitsschicht an Bauteile und Durchdringungen.

3.3 Fuge: Zwischenraum zwischen zwei Bauwerksteilen oder Bauteilen, um unterschiedliche Bewegungen zu ermöglichen.

3.4 Stoß: Bereich, in dem Einzelelemente der Luftdichtheitsschicht stumpf aufeinandertreffen.

3.5 Überlappung: Bereich, in dem Einzelelemente der Luftdichtheitsschicht übereinander angeordnet sind.

4 Allgemeine Hinweise

4.1 Materialien

Die verwendeten Materialien müssen miteinander verträglich sein, z. B. müssen Luftdichtungsbahn und Kleber aufeinander abgestimmt sein.

Die Materialien müssen abhängig vom Einbau eine ausreichende Feuchtigkeits- und UV-Beständigkeit sowie Reißfestigkeit aufweisen.

4.2 Fugen

Fugen sind bereits in der Planungsphase zu berücksichtigen.

Die Verarbeitungsrichtlinien der jeweiligen Fugenmaterialien sind zu beachten.

Für Fugen in massiven Bauteilen gilt DIN 18540.

4.3 Ausführung

Beim Herstellen der Luftdichtheitsschicht ist auf eine sorgfältige Ausführung der Arbeiten aller am Bau Beteiligten zu achten.

Es ist zu beachten, daß die Luftdichtheitsschicht und ihre Anschlüsse während und nach dem Einbau weder durch Witterungseinflüsse noch durch nachfolgende Arbeiten beschädigt werden.

Wirksamkeit und Dauerhaftigkeit der Luftdichtheitsschicht hängen wesentlich von ihrer fachgerechten Ausführung ab. Die Verarbeitungsrichtlinien der verwendeten Materialien sind zu berücksichtigen.

4.4 Nachweis der Luftdichtheit

Werden Messungen der Luftdichtheit von Gebäuden oder Gebäudeteilen durchgeführt, so darf der nach ISO 9972 gemessene Luftvolumenstrom bei einer Druckdifferenz zwischen innen und außen von 50 Pa

- bei Gebäuden mit natürlicher Lüftung:
  · bezogen auf das Raumluftvolumen 3 h^{-1} nicht überschreiten bzw.

  · bezogen auf die Netto-Grundfläche 7,5 $m^3/(m^2 \cdot h)$ nicht überschreiten;

- bei Gebäuden mit raumlufttechnischen Anlagen (auch einfache Abluftanlagen):
  - bezogen auf das Raumluftvolumen $1\ h^{-1}$ nicht überschreiten oder
  - bezogen auf die Netto-Grundfläche $2,5\ m^3/(m^2 \cdot h)$ nicht überschreiten.

5 Materialien für Luftdichtheitsschichten und Anschlüsse

5.1 Beispiele für Bauteile in der Fläche (Regelquerschnitt)

5.1.1 Mauerwerk und Betonbauteile

Betonbauteile, die nach DIN 1045 hergestellt werden, gelten als luftdicht.

Bei Mauerwerk wird es zum Herstellen einer ausreichenden Luftdichtheit meist erforderlich sein, eine Putzschicht aufzubringen.

5.1.2 Trapezbleche

Verlegte Trapezbleche sind wegen der Stöße und Überlappungen nicht ausreichend luftdicht.

5.1.3 Kunststofffolien, Kunststoffbahnen und bituminöse Dachbahnen

Bei einer Luftdichtheitsschicht, die der Sonneneinstrahlung ausgesetzt wird, ist auf eine ausreichende UV-Beständigkeit zu achten.

Kunststofffolien sind üblicherweise dicht, wenn sie nicht durch Nadelstiche perforiert sind.

5.1.4 Plattenmaterialien

Holzwerkstoffe, Gipsfaser- oder Gipskarton-Bauplatten und Faserzementplatten sind luftdicht.

Feuchteschutztechnische Aspekte sind zu beachten.

5.2 Beispiele für Fugen

Als Dichtungsmaterialien können konfektionierte Schnüre, Streifen, Bänder und Spezialprofile eingesetzt werden. Die Luftdichtheit wird bei Dichtungsbändern erst bei einer ausreichenden Kompression erreicht. Als Fugendichtungsmaterialien können beispielsweise folgende Stoffe verwendet werden:
- Polyurethan (PUR)
- Polyethylen (PE)
- Butylkautschuk (BR)
- Ethylen-Propylen-Kautschuk (EPDM)
- Polychloropren (CR)

Ein- und Zweikomponenten-Fugendichtungsmassen und Fugenfüllmaterialien, z. B. Montageschäume und Silikone, sind aufgrund ihrer Eigenschaften nur in begrenztem Maße in der Lage, Schwind- und Quellbewegungen sowie Bauteilverformungen aufzunehmen. Sie sind daher, z. B. beim Anschluß von Sparren an Giebel, für die Gewährleistung der Luftdichtheit ungeeignet.

5.3 Beispiele für Anschlüsse

Anschlüsse von raumseitigen Folien können insbesondere durch die Kombination von Latten und vorkomprimierten Dichtbändern gesichert werden.

Anpreßlatten zur Sicherung von Anschlüssen sind zu verschrauben.

Durchdringungen normal zu Bauteilen können durch Flansche gesichert werden.

Im Bereich von geneigten Dächern können Durchdringungen durch Schellen bzw. Manschetten aus Klebebändern luftdicht abgedichtet werden.

6 Planungsempfehlungen

Bei der Festlegung der Bauteile ist das Luftdichtungskonzept (Lage der Luftdichtheitsschicht) zu berücksichtigen. Die Anschlußdetails und Werkstoffe sollten im Vorfeld festgelegt werden. Der Wechsel des Luftdichtungssystems (Material der Luftdichtheitsschicht) in Konstruktionen ist problematisch und nach Möglichkeit zu vermeiden.

Stöße und Überlappungen sind auf ein Minimum zu reduzieren.

Unvermeidbare Fugen sind so zu planen, daß sie dauerhaft luftdicht verschlossen werden können.

Um Durchdringungen zu reduzieren, sollten Installationsebenen für die Aufnahme von Installationen aller Art raumseitig vor der Luftdichtheitsschicht vorgesehen werden (vgl. Bild 2).

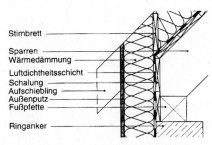

Bild 1: Beispiel für eine umlaufende Luftdichtheitsschicht

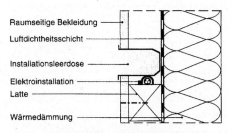

Bild 2: Beispiel für Installation

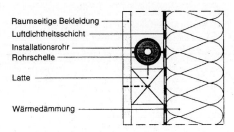

Bild 3: Beispiel für Installation

7 Prinzipskizzen für Überlappungen, Anschlüsse, Durchdringungen und Stöße (Beispiele)

7.1 Luftdichtheitsschicht aus Kunststoffolien[1]) und Bahnen

7.1.1 Überlappung

Die Luftdichtung der Überlappungen erfolgt beispielsweise durch vorkomprimierte Dichtbänder und Anpreßlatte, beidseitig selbstklebende Butyl-Kautschukbänder sowie durch Verschweißen.

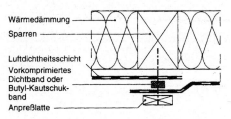

Bild 4: Beispiele für die Ausbildung von Überlappungen

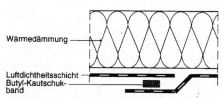

Bild 5: Beispiel für die Ausbildung von Überlappungen

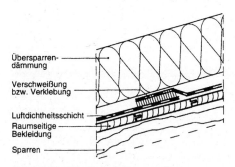

Bild 6: Beispiel für die Ausbildung von Überlappungen

7.1.2 Anschluß an Mauerwerk oder Beton

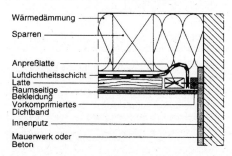

Bild 7: Anschluß der Folie an eine Wand aus Mauerwerk oder Beton

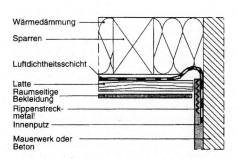

Bild 8: Anschluß der Folie an eine Wand aus Mauerwerk oder Beton

7.1.3 Anschluß an Holz

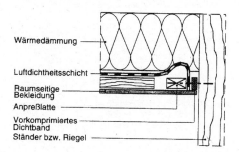

Bild 9: Anschluß der Folie an Holz

---

[1]) Die Schraffur ist unabhängig vom Material.

7.1.4 Durchdringungen

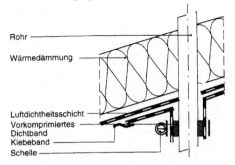

Bild 10: Anschluß der Folie an ein Rohr

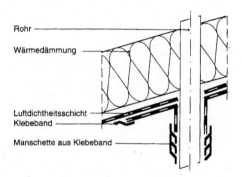

Bild 11: Anschluß der Folie an ein Rohr

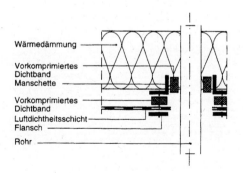

Bild 12: Anschluß der Folie an ein Rohr normal zur Außenwand

7.2 Luftdichtheitsschicht aus Holzwerkstoffen[2])

7.2.1 Stoß im Regelquerschnitt

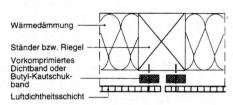

Bild 13: Sicherung des Stoßes durch Verschraubung im Ständer-/Riegelbereich von Außenwänden

7.2.2 Anschluß an Mauerwerk und Beton

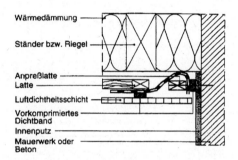

Bild 14: Anschluß der Holzwerkstoffplatte an eine Wand aus Mauerwerk

7.2.3 Anschluß an Holz

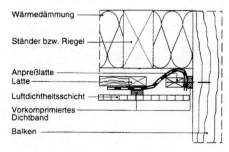

Bild 15: Anschluß der Holzwerkstoffplatte an Holz

[2]) Bei Installationen muß zusätzlich eine separate Installationsebene eingebaut werden.

7.2.4 Durchdringungen

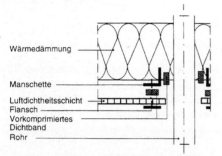

Bild 16: Anschluß zwischen Holzwerkstoffplatte und Rohr mit Manschette und Flansch in Außenwänden

7.3 Luftdichtheitsschicht aus Gipsfaserplatten und Gipskarton-Bauplattendt[2])

7.3.1 Stoßbereich

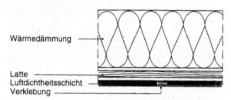

Bild 17: Sicherung der Stöße durch Verkleben

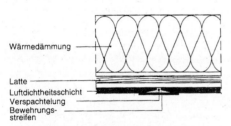

Bild 18: Abdichtung der Stöße durch Bewehrungsstreifen und Fugenfüller

---

[2]) Bei Installationen muß zusätzlich eine separate Installationsebene eingebaut werden.

7.3.2 Anschluß an Mauerwerk oder Beton

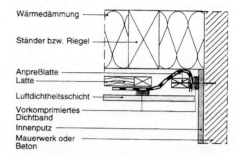

Bild 19: Anschluß der Gipskarton-Bauplatte an eine Wand aus Mauerwerk oder Beton

7.3.3 Anschluß an Holz

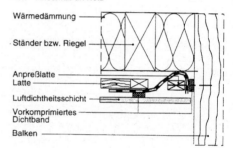

Bild 20: Anschluß der Gipskarton-Bauplatte an Holz

7.3.4 Durchdringungen

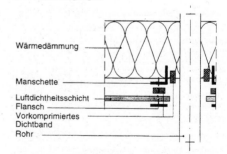

Bild 21: Anschluß zwischen Gipsfaserplatte und Rohr mit Manschette und Flansch

7.4 Bauteilfuge

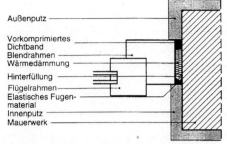

Außenputz
Vorkomprimiertes Dichtband
Blendrahmen
Wärmedämmung
Hinterfüllung
Flügelrahmen
Elastisches Fugenmaterial
Innenputz
Mauerwerk

Bild 22: Abdichtung der Fuge zwischen Fensterrahmen und Mauerwerk

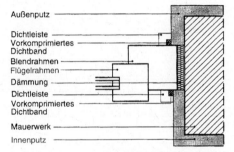

Außenputz
Dichtleiste
Vorkomprimiertes Dichtband
Blendrahmen
Flügelrahmen
Dämmung
Dichtleiste
Vorkomprimiertes Dichtband
Mauerwerk
Innenputz

Bild 23: Abdichtung der Fuge zwischen Fensterrahmen und Mauerwerk

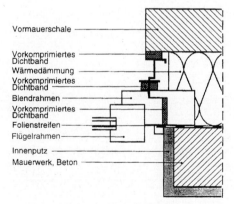

Vormauerschale
Vorkomprimiertes Dichtband
Wärmedämmung
Vorkomprimiertes Dichtband
Blendrahmen
Vorkomprimiertes Dichtband
Folienstreifen
Flügelrahmen
Innenputz
Mauerwerk, Beton

Bild 24: Abdichtung der Fuge zwischen Fensterrahmen und Mauerwerk oder Beton

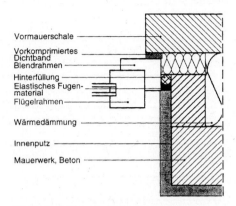

Vormauerschale
Vorkomprimiertes Dichtband
Blendrahmen
Hinterfüllung
Elastisches Fugenmaterial
Flügelrahmen
Wärmedämmung
Innenputz
Mauerwerk, Beton

Bild 25: Abdichtung der Fuge zwischen Fensterrahmen und Mauewerk

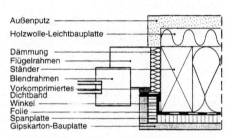

Außenputz
Holzwolle-Leichtbauplatte
Dämmung
Flügelrahmen
Ständer
Blendrahmen
Vorkomprimiertes Dichtband
Winkel
Folie
Spanplatte
Gipskarton-Bauplatte

Bild 26: Abdichtung der Fuge zwischen Fensterrahmen und Ständer

Anhang A (informativ)
Literaturhinweise

DIN 277-2
Grundflächen und Rauminhalte von Bauwerken im Hochbau – Gliederung der Nutzflächen, Funktionsflächen und Verkehrsflächen (Netto-Grundfläche)

E DIN 4108-2 : 1995-11
Wärmeschutz im Hochbau – Teil 2: Wärmedämmung und Wärmespeicherung – Anforderungen und Hinweise für Planung und Ausführung

E DIN 4108-3/A1 : 1995-11
Wärmeschutz im Hochbau – Teil 3: Klimabedingter Feuchteschutz – Anforderungen und Hinweise für Planung und Ausführung; Änderung A1

E DIN 4108-4 : 1995-11
Wärmeschutz im Hochbau – Teil 4: Wärme- und feuchteschutztechnische Kennwerte

prEN 12114 : 1995-09
Außenwände von Gebäuden – Luftdurchlässigkeit – Prüfverfahren

prEN ISO 13791 : 1995-06
Thermisches Verhalten von Gebäuden – Sommerliche Raumtemperaturen bei Gebäuden ohne Anlagentechnik – Allgemeine Kriterien und Berechnungsalgorithmen (ISO/DIS 13791 : 1995) [3])

[1] Verordnung über einen energiesparenden Wärmeschutz bei Gebäuden (Wärmeschutzverordnung – Wärmeschutz V) vom 16. 08. 1994 BGBl I, 1994, Nr 55, Seiten 2121 bis 2132

---

[3]) prEN ISO 13791 ≙ E DIN 4108-20

Verzeichnis nicht abgedruckter Normen und Norm-Entwürfe

Dokument	Ausgabe	Titel
DIN 4102-7	1998-07	Brandverhalten von Baustoffen und Bauteilen – Teil 7: Bedachungen; Begriffe, Anforderungen und Prüfungen
DIN 18230-2	1999-01	Baulicher Brandschutz im Industriebau – Teil 2: Ermittlung des Abbrandverhaltens von Materialien in Lageranordnung – Werte für den Abbrandfaktor m
DIN 18232-2	1989-11	Baulicher Brandschutz im Industriebau; Rauch- und Wärmeabzugsanlagen; Rauchabzüge; Bemessung, Anforderungen und Einbau
E DIN 18232-2	1996-03	Baulicher Brandschutz im Industriebau – Rauch- und Wärmeabzugsanlagen – Teil 2: Rauchabzüge, Bemessung, Anforderungen und Einbau
DIN 18234-1	1992-08	Baulicher Brandschutz im Industriebau; Begriffe, Anforderungen und Prüfungen für Dächer; Einschalige Dächer mit Abdichtungen bei Brandbeanspruchung von unten; Geschlossene Dachfläche

Verzeichnis abgedruckter Normen und Norm-Entwürfe aus den DIN-Taschenbüchern 189 (5. Aufl., 1999) und 310 (1. Aufl., 1999)

(nach steigenden DIN-Nummern geordnet)

[1])	Dokument	Ausgabe	Titel
310	DIN 1946-1	1988-10	Raumlufttechnik; Terminologie und graphische Symbole (VDI-Lüftungsregeln)
310	DIN 1946-2	1994-01	Raumlufttechnik; Gesundheitstechnische Anforderungen (VDI-Lüftungsregeln)
310	DIN 1946-4	1999-03	Raumlufttechnik – Teil 4: Raumlufttechnische Anlagen in Krankenhäusern (VDI-Lüftungsregeln)
310	DIN 1946-6	1998-10	Raumlufttechnik – Teil 6: Lüftung von Wohnungen; Anforderungen, Ausführung, Abnahme (VDI-Lüftungsregeln)
189	DIN 4102-1	1998-05	Brandverhalten von Baustoffen und Bauteilen – Teil 1: Baustoffe; Begriffe, Anforderungen und Prüfungen
189	DIN 4102-1 Ber 1	1998-08	Berichtigung zu DIN 4102-1 : 1998-05
189	DIN 4102-2	1977-09	Brandverhalten von Baustoffen und Bauteilen; Bauteile, Begriffe, Anforderungen und Prüfungen
189	DIN 4102-3	1977-09	Brandverhalten von Baustoffen und Bauteilen; Brandwände und nichttragende Außenwände, Begriffe, Anforderungen und Prüfungen
189	DIN 4102-4	1994-03	Brandverhalten von Baustoffen und Bauteilen; Zusammenstellung und Anwendung klassifizierter Baustoffe, Bauteile und Sonderbauteile
310	DIN 4108 Bbl 2	1998-08	Wärmeschutz und Energie-Einsparung in Gebäuden – Wärmebrücken – Planungs- und Ausführungsbeispiele
310	DIN 4108-1	1981-08	Wärmeschutz im Hochbau; Größen und Einheiten
310	DIN 4108-2	1981-08	Wärmeschutz im Hochbau; Wärmedämmung und Wärmespeicherung; Anforderungen und Hinweise für Planung und Ausführung
310	E DIN 4108-2	1995-11	Wärmeschutz im Hochbau – Teil 2: Wärmedämmung und Wärmespeicherung; Anforderungen und Hinweise für Planung und Ausführung
310	DIN 4108-3	1981-08	Wärmeschutz im Hochbau; Klimabedingter Feuchteschutz; Anforderungen und Hinweise für Planung und Ausführung
310	E DIN 4108-3/A1	1995-11	Wärmeschutz im Hochbau – Teil 3: Klimabedingter Feuchteschutz; Anforderungen und Hinweise für Planung und Ausführung; Änderung A1
310	DIN V 4108-4	1998-10	Wärmeschutz und Energie-Einsparung in Gebäuden – Teil 4: Wärme- und feuchteschutztechnische Kennwerte
310	DIN 4108-5	1981-08	Wärmeschutz im Hochbau; Berechnungsverfahren

---

[1]) Angabe der Nummer des DIN-Taschenbuches, in dem diese Norm abgedruckt ist.

[1]	Dokument	Ausgabe	Titel
310	DIN V 4108-7	1996-11	Wärmeschutz im Hochbau – Teil 7: Luftdichtheit von Bauteilen und Anschlüssen; Planungs- und Ausführungsempfehlungen sowie -beispiele
189	DIN 4109	1989-11	Schallschutz im Hochbau; Anforderungen und Nachweise
189	DIN 4109 Ber 1	1992-08	Berichtigungen zu DIN 4109/11.89, DIN 4109 Bbl 1/11.89 und DIN 4109 Bbl 2/11.89
189	DIN 4109 Bbl 1	1989-11	Schallschutz im Hochbau; Ausführungsbeispiele und Rechenverfahren
189	DIN 4109 Bbl 2	1989-11	Schallschutz im Hochbau; Hinweise für Planung und Ausführung; Vorschläge für einen erhöhten Schallschutz; Empfehlungen für den Schallschutz im eigenen Wohn- oder Arbeitsbereich
189	DIN 4109 Bbl 3	1996-06	Schallschutz im Hochbau – Berechnung von $R'_{w,R}$ für den Nachweis der Eignung nach DIN 4109 aus Werten des im Labor ermittelten Schalldämm-Maßes R_w
189	E DIN 4109/A1	1998-04	Schallschutz im Hochbau – Anforderungen und Nachweise; Änderung A1
310	DIN 4701-1	1983-03	Regeln für die Berechnung des Wärmebedarfs von Gebäuden; Grundlagen der Berechnung
310	E DIN 4701-1	1995-08	Regeln für die Berechnung der Heizlast von Gebäuden – Teil 1: Grundlagen der Berechnung
310	DIN 4701-2	1983-03	Regeln für die Berechnung des Wärmebedarfs von Gebäuden; Tabellen, Bilder, Algorithmen
310	E DIN 4701-2	1995-08	Regeln für die Berechnung der Heizlast von Gebäuden – Teil 2: Tabellen, Bilder, Algorithmen
310	DIN 4701-3	1989-08	Regeln für die Berechnung des Wärmebedarfs von Gebäuden; Auslegung der Raumheizeinrichtungen
310	DIN 18195-2	1983-08	Bauwerksabdichtungen; Stoffe
310	E DIN 18195-2	1998-09	Bauwerksabdichtungen – Teil 2: Stoffe
310	DIN 18195-3	1983-08	Bauwerksabdichtungen; Verarbeitung der Stoffe
310	E DIN 18195-3	1998-09	Bauwerksabdichtungen – Teil 3: Anforderungen an den Untergrund und Verarbeitung der Stoffe
310	DIN 18195-4	1983-08	Bauwerksabdichtungen; Abdichtungen gegen Bodenfeuchtigkeit; Bemessung und Ausführung
310	E DIN 18195-4	1998-09	Bauwerksabdichtungen – Teil 4: Abdichtungen gegen Bodenfeuchtigkeit (Kapillarwasser, Haftwasser, Sickerwasser); Bemessung und Ausführung
310	DIN 18195-5	1984-02	Bauwerksabdichtungen; Abdichtungen gegen nichtdrückendes Wasser; Bemessung und Ausführung
310	E DIN 18195-5	1998-09	Bauwerksabdichtungen – Teil 5: Abdichtungen gegen nichtdrückendes Wasser; Bemessung und Ausführung
310	DIN 18195-6	1983-08	Bauwerksabdichtungen; Abdichtungen gegen von außen drückendes Wasser; Bemessung und Ausführung

[1])	Dokument	Ausgabe	Titel

310	E DIN 18195-6	1998-09	Bauwerksabdichtungen – Teil 6: Abdichtungen gegen von außen drückendes Wasser; Bemessung und Ausführung
310	DIN 18195-7	1989-06	Bauwerksabdichtungen; Abdichtungen gegen von innen drückendes Wasser; Bemessung und Ausführung
310	DIN 18195-8	1983-08	Bauwerksabdichtungen; Abdichtungen über Bewegungsfugen
310	DIN 18195-9	1986-12	Bauwerksabdichtungen; Durchdringungen, Übergänge, Abschlüsse
310	DIN 18195-10	1983-08	Bauwerksabdichtungen; Schutzschichten und Schutzmaßnahmen
189	DIN 18230-1	1998-05	Baulicher Brandschutz im Industriebau – Teil 1: Rechnerisch erforderliche Feuerwiderstandsdauer
189	DIN 18230-1 Ber 1	1998-12	Berichtigungen zu DIN 18230-1 : 1998-05
189	DIN V 18230-1 Bbl 1	1989-11	Baulicher Brandschutz im Industriebau; Rechnerisch erforderliche Feuerwiderstandsdauer; Abbrandfaktoren m und Heizwerte
310	DIN 18531	1991-09	Dachabdichtungen; Begriffe, Anforderungen, Planungsgrundsätze
310	DIN 18540	1995-02	Abdichten von Außenwandfugen im Hochbau mit Fugendichtstoffen
189	E DIN EN 12354-1	1996-07	Bauakustik – Berechnung der akustischen Eigenschaften von Gebäuden aus den Bauteileigenschaften – Teil 1: Luftschalldämmung zwischen Räumen; Deutsche Fassung prEN 12354-1 : 1996
189	E DIN EN 12354-2	1996-07	Bauakustik – Berechnung der akustischen Eigenschaften von Gebäuden aus den Bauteileigenschaften – Teil 2: Trittschalldämmung zwischen Räumen; Deutsche Fassung prEN 12354-2 : 1996
189	E DIN EN 12354-3	1997-09	Bauakustik – Berechnung der akustischen Eigenschaften von Gebäuden aus den Bauteileigenschaften – Teil 3: Luftschalldämmung gegen Außengeräusche; Deutsche Fassung prEN 12354-3 : 1997
189	E DIN EN 12354-4	1997-10	Bauakustik – Berechnung der akustischen Eigenschaften von Gebäuden aus den Bauteileigenschaften – Teil 4: Schallübertragung von Räumen ins Freie; Deutsche Fassung prEN 12354-4 : 1997

Stichwortverzeichnis aus DIN-Taschenbuch 189 (5. Aufl., 1999)

Die hinter den Stichwörtern stehenden Nummern sind die DIN-Nummern (ohne die Buchstaben DIN) der abgedruckten Normen bzw. der Norm-Entwürfe.

Abbrandfaktor m 18230-1, 18230-1 Bbl 1
Abschluß 4102-4
Abschluß in Fahrschachtwand 4102-4
Akustische Eigenschaft E EN 12354-1 bis E EN 12354-4
Akustischer Wert für Fassadenelemente E EN 12354-3
Anerkannte Werkfeuerwehr 18230-1
Äquivalente Branddauer $t_{\ddot{A}}$ 18230-1
Äquivalente Punktschallquelle E EN 12354-4
Äquivalenter bewerteter Norm-Trittschallpegel $L_{n,w,eq}$ homogener Deckenkonstruktionen E EN 12354-2
Äquivalenter Schalleistungspegel L_{WD} E EN 12354-4
Außenbauteil 4109 Bbl 1
Außengeräusch E EN 12354-3
Außenschalldruckpegel E EN 12354-4
Ausführung 4109 Bbl 1 und 2
Ausführungsbeispiel 4109 Bbl 1
Automatische Brandmeldeanlage 18230-1

Bau-Schalldämm-Maß R' E EN 12354-1
Bauakustik E EN 12354-1 bis E EN 12354-4
Baulicher Brandschutz im Industriebau 18230-1, 18230-1 Ber 1, 18230-1 Bbl 1
Bauprodukt 4102-1
Baustoff 4102-1, 4102-1 Ber 1 bis 4102-4
Baustoff, leichtentflammbarer 4102-1
Baustoff, nichtbrennbarer 4102-1
Baustoff, normalentflammbarer 4102-1
Baustoff, schwerentflammbarer 4102-1
Baustoffklasse 4102-1, 4102-1 Ber 1
Baustoffklasse A1, A2 4102-1
Baustoffklasse B1, B2, B3 4102-1
Bauteil 4102-1, 4102-1 Ber 1 bis 4102-4, E EN 12354-1 bis E EN 12354-4
Bauteileigenschaft E EN 12354-1 bis E EN 12354-4
Bauteil, monolithisches E EN 12354-1
Bedachung 4102-4
Beflammung 4102-1
Begriff 4102-2, 4109
Beiwert δ 18230-1
Bekleidete Stahlstütze 4102-4
Bekleideter Stahlträger 4102-4
Berechnung 4109 Bbl 3, EN 12354-1 bis E EN 12354-4
Berechnung der akustischen Eigenschaften von Gebäuden aus den Bauteileigenschaften E EN 12354-1 bis E EN 12354-4
Berechnung $R'_{w,R}$ für den Nachweis nach DIN 4109 aus Werten des im Labor ermittelten Schalldämm-Maßes R_w 4109 Bbl 3
Bestimmung der Rauchentwicklung von Baustoffen – Verbrennung bei Flammenbeanspruchung 4102-1
Bestimmung der Rauchentwicklung von Baustoffen – Zersetzung unter Verschwelungsbedingungen 4102-1
Betonbauteil 4102-4
Beton- und Stahlbetonwand 4102-4
Bewertete Trittschallminderung $\Delta L w$ von schwimmenden Estrichen E EN 12354-2
Bewerteter Trittschallpegel ΔL von schwimmend verlegten Fußböden E EN 12354-2
Bewertetes Schalldämm-Maß E EN 12354-1
Bewertung von Brandlasten in geschlossenen Systemen 18230-1
Bitumen 18230-1 Bbl 1
Brandabschnitt 18230-1

Brandbekämpfungsabschnitt 18230-1

Brandbelastung q_R, Ermittlung der rechnerischen für den globalen Nachweis 18230-1

Brandbelastung q_R, Ermittlung der rechnerischen für den Teilflächennachweis 18230-1

Brandbelastung, rechnerische q_R 18230-1

Branddauer, äquivalente $t_Ä$ 18230-1

Brandlast 18230-1

Brandmeldeanlage, automatische 18230-1

Brandprüfung 4102-1

Brandschutz, baulicher 18230-1, 18230-1 Ber 1, DIN 18230-1 Bbl 1

Brandschutzbemessung 4102-4

Brandschutzklasse 18230-1

Brandsicherheitsklasse SK_b 18230-1

Brandverhalten 4102-1, 4102-1 Ber 1 bis 4102-4

Brandverhalten von Baustoffen und Bauteilen 4102-1, 4102-1 Ber 1 bis 4102-4

Brandwand 4102-3, 4102-4

Brennbare Flüssigkeit in Wanne oder offenem Blechbehälter 18230-1 Bbl 1

Brennbarer Baustoff 4102-1

Brennstoff, fester 18230-1 Bbl 1

Brüstung 4102-3

Dach 4102-4

Dach aus Holz und Holzwerkstoff 4102-4

Decke 4102-4, E EN 12354-2

Decke aus Stahlbetonhohldiele und Gasbetonplatte 4102-4

Deckenkonstruktion, homogene E EN 12354-2

Detailliertes Modell E EN 12354-1, E EN 12354-2

Direktübertragung E EN 12354-2

Eigenschaft, akustische E EN 12354-1 bis E EN 12354-4

Eingangsdaten E EN 12354-1, E EN 12354-2

Einschränkung E EN 12354-1 bis E EN 12354-3

Einzahlangabe E EN 12354-4

Einzelschritte für trennende Decke und flankierende Wände E EN 12354-2

Elektrotechnische Erzeugnisse 18230-1 Bbl 1

Entflammung 4102-1

Erfassung der Brandlasten 18230-1

Erhöhter Schallschutz 4109 Bbl 2

Ermittlung der Baustoffklassen durch Brandprüfungen 4102-1

Ermittlung der Baustoffklassen ohne Brandprüfungen 4102-1

Ermittlung der rechnerischen Brandbelastung q_R für den globalen Nachweis 18230-1

Ermittlung der rechnerischen Brandbelastung q_R für den Teilflächennachweis 18230-1

Erzeugnis, elektrotechnisches 18230-1 Bbl 1

Erzeugnis, textiles 18230-1 Bbl 1

Estrich, schwimmender E EN 12354-2

Fachwerkwand mit ausgefülltem Gefach 4102-4

Fassadengestaltung, Einfluß E EN 12354-3

Fester Brennstoff 18230-1 Bbl 1

Festlegung, zusätzliche, für bestimmte Baustoffe 4102-1

Feuerschutzabschluß 4102-4

Feuerwiderstand 4102-4

Feuerwiderstandsdauer, rechnerisch erforderliche erf t_F 18230-1, 18230-1 Ber 1, 18230-1 Bbl 1

Feuerwiderstandsklasse 4102-2 bis 4102-4, 18230-1

Flammenbeanspruchung 4102-1

Flankenübertragung E EN 12354-1, E EN 12354-2

Flankierendes Bauteil 4109 Bbl 1

Formelzeichen E EN 12354-1, E EN 12354-2
Frequenzband E EN 12354-1
Fußboden E EN 12354-1, E EN 12354-2
Fußboden, schwimmend verlegter E EN 12354-2

G-Verglasung 4102-4
Gasbetonplatte in Holztafelbauart 4102-4
Gebäudeeigenschaft E EN 12354-1 bis E EN 12354-4
Genauigkeit E EN 12354-1 bis E EN 12354-4
Globaler Nachweis 18230-1
Größe zur Darstellung der Gebäudeeigenschaften E EN 12354-1, E EN 12354-2
Größe zur Kennzeichnung der Bauteileigenschaft E EN 12354-3, E EN 12354-4
Größe zur Kennzeichnung der Gebäudeeigenschaft E EN 12354-3, E EN 12354-4
Gummi 18230-1 Bbl 1

Haustechnische Anlage und Betrieb 4109, E 4109/A1, 4109 Bbl 1 und Bbl 2
Heizwert 4102-1, 18230-1 Bbl 1
Hochbau 4109, E 4109/A1, 4109 Bbl 1, Bbl 2 und Bbl 3
Holz 4102-4, 4109 Bbl 1, 18230-1 Bbl 1
Holzstücke 4102-4
Holzwerkstoff 4102-4, 18230-1 Bbl 1
Holzwolle-Leichtbauplatte mit Putz 4102-4
Holzzugglied 4102-4
Homogene Deckenkonstruktion E EN 12354-2

In-situ-Wert E EN 12354-1, E EN 12354-2
Industriebau 18230-1, 18230-1 Ber 1, 18230-1 Bbl 1
Inhalationstoxikologische Prüfung 4102-1

Innenschallfelder E EN 12354-4
Innenschallpegel E EN 12354-3
Innenwand E EN 12354-1
Installationsschacht und -kanal sowie Leitung 4102-4
Interpretation E EN 12354-3

Karton 18230-1 Bbl 1
Kennzeichnung E EN 12354-3
Klassifizierte Wand 4102-4
Klassifizierter Baustoff 4102-4
Klassifiziertes Holzbauteil 4102-4
Klassifizierung 4102-1
Kombinationsbeiwert ψ 18230-1
Körperschall-Nachhallzeit für eine Zwischenwand bei der 500-Hz-Oktave E EN 12354-1
Körperschall-Nachhallzeit von Bauteilen E EN 12354-1
Körperschallübertragung E EN 12354-1
Kunststoff 18230-1 Bbl 1
Kurzzeichen 4102-1

Leichtentflammbarer Baustoff 4102-1
Löschanlage 18230-1
Luftschall E EN 12354-1
Luftschall-Nebenwegübertragung E EN 12354-1
Luftschalldämm-Maß R E EN 12354-2
Luftschalldämmung gegen Außengeräusche E EN 12354-3
Luftschalldämmung zwischen Räumen E EN 12354-1
Luftschallverbesserungsmaß ΔR E EN 12354-1 und -2
Luftschallverbesserungsmaß von Vorsatzkonstruktionen E EN 12354-1

Modell, detailliertes E EN 12354-1, E EN 12354-2
Modell, vereinfachtes E EN 12354-1, E EN 12354-2

Nachweis, globaler   18230-1
Nahrungsmittel   18230-1 Bbl 1
Nebenweg-Übertragung   E EN 12354-1
Nichtbrennbarer Baustoff   4102-1
Norm-Flankenpegeldifferenz $D_{n,f}$
   E EN 12354-1
Norm-Schallpegeldifferenz D_n
   E EN 12354-1
Norm-Schallpegeldifferenz eines kleinen Bauteils $D_{n,e}$ E EN 12354-1
Norm-Schallpegeldifferenz für Luftschall-Nebenwegübertragung bei Luftschallanrechnung $D_{n,s}$ E EN 12354-1
Norm-Trittschallpegel L'_n E EN 12354-2
Norm-Trittschallpegel L_n homogener Deckenkonstruktionen   E EN 12354-2
Normalentflammbarer Baustoff   4102-1

Ofenprüfung   4102-1

Papier   18230-1 Bbl 1
Probe   4102-1
Prüfeinrichtung   4102-1
Prüfstandmessung der Flankenübertragung   E EN 12354-2
Prüfung   4102-1
Prüfung auf brennendes Abfallen (Abtropfen)   4102-1
Prüfung, inhalationstoxikologische   4102-1
Prüfzeugnis   4102-1
Punktschallquelle, äquivalente   E EN 12354-4

Rauchentwicklung   4102-1
Rechenbeispiel   E EN 12354-1 bis E EN 12354-4
Rechenmodell   E EN 12354-1 bis E EN 12354-4
Rechenverfahren   E EN 12354-1, E EN 12354-2
Rechnerisch erforderliche Feuerwiderstandsdauer erf t_F 18230-1, 18230-1 Ber 1, 18230-1 Bbl 1
Rechnerische Brandbelastung q_R 18230-1
Richtungsmaß D_I E EN 12354-4

Richtwirkung der Schallabstrahlung   E EN 12354-4

Schallabstrahlung   E EN 12354-4
Schalldämm-Maß für monolithische Bauteile   E EN 12354-1
Schalldämm-Maß in Frequenzbändern   E EN 12354-1
Schalldämm-Maß mit bauähnlicher Flankenübertragung   E EN 12354-1
Schalldämm-Maß R E EN 12354-1, E EN 12354-4
Schalldämm-Maß R_w 4109 Bbl 3
Schalldämm-Maß unterschiedlicher Elemente   E EN 12354-4
Schalldämm-Maß von Fassadenelementen   E EN 12354-3
Schalldämmung   4109 Bbl 3
Schalldruckpegel im Abstand d, $L_{p,d}$ 4109, E 4109/A1, E EN 12354-4
Schalleistungspegel, äquivalenter L_{WD} E EN 12354-4
Schalleistungspegel L_W E EN 12354-4
Schalleistungsverhältnis für Direktübertragung   E EN 12354-3
Schalleistungsverhältnis für Flankenübertragung   E EN 12354-3
Schallpegeldifferenz   E EN 12354-1
Schallschutz   4109, E 4109/A1, 4109 Ber 1, 4109 Bbl 1 bis Bbl 3
Schallschutz im eigenen Wohn- oder Arbeitsbereich   4109, 4109 Bbl 1 und Bbl 2
Schallschutz im Hochbau   4109, E 4109/A1, 4109 Ber 1, 4109 Bbl 1 bis Bbl 3
Schallübertragung von Räumen ins Freie   4109, 4109 Ber 1, 4109 Bbl 1 bis Bbl 3
Schürze   4102-3
Schutz gegen Außenlärm   4109
Schwerentflammbarer Baustoff   4102-1
Schwimmend verlegte Fußböden   E EN 12354-2
Sicherheitsbeiwert γ 18230-1
Skelettbauart   4109 Bbl 1
Sonderbauteil   4102-4

Spannbeton-Balkendecke, 4102-4
Spannbetonbauteil 4102-4
Spannbeton-Plattenbalkendecke 4102-4
Spannbeton-Rippendecke 4102-4
Spannbeton-Zugglied 4102-4
Spannbetonbalken 4102-4
Spannbetondach aus Fertigteil 4102-4
Spannbetondecke 4102-4
Spannbetondecke aus Fertigteil 4102-4
Stahlbauteil 4102-4
Stahlbeton-Balkendecke 4102-4
Stahlbetonbauteil 4102-4
Stahlbeton-Plattenbalkendecke 4102-4
Stahlbeton-Rippendecke 4102-4
Stahlbeton-Zugglied 4102-4
Stahlbetonbalken 4102-4
Stahlbetondach aus Fertigteil 4102-4
Stahlbetondecke aus Fertigteil 4102-4
Stahlbetondecke mit Unterdecke 4102-4
Stahlbetonstütze 4102-4
Stahlsteindecke 4102-4
Stahlträger mit Unterdecke 4102-4
Stahlzugglied 4102-4
Standard-Schallpegeldifferenz $D_{n,T}$ E EN 12354-1
Standard-Trittschallpegel $L'_{n,T}$ E EN 12354-2
Stoß E EN 12354-1, E EN 12354-4
Stoßstelle E EN 12354-1
Stoßstellendämm-Maß für Stoßstellen E EN 12354-1
Stoßstellendämm-Maß $K_{i,j}$ E EN 12354-1, E EN 12354-2
Symbol E EN 12354-3, E EN 12354-4

Teilabschnitt A_A 18230-1
Teilfläche A_T 18230-1
Teilflächennachweis 18230-1
Textiles Erzeugnis 18230-1 Bbl 1
Trennendes Bauteil 4109 Bbl 1
Trittschalldämmung 4109, 4109 Bbl 1 und Bbl 2, E EN 12354-2
Trittschalldämmung zwischen Räumen E EN 12354-2
Trittschallminderung ΔL E EN 12354-2
Trittschallpegel E EN 12354-2

Übertragungsverlust D_t E EN 12354-4
Umrechnungsfaktor c 18230-1
Umrechnungsverfahren 4109 Bbl 3

Verbindung 4102-4
Verbundbauteil 4102-4
Verbundstücke 4102-4
Verbundträger mit ausbetonierter Kammer 4102-4
Vereinfachtes Modell E EN 12354-1, E EN 12354-2
Vereinfachtes Modell zur Bewertung der Außenschalldruckpegel E EN 12354-4
Verfahren zur inhalationstoxikologischen Prüfung von Baustoffen der Baustoffklassen A1 und A2 4102-1
Verschwelungsbedingung 4102-1
Verzeichnis für Symbole E EN 12354-3 und -4
Voraussetzung für Klassifizierung 4102-1
Vorbehandlung der Probe 4102-1
Vorsatzkonstruktion E EN 12354-1

Wand 4102-4, E EN 12354-2
Wand aus bewehrtem Glasbeton 4102-4
Wand aus Gipskarton-Bauplatte 4102-4
Wand aus Leichtbeton mit geschlossenem Gefüge 4102-4
Wand aus Mauerwerk und Wandbauplatte 4102-4
Wand aus Vollholz-Blockbalken 4102-4
Wand, flankierende E EN 12354-2
Wand in Holztafelbauart 4102-4
Wand mit haufwerksporigem Gefüge 4102-4
Wand, zweischalige, aus Holzwolle-Leichtbauplatte mit Putz 4102-4
Wärmeabzugfaktor w 18230-1
Werkfeuerwehr, anerkannte 18230-1

Zusatzbeiwert a_L 18230-1, 18230-1 Ber 1
Zusätzliche Festlegungen für bestimmte Baustoffe 4102-1
Zweischalige Wand aus Holzwolle-Leichtbauplatte mit Putz 4102-4

Stichwortverzeichnis aus DIN-Taschenbuch 310 (1. Aufl., 1999)

Die hinter den Stichwörtern stehenden Nummern sind die DIN-Nummern (ohne die Buchstaben DIN) der abgedruckten Normen bzw. der Norm-Entwürfe.

Abdichten von Außenwandfugen im Hochbau mit Fugendichtstoffen 18540
Abdichtstoff   V 4108-4
Abdichtung, Bauteil mit   E 4108-2
Abdichtungsstoff   V 4108-4
Abglättmittel   18540
Abluftleitung   1946-4
Abluftschacht   1946-6
Abnahme der Feuerstätte   1946-6
Abnahme der Lüftung von Wohnungen   1946-6
Abnahme der RLT-Anlage   1946-6
Abnahme des Abluftschachtes   1946-6
Abnahmeprotokoll einer RLT-Anlage zur freien Lüftung von Wohnungen 1946-6
Abnahmeprotokoll eines Abluftschachtes zur freien Lüftung von Wohnungen 1946-6
Abnahmeprüfung   1946-2, 1946-4
Abschluß   18195-9
Absperrklappe   1946-4
Abweichung von Raumluftfeuchte   1946-2
Abweichung von Raumlufttemperatur   1946-2
Algorithmen   E 4701-2
Aluminium   V 4108-4
Anforderung   E 4108-2
Anforderung an klimabedingten Feuchteschutz   4108-3, E 4108-3/A1
Anforderung an Lüftung von Wohnungen   1946-6
Anforderung für Planung und Ausführung   4108-22
Anforderung, gesundheitstechnische   1946-2
Anhydrit   V 4108-4
Anlage mit Übertragungsmöglichkeit   1946-4

Anlage, raumlufttechnische   4108-2, E 4108-2
Anlagenspezifische Anforderungen für maschinelle Lüftung   1946-6
Anschluß   4108 Bbl 2, 4108-3, V 4108-7
Anschlußdetail   4108 Bbl 2
Anstrichverträglichkeit   18540
Anwendungsbeispiel   1946-1
Arbeitsablauf   18540
Arbeitsraum   1946-2, 4108-2
Asphaltmastix   V 4108-4
Aufenthaltsbereich   1946-2
Aufenthaltsraum, nichtunterkellerter   4108-2
Aufzeichnung über den Arbeitsablauf   18540
Außenbauteil   4108 Bbl 2, 4108-2, E 4108-2
Außenbauteil (Fenster, Fenstertüren und Außentüren)   4108-2
Außenbauteil, nichttransparentes   4108-2
Außenbauteil, transparent   E 4108-2
Außenflächenkorrektur   E 4701-2
Außenfläche, transparente   E 4701-2
Außenluft-Ansaugöffnung   1946-2, 1946-4
Außenluftstrom   1946-2
Außenluftvolumenstrom   1946-4
Außenschale bei belüfteten Bauteilen   4108-2, E 4108-2
Außentür   4108-2, E 4108-2, E 4701-2
Außenwand   4108-2, 4108-3, V 4108-4, 4108-5, 18540
Außenwandfuge im Hochbau, Abdichten der   18540
Ausführung   1946-6, 4108 Bbl 2, 4108-2, 4108-3, E 4108-3/A1, 18195-4 bis 18195-7
Ausführung der Lüftung von Wohnungen   1946-6

Ausführung   E 4108-2

Ausführung von klimabedingtem Feuchteschutz   4108-3, E 4108-3/A1

Ausführungsanschluß von Anschlußdetails   4108 Bbl 2

Ausführungsbeispiel   4108 Bbl 2, V 4108-7

Ausführungsempfehlung   V 4108-7

Ausgleichsfeuchtegehalt von Baustoffen   V 4108-4

Auslegung Raumheizeinrichtung   4701-3

Auslegungs-Wärmeleistung   4701-3

Balkonplatte   4108 Bbl 2

Bauart   V 4108-4

Baueinheit   1946-1

Bauelement   1946-1

Bauplanung   1946-4

Bauplatte   V 4108-4

Baustoff   V 4108-4

Baustoff, anorganischer   V 4108-4

Bauteil   4108 Bbl 2, 4108-2, V 4108-4, 4108-5, V 4108-7

Bauteil, belüftetes   4108-2

Bauteil, einschichtiges   4108-5

Bauteil, mehrschichtiges mit hinterliegenden Schichten   4108-5

Bauteil mit Abdichtungen   E 4108-2

Bauteil, nichttransparentes   4108-2, E 4108-2

Bauteilanschluß   4108 Bbl 2

Bauteilfuge   V 4108-7

Bauwerksabdichtung   18195-2 bis 18195-10

Beanspruchungsgruppen   4108-3

Behaglichkeit, thermische   1946-2, 1946-4

Beheizter Raum   E 4701-2

Beheizung   E 4701-1

Beispiel für Anschlüsse   V 4108-7

Beispiel für Bauteil in der Fläche (Regelquerschnitt)   V 4108-7

Beispiel für Fugen   V 4108-7

Bekleidung   1946-2

Belag   V 4108-4

Belüftetes Bauteil   4108-2

Belüftetes Dach   4108-3

Bemessung   1946-6, 18195-4 bis 18195-7

Berechnung   4108-5, 4701-1 bis 4701-3

Berechnung Wärmebedarf   4701-1 bis 4701-3

Berechnungsverfahren   4108-5, E 4701-1

Beton   V 4108-4

Betonbauteil   V 4108-4

Betrieb außerhalb der Nutzungszeit   1946-4

Betrieb bei Ausfall der normalen Stromversorgung   1946-4

Bewegungsfuge   18195-8

Bezeichnung   18540

Bilder   E 4701-2

Bodenfeuchtigkeit   18195-3, 18195-4

Bodenplatte   4108 Bbl 2

Brandschutzklappe   1946-4

Brandverhalten   18540

Dach   4108-2, 4108-3, V 4108-4, 18531

Dach, belüftetes   4108-3

Dach, nicht belüftetes   4108-3

Dachabdichtung   18531

Dachfenster   4108 Bbl 2

Dachraum, nicht ausgebauter   4108-2, E 4108-2

Dachraum, nicht beheizter angrenzender   E 4701-2

Dachschräge   V 4108-4

Dämmstoff, anorganischer   V 4108-4

Dampfdiffusion   4108-3

Darstellungstechnik   4108 Bbl 2

Decke   V 4108-4

Decke, die Aufenthaltsräume gegen die Außenluft abgrenzen   4108-2

Decke unter nicht ausgebauten Dachräumen   4108-2

Decke zwischen fremden Arbeitsräumen   4108-2

Dehnverhalten   18540
Desinfektion der RLT-Anlage   1946-4
Dichtstoff   18540
Diffusionsberechnung   4108-5
Diffusionsschutztechnische Größe
   4108-5
Drückendes Wasser   18195-6
Durchdringung   V 4108-7, 18195-9

Einflußfaktor auf thermische Behaglichkeit
   und Raumluftqualität   1946-2
Einheit   4108-1
Einwohner   E 4701-2
Einzelbauteil   4108-2
Energie-Einsparung in Gebäuden
   4108 Bbl 2, V 4108-4
Energiedurchlässigkeit der transparenten
   Außenbauteile   4108-2, E 4108-2
Energiesparender Wärmeschutz von
   Gebäuden im Winter   4108-2
Entlüftungsanlage für fensterlose Küche
   1946-6
Entlüftungsanlage für fensterlosen
   Bad- und WC-Raum   1946-6
Entrauchungsleitung   1946-4
Estrich   V 4108-4

Faser, pflanzliche   V 4108-4
Faserdämmstoff, mineralischer   V 4108-4
Faserdämmstoff, pflanzlicher   V 4108-4
Fenster   4108 Bbl 2, 4108-2, E 4108-2,
   4108-3, V 4108-4
Fensterlaibung   4108 Bbl 2
Fenstersturz   4108 Bbl 2
Fenstertür   4108-2, E 4108-2, V 4108-4
Feuchteschutz   V 4108-4
Feuchteschutz, klimabedingter   4108-3,
   E 4108-3/A1
Feuchteschutztechnischer Kennwert
   V 4108-4
Feuerstätte   1946-6
Flachdach   4108 Bbl 2, 4108-5
Flachdach, belüfteter   E 4701-2
Formelzeichen   4108-1, E 4701-1
Fortluftaustrittsöffnung   1946-2, 1946-4

Fortluftleitung   1946-4
Freie Lüftung   1946-6
Freies Lüftungssystem   1946-1
Fuge   4108-3, V 4108-4, V 4108-7, 18540
Fugenbreite b 18540
Fugendichtstoff   18540
Fugendichtungsmasse   18540
Fugendurchlässigkeit von Bauteilen
   E 4701-2
Fugendurchlaßkoeffizient α nach
   DIN 18055   V 4108-4
Fugenlüftung von Gewächshäusern
   E 4701-2
Fußboden   4108-2, E 4108-2

Gaubenanschluß   4108 Bbl 2
Gebäude, für das raumlufttechnische
   Anlagen nicht erforderlich sind   E 4108-2
Gefachbereich, belüfteter   4108-2
Gegend, windstarke   E 4701-2
Gesamtenergiedurchlaßgerade für
   Verglasungen   V 4108-4
Gesamtwärmeabgabe je Person in
   Abhängigkeit von der Tätigkeit   1946-2
Geschoßdecke   4108 Bbl 2
Gesundheitstechnische Anforderung
   1946-2
Gewächshaus   E 4701-1
Gewächshaus, Fugenlüftung   E 4701-2
Gewächshaus, transparente Flächen
   E 4701-2
Gips   V 4108-4
Gipsfaserplatte   V 4108-7
Gipskarton-Bauplatte   V 4108-7
Glas   V 4108-4
Gleichung, Konstanten für   E 4701-2
Graphisches Symbol   1946-1
Größe, diffusionsschutztechnische
   4108-5
Größe, feuchteschutztechnische   4108-1
Größe, physikalische   V 4108-4
Größe, wärmeschutztechnische   4108-1
Grundlagen der Berechnung   4701-1,
   E 4701-1
Gußasphalt   V 4108-4

Haftverhalten   18540
Hauskerngröße   E 4701-2
Heizlast   E 4701-1, E 4701-2
Hinterfüllmaterial   18540
Hinweis   E 4108-2
Hinweis für Planung und Ausführung   4108-2
Hochofenschlacken-(Hütten-)Fasern   V 4108-4
Höhenkorrekturfaktor   E 4701-2
Holz   V 4108-4
Holzwerkstoff   V 4108-4, V 4108-7
Holzwerkstoffbahn   V 4108-7
Holzwolle-Leichtbauplatte   V 4108-4
Hygienische Abnahmeprüfung   1946-4
Hygienische Kontrolle   1946-4

Innenoberfläche von Bauteilen   4108-5
Innentür   E 4701-2
Instandhaltung der Lüftung von Wohnungen   1946-6
Instationäre Randbedingung   4108-2

Jahresniederschlagsmenge   4108-3, E 4108-3/A1

Kalksandstein   V 4108-4
Kammerzentrale, Gerät   1946-2
Kellerdecke   4108 Bbl 2, 4108-2, V 4108-4
Kennwert, feuchteschutztechnischer   V 4108-4
Kennwert, wärmeschutztechnischer   V 4108-4
Kennzeichnung   18540
Klassifikation   1946-1
Klimabedingter Feuchteschutz   4108-3, E 4108-3/A1
Konstanten für Gleichung   E 4701-2
Konstruktionsmerkmal   V 4108-4
Konstruktive Ausbildung der Außenwandfuge   18540
Kontrolle der RLT-Anlage nach der Inbetriebnahme   1946-4
Kontrolle, hygienische   1946-4

Kontrolle, technische   1946-4
Korkdämmstoff   V 4108-4
Krankenhaus   1946-4
Krankenhausbereich   1946-4
Kunststoff   V 4108-4, V 4108-7
Kunststoffbahn   V 4108-7

Lärm   1946-2
Leichtbeton   V 4108-4
Luft ($p = 1{,}25$ kg/m^3)   V 4108-4
Luftbefeuchter   1946-2, 1946-4
Luftbehandlung   1946-1, 1946-6
Luftdichtheit der Bauteile, insbesondere der Außenbauteile (Fenster, Fenstertüren und Außentüren)   4108-2
Luftdichtheit der Bauteile   V 4108-7
Luftdichtheitsschicht aus Bahnen   V 4108-7
Luftdichtheitsschicht aus Gipsfaserplatten   V 4108-7
Luftdichtheitsschicht aus Gipskarton-Bauplatten   V 4108-7
Luftdichtheitsschicht aus Holzwerkstoffen   V 4108-7
Luftdichtheitsschicht aus Kunststoffbahnen   V 4108-7
Luftentfeuchtung   1946-4
Luftfeuchte   1946-2
Luftfilter   1946-2, 1946-4
Luftförderung   1946-1
Luftgeschwindigkeit   1946-2
Luftkühler   1946-2, 1946-4
Luftkühler mit Luftentfeuchtung   1946-4
Luftleitung   1946-2, 1946-4
Luftqualität   1946-4
Luftreinheit   1946-4
Luftschicht belüfteter Flachdächer   E 4701-2
Luftschichtdicke, wasserdampfdiffusionsäquivalente   4108-5
Luftströmung zwischen Räumen   1946-4
Lüftung   1946-1, 1946-2, 1946-4, 1946-6
Lüftung, freie   1946-6
Lüftung, maschinelle   1946-6

Lüftung, natürliche 4108-2, E 4108-2
Lüftung von Wohnungen 1946-6
Lüftungseffektivität 1946-2
Lüftungsregel 1946-1, 1946-2, 1946-4, 1946-6
Lüftungssystem, freies 1946-1
Luftverteilung 1946-1

Maschinelle Lüftung 1946-6
Maßnahme, wärmeschutztechnische, bei der Planung von Gebäuden E 4108-2
Maßtechnik 1946-1
Material für Anschlüsse V 4108-7
Material für Luftdichtheitsanschlüsse V 4108-7
Mauerwerk V 4108-4
Mauerwerk-Konstruktion V 4108-4
Maximalwert der Wärmedurchgangskoeffizienten k nichttransparenter Bauteile 4108-2, E 4108-2
Meß-, Steuerungs- und Regelungstechnik (MSR) 1946-1
Metall V 4108-4
Mindestwärmeschutz von Einzelbauteilen 4108-2, E 4108-2
Mindestwert der Wärmedurchlaßwiderstände $1/\Delta$ der Wärmedurchgangskoeffizienten k nichttransparenter Bauteile 4108-2
Mindestwert des Wärmedurchlaßwiderstandes R nichttransparenter Bauteile E 4108-2
Mörtel V 4108-4
Mörtelfuge V 4108-4

Nachweis der Luftdichtheit V 4108-7
Natürliche Lüftung 4108-2, E 4108-2
Nicht ausgebauter Dachraum 4108-2, E 4108-2
Nicht belüftetes Dach 4108-3
Nichttransparentes Außenbauteil 4108-2
Nichttransparentes Bauteil 4108-2, E 4108-2
Norm-Außentemperatur E 4701-2
Norm-Gebäudeheizlast E 4701-1
Norm-Innentemperatur E 4701-2
Norm-Lüftungsheizlast E 4701-1
Norm-Transmissionsheizlast E 4701-1
Normalglas V 4108-4

Oberfläche der Bauteile im Fugenbereich 18540
OP-Abteilung 1946-4
Ortgang 4108 Bbl 2

Pfettendach 4108 Bbl 2
Physikalische Größe V 4108-4
Physiologisch-hygienische Anforderungen 1946-4
Planung 4108-2, E 4108-2
Planung von klimabedingtem Feuchteschutz 4108-3, E 4108-3/A1
Planungsbeispiel 4108 Bbl 2, V 4108-7
Planungsempfehlung V 4108-7
Porenbeton V 4108-4
Prinzipskizze für Anschlüsse V 4108-7
Prinzipskizze für Durchdringungen V 4108-7
Prinzipskizze für Stöße V 4108-7
Prinzipskizze für Überlappungen V 4108-7
Profilkernzone V 4108-4
Publikumsverkehr 1946-2
Putz V 4108-4

Randbedingung, instationäre 4108-2, E 4108-2
Raum, beheizter E 4701-2
Raumkennzahl E 4701-2
Raum mit Publikumsverkehr 1946-2
Raumklasse 1946-4
Raumluftfeuchte 1946-4
Raumluftqualität 1946-2
Raumluftströmung 1946-4
Raumlufttechnik (RLT) 1946-1, 1946-2, 1946-4, 1946-6
Raumlufttechnische Anlage E 4108-2
Raumlufttechnische Anlage in Krankenhäusern 1946-4

Raumlufttemperatur 1946-4
Raumtemperatur 1946-2
Rechenwert E 4701-2
Regeln für die Berechnung der Heizlast von Gebäuden E 4701-1, E 4701-2
Regeln für die Berechnung des Wärmebedarfs von Gebäuden 4701-1 bis 4701-3
Regelungstechnik 1946-1
Regenkarte zur überschlägigen Ermittlung der durchschnittlichen Jahresniederschlagsmengen 4108-3
Regenkarte zur überschlägigen Ermittlung der durchschnittlichen Jahresniederschlagsmengen (erstellt durch das Zentralamt des Deutschen Wetterdienstes) 4108-3/A1
Reinheit der Luft 1946-4
Reinigung der Luft 1946-4
Reinigung der RLT-Anlage 1946-4
Richtwert der Wasserdampf-Diffusionswiderstandszahlen V 4108-4
Rippenbereich neben belüfteten Gefachbereichen 4108-2
RLT-Anlage 1946-1, 1946-2, 1946-4, 1946-5
RLT-Anlage in OP-Abteilungen 1946-4
Rolladenkasten 4108 Bbl 2
Rückstellvermögen 18540

Schalldämpfer 1946-2, 1946-4
Schallpegel 1946-4
Schaumglas V 4108-4
Schaumkunststoff V 4108-4
Schlagregenschutz 1946-3, 4108-2, E 4108-2, 4108-3
Schlagregenschutz von Wänden 4108-3
Schutz gegen Lärm 1946-2
Schutzmaßnahme 18195-10
Schutzschicht 18195-10
Schwebstoffilter 1946-2, 1946-4
Sommer 4108-2, E 4108-2
Sonderglas V 4108-4
Sparrendach 4108 Bbl 2

Sportstätte 1946-2
Stadt E 4701-2
Stahlfenster, einfach verglaste E 4701-2
Standvermögen 18540
Stein V 4108-4
Steuerungstechnik 1946-1
Stoff, anorganischer V 4108-4
Stoff V 4108-4, 18195-2
Stoß V 4108-7
Strömungsrichtung 1946-4
Symbol 1946-1, V 4108-4
Symbol, genormtes V 4108-4
Symbol, graphisches 1946-1
System von Raumlufttechnischen Anlagen nach verfahrenstechnischen Merkmalen 1946-1

Tabellen E 4701-2
Tauwasserausfall 4108-5
Tauwasserbildung 4108-3, 4108-5
Tauwasserbildung auf Oberflächen von Bauteilen 4108-3
Tauwasserbildung im Innern von Bauteilen 4108-3
Tauwassermasse, Berechnung der 4108-3
Tauwasserschutz 4108-2, E 4108-2
Technisch-hygienische Anforderung 1946-4
Technische Abnahmeprüfung 1946-4
Technische Anforderung 1946-2
Technische Kontrolle 1946-4
Temperatur 1946-2, 4108-5, E 4701-1, E 4701-2
Temperatur der Außenoberfläche 4108-5
Temperatur der Innenoberfläche 4108-5
Temperatur der Trennflächen 4108-5
Terminologie 1946-1
Terrasse 4108 Bbl 2
Textilie, pflanzliche V 4108-4
Thermische Behaglichkeit 1946-2, 1946-4
Transparente Außenfläche E 4701-2

Transparente Fläche an Gewächshäusern E 4701-2
Transmissionswärmeverlust 4108-2
Transmissionswärmeverlust, Begrenzung E 4108-2
Treppenraum, nicht beheizter eingebauter E 4701-2
Treppenraumwand 4108-2
Tropfenabscheider 1946-4

Übergang 18195-9
Überlappung V 4108-7
Übersichtsmatrize 4108 Bbl 2
Überwachung (Güteüberwachung) 18540
Umluft 1946-4
Umluftleitung 1946-4
Undichtheit 4108-2, E 4108-2

VDI-Lüftungsregeln 1946-1, 1946-2, 1946-4, 1946-6
Ventilator 1946-2, 1946-4
Verarbeitbarkeit 18540
Verarbeitung Stoff 18195-3
Verdunstung 4108-5
Verfärbung angrenzender Bauteile 18540
Verglasung V 4108-4
Versammlungsraum 1946-2
Volumenänderung 18540
Volumenschwund 18540
Von außen drückendes Wasser 18195-3
Von innen drückendes Wasser 18195-7

Wand 4108-2, E 4108-2, V 4108-4
Wand, an das Erdreich angrenzend V 4108-4
Wand zwischen fremden Arbeitsräumen 4108-2
Wärmebrücke 4108 Bbl 2, 4108-2, E 4108-2, 4108-5, E 4701-1
Wärmedämmstoff V 4108-4
Wärmedämmung 4108-2, E 4108-2
Wärmedurchgangskoeffizient E 4701-2, 4108-5

Wärmedurchgangskoeffizient der Bauteile 4108-2, E 4108-2
Wärmedurchgangskoeffizient, mittlerer, von Bauteilkombinationen (Außenwände) 4108-5
Wärmedurchgangskoeffizient, mittlerer, von Gebäuden 4108-5
Wärmedurchgangswiderstand V 4108-4, 4108-5, 4701-1, E 4701-1
Wärmedurchlaßwiderstand 1946-2, 4109-2, V 4108-4, 4108-5
Wärmedurchlaßwiderstand bei Bauteilen mit Abdichtungen E 4108-2
Wärmedurchlaßwiderstand der Bauteile 4108-2, E 4108-2
Wärmedurchlaßwiderstand der Bekleidung 1946-2
Wärmedurchlaßwiderstand $1/\Delta$ des Rippenbereichs neben belüfteten Gefachbereichen 4108-2
Wärmedurchlaßwiderstand von Luftschichten V 4108-4
Wärmekapazität, spezifische V 4108-4
Wärmeleitwiderstand, äquivalenter E 4701-2
Wärmeleiteigenschaft der nichttransparenten Außenbauteile bei instationären Randbedingungen 4108-2, E 4108-2
Wärmeleitfähigkeit der Wasserdampf-Diffusionswiderstandszahlen V 4108-4
Wärmerückgewinner 1946-2, 1946-4
Wärmeschutz im Hochbau 4108 Bbl 2, 4108-1, 4108-2, E 4108-2, 4108-3, E 4108-3/A1, V 4108-4, 4108-5, V 4108-7
Wärmeschutz im Sommer 4108-2, E 4108-2
Wärmeschutz im Sommer (Gebäude, für die raumlufttechnische Anlagen nicht erforderlich sind) 4108-2
Wärmeschutz im Winter 4108-2, E 4108-2
Wärmeschutz in Gebäuden 4108 Bbl 2
Wärmeschutzmaßnahme bei der Planung von Gebäuden 4108-2

Wärmeschutztechnische Kennwerte V 4108-4

Wärmeschutztechnische Maßnahme bei der Planung von Gebäuden E 4108-2

Wärmespeicherfähigkeit der Bauteile 4108-2

Wärmespeicherung 4108-2, E 4108-2

Wärmespeicherung der Bauteile E 4108-2

Wärmestrom V 4108-4

Wärmestromdichte 4108-5

Wärmeübergangswiderstand V 4108-4, E 4701-2

Wärmeverlust infolge Undichtheiten 4108-2, E 4108-2

Wartung der RLT-Anlage nach der Inbetriebnahme 1946-4

Wartung und Kontrolle der RLT-Anlage 1946-2

Wasser V 4108-4

Wasserdampf-Diffusionsdurchlaßwiderstand 4108-5

Wasserdampf-Diffusionsstromdichte 4108-5

Wasserdampf-Diffusionswiderstandszahl V 4108-4

Wasserdampfdiffusionsäquivalente Luftschichtdicke 4108-5

Wasserdampfteildruck 4108-5

Windstarke Gegend E 4701-2

Winter 4108-2, E 4108-2

Wohnraum 1946-2

Wohnung 1946-6

Wohnungstrenndecke 4108-2, V 4108-4

Wohnungstrennwand 4108-2, V 4108-4

Ziegel V 4108-4

Zuluftleitung 1946-4

Zuluftvolumenstrom 1946-4

Zuschlagswert von Baustoffen V 4108-4

Für das Fachgebiet Bauleistungen bestehen folgende DIN-Taschenbücher:

TAB			Titel
70	Bauleistungen	1.	Putz- und Stuckarbeiten VOB/StLB. Normen
71	Bauleistungen	2.	Abdichtungsarbeiten VOB/StLB. Normen
72	Bauleistungen	3.	Dachdeckungsarbeiten, Dachabdichtungsarbeiten VOB/StLB. Normen
73	Bauleistungen	4.	Estricharbeiten, Gußasphaltarbeiten VOB/StLB. Normen
74	Bauleistungen	5.	Parkettarbeiten. Bodenbelagarbeiten. Holzpflasterarbeiten VOB/StLB. Normen
75	Bauleistungen	6.	Erdarbeiten, Verbauarbeiten, Rammarbeiten. Einpreßarbeiten. Naßbaggerarbeiten, Untertagebauarbeiten VOB/StLB/STLK. Normen
76	Bauleistungen	7.	Verkehrswegebauarbeiten. Oberbauschichten ohne Bindemittel, Oberbauschichten mit hydraulischen Bindemitteln. Oberbauschichten aus Asphalt, Pflasterdecken, Plattenbeläge und Einfassungen VOB/StLB/STLK. Normen
77	Bauleistungen	8.	Mauerarbeiten VOB/StLB/STLK. Normen
78	Bauleistungen	9.	Beton- und Stahlbetonarbeiten VOB/StLB. Normen
79	Bauleistungen	10.	Naturwerksteinarbeiten. Betonwerksteinarbeiten VOB/StLB. Normen
80	Bauleistungen	11.	Zimmer- und Holzbauarbeiten VOB/StLB. Normen
81	Bauleistungen	12.	Landschaftsbauarbeiten VOB/StLB/STLK. Normen
82	Bauleistungen	13.	Tischlerarbeiten VOB/StLB. Normen
83	Bauleistungen	14.	Metallbauarbeiten, Schlosserarbeiten VOB/StLB/STLK. Normen
84	Bauleistungen	15.	Heizanlagen und zentrale Wassererwärmungsanlagen VOB/StLB. Normen
85	Bauleistungen	16.	Lüftungstechnische Anlagen VOB/StLB. Normen
86	Bauleistungen	17.	Klempnerarbeiten VOB/StLB. Normen
87	Bauleistungen	18.	Trockenbauarbeiten VOB/StLB. Normen
88	Bauleistungen	19.	Entwässerungskanalarbeiten, Druckrohrleitungsarbeiten im Erdreich. Dränarbeiten. Sicherungsarbeiten an Gewässern, Deichen und Küstendünen VOB/StLB. Normen
89	Bauleistungen	20.	Fliesen- und Plattenarbeiten VOB/StLB. Normen
90	Bauleistungen	21.	Dämmarbeiten an technischen Anlagen VOB/StLB. Normen, Verordnungen
91	Bauleistungen	22.	Bohrarbeiten, Brunnenbauarbeiten. Wasserhaltungsarbeiten VOB/StLB/STLK. Normen
92	Bauleistungen	23.	Förderanlagen, Aufzugsanlagen, Fahrtreppen und Fahrsteige VOB/StLB. Normen
93	Bauleistungen	24.	Stahlbauarbeiten VOB/StLB. Normen
94	Bauleistungen	25.	Fassadenarbeiten VOB/StLB. Normen
95	Bauleistungen	26.	Gas-, Wasser- und Abwasser-Installationsarbeiten innerhalb von Gebäuden VOB/StLB. Normen
96	Bauleistungen	27.	Beschlagarbeiten VOB/StLB. Normen
97	Bauleistungen	28.	Maler- und Lackierarbeiten VOB/StLB. Normen
98	Bauleistungen	29.	Elektrische Kabel- und Leitungsanlagen in Gebäuden VOB/StLB. Normen
99	Bauleistungen	30.	Verglasungsarbeiten VOB/StLB. Normen
298	Bauleistungen	31.	Ausbau/Haustechnik. Normen
299	Bauleistungen	32.	Rohbau/Tiefbau. Normen

DIN-Taschenbücher sind vollständig oder nach verschiedenen thematischen Gruppen auch im Abonnement erhältlich.
Für Auskünfte und Bestellungen wählen Sie bitte im Beuth Verlag Tel.: (0 30) 26 01 - 22 60.

Für das Fachgebiet "Bauen in Europa" bestehen folgende DIN-Taschenbücher:

Bauen in Europa.
Beton, Stahlbeton, Spannbeton.
Eurocode 2 Teil 1 · DIN V ENV 206.
Normen, Richtlinien

Bauen in Europa.
Beton, Stahlbeton, Spannbeton.
DIN V ENV 1992 Teil 1-1 (Eurocode 2 Teil 1), Ergänzung

Bauen in Europa.
Stahlbau, Stahlhochbau.
Eurocode 3 Teil 1-1 · DIN V ENV 1993 Teil 1-1.
Normen, Richtlinien

Bauen in Europa.
Verbundtragwerke aus Stahl und Beton.
Eurocode 4 Teil 1-1 · DIN V ENV 1994-1-1.
Normen, Richtlinien

Bauen in Europa.
Geotechnik.
Eurocode 7-1 · DIN V ENV 1997-1.
Normen

DIN-Taschenbücher sind vollständig oder nach verschiedenen thematischen Gruppen auch im Abonnement erhältlich.
Für Auskünfte und Bestellungen wählen Sie bitte im Beuth Verlag Tel.: (0 30) 26 01 - 22 60.

Der neue »Wendehorst« · 28. Auflage

Das Standardwerk für Studium und Praxis
erstmals mit CD-ROM

Der »Wendehorst«
seit 65 Jahren unentbehrliches Standardwerk für die Bautechnik, wurde für die 28. Auflage wiederum nach den neuesten DIN-Normen und technischen Regelwerken unter Berücksichtigung der Europäischen Normung (Eurocode) aktualisiert.

Die neue CD-ROM
mit vielen durchgerechneten Beispielen aus dem Bereich Statik und Festigkeitslehre erleichtert dafür das Verständnis.

Die 20seitige Beilage
ergänzt die CD-Rom. In ihr werden die Zustandsfunktionen nach den Elastizitätstheorien 1. und 2. Ordnung am Beispiel von Einfeldträgersystemen vorgestellt.

Das neue Leitsystem
erlaubt einen noch schnelleren Zugriff auf das bautechnische Wissen.

Wendehorst
Bautechnische Zahlentafeln
28., neubearbeitete Auflage 1998.
1440 S. mit 2961 Bildern und 225 Beispielen.
19,2 x 13,6 cm. Geb.
98,- DEM / 715,- ATS / 88,- CHF
50,11 EUR
ISBN 3-410-14314-9

Bestellungen unter
Telefon: (030) 26 01-22 60
Telefax: (030) 26 01-12 60

Beuth
Berlin · Wien · Zürich

Beuth Verlag GmbH
D-10772 Berlin
http://www.din.de/beuth
E-Mail: postmaster@beuth.de